NOUVELLES SUITES

A

BUFFON,

FORMANT,

avec les œuvres de cet auteur,

UN COURS COMPLET D'HISTOIRE NATURELLE.

Collection

accompagnée de Planches.

PARIS

À LA LIBRAIRIE ENCYCLOPÉDIQUE DE RORET,

Rue Hautefeuille, N° 10bis.

TOURNAT Frères, Rue des Petits Augustins, N° 5.

HISTOIRE NATURELLE

DES

INSECTES.

—

APTÈRES.

II.

PARIS.—IMPRIMERIE ET FONDERIE DE FAIN,
Rue Racine, n. 4, place de l'Odéon.

HISTOIRE NATURELLE

DES

INSECTES.

APTÈRES.

PAR M. LE BARON WALCKENAER,

MEMBRE DE L'INSTITUT DE FRANCE.

TOME DEUXIÈME.

OUVRAGE ACCOMPAGNÉ DE PLANCHES.

PARIS.

LIBRAIRIE ENCYCLOPÉDIQUE DE RORET,
RUE HAUTEFEUILLE, N° 10 BIS.

1837.

HISTOIRE NATURELLE

DES

INSECTES APTÈRES.

2ᵉ TRIBU.

ARAIGNÉES.

(Suite.)

33ᵉ Genre. TÉGÉNAIRE. (*Tegenaria.*)

Yeux *huit, occupant le devant du corselet ; sur deux lignes rapprochées : la ligne postérieure courbée en avant, l'antérieure presque droite.*

Lèvre *grande, échancrée à son extrémité, bombée et arrondie sur les côtés.*

Mâchoires *droites, allongées, écartées, bombées, plus étroites à leur base qu'à leur extrémité, arrondies au côté externe, creusées ou évidées à leur extrémité interne.*

Pattes *allongées, fines, la première ou la quatrième paire plus longue que les autres.*

Aranéides *sédentaires, formant dans l'intérieur des bâtiments, et des cavités souterraines, et dans les intervalles des pierres, une toile horizontale, concave, à tissu serré, à la partie supérieure de laquelle est un tube cylindrique, où elles se tiennent immobiles. Cocon globuleux, recouvert par des détritus de gravier, de terre agglutinée, et des toiles extérieures.*

APTÈRES , TOME II.   1

1re FAMILLE. LES FAMILIÈRES. (*Familiariæ.*)

Corselet à tête large et surbaissée.
Yeux presque égaux, placés sur le dessus et le milieu de la
     tête, la ligne postérieure légèrement courbée.
Lèvre grande, allongée.
Filières-tentacules médiocrement allongées.
Pattes, la première paire la plus allongée, la quatrième
     après.
ARANÉIDES construisant de grandes toiles.

1. TÉGÉNAIRE DOMESTIQUE. (*Tegenaria domestica.*) Long. 7 à 3 lig.
     dans nos climats; en Égypte, 10 lig. ♂ ♀.

Cendrée, rougeâtre. Abdomen ovale, bombé en dessus, ayant
proche du corselet deux taches jaunâtres, ovales, allongées, bordées de noir, et quatre ou cinq autres plus petites, égales, de
même couleur, disposées longitudinalement sur les bords d'une
bande médiane rougeâtre, qui s'étend sans interruption sur le milieu du dos dans toute sa longueur, et qui est bordée de deux raies
noires découpées intérieurement par des taches jaunes. Côtés à
fonds clair moucheté de petits points bruns anguleux. Corselet
marqué de bandes brunes et de points bruns marginaux. (Pl. 3,
fig. 1 A, 2 B. Pl. 16, fig. 2 D, 2 E.)

Walckenaer. Aranéides de France, p. 205, n° 1, Pl. 8, fig. 1,
la femelle; fig. 2, le mâle. — *Ar. domestique; Ibid.* Faune parisienne, t. 2, p. 210. — *Ibid.* Tabl. des Aranéides, p. 49, Pl. 6,
fig. 53 et 54. — *Tegenaria domestica*, Savigny, Descript. de l'Égypte,
Hist. nat. Arachnides, p. 111, ou p. 312, édit. in-8°, Pl. 1, fig. 5
(avec les détails de la bouche, des filières, des pattes, S E c. d. g.
f. etc.). — *Aranea domestica*, Dugès dans Cuvier, Règne animal,
Arachnides, Pl. 8, fig. 3. — *Aranea domestica*, Treviranus, ueber
der innern bau der Arachniden, Pl. 24; Pl. 2, fig. 14, 15 et 16, et
Pl. 4, fig. 37; Pl. 5, fig. 43 (avec de nombreux détails anatomiques). — *Araignée découpée*, Duméril, Dictionnaire des
sciences naturelles; planches, Entomologie, Aptères fig. 1, *a*.
— *Ibid.*, Considérations générales sur la classe des Insectes,

Pl. 55, fig. 1. — *Ar.* 23ᵉ et 24ᵉ, Schæffer insect. Ratisbon,
Pl. 227, fig. 2, le mâle, fig. 3, la femelle. — *Ibid.*, Pl. 106,
fig. 4, un mâle. — *Araneus domesticus*, Clerck, p. 76, Pl. 2,
tabl. 9. — Martyn's, English Spiders, Pl. 1, fig. 4 (un mâle âgé)
Albin, Natural hist. of Spiders ; p. 27, n° 87, Pl. 18, fig. 87. —
Tegenaria stabularia, Koch dans Herrich Schæffer, 125, n° 13 (un
mâle âgé). — *Aranea domestica*, Latreille, Gener. crust. et insector., t. 2, p. 96, Pl. 3, fig. 13 (les yeux). — De Géer, Mém.,
t. 7, p. 264, n° 19, Pl. 15, fig. 11 et 12 (Description insuffisante
et mauvaise figure). — Linné, Faun. suecic., 2ᵉ édit., 1761,
in-8°, p. 487, n° 2000. — *Idid.*, System. nat., 12ᵉ édit., t. 1,
2ᵉ part., p. 1031, n° 9. — *Agelena domestica*, C.-J. Sundevall
Svenska Spindlarness, p. 18, n° 1. — *Seconde espèce d'Araignée
mâle*, Lyonet, Recherches sur l'Anatomie et les métamorphoses
des Insectes, 1832, in-4°, p. 83, Pl. 9, fig. 20 ; fig. 1 à 17 (tous
les détails sont bons ; la fig. 5, qui représente l'Araignée, est
mauvaise). *Araignée femelle du même genre*, *Ibid.*, p. 93, Pl. 10,
(21), fig. 2 à 27. (La fig. 1 ressemble à la Tégénaire campestre.)
— *Philoica domestica*, Koch, Uebersicht, p. 13, Pl. 2, fig. 23
(les yeux).

Ancien-Monde — Europe — Afrique — En France, en Suède,
en Allemagne, en Égypte, dans les maisons d'Alexandrie.

Le conjoncteur du mâle a une cupule étroite, ovale, allongée, présentant un organe large et contourné à sa base, auquel
se trouve réunie une membrane arquée, étroite, qui va joindre
l'extrémité de la cupule, laissant un espace vide et à jour, entre
les bords de cette cupule et la membrane. Toutes ces parties sont
rouges, cornées, et ressemblent à une oreille humaine comme
celles du mâle de la Clubione atroce ; mais celles-ci sont plus
ramassées, plus globuleuses ; celles de la Domestique plus allongées, plus sveltes, moins compliquées. Elles sont bien représen-
tées dans la Planche de Lyonnet, Pl. 9 (20), fig. 2 ; mais la fig. 5,
qui représente l'Insecte, est inexacte, et dessinée d'après un individu déformé, comme l'auteur l'avoue lui-même ; son abdomen rappelle la Clubione atroce. La figure 5, Pl. 21, qui représente la femelle, est mieux, mais encore inexacte. Les seules
bonnes figures de l'*Aranea domestica* sont celles que nous avons
données dans la Faune française, et qui sont reproduites dans cet
ouvrage ; puis la figure de M. Savigny, dans l'ouvrage sur l'Égypte.

On peut citer encore celle du Dictionnaire des Sciences naturelles ou des Considérations sur la classe des Insectes , publiée sous le faux nom d'Araignée découpée. Les figures de Martyns et d'Albin sont aussi très-reconnaissables.

Cette espèce varie beaucoup. On trouvera la description de toutes ses variétés, et des changements qu'elle subit, dans la Faune française , ou les Aranéides de France , à l'endroit cité. Dans la variété égyptienne les taches antérieures sont blanchâtres. Elle devient beaucoup plus grosse que la nôtre.

La Tégénaire domestique est la plus commune dans nos maisons. C'est celle qui construit dans les angles ou les intervalles des murs, une grande toile horizontale , à tissu fin , mais serré, relevée vers les bords , enfoncée dans son milieu, soutenue en dessus, et garnie aussi en dessous, de longs fils isolés comme serait un hamac suspendu et garanti du balancement par un grand nombre de cordes en haut et en bas. Cette toile se termine dans l'angle des parois où elle est adaptée par un trou rond à double ouverture, dont l'une est tournée vers le dessus et l'autre se courbe vers le bas. L'Aranéide se tient ordinairement dans ce trou, immobile, la tête tournée vers le dessus de la toile, épiant les mouches et les insectes qui s'y prennent, se précipitant sur eux avec une grande rapidité, et les emportant dans son trou, souvent malgré leur vive résistance : quelquefois, plus précautionneuse et plus timide envers une proie trop vigoureuse, elle la garrotte avec ses fils avant de l'attaquer. Elle construit un sac de soie en forme de bourse, lesté par des plâtras, pour y suspendre son cocon. Elle recouvre l'orifice de ce sac d'une petite toile sur laquelle elle se tient, veillant ainsi sans cesse à sa postérité. Son cocon, formé d'une toile mince, renferme, dans nos climats, de 140 à 150 œufs, libres , détachés, d'un blanc jaunâtre. C'est en mai et en juin , et aussi en août qu'elle fait sa ponte. Lyonet a compté jusqu'à 300 œufs dans l'ovaire d'une Tégénaire qu'il a ouverte (*Voy*. sa Pl. 10. (21), fig. 1; fig. 2 grossie). Cette Aranéide peut faire plusieurs pontes sans cohabiter avec le mâle, mais les femelles qui en proviennent ont besoin , pour produire comme la mère, d'un premier accouplement; donc, sous ce rapport, les Araignées ne peuvent être assimilées aux pucerons.

Cette Araignée me paraît être celle dont Pline a parlé en ces termes : *Araneus cujus crassissimum est textum in contignationibus,*

Pline, lib. 29, cap. 30, 12, t. 8 , p. 270 de l'édition Lemaire.

Les taches fauves , en découpant la bande noire, forment ces taches noires contiguës , dont parle Linné dans sa description, qui n'est nullement applicable à la *Civilis* , comme l'ont cru plusieurs naturalistes.

Les Tégénaires domestiques que j'ai reçues du midi de l'Europe , de Naples et d'autres lieux , ne différaient pas de celles du nord. Un mâle , natif de Naples, avait huit lignes de long; la première paire de pattes, très-allongée, avait 22 lignes.

2. TÉGÉNAIRE DE GUYON. *(Tegenaria Guyonii.)* Long. 6 lig. 1/2 ♂ . Longueur des pattes antérieures , 1 pouce 9 lignes.

Abdomen ovale allongé , ayant sur le milieu du dos un raie rougeâtre , longitudinale, flanquée sur les côtés de cinq ou six taches ovales , accouplées , divergentes , qui vont en diminuant de grandeur vers l'anus, et qui sont bordées à l'extérieur de brun foncé. La 1re paire de taches ne commence qu'à quelque distance du corselet , mais un ovale plus clair, qui est le commencement de la ligne médiane, aboutit de l'extrémité antérieure, proche le corselet , à l'intervalle qui sépare les deux premières taches ovales ; les côtés sont à fond clair, un peu verdâtre , moucheté de points bruns. Le corselet est cendré , rougeâtre et marqué de taches plus claires qui rayonnent du centre. Les pattes sont très-allongées , jaunâtres , sans annelures. La première paire est beaucoup plus longue que la quatrième , et, ainsi que la seconde paire , elle a les cuisses d'un brun rougeâtre.

Aranea Guyonii, Guérin, Iconographie du règne animal, Arachnides, Pl. 2 , fig. 1 , livraison 45.

Cette espèce ressemble beaucoup, pour la forme et le dessin de son abdomen , à la Tégénaire domestique. Je ne la connais que par le dessin de M. Guérin , qui est sans description, sans explication. Elle est d'Algérie. Elle est bien distincte ; sa lèvre est plus large que celle de la Tégénaire domestique, et se rapproche de celle des Agélènes. Selon les dessins de M. Guérin , elle aurait une petite filière de plus à la base de l'anus , c'est-à-dire qu'au lieu de deux filières tentacules extérieures , à dernier article pointu , et quatre filières arrondies intérieures , elle aurait deux filières tentacules allongées extérieures , et cinq filières intérieures arrondies, en tout sept au lieu de six. Mais cette observation importante a besoin de nouvelles vérifications. On ne connaît encore que le mâle de la *Tegenaria Guyonii* et c'est avec les organes du mâle de l'*Aranea domestica* qu'il faudra établir la comparaison.

3. TÉGÉNAIRE ARBORICOLE. (*Tegenaria arboricole.*) Long. 6 lig. ♀.

Fauve jaunâtre. Abdomen ovale, bombé en dessus, ayant proche du corselet deux taches allongées jaune clair bordées de brun ; derrière ces taches deux ou trois autres de même couleur, plus petites, disposées sur les bords d'une bande médiane rouge qui s'étend, comme elles, sur toute la longueur du dos, et qui est bordée de deux raies noires découpées intérieurement par les taches jaunes.

Abbot, Georgian spiders, fig. 110, p. 12 du MSS.
Nouveau-Monde — Amér. sept. Georgie.

Se trouve dans les bois, en octobre, sur les vieux arbres. M. Abbot dit qu'elle fait une toile absolument pareille à celle de l'Araignée des maisons en Angleterre. Elle ressemble en effet à l'Araignée domestique, et n'en diffère que par les taches jaunâtres du dos, qui se réduisent à trois de chaque côté dans la figure ; les deux qui suivent la grande se trouvant séparées d'elle par un espace assez grand.

4. TÉGÉNAIRE VELOUTÉE. (*Tegenaria murina.*) Long. 6 lig. ♂.

Abdomen ovale, convexe, d'un noir velouté, sans aucune tache, avec quelques poils grisâtres.

Ar. veloutée, Walckenaer, Faune parisienne, p. 217, n° 59. — *Agelena obscura*, Sundevall, Svinska - Spindlarness, pag. 21, n° 3. — *Tegenaria cubicularis*, Koch dans Herrich Schæffer, 125, 12.
Ancien-Monde — France — Allemagne — Suède.

Cette espèce est rare ; je l'ai trouvée dans une étable à vache. Sundevall et Koch s'accordent pour la première paire de pattes, qu'ils font tous deux plus grande que la quatrième ; ainsi cette espèce appartient bien à cette famille.

Je crois que la *Tegenaria saxatilis* de M. Koch ayant deux lignes
de long, corselet et pattes blancs, abdomen brun rougeâtre,
uniforme, trouvée dans les pierres, est cette espèce toute jeune
et qui venait de changer de peau (Koch, dans Herrich Schæffer,
25, 20).—La *Tegenaria cicurea*, Koch, *ibid.* 128, 16, de trois lignes
de long, d'un fauve rougeâtre uniforme, avec le digital brun
foncé, me paraît être un jeune mâle de la même espèce, et
dans le même état que la *Tegenaria saxatilis*.

2ᵉ Famille. LES AGRESTES. (*Agrestæ*.)

Corselet à tête large et surbaissée.
Yeux presque égaux, placés sur le dessus et le milieu de la
    tête, la ligne postérieure légèrement courbée.
Lèvre allongée.
Filières-tentacules médiocrement allongées.
Pattes, la quatrième paire la plus allongée, la première
    après.
Aranéide construisant des toiles petites ou de grandeur
    médiocre.

5. Tégénaire civile. (*Tegenaria civilis*.) Leng. 4 à 6 lignes ♂ ♀.

Fauve pâle jaunâtre ou rougeâtre. Abdomen ovale allongé,
bombé, grossissant un peu à sa partie postérieure ; dans le milieu du dos près du corselet est une tache fauve allongée formée
par de petites raies brunes, et ensuite sur une même ligne médiane et longitudinale est une suite de petites taches brunes
triangulaires, mais divisées dans leur milieu, surtout les premières, par une raie fine jaune ou un point de même couleur, et
échancrée aussi à leur base, séparées entre elles, entourées de
rouge ou de fauve ; sur les côtés sont des taches brunes plus
grandes, plus irrégulières. Corselet rouge, glabre, sans tache, ou
avec deux bandes longitudinales d'un brun pâle obscur. (Pl.
16 , fig. 1.)
Le mâle est brun avec des taches plus obscures.

Araignée privée, Walckenaer, Faune parisienne, t. 2, p. 212,
nᵒ 57. — *Ibid.* Faune française, p. 218, Pl. 8, fig. 4. — *Ibid.* Hist.
nat. des Aranéides, fasc. v. fig. 5. — *Tegenaria domestica*, Koch,

dans Herrich Schœffer, 125, 21 le mâle, 22 la femelle. (La synonymie est à reformer et la plupart des citations s'appliquent à notre *Tegenaria domestica*.) — *Agelena civilis*, Sundevall-Svinska Spindlarness, p. 20, n° 2 (bonne description, mais la citation de Linné doit être retranchée et s'applique à la *Tegenaria domestica*).— *Première espèce d'Araignée mâle*, Lyonet, Recherches sur l'anatomie et les métamorphoses des Insectes, 1832, in-4°, p. 72, Pl. 8 (19) de 1 à 16 (un mâle avec tous les détails).

Ancien-Monde — Europe — France — Allemagne — Suède.

Cette espèce a souvent été confondue avec la Tégénaire domestique dont elle diffère par des couleurs plus claires, les taches de l'abdomen, et la longueur relative des pattes. Sa peau est moins velue, plus tendre. Elle est assez commune dans les maisons quoique moins que la domestique ; on la trouve aussi dans les caves et elle se tient de préférence dans les lieux sombres. Sa toile est petite et blanche. Elle s'accouple vers la fin de juin et pond environ 65 œufs qu'elle enveloppe d'une soie blanche, fine, lâche et transparente.

6. **TÉGÉNAIRE AGRESTE** (*Tegenaria agrestis*). Long. 6 à 8 lignes ♂ ♀.

Abdomen ovale, allongé, très-bombé, resserré sur les côtés, renflé à sa partie postérieure, fauve ou jaune, finement dessiné de brun, ayant une ligne étroite jaune ou rougeâtre, à la partie antérieure accompagnée par des chevrons fins de même couleur que cette ligne sépare; à la suite de cette ligne sont quatre ou cinq autres chevrons bien distinctement formés, fins, et doublés de chevrons bruns plus larges : côtés de l'abdomen à fond brun finement chinés de petites taches de la même couleur que les chevrons. (Pl. 16, fig. 3.)

Walckenaer, Faune française, p. 222, n° 3, Pl. 8, fig. 3. — Araignée agreste, *ibid*. Faune parisienne, t. 2, p. 216, n° 58. — *Aranea campestris*, Koch, dans Herrich Schœffer, Insect. 124, 20. (Le mâle ; la synonymie à corriger.)

Ancien-Monde—Europe—France.

Elle se trouve sous les pierres, auxquelles elle attache son cocon, très-gros et de cinq ou six lignes de diamètre, formé d'une triple ou quadruple enveloppe ; la première mince, très-

blanche, contenant une couche de sable et de débris d'Insectes
agglutinés, recouvrant une troisième enveloppe d'un beau rouge
orange qui contient une bourre lâche et peu serrée où sont les
œufs : elle fait plusieurs cocons qu'elle abandonne et laisse isolés, ou qu'elle renferme sous une seule toile fine et transparente.
C'est en juillet et en août, dans les bois, que l'on trouve dans
nos climats le plus grand nombre de ses cocons. Quand on la
prend sur la pierre avant que le cocon soit achevé, au lieu de
fuir elle se laisse emporter; et si on l'enferme sous verre, elle
achève son cocon et plusieurs toiles superposées à plusieurs cel ·
lules pour le garantir. Voyez pour plus de détails la Faune française, Aranéides, p. 224.

Le mâle est plus petit, mais semblable ; on le trouve, selon
M. Koch, au printemps, avec ses organes complétement développés. La figure 8 de la planche 35 de Chrétien Schæffer, cité par
M. Koch, n'a aucun rapport avec cette Aranéide, c'est l'*Attus
litteratus* pleine. J'ai trouvé aux Eaux-Bonnes, vallée d'Ossan
dans les Pyrénées, à la fin de juillet, un mâle de la Tégénaire
agreste sous une pierre, dans une toile blanche et peu grande,
5 lig. de long. Les pattes étaient fauves non annelées ou avec
des anneaux très-pâles à peine visibles ; mais cet individu m'a
offert cela de particulier que la première paire de pattes était la
plus courte de toutes, ce que j'attribuai à l'atrophie ; une d'elles
manquait ; l'abdomen était allongé, ovoïdo-cylindrique, avec
des chevrons noirs en croissant, et sur les côtés des traits noirs
parallèles, avec des points noirs sous le ventre. Le sternum
fauve avec des bandes noires et des taches rondes rouges à la
naissance des pattes. Le dessus du corselet fauve avec des taches
triangulaires noires sur les côtés. Le digital ovale, non développé.

7. Tégénaire campestre (*Tegenaria campestris*). 4 à 5 lig. ♂ ♀.

Abdomen ovale, allongé, bombé, fauve rougeâtre taché de
brun, ayant sur le milieu du dos, proche le corselet, une ou
deux taches ovales fauves, et derrière quatre ou cinq losanges
ou triangles disposés longitudinalement, formés par de larges
chevrons bruns qui se rejoignent et sont entourés de fauve ;
côtés bruns mouchetés de petits points jaunes. Corselet avec
deux bandes brunes, et bordé d'une raie noire et fine. Yeux
intermédiaires, antérieurs, rapprochés, plus gros. Mandibules
allongées, fortes dans le mâle,

Tegenaria notata , Koch , dans Herrich Shæffer, 125 , 14 e
mâle ; 15 la femelle.— *Tegenaria sylvicola , ibid.* 125 , 16 (une
femelle jeune). *Tegenaria agrestis fusca parva* , Walckenaer ,
Faune française, p. 221.— Lyonet , Recherches , p. 93 . Pl. 10
(21 fig. 1).

Ancien-Monde — France — Allemagne.

Le sternum est couleur de chair et entouré d'une bande
noire près des pattes. Les yeux latéraux, comme les antérieurs,
ne sont pas aussi écartés entre eux que dans les autres Tégénaires. J'ai remarqué dans le mâle une tache noire triangulaire à la
naissance des deux pattes de derrière. Cette espèce fait une toile
de grandeur médiocre au pied des arbres et dans les rochers.
Selon M. Koch on la trouverait aussi dans les maisons. Je ne l'y
ai jamais vue. Koch cite dans sa synonymie Oth. Fabr. F. Groenl.
p. 226 , nº 205. Si cette synonymie est exacte, cette espèce se
trouverait encore en Groenland. On ne confondra plus comme
on a fait jusqu'ici la Tégénaire domestique et la Tégénaire civile ; il sera difficile de bien distinguer la Tégénaire civile de la
campestre, jusqu'à ce que cette dernière, qui est rare, soit
mieux connue.

8. TÉGÉNAIRE FORESTIÈRE. (*Tegenaria Nemorensis.*) Long.
5 lignes ♂ ♀.

Abdomen ovale allongé , rougeâtre taché de brun , ayant près
du corselet sur le milieu du dos une tache ovale étroite entièrement brune, plus claire ou entièrement rougeâtre dans l'intérieur ; de chaque côté de cette tache est un espace rouge clair,
et la partie postérieure de l'ovale se continue par une raie brune
longitudinale, médiane, tout le long du dos, détachant sur les
côtés des traits bruns arqués qui forment trois taches ovales
rougeâtres qui diminuent de grosseur en approchant de l'anus;
ou lorsque ces traits arqués ne forment que des points , ils figurent dans certaines variétés une espèce de gerbe. Côtés de l'abdomen fauve rouge parsemés de points bruns. Mâle semblable à
la femelle, ayant un digital ovale très-pointu, et dont le filet du
conjoncteur dépasse la cupule. Corselet rougeâtre avec deux
raies brunes près des yeux, suivies d'une rangée de points bruns
de chaque côté. Pattes rouges annelées de brun.

Abbot, Georgian Spiders , p. 12 , fig. 107 le mâle , fig. 108 et 109 la femelle.

1re VARIÉTÉ. Couleur sombre. Ovale formé par deux traits et de chaque côté trois taches brunes. Les trois taches ovales postérieures fermées, mais obscures (fig. 107, le mâle).

2e VARIÉTÉ. Couleurs claires. L'ovale entièrement brun, seulement un peu plus clair à l'intérieur (fig. 109, la femelle).

3e VARIÉTÉ (fig. 108). Couleurs un peu plus sombres que la variété précédente , mais moins que le mâle. Ovale formé par deux raies fauves à l'intérieur , accompagné sur les côtés de deux rangées de points bruns. Traits arqués de la ligne médiane formés par des points en forme d'ovale , mais figurant une gerbe.

Nouveau-Monde—Amér, sept.— Géorgie.

Cette espèce est commune en Amérique; elle a beaucoup d'analogie avec la Tégénaire civile d'Europe , mais Abbot ne l'a trouvée que dans les bois où elle construit , dit-il , en été dans les creux des vieux arbres une toile semblable à celle de l'Araignée des maisons en Angleterre. Elle survit à l'hiver , car Abbot a pris ces trois variétés dans leur retraite d'hiver, derrière l'écorce des arbres. La première variété n° 107 , ou le mâle , le 3o décembre dans les bois de chêne du comté de Burke. La seconde variété (fig. 109) le 27 décembre dans les mêmes lieux , et la troisième variété le 6 février. La quatrième paire de pattes est figurée dans toutes les trois comme étant plus allongées que la première , ce qui confirme sa ressemblance avec la *civilis* , mais l'examen de la bouche replacerait peut-être cette espèce dans la famille suivante.

3e FAMILLE. LES BRÉVILABES. (*Brevilabiæ.*)

Corselet à tête large et surbaissée.

Yeux presque égaux , placés sur le dessus et le milieu de la
      tête , la ligne postérieure légèrement courbée.

Lèvre courte, quadriforme , coupée en ligne droite à son
      extrémité.

Mâchoires droites , écartées , évasées et arrondies à leur
      extrémité.

Filières tentacules médiocrement allongées.

1re Race. **LES LATILABES.** (*Latilabiæ.*

Yeux *latéraux des deux lignes écartés.*
Lèvre *plus large que haute, ayant la forme d'une coupe.*

9. Tégénaire Sénégalienne. (*Tegenaria Senegalensis.*) Long.
4 lig. ♀.

Abdomen ovale allongé, étroit, d'un fauve jaunâtre tant en
dessus qu'en dessous, excepté les filières qui sont d'une belle
couleur noire, et ayant sur le milieu du dos une figure oblongue
qui, proche le corselet, est un triangle échancré à sa base ou
représentant un fer de lance, au-dessus d'une raie longitudinale, traversée par deux chevrons. (M.)
Ancien-Monde — Afrique — Sénégal.
Les yeux sont ceux d'une Tégénaire, mais sous ce rapport,
comme pour la forme des mâchoires et le dessous de l'abdomen,
cette espèce se rapproche du *Drassus trucidator.*
Le bandeau est glabre et rouge. Les mandibules sont fortes,
perpendiculaires. Les mâchoires d'un rouge brun. La lèvre
glabre et d'un rouge brun. Le corselet en cœur, d'un rouge
brun, et le sternum de même couleur, arrondi.

2e Race. **ROTUNDILABES.** (*Rotundilabiæ.*) Long. 7 lig. ♂.

Yeux *latéraux des deux lignes un peu rapprochés.*
Lèvre *arrondie, aussi haute que large.*

10. Tégénaire Australienne. (*Tegenaria australensis.*) Long.
7 lig. ♀.

Abdomen fauve, sans tache, rougeâtre, avec quatre points en-
foncés en carrés dans le milieu, déprimé. (M.)
Monde-Maritime — Nouvelle-Zélande.
Rapportée par MM. Quoy et Gaymard.

Cette espèce a trois crochets aux tarses, dont deux sont pectinés. Les palpes sont minces, et terminés par un digital très-gros,
dont la partie glabre est conique, forte, rougeâtre; recouvert
par un prolongement velu fauve. Le corselet est plus long et

plus large que l'abdomen, déprimé, glabre. Le sternum est ovale et rougeâtre. Les mâchoires sont d'un brun rougeâtre. La lèvre est courte, élargie à sa base, tronquée à son extrémité. Les filets sétifères sont rougeâtres, peu allongés.

Cette espèce semble, d'après les organes sexuels, s'éloigner de ses congénères.

11. Tégénaire insulaire. (*Tegenaria insularia.*) Long. 6 lig. ♀.

Abdomen brun rougeâtre. Corselet bombé, d'un noir brillant, avec quatre points enfoncés sur le dos. Pattes d'un rouge brun.
Nouveau-Monde — Archipel des Antilles — de Cuba.

J'ai décrit cette espèce dans la collection de M. Guérin. Les mandibules sont brunes, fortes, bombées, se dirigeant en avant, courtes et comme tronquées antérieurement. Les deux yeux latéraux sont les plus gros, et rapprochés. Les pattes sont fortes ; la quatrième paire est la plus allongée : la première est ensuite la plus courte, la troisième paire est sensiblement plus courte que la seconde.

4ᵉ Famille. LES CAUDÉES. (*Caudata.*)

Corselet à tête resserrée.
Yeux presque égaux sur le dessus et le milieu de la tête, la ligne postérieure légèrement courbée.
Lèvre allongée.
Filières tentacules très-allongées.
Pattes, la quatrième paire la plus allongée, la première ensuite.

12. Tégénaire resserrée. (*Tegenaria coarctata.*) Long. 5 à 6 lignes ♀.

Abdomen ovale allongé, grossissant vers l'anus, d'un brun roussâtre taché de noir, avec deux lignes longitudinales parallèles, formées par cinq taches rondes égales, plus claires. Corselet oblong, resserré sur les côtés, d'un brun roussâtre avec une ligne longitudinale plus claire dans le milieu.

Aranea coarctata, Léon Dufour, Annales des Sciences naturelles, p. 4, 1831, Pl. 10, fig. 1.
Ancien-Monde—Europe—Espagne.

Cette espèce construit dans les lieux secs, sous les pierres, une toile mince avec une sorte de tube où elle se tient renfermée. Ses yeux sont disposés comme ceux de la Tégénaire domestique ; ceux de la série postérieure, les intermédiaires surtout, sont un peu plus grands que les autres. La région oculaire a une teinte noirâtre ; les mandibules sont brunes, les deux filières supérieures sont remarquables par leur longueur, qui les fait ressembler à une double queue. Elles se composent de deux articles, dont le dernier se termine en pointe.

13. TÉGÉNAIRE ÉMACIÉE. (*Tegenaria emaciata.*) Long. 2 lig. 1[2 ♂.

Abdomen ovale varié de brun et de fauve, corselet d'un rouge pâle, glabre, très-bombé vers la tête, très-déprimé sur les côtés, pattes rouges unicolores.

Ancien-Monde—Europe—Pyrénées.

J'ai trouvé cette espèce aux Eaux-Bonnes dans les Pyrénées, sous une pierre. Elle a beaucoup de rapport avec la *Tegenaria lycosina* que nous allons décrire, mais elle en diffère par les caractères de famille, et par ses pattes qui sont unicolores et point annelées. Ses pattes sont allongées, fines, la quatrième paire est la plus longue, la première après. Les filets sétifères sont saillants comme dans les Agélènes. Le premier article est cylindrique, plus gros et plus court que le second qui est conique et fort allongé. Les quatre autres filets sétifères sont gros, courts, cylindriques, rougeâtres et noirs seulement à leur extrémité. Les yeux sont gros, saillants, noirs, les latéraux antérieurs sont les plus gros de tous. Les mandibules sont verticales, cylindriques, fort longues, un peu grêles, point bombées, à leur base d'un rouge pâle uniforme. Le corselet est aussi long et plus large que l'abdomen dans la femelle qui a pondu. Le sternum est glabre, rougeâtre ainsi que les mâchoires. La lèvre est d'une couleur plus foncée tirant sur le brun. L'abdomen était cylindrique, ridé par la ponte.

J'ai trouvé la femelle sur son cocon, qui a de l'analogie avec celui de l'Agreste quoiqu'il en diffère. Il forme une masse ronde plus grosse qu'un gros pois. Cette masse est en terre agglutinée et peu dure, et mêlée de détritus des cadavres de petits Insectes, Scarabées, Fourmis et autres. C'est au milieu de cette masse de terre qu'est le cocon d'un beau jaune orange, mais non parfaitement

globuleux à cause de sa nature un peu flasque. La terre qui
l'entoure est retenue par des fils, mais non enveloppée de soie
blanche comme dans l'Agreste; l'enveloppe du cocon est une
pellicule très-serrée qu'il faut déchirer. J'y ai trouvé (le 20
août) 26 jeunes éclos parfaitement développés, d'un millimètre
de long, de couleur blanc de lait, les yeux peu distincts. Dans
un autre cocon semblable pris à la même époque je n'ai compté
que 23 œufs. Je n'ai vu ni toile ni tube dans les environs de
ces cocons, quoiqu'il soit probable que cette espèce en construit
comme la Tégénaire resserrée.

5ᵉ Famille. LES TISSEUSES. (*Textrices.*)

Corselet allongé à tête resserrée et élevée.

Yeux placés à l'extrémité antérieure et perpendiculaire de
la tête. La ligne postérieure fortement courbée entourant le sommet de cette extrémité, dépassant de
de chaque côté la ligne antérieure, et formée par
des yeux plus gros et plus saillants; la ligne antérieure formant une ligne droite sur le bandeau.

Lèvre allongée.

Filières-tentacules très-allongées.

Pattes allongées, fines, la quatrième paire la plus longue,
la troisième ensuite, la seconde ensuite; la première,
est la plus courte.

Aranéides filant des toiles très-grandes avec un tube cylindrique latéral entre les pierres.

14. Tégénaire lycosine. (*Tegenaria lycosina.*) Long. 2 à 3 lig.
♂ ♀·

Abdomen ovale allongé, grossissant à sa partie postérieure, brun
sur les côtés, avec une bande longitudinale rouge, plus large
vers le corselet et dentée sur ses bords; une suite de petits points
blancs, formés par des touffes de poils sur les bords de cette
bande. Ventre glabre, rougeâtre. Sternum brun; une ligne longitudinale de poils blanchâtres le long de la carène du corselet.
Pattes allongées, fortement annelées de rouge et de brun.

Agelena lycosina, Herrich Schæffer, 128, 15. — *A. Ly-*
cosina, Sundevall, Svinska, Spindlarness, p. 23, nº 5. — *A.*

textrix, Ibid. Conspectus Arachnidum , p. 19. — *Aranea macullulata*, Léon Dufour, Annales des sciences naturelles , 1831 ,
t. 1, p. 6 , Pl. 10, fig. 1. — *Ar. fuligineus* , etc. Lister , Hist. an.
Angl. p. 67, tit. 20, fig. 20. — Raii , Hist. Insect. 1710 , in-4°,
p. 29 , tit. 20. — *Die Rostfarbige spicne* , Gœze, Lister, p. 156 ,
tab. 2, fig. 20. — *Araignée dentelée*, Olivier , Encyclop. méthod.
Hist. nat. t. IV, p. 191 et 213, n° 56. — *Aranea Roeselii*, Scopoli ,
Faun. carn. p. 395, n° 1087.—*Teg. Agelena macullulata*, Walck,
t. 1, p. 344.

Ancien-Monde — Europe — France — Allemagne — Suède
— Espagne.

J'ai trouvé des individus mâles et femelles de cette espèce dans
les environs de Laon. Le mâle est semblable à la femelle. La cupule de son digital est large , noire et renflée , mais terminée en
pointe par des poils abondants. Le conjoncteur en dessous est
formé par un limbe circulaire qui entoure le fond de la cupule ,
et forme un enfoncement de couleur plus claire ; ce n'est que
sur les bords externes qu'on remarque un conjoncteur supplé-
mentaire en tranchoire, qui est bifide aux deux extrémités ,
mais qui présente à son extrémité postérieure un crochet plus
recourbé que les autres. Cette Aranéide a l'aspect d'une Lycose ;
le corselet est très-relevé en carène , et se relève encore vers la
tête , de sorte que le milieu est courbe comme le dos d'un cheval. Les yeux de la ligne postérieure sont plus gros que ceux de
la ligne antérieure, et les yeux intermédiaires postérieurs sont
les plus gros de tous. Ces yeux sont saillants , et la courbure du
corselet est telle que ces yeux, vus de face, paraissent former deux
courbes en avant, tandis que , vus par le dos et par derrière ,
ils forment deux courbes en arrière. M. Dufour a placé dans sa
figure les yeux comme s'ils étaient vus par derrière , et cependant il a figuré ces yeux comme on les voit quand on les considère par devant. Lister a dit qu'à cause de la couleur sombre de
la tête ces yeux étaient difficiles à voir; ce qui est vrai : aussi les
décrit-il mal ; mais , en les considérant, on s'aperçoit comment
il a pu les voir comme il les décrit, et il n'y a pas plus de doute
pour sa synonymie que pour celle de M. Léon Dufour. La bouche
est celle d'une Tégénaire , et présente une lèvre allongée ovalaire , légèrement creusée à son extrémité , des mâchoires allongées droites , dilatées , et un peu arrondies extérieurement vers

leur extrémité, évidées ou échancrées à leur pointe externe, un peu creusées dans l'intérieur et se courbant le long de la lèvre. Les mandibules sont rougeâtres, cylindriques et allongées, se renfonçant un peu sous le bandeau.

Cette petite espèce est très-intéressante par les affinités qu'elle présente. Par ses pattes, ses formes, ses couleurs, elle ressemble à une Lycose, et ses yeux tiennent à la fois de ce genre, de celui des Dolomèdes, des Clastes et des Agelènes; mais par ce caractère essentiel, aussi bien que par celui de la bouche, elle appartient aux Tégénaires, dont elle a aussi les habitudes. M. Sundevall, qui a très-bien observé cette espèce et a saisi toutes ses affinités, dit que malgré sa petitesse elle construit une toile de six pouces de diamètre avec une retraite ou trou cylindrique ou tubiforme. Elle passe l'hiver dans un long tube de soie, qu'elle construit entre les mousses qui s'attachent aux pierres. Lister dit qu'elle construit une toile de grandeur médiocre, dans le milieu de laquelle est le trou en forme de tube où elle se tient, épiant sa proie. En mai on remarque les mâles sur la toile de la femelle. Celle-ci construit en juin son cocon, formé d'une soie très-blanche et qu'elle attache non loin du tube où elle se tenait en embuscade. Ainsi les habitudes de cette espèce s'éloignent peu de celles de l'Agreste. Sundevall dit qu'elle court très-vite et saute avec agilité. Quoique Olivier, en disant que cette espèce se trouve aux environs de Paris, paraisse l'avoir vue, cependant sa description n'est qu'une traduction abrégée de celle de Lister. Scopoli a connu le tube oblique et la remarquable industrie de cette espèce; il dit que c'est au fond de ce tube prolongé jusqu'à terre qu'elle porte et amasse les cadavres des insectes qu'elle a pris. N'oublions pas de remarquer la singulière disposition des pattes dans leur longueur relative, dont la quatrième est la plus longue, et qui décroissent de longueur jusqu'à la première, et sont ainsi : 4, 3, 2, 1, ce qui semble rapprocher cette famille du genre Lachesis, si toutefois dans ce genre la description se trouve plus exacte que la figure.

Affinités du genre Tégénaire. C'est avec les Agélènes que les Tégénaires ont leurs plus fortes affinités, surtout par la seconde famille des Tégénaires, ou des Agrestes, qui ont la quatrième paire de pattes plus allongée ; par la quatrième famille, celle des Caudées, qui ont, comme les Agélènes, les filières-tentacules

très-allongées ; et enfin, aussi par la cinquième famille , celles
des Tisseuses , qui ont non-seulement des tentacules allongées
comme les Agélènes , mais, comme elles aussi , la ligne postérieure des yeux très-courbée. Si ces deux genres s'allient par
leur organisation , ils se ressemblent aussi par leurs habitudes ,
puisque les Agélènes font aussi des toiles, avec une retraite en
tube. Cependant ces deux genres sont bien distincts , et de très-
habiles entomologistes, Latreille , Sundevall , ont eu tort de vouloir les confondre : s'ils ont tant de caractères analogues com-
muns , ils diffèrent par les caractères génériques les plus essentiels. Les Agélènes ont les yeux latéraux des deux lignes tellement
avancés par rapport aux intermédiaires , qu'ils cessent presque
de faire une seule et même ligne avec eux, et qu'on pourrait
presque considérer ces yeux comme formant trois lignes distinctes ; mais en les considérant comme formant deux lignes , la
ligne antérieure est toujours très-courbée , surtout si on la compare aux Tégénaires. Les Agélènes ont aussi des mâchoires plus
courtes et différentes des Tégénaires. Ces deux genres ont tous
deux de grands rapports avec les Clubiones et les Drasses ; mais
par les caractères essentiels les Tégénaires s'en rapprochent davantage. Par la troisième famille, celle des Brévilabes, les Tégénaires passent aux Clubiones et aux Olios ; mais cette famille ,
qui par les organes de la bouche s'éloigne assez fortement du
type primitif et complet du genre, tel que le donnent les individus des deux premières familles , a besoin d'être mieux connue
relativement à ses habitudes, pour qu'on puisse décider si elle
ne doit pas faire partie du genre Olios plutôt que du genre Tégénaire. La cinquième famille, les Tisseuses, si singulière et si
excentrique, ne peut former un genre spécial, et par sa bouche,
même par ses yeux et par ses habitudes qui nous sont connus,
elle appartient au genre Tégénaire ; mais elle forme comme une
sorte de transition dans ce genre avec les Lycoses, les Dolomèdes et les Agélènes. Le corselet plus resserré vers la tête, la
ténuité et la longueur des pattes rapprochent les Tégénaires des
Épéires. Les Tégénaires , par les formes de leur corps , leurs
habitudes d'incluses, et par la longueur des filières-tentacules
de leurs familles des Tisseuses et des Caudées , ont aussi de fortes
affinités avec les Mygales.

34ᵉ Genre. AGÉLÈNE. (*Agelena.*)

Yeux, *huit presque égaux entre eux, sur deux lignes très-courbées en avant ; les latéraux antérieurs beaucoup plus rapprochés des mandibules que les intermédiaires de la même ligne.*

Lèvre *large, quadriforme ou ovalaire, tronquée à son extrémité.*

Mâchoires *larges, courtes, ovalaires ou quadriformes, légèrement dilatées à leur côté interne.*

Pattes *de longueur médiocre ; la quatrième paire sensiblement plus longue que la première, laquelle surpasse la seconde, la troisième est la plus courte.*

Aranéides *sédentaires, formant sur les herbes, les buissons, les plantes, une toile grande, horizontale, à tissu serré, à la partie supérieure de laquelle est un tube, où elles se tiennent immobiles.*

1ʳᵉ Famille. LES LABYRINTHIQUES. (*Labyrinthicæ.*)

Yeux latéraux des deux lignes rapprochés entre eux.

Mâchoires ovalaires, évidées vers leur extrémité externe.

Filières-tentacules très-allongées.

Aranéides formant un cocon globuleux recouvert de détritus, de terre, de végétaux, de débris d'insectes, et de plusieurs toiles extérieures.

1. **Agélène labyrinthique.** (*Agelena labyrinthica.*) Long. 8 lignes ♂ ♀.

Abdomen ovale, allongé, bombé en dessus, renflé vers le corselet. Le dos dans son milieu et sur les côtés est brun ou noir, d'un velouté brillant ; mais une ligne longitudinale, formée par des poils fauves, se remarque près du corselet, et de chaque côté deux petits traits inclinés de même couleur ; puis suivent cinq ou six chevrons, formés de poils de même couleur que les petits traits inclinés, qui projettent leurs extrémités latérales sur un fond plus brun ou plus noir que le reste. La ligne longitudinale qui passe par le sommet des chevrons, est de couleur rougeâtre ou plus claire. Ventre bordé par des bandes longitudinales d'un fauve clair, et divisé par des bandes brunes longitudinales. Corselet relevé vers la tête, déprimé à sa partie postérieure qui est entourée d'un rebord formant un sillon creux ; pattes rougeâtres, marquées de quelques anneaux bruns.

Agelena labyrinthica, Herrich, Schœffer, 125, 23 le mâle, 24 la femelle (les meilleures figures). *Ar. labyrinthe*, Walckenaer, Faune française, Aranéides, p. 226, Pl. 9, fig. 1.—*Ibid.* Faune parisienne, t. 2, p. 217, n° 60. — *Ibid.* Tabl. des Aranéides, p. 51, n° 1, Pl. 6, fig. 55 et 56.—Schœffer, Icon. Tabl. 19, fig. 8. — *Agelena labyrinthica*, Hahn, Die Arachnidem, t. 2, p. 61, fig. 150 le mâle, 151 la femelle. (Les fig. C et B, qui représentent les yeux et la bouche, sont copiées de notre tableau.) — *Agelena montana*, Koch, dans Herrich - Schæffer, 125, 11, variété du jeune âge. —*Araneus labyrinthicus*, Clerck, Aranei suecici, p. 79, Pl. 2, tab. 8.—*Labyrinth-spider*, Martyn, Aranei suecici, 1793, in-4°, p. 36, Pl. 2, fig. 9.—*Ibid.* English spiders, p. 13, Pl. 7, fig 7.— Albin, Natural hist. of Spiders, Pl. 17, fig. 83. — *Araneus cinereus maximus*, Lister, Anim. Angl. p. 60, fig. 18.—Lister-Gœze, p. 144, Pl. 4, fig. 4.— *Aran. labyrinthic.* Linné, Faun. suecic. 2ᵉ édit. p. 487, n° 2003.— *Ar. riparia.*— *Ibid.*, p. 487, n° 202 (variété du jeune âge).—*Aranea labyrinthica*, Latreille, Gener. crust. et insect. t. 1, p. 95, spec. 1. — *Agelena labyrinthica*, Sundevall Svenska Spindlarness, Act. Holm, 1831, p. 22, n° 4.

Ancien-Monde — Europe — France — Allemagne — Hongrie — Suède.

Variété d'age. Long. 4 lignes.

Abdomen d'un brun noir brillant, avec des chevrons fauves, obscurs ; filières fauves.

Aranea riparia, Linné, Faun. suecic., p. 487, n° 2002.—*Agelena montana*, Koch, dans Herrich-Schæffer, 125-11 (une femelle). Cette figure est citée à tort comme synonyme du *Drassus trucidator*, t. 1, p. 630 de notre ouvrage.

La lèvre est quadriforme, plus haute que large ; le mâle est semblable à la femelle, il est seulement plus petit, son abdomen est plus allongé, moins bombé, moins renflé sur les côtés, plus pointu vers l'anus. Le digital offre une cupule grosse, ovale, pointue à son extrémité, renflée sur le dos. Le conjoncteur se présente sous la forme d'une coquille, implanté dans la cupule ; sur cette base conchiliforme se détache un corps cylindrique roulé en spirale, où en tire-bouchon, dont l'extrémité est d'un rouge clair, et est terminée par un petit crochet brun. La base du crochet, du côté externe, présente un petit corps arrondi, aplati, blanc, bordé de brun, échancré à sa base et en cœur ; et de ce côté externe la surface de la coquille ou du conjoncteur principal se détache et ne présente qu'un corps lisse rougeâtre, profondément échancré à son extrémité, laquelle est blanchâtre à son intérieur, et reçoit dans sa cavité le petit corps blanc en cœur où commence le crochet brun en spirale. Cette espèce a six filets sétifères dont quatre sont égaux transparents, les deux supérieurs sont très-allongés.

Cette espèce construit sur les herbes, sur les buissons, de grandes toiles horizontales en hamac, avec un tube cylindrique, comme celui de la Tégénaire domestique où elle se tient. Elle parcourt souvent, lorsqu'il fait un beau soleil, les bords de sa toile. Ses mouvements sont très-vifs, elle attaque les plus gros insectes, et elle est très-avide. Elle garantit sa retraite par des feuilles sèches enduites de soie, qui la protégent contre la pluie et l'ardeur du soleil ; car c'est toujours dans les endroits découverts qu'on la trouve. L'accouplement du mâle et de la femelle a lieu dans le tube même où la femelle se tient. Lister ayant renfermé une femelle dans une boîte, elle fit un cocon de forme étoilée, qu'elle enveloppa de toiles nombreuses : ce cocon contenait 60 œufs. En Angleterre, c'est en mai qu'elle s'accouple ; et en hiver, selon Lister, elle se cache dans les fentes des murs, sous l'écorce

des vieux arbres , et s'enveloppe alors de fils très-épais. En
France c'est le 19 juillet que j'ai observé un accouplement de
cette espèce. La femelle se tourne de côté, presque renversée sur
le dos , le mâle se place sur elle et cache à l'observateur sa tête
et son corselet. Clerck a remarqué que cette espèce n'abandonne
pas facilement les toiles qu'elle a construites. Lorsqu'elles sont
endommagées elle les raccommode , les consolide et les aug-
mente sans cesse.

Cette espèce se plaît dans les hautes montagnes , j'en ai trouvé
une très-grande quantité dans les Pyrénées , sur le flanc des
montagnes couvertes d'herbes peu élevées. Elle forme sur ces
herbes des toiles rondes de grandeur médiocre, et bien moindres
que celles qu'on observe quelquefois sur les buissons dans le
nord de la France. Cependant elles sont plus grosses que celles
des environs de Paris. Leur trou est fort grand ; dès que je
m'en approchais pour les regarder, elles sortaient hardiment ,
parcouraient vivement le dessus de leur toile , rentraient dans
leur trou et s'y enfonçaient. Alors je passai le doigt par dessous
l'orifice inférieur du trou , je rejetai en même temps la toile sur
l'orifice supérieur , et j'enlevai ainsi plusieurs femelles enveloppées dans leur propre toile comme dans un sac. C'est du 10 au
23 août , dans les vallées de Listot et d'Ossan, que j'ai pris le plus
grand nombre de ces Aranéides , elles étaient toutes pleines.
Une seule avait son cocon; il était renfermé dans une toile
en bourse assez grande , pleine de terre et de détritus de végétaux : cette bourse ôtée , le cocon était encore gros comme
le pouce d'un homme ; un tissu de soie très-fin enveloppait
des grumeleaux de terre; ensuite était une autre enveloppe
de soie ; puis enfin des grains de terre fortement adhérents au
cocon et ne pouvant en être séparés. J'ai ouvert ce cocon, et je le
trouvai formé d'une toile dure , épaisse, difficile à déchirer ; il
est à l'intérieur du plus beau blanc et parfaitement poli. J'y ai
compté 134 œufs d'un jaune verdâtre. On voit que cette espèce ,
par ses habitudes , par la composition de son cocon , comme par
son organisation , tient à la fois de la Tégénaire domestique et de
la Tégénaire agreste. Mes observations ne s'accordent pas toutes
avec celles de Lister ; je ne puis que remarquer cette différence
sans pouvoir en rendre raison : changerait-elle la forme de son
cocon lorsqu'elle est en captivité ?

Les mâles , lorsque leur digital n'est pas encore développé , ont l'abdomen aussi bombé sur le dos ; mais leur corselet est toujours moins grand que dans la femelle ; leurs pattes sont plus courtes alors et plus fines ; ils construisent des toiles comme les femelles. Le 24 juin, dans un faubourg de Verdun, j'ai observé un grand nombre de ces toiles de mâle sur des buissons d'aube-épine. Leur trou conduisait à une sorte de poche formée par une feuille contournée, doublée de soie en dehors.

Dans la forêt de pins, qui conduit au vieux château, près de Bade, le 4 août j'ai trouvé sous les pierres plusieurs Agélènes labyrinthiques avec leur cocon aplati et fixé contre la pierre ; le cocon était large comme une pièce de trente sols, et enveloppé de soie fine dans laquelle l'Araignée s'était renfermée ; cette enveloppe était recouverte de feuilles sèches, de petits éclats de bois et de terre agglutinés. Quand on a percé ou déchiré cette enveloppe, on a peine à obliger l'Araignée à quitter son cocon. On déchire difficilement le tissu du cocon dont les fils s'allongent sans se rompre. Je trouvai dans celui que j'ouvris 70 œufs, gros et jaunâtres.

2ᵉ FAMILLE. LES NYSSES. (*Nyssæ*.)

Yeux latéraux des deux lignes écartés entre eux.
Mâchoires larges, et non évidées à leur extrémité.

1ʳᵉ Race. LES OVILABES. (*Ovilabiæ*.)

Yeux *à courbure resserrée, et dont la ligne postérieure est beaucoup plus courbée que l'antérieure.*
Lèvre *ovalaire, plus haute que large.*
Filières-tentacules *très-allongées.*

2. AGÉLÈNE FAMILIÈRE. (*Agelena familiaris.*) 2 1/2 lig. ♀.

Abdomen ovale d'un gris roussâtre ; trois rangées longitudinales de taches plus obscures. Corselet d'un roux cendré avec deux bandes obscures peu marquées. Pattes rougeâtres annelées.

Arachne familiaris, Savigny, Égypte, p. 113, n° 6, t. 2°, p. 315

de l'édition in-8 ; Arachnides, Pl. 1, fig. 6. — (Genre *Nyssus.*)
Ancien-Monde — Afrique.

Cette petite espèce , décrite par M. Savigny, se trouve dans les
maisons de Rosette.

3. AGÉLÈNE TIMIDE. (*Agelena timida.*) 3 1/2 lig. ♂.

Abdomen roux pâle ; corselet gris , soyeux ; pattes d'un roux
plus pâle que l'abdomen. (Pl. 15, fig. 2 , *Nysse timide.*)

Arachne timida , Savigny, Égypte , Arachnide p. 114 , t. 22,
p. 316, n° 7 , Pl. 1 , fig. 7. — *Megamyrmakion caudatum ,* Reuss ,
Museum Sinckerbergian, t. 1 , p. 217, Pl. 18 , fig. 12 ? — Genre
Dyction , t. 1 , p. 380 de cet ouvrage ?
Dans les jardins de Rosette , en Égypte.

Si ce n'est point le mâle de l'Agélène familière , la femelle n'est
point connue. L'individu de l'Agélène timide , figuré avec tous
les détails des parties par Savigny , n'était point adulte , puisque
le digital n'offrait qu'une enveloppe homogène. Il est probable
qu'il devient plus grand, et peut-être , comme on l'observe dans
d'autres Aranéides, n'est-ce qu'alors que son abdomen revêt les
taches qui signalent son espèce. Les mâchoires sont un peu dilatées et arrondies vers leur côté externe , et point au côté interne , ce qui est le contraire dans la race qui va suivre.

4. AGÉLÈNE MARQUÉE. (*Agelena nævia.*) 9 lig. ♂ ♀.

Abdomen ovale allongé , fauve , avec deux lignes brunes longitudinales , parallèles sur le milieu du dos , et deux bandes
brunes sur les côtés, droites dans la femelle, ou qui sont légèrement
festonnées dans le mâle. Corselet d'un jaune orange , avec deux
bandes brunes longitudinales , qui atteignent jusqu'aux yeux.
Pattes d'un fauve jaunâtre , annelées de noir aux articulations.

Abbot, Georgian Spiders, p. 11, fig. 96 le mâle, p. 12, fig. 101 la
femelle. — *Aranea nævia ,* Bosc, MSS. sur les Araignées de la
Caroline, Pl. 1, fig. 2 , p. 10, n° 13 du texte (femelle). — *Agélène
marquée ,* Walckenaer, tabl. des Aran. p. 51, n° 2.
Nouveau-Monde — en Caroline et en Géorgie.

Les filières-tentacules sont très-allongées ; le digital du mâle est très-renflé, et la capsule globuleuse, quoique terminée en pointe, mélangée de brun et de jaune sur le dos. Quoique l'individu femelle, figuré par Bosc, n'eût que quatre lignes et demie, sa figure est exactement semblable à celle d'Abbot; ainsi les caractères de cette espèce sont bien tranchés.

Voici la description de Bosc, c'est une femelle :

« Mandibules fortes et brunes. Palpes pâles, couverts de poils gris, annelés de brun. Corselet ovale allongé, couvert de poils gris, excepté deux bandes latérales qui sont brunes. Abdomen ovale, couvert de poils cendrés, mêlés de poils noirs, avec deux lignes longitudinales brunes, peu prononcées sur le dos. Pattes grises ponctuées de brun. Cette espèce se fait des réseaux fort denses à l'entrée des fentes ou des trous. Elle est des plus communes. »

Abbot, sur sa figure 96, qui est le mâle, dit : « Prise le 12 juin sur sa toile construite sur les feuilles d'un chêne en taillis, cette toile ressemble à celle de l'Araignée des maisons d'Angleterre. Cette même espèce construit aussi sa toile à terre sur des feuilles mortes, et quelquefois dans les maisons et le creux des vieux arbres. Elle est commune dans les bois de pins et de chênes. C'est, je crois, le mâle du n° 101. » Cela n'est pas douteux. Pour la figure 101, Abbot dit seulement : « Prise le 12 novembre sur un vieil arbre; je crois que c'est la femelle du n° 96. » Il résulte de là qu'Abbot a eu plus souvent occasion de voir des mâles que des femelles.

2ᵉ Race. LES QUADRILABES. (Quadrilabiæ.)

Yeux *à courbes surbaissées et dilatées, presque parallèles, la ligne postérieure n'étant pas beaucoup plus courbée que l'antérieure.*

Lèvre *quadriforme, aussi large que haute.*

5. AGÉLÈNE PÉDICOLORE. (Agelena coloripes.)

Corselet noir avec trois lignes longitudinales d'un blanc vif; les pattes postérieures noires, tachées de blanc vif; la paire antérieure rouge oranger vif. (M.) (*Nysse pédicolore*, Pl. 3, fig. 11.)

Nysse pédicolore, Walckenaer, tabl. des Aranéides, p. 52, Pl. 6, fig. 57 et 58.

Monde-Maritime — Nouvelle-Hollande.

Affinités du genre Agélène. Le genre Agélène a sans doute de grands rapports avec les Tégénaires, surtout par les deux dernières familles, les Tisseuses, et les Caudées, qui ont, comme les Agélènes, des filières-tentacules extrêmement allongées ; mais ce caractère n'est que secondaire, et les Agélènes diffèrent des Tégénaires par des caractères génériques, les yeux et la bouche : ces deux genres ne sauraient être réunis sans produire de la confusion dans la méthode, ni sans nuire à la clarté des descriptions des espèces. Le genre Nysse a pu ne former qu'une famille dans le genre Agélène, parce que, quoiqu'il s'en éloigne déjà, il n'en diffère pas notablement par les caractères les plus essentiels. Les Agélènes ont les mêmes affinités que les Tégénaires, et nous ne répéterons pas ce que nous avons dit à ce sujet. Seulement nous observerons que par leurs pattes plus fortes et plus courtes, les Agélènes s'associent plus étroitement aux Clubiones et aux Drasses que les Tégénaires. Enfin par leurs filets allongés, comme par leurs couleurs et leurs formes, elles ont de grands rapports avec la quatrième race des Dolomèdes de la famille des Campestres, nouvellement établie dans notre supplément, d'après la Dolomède Agélénoïde envoyée d'Alger.

35ᵉ Genre. LACHESIS. (*Lachesis.*)

Yeux *huit, presque égaux entre eux, sur deux lignes très-courbées en avant, les latéraux antérieurs, beaucoup plus rapprochés des mandibules que les intermédiaires de la même ligne.*

Lèvre *allongée, ovalaire, arrondie à son extrémité.*

Mâchoires *courtes, inclinées sur la lèvre, très-dilatées à leur base, très-évidées à leur extrémité externe, et se terminant en pointe cunéiforme.*

Mandibules *dont l'onglet est articulé en dehors, et dont la pointe est saillante et contournée en bas.*

Pattes *fortes, propres à la course, la quatrième paire est la plus allongée.*

1. LACHESIS PERVERSE (*Lachesis perversa*), Long. 5 lig. 1/2 ♂.

Filières tentacules allongées ; corps roux, sans taches ; abdomen d'un rose roux cendré, pattes d'un roux plus pâle. (Pl. 17, fig. 1.)

Savigny, Descript. de l'Égypte.—Arachnides, Explic. des Planches, p. 110, Pl. 1, fig. 4, édit. in-folio. — *Ibid.* t. 22, p. 309, édit. 1827, in-8°.

Ancien-Monde—Afrique, environs du Caire.

Le digital du mâle est renflé, ovoïde, globuleux, avec une cupule en forme de fève, pourvue à l'intérieur de deux conjoncteurs divisés en avant, le principal naissant de la base courbée et amincie par degré, faiblement articulé, ce dernier article long et délié, l'auxiliaire finissant en pointe.

Je ne connais que le mâle de cette espèce, et je ne le connais que par la description et les figures de M. Savigny. Je remar-

que une contradiction entre la description et les figures que ce
savant naturaliste aurait fait disparaître , s'il avait lui-même pu
corriger son texte et ses planches avant de les publier. Il est dit
dans la description que les pattes décroissent graduellement ,
du moins dans le mâle, de la quatrième paire à la première ; et
les lignes qui dans la planche indiquent les longueurs relatives
des pattes , sont d'accord avec cette description (9-1) ; mais les
figures 1' et 1 ♂ qui représentent l'insecte de grandeur naturelle et grossi, s'accordent toutes deux à faire la quatrième paire
la plus longue , la première ensuite et la troisième la plus courte.
Comme ces longueurs relatives sont bien plus conformes à ce
qu'on observe parmi les Fileuses que celles qui sont données par
les lignes et par la description qui paraît avoir été faite d'après
les lignes , on serait porté à croire qu'il y a erreur dans celles-ci,
et que ce sont les figures de l'Insecte qui sont exactes. Cependant
cette singulière disposition des pattes , que donnent les lignes, et
la description , se remarquent dans les Tégénaires de la famille
des Tisseuses.

Affinités du genre Lachesis. Par ses yeux et par ses filières ce
genre a les plus fortes affinités avec les Agélènes, mais il s'en
écarte d'une manière très-prononcée par ses mâchoires et sa
lèvre , et aussi par ses mandibules qui cette fois doivent entrer
en considération dans la formation du genre, puisque le caractère
qu'elles présentent est unique, jusqu'ici, dans toutes les Aranéides
que j'ai examinées. Par la disposition des longueurs relatives
des pattes , si elle est conforme à la description de M. Savigny
(puisqu'il avait achevé son manuscrit jusqu'à la planche 4, cette
description est de lui) ce genre s'allie aux Tégénaires par la
famille des Tisseuses , chez lesquelles on observe cette même disposition des longueurs relatives des pattes.

———————

36° Genre. ÉPÉIRE. (*Epeïra.*)

Yeux, *huit presque égaux entre eux, sur deux lignes, les yeux intermédiaires figurant un quadrilatère, les latéraux écartés sur le côté et rapprochés par paires.*

Lèvre *large à sa base, arrondie ou ovoïde à son extrémité.*

Mâchoires *larges, courtes, arrondies à leur extrémité, étroites à leur insertion.*

Pattes *allongées, la première paire la plus longue, ensuite la seconde; la troisième paire plus courte que la quatrième.*

Aranéides *sédentaires formant une toile à réseaux réguliers, composée de spirales ou de cercles concentriques, croisés par des rayons droits qui partent d'un centre où l'Araignée se tient immobile.*

1re **Famille. LES OVALAIRES** à mâchoires courtes et arrondies.

Mâchoires courtes, arrondies à leur extrémité.
Lèvre aussi large que haute.
Abdomen ovale, sans tubercules, sans découpures, sans épines.
Aranéides formant une toile verticale.

1re Race. LES OVALAIRES TRIANGULAIRES.

Abdomen *ovale triangulaire.*

1. **Épéire Diadème.** (*Epeïra diadema.*) Long. 6 lig. 1/2. ♂ ♀.

Abdomen ovale allongé avec deux éminences latérales peu ou

point apparentes à la partie antérieure ; une ligne de points
jaunes ou blancs traversée par trois autres lignes semblables, en
croix, et une raie festonnée de chaque côté, se terminant en
angle à l'anus. Les yeux intermédiaires postérieurs sont plus
rapprochés que les intermédiaires antérieurs.

Ar. diadema, Moritz-Herold, De Generatione Arancarum in
ovo, Marburg, 1824, in-fol. Pl. 1, fig. 1 à 38 ; Pl. 2, fig. 1 à 13.
(L'œuf et l'embryon.)—*Aranea diadema*, Rœsel. insect. 4, Pl. 35,
36, 37, 38, 39. —Treviranus inneres Bau de Arachniden, Pl. 2,
fig. 14 à 23. — Brandt, Anatomie des Araignées, Annales des
sciences naturelles, t. 13, p. 180, Pl. 4, fig. 1 à 4. — Schæffer,
Element. inf. Pl. 21, fig. 2. — *Ibid.* Icon. insect. Ratisbonn.
Pl. 19, fig. 9 (la variété rouge), fig. 10 (la variété brune), fig. 11
(la variété noire).—Clerck, Aran. succ. p. 25, nº 2, Pl. 1, fig. 4,
Arane Peleg. Clerck, Pl. 1, fig. 5, p. 27.—*Aranea Myagria*,
Walckenaer, Faune parisienne, t. 2, p. 193, nº 8. — *Epeira diadema*, Walckenaer, Arancides de France, Pl. 10, fig. 3. — *Ar.
Cruciger*, de Géer, t. 7, p. 218, nº 1, Pl. 11, fig. 3, 6 et 7. —
Epeira diadema, Sundevall.—Svinska Spindlarness, p. 235, nº 2.
— Pkrifler, etc. Act. Hafn. 1765, in-4º, p. 584, Planche à la
page 594, tab. VII, fig. 1 à 5. — *Aranea diadema*, Termeyer, Ricerche e Sperimenti sulla sita de' Ragni et sullo loro generazione,
in-4º, p. 22, Pl. 2, fig. 1. — De Tigny, Hist. nat. des Insectes,
t. 10, p. 250, fig. 1, 3 et 4. — Guérin, Traité élémentaire d'hist.
nat. Pl. 41, fig. 5. — *Ibid.* Dictionnaire pittoresque d'histoire
naturelle, Pl. 149, fig. 2, t. 3, p. 70. — Leeuwenhoeck, Epistolæ
ad Societat. angliæ. Epistol. 138, p. 317, fig. 1, et les griffes
des pattes fig. 2, les yeux fig. 3 (une des fusules), Pl. 333 à
339, Pl. 2, fig. 3 (les mandibules), fig. 8 (l'épygine). — *Ar.
rufus cruciger*, Lister, De Aran. Angl. p. 28, tit. 2, fig. 2. —
Moufflet, Theatr. Insect. 1694, in-fol. Lib. 2, cap. XIV, p. 233,
fig. 1, au haut de la page, et Pl. addit. à la fin, fig. 3. — *Aranea
Linnei*, Scopoli, Entomol. Carniol. p. 392, nº 1077.—*Der Gros-
sen rötliche Spinne*, Frisch, Insecten, t. 7, p. 7, tab. 4. — Albin,
Spiders, p. 28 et 35, fig. 89 et 111, 151, 153, 154 et 155.—*Epeira
diadema*, Hahn, Die Arachniden, t. 2, p. 22, Pl. 45, fig. 110. —
Aranea maxima, Linné, System. nat. 7e édit. Lipsiæ, 1748,
tab. 5, f. 2, nº 204. — *Epeira lutea*, Koch, Die Arachniden,
t. 5, p. 62, fig. 378 (jeune de la variété A). *Epeira stellata*, Koch,

dans Herrich-Schæffer ; 134, 7 (variété D). — *Ar. à croix papale*, Geoffroy, t. 2, p. 647, n° 10. — *Crown-spider*, Martyn, Aranei, Pl. 2, fig. 5. — *Id*. English spiders, Pl. 11, fig. 5.

VARIÉTÉ A. Abdomen rougeâtre, avec des taches jaunes (Clerck, Pl. 1, fig. 5).

VARIÉTÉ B. Abdomen mélangé de taches brunes, rouges et jaunes.

VARIÉTÉ C. Abdomen noir, avec des taches jaunes (Clerck, Pl. 1, fig. 4).

VARIÉTÉ D. Abdomen noir, avec des points blancs (Albin, 111).

Il faudrait citer plus de cent auteurs pour donner une synonymie complète de cette Aranéide, c'est l'*Araignée à croix papale* de Geoffroy, l'*Aranea diadema* de Linné, de Fabricius, etc.

Ancien-Monde — Europe—France, Italie, Allemagne, Suède.

Cette espèce, qui est la plus commune dans nos jardins, s'accouple en été et pond dans les derniers jours d'automne. Ses œufs sont d'une belle couleur jaune, enveloppés dans un cocon globuleux, d'un tissu serré, recouvert d'une bourre lâche jaunâtre. Elle ne construit pas de nid, et se tient à couvert sous des feuilles qu'elle rapproche et qu'elle courbe avec ses fils. Sa toile est grande, verticale. Les œufs de celles qui ont pondu tard, en automne, passent l'hiver dans le cocon ; ils éclosent au printemps suivant. Ces œufs sont au nombre de cent environ ; les petits éclos ont une tache noire au-dessus de l'anus ; mais lorsqu'ils sont parvenus au tiers de leur grandeur, ils ont sur le dos la figure qui caractérise leur espèce (voy. t. 1, p. 114 à 125 de cet ouvrage). Les mâles, dans le premier âge, sont semblables aux femelles et ils ne s'en distinguent que par le dernier article des palpes ; mais en grandissant leur corselet devient plus allongé, et leur abdomen plus grêle et plus étroit. L'épigyne de la femelle est très-allongé, et en forme d'agrafe recourbée vers la pointe.

Elle fait sa toile dans les lieux éclairés, et quelquefois à travers les allées mêmes des jardins ; les points d'attache sont souvent éloignés de huit à dix pieds ; le nombre des cercles concentriques quand l'Aranéide a atteint toute sa grosseur est de vingt-huit à trente. La femelle de cette espèce est féroce. Au moment de l'accouplement, le mâle ne l'approche qu'avec crainte, quelquefois elle se jette sur lui et le dévore. A la fin de mai, dans les environs de Paris, les œufs qui ont passé l'hiver dans

les cocons, éclosent, et les jeunes Araignées s'écartent ensuite
en formant des fils qu'elles attachent aux pédicules des feuilles
voisines : l'ensemble de ces fils forme une toile irrégulière ,
composée de fils d'une extrême ténuité et sans force. J'ai vu une
jeune Linyphie et un *Theredion lineatum* pénétrer dans cette
toile et manger des petits d'une *Diademaie*, mous , incapables de
résistance.

Hahn (Die Arachniden , t. 2, p. 22, tab. 45, fig. 10) donne
11 lig. 1/2 de long et 6 lig. 1/2 de large à l'abdomen. Je n'en ai
jamais vu de cette énorme grosseur, et bien certainement dans
nos climats elle n'en approche pas. Elle se trouve à une assez
grande hauteur dans les montagnes ; j'en ai pris aux Eaux-
Bonnes, dans la vallée d'Ossau (Basses-Pyrénées), le 15 juillet.
Elle était moins grande que celle de nos environs de Paris à cette
époque.

Il faut effacer du nombre des espèces notre *Aranea myagria* ,
Faune parisienne , t. 2, n° 8, et tableau des Aranéides, p. 56 ,
n° 22 , et par conséquent aussi l'*Aranea peleg*. Pl. 1, fig. 5, de
Clerck. C'est la variété A de la *Diadema* , ou la variété rouge ,
ainsi que l'a très-bien observé avant moi M. Sundevall. Dans
cette variété , il ne reste plus que les gros points jaunâtres
qui forment la croix ; les lignes festonnées et les autres taches
sont souvent entièrement oblitérées. Dans certaines femelles ,
dont l'abdomen est très-gonflé par les œufs, les points qui
forment la croix, sont même encore plus effacés à cause de l'extrême tension de la peau du dos. L'Épéire Melittagre de ma
Faune parisienne et de mon tableau est une espèce différente
de la *Diadema* , quoiqu'elle ressemble beaucoup à cette variété
rouge, que j'avais nommée Myagrie. Pourtant cette Épéire Mellitagre doit aussi disparaître du nombre des espèces, car, ainsi
que l'avait soupçonné M. Sundevall (Svinka spindlarness, p. 241,
n° 5), l'Épéire Mellitagre, qui est l'*Aranea Babel* de Clerck , ne
diffère pas de l'*Epeira marmorea*, ou n'en est qu'une variété.

Cette espèce, et celle de l'Épéire apoclise, étant les plus communes dans nos climats , sont aussi celles qui présentent les variétés les plus éloignées les unes des autres , et il faut les avoir
suivies et observées l'une et l'autre longtemps, en avoir beaucoup
pris dans différents temps et à différentes époques, pour bien
distinguer ces variétés. Aussi ont-elles donné lieu , de la part des
naturalistes , à des confusions et à des multiplications d'espèces ,
fâcheuses pour la science.

2. ÉPÉIRE ALSINE. (*Epeïra alsina.*) Long. 5 lig. 1/2.

Abdomen ovale allongé, jaune orange, avec des lignes festonnées, rouge orange, latérales, aboutissant en angle à l'anus ; deux taches anguleuses bordées de noir à la partie antérieure. Corselet jaune uniforme. (Pl. 18, fig. 5.)

Araignée alsine, Walck. Faune parisienne, t. 2, p. 193, n° 10. — Ibid. *Épéire alsine*, Tabl. p. 59, n° 23.

Ancien-Monde — Europe — France — Allemagne — Dans les environs de Paris et de Berlin.

3. ÉPÉIRE SACRÉE. (*Epeïra sacra*). Long. 9 lig. ♂ ♀.

Abdomen ovale allongé, jaune orange, avec une large croix sur le milieu du dos d'un jaune plus pâle, dans les branches de laquelle est contenue une autre croix d'un jaune légèrement plus foncé. Les côtés sont chinés par des traits bruns transversaux. Le ventre en dessous a une tache noire carrée dans son milieu, bordé de six taches claires. Pattes jaunes annelées de brun.

Abbot Georgian Spiders, p. 14, fig. 136 ♂.
Nouveau-Monde — Amér. sept. — Géorgie.

Cette espèce, si remarquable par sa grande croix simple sur un fond chiné, sans le mélange d'aucune autre figure, a été trouvée le 29 juillet dans un champ de blé, dans sa toile orbiculaire. Le mâle semblable.

4. ÉPÉIRE ANASTÈRE. (*Epeïra anastera.*) Long. 6 lig.

Abdomen ovale allongé, triangulaire, ayant un grand triangle d'un rouge brun sur le dos, dont la base atteint la partie supérieure de l'abdomen qui touche au corselet, mais dont la pointe arrondie n'atteint pas jusqu'à l'anus. Ce triangle est entrecoupé de petites lignes plus foncées, transverses, et de deux petits traits longitudinaux proche le corselet. Ce triangle est fortement festonné sur les côtés qui sont du plus beau vert pré, contrastant fortement avec la figure brune. Deux traits latéraux bruns à la partie postérieure forment une solution de continuité dans cet entourage vert qui blanchit un peu à l'intérieur. Corselet fauve clair avec une raie d'un brun pâle dans le milieu et sur les côtés. Cuisses fauves annelées de noir à leur extrémité ; jambes verdâtres annelées de brun.

Abbot, G. S., p. 31 , fig. 381.
Nouveau-Monde— Amér. sept. — Géorgie.

Belle espèce bien distincte, prise le 28 juin dans un nid de Mouche maçonne.

5. ÉPÉIRE CLERCK. (*Epeira Clerckii*.) Long. 10 lig. ♀ ♂.

Abdomen ovale allongé, triangulaire, d'un fauve brun. Deux lignes festonnées sur les côtés du dos, dont les festons sont marqués par une suite de points blancs qui manquent dans le mâle; deux petits traits parallèles festonnés, longitudinaux, proche le corselet. Le corselet est grand et large à sa partie antérieure. Les yeux antérieurs du carré intermédiaire sont plus écartés que les postérieurs. Les yeux latéraux placés au niveau des intermédiaires d'en bas. Oviducte prolongé. (M.)

6. ÉPÉIRE LUGUBRE. (*Epeïra lugubris*.) Long. 8 lig.

Abdomen allongé, elliptique, noir foncé, avec six taches d'un blanc éclatant sur le dos, disposées par paires et longitudinalement. Ventre brun ou noir. Corselet allongé, bombé, noir, couvert de poils bruns; sternum brun. Pattes peu allongées, recouvertes de poils blancs ou gris.
Ancien-Monde — Mer des Indes — Ile de France.

Les yeux postérieurs du carré intermédiaire sont plus rapprochés entre eux que les antérieurs intermédiaires. Les mâchoires sont courtes, arrondies, noires, bordées de couleur plus pâle. La lèvre est large, noire et bordée de couleur plus pâle. De ma collection.

7. ÉPÉIRE LACRYMEUSE. (*Epeira lacrymosa*.) Long. 3 lig.

Abdomen ovale allongé, bombé, rétréci sur les côtés, noir avec six taches blanches ovales. Corselet fauve, allongé, très-bombé; sternum fauve bordé de noir ; pattes fauves et fines ; palpes fins, fauves et bruns à leur extrémité. Lèvre triangulaire, glabre et fauve; yeux latéraux au niveau des intermédiaires postérieurs. (M.)

Monde-Maritime — Port-Jackson.

Rapportée par MM. Quoy et Gaymard.

8. ÉPÉIRE CIRCONSPECTE. (*Epeïra cauta.*) Long. 5 lig.

Abdomen brun sur le dos, avec quatre taches jaunes au ventre. Mandibules courtes, renflées, pyriformes. Corselet d'un brun noir. Yeux rougeâtres, les postérieurs du carré intermédiaire sont plus rapprochés entre eux que ne le sont les antérieurs du même carré ; les yeux latéraux sont sur la ligne des intermédiaires antérieurs. Les pattes sont fines et annelées de rouge. (M.)

Nouveau-Monde — Amér. sept. — New-York.

2ᵉ Race. LES OVALAIRES TRIANGULAIRES LARGES.

Abdomen *triangulaire large.*

9. ÉPÉIRE DRYPTE. (*Epeïra drypta.*) Long. 1 1/2 lig.

Abdomen ovale arrondi, rouge ferrugineux, avec deux taches noires, oblongues, inclinées latéralement sur la moitié de la partie postérieure, se réunissant en angle à l'anus ; dans le milieu une figure fine, allongée, peu apparente, imitant un fer de flèche. Yeux intermédiaires en carré, les postérieurs plus gros. Les yeux latéraux plus rapprochés de la ligne des yeux antérieurs. Point d'oviducte apparent.

Araignée drypte, Walck. Faune parisienne, t. 2, p. 198, nᵘ 19. — Ibid. *Epéire drypte*, Tableau des Aranéides, p. 59, nᵒ 24.

Ancien-Monde — Europe — France.

Petite, dans les bois, toile verticale.

10. ÉPÉIRE CRATÈRE. (*Epeïra cratera.*) Long. 3 1/2 lig. ♂ ♀.

Abdomen globuleux, large, pubescent, rougeâtre, avec une bande longitudinale dans le milieu, plus foncée, bordée de jaune, accompagnée d'autres latérales également bordées de jaune. Le mâle a l'abdomen plus étroit, allongé et presque cylindroïde ; la cupule du digital allongée. Le conjoncteur globuleux pourvu d'un crochet.

Araignée cratère, Walck. Faune parisienne, t. 2, p. 197, n° 15. — *Épéire cratère*, ibid. Tabl. des Aran. p. 59, n° 25. — Schœffer, Icones insect. circa Ratisbon, Pl. 49, fig. 5 et 6.

Ancien-Monde — Europe — Allemagne — France, environs de Paris et de Ratisbonne.

Cette Aranéide construit une toile verticale entre les graminées, les lis, et les plantes élevées des bois et des jardins. Elle se fabrique un nid dont le fond, fait d'un tissu serré, imite une coupe ou un nid d'oiseau, et qu'elle recouvre seulement de quelques fils : elle s'y tient immobile, les pattes ramassées.

11. ÉPÉIRE AGALÈNE. (*Epeïra agalena*.) Long. 3 lig. 1/2 ♀, 2 lig. ♂.

Abdomen globuleux, large, d'un brun obscur pubescent avec deux taches d'un blanc vif formant un accent circonflexe ou deux ovales divergents, proche le corselet; lignes brunes bordées de blanc se dirigeant longitudinalement à partir de l'angle de la tache blanche, et se rapprochant vers l'anus avec des lignes transversales brunes, accompagnées de lignes latérales brunes, sur les côtés du dos; une raie blanche, fine, longitudinale à la partie postérieure, au milieu de la tache brune, festonnée, obscure. Pattes rouges, annelées de brun. Le mâle ne diffère de la femelle que par les palpes et un abdomen plus allongé. Les yeux postérieurs du carré intermédiaire sont plus rapprochés entre eux que les antérieurs, et les yeux latéraux sont sur la même ligne que les antérieurs intermédiaires.

On observe dans cette espèce, qui change beaucoup, les deux variétés suivantes :

Variété A. Abdomen sans la tache blanche en accent circonflexe, ou ayant cette tache presque entièrement oblitérée.

Variété B. Abdomen avec la tache en accent circonflexe d'un blanc très-vif, mais le reste du dos d'un brun uniforme ou avec des raies obscures.

Ar. agalène, Walckenaer, Faune parisienne, t. 2, p. 197, n° 16. — *Épéire agalène*, ibid. Tableau, p. 59, n° 26. — Albin, Pl. 10, fig. 49, p. 15. — *Ar. littera* X *notatus*, Clerck, p. 46, n° 14, Pl. 2, tab. 5. — *Epeira Sturmii*, Hahn, Die Arachniden,

t. 1, p. 12, Pl. 3, fig. 8. — *Zilla Albimacula*, Koch, Die Arachniden, t. 6, p. 144, fig. 534 (le mâle), fig. 535 (la femelle). — Ibid. dans Herrich Schæffer, 124, fig. 21 (le mâle), fig. 22 (la femelle).

Ancien-Monde — Europe — France, environs de Paris — en Allemagne.

Dans les bois ; elle fait une toile verticale en mai. Les organes du mâle sont développés en juin.

12. ÉPÉIRE EUSTALE. (*Epeïra eustala.*) Long. 6 lig. ♀.

Abdomen triangulaire, large, très-pointu vers sa partie postérieure, en forme de fer de lance, verdâtre, moucheté sur les côtés de taches brunes comme celles du Léopard, et dans le milieu une figure brune, triangulaire, à côtés anguleux ou festonnés avec des raies obscures dans l'intérieur ; une petite tache brune carrée ou en lozange au milieu ; côté supérieur du triangle près le corselet se composant de deux lignes obliques qui quelquefois se rejoignent, et quelquefois ne se rejoignent pas entre elles et qui ne touchent pas aux côtés latéraux.

VARIÉTÉ A. La figure du dos à côtés anguleux.

VARIÉTÉ B. La figure du dos à côtés festonnés figurant une anse de vase.

VARIÉTÉ C. Pâle, mélangé de bleu, de blanc et de jaune.

Abbot, G. S., p. 13, fig. 119 F, variété A ; — fig. 120 F, variété B ; — fig. 361, p. 29, variété C.

Nouveau-Monde — Am. sept., la Géorgie.

Cette espéce fait une toile orbiculaire et verticale. La variété A a été prise le 10 avril dans le comté d'Effingham ; la variété B le 6 du même mois, dans un bois de chênes ; la variété C a été trouvée le 24 mars, dans les bois de chênes du comté de Burke.

13. ÉPÉIRE CÉPINE. (*Epeïra cepina.*) Long. 4 et 5 lig. ♀.

Abdomen ovale globuleux, large, d'un brun obscur, fauve, rougeâtre ou jaune d'ocre, avec deux taches blanches ou jaunes formant une sorte d'accent circonflexe, ou formé de deux petits ovales en forme d'oignon, qui se rapprochent par leur tige et s'éloignent par leur gros bout ; à leur point de jonction commence une bande noire longitudinale festonnée, étroite, qui se

prolonge jusqu'à l'anus ; quelquefois la bande noire est oblitérée à sa partie antérieure et remplacée par des points plus foncés parallèles. Sur les côtés, deux lignes plus brunes, festonnées, qui se rapprochent vers l'anus. Corselet de couleur pâle.

VARIÉTÉ A. Abdomen rougeâtre, une raie jaunâtre indécise,
transverse, bordée de rouge, plus foncée proche le corselet ;
bande longitudinale noire peu festonnée.

VARIÉTÉ B. Abdomen brun foncé, avec deux points blancs vers
le corselet joints par deux traits bruns ; point de ligne noire longitudinale ; un rond large, rouge clair, à la partie postérieure.

VARIÉTÉ C. Abdomen jaune d'ocre.

Abbot, G. S., p. 117, fig. 173. — *Ibid.*, fig. 175, variété A. —
Ibid., p. 23, fig. 275, Variété B. — *Miranda venatrix*, Koch, Die
Arachniden, t. 5, p. 56, Pl. 159, fig. 373, variété C?

Nouveau-Monde —Amér. sept. — Brésil, Géorgie.

Les deux premières variétés ont été prises le 7 et le 22 mai dans
un nid de Mouches maçonnes ; ce sont les seuls individus qu'Abbot
ait rencontrés.

Par sa raie noire et ses couleurs, la variété A de cette espèce
ressemble excessivement à notre *Épeïra gibbosa* ; mais Abbot,
dans son dessin, et dans son traité, ne donne pas lieu de croire
que son Épéire eût des tubercules.

La variété B, prise le 18 avril dans sa toile orbiculaire.

La variété C étant du Brésil et offrant d'assez grandes différences avec les deux autres, nous croyons devoir la donner
comme espèce distincte.

14. ÉPÉIRE CHASSEUSE. (*Epeïra venatrix.*) Long. 5 1/2 lig. ♀.

Abdomen ovale, jaune d'ocre, avec deux traits d'un blanc
vif en accent circonflexe, proche le corselet ; six points rougeâtres disposés longitudinalement, et au-dessous quatre taches
carrées, noires, au-dessus de l'anus ; la supérieure, qui est la
plus grande, a deux points blancs au milieu de son disque.
Corselet jaunâtre avec une ligne noire en faisceau dans son
milieu ; pattes annelées de jaune, de rouge et de brun noir.

Miranda venatrix, Koch, die Arachniden, t. 5, p. 56, Pl. 159,
fig. 373.

Nouveau-Monde — Amérique méridionale — Brésil.

Cette Aranéide a de grands rapports de ressemblance avec l'*E-*

peïra spira de Bosc, mais encore plus avec la *Cepina*, dont nous croyons qu'elle n'est qu'une variété.

15. ÉPÉIRE MYABORE. (*Epeïra myabora.*) Long. 2 lig. ♀.

Abdomen globuleux large, fauve, avec une figure en triangle de couleur orange clair sur la partie antérieure du dos, traversée par quatre raies plus foncées qui sont terminées sur les côtés par des points enfoncés; quatre autres points enfoncés dans le milieu de la partie supérieure, renfermés entre deux angles rougeâtres dont les branches se touchent et s'élargissent vers le haut, proche le corselet. Côtés verts et rouges. Dessous de l'abdomen vert sur les côtés. Bande longitudinale d'un vert sale dans le milieu du ventre. Tour de l'anus rouge. Deux petites raies jaunes à la naissance des pattes de derrière. Les yeux latéraux sont sur une ligne intermédiaire entre les postérieurs et les antérieurs du carré intermédiaire. Yeux postérieurs de ce carré plus rapprochés que les antérieurs.

Ar. myabora, Walckenaer, Faune parisienne, t. 2, p. 198, n° 17. — *Epeïre myabore*, ibid. Tabl. p. 59, n° 17.

Ancien-Monde — Europe — France, environs de Paris, dans les bois.

16. ÉPÉIRE TRIGUTTÉE. (*Epeïra triguttata.*) Long. 2 lig. ♀.

Abdomen ovale, large, pubescent, d'un roux fauve uniforme, ou avec trois taches d'un jaune citron ou blanches à la partie antérieure, proche du corselet. Yeux du carré intermédiaire, équidistants. Yeux latéraux sur la ligne intermédiaire d'en bas.

Araignée triguttée, Walckenaer, Faune parisienne, t. 2, p. 198, n° 18. — *Epeïre triguttée,* ibid. Tabl. des Ar. p. 60, n° 28. — *Aranea triguttata,* Fabr. Ent. syst. t. 2, p. 419, n° 46.
- Ancien-Monde — Europe — France, environs de Paris, en Alsace, dans les bois; toile verticale.

VARIÉTÉ A. Abdomen sans taches.

VARIÉTÉ B. Abdomen avec trois taches jaunes.

VARIÉTÉ C. Abdomen avec trois taches blanches.

17. ÉPÉIRE MINIÉE. (*Epeïra miniata.*) Long. 4 lig. ♂ ♀.

Abdomen ovale globuleux, large. Abdomen corselet et pattes

jaune verdâtre. Dans la femelle, l'abdomen a sur la partie antérieure du dos deux grandes taches blanches, ovales, entourées
d'une ligne de carmin vif; une autre petite tache, entourée de
même, est entre ces deux grandes, qui est surmontée de deux
petits traits verts, ce qui figure un papillon volant dont les
deux grandes taches sont les ailes, et la petite la tête. Deux
bandes longitudinales d'un vert très-sale partent de la partie
postérieure des deux grandes taches blanches et se rapprochent
vers l'anus.

Le mâle a l'abdomen d'une forme un peu plus allongée. La
partie proche le corselet n'a point de taches blanches, mais elle
est bordée d'une large raie de carmin formant un demi-
ovale coupé à la naissance des absides. Une tache triangulaire
grisâtre, avec un rond jaune à sa base; les côtés de ce triangle
sont bordés de points noirs. Le corselet et les pattes sont jaunes
comme dans la femelle.

Nouveau-Monde — Amérique septentrionale — Géorgie.

Abbot, G. S., p. 3o, fig. 228-23o.

Prise le 2o mai dans les bois du comté de Burke et dans les
nids des Mouches maçonnes. Le mâle a été pris le 17 mai dans
les mêmes bois du comté de Burke.

18. Épéire ceinturonnée. (*Epeïra cingulata.*) Long. 5 lig. ♀.

Abdomen vert ou jaune verdâtre sur le dos, avec une bande
transverse jaune, entourée d'une ligne de carmin et divisée en
deux par un trait de même couleur; cinq points rangés sur
les côtés, disposés longitudinalement, ou n'ayant dans un ceinturon blanc que quelques petits traits et des points rouges qui
ne le divisent pas, et trois lignes longitudinales de petits points
ronds, blancs, entourés d'un cercle de rouge carmin; les deux
lignes latérales ont un point vert dans le milieu. Deux cercles
blancs sont proche le corselet. Le fond de la couleur du dos est
dans cette variété marbré de vert clair et de vert foncé. Ventre
brun, plus foncé dans le milieu. Pattes et corselet d'un jaune
pâle.

Belted Spider, Abbot, G. S., p. 2o, fig. 232. *Ibid.* p. 29, fig. 365.
Nouveau-Monde — Amérique septentrionale — Géorgie.

M. Abbot a trouvé, le 17 mai, plus de cent individus de cette espèce dans un nid d'Abeilles maçonnes. Dans quelques-uns, la tache ou le ceinturon était plus pâle, ou simplement jaune. — La variété de la figure 365 est considérée avec juste raison par Abbot comme la plus jolie espèce du genre pour les couleurs. Il l'a prise le 14 septembre sur un sumac.

19. ÉPÉIRE ADROITE. (*Epeïra solers.*) Long. 3 lig. ♀.

Abdomen globuleux et rougeâtre, de couleur pâle proche le corselet, et une figure longitudinale, formant une croix en fer de lance dont la pointe est dirigée vers l'anus dans le milieu du dos.

Épéire adroite, Walckenaer, Tableau des Aranéides, p. 60, n° 29. — *Ibid.* Faune française, Aranéides de France, Pl. 9, fig. 7. — *Epeïra Agalena*, Hahn, die Arachniden, t. 2, p. 29, Pl. 47, fig. 115. (Effacez la synonymie qui est fautive.)

Ancien-Monde — Europe — France, aux environs de Lyon, et en Allemagne aux environs de Nuremberg.

Elle construit, selon Hahn, sur les petits buissons une toile au haut de laquelle elle pratique une retraite ouverte filée de sa soie : elle s'y tient comme l'oiseau dans son nid. Ainsi, par sa forme comme par ses habitudes, elle se rapproche de l'*Epeïra cratera*. Hahn remarque qu'elle aime à faire sa toile sur le Spartium scorparium de Linné.

20. ÉPÉIRE FULIGINEUSE. (*Epeïra fuliginosa.*) Long. 7 1/2 lig. ♀.

Abdomen ovale, large, arrondi, d'un noir satiné. Corselet d'un brun noir. Pattes noires avec les cuisses revêtues de poils couleur rouge orange en dessous. Yeux postérieurs du carré intermédiaire plus rapprochés et plus petits que les yeux intermédiaires du même carré. (M.)

Nouveau-Monde — Amérique méridionale — Brésil.

21. ÉPÉIRE BICOLORE. (*Epeïra bicolor.*) Long. 9 lig.

Abdomen ovalaire large, jaune orange, avec cinq ou six petits traits bruns sur les côtés, rompus, qui rejoignent des points noirs disposés longitudinalement dans le milieu. Corselet et cuisses d'un brun rougeâtre ; jambes et pieds plus pâles ; les yeux intermédiaires postérieurs du carré plus rapprochés entre eux et plus petits que les antérieurs ; yeux latéraux sur la ligne intermédiaire.

Epeïra bicolor, Koch, die Arachniden, t. 5, p. 57, Pl. 160, fig. 374. — *Epeïra spinivulva*, Dufour, Annales des sciences naturelles, 1835, t. 3, pag. 110, Pl. 5, A, fig. 5.

Ancien-Monde — Europe — Espagne — Nouveau-Monde ? — Amérique mér. ? — Brésil ?

M. Koch cite pour la synonymie de cette espèce Fabr., Suppl. Ent. System. 371. Mais la description de Fabricius est insuffisante. Conférez-la avec l'Épéire lugubre qui a aussi des traits transversaux noirs ; la forme de l'abdomen ne semble pas la même.

La description de M. Dufour, quoique insuffisante, s'accorde avec celle de M. Koch, et la comparaison des deux figures constate l'exactitude de notre synonymie, ce qui me fait croire que M. Koch a été induit en erreur en donnant le Brésil pour patrie à cette Aranéide. Dufour, au sujet de son Épéire spinivulve, dit : « Elle diffère surtout de la *Diadema* par la présence à la vulve d'une pointe cornée longue d'une ligne, noirâtre, déprimée et creusée en gouttière à sa face inférieure. Je l'ai rencontrée en Espagne dans les montagnes du royaume de Valence. Elle établit son filet vertical d'un arbrisseau à l'autre. Au commencement de décembre 1811, j'en observai, près de Sagonte ou Murviédro, une en sentinelle à côté de son cocon qui renfermait près de trois cents petits. »

22. ÉPÉIRE BENJAMINE. (*Epeïra benjamina.*) Long. 5 lig. 1/2 à 9 lig. ♀.

Abdomen ovale, arrondi, fond jaune pâle ou blanc, avec une figure oblongue placée longitudinalement sur le milieu du dos, représentant un double fer de lance formé par des poils fauves dorés. Sur les côtés ces poils fauves forment deux autres bandes longitudinales, irrégulières, festonnées, d'un noir velouté, ventre brun avec deux gros points jaunes. Corselet brun recouvert de poils fauves dorés, poitrine brune, mandibules fortes et rougeâtres. Les trois premières paires de pattes sont d'un brun rougcâtre uniforme ; la quatrième paire, qui est de même couleur, a deux taches blanches l'une au haut de la jambe, l'autre au commencement du pied. Les yeux postérieurs du carré intermédiaire sont plus rapprochés entre eux que les antérieurs du même carré. Les yeux latéraux sont sur la ligne intervallaire des quatre intermédiaires.

VARIÉTÉ A. Abdomen d'un brun pâle clair avec deux points jaunes près des filières. Femelle très-pleine.

Abbot, Georgian Spiders, p. 14, fig. 126.

VARIÉTÉ B. Abdomen, corselet et pattes d'un rouge orange, deux taches rouge orange entourées de noir proche le corselet.

Abbot, Georgian Spiders, p. 27, fig. 35:.

Nouveau-Monde — Archipel d'Amérique — la Martinique — la Géorgie.

Cette espèce doit être commune à la Martinique. Un grand nombre d'individus m'ont été envoyés par M. Benjamin de Choisy, natif de cette île, et qui fut gouverneur de la Guyane française. Mais les plus grands avaient à peine 6 lignes. La figure d'Abbot, si elle n'est pas grossie, donne 10 lignes à la sienne, et des couleurs plus tranchées. Il a pris deux individus de cette espèce le 14 septembre, près de Briar-creek. Leur toile est orbiculaire, verticale et se trouvait construite entre deux arbres. A la partie supérieure est une retraite formée par des feuilles rapprochées où se tient l'Aranéide. Abbot dit qu'en Géorgie elle n'est pas commune. C'est le contraire en Guyane.

La variété B, fig. 351, a été trouvée le 28 juin dans un nid de Mouche maçonne. Cette variété, qui est plus petite, diffère assez de la grande pour faire penser qu'elle est une espèce distincte ; si elle est reconnue telle, elle recevra le nom d'*Epeira rubicunda*.

23. ÉPÉIRE APOTROGUE. (*Epeïra apotroga.*) Long. 7 lig. ♀.

Abdomen ovale triangulaire, d'un brun pâle, mêlé de blanc et de fauve ; une figure ovale festonnée, entourée d'un liséré blanc, occupant le milieu du dos ; elle n'a qu'un seul feston sur les côtés et elle se termine en pointe aiguë vers le corselet, et se prolonge en une ligne plus brune vers l'anus : au-dessus de cette raie et dans l'angle postérieur de la figure est une tache rouge, ferrugineuse, surmontée d'un petit trait brun.Corselet rougeâtre, pattes annelées de rouge et de brun.

VARIÉTÉ A. Abdomen mélangé de gris et de brun , sans figure et n'ayant à la partie postérieure que deux lignes latérales festonnées et très - noires, et à leur jonction la ligne qui se prolonge jusqu'à l'anus aussi très-noire. Au-dessus de cette ligne la tache rouge obscure.

VARIÉTÉ B. Figure non fermée par en bas et se prolongeant en pointe aiguë sur les côtés.

Abbot, Georgian Spiders, p. 30, fig. 371 et 376. — *Ibid.* fig. 373 (variété B, 4 lig.).
Nouveau-Monde — Amér. septent. — Géorgie.

Les deux variétés de cette espèce ont été prises le 28 juin dans un nid de mouche maçonne.
La variété B a été prise le 30 avril sur un saule , à côté d'un étang, dans les bois du comté de Burke. L'abdomen est un peu aplati à sa partie supérieure. Cette variété a aussi la tache rouge ferrugineuse dans le milieu de la partie supérieure, mais plus large et plus étendue.

24. ÉPÉIRE SPATULÉE. (*Epeïra spatulata.*) Long. 6 lig. 1/2 ♀.

Abdomen triangulaire, large, d'un vert pâle , le bord du dos proche le corselet avec une large bande noire arquée et dentée à sa partie intérieure: à la partie postérieure est une tache noire en forme de trèfle, ou spatule ronde coupée dans son diamètre , supportée par une raie noire longitudinale qui aboutit à l'anus ; à la partie supérieure du trèfle ou de la spatule ronde, sont deux petits traits noirs qui s'en détachent. La tige du trèfle a souvent un petit trait noir en croix, le tout ressemble à une spatule pourvue de deux oreillons. Côtés de l'abdomen tigrés de taches noires, dans certains individus. Pattes jaunâtres annelées de brun. Ventre noir avec une tache jaune dans le milieu (6 lig., fig. 366).

VARIÉTÉ A. Abdomen vert, avec des lignes de même couleur transverses et le dos entouré d'une ligne noire qui est interrompue proche le corselet, et qui en se prolongeant sur les côtés n'atteint pas l'extrémité du corps (une jeune, 3 lig., fig. 37).

VARIÉTÉ B. Abdomen verdâtre avec l'arc de cercle noir

proche le corselet étroit et sans angle ou dentelures internes
(une jeune, 3 lig., fig. 38).

Variété C. Abdomen avec la spatule arrondie et non pointue
et point de tache noire sur les côtés (6 lig., fig. 171).

Abbot, Georgian Spiders, MSS., p. 29, fig. 366.—*Ibid.* p. 16,
fig. 171, p. 7, fig. 37 et 38.

Nouveau-Monde — Amér. sept. — Géorgie.

La plus grande a été prise le 28 avril sur un chêne du comté
de Burke.

La variété A a été prise sur un prunier le 8 mars, près du marais d'Ogechee. Il est douteux que ce soit la même espèce que les
autres.

Cette espèce paraît très-commune puisque Abbot l'a reproduite dans ses dessins. Lui-même indique que les figures 38, 171
et 366 représentent une seule et même espèce. La 171 ne diffère
de celle de la 366 que par l'absence des taches tigrées noires sur
les côtés du dos, et du petit trait au manche de la spatule ou
trèfle. C'est la variété C qui a été prise dans un nid de Sphex,
le 22 mai.

25. ÉPÉIRE ILLUSTRÉE. (*Epeïra illustrata.*) Long. 7 lig. ♂.

Abdomen ovoïde, vert, avec une figure d'un brun pâle,
rougeâtre sur le milieu du dos, qui ressemble à certaine croix
de décoration de certains ordres, formée par des branches larges
ou quatre grandes échancrures dans un polygone, et présentant
sept angles très-aigus : la partie de la branche proche du corselet,
plus étroite, est aussi plus brune, et cette partie de la croix, avec
deux taches obliques qui bordent le haut de l'abdomen, forment
deux lunules ouvertes sur le côté ; petits traits bruns inclinés vers
l'anus. Corselet rougeâtre avec une ligne longitudinale brune.
Cuisses rougeâtres, jambes brunes finement annelées de brun
(fig. 186).

Variété A (long. 4 lig.) brune, rougeâtre uniforme, la figure
formant, en brun plus foncé, un double polygone, ne formant
ni croix ni lunules (fig. 271).

Abbot, Georgian Spiders, p. 17, fig. 186 (un mâle, variété
verte avec la croix) ; p. 22, fig. 274 (un mâle, variété fauve),

long. 4 lig. ; et p. 15, fig. 142 (un mâle, variété fauve à polygone festonné), long. 4 lig. (fig. 278, la femelle).

Nouveau-Monde — Amér. sept. — Géorgie.

Prise le 4 octobre dans les bois du comté de Burke, sur un
noyer, et sur sa toile en orbe. — Rare.

L'Aranéide de la figure 274, que je regarde comme le mâle de
cette espèce, a été prise le 16 mai sur un chêne dans Briar-
Creek-Swamp. Très-rare. L'individu de la figure 142, mâle
aussi, qui diffère peu de celui qui est figuré sous le n° 274,
a été pris le 17 avril sur un sassafras au milieu de sa toile
orbiculaire, dans un champ de blé des bois de chênes du
comté de Burke. Il est singulier que ce soit toujours le mâle de
cette espèce qu'Abbot ait trouvé et jamais la femelle. Je crois
cependant que c'est l'Aranéide représentée fig. 278, long. 4 lig.,
abdomen ayant sur le dos la même figure brune festonnée, avec
un point blanc rond dans le milieu de l'espace ; la partie
du corps proche le corselet s'éclaircit en jaune et ne présente
que des lignes rouge carmin très-fines, qui indiquent les limites
de la figure comme dans le n° 274 et le n° 142. L'individu de
la figure 278 a été pris le 3 mai sur un buisson de pin, dans les
bois de chênes du comté de Burke.

26. ÉPÉIRE PARTAGÉE. (*Epeira partita.*) Long. 3 lig.

Abdomen globuleux très-large rougeâtre, avec des lignes
transverses obscures, plus foncées, et une large bande blanche
entre les deux angles latéraux du dos, dont la surface se trouve
ainsi divisée en deux.

Abbot, Georgian Spiders, p. 7, fig. 40.
Nouveau-Monde — Amér. sept. — Géorgie.
Dans les bois de chênes, assez rare.

Cette espèce ressemble beaucoup à l'*Epeïra triguttata* des environs de Paris.

3e race. LES OVALAIRES OVIFORMES. (*Ovalæ oviformes.*)

Abdomen *ovoïde à dos bombé.*

27. ÉPÉIRE SCALAIRE. (*Epeira scalaris.*) Long. 6 lig. 1/2.

Abdomen ovoïde, blanc ou jaune, avec un parallélogramme

brun festonné à sa partie postérieure et deux points noirs au-dessus sur le milieu du dos. Yeux postérieurs du carré intermédiaire plus rapprochés entre eux que les yeux antérieurs. Yeux latéraux sur la ligne des yeux intermédiaires postérieurs.

On distingue dans cette espèce au moins quatre variétés.

VARIÉTÉ A. Abdomen jaune citron, avec la tache noire entière; pattes blanches annelées de rouge.

VARIÉTÉ B. Abdomen jaune avec une tache blanche en trèfle au-dessus de la tache noire.

VARIÉTÉ C. Abdomen jaune ou blanc avec la tache brune divisée longitudinalement à sa partie supérieure, ou fourchée dans la moitié de sa partie antérieure.

VARIÉTÉ D. Abdomen noir avec une tache noire.

Aranea scalaris, Fabricius, t. 2, p. 419-45. — Walckenaer, Faune parisienne, t. 2, p. 194, Pl. 6, fig. 3. — *Epéire scalaire*, Walckenaer, Faune française, Arachnides, Pl. 10, fig. 1, Var. A, fig. 2, Var. B.—*Ibid.* Tabl., p. 60, n° 30.—Albin, Pl. 19-91.—Martyn, English Spiders, Pl. 13, fig. 10. — Lavater, Essay on Physionomy, in-4°, Lond. 1790, vol. 2, p. 129, dans la vignette qui est au bas de la page (Variété A). —*Aranea scalaris*, Panzer, Faun. germ. 4, 24 (une jeune).—*Araneus pyramidatus*, Clerck, p. 34, Pl. 1, tab. 8. — *Araneus ocellatus*, Clerck, p. 36, Pl. 1, tab. 9 (Variété C). —*Aranea Betulæ*, Sulzer, tab. 29, fig. 14. —*Ar. scalaris*, Cederhielem, Faunæ ingricæ prodromus, p. 194, n° 593.—*Dysdera lutea*, Risso, Hist. nat. des Alpes maritimes, t. 5, p. 162, n° 29. — *Epeira pyramidata*, Henrich Schæffer, 124-17 (le mâle). — *Ibid.* 124-18 (la femelle).— *Epeira scalaris*, Hahn, die Arachniden, t. 2, p. 27, Pl. 47, fig. 114.—*Epeira pyramidata*, Act Holm 1832, in-8°.

Ancien-Monde — Europe — France —Allemagne — Suède — Norvége.

Cette Aranéide, une des plus belles espèces de cette famille, devient au temps de la ponte presque aussi grosse que la *Diadema*. Elle se cache comme elle sous des feuilles qu'elle rapproche par des fils, et ne construit pas de nid en soie; sa toile est grande et verticale; mais elle rapproche les feuilles de manière à former souvent un cornet allongé, renversé, sous lequel elle se tient. On la trouve dans les bois et dans les jardins, mais surtout sur les bords buissonneux des étangs et des ruisseaux ; quelque petite qu'elle soit, elle a toujours les couleurs et les marques distinctives de son espèce. Les fils de la toile de cette espèce sont moins serrés que dans les *Diadema*, et on ne les voit que lorsque le soleil luit dessus ; et comme l'Aranéide se tient plus souvent sous les feuilles où elle s'abrite que sur sa toile , il en résulte qu'on ne la voit pas et qu'on la prend rarement, quoiqu'elle ne soit pas rare. Je l'ai trouvée sur la montagne Grammont aux Eaux-Bonnes, vallée d'Ossau dans les Pyrénées , aussi souvent que dans les environs de Paris, ce qui prouve qu'elle aime aussi les lieux élevés , non humides , mais baignés fréquemment par les brouillards.

28. ÉPÉIRE GRADUÉE. (*Epeïra graduata.*) Long. 6 lig. ♂ .
Long. 7 lig. ♀ .

Le mâle , long. 6 lignes.
Abdomen ovale , jaune orange avec un triangle brun, festonné à la partie postérieure, plus clair dans le milieu, la partie proche le corselet bordée de brun. Corselet brun. Dernier article des palpes ovoïde. Pattes jaunes, annelées de brun pâle.
Abbot, Georgian Spiders, p. 17, fig. 176.
Nouveau-Monde — Amér. sept. — Géorgie.
Le mâle pris le 9 juin sur un jeune et petit pin, retranché dans une petite toile , fabriquée entre les feuilles, placée comme un gland dans sa cupule.

La femelle , long. 7 lignes.
Abdomen très-bombé, d'un jaune pâle , avec une feuille découpée ou un triangle festonné , formé par des lignes fines et brunes, et sur les côtés des bandes de points bruns, le tout indécis et obscur. En dessous, le milieu du ventre est brun ; sur les côtés sont deux lignes d'un jaune vif, qui se rejoignent en angle à la partie postérieure. L'oviducte est d'un jaune pâle relevé, et semblable à une trompe ridée d'éléphant et prenant naissance entre deux corps bruns globuleux. Corselet pâle, rougeâtre, ainsi que le sternum, les mâchoires et les lèvres. Yeux noirs , les intermédiaires postérieurs plus rapprochés entre eux que ne le sont entre eux les intermédiaires antérieurs. Les yeux latéraux sur la ligne des yeux intermédiaires postérieurs. Mandibules d'un rouge pâle. Pattes de même couleur , mais annelées

de brun, les postérieures plus fortement que les antérieures.
(M.)

Nouveau-Monde — Amér. sept. — New-York.

Forme et aspect de l'*Epeïra scalaris* d'Europe, mais un peu plus grosse.

29. ÉPÉIRE DÉCOLORÉE. (*Epeira decolorata.*) Long. 5 lig. ♂ ♀.

Abdomen ovale, un peu large, brun rougeâtre ou gris ; une figure pyramidale renversée, plus brune ou noire festonnée, entourée d'un espace plus clair. Pattes oranges, annelées de brun. Le mâle plus allongé et semblable à la femelle.

VARIÉTÉ A. Abdomen brun rougeâtre.

VARIÉTE B. Abdomen blanc et noir ; la figure pyramidale noire, avec trois points plus noirs, obscurs, disposés longitudinalement.

Abbot, p. 28, fig. 345 (variété A). — *Ibid.* p. 31, fig. 390 (variété B).

Nouveau-Monde — Amér. sept. — Géorgie.

La variété A a été prise le 1er mai sur sa toile orbiculaire, près du marais d'Ogechee, et une seconde fois dans Briar-Creek. La variété B, le 29 septembre sur un chène dans le bois de chènes du comté de Burke.

30. ÉPÉIRE D'OLIVIER. (*Epeira Olivieri.*) Long. 7 lig. 1/2.

Abdomen triangulaire couleur fauve clair, ayant au milieu du dos quatre points enfoncés formant ensemble un carré, et à la base une croix formée par des points argentés très-brillants. Corselet petit, un peu aplati. Mandibules fauves. Pattes peu allongées, d'une couleur plus pâle que le corps, avec des anneaux d'un fauve obscur.

Ar. pâle, Olivier, Encyclop. méthodique, Hist. nat. Ins. t. 4 (t. 1 des Insectes), p. 200, n. 6.

Ancien monde — Europe — France, Provence, dans les champs et les jardins.

Elle file une toile verticale régulière sur les arbres fruitiers, les arbrisseaux et les buissons. Elle construit, à côté de sa toile, entre deux ou trois feuilles qu'elle rapproche et qu'elle joint ensemble

par le moyen de fils assez forts , un logement où elle se tient
ordinairement cachée.

Nous n'avons point vu cette espèce qui paraît voisine de la
Quadrata. Mais, d'après ce que dit Olivier, elle n'a pas les mêmes
habitudes.

31. ÉPÉIRE ACALYPHE. (*Epeira acalypha.*) Long. 2 lig. 1/2.

Abdomen ovoïde allongé , blanchâtre , brillant, avec trois raies
longitudinales de points noirs sur la partie postérieure, et quatre
autres de même couleur séparées, proche le corselet. Yeux postérieurs du carré intermédiaire, plus gros et plus rapprochés que
les intermédiaires antérieurs. Yeux latéraux sur la ligne des
yeux postérieurs intermédiaires.

VARIÉTÉ A. Addomen avec deux raies de points noirs à la
partie postérieure; sans points proche le corselet.

VARIÉTÉ B. Abdomen avec les points gris noirs, se touchant, et
formant une figure noire et quatre points noirs au-dessus.

Ar. Acalyphe, Walckenaer, Faune parisienne, t. 2 , p. 199, n° 20.
— *Epéire Acalyphe ,* ibid. Tabl. des Ar. , p. 60 , n° 32. — *Epeira
genistæ,* Hahn, die Arachniden, t. 1 , p. 11, Pl. 3, fig. 7, A. — *Zilla
acalypha ,* Koch , die Arachniden , t. 6 , p. 139 , Pl. 213, fig. 130,
le mâle ; fig. 131 , la femelle. — Ibid. *Zilla decora ,* Übersicht
des Ar., p. 5.

Ancien monde — France , Allemagne, environs de Paris ; commune dans les prés, les herbes hautes des bois et des jardins ,
entre les lis , sur les groseilliers et autres arbustes. On la trouve
le plus souvent en mai et en septembre. Toile verticale. L'épigyne, dans cette espèce, au lieu d'être un tube en forme d'a-
grafe comme dans la *Diadema* , la *Scalaris* , n'est qu'une rainure ou
une sorte de petit canal. Le mâle est développé en juin.

32. ÉPÉIRE ASSIDUE. (*Epeira assidua.*) Long. 8 lig.

Abdomen ovoïde verdâtre avec des lignes brunes sur les côtés,
dessous d'un jaune verdâtre pâle avec quatre points enfoncés
dans le milieu , disposés longitudinalement. Corselet bombé ,
rouge , glabre , bordé de jaune ; du jaune aussi entre les yeux.
Yeux latéraux très-écartés des intermédiaires, tête large. Mâ-

choires et lèvre rougeâtres avec deux points jaunes, dont l'un est proche le corselet, l'autre à la pointe.

Ancien-Monde — océan Indien — Ile de France; décrite d'après plusieurs individus envoyés par M. Desjardins.

33. ÉPÉIRE CÉROPÉGE. (*Epeira ceropegia.*) Long. 2 lig. 1/2. ♀.

Abdomen ovale allongé, roux, divisé longitudinalement par une figure oblongue, anguleuse ou festonnée , sur le milieu du dos, noire, bordée de jaune, se terminant en angle à l'anus. Yeux latéraux très-rapprochés entre eux, et sur la ligne des postérieurs intermédiaires.

VARIÉTÉ A. La figure formant à sa partie supérieure deux triangles, et se prolongeant sans interruption jusqu'à l'anus.

VARIÉTÉ B. La figure terminée vers l'anus par deux petits cercles jaunes.

Araignée céropége, Walckenaer, Faune parisienne, t. 2, p. 199, n° 21. — *Épéire céropége*, ibid. Tabl. des Aranéides, p. 60 , n° 33 (variétés A , B). — *Epeira ceropegia*, Koch, dans Herrich Schœffer, 126 , 12 (le mâle): *ibid.* 129 , 13 (la femelle). — *Miranda ceropegia*, Koch, die Arachniden, t. 3, p. 51, Pl. 158 , fig. 370. — Christ. Schœffer, Insect. Ratisb. Pl. 226, fig. 6 (le mâle).

Ancien-Monde — France — Italie — Allemagne.

C'est le soir seulement que cette Aranéide se met au milieu de sa toile pour dévorer les très-petites Tipules qui s'y trouvent prises.

34. ÉPÉIRE PORRACÉE. (*Epeira porracea.*) Long. 2 lig. 3/4, ♀.

Abdomen vert, moucheté de blanc sur les côtés; dans le milieu du dos une large bande longitudinale plus foncée, bordée d'une ligne festonnée d'un blanc vif; dans l'intérieur des deux lignes, et proche du corselet , sont deux traits ou lignes blanches festonnées qui n'atteignent pas la moitié du dos; de chaque côté, proche du ventre , sont deux autres lignes blanches festonnées , qui en s'approchant de l'anus se terminent par des points blancs. Corselet brun; pattes jaune clair, avec des taches noires aux articulations et des anneaux d'un brun pâle au fémoral.

Miranda porracea, Koch, Die Arachniden, t. 5, p. 49, Pl. 158, fig. 368.

Nouveau-Monde — Amérique mérid. — Brésil.

Cette espèce ressemble beaucoup à l'Épéire céropége.

35. EPEIRE ARMIDE. (*Epeira armida.*) Long. 6 lig., ♂.

Abdomen avec une figure oblongue sur le dos, représentant une feuille étroite, allongée, profondément festonnée, d'un blanc de lait bordé de noir et liseré de blanc pur, à nervures longitudinales sans nervures transverses. Cette feuille médiane, dessinée sur un second disque d'un blanc jaunâtre, profondément découpé, à divisions très-pointues, liserées de blanc pur et prolongées obliquement sur le fond roussâtre des côtés.

Épéire armide, Savigny, Descript. de l'Égypte, Hist. nat., t. 1, p. 126, ou t. 22, p. 337 de l'édit. in-8, 4ᵉ partie, Pl. 2, fig. 8.

Ancien-Monde — Asie, Syrie, environs de Saint-Jean-d'Acre — en Grèce.

Savigny remarque que cette espèce a les plus grands rapports avec l'Épéire adiante qui se trouve en France et en Italie; et en effet, la figure qu'en donne Savigny ressemble tellement à cette variété de la Céropége confondue avec l'Adiante de nos précédents ouvrages, que sans la différence de grandeur nous eussions considéré l'Epéire armide comme une seule et même espèce avec l'Epéire céropége.

36. ÉPÉIRE ADIANTE. (*Epeira adianta.*) Long. 5 lig.

Abdomen ovale, rougeâtre, divisé dans son milieu par une figure oblongue bordée de jaune vif, qui diminue, se réunit en angle à l'anus, et est festonnée et entourée de noir. Sternum, bouche et ventre noirs, avec deux croissants jaunes opposés, peu courbés. Lèvre et mâchoires noires, bordées de couleur plus pâle.

VARIÉTÉ A. Abdomen rougeâtre avec la figure longitudinale du dos bordée de jaune et de noir.

VARIÉTÉ B. Abdomen jaunâtre ou verdâtre, avec une figure longitudinale festonnée, bordée de noir, interrompue à sa partie antérieure.

Ar. adiante, Walckenaer, Faune parisienne, t. 2, p. 199, nº 22. — *Epéire adiante*, Id. Tabl. des Ar. p. 60, nº 34. — Faune française, Aranéides, Pl. 9, fig. 8. —*Miranda pictilis*, Koch, Die Arachniden, t. 5, p. 50, Pl. 158, fig. 369. — *Araneus segmentatus*, Clerck, p. 45, Pl. 2, fig. 6. — *Epeïra segmentata*, Sundevall, Svinska Spindlarness, Act. holm. 1832, p. 247, nº 9. — *Epeïra sclopetaria*, Hahn, Die Arachniden, t. 2, p. 46, Pl. 57, fig. 131. — Christ. Schæffer, Ins. Ratisb. Pl. 19, fig. 12.

Ancien-Monde — France — Allemagne — Grèce — Italie — Suède.

Dans les bois, dans les champs de blé. Selon la remarque, de M. Hahn elle se tient tout le jour près de sa toile dans une demeure ouverte en forme de cornet renversé, où aboutit un fil qui est attaché au centre de sa toile et qui touche à une de ses pattes.

37. ÉPÉIRE THÉIS. (*Epeïra Theïs.*) Long. 6 lig. ♀. (Pl. 18, fig. 4.)

Abdomen ovale allongé avec deux bandes brunes longitudinales se joignant aux deux extrémités inférieures et supérieures du dos, entourant une autre bande ovale longitudinale d'un jaune très-vif, accompagnée sur les côtés d'une autre bande de même couleur ou grisâtre. La bande du milieu a une ligne fine longitudinale noire traversée par de petites lignes noires. Les deux bandes brunes de chaque côté ont quatre petits traits transversaux d'un jaune très-vif. Le ventre est noir dans son milieu, et est bordé de deux lignes parallèles jaunes non courbées; les côtés sont bruns noirâtres, recouverts de poils jaunes; quatre points jaunes disposés en carré à l'anus. L'oviducte est brun, saillant, vertical, et n'a qu'une seule courbure. Le corselet est fauve avec une raie longitudinale sur le milieu et deux autres de chaque côté. Les yeux intermédiaires postérieurs sont plus rapprochés entre eux que les intermédiaires antérieurs ne le sont entre eux. Les yeux latéraux sont écartés, et reculés au niveau de ceux d'en haut. Mâchoires et lèvre d'un fauve pâle rougeâtre lavé de noir à leur base; sternum ovale, velu, brun sur les côtés avec le milieu fauve formant une large raie longitudinale. Pattes de longueur médiocre, fauves, annelées de brun à l'extrémité de leurs articulations. (M.)

Monde-Maritime — Polynésie — Archipel des Mariannes, île de Guam.

Cette espèce porte le nom de M. Théis fils, qui l'a dessinée et gravée, sur une planche d'Insectes qui n'a point été publiée.

38. ÉPÉIRE VIVACE. (*Epeïra vivida.*) Long. 4 lig. ♀.

Abdomen ovale triangulaire arrondi, de couleur blanche, verte, pâle et brune ; deux bandes de couleur pâle blanche ou verte, l'une longitudinale, l'autre transversale, divisent le dos en quatre parties : dans les deux parties supérieures sont deux triangles équilatéraux d'un brun rougeâtre pâle ; à la partie postérieure sont deux triangles allongés de même couleur, mais bariolés transversalement par quatre petites lignes ou traits d'un brun foncé. Corselet verdâtre entouré de brun noir, avec une raie longitudinale brune qui s'élargit vers la tête. Pattes verdâtres annelées de brun aux jambes et aux tarses.

Abbot, Georgian Spiders, p. 38, fig. 474.
Nouveau-Monde — Amérique septentrionale — Géorgie — prise sur un noyer le 12 juin dans les bois de chênes du comté de Burke.

39. ÉPÉIRE BRODÉE. (*Epeïra phrygiata.*) Long. 5 lig.

Abdomen ovale rougeâtre, bistre, ayant sur le milieu du dos une figure oblongue festonnée et bordée d'une raie d'un blanc vif ; le milieu de la figure est blanc, divisé par une raie fine rougeâtre et quelques petits traits transverses ; trois taches d'un bleu verdâtre proche le corselet, qui est aussi bleuâtre ; pattes rougeâtres annelées de blanc.

Abbot, Georgian Spiders, p. 17, fig. 180.
Nouveau-Monde — Amérique septentrionale — Géorgie — prise le 2 septembre dans les bois de chênes du comté de Burke, sur sa toile faite dans un buisson de sassafras. Cette espèce ressemble beaucoup à l'Épéire adiante.

40. ÉPÉIRE DIADÈLE. (*Epeïra diadela.*) Long. 11 lig. ♀.

Abdomen ovoïde à dos bombé, brun, avec un duvet de poils jaunes sans dessin sur le dos, mais ayant six points enfoncés disposés longitudinalement avec des lignes inclinées formées de poils jaunes sur les côtés ; une bande jaune se prolonge de chaque côté jusque sous le ventre, là où le corselet touche à l'abdomen. Dans le milieu du ventre, qui est brun, sont quatre taches jaunes en carré, dont les supérieures se joignent par leurs angles internes ; deux autres taches sur les côtés ; et sur les côtés des filets sétifères deux petites taches couleur orange. Le corselet est d'un brun noir, avec un duvet de poils jaune, très-relevé à sa partie antérieure, carré. Le sternum est triangulaire, glabre, d'un beau jaune orange foncé. La lèvre et les mâchoires sont noires ; celles-ci sont jaunâtres à leur extrémité interne. La lèvre est plus haute que large, et les mâchoires allongées. Les mandibules sont glabres et nues, verticales. Les yeux sont noirs, les antérieurs du carré intermédiaire sont un peu plus gros que les yeux postérieurs du même carré. Les yeux latéraux rapprochés, mais non réunis, sont portés sur le même tubercule, au niveau de la ligne des yeux postérieurs intermédiaires. Dans les femelles pleines, la couleur du sternum tourne au brun rougeâtre, et les taches du ventre sont de belle couleur fanve. (M.)

Nouveau-Monde — Amérique — Brésil — Rio-Janeiro.

41. ÉPÉIRE OUVRIÈRE. (*Epeïra ergaster.*) Long. 6 lig. ♀.

Abdomen ovale allongé, rétréci à sa partie antérieure et à sa partie postérieure, de couleur rougeâtre bistre mêlée de taches de bistre plus foncé ou brunes, et de taches blanches, diverses et régulières dans leur irrégularité, comme certaines étoffes de calicot ; à la partie postérieure sont deux ovales géminés sur lesquels s'appuie un petit triangle bistre très-foncé, festonné, au-dessus de l'anus.

Callico-spider, Abbot, Georgian Spiders, p. 20, fig. 235.
Nouveau-Monde — Amér. sept. Géorgie.

Trouvée en nombre le 17 mai, dans un nid de Mouches maçonnes. M. Abbot, qui n'a presque jamais imposé de noms aux Aranéides a donné à celle-ci un nom singulier, mais qui exprime bien la variété bizarre de ses couleurs.

42. ÉPÉIRE DIODIE. (*Epeïra diodia.*) Long. 2 lig.

Abdomen ovale allongé, jaunâtre, quelquefois d'un brillant

argentin, ayant quatre taches brunes bordées de blanc, en carré,
à la partie supérieure ; et une figure pyramidale brune, festonnée, à la partie postérieure, formée par des lignes transversales se
terminant en angle à l'anus ; ventre brun avec les côtés jaunes,
deux croissants jaunes opposés, quatre points jaunes à l'entour
de l'anus. Pattes blanches annelées de brun ; yeux latéraux rapprochés sur la ligne des yeux antérieurs intermédiaires. Yeux
postérieurs intermédiaires plus gros.

Ar. Diodie, Walckenaer, Faune parisienne, t. 2, p. 200. —
Epeïra diodia, Ibid. Tableau des Aranéides, p. 6o, n° 35.

Ancien-Monde — France, environs de Paris — Allemagne.

Cette Aranéide fait une toile verticale. On la trouve souvent
au pied des orties et d'autres arbres qui bordent les chemins.
Trouvée aussi dans les jardins sur des jasmins.

Le mâle est plus petit, a les pattes beaucoup plus allongées ;
les quatre taches sont peu distinctes, il est fauve brun, et à sa
partie postérieure, au lieu de cette figure pyramidale, bordée
de jaune, ce ne sont plus que quelques lignes brunes transverses
confuses. Conférez *Zilla maculata*, Koch, dans Herrich Shæffer,
124, 21, 22, et Die Arachniden, t. 6, p. 144, fig. 534 et 535; mais
ces deux dernières figures ressemblent plus à l'Agalène.

43. ÉPÉIRE QUADRILLE. (*Epeïra quadrata.*) 9 lig. ♂ ♀.

Abdomen ovale, renflé, globuleux, de couleur claire jaune,
rouge ou blanchâtre, avec quatre taches jaunes ou blanches,
ovales, en carré ; des points en croix et deux lignes festonnées,
aboutissant en angle à l'anus. Yeux intermédiaires postérieurs
plus rapprochés entre eux que les intermédiaires antérieurs ; les
latéraux sur la ligne des antérieurs.

VARIÉTÉ A. Abdomen d'un beau rouge amarante sans les lignes
festonnées qui aboutissent à l'anus.

VARIÉTÉ B. Abdomen verdâtre ou jaunâtre, avec les lignes festonnées.

VARIÉTÉ C. Abdomen jaune.

VARIÉTÉ D. Abdomen puce foncé, avec des taches blanches.

VARIÉTÉ E. Abdomen blanchâtre, avec des taches blanches.

VARIÉTÉ F. Abdomen en ovale allongé, n'étant pas plus large
que le corselet ; pattes très-longues (le mâle).

Variété G. Abdomen avec les bandes festonnées latérales ;
d'un rouge brun à la partie postérieure (le mâle).

Ar. quadrille, Walckenaer, Faune parisienne, t. 2, p. 193,
n° 11. — *Ibid. Epéire quadrille*, Tabl. des Aranéides, p. 136,
n° 61. — *Ar. quadrimaculata*, Faune française, Aranéides de
France, Pl. 10, fig. 4. — *Ibid.* De Géer, t. 7, p. 223, n° 3,
Pl. 12, fig. 18. — *Ar. regalis*, Panzer, 40, 21 (variété B). —
Clerck, p. 27, Pl. 1, tab. 3. — Albin, Spiders, Pl. 27, fig. 132
(variété B). — Martyn, English Spiders, Pl. 7, fig. 5. — Lister,
de Aran. p. 42, tit. 8, fig. 8. — Mouffet, p. 233, fig. 3 (au bas
de la page). — Sundevall, Svinska spindlarness, p. 239, sp. 4. —
Epeïra quadrata, Koch, dans Herrich Schæffer, 123, 21 (le
mâle); *Ibid.* 123, 22 (la femelle). — *Epeïra quadrata*, Koch, Die
Arachniden, t. 5, p. 66, Pl. 162, fig. 381 (le mâle, variété G),
fig. 382 (la femelle, variété C). — *Aran. quadrata*, Fabric. t. 2,
p. 415, n° 32. — *Epéire quadrille*, Léon Dufour, Annales des
sciences naturelles, 1824, t. 2, p. 205, n° 1, Atlas, Pl. 10, fig. 2.

Ancien-Monde — Europe, France, Suède, Allemagne.

Souvent le mâle a l'abdomen entièrement jaune, et n'ayant
que quatre points au lieu de taches. L'abdomen est alors très-
petit. Le corselet sert, avec ses trois bandes noires, à faire reconnaître l'espèce.

Cette Aranéide acquiert une grosseur égale à celle de l'Épéire
diadème. Elle fait une toile grande et verticale. Elle fait en soie
serrée un nid en forme de dôme ouvert par en bas, où elle se
tient. De ce nid part un fil qui aboutit au centre de la toile, par
le moyen duquel l'Aranéide monte et descend à volonté. Elle
pond en automne, et enveloppe ses œufs comme les autres espèces de cette famille; on la trouve dans les bois, et plus particulièrement dans les endroits humides, près des mares et des
étangs, entre les joncs et les hautes plantes herbacées.

Dans le mâle de la variété G, les bandes latérales, en se brunissant à la partie postérieure, forment une figure fourchue,
assez semblable à celle que l'on voit dans l'*Epeïra furcata*, et
dans certains individus de la *Scalaris;* mais dans la *Scalaris*
comme dans la *Quadrata*, cette variété est rare.

44. Épéire a lunette. (*Epeïra conspicellata.*) Long. 9 à 10 lig. ♂

Abdomen arrondi , globuleux, d'un beau jaune citron , ayant
dans le milieu à la partie postérieure deux lignes noires festonnées , parallèles, qui figurent un vase contourné, comme si l'on
mettait au bout l'une de l'autre des lunettes accouplées ou coupées par moitié ; les bords sont marqués d'une raie fine noire ,
d'où se détachent d'autres petits traits noirs figurant une couronne d'épines festonnée , mal jointe , ou des ovales jaunes. Le
corselet et les cuisses sont de couleur orange. Les jambes et les
pieds sont annelés de noir. Ventre noir avec deux lignes jaunes.

Variété A. Raie du milieu du dos très-noire et à lunettes coupées à demi-cercle , très-noires.

Variété B. A lunettes entières , formées par des raies fines en
treillis moins noir.

Abbot, Georgian Spiders, p. 13 et 14 , fig. 116 ; la variété A ,
fig. 121.

Nouveau-Monde — Amér. sept. — Géorgie.

Très-belle espèce ; couleur de la *Scalaris*, forme de la *Quadrata*.

La variété A a été prise le 12 septembre dans le bois de chênes.
La variété B, le 14 du même mois. Celle-ci est la plus grosse et la
plus forte ; plus elles sont jeunes, plus les raies de l'abdomen sont
noires et non terminées. La variété B , qui est la plus grosse, est
aussi la plus rare.

45. Épéire marbrée. (*Epeïra marmorea.*) Long. 6 lig. ♀ ;
4 lig. ♂.

Abdomen ovoïde allongé , rouge ou verdâtre ou orange, avec
trois éminences peu prononcées proche le corselet ; un large trait
mais peu allongé , jaune ou de couleur pâle proche le corselet ;
une tache ronde au bas de ce trait , et quatre autres disposées
en carré ; les supérieures plus petites. L'abdomen sur les côtés
est réticulé de brun ou de noir. Le ventre est noir. Pattes longues, fortes , jaunâtres , annelées de brun à l'extrémité de
chaque articulation. Yeux latéraux sur la ligne des postérieurs
intermédiaires. Yeux postérieurs du carré intermédiaire plus
rapprochés que les intermédiaires antérieurs.

Ar. mélitagre, Walckenaer, Faune parisienne, t. 2, p. 191, n° 7. — *Epé:re marbrée*, Tableau des Aranéides, p. 61, n° 37. — *Aranea marmorea*, Termeyer, Ricerche sulla seta de' Ragni, p. 24, Pl. 2, fig. 4; la partie sexuelle de la femelle, fig. 5; celle du mâle, fig. 6. — *Araneus marmoreus*, Clerck, p. 29, spec. 4, Pl. 1, tab. 2. — Ibid. *Aran. Babel*, p. 30, Pl. 1, fig. 6. — *Aranea aurantio-maculata*, De Géer, t. 7, p. 222, n° 3, Pl. 12, fig. 16 et 17. —*Epcïra marmorea*, Sundevall, Spinska spindlarness, Act. Holm. 1831, p. 241, n° 5. — *Epeïra Jenisoni*, Koch, dans Herrich Schæffer, 127, 16 (la femelle); *Ibid.* 129, 24 (le mâle). — *Epeïra marmorea*, Koch, Die Arachniden, t. 5, p. 63, Pl. 162, fig. 379 (le mâle); *Ibid.* fig. 380 (la femelle). — *Ibid.* Herrich Schæffer, 134, 2 (le mâle); 3 (la femelle). *Aran. marmorea*, Fabric. Ent. Syst. t. 2, p. 415, n° 31. — *Aran. Raji*, Scopoli, Entom. carn. p. 394, n° 1080.

Ancien-Monde — France, Suède, Allemagne, environs de Paris, de Stockholm; dans la vallée des Alpes, entre les bains de Gastein et le Saltzbourg. Conférez les descriptions et les figures citées pour l'Épéire quadrille, à laquelle elle ressemble beaucoup.

46. ÉPÉIRE JASPIDÉE. (*Epeïra jaspidata*.) Long. 1 pouce 2 lignes, larg. 11 lignes.

Abdomen arrondi, globuleux, très-gros, varié de brun rougeâtre, de blanc et de vert; tache blanche carrée proche le corselet, accompagnée de deux points blancs détachés de chaque côté de son extrémité inférieure : à la suite de ces points est une autre tache blanche plus grande, échancrée en cœur, à sa partie supérieure qui a trois points blancs de chaque côté, en grains de chapelet, qui l'accompagnent : à la suite de ces points, sont cinq autres points blancs au-dessous de la tache blanche; puis de chaque côté sont deux lignes festonnées blanches : les côtés du dos en dehors de ces lignes sont marbrés d'arcs de cercles, de points blancs et de taches d'un brun rougeâtre indescriptibles. Le milieu des deux lignes longitudinales parallèles et festonnées est brun rougeâtre et interrompu par une bande verte longitudinale, et deux autres en travers, ce qui forme une double croix. Corselet rougeâtre, bordé de jaune. Pattes annelées de jaune, de blanc et de rouge brun.

Great round Webb Spider, Abbot, Georgian Spiders, MSS, p. 13, fig. 111.— *Epeïra Gigas*, Leach, the Zoogical Miscellany, vol. 2, p. 132, Pl. 109.

Nouveau-Monde — Amérique sept. — Géorgie.

Cette espèce, remarquable par sa grosseur, fait, dans les bois de chênes et de sapins, une très-grande toile, souvent entre deux arbres ; cette toile est orbiculaire et verticale. L'Aranéide se ménage une retraite par le moyen de feuilles rapprochées : elle s'y tient la tête en bas et tournée vers le centre de sa toile pour épier les Insectes qui s'y trouvent pris. Abbot a trouvé cette belle espèce le 25 juin.

La description de Leach est insuffisante ; mais sa figure, peinte d'après un individu desséché, se reconnaît facilement. Il dit qu'il y a plusieurs individus de cette belle Aranéide dans la collection du Muséum Britannique et dans celle de M. Macleay.

47. ÉPÉIRE DISSIMULÉE. (*Epeïra dissimulata.*) Long. 5 lig.

Abdomen globuleux, jaune orange avec une figure brune sur le milieu du dos, qui proche du corselet s'élargit en un disque ovale, et se rétrécit à la partie postérieure en un triangle, ayant trois petites dents sur les côtés ; la partie postérieure se termine par un trait bifide ou deux traits fins : proche du corselet est un petit trait dont la moitié est d'un brun plus sombre que le disque sur le milieu duquel il se trouve, et qui se termine en jaune. Corselet jaune à l'exception de la tête qui est brune. Pattes jaunes ; annelées de brun rougeâtre.

Abbot, Georgian Spiders, p. 13, fig. 115.
Nouveau-Monde — Amér. sept. — Géorgie.
Prise le 10 juillet dans les bois de chênes. Peu commune.

48. ÉPÉIRA TRIFLEX. (*Epeïra triflex.*) Long. 4 lig. ♂.

Abdomen ovale vert pâle, avec trois accents circonflexes, deux sur le milieu du dos opposés par leurs angles, et un troisième qui correspond à une petite ligne noire du corselet. Le reste du corselet est jaune. Les pattes sont d'un jaune verdâtre, annelées de brun.

Abbot, Georgian Spiders, p. 13, fig. 112.

Nouveau-Monde — Amér. sept. — Géorgie.

Prise le 18 novembre dans un bois de chênes. Assez peu commune.

49. ÉPÉIRE APOCLISE. (*Epeïra apoclisa.*) 4 lig. 1/2 ♂ ♀.

Abdomen ovale allongé, brun, entouré en dessus d'une large bande blanche festonnée, divisée par deux autres également blanches, en croix, non festonnées ; celle qui est en travers très-large. La bande longitudinale formant un triangle à la partie supérieure, est accompagnée de chaque côté à sa partie postérieure de trois à quatre lignes de même couleur. Yeux postérieurs du carré intermédiaire plus rapprochés entre eux que les antérieurs du même carré ; yeux latéraux sur la ligne intermédiaire des quatre yeux du carré.

VARIÉTÉ A. Abdomen brun ; bande festonnée et bandes en croix blanches.

VARIÉTÉ B. Abdomen brun, bande festonnée et bandes en croix d'un rouge ferrugineux.

VARIÉTÉ C. Abdomen brun ou noir, avec des bandes jaunâtres fines et peu larges.

VARIÉTÉ D. Abdomen jaunâtre ou orange dans sa partie supérieure, proche du corselet, où les bandes sont presque oblitérées, hormis la partie brune de la partie postérieure qui forme une fourche à branches larges, comme dans l'*Epeira furcata*.

VARIÉTÉ E. Abdomen brun, avec les bandes presque oblitérées et marquées seulement par des points bruns.

VARIÉTÉ F. Abdomen d'un rouge ferrugineux.

VARIÉTÉ G. *Epeïra apoclisa Americana*, long. 6 lig. Abdomen fauve rougeâtre, festons latéraux non interrompus dans leur milieu et formant une feuille entière et non coupée. (M.)

Ar. apoclise, Walckenaer, Faune parisienne, t. 2, p. 195, n° 13. — Ibid. *Epeira apoclisa*, Tableau des Aranéides, p. 61, n° 36.— *Ibid.* Hist. nat. des Aranéides, 5, fig. 1 (le mâle) ; fig. 2 (la femelle). — *Araignée à feuille coupée*, Geoffroy, t. 2, p. 647, n° 9, Pl. 21, fig. 2. (1re édit. Dans la réimpression la figure est fautive.) — *Epeïre apoclise*, Savigny, Description de l'Égypte, Hist. nat. t. 1, 4e partie, édition in-folio, Arachnides, p. 128,

Pl. 2, fig. 10, n° 1, 2, 3, et p. 132, Pl. 3, fig. 10, n°ˢ 1 et 2, ou
t. 22, p. 339, et 341 de l'édit in-8°. — *Aran. cornutus*, Clerck,
p. 39, n° 9, Pl. 1, tabl. 11 (variété A). — Ibid. *Ar. sclopetarius*,
p. 43, Pl. 2, tab. 3, fig. 1 et 2 (le mâle). — Ibid. *Ar. patagia-
tus*, p. 38, Pl. 1, tab. 10 (variété D). — *Ar. livida rufa*, Barbut,
Gener. insect. Linn. p. 34, Pl. 19 (la variété B). — Martyn,
Swedish Spiders, Pl. 11, fig. 7. — Koch, dans Herrich Schæffer,
120, 1. — *Epeïra apoclisa*, Sundevall, Svinska spindlarness,
Act. hol. 1832, p. 243, n° 7. — *Epeïra apoclisa*, Hahn, Die Arachniden, t. 2, p. 30, Pl. 48, fig 116. — *Epeïra dumetorum*, Hahn,
Die Arachniden, t. 2, p. 31, fig. 117. — *Epeïra arundinacea*,
Koch, dans Herrich Schæffer, 131, 19 (la femelle); *Ibid.* 131,
20 (le mâle); *Ibid.* 131, 18 (la femelle, variété brune). —
Epeïra nauseosa, Koch, dans Herrich Schæffer, 123, 20 (va-
riété F). — *Epeïra virgata*, Hahn, die Arachniden, t. 2, p. 26,
Pl. 46, fig. 113. — *Epeïra munda*, Koch, dans Herrich Schæffer,
134, 4 (femelle, variété C). — *Epeïra dumetorum*, Koch, dans
Herrich Schæffer, 134, 5 (le mâle); 6 (la femelle, variété E).
— *Araneus cinereus picturá in plures quasi divulsá*, Lister, p. 36,
t. VI, fig. 6.

Dans l'Ancien et le Nouveau-Monde — en Europe, en Afrique,
dans l'Amérique septentrionale, en France, en Suède, en
Égypte, environs de Rosette, aux États-Unis; près des étangs et
des lieux humides; plus commune en juillet et en septembre.

L'*Epeïra apoclisa americana* des environs de New-York ressemble exactement à celle d'Europe. Elle a de même un triangle
noir bordé de jaune, une feuille festonnée, et au milieu une figure
formée par des triangles en croix : seulement dans l'individu de
la collection du Muséum, les festons latéraux sont marqués du
haut en bas; sa couleur est d'un fauve rougeâtre, et les parties
claires sont d'un fauve plus clair, mais non blanc. Le corselet
est brun, revêtu de poils jaunes, abondants sur les bords et au
bandeau, de manière à former une ligne jaune qui court au-
dessus des six yeux de la ligne antérieure, et devant les deux
postérieurs du carré intermédiaire. Le sternum et les mâchoires
sont d'un fauve brun; le ventre est brun, avec les deux croissants jaunes opposés. Les pattes sont fortes, allongées, annelées
de fauve et de brun. J'avais d'abord décrit cette Arancide comme
espèce distincte, à cause de sa provenance, sous le nom d'*Epeïra*

foliata, mais elle ressemble plus aux variétés A et B, qui sont les plus communes, que certaines variétés d'Europe. Nous pensons qu'elle a été importée dans le nouveau continent avec des plantes de l'ancien.

Cette espèce, qui est une des plus répandues, est aussi une des plus industrieuses. Elle se fait un nid en soie très-serrée, comme l'Araignée quadrille, mais qui n'a qu'une petite ouverture que l'Aranéide ferme avec ses pattes quand on veut la prendre. Elle enveloppe ses œufs dans un double cocon avec un art admirable. Aux approches de l'hiver, elle attache à l'entour de son nid des grains et des détritus de végétaux. Après l'avoir fortifié, elle le ferme entièrement, et n'en sort qu'au printemps suivant, très-maigre et très-affaiblie par un aussi long jeûne. Le mâle a les pattes beaucoup plus longues, et son abdomen plus étroit, ses couleurs plus brunes, et quelquefois ses bandes, tant festonnées qu'en croix, d'un jaune si vif qu'on le prendrait pour une Aranéide d'espèce différente. Il cohabite en toute sûreté avec sa femelle, qui n'a rien de la férocité qu'on a observée dans les Épéires des premières races de cette famille.

Le 24 septembre 1835, je trouvai, au Paraclet (d'Abélard, près Nogent-sur-Seine), où je passai l'été, sur les bords de la rivière Ardusson qui traverse le parc, un roseau dont les feuilles étaient retenues par des soies d'Araignée qui cachaient un nid d'Apoclise. J'aperçus un mâle de cette espèce qui montait vers ce nid ; je cassai le bout du roseau un peu plus bas que l'endroit où se trouvait ce mâle, et je l'emportai dans ma chambre sans que ce mâle cherchât à s'enfuir et à quitter le voisinage du nid ; je plaçai ce roseau dans une grande boîte en satin, vieille corbeille de noces qui se trouvait sur une commode. Le lendemain matin, en ouvrant la boîte, je vis de longs fils tendus, et la femelle sortir de son nid sur le bord de la corbeille et dans l'acte d'accouplement ; mais le mâle, effrayé d'abord, quitta prise et s'enfuit avec rapidité, la femelle, au contraire, resta immobile. Je les repris et je les fis entrer dans un verre à boire, que je couvris d'une soucoupe, et dans lequel j'avais placé le bout de roseau où se trouvait le nid de notre Aranéide, et qu'elle avait quitté pour se livrer aux instances de son mâle. J'introduisis dans ce verre des mouches vivantes. Pendant trois jours, le mâle et la femelle ne cessèrent de se caresser. La femelle ne rentra point dans son nid ; elle se tenait dessus ce nid dans une position

renversée. Le mâle s'approchait d'elle sur le côté, la tête en
haut, allongeant ses pattes, et les étendant, moelleusement et
lentement, sur le dos de l'abdomen de la femelle, quelquefois
touchant ses pattes antérieures avec les siennes, par un petit
mouvement de trépidation très-vif. Alors la femelle s'inclinait
de côté, de manière à découvrir son ventre, contre lequel le
mâle allongeait ses palpes, et la copulation avait lieu au moyen
du conjoncteur bifide qui sortait hors de la cupule ovale,
allongée, qu'on observe dans cette espèce. C'était entre cinq et
six heures du matin que cet acte avait lieu, et il se répétait plusieurs fois. Le reste du jour, ils ne se touchaient pas, mais ils se
quittaient peu. La femelle restait à la même place presque toujours
immobile, sans rien faire. Le mâle, plus vif, plus vagabond, plus
actif, construisit une petite toile, se tint au milieu, et prit des
mouches ; puis, quelquefois, il parcourut le verre, tendit des fils ;
mais toujours après quelque temps d'absence il revenait devant
sa femelle pour la contempler, mettre ses pattes près des siennes,
sa tête vis à vis la sienne, dans une position renversée. La femelle construisit enfin un tube en soie où elle se retira ; le mâle
y pénétra ; le tube était assez grand pour les contenir tous deux.
Ils ont ainsi vécu dix jours dans une union parfaite, sans sortir
de leur amoureuse retraite. Au bout de ce temps la femelle
continuait à rester toujours tranquille, et ne cherchait jamais à
s'échapper. Il n'en était pas de même du mâle, qui errait souvent dans le verre, et qui s'enfuyait toutes les fois que je soule-
vais la soucoupe qui le fermait ; mais je le reprenais et je le re-
mettais aussitôt avec la femelle. Elle et lui, ne pouvant faire de
toiles orbitèles, tendirent quelques fils irréguliers et prirent des
mouches. Ce qui prouve que les Aranéides ne sont pas tellement
asservies à leur instinct, qu'elles ne puissent modifier au besoin,
et varier, les effets de leur industrie. Cependant nos deux Aranéides, faute d'air et d'espace, paraissaient languissantes. Elles
mangèrent, mais avec peu d'avidité, quelques mouches qu'elles
avaient prises. Le douzième jour, c'est-à-dire le 4 octobre, l'A-
poclise femelle devint invisible, et je vis qu'elle s'était renfermée dans son premier nid, dans celui qu'elle avait construit
au haut du roseau. Le tube qu'elle avait filé fut abandonné
par elle et resta vide. Le mâle, qui n'y retrouvait plus sa compagne, n'y rentra plus, et ne chercha même pas à la faire sortir
du nid où s'était renfermée, et où il n'y avait pas place pour

lui. Il errait dans le verre uniquement occupé à chercher s'il pourrait trouver une issue pour sortir. Mon départ du Paraclet interrompit ces observations.

La toile de cette espèce est verticale, irrégulièrement orbiculaire, c'est-à-dire que les portions de cercles divisés par les rayons ne se correspondent pas exactement, en quoi elle se rapproche de la toile formée par l'*Epéire tubuleuse*. Quand on a écarté les petits grains de détritus de végétaux, dont l'Apoclise fortifie la superficie de son cocon, on trouve que ce cocon globuleux blanc est formé d'un premier tissu mince, mais serré ; en déchirant ce tissu on voit une bourre jaunâtre qui recouvre les œufs. Ceux-ci sont en masse agglutinée, de couleur orange rouge ; mais cette masse est aplatie, et n'est pas en boule, comme dans l'*Epeïra diadema*. Lister a observé des larves d'Ichneumon dans les nids de cette espèce : ces larves se sont transformées sous ses yeux et ont pris leur vol dans l'air (p. 40). Lister a aussi remarqué que cette espèce fait jusqu'à quatre pontes et quatre cocons dans l'espace de deux mois. La première ponte a lieu vers la fin de mai. L'Aranéide proportionne la grandeur de sa toile à l'espace, et les cercles concentriques varient de quinze à trente-huit. Elle n'abandonne jamais son cocon, et quand elle a pondu elle refait sa toile tous les jours, si on la défait tous les jours.

L'Épéire apoclise, trouvée par Savigny aux environs de Rosette, n'est pas plus grande que celle des environs de Paris, et a de même 5 lignes de long.

Des observations longues et répétées sur cette Aranéide nous permettent d'assurer que ceux-là se trompent qui voient dans les variétés nombreuses de l'Épéire apoclise autant d'espèces. Malgré l'observation de M. Hahn (Die Arachniden , t. 2, p. 32), il faut donc retrancher du nombre des espèces son *Epeïra dumetorum*.

50. ÉPÉIRE FEUILLÉE. (*Epeïra frondosa.*) Long. 10 lig. ♀.

Abdomen ovale allongé, mélangé sur le dos de rouge brun, de vert et de blanc, ayant comme l'Apoclise une feuille coupée ou dont la partie supérieure se trouve séparée de l'inférieure. Les bords des deux parties ont une raie blanche rubanée, lavée de vert par intervalles. La partie supérieure ou arrondie de la feuille est partagée longitudinalement en deux, et offre dans son milieu un signe ou polygone blanc dans la partie supérieure duquel est un petit carré rouge. La partie inférieure de la feuille forme un triangle festonné dont la pointe est tournée vers l'anus ; la bordure blanche qui l'entoure par en haut est interrompue dans le milieu de sa base, et là se trouvent deux petits points blancs obscurs entourés de rouge. Le milieu du triangle est lavé de vert ; tout le reste est rouge brun comme les côtés. Corselet rouge ; cuisses orange annelées de brun ; jambes et pieds annelés de vert, de jaune et de brun.

Abbot, Georgian Spiders, p. 26, fig. 326.

Prise le 20 mai, dans le réduit fabriqué près de sa toile orbiculaire placée sur un petit pin, près d'un étang, dans les bois de chênes du comté de Burke ; n'est pas commun.

Cette espèce, la plus grosse et la plus belle de cette famille, ressemble beaucoup, pour le dessin du dos de son abdomen, à notre Épéire apoclise, et elle a les mêmes habitudes.

51. ÉPÉIRE FOLIÉE. (*Epeïra foliosa.*) Long. 3 lig.

Abdomen rougeâtre, avec une feuille festonnée sur le dos, bordée de brun et de blanc et deux fers de flèche dans le milieu, joints à leur pointe par un trait de couleur plus pâle, avec un trapèze à la partie postérieure.

Abbot, Georgian Spiders, p. 7, fig. 39.
Nouveau-Monde — Amérique sept. — Géorgie.
Prise le 3 avril, dans un bois de chênes ; assez rare ; elle a de l'analogie avec notre Épéire apoclise.

52. ÉPÉIRE OMBRATICOLE. (*Epeïra umbratica.*) Long. 5 lig. 1/2.

Abdomen arrondi, dos déprimé, d'un brun jaunâtre avec un ovale festonné, et six points enfoncés, ronds, disposés par paires, longitudinalement. Corselet large. Les yeux postérieurs du carré intermédiaire sont plus rapprochés entre eux que les intermédiaires du même carré ; les yeux latéraux sont sur la ligne intermédiaire du carré formé par les quatre yeux antérieurs.

VARIÉTÉ A. Abdomen brun, rond, avec la figure ovale du dos entourée d'une ligne festonnée jaunâtre, bien marquée, et une autre dans le milieu disposée longitudinalement, formant un rhombe et un triangle peu marqués.

VARIÉTÉ B. Abdomen ovale allongé, déprimé, brun avec des points peu marqués ; deux traits formant un accent circonflexe avec deux points proche le corselet ; une ligne festonnée, fine, jaune, entourant le dos (le mâle).

VARIÉTÉ C. Abdomen pâle en dessus, un peu échancré et comme en forme de cœur proche le corselet; point d'ovale ou de cercle visible, ni de dessin visible, et seulement des points (femelle après la ponte).

VARIÉTÉ D. Abdomen rouge avec des points bruns (le mâle).

Epéire ombraticole, Savigny, Descript. de l'Égypte, Hist. nat. t. 1, 4ᵉ partie, Arachnides, p. 132, Pl. 3, fig. 3, t. 22, p. 345 de l'édit. in-8. — *Epeira umbratica*, Hahn, Die Arachniden, t. 2, p. 24, Pl. 46, fig. 112. — *Ar. ombraticole*, Walckenaer, Faune parisienne, t. 2, p. 196, n° 14. — *Ibid.* Tabl. des Aran. p. 61, n° 59. — *Epeira silvicultrix*, Koch, dans Herrich Schæffer, 131, 21 (le mâle), 131, 22 (la fem.). — *Araneus umbraticus*, Clerck, p. 31, n° 5, Pl. tab. 7. — *Aran. cicatricosa*, de Géer, t. 7, p. 225, n° 5, Pl. 12, fig. 19. — *Ep. umbratica*, Sundevall, Svinska Spindlarness, p. 238, n° 3. — Schæffer, Icon. Ratisb. Pl. 37, fig. 11. — *Aran. impressa*, Fabric. 413, 24. — Lister, tit. 9, p. 44, fig. 9. — *Aran. octopunctata*, Schranck, Insect. Austr. p. 529, n° 1102. — *Epeira bohemica*, Koch, Die Arachniden, t. 5, Pl. 161, fig. 376 (le mâle), 377 (la femelle). — *Epeira umbraticola*, Latreille, Gen. Crust. et Ins. t. 1, p. 105, spec. 6. — *Epéire à cicatrices*, ibid. Nouv. Dict. d'hist. nat. t. 10, p. 301. — *Epeira umbratica*, de Villers, C. Linn. Entom. t. 4, p. 129, n° 123.

Ancien-Monde — Europe — Afrique — Suède — France — Allemagne — Ile de Madère.

Cette Aranéide fait, dans les lieux ombragés, obscurs, dans les fossés plantés ou garnis de murs, entre des pierres, des troncs de vieux arbres pourris, desséchés, une toile grande, verticale, orbiculaire, mais composée de fils lâches un peu désordonnés. Elle ressemble à ces toiles d'Épéires qui ont été abandonnées par celles qui les ont faites. Ce sont principalement des Phalènes et des Lépidoptères nocturnes que l'on trouve sur la toile de l'Épéire ombraticole ; aussi elle se tient de préférence la nuit au milieu de sa toile ; le jour, elle se retire sous l'écorce des arbres et dans des fentes humides et obscures, dans les lieux ombragés. On la trouve cependant quelquefois, même le jour, au milieu de sa toile.

Dans un individu de cette espèce envoyé de Madère, je n'ai remarqué aucune différence avec les espèces de France, si ce n'est peut-être une couleur un peu plus claire.

Cette espèce supporte très-bien le froid, survit à l'hiver et fait la morte quand on la touche. Elle fait une ponte d'environ 5o œufs petits, grisâtres, agglutinés, recouverts d'une bourre peu dense.

Le mâle, dans cette espèce, est beaucoup plus petit que la femelle et revêt parfois d'assez belles couleurs. La femelle devient jaunâtre, lavée de noir, et c'est alors l'*Epeira bohemica* de M. Koch (Die Arachniden, t. 5, p. 59), que ce naturaliste a cru être une espèce distincte. Conférer Koch, Die Arachniden, t. 5, p. 59, Pl. 166, fig. 376 (le mâle), et fig. 377 (la femelle).

J'ai trouvé, le 4 mai 1829, le cocon de cette espèce dans le jardin de la préfecture de Laon, à l'entrée d'un trou pratiqué dans le poteau d'un puits. Ce cocon est rond, aplati comme l'abdomen de l'Aranéide qui le produit; il a quatre lignes de diamètre ; il est recouvert d'une bourre de soie lâche, peu serrée, peu abondante, à laquelle les œufs n'adhèrent pas ; ces œufs sont revêtus d'une pellicule ou d'une sorte d'enduit blanchâtre, extrêmement mince. Ils sont d'un jaune sale ou bruns. La toile était grande, orbiculaire, mais à mailles écartées et très-désordonnées, et construite dans les angles du poteau.

53. ÉPÉIRE RUSÉE. (*Epeira callida.*) Long. 7 lig. Larg. 5 lig.

Abdomen presque sphérique, brun, garni de quelques poils blancs; trois bandes latérales obliques et peu distinctes; deux points blancs sous le ventre, au milieu d'une tache noire ; corselet presque cylindrique, brun, couvert de poils blancs; mandibules peu allongées, brunes; palpes de couleur pâle, annelés avec des piquants ; pattes de couleur pâle, annelées de brun avec des piquants.

Aranea callida, Bosc, Araignée de la Caroline. MSS. p. 1 verso, Pl. 4, fig. 7.

Nouveau-Monde — Amér. sept. — la Caroline.

« Cette espèce, dit Bosc, peu remarquable par sa forme et ses couleurs, est une des plus communes dans les grands bois, où elle fait des rets perpendiculaires, lâches, de plusieurs pieds de diamètre, au milieu desquels elle se tient. »

54. ÉPÉIRE VULPINE. (*Epeïra vulpina.*) Long. 8 lign. ♀.

Abdomen arrondi, globuleux, rouge pâle, très-velu, sans aucune figure ni tache. Corselet rouge, pattes de même couleur avec quelques anneaux un peu plus foncés, très-velus et très-grands.

Epeïra vulpina, Hahn, Die Arachniden, t. 2, p. 24, Pl. 45, fig. 111.

Ancien-Monde — Italie, environs de Naples.

Cette espèce et les deux qui suivent doivent être conférées avec l'*Epeïra bicolor* et l'*Epeïra fuliginosa* (Koch, Die Arachniden, t. 5, p. 57 et 58, fig. 374 et 375).

55. ÉPÉIRE VULPÉCULE. (*Epeïra vulpecula.*) Long. 9 lig. 1/2.

Abdomen arrondi, globuleux, jaune orange, sans taches sur le dos, velu ou revêtu de duvet grisâtre; tache noire sous le milieu du ventre, avec quatre taches plus claires sur les coins. Corselet rouge orange, ainsi que les pattes annelées de couleur plus foncée.

Abbot, Georgian Spiders, p. 14, fig. 131. — *Ibid.* p. 29, fig. 356. (Long. 6 lig.)

Nouveau-Monde — Amér. sept. — Géorgie.

Cette espèce ressemble, par le défaut de figure sur le dos, la forme et la grandeur, à l'*Epeïra vulpina* de Hahn, mais Hahn dit que le dessous de l'abdomen de la Vulpine est sans tache comme le dos. Abbot dit, au contraire, que son espèce a une tache noire au milieu du ventre.

Abbot a pris cette Aranéide le 14 août sur sa toile orbiculaire attachée à un chêne. Elle n'est pas commune.

L'individu de la figure 356 a été pris le 28 juin dans un nid de Mouche maçonne.

56. Épéire capellée. (*Epeïra petasata.*) Long. 5 lig. ♀.

Abdomen globuleux jaunâtre, mais ayant sur le dos une figure brune, pâle, présentant quatre chapeaux ronds ou bonnets chinois superposés, et à la partie antérieure six petits traits rouges écarlates, perpendiculaires, qui se détachent sur un fond jaune.

Abbot, p. 14, fig. 135.
Nouveau - Monde — Amér. sept. — Géorgie.

Abbot a pris cette espèce le 22 mars dans les bois de chênes du comté de Burke, sur sa toile qui est orbiculaire et verticale. C'est le seul individu qu'il ait trouvé.

57. Épéire callophylle. (*Epeira callophylla.*) Long. 5 lig. ♂ ♀.

Abdomen ovale arrondi, déprimé, avec la figure d'une feuille arrondie festonnée sur le dos, d'une couleur plus foncée sur les bords et vers la pointe. Yeux antérieurs du carré intermédiaire plus gros que les yeux postérieurs du même carré qui ne sont entre eux ni plus rapprochés ni plus écartés que les yeux antérieurs; yeux latéraux sur la ligne intermédiaire des quatre yeux du milieu, mais plus rapprochés des antérieure.

Variété A. Abdomen blanc et noir.

Variété B. Abdomen varié de vert, de rouge, de noir et de jaune, avec des raies transverses à la partie postérieure.

Variété C. Abdomen avec le milieu de la feuille d'un blanc luisant et argenté. (Femelle pleine.)

Araignée callophylle, Walckenaer, Faune parisienne, t. 2, p. 200, n° 25. — *Epéire callophylle*, p. 62, fig. 40. — Lister, de Aran. p. 47, t. 10, fig. 10.—*Ibid.* Append. ad hist. Animal. Angl. apud Godeartii de Insect. etc. p. 3, lig. 17 et 18.—Schæffer, Icon. Pl. 42, fig. 13. — *Epeira callophylla*, Sundevall, Svinska Spindlarness, Act. hol. 1832, p. 232, n° 12.—Lister, der Aran. p. 47, tit. 10, fig. 10. — *Zilla montana*, Koch, dans Herrich Schæffer, 125, 19 (la variété A).—Koch, Ubersicht des Arachniden, System. p. 5, Pl. 1, fig. 9. —*Meta Merianæ*, dans Herrich Schæffer, 134, 14 (le mâle), 15 (la femelle), 16 (variété B).—*Ar. hamatus*, Clerck, p. 51, Pl. 3, fig. 4.—*Zygia callophylla*, Koch, dans Herrich Schæffer, 123, 17 (le mâle, variété B).—*Ibid.* 123,

18 (var. C). — *Ibid.* 125, 19 (variété A).—*Ibid.* Die Arachniden,
t. 6, p. 148, Pl. 216, fig. 538 (le mâle), fig. 539 (la femelle).
— *Epeira callophylla* , Latreille, Gen. Crust. et Ins. t. 1, p. 108,
n° 11.

Ancien-Monde — Europe — France — Suède — Allemagne.

Cette Aranéide , par le placement de ses yeux intermédiaires
qui forment un carré régulier, est la transition de cette race à la
suivante. Les mâchoires sont aussi moins larges et moins arrondies que dans la Tubuleuse et dans la Diodie. Le mâle est semblable à la femelle.

L'Épéire callophylle construit une toile peu grande , composée
de fils très-fins et peu visibles, à l'intérieur des maisons, dans
l'encadrement des vitres des fenêtres, sous les hangars, dans
les écuries , et en général dans les lieux abrités. Cette toile est
orbiculaire, à mailles très-écartées ; mais quand elle est gênée
par l'espace , cette espèce fait sa toile devant une vitre, et il y a
toujours un large segment du cercle qui est vide et où les fils en
cercles concentriques et les rayons manquent : ce segment ne contient qu'un seul fil en rayon isolé ; mais il est double et il aboutit
au tub· de soie que l'Aranéide construit au haut de sa toile et où
elle se tient constamment le jour ; ce n'est que la nuit qu'on la
voit au milieu de sa toile. Le fil solitaire est celui au moyen duquel
l'Aranéide monte et descend lorsque quelque insecte se trouve
pris ; ce fil existe aussi dans les toiles achevées, mais il est derrière
la toile et non sur le même plan. Cette Aranéide fait deux pontes,
une en avril et une autre en octobre. Elle place son cocon dans
les angles des murailles ou les rebords des boiseries : ce cocon
adhère fortement aux parois où elle le place. Les œufs sont enveloppés d'une bourre molle et peu serrée , ils sont d'un gris
noir. J'ai trouvé une seule fois sur un individu jeune de cette
espèce , très-vivant, une très-petite larve blanche , attachée à
son abdomen , qui se nourrissait de sa substance. Les Clubiones
Soyeuses et les Attes Psylles dévorent souvent de jeunes Callo-
phylles.

L'Épéire callophylle est peu farouche et vit en bonne intelligence avec son mâle. Le 30 septembre , un mâle et une femelle
de cette espèce furent pris et mis dans un verre à boire. Le mâle,
après les premières caresses ordinaires (l'extension des pattes et
leur attouchement) , tira quelques fils , de manière à ce qu'ils

pussent servir à la femelle pour descendre du haut du verre au
fond où il était , c'est ce qu'elle fit. A son tour par le mouvement
de ses pattes elle excita son mâle à s'approcher d'elle. Alors toutes les parties du corps du mâle tremblèrent d'une manière sen-
sible ; il s'avança vers sa femelle non sans apparence de craintes
fondées , car elle le recevait les mandibules ouvertes. Par trois
fois il essaya , en avançant toujours , d'introduire l'organe générateur d'un de ses palpes dans la vulve de la femelle, et il parvint,
à la quatrième fois , à y faire pénétrer le conjoncteur de son palpe
gauche. Alors se manifesta dans le mâle, comme dans la femelle,
une trépidation convulsive de tous les membres et de toutes les
parties du corps, qui annonçait évidemment que la copulation
s'accomplissait. Quatre autres mouvements de même nature ,
séparés seulement par de très-courts intervalles, suivirent le premier. Après ces cinq actes de copulation le mâle se retira à une
courte distance. Une demi-minute après il s'approcha comme
la première fois , introduisit le conjoncteur de son palpe droit
dans l'abdomen de la femelle , puis , après le cinquième mouvement de trépidation convulsive, il se retira de nouveau. Il continua de cette manière pendant vingt minutes. Dans ces vingt
minutes il y eut treize accouplements, ou treize introductions
du conjoncteur d'un des palpes du mâle dans la vulve de la femelle. Durant ces treize accouplements les mouvements de trépidation convulsive ne furent pas en nombre égal à chacun
d'eux. On en compta cinq aux deux premiers, huit au troisième,
neuf au quatrième et au onzième , onze aux cinquième, sixième,
septième et dixième , douze aux huitième et neuvième , six au
douzième et sept au treizième. Ainsi dans l'intervalle de vingt
minutes il y eut cent dix-sept actes de copulation ou du moins
cent dix-sept spasmes de plaisir évidemment causés par la copulation. Après ces actes si souvent répétés , le mâle se retira et
s'éloigna. La femelle resta encore une demi-heure dans la
même position , comme si elle attendait le retour du mâle, qui
ne revint pas. Alors elle se décida à remonter aussi au haut du
verre.

Quand une Mouche se trouve prise dans la toile de l'Épéire
callophylle, elle la garrotte, la pique en la mordant et l'engourdit
ainsi sans la tuer ; elle l'attache ensuite à ses filières, et au moyen
du fil qui du centre de sa toile aboutit à sa demeure en forme de
tube , elle s'y transporte et la dévore à loisir. Elle prend ainsi de

très-grosses Mouches , telles que la Mouche de la viande , par exemple, et quand elle les a garrottées, elle transporte facilement ses victimes à son nid par le moyen du fil détaché qui y conduit et dont nous avons parlé. Cette espèce est commune à Paris et dans les Pyrénées , du moins dans la vallée d'Ossau.

L'*Epeïra tubulosa* a des habitudes analogues à celles de notre Épéire callophylle, mais la *tubulosa* a l'abdomen plus cylindrique. Près du corselet le commencement de l'ovale dans la Callophylle est quelquefois d'un blanc plus vif que le reste. C'est ce qui l'a fait confondre avec mon Épéire Agalène ; mais celle-ci a l'abdomen plus triangulaire et plus large , elle est plus petite, et ne se trouve guère que dans les bois : elle est beaucoup plus rare, et diffère sous d'autres rapports de la Callophylle.

Les meilleures figures de la Callophylle sont celles de M. Koch dans Herrich Schæffer, 123, fig. 17 et 18 , et Die Arachniden, t. 6, fig. 538 et 539 (*Zygia Callophylla*) ; mais la synonymie donnée pour *Meta Merianæ* (Schæffer, 134 , 14 , 15 , 16) est tout entière à reformer : pour Scopoli incertaine , pour tout le reste fautive.

58. ÉPÉIRE CHANGEANTE. (*Epeira mutabilis.*) Long. 4 lig. 1/2 ♀.

Abdomen ovale, jaune et rouge cerise ; la tache jaune figure à sa partie postérieure un fer de lance renversé, tronqué à son extrémité vers l'anus, lavée de brun ou de rouge plus foncé sur les côtés. Cette figure jaune est divisée par trois lignes rouges, fines, transverses ; et deux ovales jaunes, avec un point rouge dans leur milieu proche le corselet, surmontent cette figure. Dans certains individus, l'abdomen est brun et blanc ; le triangle ou fer de lance tronqué est brun avec trois points blancs , et accompagné sur les côtés de trois gros points bruns qui tranchent avec la bordure blanche. Au-dessus du triangle quatre ovales ou lunules, dont la postérieure, ou celle qui est la plus proche du corselet, est jaune, bordée de brun, les deux autres blanches. Ces doubles lunules figurent imparfaitement une fleur. Pattes jaunes, annelées de brun.

Abbot, Georgian Spiders , p. 28, fig. 351. — *Ibid.* p. 29 , fig. 355. — *Ibid.* p. 31 , fig. 388. La variété lavée de brun , fig. 351, dans un nid de Mouche maçonne.

La variété jaune, fig. 355 , a été trouvée le 8 juin, dans un

nid de Mouche maçonne, et la variété blanche et brune, fig. 388,
le 8 avril , sur un chêne dans Briar Creek Swamp.

59. Épéire emphane. (*Epeïra emphana.*) Long. 8 lig.

Abdomen ovale allongé , couleur bistre pâle , uniforme , avec
une ligne longitudinale plus foncée, de même couleur sur le milieu du dos , deux fois interrompues , et des raies obscures ,
inclinées , latérales. Corselet de même couleur. Pattes rouge
orange , annelées de brun , les tarses jaunes.

Abbot, Georgian Spiders , p. 15 , fig. 141.
Nouveau-Monde — Amér. sept. — Géorgie.
Prise sur sa toile , le 5 juillet , dans un bois de chênes.

Cette espèce, pour le dessin de la figure du dos , a beaucoup
de rapport avec l'*Epeïra mutabilis.*

60. Épéire néphode. (*Epeïra nephoda.*) Long. 8 lig.

Abdomen ovale allongé , fauve brun , avec trois rangs de petites raies noires , transversales, à la manière des taches de l'her-
mine. Poils jaunâtres sur les côtés. Corselet fauve brun. Pattes
rouges jaunâtres , annelées de brun.

Abbot, Georgian Spiders , p. 15 , fig. 146.
Nouveau-Monde — Amér. sept. — Géorgie.
Prise le 10 octobre dans un bois planté de chênes , peu com-
mune.

Conférez cette espèce avec l'Épéire bicolore qui a aussi des
traits transversaux noirs , mais les couleurs et la forme de l'abdomen semblent différentes.

61. Épéire arabesque. (*Epeïra arabesca.*) Long. 3 lig. ♀ ,
et 9 lig. ♂.

Abdomen ovoïde, varié de blanc, de rouge et de vert, avec
une figure jaune blanchâtre, longitudinale, formée par une
espèce d'arabesque festonnée de chaque côté d'une ligne oblongue dans la moitié supérieure du dos ; cette figure se rétrécissant à
la partie postérieure est continuée par des traits doubles disposés

longitudinalement, et d'autres, également doubles, bordés de rouge. La bande longitudinale interne est accompagnée de chaque côté de quatre petits traits noirs inclinés en sens inverse des lignes latérales.

Variété A. Abdomen jaune de paille, avec les huit traits noirs (femelle pleine).

Variété B. Abdomen et corselet couleur orange, avec des taches jaunes en ovale proche le corselet, deux autres en accent circonflexe, couronnant en dessus la raie du milieu, formées d'une suite de doubles taches carrées, jaunes. Pattes oranges, annelées de brun.

Aranea arabesca, Bosc, MS. sur les Aran. de la Caroline, p. 13, Pl. 5, fig. 2. — *Epeïra arabesca*, Walckenaer, Tableau des Aranéides, p. 63, n° 44. — Abbot, Georgian Spiders, p. 27, fig. 331. — *Ibid.* p. 28, fig. 346.

Nouveau-Monde — Amér. sept. — Dans la Caroline et la Géorgie.

En Caroline, elle est commune en automne. Elle fait une toile orbiculaire verticale, parmi les plantes. Bosc a décrit une jeune, et Abbot a figuré, n° 331, une femelle pleine. Il l'a prise le 28 juin sur sa toile orbiculaire, et dit qu'elle n'est pas très-commune. Les gros individus dans toutes les espèces sont toujours rares à trouver.

La variété B (fig. 346), qui est la plus belle pour les couleurs, a été prise par Abbot le 30 avril sur sa toile orbiculaire, placée sur un saule près d'un étang, dans les bois de chènes du comté de Burke.

62. Épéire trinotée. (*Epeïra trinotata.*) Long. 4 lig.

Abdomen ovale, fauve pâle, ayant sur le dos un triangle arrondi à sa base, vers le corselet. Ce triangle présente à sa partie supérieure et large trois taches d'un brun rougeâtre; deux supérieures oblongues, écartées et inclinées, mais sur la même ligne; la troisième carrée, mais plus rapprochée du milieu du dos; et entre les deux autres, derrière cette dernière tache sont deux raies transversales pâles. Corselet brun pâle. Pattes jaunes, annelées de brun.

Abbot, Georgian Spiders, p. 22, fig. 272.
Nouveau-Monde — Amérique sept. — Géorgie.
Prise le 13 avril, sur sa toile orbiculaire, dans les bois de chênes du comté de Burke.

63. Épéire brunette. (*Epeïra subfusca.*) Long. 4 lig. ♀.

Abdomen ovale, fauve sur les côtés, mais ayant sur le dos une figure triangulaire brune, bordée de noir, divisée par des raies obscures transversales. La partie antérieure est en entier d'un brun pâle, avec une large bordure noire, et dans le milieu proche le corselet un très-petit triangle brun. Pattes jaunes, avec un anneau brun proche les genoux.

Abbot, Georgian Spiders, p. 22, fig. 273.
Nouveau-Monde — Amérique sept. — Géorgie.
Prise le 10 avril dans les bois de chênes du comté de Burke. Rare.

2ᵉ Famille. LES INCLINÉES.

Mâchoires allongées, droites à leur extrémité.
Lèvre plus haute que large.
Corselet convexe.
Abdomen ovale, arrondi ou triangulaire.
Aranéides à toiles petites, inclinées ou horizontales.

1ʳᵉ Race. LES OVIFORMES.

Abdomen *oviforme ou arrondi*.

64. Épéire cucurbitine. (*Epeïra cucurbitina.*) Long. 4 lig. ♀.
3 lig. ♂

La femelle. Abdomen gros, ovale, d'un beau vert pistache, avec quatre ovales plus jaunes que le fond, qui se joignent à l'anus, accompagnés de points noirs. Au-dessus de la réunion des ovales est une tache d'un rouge très-vif. Pattes vertes. Corselet glabre couleur d'ambre jaune foncé.

Le mâle. Abdomen petit, presque cylindrique, d'un vert plus foncé que dans la femelle, sans ovale, d'un jaune plus pâle, tache d'un rouge vif près des filières. Pattes très-allongées, d'un vert très-foncé aux articulations.

Walckenaer, Hist. nat. des Aranéides, 2, 3.—*Epéire cucurbitine*, ibid. Tabl. des Aran. p. 63, n° 46.—*Ar. cucurbitine*, ibid. Faun. Par. t. 2, p. 202, n° 28.— Latreille, Spec. Crust. et Insect. t. 1, p. 107, n° 11.—*Ar. viridis*, Lister, p. 34, tit. 5, tab. 1.—*Miranda cucurbitina*, Koch, Die Arachniden, t. 5, p. 53, Pl. 159, fig. 371 (le mâle), 372 (la femelle).—*Araneus cucurbitinus*, Clerck, p. 44, n° 12, Pl. 2, tab. 4.—Schæffer, Abildung. Regensb. Insect. 1766, tab. 124, fig. 6, tab. 196, fig. 6. — *Ar. verte à points noirs*, De Géer, Mém. p. s. à l'hist. des Insectes, t. 7, p. 233, n° 8, Pl. 14, fig. 1, 2, 3.—*Gourd Spider*, Martyn's natural History of Spiders, 1793, in-4°, p. 19, Spec. 12, Pl. 2, fig. 6. — *Epeira cucurbitina*, Herrich Schæffer, 121, 13 (le mâle) et 14 (la femelle). — *Epeïra cucurbitina*, Sundevall, Act. Holm. 1832, Svinska Spindlarness, p. 245, n° 8.—*Ar. Frischii*, Scopoli Ent. carp. p. 395, n° 1086.—*Ar. cucurbitina*, Linn. Faun. suecic., 2e édit., p. 486, n° 1995.—*Ar. senoculata*, Fabric. Entom. syst. t. 2, p. 426, n° 71. (Effacer toute la synonymie.) — *Ar. rougeâtre à ventre ponctué de noir*, Geoffroy, t. 2, p. 648, n° 11. — *Ragno zucca*, Tremeyer, Richerche, p. 25, Pl. 2, fig. 16, 17, 18 et 19.—*Epeira cucurbitina Americana*. Long. 4 lign. 1/2. Abbot, Georgian Spiders, p. 17, fig. 178.

Ancien-Monde — Europe — France — Suède — Angleterre — Allemagne.

Nouveau-Monde — Amér. sept. — Géorgie. (Une espèce analogue ou une variété plus grande.)

Cette espèce est commune dans nos jardins et dans nos bois. On la trouve fréquemment au printemps ; jeune encore à cette époque, elle est alors d'un vert sale ou rougeâtre, et n'a pas la tache rose à l'anus : cette tache ne paraît guère que lorsqu'elle a atteint toute sa grosseur. Elle construit une toile très-petite relativement à sa grandeur : cette toile est toujours placée horizontalement, l'Aranéide se tient au centre. Elle pond vers la fin de juin, et aussi en mai et en juillet, quarante-cinq ou cinquante œufs qui sont agglutinés entre eux. Son cocon est petit, d'un blanc jaunâtre, entouré d'une bourre claire et grossière : elle le place près de sa toile entre des feuilles d'arbre qu'elle rapproche par le moyen de quelques fils. Suivant De Géer, elle ne quitte point son cocon que ses petits ne soient éclos. J'ai observé pendant vingt jours un cocon de cette espèce, qui, au bout de ce temps, n'était pas encore éclos. Dans les environs de Paris, en septembre, on voit beaucoup de jeunes Aranéides de cette espèce ; ainsi que de beaucoup d'autres. Les œufs de la Cucurbitine sont gros, grisâtres, brillants, couverts d'une poussière jaunâtre.

La variété américaine a été prise le 20 septembre dans un hamac du marais de Briar Creek : elle construit sa toile en cercles concentriques, et se ménage sous une feuille une retraite arrondie, en soie très-épaisse. Elle est rare. C'est peut-être une espèce distincte.

65. ÉPÉIRE GUTTULÉE. *(Epeïra guttulata.)* Long. 5 lig. ♀.

Corselet, abdomen et pattes d'un jaune verdâtre. L'abdomen a en dessus une figure formée d'abord par un cercle rouge brique qui entoure les troisquarts de l'espace du dos et qui, par les autres taches de même couleur qui s'y trouvent renfermées, présente, à sa partie postérieure, une tache triangulaire dont la pointe est tournée vers l'anus, au-dessus duquel les lignes rouges forment des divisions de manière à présenter trois ovales jaunes à la partie supérieure, suivis de quatre autres en trapèze, ou en rond. Sur les côtés sont deux bandes jaunes qui s'inclinent vers l'anus et qui ont chacune trois points noirs. Les taches latérales jaunes ont chacune aussi un point noir. Le tout est comme ces figures que présente le kaléidoscope.

Abbot, p. 20, fig. 233.
Nouveau-Monde — Amér. sept. — Géorgie.
Prise le 20 mai dans le nid d'une Mouche maçonne. Très-rare.

66. ÉPÉIRE BIVITTÉE. *(Epeira bivittata.)* Long. 5 lig.

Abdomen ovale globuleux, rond, d'un beau vert, avec une figure à la partie postérieure d'un rouge de vermillon, formée par deux bandes festonnées ou dentées, qui bifurquent ou forment un V dont la pointe est tournée vers l'anus; dans l'enfoncement rond de chaque feston il y a un point vermillon en dehors; ils sont au nombre de quatre de chaque côté. Corselet d'un jaune verdâtre. Pattes jaunes avec des annelures plus foncées.

Abbot, Georgian Spiders, p. 20, fig. 234.

Nouveau-Monde.— Amér. sept. — Géorgie.

Prise le 17 mai dans un nid de Mouche maçonne. Il y en avait plusieurs individus. Cependant Abbot déclare qu'il n'a jamais pu trouver autrement cette belle espèce. Pour le dessin de l'abdomen elle a la plus grande ressemblance avec l'*Epeira furcata*, mais la forme est différente.

67. ÉPÉIRE CIRCULÉE. (*Epeira circulata*.) Long. 3 lig.

Abdomen ovale, arrondi, couleur d'un gris verdâtre uniforme en dessous et sur les côtés, mais ayant en dessus une tache ovale trapéziforme, jaune, dans le milieu de laquelle sont plusieurs points enfoncés, dont quatre sont plus visibles que les autres. Sur les côtés de cette tache sont quatre points arqués noirs, et à l'extrémité deux globules bombés, parfaitement ronds, diaphanes, luisants, entourés d'un cercle de couleur d'or très-brillante. Les pattes sont d'un jaune rougeâtre, annelées de brun. La tête et les mandibules sont jaunâtres, avec des poils rares. Le corselet est bombé à sa partie postérieure, de couleur jaune rougeâtre. Yeux latéraux au niveau de la ligne des intermédiaires antérieurs.

VARIÉTÉ B. Abdomen avec la tache antérieure blanche, entourée d'une bande brune, arquée à sa partie antérieure, saccadée et en zigzag à sa partie postérieure, qui forme comme un vase couvert d'un plateau. Ventre noir en dessous, avec une tache d'un jaune d'ocre dans le milieu.

VARIÉTÉ C. Abdomen brun verdâtre, plus clair dans le milieu, etc.

Epeira circulata, Walckenaer, Histoire naturelle des Aranéides, 2, 5 (variété A, la description). — Abbot, Georgian Spiders, p. 16, fig. 170 (variété B).—*Ibid.* p. 29, fig. 363 (variété C, le mâle).

Nouveau-Monde —.Amér. mérid. — Cayenne — Amér. sept.— Caroline.

Cette espèce a été décrite d'après l'individu de ma collection, qui m'a été envoyé d'Amérique.

La variété B a été trouvée le 22 mai dans un nid de Mouche maçonne. La variété C a été trouvée le 31 mai dans un nid de

Mouche maçonne. Est-ce bien le mâle de cette espèce ? La forme
est la même , mais le dos est vert pâle , sablé de points, entouré
de brun, qui est plus large à la partie postérieure, et qui fait voir
de chaque côté trois petits traits noirs.

68. ÉPÉIRE SPIRE. (*Epeira spira.*) Long. 3 lig. ♀.

Abdomen ovale arrondi . légèrement varié de blanc, de rouge
et de brun ; une suite de cinq points ou taches brunes , parallèles , disposées longitudinalement sur le dos , et se rapprochant
vers l'anus ; ces deux lignes commencent vers le corselet par
deux taches brunes en carré ; entre les deux lignes sont des parallélogrammes obscurs , légèrement dessinés. Corselet ovale
allongé , pâle , avec trois raies brunes longitudinales.

Aran. spira , Bosc. MSS sur les Aranéides de la Caroline, p. 21,
Pl. 1, fig. 9.

Nouveau-Monde — Amérique sept. — Caroline — Amérique
méridionale — Brésil.

Cette espèce est commune; elle fait une toile orbiculaire horizontale . et plisse les feuilles pour s'y établir une retraite.

69. ÉPÉIRE PÉGNIA. (*Epeïra Pegnia.*) Long. 5 lig. ♀ ♂.

Abdomen globuleux rond, à dos jaune pâle, entouré d'une raie
verte , qui forme à la partie supérieure un dernier cercle rentrant, continuée par deux bandes longitudinales qui se rapprochent vers l'anus , et qui ont trois traits transversaux parallèles
plus foncés. Dans l'espace supérieur entouré par le dernier
cercle sont deux petits ovales verdâtres, inclinés l'un vers
l'autre; et plus bas, entre les deux ovales, une autre petite
tache ovale ou ronde, de même couleur. Corselet jaune, pattes
jaunes, avec des anneaux orange foncé. La figure du dos ressemble à ce joujou dont s'amusent les enfants , et qu'on nomme
cerf-volant.

VARIÉTÉ A. Jaune pâle , de petits traits rouge carmin·dans
l'intérieur du cerf-volant (fig. 484).

VARIÉTÉ B. Le mâle est rouge pâle ; la figure du cerf-volant est
noire, n'atteint pas jusqu'à l'anus, s'arrondit vers la pointe et se

prolonge en une simple ligne noire jusqu'à l'anus dans la partie large du cerf-volant il y a un fer de flèche noir (fig. 389).

Abbot, Georgian Spiders, p. 30, fig. 375 (la femelle) ; *Ibid.* p. 31, fig. 389 ; *Ibid.* p. 38, fig. 484.
Nouveau-Monde — Amér. sept. — Géorgie.

La femelle a été prise le 22 juin dans sa retraite formée près de sa toile, qui est orbiculaire. Un autre individu de la même espèce a été pris le 2 juin dans un nid de Mouche maçonne. Le mâle (fig. 389) a été pris aussi dans un nid de Mouche maçonne. La variété A, fig. 484, a été prise le 7 octobre sur un chêne dans les bois du comté de Burke.

70. ÉPÉIRE TYTÈRE. (*Epeira tytera.*) Long. 4 1/2 *P.*

Abdomen globuleux, mêlé de rouge, de brun et de blanc, proche le corselet ; bordure festonnée, brune, entourant la moitié du dos ; deux figures en fèves courbées au milieu, opposées par leur côté convexe, suivies de deux taches brunes, figurant deux petites cornes d'abondance ; derrière, au-dessus de l'anus, trois ou quatre raies transversales. Corselet jaunâtre. Pattes jaunes, annelées de brun.

Abbot, p. 30, fig. 374.
Nouveau-Monde — Amérique sept. — Géorgie.
Prise le 26 mai sur sa toile, qui est orbiculaire, dans une haie. M. Abbot en a trouvé le 2 juin un autre individu dans un nid de Mouche maçonne.

71. ÉPÉIRE BORDÉE. (*Epeira limbata.*) Long. 4 lig.

Abdomen ovale, plus large dans son milieu, évidé et pointu vers sa partie postérieure. Partie antérieure du dos noire, formant une grande tache triangulaire, festonnée par une large bande couleur d'argent, à éclat metallique, qui enveloppe les côtés postérieurs et toute la région de l'anus. La tache noire triangulaire a deux points jaunes transversaux ; quelquefois elle s'éclaircit dans son milieu, qui est alors vert jaunâtre, avec des bandes transverses brunes. Le ventre est d'un noir pâle. Corselet brun. Pattes brunes ou annelées de jaune. Fémoral jaune.

Abbot, Georgian Spiders, p. 40, fig. 499 (variété avec le

triangle antérieur noir et les deux points jaunes). —Ibid. fig. 500
(variété avec l'intérieur du triangle fauve, bariole de noir).

Nouveau-Monde — Amér. sept. — Géorgie.

Cette jolie espèce, remarquable par sa couleur métallique,
est commune dans les bois. La variété de la figure 499 a été
prise le 12 mai, celle de la figure 500 le 22 juin. Ces deux variétés diffèrent peu entre elles.

2e Race. LES INCLINÉES. (Inclinatæ.)

Abdomen *ovale allongé.*

72. ÉPÉIRE INCLINÉE. (*Epeïra inclinata.*) Long. 4 lig. ♂ ♀.

La femelle. Abdomen ovale, allongé, blanchâtre, ponctué de
noir avec une figure en partie festonnée en losanges, et en fer
de lance proche le corselet, en triangle, le tout imitant une sorte
d'arabesque irrégulière. Yeux gros et noirs ; les antérieurs du
carré intermédiaire plus rapprochés que les yeux intermédiaires
postérieurs, yeux latéraux connivants et sur la ligne des intermédiaires postérieurs.

VARIÉTÉ A. Abdomen varié de blanc, de jaune et de noir.

VARIÉTÉ B. Abdomen varié de vert, de rouge et de jaune.

VARIÉTÉ C. Abdomen varié de jaune et de noir.

Le mâle. Abdomen cylindrique, allongé, bien moins large que
le corselet, à fond blanchâtre, mélangé de rougeâtre, sans figure distincte. Pattes antérieures très-allongées.

Araignée inclinée, Walckenaer, Faune parisienne, t. 2, p. 201,
n° 26. — *Epéire inclinée,* Walck. Hist. nat. des Aranéides, 5, 2.
— *Id.* tabl. des Aran. p. 62, n° 42.— *Zilla reticulata,* t. 6, p. 14,
p. 142, Pl. 224, fig. 532 (le mâle variété B). —Ibid. fig. 533 (la
femelle variété A). — *Araneus segmentatus,* Clerck, p. 45, n° 13,
Pl. 2, tab. 6, fig. 1 et 2.—Lister, p. 24, tit. 1.—Martyn's English
Spiders, Pl. 11, fig. 7.—Albin, *Ibid.* Pl. 8, fig. 36. — *Epeïra
inclinata,* Sundevall, Svenska Spindlarness, Act. Holm. 1832,
p. 250, n° 11. — (La variété B de cet auteur est notre variété C
et D et nullement l'*Epeïra fusca.*) — *Aranea reticulata,* Linné,
Faun. suecic. 2e édit. p. 486, n° 1994. — *Epeira variegata,* Risso,
Hist. nat. de l'Europe mérid. t. 5, p. 170, n° 47.

Ancien-Monde — Europe — France — Angleterre — Suède —
Environs de Paris, de Nice.

Cette espèce est commune dans les jardins, les bois; elle fait une toile orbiculaire, inclinée à quarante-cinq degrés environ, rarement verticale ou horizontale. Le mâle est semblable à la femelle. Dans le milieu du mois d'août, j'ai trouvé dans une cave un mâle et une femelle cohabitant ensemble : chose singulière, le mâle avait sur le dos la figure en fer de lance, tandis qu'elle était oblitérée dans la femelle qui était toute brune et plus petite que son mâle. C'est vers la fin de septembre que cette espèce dans nos climats atteint son maximum de grosseur. Le mâle est alors aussi très-fréquent. On les trouve souvent tous deux sur l'écorce et les feuilles des arbres sans toile, et on voit aussi à la même époque un grand nombre de jeunes. Cette espèce emmaillotte sa proie de ses fils avant de la manger. Elle résiste au froid ; j'en ai pris de vivantes en décembre, le thermomètre marquant 4 degrés Réaumur.

73. Epéire antriade. (*Epeïra antriada.*) Long. 4 lig. 1/2.

Abdomen allongé, brun, orangé ; ayant dans le milieu une figure plus claire représentant un fer de lance renversé. Yeux antérieurs du carré intermédiaire plus rapprochés entre eux que les intermédiaires du même carré; yeux latéraux sur la ligne des yeux postérieurs intermédiaires.

Variété A. Abdomen orangé clair.

Variété B. Abdomen orangé noirâtre.

Variété C. Abdomen brun noirâtre.

Araignée antriade, Walckenaer, Faune parisienne, t. 2, p. 201, n° 27. — *Epeira antriada*, id. Tabl. des Ar. p. 62, n° 43. — *Zilla montana*, Koch, Die Arachn. t. 6, p. 146, fig. 536 (le mâle); fig. 537 (la femelle).

Ancien-Monde — France, environs de Paris.

Cette espèce ressemble beaucoup à l'Inclinée par sa forme et par la figure qui est sur le dos de l'abdomen, mais elle est plus forte, et a des pattes plus longues et des points noirs sur les cuisses. Ses mœurs et ses habitudes diffèrent. On ne la trouve point dans les jardins et dans les bois. Elle fait une toile inclinée à l'entrée des soupiraux des caves et des lieux obscurs. Cette Aranéide fait aussi souvent une toile verticale, parallèle aux murs dans l'intérieur des caves, et se nourrit principalement de Cou-

sins qui, à de certaines époques, viennent se réfugier dans les
lieux abrités et humides, et qui se prennent dans sa toile. La
Zilla montana, que M. Koch a figurée dans Herrich Schæffer, 125,
19, n'est pas cette espèce, mais une variété de la Callophylle.

74. ÉPÉIRE BRUNE. (*Epeira fusca.*) Long. 6 à 7 lig.

Abdomen d'un brun rougeâtre avec une figure triangulaire, ou
en fer de lance, de couleur plus claire à la partie antérieure du dos,
et trois ou quatre raies transversales à la partie postérieure. Les
côtés et le reste de l'abdomen sont parsemés d'un grand nombre
de taches et de nuances noires, velues, qui le rendent comme
marbré. Corselet rougeâtre. Pattes tachetées de noir et de fauve.
Le mâle a l'abdomen plus étroit et presque cylindrique ; il en est
de même de la femelle après la ponte. Mâchoires allongées;
yeux intermédiaires d'en bas plus rapprochés que les intermédiaires antérieurs; yeux latéraux sur la ligne des intermédiaires
postérieurs.

VARIÉTÉ A. Abdomen brun foncé.

VARIÉTÉ B. Abdomen brun jaunâtre.

Aranea fusca. De Géer, Mém. p. s. à l'Hist. nat. des Insectes,
t. 7, p. 235, n⁰ 9, Pl. 11, fig. 9, 10, 11 et 12. — *Epeira fusca*,
Walckenaer, Tableau des Aranéides, p. 63, n⁰ 45, Pl 6, fig. 61
et 62.—Ibid. Hist. nat. des Aranéides, 2, 1. — *Ibid*. Faune française, Aranéides, Pl. 10, fig. 6 et 6 *a*. — *Epeïra Menardii*, Latreille, Hist. nat. des Crustacés et des Insectes, t. 7, p. 266,
n⁰ 78.—Ibid. Gener. Crust. et Insect. t. 1, p. 108, spec. 12. —
Ibid. Nouv. Dict. d'hist. nat. t. 10, p. 309. — *Meta fusca*, Koch,
dans Herrich Schæffer, 134, fig. 12, le mâle, fig. 13, la femelle
(c'est la variété B).

Ancien-Monde — Suède — France — Allemagne.

Cette espèce, bien distincte de l'Épéire inclinée et de l'Épéire
antriade, habite les lieux obscurs et l'intérieur des habitations.
Elle suspend à la voûte des caves, et d'autres lieux humides, son
cocon qui a deux pouces de long, en comptant le pédicule qui le
termine ; ce pédicule a un pouce de long et est de la grosseur
d'une corde mince; le cocon, qui a la forme d'un œuf à petit bout
très-pointu, a aussi un pouce de long sur neuf lignes dans son
plus grand diamètre; il est d'un blanc éclatant, ainsi que son

pédicule. Sa soie est cardée, transparente, et laisse voir dans son
intérieur la masse ronde des œufs, qui est suspendue dans sa partie inférieure et soutenue par une bourre peu serrée et un duvet
léger au milieu du cocon, que sa transparence fait ressembler
à un cocon de ver à soie, qu'on a dévidé. Les œufs sont jaunes,
agglutinés entre eux et au nombre d'environ deux cents.

Le 12 août 1829, nous avons trouvé cette Aranéide en grand
nombre avec son cocon suspendu dans une cave de la ville de
Laon; la description que nous en donnons ici servira à rectifier
les inexactitudes de celle qu'on trouve dans notre Hist. nat. des
Aranéides; celle-là était faite d'après les observations imparfaites
de M. Ménard, publiées par Latreille. Quand on touche cette
Aranéide, elle ramasse ses pattes autour de son corps et ressemble
alors à une boule; le mâle et la femelle habitent avec sécurité
l'un près de l'autre, et quand on voit l'un, on est presque toujours certain, en cherchant un peu, de trouver l'autre dans son
voisinage. Ces deux particularités avaient déjà, avant nous, été
observées par de Géer, mais nous en avons reconnu l'exactitude
par nos propres yeux. Sous le climat de Laon, au milieu du mois
d'août, presque tous les cocons renferment des œufs, dont quelques-uns viennent d'éclore.

Je mis dans le tronc creux d'un arbre un cocon de l'*Aranea
fusca* au commencement de septembre : les œufs y ont éclos, et
les jeunes ont commencé à filer leur soie irrégulièrement, toujours s'éparpillant et s'éloignant l'un de l'autre de plus en plus.
A la fin du mois, ils étaient gros comme un grain de millet; les
pattes et le corselet étaient noirs, et l'abdomen d'un blanc de
lait, avec une figure noire festonnée à la partie postérieure, un
peu semblable à celle de la *Scalaris :* vers le corselet était une
ligne noire transversale avec deux ronds noirs figurant une sorte
de lunette à chaque extrémité, mais très-fins dans le milieu, et traversés en croix par une autre raie fine; les côtés et le dessous de
l'abdomen sont noirs. Il y a deux points ronds d'un beau blanc
en travers, plus rapprochés de l'anus que du corselet. Le sternum et les mâchoires sont noirs, mais d'un noir moins intense
que le dessus ou le dos du corselet, qui est d'un noir brillant.
Les pattes sont fines, annelées de noir et de blanc sale.

Cette Épéire se trouve souvent dans le voisinage de l'Antriade ;
elle erre hors de sa toile et saisit contre les murs les Cousins qui
ont échappé aux filets de l'Antriade et les dévore.

75. ÉPÉIRE OBSCURE. (*Epeïra obscura.*) Long. 2 lig. 4/5.

Abdomen ovale allongé renflé, avec deux éminences ou commencement de tubercules à leur partie antérieure; blanchâtre, entrecoupée de veines brunes en treillis, sur le dos; une bande longitudinale plus foncée qui contient à sa partie antérieure une tache triangulaire, derrière laquelle sont des lignes transversales qui brunissent d'autant plus cette bande qu'elle se rapproche plus des filières; les côtés ont une bande blanche, double ou bifurquée près du corselet. La tête est brune, bordée de lignes plus foncées; le reste du corselet est de couleur plus claire, c'est-à-dire d'un jaune brun ou sale. Les yeux postérieurs du carré intermédiaire sont un peu plus gros que les antérieurs. Les pattes sont d'un jaune clair, fortement annelées de brun.

Epeïra obscura, Wider, Museum Senckenbergianum, t. 1, p. 272, Pl. 18, fig. 6 A et B.

Ancien-Monde — Europe — Allemagne.

Cette petite Épéire, selon M. Wider, fait une toile orbiculaire verticale; je ne la connais que d'après la description et la figure de M. Wider. Elle n'appartient pas, comme il le dit, à une quatrième famille des Épéires, ou à celle des *Encarpatæ,* elle ressemble au contraire à une jeune Antriade ou à une Épéire brune.

3ᵉ Race. LES CYLINDROÏDES. *(Cylindroïdes.)*

Abdomen *ovalo-cylindrique.*

76. ÉPÉIRE TUBULEUSE. (*Epeïra tubulosa.*) Long. 2 lig. ♂ ♀.

Abdomen ovale cylindrique, brun, divisé en-dessus longitudinalement par une raie jaune traversée dans son milieu par quatre autres raies de même couleur. Yeux intermédiaires postérieurs plus rapprochés et moins gros que les yeux intermédiaires antérieurs. Lèvre sternale plus large que haute; mâchoires courtes, arrondies à leur extrémité.

VARIÉTÉ A. Abdomen à dos noir avec des taches blanches à sa partie antérieure, et à sa partie postérieure jaunes; rayé de noir et de roux dans l'espace intervallaire. Corselet brun (le mâle).

Variété B. Abdomen jaune avec des taches rouges. Corselet rouge et noir à la tête (un mâle).

Araignée tubuleuse, Walckenaer, Faune parisienne, t. 2, p. 200, n. 24. — *Epeïra tubulosa*, ibid. Tabl. des Aran. p. 62, n° 41. — *Aran. hamatus*, Clerck, p. 51, spec. 2 et 3, fig. 4. — *Araneus*, fig. 174. — *Singa hamata*, Koch, Arachniden, t. 3, p. 42, Pl. 88, *Aran. glaber cruciger*, Lister, p. 40, tit. 7, fig. 7. — Albin, p. 53, Pl. 35, fig. 197, un mâle variété A. — *Id.*, p. 54, fig. 199, un mâle variété B (*melanocephola*). — *Id.*, 198, la femelle (*Singa hamata*).

Ancien-Monde — Europe — France, Allemagne, Italie, environs de Trieste.

Cette Aranéide pratique à la partie supérieure de sa toile un petit tube allongé de soie blanche et serrée, où elle se tient en attendant sa proie; elle recouvre ce tube par les feuilles de la plante où elle s'est fixée; sa toile est verticale et orbiculaire, mais les cercles sont très-écartés et peu réguliers. Les portions de cercles sont divisées par des rayons qui ne se correspondent pas toujours. Le cercle formé par la toile n'est pas entier, mais il est coupé par une ligne inclinée. Souvent l'Aranéide replie une feuille pour y établir sa demeure. On la trouve sur les rosiers, les petits arbustes, les graminées et les plantes herbacées très-hautes, surtout dans la luzerne. Le mâle diffère peu de la femelle. — Commune dans les environs de Paris en juin. J'en pris une qui venait de faire sa ponte dans mon parc de Villeneuve-Saint-George, le 22 juin. Elle s'était logée dans une feuille de rose qu'elle avait roulée et repliée comme font les chenilles. Son cocon reposait sur une couche de soie collée contre la rose; il contenait 22 œufs ovoïdes d'un jaune citron, non agglutinés. Je l'ai observée encore vers le milieu de septembre, en grand nombre sur les rosiers, dont elle plie les bords des feuilles pour en faire sa demeure, et où elle entraîne sa proie. Elle est commune aussi dans les Pyrénées, dans le midi de la France et dans les environs de Trieste. Cette espèce est, dans de certains cantons, quelquefois très-commune dès le commencement de juin; dans mon jardin de Villeneuve-Saint-George, il est peu de rosiers où l'on n'en trouve; mais elle plie si habilement la feuille où elle s'enveloppe qu'il est difficile de la voir.

La *Singa melanocephala* de M. Koch, fig. 199, n'est bien cer

tainement qu'une variété du mâle de la *Singa hamata* du même
auteur, qui est notre Épéire tubuleuse.

77. ÉPÉIRE LUCINE. (*Epeira lucina.*) Long. 2 lig. ♂.

Abdomen d'un beau blanc de lait, marqué sur la longueur
de deux larges bandes noires réunies en angle à l'anus, traversées
chacune par le milieu, mais non interrompues, par quatre points
blancs successifs. Le point antérieur oblong situé très-oblique-
ment, les deux postérieurs presque réunis, transverses en dessous. Ventre gris, rayé obliquement et blanchâtre ; le milieu
noirâtre, séparé d'un côté par deux bandes d'un jaune clair,
presque droites, un peu dilatées vers le bout, suivies de quatre
points également jaunes qui accompagnent les filières. Sternum
ovoïde.

Épéire lucine, Savigny, Description de l'Égypte, Hist. nat.,
t. 1er, 4e partie, p. 132 de l'édit. in-folio ; t. 22, p. 345 de l'édit.
in-8°, Arachnides, Pl. 3, fig. 4.
Ancien-Monde — Afrique — Egypte.

Yeux et mâchoires de l'Épéire tubuleuse, à laquelle cette espèce
ressemble tant, que M. Savigny, à qui nous devons la description
que nous en donnons, a écrit qu'il ne serait pas étonné qu'on
voulût en faire une variété ; cependant il ajoute que dans l'Épéire
tubuleuse les bandes noires de l'abdomen sont plus rapprochées
surtout dans les deux tiers postérieurs. Les quatre points blancs
de ces bandes sont remplacés de chaque côté par quatre raies
fort étroites transverses, qui communiquent avec la ligne blanche interceptée par les deux bandes noires. Cette ligne est en
outre croisée par une ou deux petites raies blanches. Mais no-
nobstant ces remarques, d'après l'inspection de la figure de l'É-
péire Lucine, je penche à croire que cette Aranéide n'est qu'une
variété de l'Épéire tubuleuse. Pourtant M. Savigny qui a comparé les deux Aranéides en nature, ayant prononcé un jugement
contraire, ce n'est qu'après les avoir comme lui examinées
omparativement qu'on pourra juger si ce sont deux espèces,
ou deux variétés d'une même espèce.
L'*Épéire chloris* que M. Savigny a décrite p. 133, Pl. 3, fig. 5,
est le mâle d'une Aranéide qui me paraît appartenir à la section
de la Théridion crypticole. Elle n'a que deux lignes de long, et

cette Aranéide est trop imparfaitement décrite pour pouvoir lui assigner une place parmi les espèces connues.

78. ÉPÉIRE HÉRIE. (*Epeïra Herii.*) Long. 3 lig. ♂ ♀.

Abdomen ovoïdo-cylindrique. Quatre bandes longitudinales alternativement noires et jaunes ou blanches sur le dos. Le mâle plus petit, semblable à la femelle.

VARIÉTÉ A. Bandes d'un jaune orange rougeâtre, avec quatre bandes brunes, larges, dont les intermédiaires se rejoignent par en haut.

VARIÉTÉ B. Abdomen d'un blanc jaunâtre avec les bandes longitudinales étroites et fines.

VARIÉTÉ C. Abdomen d'un blanc jaunâtre ou jaune orange ou entièrement blanc avec quatre bandes longitudinales noires et quatre jaunes ou orange qui ne se rejoignent pas.

VARIÉTÉ D. Bandes longitudinales, formées par les points bruns très-petits et à peine visibles.

VARIÉTÉ E. Deux bandes noires longitudinales très-larges, et trois bandes blanches ou grises dont celle du milieu festonnée est légèrement interrompue à sa partie postérieure.

Epeira Herii, Hahn, die Arachniden, t. 1, p. 8, Pl. 2, fig. 5 (variété C). — *Epeira tubulosa*, Ibid. t. 1, p. 10, Pl. 2, fig. 6 (variété).

Ancien-Monde—France—Allemagne, environs de Nuremberg.

Cette espèce fait sur les bords des étangs entre les roseaux une petite toile orbiculaire et verticale. M. Hahn dit qu'elle est commune en été aux environs de Nuremberg.

Je penche à croire que cette espèce n'est, comme l'Épeire Lucine, qu'une variété de l'Épéire tubuleuse. Ces trois espèces sont absolument semblables pour la forme, la grandeur et les habitudes. Toutes trois ont sur le dos de leur abdomen, d'une forme plus allongée et cylindrique, des bandes brunes longitudinales qui alternent avec des bandes plus claires. Dans l'Épeire tubuleuse ces bandes sont traversées en croix par trois ou quatre bandes plus claires; dans la Lucine, des points clairs remplacent les lignes transverses, et dans l'*Epeira Herii*, les lignes transverses et les points transverses n'existent pas, il n'y a que des bandes longitudinales.

79. ÉPÉIRE VENUSTE. *(Epeïra venusta.)* Long. 5 lig. ♂.

Abdomen cylindrique d'un vert tendre, entouré d'une bande de couleur d'or à éclat métallique, avec une autre bande longitudinale de même couleur partageant en deux la bande ovale ; cette bande longitudinale divisée elle-même par un point très-fin vert, qui est croisée par trois petits traits de même couleur. Corselet jaune. Pattes fines vertes, annelées de jaune, avec quelques points bruns.

Abbot, Georgian Spiders, p. 13, fig. 113.
Nouveau-Monde — Géorgie.

Jolie espèce qui a de grands rapports avec l'Aranéide tubuleuse. Elle fait, dit Abbot, une toile verticale orbiculaire, comme l'Araignée des jardins. Prise le 13 mai sur sa toile. On la trouve dans les marécages et dans les bois. Peu commune.

80. ÉPÉIRE CALICE. *(Epeïra calix.)* Long. 4 lig. ♂ ♀.

Abdomen cylindrique, d'un brun rougeâtre sur le dos, entouré d'un cercle blanc ; dans le milieu de l'ovale rouge brun est la figure d'un calice dont le pied est séparé de la coupe par un petit intervalle, le tout de couleur blanche. De chaque côté de la raie blanche qui forme le calice est un point blanc jaunâtre, rond, et au-dessus de la raie transversale qui figure le pied du calice, est un autre point blanc jaunâtre. Le corselet et les pattes rougeâtres.

Le mâle n'a point le cercle blanc qui entoure le rouge brun du dos ; la coupe du calice est plus large ; de chaque côté de sa tige sont deux points ronds d'un blanc jaunâtre, et au-dessous du pied du calice deux autres points de même couleur, en tout six points, tandis que la femelle n'en a que trois et plus petits.

Abbot, p. 21, fig. 249 (le mâle), fig. 250 (la femelle).
Nouveau-Monde — Amér. sept. — Géorgie.

Cette espèce particulière, dit M. Abbot, aux hamacs de Briar-Creek-Swamps, fait une toile orbiculaire, et près de cette toile elle courbe une feuille pour y faire sa retraite.

81. **ÉPÉIRE ÉVIDÉE.** (*Epeïra alveata.*) Long. 4 lig.

Abdomen allongé, ovalo-cylindrique, un peu renflé à sa partie postérieure ; dos de couleur orange, avec une bande brune longitudinale, qui divise le dos par le milieu, et qui est traversée par trois traits ou barres brisées, en forme d'accent circonflexe. A la partie postérieure est une tache noire avec deux points jaunes. Les filets sétifères, par la forme épaisse et élargie de la partie postérieure de l'abdomen, se trouvent renfoncés en dessous. Les côtés de l'abdomen ont une tache jaune orange, avec un trait noir allongé proche le corselet, et trois taches noires en forme de larmes. Ventre brun avec deux taches orange sur les côtés ; point d'oviducte ni de vulve renflée, mais seulement deux points enfoncés luisants. Corselet en cœur, aplati à sa partie postérieure, relevé à sa partie antérieure. Bandeau couleur orange, sans poils. Yeux noirs et fins, les antérieurs du carré intermédiaire plus gros et plus rapprochés que ne le sont les postérieurs du même carré. Mandibules rougeâtres, fortes et allongées. Sternum d'un brun noir en cœur, sans renflement à la naissance des pattes. Lèvre aussi haute que large, séparée du sternum par un enfoncement transversal, noire. Mâchoires noires, bombées, luisantes, plus hautes que larges, très-resserrées à leur insertion. Pattes fines, allongées, glabres, sans piquants, cuisses rougeâtres, jambes et pieds noirs, ayant à la base ou à l'extrémité du cinquième article une touffe de poils fins, noirs, allongés ; les deux derniers articles ont aussi des poils fins et noirs, mais beaucoup plus courts. Palpes fins à premier article rougeâtre ; les autres noirs ; des piquants très-allongés au dernier article.

VARIÉTÉ A. Abdomen d'un jaune pâle sur le dos ; renflement de la partie postérieure très-prononcé. La forme de l'abdomen de cette variété est celle d'un œuf dont le petit bout formerait le corselet (femelle pleine).

VARIÉTÉ B. Abdomen renflé et à sa partie postérieure pyriforme, d'un rouge ferrugineux, bordé de jaune. La raie du milieu plus large et plus noire (femelle pleine). (M.)

Monde-Maritime — Australasie — Nouvelle-Guinée, port de Dorey, rapportée par MM. Quoy et Gaymard.

3e FAMILLE. LES ALLONGÉES. (*Elongatæ.*)

Yeux latéraux peu rapprochés, portés sur une même émi-
nence.
Máchoires ovales, plus hautes que larges.
Lèvre ovale, plus haute que large.
Corselet allongé, bombé transversalement à sa partie an-
térieure, quadriforme.
Abdomen allongé, cylindrique ou ovalaire allongé.
Pattes très-allongées.

Ire Race. LES TUBERCULÉES. (*Tuberculatæ.*)

Corselet *à deux tubercules sur le dos.*
Abdomen *allongé, cylindrique.*

8₂. ÉPÉIRE CHRYSOGASTRE. (*Epeira chrysogaster.*) Long. 1 pouce
10 lig. *P*.

Corselet revêtu en dessus de poils fins, couleur métallique
d'or brillant; tubercules du dos peu saillants; sternum en cœur,
noir, glabre, bombé, avec des éminences à la base des pattes.
Bandeau noir; mandibules noires, fortes et grosses, glabres;
mâchoires et lèvre inférieure noires. Abdomen très-allongé,
avec une bande longitudinale sur le milieu du dos d'un jaune
doré, divisée dans le milieu par une double raie brune, de
chaque côté de cette bande sont des points bruns parallèles au
nombre de huit; les côtés du ventre ont des raies longitudinales
très-fines, et sous le ventre de grosses taches rondes ou ovales
de couleur argentée, le milieu du ventre est d'un brun verdâtre
parsemé de taches rondes argentées. Les opercules branchiales
sont jaunes. Le corselet a six lignes de long, et l'abdomen un
pouce deux lignes. Pattes très-allongées, noires, avec des piquants nombreux, courts et forts, extrémités rougeâtres; le
reste noir, à l'exception des articulations qui sont rougeâtres. La
première paire de pattes a deux pouces dix lignes, et la troisième
un pouce sept lignes. Palpes filiformes, noirs; la troisième articulation et le commencement de la quatrième sont d'un rouge
pâle, semblable à celui des hanches. (M.)

Epéire chrysogastre, Walckenaer, Tableau des Aranéides, p. 55, n° 1. — Conférer Albert Séba, Rer. Nat. thesaur. Amst. 1734, t. 4, p. 100, Pl. 99, fig. 9. *Ar. Sebœ*, et Fabricius, *Ar. pilipes*, p. 425, n° 67.

Ancien-Monde — Indes-Orientales.

C'est la plus grande de cette famille ; je l'ai fait figurer. Latreille ni Fabricius n'en ont point fait mention. Celle qui s'en rapproche le plus dans Fabricius est l'*Aranea maculata* de la Chine, mais dont les taches sont argentées.

83. ÉPÉIRE ANTIPODIENNE. (*Epeïra antipodiana.*) Long. 1 pouce 3 lig. ♀.

Corselet, mandibules, lèvre et mâchoires noirs. Les tubercules dorsaux très-pointus. Les éminences du sternum près des pattes d'un rouge brillant. Abdomen d'un jaune doré, avec une figure vasiforme peu distincte sur le dos, ventre avec des raies jaunes en parallélogramme non terminé. Pattes et palpes noirs velus. Les pattes ne sont pas très-allongées. (M.)

Epéire plumipède, Latreille, Hist. nat. des Insectes, t. 7, p. 275, n° 86.—Latreille dit de sa Plumipède que le sternum a un tubercule pointu proche la lèvre.

Monde-Maritime — Nouvelle-Zélande.

Rapportée par MM. Quoy et Gaymard.

84. ÉPÉIRE MANGEABLE. (*Epeïra edulis.*)

Labillardière décrit ainsi son *Aranea edulis* : Corselet grisâtre en dessus, couvert de poils argentés ; quatre taches brunes entre les yeux, sternum noir. Abdomen argenté sur le dos, avec huit ou dix enfoncements de couleur brune ; sur les côtés cinq ou six taches obliques grisâtres, et en dessous plusieurs taches fauves. Les pattes, de couleur fauve et couvertes de poils gris argentés, ont leur extrémité noirâtre.

Aranea edulis, Labillardière, Voyage, t. 2, p. 239 et 240, Pl. 12, fig. 4, 5 et 6

Monde-Maritime — Nouvelle-Calédonie.

Labillardière dit de cette espèce que, dans la Nouvelle-Calé-

donic, elle tend dans les bois des fils très-forts, qui souvent op-
posèrent à nos voyageurs français une résistance très-incommode.
Les naturels du pays recueillent ces Aranéides pour s'en nourrir.
Ils les enferment d'abord dans un grand vase de terre qu'ils pla-
cent sur le feu pour les faire périr, puis ils les grillent sur des
charbons ardents, et les mangent ensuite. Ils nomment cette
espèce Nougui.

85. ÉPÉIRE DORÉE. (*Epeira inaurata.*) 1 pouce 3 lig. *P*.

Corselet brun à sa partie antérieure, argenté à sa partie postérieure, avec des raies vermiculaires plus brillantes. Les deux
tubercules coniques sont noirs ou d'un rouge clair dans les
jeunes, et ressemblent à des yeux très-saillants. La tête est arrondie, et les yeux du carré du milieu sensiblement plus petits
que les latéraux ; les yeux antérieurs de ce carré sont plus gros
que les postérieurs. Le corselet a des taches argentées sur le devant et à la naissance des pattes. Les mandibules sont noires,
les mâchoires d'un brun noir, à extrémité rouge. Abdomen d'un
jaune doré brillant uniforme, avec des poils argentés à la partie
antérieure. Le dos de couleur plus claire dans le milieu, avec des
raies fines allongées. Ventre jaunâtre, d'un brun noir dans son
milieu. Cuisses et jambes rougeâtres, avec les extrémités brunes
chargées de poils ; le dernier article entièrement noir. La première paire de pattes a 2 pouces 8 lignes, la seconde 2 pouces
3 lignes, la quatrième 2 pouces 2 lignes, et la troisième 1 pouce
5 lignes.

Ancien-Monde — Océan Indien — Ile de France.

Le corselet a six lignes de long, l'abdomen neuf lignes ; fauve
lorsqu'elle est jeune, et les raies allongées sur le milieu du dos
sont alors plus visibles. Très-commune à l'île de France, où elle
fait des toiles fortes, et susceptibles d'être filées. Collection de
Bosc, de Catoire, et autres.

86. ÉPÉIRE SÉNÉGALAISE. (*Epeira Senegalensis.*) Long. 12 lign. *P*.

Corselet noir, tubercules dorsaux très-pointus, mandibules
noires, glabres, lèvre et mâchoires noires. Les mâchoires sont
bordées d'un rouge vif à leurs côtés internes. Abdomen couvert
sur le dos de poils fauves dorés, avec des points plus brillants

disposés longitudinalement. Ventre noir, avec des raies dorées sur les côtés et vers l'anus. Les pattes antérieures, les cuisses et les genoux bruns, et la moitié de la jambe de même couleur, coupée ensuite par un anneau jaune avec des piquants noirs, le reste de la jambe est noir avec une touffe de poils mêlés de piquants. Les tarses sont minces, allongés, noirs, avec des piquants sans touffes de poils. Les cuisses des deux pattes postérieures sont fauves, et ont seulement un peu de brun à leur extrémité. Le reste est d'un brun noir. La troisième paire de pattes n'a pas de touffe de poils, mais à la quatrième paire, ces poils commencent près de la jambe, et continuent jusqu'à l'extrémité du métatarse en diminuant graduellement de longueur. Les palpes sont rouges et noirs seulement à leur extrémité. (M.)

Conférer Gronovius, Zoophylacium, p. 128, Ar. 939.
Ancien-Monde — Afrique — Sénégal.

87. ÉPÉIRE CLAVIPÈDE. (*Epeïra clavipes.*) Long. 12 lig. ♀.

Corselet recouvert de poils courts, argentés, brillants. Abdomen en dessus d'un jaune doré, avec des taches rondes, argentées, plus abondantes sur les côtés. Pattes longues et fines, d'un rouge brun, noires à leur extrémité; jambes des première et quatrième paires de pattes pourvues de poils longs et épais; palpes filiformes rougeâtres avec des poils noirs.

Walckenaer, Hist. nat. des Aranéides, fascic. 1, F. 1 et 2.—*Ibid.* Tabl. p. 54, n° 2.—Latreille, Gener. Crust. et Ins. t. 1, p. 54, n° 2. — *The great Yellowish Spider*, Hans Sloane, Voy. to the isl. of Jamaïca, 1725, t. 2, p. 196. — The large *Spotted Spider with long shanks* Brown, *Natural Hist. of Jamaica*, 1746.—Ibid. 1789, p. 419, n° 7, Pl. 44, fig. 4. — *Ar. cornuta.* Pallas, Spicil. zoolog. 1774, fasc. 9, p. 44, tab. 3, fig. 15. —Ibid. édit. allem. trad. de l'auteur, p. 70, Pl. 3, fig. 13. —*Ar. fasciculata,* De Géer, M. p. s. à l'Hist. nat. des Ins. 1778, t. 7, p. 316, n° 2, Pl. 39, fig. 1, 2, 3, 4. — *Epeïra clavipes*, Palissot de Beauvois, Insectes recueillis en Afrique et en Amérique, in-folio, p. 72, Pl. 1.— *Nephila fasciculata*, Koch, Die Arachniden, t. 5, p. 30, Pl. 152, fig. 355, nommée *Nephila clavipes.* — *Aranea clavipes*, Linné, Fabricius. — *Ar. à brosses*, Olivier, Latreille, Duméril.

Nouveau-Monde — à Cayenne, à Saint-Domingue, à la Jamaïque, au Brésil.

Très-commune dans les lieux ci-dessus désignés, mais elle ne paraît pas se trouver plus au nord, puisque Abbot ne l'a pas trouvée dans la Caroline. Cette belle espèce, dit Sloane, forme à la Jamaïque une grande toile à cercles ou spirales formée par une soie jaune, tellement forte et gluante que non-seulement elle arrête les petits oiseaux, mais aussi les Pigeons sauvages ; un homme même qui s'y trouve engagé, est obligé de s'arrêter pour s'en débarrasser, tant les fils qui la composent sont forts et visqueux. Palissot de Beauvois, qui a représenté cette Aranéide dans sa toile, dit aussi que cette toile se compose de fils jaunes, soyeux, très-forts, qui s'étendent entre des arbres distants l'un de l'autre de deux à trois mètres. A Saint-Domingue, on nomme cette Aranéide Araignée-soie. La Société des sciences et arts de la ville du Cap (à Saint-Domingue) avait fait ramasser une grande quantité de cette soie et l'envoya en France où on en fabriqua des gants. On trouve souvent dans la toile de cette Aranéide des Carabes, des Mélolontes, de petits Scarabés.

Je remarque que les Araignées clavipèdes figurées par De Géer, Palissot de Beauvois et Hahn, sont plus grosses et moins grêles que celle qui a été décrite et figurée par nous sous ce nom. Sous ce rapport, l'espèce suivante s'en rapproche plus. M. Koch cite à tort la figure 354 pour sa *fasciculata*, p. 3o, c'est celle qu'il nomme *clavipes*, fig. 355, qu'il décrit dans cet endroit de son ouvrage.

88. ÉPÉIRE GÉNICULÉE. (*Epeira geniculata*.) Long. 1 pouce 3 lig. 1/2 ♀.

Le corselet a 5 lignes de long, et 4 lignes de large à sa partie postérieure. Il a deux tubercules saillants et pointus sur le dos ; le fond de sa couleur en dessus est brun ; mais il est recouvert d'un duvet métallique argenté, qui forme sur les bords une bande plus blanche et plus brillante, et un arc ou deux traits inclinés de même couleur au - dessus des yeux. Le sternum est noir, glabre et luisant ; il a à sa partie antérieure une forte pointe saillante, conique, près de la base de la lèvre, et aussi des éminences arrondies à la naissance des pattes. La lèvre est oblongue, bombée, noire, ainsi que les mâchoires, les mandibules et le bandeau. L'abdomen a 9 lignes de long, il est allongé, cylindrique, gros, un peu bombé sur le dos, légèrement renflé sur les côtés, à la partie antérieure. Le dos est jaune dans le milieu, et a six petits points enfoncés, noirs, disposés longitudinalement, et des lignes noires à la partie postérieure. La partie antérieure du dos et des côtés est entourée d'une large bande blanche, d'un éclat métallique argenté. Le ventre est jaunâtre avec des taches brunes. Les pattes sont allongées et fortes, la première paire a 33 lignes 1/2 de long, la seconde 27 lignes, la quatrième 26 lignes, la troisième 14 lignes 1/2. Le fémoral et le tibial vers leur extrémité antérieure sont renflés, le génual est bombé et courbé; le fémoral et le tibial sont noirs à leurs deux extrémités, mais rouge cerise dans leur milieu et dans la plus grande partie de leur longueur, sans les trois paires de pattes antérieures, mais dans la quatrième paire le tibial aussi est noir. Dans toutes le génual, le métatarse et le tarse sont noirs. Il y a des touffes de poils noirs allongés à l'extrémité du tibial de toutes les pattes. Le tarse et le métatarse sont de même garnis de poils fins plus courts. Les palpes ont l'huméral garni en dessous d'un blanc argenté; ils sont noirs dans tout le reste. Le cubital et le radial sont renflés vers leur extrémité. Le digital est un peu renflé dans son milieu, et garni de poils noirs et fins. Dans cette espèce, comme dans la précédente, les yeux sont brillants, couleur d'ambre jaune, et les yeux antérieurs du carré intermédiaire sont plus gros et plus rapprochés que les postérieurs.

De ma collection. J'ignore d'où elle provient; je la crois de Cayenne ou de la Martinique. Un second individu, absolument semblable, n'a que 1 pouce 2 lignes de long : la première paire de pattes a 27 lignes 1/2, la seconde 23 lignes 1/2, la quatrième 22 lignes 1/2, la troisième 13 lignes 1/2.

Cette espèce a ce caractère commun avec la *Plumipède* de Latreille (Hist. nat. des Insectes, t. 7, p. 275, n° 86), qu'elle a un tubercule conique au sternum, ou une sorte de dent proche la base de la lèvre. Conférer aussi avec notre description celle de l'*Aranea pilipes* de Fabricius, t. 2, p. 425, n° 67.

89. ÉPÉIRE BRUNIPÈDE. (*Epeïra fuscipes.*) Long. 1 pouce 7 lig.

Corselet brun, allongé, avec deux tubercules petits et rapprochés. Abdomen couleur olivâtre ayant des points blancs ar-

genlés sur les côtés, Pattes très-allongées, minces. Les palpes
sont d'un rouge clair, excepté le digital qui est noir.

Koch, Die Arachniden, t. 6, p. 136, fig. 528. — *Aranea maculata*, Leach, Zoological Magazine, t. 2, p. 134, Pl. 110. — *Aranea longipes*, Fabricius, Entomol. t. 2, p. 425, n° 69. — *Aranea
maculata*, ibid., n° 66.

D'après la figure, la première paire de pattes a 44 lignes, la
seconde 36 lignes, la quatrième 35 lignes, la troisième 22 lignes.
Cette espèce diffère de la Clavipes et de la Geniculata par sa
grandeur, par la couleur de ses pattes et par d'autres caractères.
M. Koch, à qui l'on en doit la description et la figure, dit qu'il
ignore sa patrie. Je la crois de Chine ou des Indes orientales. La
Chrysogastre lui ressemble par ses longues pattes toutes noires
et sans touffes de poils ; mais elle en diffère par son abdomen
plus allongé. La *Fuscipes* a le sien proportionnellement plus
·épais, et ses taches métalliques sont argentées au lieu d'être
dorées comme dans la Chrysogastre. Cette espèce doit être con-
férée aussi avec l'*Antipodiana* et l'*Edulis*. Leach n'a point figuré
de tubercules sur le corselet pour la *Nephila maculata*, mais
peut-être ni lui ni Fabricius n'ont-ils pas fait attention à ce caractère, d'autant plus que ces tubercules sont petits, selon Koch.
Leach dit qu'on reçoit souvent cette belle espèce de la Chine.

2ᵉ Race. INERMES. (*Inermæ*.)

Corselet *sans tubercules sur le corselet.*
Abdomen *allongé cylindrique.*

90. EPÉIRE VESPUCE. (*Epeira vespucea.*) Long. 12 lig. ♀.

Corselet brun, couvert de poils ou de duvet couleur métallique argentée ; sternum bombé, rouge ; lèvres, mâchoires et
mandibules d'un brun rougeâtre, la lèvre est anguleuse à son
extrémité. Les yeux latéraux sont portés sur des éminences très-
prononcées. Abdomen jaune, avec un duvet de poils argentés et
des points très-brillants de même couleur sur les côtés et à la
partie postérieure. Pattes d'un brun rougeâtre, cuisses de couleur plus claire, sans anneau distinct, avec des touffes de poils à
la première et à la quatrième paire. (M.)

Nephila clavipes, Koch, Die Arachniden, t. 5, p. 31, Pl. 152, fig. 354; nommée *fasciculata*, et sur cette planche *Nephila plumipes*.

Nouveau-Monde — Amér. mérid. — Brésil.

L'abdomen a 8 lignes de long, le corselet 4 lignes 1/2, la seconde paire de pattes 1 pouce 10 lignes, la quatrième 19 lignes. Cette espèce a des rapports de couleur avec la *Clavipes* par son duvet argenté et par les touffes de poils de ses pattes, et aussi avec l'Épéire sénégalaise, mais elle a l'abdomen plus allongé que cette dernière espèce, et elle n'a pas de tubercule sur le dos du corselet. Conférez encore, au sujet de cette espèce et de la précédente, Gronovius, Zoophylacium, p. 218, n° 240. M. Koch, p. 31, cite pour sa *Nephila clavipes* sa figure 354 de la Pl. 152, nommée sur cette planche *fasciculata*, tandis que c'est l'espèce de la figure 354, nommée sur la planche *Clavipes* qu'il décrit.

91. ÉPÉIRE PLUMIPÈDE. (*Epeira plumipes.*) Long. 10 lig. 1/2.

Corselet d'un brun noirâtre recouvert d'un duvet argenté, sternum et mandibules noires; mâchoires et lèvre, d'un rouge brun. Abdomen de couleur olivâtre, avec une bande argentée, entourant la partie antérieure du dos, et des taches rondes et en petits arcs argentés sur les côtés du dos et du ventre. Pattes jaune clair, fines, avec une touffe de poils fins à l'extrémité du tibial des première, deuxième et quatrième paires de pattes, et une autre touffe moins allongée à l'extrémité du tibial de ces mêmes pattes. Les extrémités du fémoral et du tibial sont bruns, ainsi que le génual, qui est bombé et arqué. Le métatarse jaune; le tarse est noir. L'huméral des palpes est d'un jaune clair, comme les pattes; le cubital et le radial sont bruns, mêlés de jaune brunâtre; le digital est noir.

Nephila plumipes, Koch, Die Arachniden, t. 6, p. 138, Pl. 213, fig. 539.

Nouveau-Monde — Amérique sept. — Louisiane.

Cette espèce, par ses pattes grêles, ses couleurs claires, ressemble à mon *Epeïra clavipes*, tandis que l'espèce précédente, la Vespuce ou *Fasciculata* de Koch, semble se rapprocher plus que celle-ci de l'*Epeïra clavipes* de Palissot de Beauvois, de De Géer et de Hahn. Mais cela est peut-être dû à des différences d'âge.

92. ÉPÉIRE JANÉIRE. (*Epeïra janeira.*)

Corselet noir ou d'un brun rougeâtre dans les jeunes ; sternum
avec une bande jaune à la partie antérieure et deux taches d'un
jaune clair. Abdomen légèrement relevé vers l'anus , verdâtre ,
parsemé de points jaune clair dont les plus gros sont rangés sur
deux lignes longitudinales parallèles. Ventre d'un brun verdâtre
avec des points jaunes. Pattes rougeâtres ; les antérieures ont des
touffes de poils noirs. (M.)
Nouveau-Monde — Brésil — Rio-Janeiro.
Rapportée par M. Freycinet.

93. ÉPÉIRE SOMBRE. (*Epeïra caliginosa.*)

Très-velue, corselet et abdomen d'un brun uniforme dans les
individus âgés. Dans les jeunes ón remarque deux raies longitudinales jaunes sur le dos.
Monde-Maritime — île de Guam.
Rapportée par M. Freycinet, les pattes manquent.

94. ÉPÉIRE DORÉYÈNE. (*Epeïra Doreyana*).

Corselet, pattes et palpes noirs, mandibules , lèvres et mâchoires noires. Abdomen cylindrique, mais diminuant un peu de
grosseur vers l'anus d'un jaune brun, ayant deux bandes jaunes
parallèles proche le corselet, et sur le milieu du dos deux raies
plus pâles formées par des traits allongés, sur le milieu des côtés
des points dorés. Le ventre a des raies transversales jaunes, et
des taches rondes d'un jaune clair au-dessous des parties
sexuelles au nombre de quatre ou de six. Les plus petits dans
le milieu du ventre sont au nombre de vingt ou vingt-cinq.
L'articulation de la jambe au genou a une tache jaune (M.)
Monde-Maritime—Nouvelle-Guinée—Port de Dorey, rapportée
par MM. Quoy et Gaymard.

95. ÉPÉIRE TÉTRAGNATOIDE. (*Epeïra tetragnatoides.*) Long. 3 lig.

Corselet glabre, d'un jaune pâle, yeux latéraux disjoints ,
mais portés sur une même éminence, lèvre jaune à son extré-

mité. Abdomen cylindrique, fond brun avec des demi-cercles et des points ronds d'un jaune vif, disposés régulièrement. Ventre brun avec deux raies transversales d'un jaune vif et d'autres raies sur les côtés. Palpes courts, fins, rougeâtres et noirs à leur extrémité. (M.)

Monde-Maritime—Polynésie—Ile de Tongatabou.

Rapportée par MM. Quoy et Gaymard.

Elle a le facies d'une Tétragnathe, mais les mâchoires, la lèvre et les yeux des Épéires.

Il y a dans les *Icones rerum naturalium*, Havniæ, 1776, in-4°, de Forskaël, une espèce d'Aranéide figurée, qui appartient à cette race ; le dessus de l'abdomen est chiné ou parsemé de petites taches vermiculées. Cette espèce n'est point décrite dans l'ouvrage publié après la mort de l'auteur, intitulé *Descriptiones animalium*, Havniæ, 1775, in-4°.—Voyez les *Icones*, Pl. XXV, fig. **D.**

3ᵉ Race. LES BRÉVIGASTRES. (*Brevigastræ.*)

Corselet *sans tubercules*.
Abdomen *peu allongé, ovalaire.*

96. Épéire brésilienne. (*Epeïra brasiliensis.*) Long. 9 lig. ♀.

Corselet noir très-bombé, et très-renflé à sa partie antérieure. Mandibules d'un brun noir, fortes, larges, renflées à leur partie antérieure. Abdomen ovalaire. Pattes alternant en rouge et en noir, point de touffes de poils. (M.)

Nouveau-Monde—Amér. mér.—Brésil.

L'abdomen a 5 lig. de long, le corselet 4 lig. La première paire de pattes a 15 lig. de long, la deuxième 13, la quatrième 12, la troisième seulement 8 lignes.

97. Épéire perplexe. (*Epeïra perplexa.*) Long. 12 lig. ♀.

Corselet brun, mandibules noires, sternum brun, mais divisé dans son milieu par une tache rougeâtre, et entouré de rouge près des pattes, avec des éminences à la naissance de ces pattes, et une proche la lèvre qui est allongée ainsi que les mâchoires. Abdomen bombé, jaune ou orangé, lavé de brun sur les côtés du ventre, qui a trois taches triangulaires ou ovalaires noires.

pattes rouges , mais fortement annelées de noir aux articulations. Les tarses sont noirs.

Nouveau-Monde — Brésil , et cap de l'île Saint-Dómingue.
Collections de Buquet et d'Audinet-Serville.

L'abdomen de cette espèce n'a que 6 à 7 lignes de long.
La variété à dos orangé était étiquetée comme venant du Cap ;
c'est celle de M. Audinet-Serville. Était-ce le cap de Saint-
Domingue. Celle de M. Buquet étiquetée comme venant du
Brésil.

98. ÉPÉIRE AZZARA. (*Epeïra Azzara.*) Long. 1 pouce 2 lig. *P*.

Corselet large à sa partie antérieure , qui est relevée comme
dans toutes les Aranéides de cette famille ; mais les mâchoires
sont arrondies , plus larges et moins hautes, noirâtres, et bordées
de rouge au côté interne. Ce corselet est d'un brun noir rougeâtre. Sternum rouge bordé de noir. Les yeux antérieurs du
carré intermédiaire sont plus gros et plus rapprochés que les
postérieurs. Les yeux latéraux sont au niveau de ceux d'en haut
sur une élévation commune aux deux, et leur axe visuel est
latéral. L'abdomen a la forme d'une poire , et grossit graduellement vers son extrémité. Il est entouré de jaune rougeâtre près
le corselet, et a trois bandes de même couleur sur les côtés , et
sous le ventre quatre taches jaunes. Le fond [de la couleur du
dos , comme de celle du ventre, est gris de souris. Les pattes
sont fortes , peu allongées , rouge-brun , qui devient plus foncé
aux articulations. Il y a des poils noirâtres plus abondants vers
les jambes et les tarses , et quelques piquants. (M.)

Nouveau-Monde — Amérique mérid. — Brésil.

99. ÉPÉIRE ANAMA. (*Epeïra anama.*) Long. 12 lig. *P*.

Corselet brun rougeâtre ; yeux antérieurs du carré intermédiaire plus rapprochés entre eux que les postérieurs ; yeux latéraux rapprochés au niveau de ceux d'en haut. Sternum d'un jaune
vif bordé de noir. Abdomen d'un brun pâle , moucheté de jaune
sur le dos , avec des raies arquées jaunes sur les côtés ; qui se
prolongent sous les côtés du ventre plus clairs et plus larges ;
deux croissants jaunes opposés sous le ventre entourant la vulve.

Pattes rouges avec des anneaux bruns aux articulations, fines et pas très-allongées. (M.)

Ancien-Monde — Asie — Cochinchine.

1oo. ÉPÉIRE DURVILLE. (*Epeïra Durvilla.*) Long. 1o lig. ♀.

Corselet noir, parsemé de duvet jaune sur les côtés; mandibules et mâchoires noires, veloutées; sternum noir avec un renflement d'un rouge luisant à la naissance des pattes. Abdomen d'un jaune sale en dessus avec des raies parallèles obscures se joignant à la partie postérieure. Ventre d'un jaune sale entouré d'une raie plus pâle. Pattes grandes, fortes, brunes, annelées de rouge avec des touffes de poils noirs allongés aux jambes et des poils de même couleur mêlés de piquants aux deux derniers articles. (M.)

Monde-Maritime — Polynésie — Tongatabou.

Rapportée par MM. Quoy et Gaymard.

L'abdomen a six lignes, le corselet quatre. Dans les individus jeunes le corselet est rouge, bordé de jaune, les éminences du sternum sont d'un jaune foncé, les mandibules sont rougeâtres, et les pattes d'un rouge presque uniforme.

1o1. ÉPÉIRE MALABARIÈNE. (*Epeira malabarensis.*) Long. 1o lig. ♀.

Corselet court, noir, large et bombé à sa partie antérieure; sternum glabre, d'un jaune clair, uniformément bordé près des pattes d'une ligne brune; yeux antérieurs du carré intermédiaire plus rapprochés et plus gros que les postérieurs, les latéraux écartés entre eux, mais portés sur la même éminence du corselet. Abdomen à dos brun avec des taches plus claires; ventre brun avec des taches ovales ou triangulaires d'un jaune vif; les taches antérieures proche le corselet sont triangulaires, les postérieures sont plus fines et entourent l'anus; les côtés ont des raies longitudinales jaunes. (M.)

Ancien-Monde — Asie — Côtes de Malabar.

Cette dernière race forme le passage de cette famille à la suivante.

D'un individu desséché de cette famille, le seul qu'il ait vu, M. Leach a formé son genre NÉPHISE (Zoological Magazine, t. 2, p. 234, Pl. 11o). Depuis 18o5, époque de la publication de mon tableau des Aranéides, il a été facile de former des genres des nombreuses familles et races dont j'ai donné les caractères. On l'a fait sans indiquer l'ouvrage où l'on puisait, et assurément au grand détriment de la science qui, en histoire naturelle, consiste à réunir ce qui ne doit pas être séparé, et non à séparer ce qui doit rester uni.

C'est la première race des Aranéides de cette famille qui a donné lieu à l'erreur des auteurs qui ont figuré et décrit des Araignées à dix yeux; ils ont pris les tubercules du corselet pour des yeux.

4ᵉ Famille. LES DÉCORÉES. (*Decoratæ.*)

Yeux, les latéraux plus rapprochés de la ligne des intermédiaires antérieures que de la ligne des intermédiaires postérieures.

Mâchoires courtes, arrondies, aussi larges que hautes.

Corselet aplati.

Abdomen traversé sur le dos par des bandes de diverses couleurs, ou orné de grosses taches fortement colorées.

Aranéides formant un cocon ovoïde tronqué.

1ʳᵉ Race. LES ELLIPSOIDES. (*Ellipsoïdes.*)

Abdomen *ellipsoïde.*

-Yeux *non portés sur une avance de la tête.*

102. ÉPÉIRE FASCIÉE. (*Epeïra fasciata.*) 7 à 10 lig. ♂ ♀.

Corselet couvert de poils argentés. Abdomen à dos jaune élégamment bariolé par des bandes transversales brunes ou noires, la première bordant en avant et sur les côtés la partie du dos qui avoisine le corselet ; la seconde courte, n'atteignant pas les côtés, et à une assez grande distance de la première ; puis ensuite dix autres atteignant les côtés, excepté la sixième qui est plus courte que les autres; mais souvent dans les femelles pleines . ces bandes noires se trouvent, et on n'en compte plus que six ou sept en tout, très-noires et très-larges, la treizième à partir du corselet se subdivise en deux sur les côtés. Le mâle et les individus femelles, dans le jeune âge, ont l'abdomen étroit, allongé, cylindrique et seulement deux bandes transversales proche le corselet, et deux bandes longitudinales grisâtres, mal déterminées.

Nephila transalpina, Koch, die Arachniden, t. 5, p. 33, Pl. 153, fig. 356, le mâle, fig. 157, la femelle.—*Miranda transalpina*, Koch, Herrich Schæffer, 128, n° 14. — *Épéire fasciée*, Dugès, Planches du Règne animal de Cuvier, édit. de Crochard, in-8°, 1837, Pl. 11, fig. 1, et fig. 1 e, la femelle et le mâle. — Walckenaer, Hist. nat. des Aranéides, Fascicul. 3, 1. — Idem, Aranéides de France, p. 234, n° 1, Pl. 9, fig. 2. — Ibid. Tabl. des Aran. p. 55, n° 4. — *Ar. zebra*, Sulzers, Abgekurtzete Geschichte, etc., 1776, in-4°, p. 254, fig. 15. — *Aran. Phragmitis*, Rossi, Fauna Etrusca, t. 2, p. 128, n° 964, tab. 3, fig. 13; tab. 9, fig. 5. —*Aranea formosa*, Cyrillo, Entomologia Neapolitana, p. 7, Pl. 9, fig. 3.—*Epeïra fasciata*, Léon Dufour, Observ. génér. sur les Arachnides, p. 16, n° 4, Pl. 95, fig. 5, extrait du tome 4 des Annales des Sciences Physiques. —*Ar. formosa* (la belle), de Villers, C. Linnei entomolog., t. 4, p. 130, n° 125, Pl. 11, fig. 10.—*Ar. pulchra*, Razoumowski, Hist. nat. du Jurat, p. 244, Pl. 3, fig. 14. — Termeyer. Richerche e Sperimenti sulla seta dei Ragni, p. 24 et 29, Pl. 2, fig. 7, 8, 9 et 10 (l'Araignée), fig. 15 (le cocon). — *Ar. speciosa*, nommée *Misguir*, par les cosaques du Jaïk. — *Ar. sacrariorum*, Pallas, Voyages trad. de la Peyronie, Paris, 1789, in-4°, vol. 2, p. 543, n° 40. — Conférer Lepechin Tagebuch, t. 2, p. 316, Pl. 6. —Aldrov. de Insect. édit. Bon. 1602, p. 607 à 609, fig. 7; édit. 1618, Franc., p. 240 D, Pl. 11, fig. 7. — *Ar. fasciata*, Latreille, Gener. Crust. et Insect. t. 1, p. 106, spec. 8. (Nous nous bornons aux auteurs qui ont publié des figures de cette Aranéide. Il serait facile de remplir plusieurs pages de sa synonymie.)

VARIÉTÉ A. Abdomen avec six bandes transversales noires et cinq bandes jaunes; corselet avec des taches noires ovales sur les côtés et à la tête.

Ancien - Monde — Europe — France — Espagne — Italie — En Crimée, sur les bords du Jaïk et du Don — Dans le midi de l'Allemagne, aux environs de Trieste, en Grèce — en Afrique, dans l'Algérie.

Cette espèce est commune, mais elle ne paraît pas dépasser au Nord le 49e degré de latitude. On la trouve assez fréquemment sur les bords du Rhin, aux environs de Strasbourg. Elle a été trouvée, mais rarement, dans les environs de Paris. On l'a prise, le 2 septembre 1830, dans le parc du Paraclet (d'Abélard), près de Nogent-sur-Seine, et dans la forêt de Fontainebleau. On la rencontre en nombre dans les environs de Laval. Forskael l'a trouvée au commencement de décembre dans les jardins du Caire. La variété avec de larges bandes noires m'a été envoyée de l'Algérie. En France, c'est dans les lieux élevés, plantés de genêts, de buissons, le long des haies et des fossés, et sur les bords des ruisseaux qu'elle construit sa toile. Cette toile est circulaire, mais traversée de haut en bas par un fil en zig-zag. Au temps de la ponte, l'Aranéide enferme ses œufs au milieu d'une bourre de soie très-fine, renfermée dans un cocon en forme de bourse qui a près d'un pouce de long, et qui est fermé par une opercule. A cette opercule se trouve attachée une touffe de soie dont la cime est couleur de café et dilatée, et dont la base plus compacte est semi-circulaire. Cette touffe de soie sert à suspendre le cocon où l'Aranéide veut le fixer. Les larves d'Ichneumon, du *Pimpla arachnitor* et du *Pimpla ovivora* dévorent les œufs de ces Araignées. (Voyez Bohemann, Mém. de l'Acad. de Stockholm, 1821, p. 335.) Ces petits Hyménoptères introduisent, au moyen de leurs fines tarières, leurs propres œufs dans les œufs de l'Araignée ; là ils éclosent, et le ver qui est produit en dévore la substance et se métamorphose en Insecte parfait qui prend son vol dns le vaste espace de l'air. L'*Epeïra fasciata* est aussi sujet à engendrer dans son abdomen, un ver intestin du genre Filaria, qui la fait mourir. Pallas dit que les Cosaques de l'Oural ont pour cette espèce d'Aranéide une sorte de vénération, parce qu'en pénétrant dans les maisons elle suspend sa toile aux statues des divinités qui s'y trouvent.

La variété A, qui nous a été envoyée d'Algérie, par le nombre de ses bandes d'un noir plus vif, par ses taches noires, semblerait devoir constituer une espèce distincte, mais en y regardant de près on voit que c'est une femelle pleine et âgée ; les éléments des taches noires du corselet se retrouvent très-pâles dans les plus jeunes ; et les larges bandes noires de cette variété sont formées par l'oblitération de la troisième bande jaune et la réunion des deuxième et troisième bandes noires en une seule ; puis

ensuite par la réunion des quatrième, cinquième et sixième
bandes noires séparées dans les jeunes. Les autres bandes noires
qui suivent sont dans les jeunes déjà réunies dans leur milieu,
mais elles le sont dans toute leur largeur dans la variété et ne
forment que trois bandes très-noires. Le ventre, dans les deux
variétés, est de même noir dans son milieu avec des points d'un
jaune vif et deux bandes longitudinales parallèles de même couleur sur les côtés.

103. ÉPÉIRE AURÉLIE. (*Epeïra Aurelia.*) Long. 10 lig. ♂ ♀.

Abdomen de la femelle ovalaire, divisé par des lignes d'un
noir velouté, en neuf ou dix segments transversaux, alternativement argentés et dorés, les derniers coupés longitudinalement ·
par quatre traits noirâtres. Dans le mâle l'abdomen est étroit,
cylindrique, de couleur fauve pâle, rayé de brun mais peu distinctement.

Epeïra Aurelia, Walckenaer, Aranéides de France, p. 239. —
Argyope Aurelia, Savigny, Description de l'Égypte, hist. nat.
t. 1, 4ᵉ partie, p. 122, nᵒ 5, ou t. 22, p. 331, édit. in-8,
Arachnides, Pl. 2, fig. 5. —*Aranea trifasciata*, Forskael, Des-
cript. animal, p. 86, nᵒ 30, Pl. 24. — *Aranea fasciata*, l'abbé
Poiret, Observations sur quelques Insectes, rapportés de Barba-
rie, Journal de Physique, août 1787, t. 31, p. 114, Pl. 1, fig. 3.
Ancien-Monde — Dans le Midi de la France, en Égypte, en
Barbarie.

Souvent confondue par les auteurs avec l'espèce précédente,
dont elle se distingue cependant facilement par un abdomen
plus ovalaire, des bandes plus droites, plus équidistantes, ou
formant entre elles des segments moins inégaux. Cette espèce,
en Barbarie, pond ses œufs à la fin de juillet; son cocon a
la forme d'un sphéroïde tronqué; la face aplatie est entourée
d'un rebord à quatre ou cinq ou sept pointes; c'est au moyen de
ces pointes auxquelles des fils aboutissent que l'Aranéide suspend
en l'air son cocon à la manière des lampes de nos églises. Dès
que les jeunes Araignées sont écloses, elles rompent l'espèce
d'opercule qui forme la grande ouverture de l'ovale, et rôdent
en troupes dans les environs. Elles se retirent de temps en temps
dans leurs premières habitations où elles vivent en société, jus-

qu'à ce que, devenues plus fortes, elles se séparent, et deviennent
ennemies mortelles après avoir vécu en famille d'un bon accord.
Les fils de cette Araignée sont très-forts, et le tissu de son cocon
presque parcheminé, et difficile à déchirer. Elle se tient au milieu de sa toile qui n'arrête que de gros Insectes, de grandes
Mouches, des Guêpes, des Bourdons et même des Sauterelles.

Je remarque dans un individu de cette espèce qui m'a été
envoyé d'Alger, au-dessus des lignes noires longitudinales qui
coupent les bandes transversales, deux ovales allongés, disposés
longitudinalement comme les lignes, dont on ne trouve pas de
trace dans la figure et la description de M. Savigny. La lèvre et
les mâchoires sont brunes bordées de jaune vif. La poitrine
brune a une sorte de trèfle ou de croix de même couleur, et le
ventre brun a deux lignes jaunes parallèles et des points de
même couleur.

104. ÉPÉIRE LATREILLE. (*Epeïra Latreilla*.) Long. 7 lig. ♀.

Abdomen ovalaire, avec quatre ou cinq bandes transversales
de couleur carmélite, séparées par autant de bandes brunes,
sur lesquelles se détachent des points argentés disposés régulièrement. (M.)

Walckenaer, Hist. nat. des Aranéides, fascic. 2, fig. 4 (à tort
indiquée comme venant du Bengale). — Latreille, Dictionnaire
d'hist. nat. t. 10, p. 309.
Ancien-Monde — De l'île de France, suivant Latreille.

105. ÉPÉIRE MAURICIA. (*Epeïra Mauricia*.) Long. 10 lig. ♀.

Abdomen légèrement festonné sur ses bords, ovale allongé,
un peu aplati, jaunâtre ; lignes transversales noires, fines, égales en largeur, presque point festonnées, au nombre de neuf,
formant neuf bandes jaunes; les postérieures beaucoup plus
étroites. Ventre noir bariolé de jaune. Croix jaune au sternum.
Pattes noires, annelées de jaune. (M.)

Epeïra Mauriciana, Walckenaer, Tabl. des Aranéides, p. 55.
Ancien-Monde — De l'île de France.

106. ÉPÉIRE LUZONE. — (*Epeïra Luzona.*) Long. 10 lig. ♀.

Abdomen traversé alternativement par des bandes argentées, jaunes et noires.

Petiver, Gazoph. tab. 5, n° 3.
Ancien-Monde — Iles Philippines , Luzon.

Le cocon est grand , aplati, et a six points à son opercule. La soie en est blanche, et il renferme environ 200 œufs.

107. ÉPÉIRE FASTUEUSE. (*Epeïra fastuosa.*) Long. 7 à 10 lig. ♂.

Forme et grandeur de l'Épéire fasciée. Corselet couvert de duvet argenté luisant. Abdomen ovale allongé, avec dix bandes transversales , jaunes , bordées d'une ligne rouge d'ocre qui les sépare les unes des autres. La troisième est interrompue par une tache argentée. Le ventre a une tache noire au milieu , et une raie jaune de chaque côté marquée de points argentés.

Aranea fastuosa , Olivier , Encyclopédie méthodique , Hist. nat. , t. 4 (t. 1 des Insectes) p. 202 , n° 15.

Nouveau-Monde — la Guadeloupe ; c'est dans cette île qu'un naturaliste nommé Badier a observé cette espèce au milieu de sa toile , qui est comme celle de toutes les Orbitèles en réseau régulier.

108. ÉPÉIRE COPHINAIRE. (*Epeïra cophinaria.*) Long. 11 lign. ♀.

Abdomen ovale allongé , ellipsoïde jaune, ayant dans le milieu du dos une tache noire, longitudinale, qui dans la partie anté-rieure a la forme d'un pion d'échiquier , et en bas celle d'un vase à forme festonnée , contenant deux espaces jaunes , arrondi en lunettes dans sa partie renflée et une raie transversale jaune à sa base. Sur les côtés des raies noires fixes divisent le fond jaune en autant de bandes latérales. Corselet blanc , avec une petite tache triangulaire , noire près de l'abdomen. La première patte noire avec quelques anneaux plus pâles. Les autres égale-ment noires excepté aux cuisses qui sont jaunes, avec un anneau noir à leur naissance et à leurs extrémités.

Golden Web Spider , Abbot, p. 15 , fig. 151.
Nouveau-Monde—Amér. sept.—Géorgie.

Elle fait, dit Abbot, une toile orbiculaire comme l'Araignée des jardins , mais elle renferme ses œufs dans un cocon qui a la forme des paniers avec lesquels les pêcheurs ont coutume de prendre les anguilles. Ce cocon est d'un brun doré. Abbot a pris cette grande et belle espèce le 18 septembre, dans un champ de blé, près de Bryar Creek-Swamp.

La fig. 153 du même auteur a de 3 à 4 lig. de long, elle est jaune avec des figures noires sur le dos, et pourrait bien être une variété d'âge de cette Aranéide. Elle offre une suite de figures pentagonales sur le milieu du dos avec des points noirs sur les côtés. Prise sur un sassafras le 16 juillet.

109. ÉPÉIRE ARGYRASPIDE. (*Epeïra argyraspides.*) Long. 11 lig. ♀.

Abdomen ovale, allongé, très-pointu vers l'anus , jaune avec trois raies longitudinales parallèles sur le milieu du dos, fermées par des points et des traits argentés, coupées transversalement par quatre raies de même nature et parallèles aussi , de sorte que ces lignes forment entre elles des carrés jaunes , et composent une sorte d'échiquier. Corselet blanc , palpes d'un jaune pâle , pattes régulièrement annelées de jaune et de brun.

Abbot, fig. 156 , p. 16.
Nouveau-Monde—Amér. sept.—Géorgie.
Trouvée le 9 octobre dans les bois de chêne du comté de Burke. Cette belle espèce, qui construit une toile orbiculaire, est rare.

110. ÉPÉIRE BRILLANTE. (*Epeïra nitida.*)

Corselet argenté. Sternum avec une figure d'un jaune très-vif. Lèvre jaune; mâchoires jaunes avec une tache brune à leur base. Abdomen en ovale allongé , bariolé de jaune et de noir, coupé en droite ligne près le corselet et ayant dans cette partie deux éminences , le dos traversé de bandes jaunes et noires. Sous le ventre deux raies longitudinales, jaunes , avec de petites branches de même couleur , le tout figurant une branche d'épines sans feuilles. (M.)

111. ÉPÉIRE ATTRAYANTE. (*Epeïra jucunda.*) Long. 6 lig.

Corselet jaunâtre. Sternum en ovale allongé , d'un jaune clair sans éminences à la base des pattes. Abdomen cylindrique avec deux légères éminences, horizontales à la partie antérieure. Milieu du dos brun, bordé de deux raies jaunes, festonnées, sinuées, et quatre ronds ou points jaunes dans le milieu. Les deux antérieurs plus gros. Les bandes jaunes, allant en diminuant vers la partie postérieure, sont coupées par de petites raies transversales noires. Ventre noir avec quatre raies jaunes parallèles. Pattes rougeâtres, annelées de brun. Palpes d'un rouge pâle. (M).

112. ÉPÉIRE FASCINATRICE. (*Epeira fascinatrix.*) 9 lig. ♀.

Abdomen globuleux, presque pentagonal, et grossissant graduellement à la partie postérieure. Partie antérieure coupée en ligne droite et prolongée en petits tubercules sur les côtés. Quatre bandes jaunes et quatre bandes brunes transversales sur le dos, la dernière occupant toute la partie postérieure. Quatre points argentés sur la troisième raie brune, et quatre autres sur la bande postérieure. Ventre brun, avec deux raies jaunes parallèles et des points disposés en pyramide. Sternum jaune bordé de brun, avec des éminences à la naissance des pattes. Les pattes sont allongées, fortes, annelées de brun et de fauve. (M.)
Nouveau-Monde — Amérique mérid., à Rio-Janéiro.
Rapportée par M. Freycinet.

113. ÉPÉIRE CEINTE. (*Epeïra accincta.*) Long. 5 lig. ♀.

Corselet et pattes rougeâtres. Sternum jaune, avec des éminences à la naissance des pattes. Abdomen globuleux, presque pentagonal, grossissant graduellement vers la partie postérieure, avec des angles aigus formant des éminences ou tubercules proche le corselet. Le dos déprimé, d'un beau jaune, divisé transversalement par deux lignes brunes doubles. Une grande tache brune près de l'anus, avec deux points argentés; d'autres petits points également argentés se font voir sur les côtés, avec des bandes jaunes et des points latéraux rentrants. (M.)

114. ÉPÉIRE SUSPENDUE. (*Epeïra appensa.*) ♀.

Abdomen globuleux, presque pentagonal, et grossissant graduellement vers la partie postérieure. Dos déprimé. Deux éminences proche le corselet. Point de bandes transversales, mais des petites lignes noires sur un fond jaune, fines, tourmentées et vermiculées. Ventre noir, avec deux lignes longitudinales jaunes, et branchues ; six points jaunes en dedans de ces lignes. Côtés de l'abdomen noir vergeté de jaune. (M.)

115. ÉPÉIRE FIXÉE. (*Epeira affixa.*) Long. 6 lig. ♀.

Abdomen globuleux, presque pentagonal, grossissant graduellement vers la partie postérieure. Dos déprimé, d'un jaune clair, avec quelques lignes brunes et quatre points enfoncés noirs ; côtés bruns. Ventre bombé, à fond brun, avec deux lignes longitudinales d'un jaune vif, et d'autres lignes fines qui se croisent en étoile sur les côtés. Vulve très-saillante, très-large et formant une figure à trois pans, dont la partie supérieure a la forme d'un chapeau à trois cornes. Pattes et corselet d'un brun rougeâtre. Sternum avec des taches jaunes. Mâchoires et lèvre verdâtres. Yeux antérieurs du carré intermédiaire plus rapprochés entre eux que les postérieurs du même carré. Les yeux latéraux sont sur la ligne des yeux intermédiaires antérieurs. (M.)

116. ÉPÉIRE AÉRIENNE. (*Epeira ætherea.* Long. 7 lig. ♀.

Abdomen ovalaire. Dos traversé par quatre bandes jaunes et quatre bandes noires. Six points jaunes parallèles disposés par trois entre deux des lignes jaunes ; à la troisième raie les points sont un peu séparés. Corselet et pattes de couleur brune : sternum avec une figure jaune en forme de trèfle.

VARIÉTÉ A. Abdomen plus noir, lignes séparées par des points, excepté les deux premières (quand l'Araignée a pondu.)

VARIÉTÉ B. Bandes ou raies transversales oblitérées, de sorte qu'il ne reste plus dans le milieu que des traces d'un jaune sale noirâtre (lorsque l'Aranéide est pleine et prête à pondre.)
Monde-Maritime—Nouvelle-Guinée—Port de Dorey.

117. ÉPÉIRE AMBITOIRE. (*Epeïra ambitoria.*) Long. 9 lig.

Abdomen ovale allongé, ellipsoïde coupé en ligne droite vers le corselet et formant deux petites proéminences latérales. Dos très-convexe, brun, avec une bande longitudinale de chaque côté, interrompue par des lignes noires transverses qui forment autant de figures jaunes séparées, assez semblables à celles que l'on donne aux larmes sur les monuments funèbres; ces figures vont en diminuant vers l'anus. Dans le milieu sont six points jaunes disposés longitudinalement, les antérieurs sont plus gros et d'un jaune plus vif. Le ventre est brun-noir avec deux parallèles jaunes, et quatre points jaunes à l'entour des filières. Le corselet est noir, et a une bande d'un jaune vif. Pattes allongées brunes. (M).

VARIÉTÉ A. Abdomen sans les éminences latérales arrondies à sa partie antérieure, couleur presque fauve dans son milieu (femelles pleines).

Nephila vestita, Koch, Die Arachniden, t. 5, p. 35, Pl. 153, fig. 358.

Nouveau-Monde—Amér. sept.—New-York.

118. ÉPÉIRE AMBAGIEUSE. (*Epeïra ambagiosa*). ♀.

Abdomen brun, entouré d'un ovale argenté, coupé par des bandes de poils argentés, mais obscures et comme interrompues dans leur milieu. Corselet revêtu de poils blancs.

Ancien-Monde—Europe—Espagne.

2ᵉ Race. LES OCULÉES. (*Oculatæ.*)

Abdomen *ovalaire allongé.*
Yeux *antérieurs et intermédiaires portés sur une avance de la tête.*

119. ÉPÉIRE VOLEUSE. (*Epeïra latro.*) Long. 12 lig.

Corselet brun, aplati, argenté. Abdomen ovale, brun, marqué de taches rouge ferrugineux. Pattes noires, allongées, fortes; cuisses de couleur pâle. Le corselet est aplati et argenté. Les mâchoires sont très-courtes et très-arrondies. Les yeux antérieurs sont portés sur des tubercules qui divergent et s'inclinent en bas, et les latéraux sur des tubercules inclinés sur les côtés. Les mandibules se trouvent ainsi très-renfoncées sous le corselet.

Aran. latro, Fabricius, Entomolog. system. t. 2, p. 412,
n° 19.

En Amérique.

Cette section dans la famille des Décorées a été établie d'après
l'Aranéide étiquetée de la main de Fabricius, qu'il eut la bonté
de nous apporter du Danemark. Malheureusement l'abdomen
manquait, et la description qu'il en a donnée dans son Entomologie systématique, est trop courte et insuffisante.

120. ÉPÉIRE HIRSUTE. (*Epeïra hirsuta.*) Long. 5 lig. 1/2.

Abdomen ovoïde allongé, d'un rouge pâle, très-velu, avec
quatre rangées longitudinales de taches d'un blanc de lait; les
deux intérieures composées de taches ovales très-grandes, et
accompagnées de six gros points noirs qui sont à la base de chaque tache, le tout formé par des poils très-denses. Corselet et
pattes rougeâtres. Les pattes annelées de noir aux jambes et aux
tarses seulement.

Epeïra hirsuta, Hahn, Die Arachniden, t. 1, p. 13, Pl. 3,
fig. 9.

Ancien-Monde — Europe — Italie.

––––––––––

Nous avons donné le nom de *Décorée* à la famille d'Aranéides,
à laquelle, dans notre tableau (p. 55), nous avions imposé le nom
de *Zonée*. Les bandes transversales du dos qui se remarquent
dans un grand nombre ne constituent pas le caractère essentiel
de cette famille; mais bien la forme de leur corselet et de leur
abdomen.

5₀ FAMILLE. LES FESTONNÉES. (*Encarpatæ.*)

Mâchoires courtes, arrondies, aussi larges que hautes.
Corselet très - plat, le plus souvent couvert de poils ar-
    gentés.
Abdomen découpé ou festonné.
ARANÉIDES formant un cocon ovoïde tronqué.

121. ÉPÉIRE ARGENTÉE. (*Épeïra argentata.*) Long. 9 lig. ♀.
(Pl. 18, fig. 3.)

Corselet petit, presque carré, à fond brun, mais couvert de poils
argentés, sternum brun bordé de poils fauves. Mandibules glabres
rougeâtres, terminées par une tache oblique d'un jaune vif. Les
quatre yeux intermédiaires formant un carré allongé, les postérieurs du carré plus gros et plus écartés, les antérieurs ont l'axe
visuel dirigé en avant sur une protubérance arrondie du front.
L'axe visuel des yeux latéraux est dirigé latéralement et en bas,
ce qui les place sur la même ligne que celle des yeux antérieurs
intermédiaires. L'œil latéral postérieur est plus gros que l'antérieur. Palpes filiformes d'un rouge sanguin, garnis de piquants
noirs très-longs vers leur extrémité. Abdomen ovale allongé,
s'élargissant vers sa partie postérieure, déprimé sur le dos et
bombé en dessous ; festonné par huit petits tubercules, deux à
la partie antérieure proche le corselet, trois de chaque côté de
la partie postérieure de l'abdomen, un à l'extrémité. Sur le milieu du dos s'élève un petit tubercule. Ce dos offre les plus belles
couleurs. La partie antérieure est couverte de beaux poils argentés avec des points disposés en triangle. La partie postérieure est
d'un jaune brun qui tranche avec le blanc de la partie antérieure, avec des parties plus claires, et a six gros points argentés
disposés transversalement trois par trois. Ceux de la ligne antérieure sont les plus gros. Le ventre, et tout ce qui entoure l'anus,
est brun : une large bande jaune traverse le ventre dans son milieu. Les pattes sont allongées, fines, annelées de noir, de rouge
brun et de rouge clair.

Argyopes argentatus, Koch, Die Arachniiden, t. 5, p. 38, Pl. 154,
fig. 366.—*Argyopes fenestrinus*, Koch, Die Arachniiden, t. 5, p. 39,

Pl. 155, fig. 361.—*Aranea mammata*, de Géer, Mém. t. 7, p. 318, n° 3, Pl. 39, fig. 5. — *Aranea argentata*, Fabricius. Entom. syst. t. 2, p. 414, n° 27.—*Araneus valde elegans*, Marcgrave, Hist. nat. Bres. p. 248. — *Epeira mammata*, Walckenaer, Tabl. des Aranéides, p. 56, n° 2.

Nouveau-Monde—Ile de la Martinique—Pensylvanie—Brésil.

Cette espèce est très-commune à la Martinique et j'en ai reçu de cette île nombre d'individus. Elle fait ordinairement sa toile qui est orbiculaire sur les bords des ruisseaux.

La figure et la description de cette espèce donnée par Marcgrave sont les meilleures qu'on ait encore faites, et elles sont préférables à celles de De Géer, mais cette figure et cette description de Marcgrave ne s'appliquent pas à l'Araignée qu'il nomme Namdhui, comme Latreille l'a cru à tort. Conférez encore pour cette espèce Pallas, Spicilegia Zoologica, fasc. 9, p. 46, tab. 3, fig. 13 et 14.

122. ÉPÉIRE AUSTRALE. (*Epeira australis.*)

Corselet argenté, abdomen festonné à huit lobes, dos avec des bandes transversales carmélites, claires et des bandes argentées. Les bandes carmélites ou rougeâtres sont interrompues par des lignes argentées, longitudinales, de manière à former une suite de taches rougeâtres sur trois lignes. Les pattes sont annelées de jaune rougeâtre et de noir.

Epéire australe, Walckenaer, Tab. des Aranéides, p. 56, n° 10. — *Argyopes clathratus*, Koch, Die Arachniden, t. 5, p. 40, Pl. 155, fig. 362.

Ancien-Monde — Ile de France et Cap de Bonne-Espérance, rapportée par Péron et Le Sueur.

Conférez pour cette espèce l'*Araneus capensis* de Petiver, Gazophilac. tab. 10, fig. 11.

123. ÉPÉIRE SOYEUSE. (*Epeïra sericea.*)

Corselet couvert de poils argentés. Abdomen ovale arrondi, déprimé et découpé sur ses bords en festons au nombre de neuf, en comptant celui qui termine au-dessus de l'anus, dos couvert de poils argentés avec des points enfoncés dans le milieu, disposés longitudinalement. Pattes allongées rouges, annelées de noir avec des piquants noirs et des poils gris. Palpes d'un rouge uniforme, noirs à leurs extrémités.

Ar. soyeuse, Olivier, Encyclopéd. méthod. Hist. natur. t. 4 (t. 1 des Insectes) p. 199, n° 2. — *Epeïra sericea*, Latreille, Gener. Crust. et Insect. t. 1, p. 107. — *Epeïra sericea*, Hahn, Die Arachniden, t. 1, p. 8, pl. 2, fig. 4. *Argyope sericea*, Argyope soyeuse, Savigny, Descript. de l'Égypte, t. 1, 4ᵉ partie, p. 124, ou t. 22, p. 334 de l'édit. in-8, pl. 2, fig. 6.

Ancien-Monde — Afrique — Égypte — Algérie — Sénégal, d'où l'a rapportée M. Geoffroy de Villeneuve.

Olivier dit qu'elle se trouve aussi en Provence. — Oui, si l'espèce suivante est la même que celle-ci, ce que nous ne croyons pas.

Savigny remarque avec raison que, comme dans la famille précédente, les mâles de cette famille ont l'abdomen très-petit, et que leurs découpures latérales sont aussi peu prononcées dans les mâles qu'elles le sont fortement dans les femelles. L'espèce du Sénégal est-elle la même que celle d'Égypte ? Savigny dit de cette dernière, page 125 : « Abdomen d'un blanc argenté sur le milieu, d'un fauve d'or sur les côtés, marqué de deux lignes brunes exactement marginales, qui suivent les arêtes et les sinuosités des angles, et de lignes fauves un peu plus intérieures. » Prise dans les environs du Caire. Elle perd ses poils argentés dans l'esprit-de-vin, et tout son dos devient d'un jaune clair uniforme.

124. ÉPÉIRE SPLENDIDE. (*Epeïra splendida.*) Long.

Forme de l'Épeire soyeuse, mais abdomen plus étroit, plus elliptique, très-obtus, marqué sur le dos de cinq paires de points très-apparents. Corselet argenté, abdomen argenté, marqué de brun et de roux sur les dix angles obtus qui en découpent les côtés ; deux lignes brunes ondulées qui suivent la base de ces angles. Pattes d'un roux très-vif, annelées de noir, parsemées de poils roussâtres.

Argyope éclatant, Savigny, Description de l'Égypte, 1ʳᵉ partie, t. 1 ; Arachnides, p. 125, pl. 2, fig. 7.

Ancien-Monde — Syrie — environs d'Acre.

125. ÉPÉIRE DENTÉE. *(Epeïra dentata.)* Long. 8 à 10 lig. ♀

Corselet d'un nacré luisant et argenté. Abdomen arrondi, entouré de neuf dentelures profondes, d'un brun fauve avec une bande transversale argentée, tachetée de noir proche le corselet, suivie d'une seconde branche sinuée avec deux points noirs, de quatre taches blanches ; une petite croix de la même couleur au milieu.

Segestria dentata, Risso, Hist. nat. de l'Europe méridionale, t. 5, p. 161, n° 27. — *Ar. senoculata*, Lepéchin, Tagebuch, v. 1, p. 316, tab. 16, fig. 359. — *Argyopes praelautus*, Koch, Die Arachniden, t. 5, p. 36, pl. 154, fig. 359.

Ancien monde — Europe, environs de Nice, Provence ; dans les provinces méridionales de la Russie, dans les monts Balkans.

Comme Lepéchin, Risso a cru que son espèce n'avait que six yeux, parce que les yeux intermédiaires postérieurs ne sont pas visibles lorsque les six antérieurs sont placés sous la loupe complétement en face. Selon Lepéchin, cette Arancide est très-vive et très-agile.

L'Araignée de Lepéchin, d'après la description qu'il en donne, a 10 lignes de long, six raies transversales argentées, quatre points enfoncés noirs dans le milieu, et quatre petites rangées longitudinales de points noirs à la partie postérieure. Les pattes sont annelées de noir et jaune. Lepéchin remarque que cette espèce construit une toile orbiculaire à réseau régulier vertical, et qu'elle se précipite avec une vitesse extraordinaire sur sa proie, puis elle l'emporte dans son nid pour la dévorer.

126. ÉPÉIRE ÉMULE. *(Epeïra æmula.)* Long. 5 lig.

Abdomen ovale, presque pentagonal, coupé en ligne droite proche le corselet, festonné, jaune sur le dos avec des traits noirs fins, vermiculés, ventre noir avec deux lignes latérales jaunes. Corselet aplati rouge ainsi que les pattes.

Monde-Maritime — Archipel oriental — Iles de Célébes, rapportée par MM. Quoy et Caymard.

N. B. Dans les individus de cette race, la vulve offre deux ouvertures larges séparées par une cloison, et est recouverte par deux épigynes courtes et en forme de coquille.

127. ÉPÉIRE AMICTOIRE. (*Epeïra amictoria.*) Long. 7 lig. 1/2 ♂.

Abdomen festonné, déprimé ; sa partie antérieure avec une échancrure qui se termine de chaque côté en pointe. Cette partie antérieure est jaune ; la partie postérieure est lavée de brun. Bande transverse jaune, resserrée dans son milieu au-dessus de l'anus ; dessous des festons, jaunes. Corselet brun, rougeâtre, déprimé ; pattes rougeâtres allongées ; yeux postérieurs du carré intermédiaire plus écartés que les intermédiaires antérieurs. Les latéraux antérieurs au niveau de ceux d'en bas. (M.)

Nouveau-Monde — Amérique méridionale — Brésil — Rio-Janeiro, rapportée par M. Freycinet.

128. ÉPÉIRE NOBLE. (*Epeïra nobilis.*) Long. 8 lig. ♂.

Abdomen large, arrondi, globuleux, à dos découpé ou festonné, et présentant douze angles aigus d'un jaune pâle ; en dessus maculé de brun, avec quatre points jaunes à la partie antérieure qui forment comme le dessus d'une tache brune divisée dans son milieu, ressemblant à la couronne de baron dans les armoiries : dans le milieu du dos sont quatre taches d'un noir vif en pointes de flèches dans lesquelles sont deux petits triangles noirs. Corselet blanc avec des taches brunes à la partie postérieure. Pattes annelées de jaune sale ou pâle, et de brun.

Abbot, fig. 161, p. 16.
Nouveau-Monde — Amér. sept. — Géorgie.
Prise le 15 avril dans des bois de chênes ; fait une toile orbiculaire. Elle n'est pas commune. (A.)

129. ÉPÉIRE CERISE. (*Epeïra cerasiæ.*) Long. 7 lig. 1/2 ♂.

Abdomen arrondi, découpé, dont les bords forment douze points de couleur cerise ou d'un rouge de brique ; sur le dos des taches plus rouges sur un fond plus pâle, forment près du corselet trois petits triangles, puis deux taches ovales ou parallélogrammes suivent les triangles, et les deux taches sont entourées de cercles rouges qui sur leurs bords projettent des angles ou points ; trois petites raies transversales rouges sont à la suite de cette figure ; le corselet rouge aussi présente vers la tête une petite croix ou trèfle rouge sur un fond plus clair. Pattes annelées de rouge et de jaune.

Abbot, G. S. fig. 166, p. 16.
Nouveau-Monde — Amér. sept. — Géorgie.

Prise le 17 mai sur sa toile qui est orbiculaire et régulière. Abbot a en outre trouvé plusieurs fois cette espèce dans les nids des Mouches maçonnes qu'il nomme *Dirt-Daubers*. Il en distingue de trois espèces, les noires, les noires et jaunes ou oranges, les bleues foncées. Ce sont probablement des Sphex ou des Philanthes. Les Épéires cerises trouvées dans leurs nids étaient plus petites et plus jeunes que celle qu'il avait prise sur sa toile.

130. ÉPÉIRE IRIS. (*Epeïra iris.*) Long. 9 lig.

Abdomen arrondi, dont les festons forment douze angles. L'espace renfermé entre les trois angles antérieurs proche du corselet est brun, divisé en deux taches triangulaires, séparées par un espace blanc qui à sa base a un petit demi-cercle brun opposé aux deux traits bruns, petits, angulaires. Au milieu de chacune des deux grandes taches brunes est un point d'un jaune vif. Le reste du dos est de couleur claire, mais irisé de vert, de bleu et de rouge ; une tache brune d'abord peu prononcée se resserre vers la partie postérieure et va former un angle très-aigu au-dessus de l'anus. Le corselet est blanchâtre avec quelques traits bruns. Les palpes sont annelés de rouge brun et de jaune pâle. Les pattes de même, excepté le fémoral qui est rouge-brun.

Abbot, G. S. fig. 336, p. 24.
Nouveau-Monde — Amér. sept. — Géorgie.

Prise le 18 mars sur sa toile qui est orbitèle et régulière. Dans les bois plantés de chênes.

131. ÉPÉIRE SEGMENTÉE. (*Epeïra segmentata.*) Long. 7 lig.

Abdomen ovalaire, couleur rouge brun ou bistre entrecoupé par des raies jaunes ou blanches, découpé non en festons rentrant ou concaves, mais droits ou convexes, et de manière à ce que l'Aranéide en paraît partagée en quatre anneaux comme la partie antérieure d'un Scolopendre. Il a en tout dix points aigus, mais les quatre derniers qui appartiennent à la partie postérieure sont petits et peu distincts. Les raies jaunes sur le bord des anneaux forment des arabesques de raies rondes, anguleuses, droites, régulières, mais difficiles à décrire : le premier segment prolonge sa pointe en avant sur le corselet et a la forme d'un cône ou bonnet. Les pattes sont annelées de fauve et de jaune.

Abbot, G. S. fig. 34ᵢ, p. 37.

Prise le 8 juillet sur sa toile qui est orbitèle et en réseaux réguliers. Dans les bois plantés de chênes.

———

M. Savigny, dans la Description de l'Égypte, 4ᵉ partie, t. 1, Arachnides, a fait un genre de ces deux dernières familles d'Épéires, que nous avons nommées les *Décorées*, les *Festonnées;* il lui a donné le nom d'ARGYOPE. Ce genre est encore moins nécessaire que celui de NEPHILA, institué par M. Leach, voy. pag. 103. Les *Argyopes* de M. Savigny sont des Épéires par tous leurs caractères essentiels. Par son organisation et sa similitude d'industrie, le genre Épéire est très-naturel, et on ne peut le scinder sans détriment pour la science.

6ᵉ FAMILLE. LES TRIANGULAIRES GIBBEUSES.
(*Triangulariæ gibbosæ.*)

Mâchoires courtes, arrondies à leurs extrémités.
Corselet convexe.
Abdomen ovale, triangulaire, ayant en dessus ou sur les côtés des tubercules charnus, coniques.

1ʳᵉ Race. LES BIGIBBEUSES. (*Bigibbosæ.*)

Abdomen *pourvu en dessus de deux tubercules à sa partie antérieure.*

131. ÉPÉIRE ANGULAIRE. (*Epeira angulata.*) Long. 7 ou 8 lig. ♀♂.

Abdomen d'un bistre rougeâtre, avec deux tubercules coniques très-apparents à sa partie antérieure ; entre les tubercules

est une tache noire insérée dans un triangle dont l'angle le plus
aigu est tourné vers le corselet, et dont la base touche le sommet
d'un autre petit triangle, qui est suivi immédiatement d'une
figure trapézoïde allongée, plus claire, laquelle divise longitudinalement la figure triangulaire, à côtés formés par six festons ou contours extérieurs, qui occupe le dos, et est terminée en
angle au-dessus de l'anus. Yeux postérieurs du carré intermédiaire plus rapprochés entre eux et plus petits que les intermédiaires antérieurs.

Épéire angulaire, Walckenaer, Hist. nat. des Aranéides, IV, 6.
— Ibid. Aranéides de France, Pl. 9, fig. 4, dans la Faune française, Fasc. 27. — Ibid. Faune parisienne, t. 2, p. 189, n° 1.
— Ibid. Tableau des Aranéides. — *Epeïra regia*, Koch, dans
Herrich-Schœffer, 129, 20. — *Araneus angulatus*, Clerck, Aran.
suec. p. 22, spec. 1, Pl. 1, tab. 1, fig. 1, 2 et 3. — *Araignée
angulaire*, De Géer, Mém. p. serv. à l'hist. des Insectes, t. 7,
p. 221, n° 2, Pl. 12, fig. 1 à 2. — *Épéire angulaire*, Lepéchin,
Tage-Buch, theil 1, p. 245, tab. 16, fig. 13. — Olivier, Encyclop.
méth. hist. nat. des Ins. t. 4 (t. 1 des Insectes), p. 188, n° 5,
Pl. 257, fig. 7 et 7 *bis*. — *Höcker-Radspinne*, Hahn, Die Arachniden, t. 2, p. 19, Pl. 44, fig. 108 A, B. — Ar. Sulzer. Insect.
p. 254, Pl. 39, fig. 13, et p. 129, vignette à droite. — *Epeïra
angul.* Sundevall, Svenska Spindlarness, Act. Holm. 1832,
pag. 234, n° 1. — *Ar. reticulata*, Rœmer, Gener. Insect. Linn.
— *Aran. angulata*, Linné, Fabricius, Rossi.

Le mâle ne diffère de la femelle que par des couleurs plus
foncées, par ses palpes et par son abdomen, qui est moins
renflé.

On remarque dans cette espèce les variétés suivantes.

Variété A. Abdomen d'un bistre clair, sans tache jaune.

Walckenaer, Faune paris. t. 2, p. 189. Ibid. Aran. de France,
Pl. 9, fig. 4.

Variété B. Abdomen d'un bistre foncé, noirâtre, sans tache
jaune. (Clerck, Ar. suec. Pl. 1, tab. 1, fig. 2. — Hahn, Die
Arachniden, t. 2, p. 108, Pl. 44, fig. 108 A.

Variété C. Abdomen d'un bistre foncé, noirâtre, avec une
tache d'un jaune vif à la partie supérieure. (Clerck, Ar. suec.
p. 1, tab. 1, fig. 1.

Ancien-Monde — Europe : en Suède, en France, en Italie, en

Russie, en Allemagne et aux environs de Trieste. — Afrique, en Algérie.

L'épigyne, en forme d'agrafe, est très-apparente dans cette espèce. On trouve l'Épéire angulaire dans les bois ; c'est au commencement de juin qu'en France elle a acquis toute sa croissance. Elle fait son cocon dans le mois de septembre, qui, selon Clerck, ne renfermerait que cinquante œufs agglutinés entre eux. Sa toile est grande et verticale. Lorsqu'on veut la prendre elle retire ses pattes, les serre contre son corps et contrefait la morte. Lepéchin ne donne que six yeux à cette espèce, mais c'est une erreur commune à beaucoup d'observateurs de confondre en un seul les yeux latéraux très-rapprochés et parfois connivents des Épéires ; comme aussi de prendre pour des yeux certains points luisants ou tubercules du corselet.

La figure de l'*Epeïra regia* de Koch, dans Herrich-Schæffer, 129, est une des meilleures figures de cette espèce. Presque tous les individus de cette Aranéide, recueillis dans l'Algérie par M. Guyon, chirurgien en chef, appartiennent à la variété C, et ont la tache d'un jaune vif proche le corselet.

132. ÉPÉIRE CORNUE. (*Epeïra cornuta*). 9 à 11 lig.

Abdomen avec deux tubercules coniques à la partie antérieure, brun avec deux bandes latérales festonnées qui se rejoignent en angle au-dessus de l'anus. Sur le milieu du dos est une croix bordée de blanc, festonnée. Le mâle, beaucoup plus petit que la femelle, ayant la figure du dos peu marquée, les palpes courts, et terminés par une cupule large et grosse. Épine cornée au-dessous de la cuisse de la seconde paire de pattes.

Epeïra cornuta, Walckenaer, hist. nat. des Aranéides, IV, 7. — Ibid. Aranéides de France, dans la Faune française, Fasc. 27, Pl. 9, fig. 3. — *Ibid*. Tableau des Aranéides, page 57, nᵒ 13. — *Epeïra Schreibersii*, Hahn, Die Arachniden, t. 2, p. 10, Pl. 44, fig. 109 A. — *Epeïra eremita*, Koch dans Herrich-Schæffer, 131, 123, 124. — *Epeïra gigas*, Koch, dans Herrich-Schæffer, 129, 22 (femelle pleine). — *Epeïra pulchra*, Koch, 129, 21 (femelle jeune). — *Epeïra Gistlii*, Ibid. 129, 23.

En Italie, dans le midi de l'Europe ; environs de Trieste.

Cette espèce n'est pas la *Cornuta* de Clerck qui est notre *Epeïra apoclisa*, mais par la figure du dos elle lui ressemble, par sa forme elle est pareille à l'*Epeïra angulata*. L'Épéire apoclise a l'ovale de son abdomen très-arrondi à sa partie antérieure, et s'éloigne sous ce rapport des Épéires ovalaires triangulaires, qui ont la même forme d'abdomen que les triangulaires gibbeuses, et qui, sans avoir de tubercules ont, dans certaines espèces, les coins antérieurs du corps anguleux et légèrement tuberculés. — Le mâle de l'*Epeïra cornuta* a l'abdomen plus allongé, les tubercules du dos sont moins marqués et ont une petite épine. Les taches blanches du dos sont moins grandes. La jambe de la seconde paire de pattes est renflée et courbée. Les palpes sont rouges, excepté le dernier article qui est noir et très-gros. (Confer. Koch, dans Herrich-Schæffer, 131, 23.) M. Leach avait déjà donné le nom d'*Epeïra gigas* à une Aranéide de la collection de M. Maclay ; celle-ci est d'Amérique, et n'a point de rapport avec notre *cornuta* nommée *Epeïra gigas* par M. Koch. (Voy. Leach, Zoological Miscellany, Pl. 109.

133. ÉPÉIRE BICORNE. (*Epeïra bicornis.*) Long. 2 lignes ♀ ♂.

Abdomen ovalo-triangulaire d'un vert foncé ou jaunâtre, avec deux tubercules coniques élevés à sa partie antérieure et deux bandes en festons anguleux sur les côtés qui vont s'y joindre en angle au-dessus de l'anus. Yeux postérieurs du carré intermédiaire plus gros que les yeux antérieurs du même carré, et n'étant pas plus rapprochés. Cupule des palpes du mâle grosse, globuleuse.

Araignée bicorne, Walckenaer, Faune parisienne, t. 2, p. 190, n° 2. — Idem. *Épéire bicorne*, hist. nat. des Aranéides, II, 2 (variété verte, la femelle). — Id. Faune française, Aranéide, Pl. 9, fig. 5 (variété verte, la femelle). — Ibid. Tabl. des Aranéides , p. 57, n° 14. — *Epeïra Ullrichii*, Koch, Die Arachniden, t. 2, p. 66, Pl. 67, fig. 56 (le mâle de la variété fauve). — *Epeïra bicornis*, Koch, dans Herrich-Schæffer, 123, 23 (la variété verte, un mâle) , 24 (variété jaune, une femelle).

Ancien-Monde — France, Allemagne.

J'ai pris cette espèce en octobre sur l'écorce mousseuse des arbres. — Sa couleur se confond avec celle des mousses où on la trouve. Les organes du mâle sont développés dès le mois de mai.

134. ÉPÉIRE GIBBEUSE. *(Epeira gibbosa).* Long. 1 lig. ⅓ ♀.

Yeux et forme de l'Épéire bicorne. Abdomen vert sur les côtés, rouge dans son milieu; cette bande rouge se trouve divisée longitudinalement en deux parties égales par une bande d'un noir vif.

Araignée bossue , Walckenaer , Faune parisienne, t. 2 , p. 190, n° 3. — *Epeira Gibbosa,* Tabl. des Aranéïdes , p. 57, n° 15.
Ancien-Monde — Europe — France.

Jolie espèce trouvée dans mon potager, au printemps; elle fait une toile verticale.

135. ÉPÉIRE CROISÉE. *(Epeïra cruciata.)* Long. 1 lig. 1/4.

Forme de l'Épéire bicorne. Abdomen large ayant deux tubercules bruns à la partie antérieure, et une croix d'un jaune rougeâtre formée par quatre triangles opposés à leurs bases, et occupant presque en entier le dos.

Araignée croisée, Walckenaer, Faune parisienne, t. 2, p. 190, n° 4. — Id. *Epeira cruciata* , Tab. des Aran. p. 57, n° 16.
Ancien-Monde — Europe — France.
Elle fait dans l'herbe une toile de grandeur moyenne.

136. ÉPÉIRE BITUBERCULÉE. *(Epeïra bituberculata.)* Long. 3 lig. 1/2 ♀.

Abdomen ovale plus large et plus déprimé que dans l'Épéire bicorne, fauve avec deux tubercules peu élevés à la partie antérieure; dos dont la partie antérieure est séparée de la partie postérieure par une raie proéminente, ou anguleuse, transverse, entre les tubercules plus foncés, déprimés avec des taches jaunes proche le corselet. Yeux postérieurs du carré intermédiaire plus gros que les yeux antérieurs du même carré.

Araignée bituberculée , Walckenaer, Faune parisienne, t. 2 , p. 191, n° 5.—Schæffer, Icon. Ratisb., Pl. 172, fig. 7.—*Epeïra aurantiaca* , Koch, dans Herrich-Schæffer, 134, 1.
Ancien-Monde — France — Allemagne.

137. ÉPÉIRE DROMADAIRE. (*Epeira dromaderia.*)Long. 3 lig. 1/2 ♂ ♀.

Abdomen ovale, fauve, large et de la même forme que l'Épéire bituberculée, avec les deux tubercules coniques à la partie antérieure mais peu élevés; la partie antérieure du dos est séparée de la postérieure par une raie élevée anguleuse, transversale entre les tubercules plus foncés et déprimée, et pourvue de taches jaunes proche le corselet; la partie postérieure est bordée de deux lignes latérales festonnées, jaunes, qui se joignent en angle à l'anus, et traversée par des lignes parallèles de même couleur.Les yeux du carré intermédiaire sont plus gros et plus rapprochés entre eux que ne le sont les antérieurs du même carré, les yeux latéraux très-rapprochés, connivents.

Araignée dromadaire, Walckenaer, Faune parisienne, t. 2, pag. 191, n° 6. — *Ibid.*, tabl. des Aranéïdes, p. 58, n° 7.

La lèvre (dans le mâle) quoique arrondie est, à son extrémité, pointue, ou anguleuse, brune, et bordée de blanc pâle; les mâchoires sont de même brunes à leur base et bordées d'un large cercle blanchâtre. — Trouvée en juin dans les bois.

138. ÉPÉIRE FOURCHÉE. (*Epeira furcata.*) Long. 4 lig. ♀

Abdomen ovale triangulaire, avec deux tubercules très-pointus à la partie antérieure; il est sur le dos d'un blanc jaunâtre, ayant à sa partie postérieure une tache brune figurant une fourche ou un Y de couleur rougeâtre et dont les deux jambages sont très-larges. La partie antérieure du dos entre les tubercules et le corselet est d'un vert sale : elle est divisée dans son milieu par une ligne longitudinale d'un jaune clair, avec deux petits traits latéraux qui lui donnent la forme d'une flèche; les côtés et le milieu du ventre sont d'un brun marron éclairci par une teinte jaune. Le corselet est petit, brun sur les côtés, rougeâtre dans son milieu, et vers la tête les mâchoires et la lèvre sont d'un brun noir qui s'éclaircit sur les côtés. Le sternum est noir et a des éminences très-prononcées à la naissance des pattes. Les deux paires de pattes antérieures sont d'un blanc jaune uniforme. Les deux paires postérieures sont de même couleur, mais bariolées de quelques lignes brunes. Les yeux postérieurs du carré intermédiaire sont plus gros que les yeux antérieurs du même carré. Les yeux latéraux sont connivents.

Epéire fourchée, Walckenaer, Faune française, Aranéides, Pl. 9, fig. 6.

Ancien-Monde — Europe — France.

L'Épéire fourchée établit son réseau horizontalement et se tient au milieu. Je n'ai trouvé qu'une fois cette jolie espèce dans le bois de Ste-Geneviève de la vallée d'Orge, non loin d'Étampes. Serait-ce l'*Aranea flava* de Linné, Fauna suecica, 2ᵉ édit, p. 555, nᵒ 2320?

139. ÉPÉIRE ÉPAISSE. (*Epeira crassa.*) Long. 3 lig. 1/2.

Abdomen triangulaire, large, épais, avec deux tubercules aux extrémités du côté intérieur peu saillants, couleur de bois jaunâtre. Des raies jaunes latérales festonnées dessinant un triangle sur le milieu du dos avec quelques lignes jaunes fines, transversales ; côtés jaunâtres. Une bande jaune arrondie par en bas entre les deux tubercules qui divisent le triangle et en font une feuille coupée : ventre brun, ou à deux croissants jaunes opposés. Mandibules et corselet d'un rouge pâle. Pattes et palpes rouge clair annelés de rouge plus foncé. Les yeux sont portés sur des élévations communes. Les yeux latéraux sont sur la ligne des intermédiaires antérieurs ; l'œil postérieur latéral est presque sur la même ligne et séparé de son antérieur. Tous deux sont placés sur les côtés du bandeau, et très-écartés des intermédiaires. Les mâchoires sont courtes et très-bombées.

Monde-Maritime — Polynésie — Nouvelle-Zélande—Rapportée par MM. Quoy et Gaymard.

Cette espèce a beaucoup d'analogie avec l'Épéire verruqueuse.

140. ÉPÉIRE CIRCONSPECTE. (*Epeira cauta.*) Long. 7 lig. 1/2 ♂.

Forme et dessin de l'Épéire anguleuse ; elle a, comme celle-ci, une figure triangulaire festonnée, divisée par une ligne longitudinale. Sa couleur est de même fauve, mais elle en diffère par la partie postérieure du dos qui se relève en pointe formant au-dessus de l'anus une sorte de tubercule, et par là cette espèce forme la liaison de la famille des Épéires gibbeuses avec celle des Épéires irrégulières. Le ventre de l'*Epeïra cauta* a des raies jaunes avec d'autres transversales. Les mâchoires et la lèvre sont d'un gris pâle. Les pattes sont d'une couleur fauve plus foncée que celle de l'abdomen, la tête et les mandibules sont couvertes de poils fauves. Les palpes sont fauves, terminés par une cupule très-grosse dans le mâle (M.).

Nouveau-Monde — Amér. mér. — Brésil, Rio-Janeiro.
Rapportée par M. Freycinet.

La cupule de l'individu décrit par nous ne présentant aucune fissure, démontre que ce mâle n'avait pas encore atteint l'âge de l'accouplement, et que par conséquent il n'était pas certain qu'il eût acquis toute sa grandeur.

141. ÉPÉIRE ACICULÉE. (*Epeïra aciculata.*) Long. 7 lig.

Abdomen brun ayant à sa partie antérieure deux tubercules coniques terminés à leur extrémité par une petite pointe. Corselet fauve en dessus ; pour le reste forme et grandeur de l'*Angulata* (M.)

Le corselet a 2 lignes 1/2, l'abdomen 4 lignes 1/2.

142. ÉPÉIRE ANAGLYPHE. (*Epeïra anaglyphe.*) Long. 2 lig. 1/2 ou 4 lig.

Abdomen ovale, globuleux, les deux tubercules de la partie antérieure de couleur blanche. Cette partie divisée en polygones par des lignes noires maculées de rouge, le reste du dos varié par des lignes noires plus larges et par des taches vertes, irrégulières. Corselet de couleur pâle, rembruni à sa partie antérieure. Mandibules brunes. Palpes pâles. Pattes de couleur transparente, annelées de brun avec quelques piquants.

Epeira anaglyphe, Walckenaer, Tableau des Aranéides, p. 58. n° 19. — *Aranea hamata*, Bosc, Manuscrit des Araignées de la Caroline, p. 3, pl. 4, fig. 6.

Abbot, Georgian Spiders, p. 28, fig. 349.

Nouveau-Monde — Amérique septentrionale. — Caroline, peu commune ; en Géorgie, rare.

Abbot a pris l'individu qu'il a peint le 7 octobre sur un chêne, dans les bois du comté de Burke. Selon sa figure, la partie an-

térieure du dos, qui est très-élevée, et a deux tubercules, est jaunâtre ; il y a de chaque côté deux petits traits rouges derrière
lesquels sont de petits traits très-arqués rouges, et entre ces
traits sont trois autres parallèles, mais disposés longitudinalement ; la partie postérieure plus brune présente deux traits noirs
au-dessous des deux arcs de cercle rouges, puis après un croissant transversal formé par des lignes noires, et sous ce croissant
proche l'anus, une raie noire parallèle à la courbe du croissant.
Pattes jaunes, les cuisses ont une tache noire. Le corselet a une
petite raie courbe transversale noire.

143. ÉPÉIRE FAUVE. (*Epeïra fulva*.) Long. 4 lig.

Abdomen ovale, arrondi, d'un fauve rougeâtre uniforme, et
deux tubercules très-proéminents à la partie antérieure ; derrière ces tubercules partent deux lignes longitudinales parallèles
d'un fauve plus foncé ; dans l'espace qu'elles renferment sont
quatre ou cinq autres petites lignes transverses aussi de même
couleur et parallèles. Les pattes sont de couleur plus claire
avec une tache noire aux cuisses et à la jambe.

Abbot, G. S., p. 28, fig. 348.
Nouveau-Monde — Amér. sept. — Géorgie.
Prise sur un chêne dans les bois du comte de Burke, le 13 oc-
tobre. Rare.

144. ÉPÉIRE ECTYPE. (*Epeïra ectypa*.) 4 lig. ♂ ♀.

Abdomen ovale, très-bombé à sa partie antérieure qui présente deux tubercules couleur rougeâtre avec trois lignes
rouge-brun plus foncées, formant des zigzags transversaux ;
deux points jaunâtres proche le corselet. Dans le mâle cinq
points jaunâtres proche le corselet, et une figure carrée plus
brune : une figure brune ensuite renfermée entre deux lignes longitudinales plus foncées qui se rapprochent vers l'anus,
et trois lignes transversales plus brunes, dont la première composée d'une double courbure, les autres, droites, mais ayant
un trait brun dans leur milieu. Côtés jaunâtres entourés de
taches brunes.

Gibbous spider, Abbot, Georg. Spiders, p. 15, fig. 143 (la
femelle), fig. 144 (le mâle).
Nouveau-Monde — Amér. mérid. — Géorgie.
Prise le 14 septembre sur un chêne. Rare.

Cette espèce semble différer des autres de cette race par ses tubercules plus rapprochés, placés dans le milieu de la partie supérieure de l'abdomen et non aux angles latéraux.

145. ÉPÉIRE CIRCÉ. (*Epeïra Circe.*) Long. 5 lig. ♂.

Abdomen cendré, roussâtre, rayé transversalement de jaune clair, orné du dessin d'une feuille rhomboïdale, prolongée à son angle postérieur, festonnée, d'un brun doré, bordée de noir et lisérée de jaune clair, à base ferrugineuse, terminée entre les tubercules par deux nervures obliques et sensiblement arquées, correspondant aux deux angles latéraux du disque ; à nervures moyennes, divisées par des taches oblongues cendrées, et à nervures transverses, noirâtres. Les côtés rayés comme le dessus. Corselet cendré, plus obscur sur les bords. Pattes rougeâtres, annelées de noir.

Epéire Circé, Savigny, Description de l'Égypte, hist. nat. t. 1, 4ᵉ partie, Aranéides, p. 127, Pl. 2, fig. 9. — T. 22, p. 338, édit. in-8°.

Ancien-Monde — Italie — Afrique — Alexandrie.

Cette espèce habite, selon Savigny, l'intérieur des maisons, et on la trouve dans les environs d'Alexandrie. Je soupçonne que c'est la même espèce que mon *Epeïra solers*, qui m'a été envoyée de Lyon sans indication de ses habitudes et de la nature des lieux qu'elle préfère.

2ᵉ Race. LES MULTIGIBBEUSES. (*Multigibbosæ.*)

Abdomen *triangulaire entouré sur les côtés de tubercules anguleux.*

146. ÉPÉIRE MEXICAINE. (*Epeïra mexicana.*) Long. 6 lignes.

Abdomen triangulaire presque équilatéral, dont la forme est une courbe en plan incliné proche le corselet, dont deux tubercules latéraux jaunes intérieurement et noirs à la partie postérieure forment les extrémités ; les côtés du triangle projettent quatre tubercules, et un dernier tubercule formant la pointe du triangle complète le nombre de neuf tubercules sans compter les deux antérieurs. La partie antérieure entre les deux tubercules est brune tachetée de deux points jaunes, ayant une échancrure dans son milieu, d'où se détache sur un fond jaune un

petit trait brun perpendiculaire quelquefois traversé par un autre
formant une petite croix. Un disque triangulaire jaune, dont la
pointe est tournée vers l'anus, au milieu duquel sont deux points
bruns, remplit presque tout le dos ; ce disque est entouré de la
couleur brune de la base des tubercules dont les points sont
jaunes. Ventre noir, strié, ponctué de jaune. Les pattes sont allongées, annelées de jaune et de brun ; les poils qui les recouvrent
sont de même noirs à leur extrémité. Les filières sont brunes.
Les mandibules sont brunes dilatées à leur naissance, noires à
leur extrémité, qui est étroite et couverte de quelques poils
bruns. Les onglets sont rougeâtres.

Epeïra mexicana, Lucas, Magasin de zoologie, Pl. 8 , fig. 3.
Nouveau-Monde—Amér. méridion. — Archipel des Antilles
—Dans l'état de Guatimala et à Saint-Domingue.

Notre description est faite d'après un individu de notre collection, beaucoup plus gros que celui de la collection du Muséum décrit par M. Lucas.

7ᵉ FAMILLE. LES IRRÉGULIÈRES. (*Irregulares.*)

Abdomen terminé en différents sens par des tubercules
charnus.

1ʳᵉ Race. LES TRIANGULAIRES TRONQUÉES. (*Triangulariæ truncatæ.*)

Abdomen *qui, vu sur le dos, présente la forme d'un triangle tronqué à son sommet, en se prolongeant en tubercule.*

147. ÉPÉIRE DIABROSE. (*Epeïra diabrosis.*) Long. 5 lign. ♂.

Abdomen triangulaire allongé, ayant à sa partie antérieure
deux tubercules charnus, et la partie postérieure prolongée en
un autre petit tubercule, qui place les filets sétifères sous la partie
postérieure du ventre. Couleur fauve doré avec un petit ovale
festonné sur le dos, obscur, et quatre points noirs dans le milieu en
carré. Sur les côtés sont des taches noires. Le corselet et les
mandibules sont couverts de poils gris ou fauve doré. La lèvre et
les mâchoires supérieures sont très-courtes, glabres et d'un fauve

pâle. Les mandibules sont rouges, glabres et assez allongées. Les
yeux du carré du milieu sont portés sur une élévation ; les postérieurs sont plus rapprochés que les antérieurs. Les yeux latéraux rapprochés entre eux sont sur la ligne des intermédiaires
d'en bas. Ils sont d'un jaune brillant doré. Pattes fauves avec des
cuisses rougeâtres. (M.)

Monde Maritime — Australie — Port Jackson.
Rapportée par MM. Quoy et Gaymard.

148. ÉPÉIRE PUSTULEUSE. (*Epeïra pustulosa.*)

Abdomen ovoïde à ventre très-renflé et épais à sa partie postérieure ; d'un fauve roussâtre pâle avec une feuille ou figure festonnée , obscure sur le dos. Deux tubercules ou pustules dans le
milieu des côtés du dos ; trois ensuite sur une même ligne, et
deux autres disposés longitudinalement vers l'anus, qui se trouve
renfoncé en dessous et au milieu du ventre. Les côtés de l'abdomen sont jaunâtres avec des raies plus brunes. Le milieu du
ventre est gris de souris avec un carré plus jaune. Oviducte allongé,
et distingué par une petite tache noire qui semble terminer un
premier article. Corselet déprimé , rougeâtre , recouvert de poils
dorés. Sternum en cœur noir avec des poils dorés. Mâchoires
courtes , arrondies, brunes, bordées de gris ; lèvre courte arrondie et bords plus pâles. Yeux postérieurs du carré intermédiaire plus gros et plus écartés que les antérieurs. Les deux premières paires de pattes beaucoup plus allongées que les autres ,
rougeâtres , annelées de brun. (M.)

Monde-Maritime — Australie — Ile de Van Diemen.
Rapportée par MM. Quoy et Gaymard.

149. ÉPÉIRE ARGYOPE. (*Epeïra argyopes.*) Long. 4 lig. 1/2 ♂ ♀.

La femelle.

Abdomen ovalo-triangulaire , tronqué à sa partie postérieure ,
couleur verte et blanche, ou brune et fauve pâle ; les taches
blanches dessinent sur le dos une feuille dans le genre de celle
de l'Épéire apoclise , mais moins distincte et formée de traits
plus larges. Corselet et pattes rougeâtres , ces dernières annelées
de brun. Palpes de même.

Le mâle.

Abdomen d'un jaune pâle sur le dos avec une ligne noire rameuse. Corselet et pattes rouges avec une ligne brisée en accent circonflexe, jaune au-dessus des yeux. Palpes de couleur pâle, cupules des palpes ovales renflées.

Argyopes tridentatus, Koch, Die Arachniden, t. 5, p. 41, Pl. 156, fig. 363, le mâle. — Ibid. fig. 364, la femelle. (Variété brune, verdâtre, avec les taches claires jaune sale. — *Argyopes gonygaster*, Koch, Die Arachniden, t. 5, p. 43, Pl. 146, fig. 365. (Variété verte à taches blanches.)

Nouveau-Monde — Amérique Méridionale — Brésil.

M. Koch nous dit que dans certains individus le fond est entièrement noir et que les taches varient et manquent quelquefois. Il est étonnant, d'après cette observation, qu'il ait fait deux espèces de deux variétés aussi ressemblantes que son *Argyopes tridentatus* fœm., fig. 364, et son *Argyopes gonygaster*, fig. 365. Avec cette manière de voir, on ferait dix à douze espèces de l'*Epeïra conica*, dont les figures différeraient plus entre elles que celles des variétés de l'*Epeira argyopes* de M. Koch.

150. ÉPÉIRE SABLÉE. (*Epeïra arenata.*) Long. 6 lig. ♀ ♂.

La femelle. — Abdomen triangulaire large, l'angle tronqué trifide, c'est-à-dire terminé par trois petits tubercules coniques. Un triangle équilatéral blanchâtre avec une bande triangulaire et deux bandes transversales formées par des points très-fins de couleur jaune rougeâtre pâle divisant ce triangle en carrés comme un damier ; les bords du triangle sont brun très - pâle avec de petites hachures plus brunes. Le côté du triangle proche le corselet est d'une couleur plus foncée, et les hachures se réduisent à des points. Corselet rougeâtre avec une petite tache noire triangulaire proche l'abdomen, et petites taches brunes longitudinales près les yeux. Pattes jaune orange annelées de brun.

VARIÉTÉ A. Abdomen jaune et rouge.

VARIÉTÉ B. Abdomen blanc et brun, pattes et corselet bruns, 3 lignes (une jeune).

Abbot, G. S., p. 16, fig. 165 (variété blanche). — *Ibid.*, p. 17, fig. 181. Variété A. — *Ibid.*, fig. 182 et 183 (une jeune).

Nouveau-Monde — Amérique septentrionale — la Géorgie.

Prise le 16 juillet sur un hêtre et sur sa toile orbiculaire, près du marécage de Briar-Creek. Abbot a trouvé un grand nombre d'individus de cette espèce dans des nids de Sphex ou de Mouches maçonnes; ils étaient de couleur plus sombre que ceux qu'il avait pris sur leur toile.

La variété A a été prise le 14 septembre dans le centre de sa toile orbitèle, fig. 181, suspendue entre deux arbres dans un hamack du marais de Briar-Creek. Le ventre est d'un rouge brun.

La variété B, fig. 182, est une de la même espèce prise le 24 août sur un chêne. La même variété B, fig. 183, a été prise le 20 mars sur sa toile orbiculaire dans le bois de chênes du comté de Burke.

Le mâle. Long. 7 lig. — Abdomen ovale triangulaire allongé, tronqué à son extrémité postérieure. Couleur jaune pâle, parsemée ou sablée de points rouges vermillon très-denses, mais de manière à former cinq grandes taches jaunes, quatre rondes disposées par paire; la cinquième triangulaire au-dessus de l'anus; petits traits transversaux sur les côtés; corselet rouge; pattes jaunes annelées de rouge.

Abbot, G. S., p. 29, fig. 360.

Prise le 8 juillet, dans la feuille qu'elle avait ployée pour sa retraite au-dessus de sa toile orbiculaire dans Briar - Creek Swamp.

151. ÉPÉIRE DÉPRIMÉE. (*Epeïra depressa.*) Long. 2 lig. $\frac{1}{4}$.

Abdomen ovale triangulaire, aplati, formant presque un triangle équilatéral, jaunâtre, avec une feuille festonnée obscure à bords plus clairs, et deux éminences ou bosses terminales au-dessus de l'anus, ce qui fait que vue de côté l'Aranéide a la forme d'un rhomboïde allongé et que l'extrémité du dos est pointue et un peu relevée. Corselet bombé en cœur couvert de poils fauves plus jaunes et plus abondants aux yeux et au bandeau; mâchoires très-larges, mais un peu coupées en ligne droite vers leur extrémité, de couleur pâle, ainsi que la lèvre, qui est triangulaire et pointue. Pattes de couleur pâle. (M.)

Nouveau-Monde — Amér. méridionale — Brésil, Rio - Janeiro.

Cette Aranéide a beaucoup d'analogie avec l'*Epeïra arenata* (Voy. Abbot, fig. 181, 182, 183), et est peut-être la même espèce

jeune. — Ces Aranéides, par les éminences de leur abdomen,
se rapprochent de la *Triconica* et des irrégulières ; peut-être de-
vraient-elles former une famille à part qui, au reste, se place-
rait où nous la mettons.

152. ÉPÉIRE VERRUQUEUSE. (*Epeira verrucosa.*) Long. 5 lig. ♀.

Abdomen triangulaire, trapézoïde, épais, un peu relevé à la
partie postérieure, ayant trois petites verrues ou tubercules à
l'angle terminal du dos, puis deux autres sous celle-là ; et sur le
côté postérieur qui aboutit verticalement à l'anus, deux larges
bandes jaunes festonnées dessinant le triangle dorsal qui est
brun foncé, avec deux petits traits jaunes dans le milieu du côté
antérieur proche le corselet. Le ventre dans son milieu est brun
noir. Le labre est jaune d'ocre sur les côtés. Le corselet est brun couvert de poils gris jaunâtres sur les côtés ; ces poils recouvrent aussi
le sternum. Les mâchoires et la lèvre sont très-courtes, arrondies
et très-bombées, glabres et luisantes ; elles sont d'un vert jaunâtre
à leur extrémité. Les pattes sont fines, de longueur médiocre,
cuisses rouge brun, jambes et tarses annelés de rouge clair et
de brun foncé. Les yeux intermédiaires comme les yeux latéraux
sont portés sur une éminence commune avec des piquants fauves.
Les latéraux sont au niveau des intermédiaires antérieurs et placés
presque du côté du bandeau ; l'œil postérieur latéral est presque
sur la même ligne que son antérieur. La petite éminence carrée
qui porte les quatre yeux intermédiaires est très-saillante.
Monde-Maritime — Polynésie — De la Nouvelle-Zélande.
Elle y est commune, car MM. Quoy et Gaymard en ont rapporté
un assez grand nombre d'individus.

153. ÉPÉIRE PRUDENTE. (*Epeira prudens.*) Long. 3 lig. 1/2.

Abdomen bombé, ovoïde, relevé à la partie postérieure par
deux petites éminences ou tubercules d'un brun sale avec une raie
dans le milieu plus claire et de couleur fauve. Huit grandes taches
fauves, quatre de chaque côté, disposées longitudinalement, et
parallèlement aux deux taches antérieures ; il y a un petit renflement de l'abdomen, deux raies jaunes en équerre à l'entour des
parties sexuelles. Mâchoires et lèvres très-larges ; mâchoires rougeâtres, brunes à leur base. Yeux postérieurs du carré inter-

médiaire plus rapprochés entre eux que les antérieurs ne le sont entre eux. Yeux latéraux rapprochés et non réunis, et placés sur la ligne de ceux d'en haut. Pattes assez grosses, molles, les antérieures ramassées sur la tête, toutes annelées de fauve et de brun. (M.)

Monde-Maritime — Nouvelle-Guinée — Port-Dorey.

Rapportée par M. Freycinet.

154. ÉPÉIRE PROSTYPE. (*Epeira prostypa.*) Long. 5 lig.

Abdomen ovale, bombé, presque globuleux, ayant trois petits tubercules très-pointus disposés en triangles; les deux antérieurs sont verticaux, et au tiers de la longueur de l'abdomen, à partir du corselet. Le corselet, ainsi que l'abdomen, les pattes, les palpes et le sternum, sont couverts de poils gris ou blancs. Les mâchoires sont glabres, nues, blanches ou grises; les mandibules fauves, grisâtres. Les yeux sont petits, brillants, de couleur d'or, portés sur une très-légère élévation, égaux entre eux, leur intermédiaire formant un carré : les latéraux sont rapprochés, mais non connivents, et sont placés sur la ligne des yeux intermédiaires antérieurs. (M.)

Nouveau-Monde — Amérique méridionale — Brésil — Rio-Janeiro.

Rapportée par M. Freycinet.

2ᵉ Race. LES CYLINDRIQUES. (*Cylindricæ.*)

Abdomen *cylindrique ou allongé*.

155. ÉPÉIRE CYLINDROÏDE. (*Epeïra cylindroides.*) Long. 8 lig. ♀.

Abdomen allongé, cylindrique, rhomboïdal, ayant à sa partie antérieure deux petits tubercules pointus, charnus, noirs du côté du corselet et jaunes du côté de l'anus. L'extrémité du dos se relève, ou se courbe en haut vers l'anus, et la partie postérieure est verticale, de telle sorte que l'Aranéide vue de côté a un abdomen rhomboïdal. A la suite des tubercules sont six points enfoncés, dont deux plus gros, couleur d'un vert sale mêlé de jaune. Vers la partie postérieure, la couleur se noircit, et il y a des lignes jaunes, fines, transversales, et des taches jaunes larges sur les côtés et deux ronds à l'extrémité. Le ventre a deux lignes jaunes longitudinales. Le corselet est aplati, très-arrondi à la partie postérieure, resserré vers la tête comme dans les familles des *Encarpatæ* et des *Zonatæ;* il est d'un jaune clair. Le sternum a une ligne longitudinale d'un jaune vif dans son milieu. Les yeux sont noirs, égaux. Les intermédiaires forment un carré plus haut que large. Les yeux latéraux sont sur la ligne de ceux d'en bas. Les mandibules sont d'un jaune rougeâtre, coniques, se renfonçant sous le bandeau. Les pattes sont très-fortes, propres à la course, assez longues, rouges, annelées de brun avec des poils et des piquants plus longs aux jambes.

Ancien-Monde — Asie — Cochinchine.

Envoyée par M. Diard.

156. ÉPÉIRE COURBÉE. (*Epeira sinuata.*) Long. 5 lig. ♀.

Abdomen allongé, courbé ou relevé, et grossissant à sa partie postérieure, diminuant graduellement à sa partie antérieure qui avance beaucoup sur le corselet, de sorte que le vertébral, ou le pédicule cartilagineux qui attache l'abdomen au corselet, paraît placé sous le ventre. Le dos a une bande longitudinale noire ou ovale, qui va jusqu'à la moitié de sa longueur, et qui est entourée d'une bande argentée; puis sont ensuite deux traits argentés formant un angle ou accent circonflexe. La partie postérieure relevée du dos est noire; ses côtés ont des bandes sinueuses noires et argentées. L'extrémité postérieure s'abaisse en ligne droite, et le ventre renflé dessine une ligne courbe. Les filets sétifères sont peu saillants. L'épiderme de la peau présente nombre de petites divisions qui la font paraître squammeuse. Le corselet est plus large que l'abdomen, carré à sa partie antérieure, rougeâtre. Le sternum est en cœur, brun, noir, avec des sillons aux pattes. Les mandibules sont fortes, peu allongées, très-bombées et comme ovoïdes, rouges à leur base, noires à leur extrémité. La lèvre est aussi haute que large; elle est arrondie à son extrémité, et carrée sur les côtés. Les mâchoires sont peu inclinées, évasées à leur extrémité, creusées à leur côté externe, mais en ligne droite à leurs côtés internes, bombées et d'un brun noirâtre. Les yeux intermédiaires d'en bas sont plus rapprochés que ceux d'en haut; les latéraux sont sur la ligne des yeux postérieurs. Les pattes sont d'un brun foncé, rougeâtre, tirant sur le noir, peu allongées, très-velues. Les hanches en dessous sont d'un

rouge vif. La première paire de pattes est la plus longue, la se-
conde ensuite. Les palpes sont minces, courts, filiformes. (M.)
Ancien-Monde — Asie — Cochinchine.
Rapportée par M. Diard.

3ᵉ Race. LES CONIQUES SIMPLES. (*Conicæ simplices.*)

Abdomen *épais, trapézoïde, à dos terminé par un tubercule*
conique.
Yeux *sessiles.*

157. ÉPÉIRE CONIQUE. (*Epeïra conica.*) Long. 3 lig. ♀ ♂.

Abdomen renflé et arrondi proche le corselet. La partie postérieure et le ventre se terminant en cône, celui du dos plus prolongé et moins large à sa base. Dos d'un blanc gris, mélangé de
noir, de vert et d'orange. Il y a deux lignes noires en angle, dont
la pointe se dirige vers le centre. La région de l'anus est arquée
comme le dos, moucheté de noir et de vert avec une raie jaunâtre
dans son milieu, et deux taches rouges à sa base. Le milieu du
ventre est noir, avec deux lignes jaunes en angles droits qui entourent les parties sexuelles. Corselet petit, noir, pointu, bombé.
Palpes et pattes jaunes. Tête noire, portée sur une légère élévation ; yeux antérieurs intermédiaires un peu plus écartés que les
postérieurs intermédiaires ne le sont entre eux ; les latéraux rapprochés entre eux et reculés vers la ligne des yeux intermédiaires
postérieurs. Mâchoires arrondies, plus hautes que larges, brunes,
bordées de jaune sale, ainsi que l'extrémité de la lèvre, qui est
plus large que haute.

VARIÉTÉ A noire.
Abdomen noir avec une tache rouge orange sur les côtés postérieurs. Pattes noires à extrémités jaunâtres (une femelle).

VARIÉTÉ B blanche.
Abdomen blanc avec une ligne longitudinale d'un noir très-
vif. Pattes blanches avec des anneaux noirs. Palpes blancs
(un mâle).

VARIÉTÉ C à losange.
Abdomen ayant sur le dos un losange formé par des points
blancs, et de grandes taches d'un rouge ferrugineux.

VARIÉTÉ D jaunâtre.

Variété E. Abdomen d'un brun jaune et blanc sale, sans figure distincte (un mâle).

Araneus cinereus sylvaticus, Lister, de Animal. Angliæ, p. 32, tit. 4, fig. 4.—*Ar. conique*, Walck. Faune parisienne, t. 2, p. 202, n° 29.—*Epeïra conica*, Walck., Tabl. des Aranéides, p. 64, n° 48.—*Ar. conica*, Pallas, Spicileg. zool. p. 48, Pl. 1, fig. 16.—*Ar. conica*, De Geer, Mém. p. s. à l'Hist. nat. des Insect. t. 7, p. 231, Pl. 13, fig. 16, 17, 18, 19, 20.—*Ar. triquetra*, Sulzer, Geschichte, p. 254, tit. 30, fig. 2.—*Epeïra conica*, Hahn, t. 2, p. 45, Pl. 57, fig. 130.—*Epéire conique*, Léon Dufour, Ann. des sciences naturelles, t. 2, p. 207, n° 2, Pl. 10, fig. 3.

Ancien-Monde — Europe — France — Allemagne — Italie.

Cette espèce se trouve assez fréquemment dans les bois et les lieux ombragés aux environs de Paris. Elle m'a aussi été envoyée de Lyon, de Bordeaux et de Turin. Les variétés diffèrent tant entre elles, qu'on les prendrait facilement pour des espèces différentes, surtout la variété noire que je n'ai trouvée qu'une seule fois dans un bois près de ma terre de la Folie, dans la commune d'E-trée-Saint-Denis, département de la Somme. La variété blanche a été prise dans le bois de Boulogne, près de Paris, et aussi au Paraclet, près Nogent-sur-Seine. La variété à losange et à grandes taches d'un rouge ferrugineux est commune dans les jardins et dans les promenades de la ville de Laon. Sa toile est verticale, et elle suspend à un fil et sur une même ligne de haut en bas les cadavres des insectes qu'elle a pris, et souvent sur le fil formant le rayon ou le diamètre qui est dans la direction de son corps. Elle se tient sur sa toile la tête en bas, montrant son dos de face, et non, comme beaucoup d'Épéires, dans une position renversée. Sa toile, qui est verticale et peu grande, se compose au centre de cercles concentriques et de rayons très-multipliés formant un réseau très-fin. Après ce réseau, on voit un espace où il n'y a que les rayons qui traversent un espace vide et sans aucun cercle concentrique. Ceux qui se trouvent après cet espace, ou les rayons dans les intervalles des cercles concentriques extérieurs, ne correspondent pas à ceux du centre ni entre eux. C'est dans le centre de sa toile et dans la région du réseau fin et régulier que se tient l'Aranéide. Lister, qui avait avant moi remarqué la singulière habitude de cette espèce, prétend que c'est par ostentation et pour faire parade de sa chasse qu'elle en agit ainsi : « *In quo certè est quædam venationis gloriola ; atque illud sanè ostentationem præ se fert.* Singulière préoccupation dans un si excellent observateur. Les insectes ont une organisation si différente de la nôtre, qu'il nous est bien difficile de démêler le but et les motifs de leurs actions. A défaut d'idées nettes et précises, on se plaît à les juger d'après soi-même, et on leur prête bien gratuitement les qualités et les défauts de l'homme. Si ces interprétations sont rarement vraies, elles sont presque toujours amusantes.

158. ÉPÉIRE CONIFORME. (*Epeïra turbinata.*) Long. 4 lig.

Abdomen projetant à sa partie postérieure un tubercule charnu, étroit, cylindrique, et ayant sur le dos deux taches rondes ou éminences ; couleur variée de fauve, d'orange, de vert et de brun ; corselet noir. Pattes annelées de jaune ou d'orangé et de brun.

Abbot, Georgian Spiders, p. 10, fig. 79 (la variété pâle, jaune blanchâtre). — *Ibid.* fig. 80 (la variété brune, couleur rouge orange et brun).

Nouveau-Monde — Amér. sept. — Géorgie.

La première (fig. 79) prise le 11 avril ; la seconde (fig. 80) prise le 3 août, toutes dans les bois de chênes du comté de Burke. Selon Abbot, cette espèce se tient au milieu de sa toile orbiculaire et verticale, la tête en bas, les pattes étendues et les pattes antérieures ramassées par-dessus la tête ; elle ressemble alors à une masse de vieille soie, de détritus poudreux d'Insectes dont elle s'est nourrie, qu'elle a soin de placer au centre même de sa toile.

4ᵉ Race. LES CONIQUES BIFIDES. (*Conicæ bifides.*)

Abdomen *terminé à sa partie postérieure par deux tubercules coniques courts, avec un prolongement bifide.*

A. Abdomen *à quatre tubercules.*

159. ÉPÉIRE DE L'OPUNTIA. (*Epeïra opuntiæ.*) Long. 4 lig. et 9 lig. Pl. 18, fig. 2 D.

Abdomen en parallélogramme rhomboïdal, arrondi sur les côtés, terminé à sa partie antérieure par deux éminences ou tubercules

courts, et à sa partie postérieure par un prolongement bifide
déprimé. Sur les côtés du dos sont deux lignes en zigzag ou en
festons anguleux d'un jaune vif, qui aboutissent aux deux prolongements coniques de la partie postérieure. Près du corselet
est figurée par des traits minces et moins visibles que les festons
latéraux une espèce de fer de lance. Taches jaunes sur les côtés
internes des festons. Le corselet, le sternum et les pattes sont
d'un brun noir; les tarses sont annelés de fauve rougeâtre. Les
mandibules sont noires. Les yeux sont portés sur des éminences
du corselet; les intermédiaires postérieurs sont plus rapprochés
entre eux que ne le sont les intermédiaires antérieurs. Les yeux
latéraux sont au niveau des intermédiaires postérieurs, rapprochés entre eux sur la même élévation, mais non réunis.

VARIÉTÉ A sans taches.

Abdomen sans taches internes sur le dos. Long. 4 lig.

VARIÉTÉ B avec quatre taches.

Abdomen noir, avec quatre grandes taches noires ou blanches
sur le dos. Long. 9 lignes.

VARIÉTÉ C avec six ou huit taches peu grandes, jaunes ou
blanches sur le dos. Long. 7 lig.

VARIÉTÉ D obtuse. Abdomen dont les tubercules ont été re-
pliés, et ont presque disparu. Le dos est d'un brun clair; le corselet est recouvert de poils blancs ou gris.

Epéire de l'opuntia, Dufour, *Description de six Aranéides nouvelles*, par Léon Dufour, 1820, in-8, p. 5, Pl. 69, fig. 3 (extrait de la troisième livraison du 4ᵉ tome des Annales des sciences
physiques).

Ancien-Monde — Europe — Asie — Océan-Indien — En Espagne, dans le royaume de Valence et la Catalogne — A Naples, en
Sicile, à l'île de France.

La variété C est lorsque l'Aranéide se trouve défigurée par
la ponte. Elle a été trouvée dans les environs de Naples, ainsi
que celle qui a servi de type à la description générale; c'est avec
l'âge que cette Aranéide acquiert les grandes taches jaunes ou
blanches et une couleur noire. Les variétés A et B m'ont été en-
voyées en nombre de l'île de France. L'Épéire de l'opuntia varie
pour le fond de sa couleur, qui est noirâtre ou roussâtre, ou
comme saupoudrée de blanc. Dans quelques individus le dos est
bigarré de lignes blanches qui s'anastomosent avec des taches

noires. Il y a des individus qui offrent des stries fort élégantes d'un blanc pur.

Cette Aranéide, en naissant, n'a point à l'abdomen les tubercules qui caractérisent les individus adultes. Son abdomen est ovale, hérissé de quelques poils blancs. Son corselet est noir, luisant et glabre. Le carré central des yeux est proportionnellement plus grand. Les pattes sont annelées de brun et de pâle.

Cette Épéire, dit M. Dufour, habite constamment au milieu des feuilles de l'agave et de l'opuntia, mais plus en particulier sur cette dernière plante, aux environs de Sagonte et d'Almenara. Elle se montre dès le commencement de juin jusqu'à la fin de décembre. Elle établit ses filets au moyen d'un réseau dont les fils sont lâches et irrégulièrement entrelacés. Tantôt elle se tient les pattes étendues au milieu du roseau pour épier sa proie ; tantôt, lorsque le vent souffle avec violence ou que le temps est sombre, elle va se blottir derrière un faisceau d'épines où viennent aboutir plusieurs des fils de son canevas. Les coques qui recèlent la progéniture sont ovales, blanchâtres, de 4 et 5 lignes de diamètre. L'une des faces est convexe et n'adhère à l'autre, qui est plus ou moins aplatie, que par un enchevêtrement de fils, lesquels cèdent facilement à la traction. Chaque coque est formée de deux tuniques dont l'extérieur est d'un tissu plus serré, et dont l'intérieur, qui est séparé de l'autre par une bourre assez abondante, est plus particulièrement la capsule des œufs. On rencontre souvent à la file l'une de l'autre sept, huit et même dix de ces coques. Si elles sont l'ouvrage d'un seul et même individu, il reste constaté que ces Épéires vivent en société ; et, en effet, on en observe souvent un grand nombre vivant sur le même pied d'opuntia, et dans le voisinage les unes des autres.

Dans le Bulletin de la Société philomatique, t. 1, part. 2, p. 18, on trouve l'extrait d'une lettre datée de Buénos-Ayres, qui vient à l'appui des observations de M. Dufour. Il y est dit que dans ce pays on trouve une espèce d'Araignée, qu'on nomme l'*Araignée à soie*. Ces Araignées vivent bien ensemble et se nourrissent d'insectes sur le nopal (*cactus opuntiæ*) ; elles craignent le froid ; leur cocon est de la grosseur d'un œuf de pigeon (c'est probablement plusieurs cocons agglomérés). Il peut se filer en entier. La soie en est moelleuse et peut se carder sans préparation.

B. Abdomen *à six tubercules*.

160. ÉPÉIRE CITRICOLE. (*Epeïra citricola*.) Long. 7 lig.

Abdomen en parallélogramme, [rhomboïdal, ayant sur les côtés deux tubercules latéraux, et se terminant par le prolongement de sa partie postérieure en deux tubercules horizontaux, plus prononcés que les quatre autres qui sont verticaux. Couleur d'un brun jaunâtre ou carmélite ; bande longitudinale dentée sur le milieu du dos, formée par deux rhombes allongés. De chaque côté est une ligne fine dentée de même, qui aboutit à chaque tubercule, entre les extrémités de chacune. Le dos est aplati, le ventre est bombé, et les filets sétifères se trouvent rejetés en dessous comme dans la *Conica*. Corselet à fond brun, mais entièrement couvert d'un jaune gris pâle à fond brun. Pattes de longueur médiocre, cuisses des deux premières paires renflées de couleur fauve rougeâtre annelées de brun foncé. Palpes fins, minces, peu allongés, rougeâtres, annelés de brun rougeâtre.

VARIÉTÉ. Abdomen d'un jaune clair, corselet brun (une jeune), 4 lignes 1/2.

VARIÉTÉ A. Abdomen brun, lignes latérales festonnées avec le zigzag du dos d'un jaune vif, 4 lignes 1/2.

Aranea citricola. Forskaël, Descript. Animal. Havniae, 1775, in-4°, p. 86, n° 27. — Ibid. Icon. Rer. Nat. Pl. 24, fig. *D* et *d*.

M. Lucas, le minéralogiste, m'a rapporté un très-grand nombre d'individus de cette espèce pris dans le royaume de Naples et en Sicile. Ainsi elle doit y être commune. Forskaël l'a observée dans les environs du Caire; ce qu'il dit de sa toile ne peut être que le résultat d'une fausse observation, car cette espèce a les mâchoires arrondies et dilatées à leur extrémité. La lèvre est large et semi-circulaire, et sa toile doit être comme celle de toutes les Épéires. Cette espèce a beaucoup d'analogie avec l'*Epeïra opuntiæ*, mais elle en diffère par les tubercules latéraux sur le milieu des côtés du dos.

161. ÉPÉIRE FLOCONNEUSE. (*Epeïra glomosa*.) Long. 3 1/2.

Abdomen ovale allongé, étroit, se terminant à sa partie pos

térieure par deux tubercules très-courts et très-pointus presque épineux ; couleur d'un brun rougeâtre avec huit points jaunes disposés longitudinalement sur deux lignes parallèles, ou roses, une ligne noire dans le milieu, et un demi-cercle blanc proche le corselet. La première patte a la cuisse et la jambe plus renflées et noires, les tarses jaunâtres. Les autres pattes ont aussi les cuisses d'une couleur plus sombre.

Lump - Spider, Abbot, G. S., p. 10, fig. 77, variété rose avec le demi-cercle blanc. — Ibid. fig. 78, variété brune avec les huit points jaunes.

Cette Aranéide n'a point la forme des précédentes; l'abdomen est un ovale allongé sans tubercules ni éminences aux parties antérieures ou latérales ; il paraît se terminer par deux tubercules, mais ils sont si courts qu'à peine cette espèce semble appartenir à cette famille, et les deux figures, d'abord semblables par la forme et les deux pattes antérieures renflées, diffèrent tellement par les couleurs qu'à peine semblent-elles être la même espèce. Cependant elles ont toutes les mêmes habitudes et la même industrie; et ces habitudes, Abbot, contre son ordinaire, les a décrites avec soin. « Cette espèce, dit-il, fabrique un filet à cercle concentrique en spirale comme notre Araignée des jardins, mais il y a dans le milieu et au centre de la toile un rayon qui présente un amas de forme oblongue, formé par des pelotons de vieille soie, par les détritus poudreux des Insectes que l'Aranéide a sucés; c'est là que l'Aranéide se tient la tête en bas, les paires de pattes antérieures étendues en avant, les autres en arrière, serrées contre le corps. De sorte qu'elle ressemble à l'amas oblong où elle se tient, et devient presque invisible. La variété de la figure 77 a été prise le 11 juin, près d'un étang, dans les bois de chênes du comté de Burke ; la variété de la figure 78 dans les mêmes lieux, mais le 18 septembre.

5ᵉ Race. LES CONIQUES TRIFIDES. (*Conicæ trifides.*)

Abdomen *terminé à sa partie postérieure par trois tubercules coniques charnus.*

162. ÉPÉIRE OCULÉE. (*Epeïra oculata.*) Long. 3 lig. ♂ ♀.

Abdomen ovale allongé terminé par trois lobes ou tubercules coniques à sa partie postérieure ; sa partie antérieure présente deux autres tubercules coniques de sorte qu'il y en a cinq en tout. Le dos est noirâtre avec une tache festonnée formée par deux raies noires en zig-zag à la partie postérieure. Le corselet est noir, rétréci vers la tête qui présente des yeux gros et saillants ; les deux antérieurs du milieu sont portés sur des tubercules coniques dirigés en bas ; les postérieurs intermédiaires sont plus rapprochés que les antérieurs. Les pattes sont noires, les cuisses blanches à leur insertion ; les jambes et les tarses sont annelés de noir et de roux.

Le mâle a le corselet plus allongé, l'abdomen presque entièrement noir, avec quelques taches rousses, obscures dans le milieu. Les palpes sont terminés par une cupule très-renflée.

Araignée oculée, Walckenaer, Faune parisienne, t. 2, p. 428, Appendix, n° 3. — *Épéire oculée*, *Id.* Tableau des Aranéides, p. 64. — *Id.* Hist. nat. des Aranéides, Fascicul. 1. fig. 7 A, la femelle, fig. 7 D le mâle.

Ancien-Monde — Europe — France, aux environs de Paris à Montmorency — Italie, en Piémont — Rare dans les environs de Paris.

163. ÉPÉIRE TRIFOURCHÉE. (*Epeïra bifurcata.*) Long 3 lig. 1/4 ♀ ou 2 lig. 1/2 ♂.

La femelle (3 lig. 1/4).

Abdomen ovale, allongé, bombé à sa partie antérieure qui est surmontée de deux tubercules très-pointus, mais non cornés ou épineux, la partie postérieure est rétrécie et se termine par trois tubercules dont la pointe incline un peu en bas ; le tubercule du milieu est le plus long ; il y a sur le dos deux lignes blanches festonnées, obscures. Les filières sont en dessous et comme au milieu du ventre ainsi que dans toute cette famille. Le corselet, beaucoup plus long que large, est très-bombé, et la partie antérieure, par son renflement, se trouve tellement séparée de la partie postérieure, qu'il semble que ce soient deux corps hémisphériques réunis ou accolés. Les mâchoires sont arrondies et la lèvre large, semi-circulaire. Les yeux sont gros, saillants, sessiles, n'étant point portés sur des tubercules. Les yeux antérieurs intermédiaires sont plus gros et plus écartés entre eux que ne le sont les postérieurs intermédiaires. Les latéraux sont connivents, et sur la ligne des yeux postérieurs.

Le mâle (2 lig. 1/2).

Abdomen petit, cylindroïde, allongé, plus étroit que le eor-selet, relevé aux deux extrémités, enfoncé dans le milieu du dos qui a la forme d'un parallélogramme terminé par quatre tubercules coniques dont trois sont sur le dos et un en dessous, de sorte que vus de face ils semblent occuper les quatre angles d'un trapèze ; ces tubercules se terminent par de petites épines très-courtes. On remarque encore deux autres tubercules aux ex-trémités antérieures. La couleur du dos est brune ; ce dos est cou-vert de poils fauves dorés, et il a sur l'extrême bord une ligne fes-tonnée de jaune ou blanche. Le ventre est brun et les filets sétifères sont en dessous et comme au milieu. Le corselet est peu bombé à sa partie antérieure, d'un brun rougeâtre, il a la forme d'un cœur allongé. Les yeux antérieurs intermédiaires sont plus écartés que les intermédiaires postérieurs, mais ils ne sont pas plus gros que les postérieurs intermédiaires. Les yeux latéraux connivents sont sur la ligne des yeux intermédiaires postérieurs. Les mâchoires sont arrondies, courtes, mais peu dilatées et un peu inclinées sur la lèvre qui est semi-circulaire et très-large. Les pattes sont fines, allongées, couvertes de poils blancs et annelées de noir. (Est-ce bien le mâle de la femelle ci dessus décrite ou une espèce distincte? Le défaut d'observations rend cette question indécise.)

Nouveau-Monde — Amér. mér. — Guiane.

Ces deux Aranéides m'ont été rapportées par M. le docteur Doumerc lors de son voyage en Amérique avec Leschenault.

164. ÉPÉIRE ANSERIPÈDE. (*Epeïra anseripes*). **Long. 3 lig. 1/2 ♀.**

Abdomen ovale, allongé, renflé dans son milieu, terminé par trois lobes cylindriques, divergents, en pattes d'oie. Le fond de la couleur est brun-noir avec des traits argentés, métalliques, formant un accent circonflexe, puis des petits traits et des points de même couleur à la partie postérieure. Ventre bombé ayant les filières au milieu. Yeux intermédiaires postérieurs plus rap-prochés entre eux que les intermédiaires antérieurs, pâles, blancs, sessiles. Les latéraux sur la ligne des intermédiaires postérieurs. Tous les yeux antérieurs latéraux et intermédiaires sont portés sur une légère élévation. (M.)

Monde Maritime. — Archipel d'Orient. — Iles Célèbes.

Rapportée par MM. Quoy et Gaymard.

8ᵉ FAMILLE. LES PLECTANOÏDES. (*Plectanoïdes.*)

Corselet large, relevé à sa partie antérieure et revêtu quelquefois au-dessus des yeux de tubercules coniques, imitant les pointes d'un diadème.

Abdomen large, semi-coriacé, souvent pourvu sur le dos de bosses arrondies.

165. ÉPÉIRE IMPÉRIALE. (*Epeïra imperialis.*) Long. 9 lig.
Pl. 18, fig. 1 D, fig. 1 B, fig. 1 A.

Yeux portés sur des tubercules, les antérieurs plus rapprochés que les postérieurs, les latéraux rapprochés, mais très-disjoints, portés sur des éminences plus saillantes, ayant leurs points visuels dirigés latéralement. Corselet très-large sur lequel s'élève derrière les yeux quatre tubercules coniques, pointus, rangés transversalement : ces quatre tubercules avec les deux qui portent les yeux font en tout six tubercules. Tout le corselet est couvert de poils fauves gris, beaucoup plus longs à la partie postérieure qui est hispide. Les mandibules sont courtes, fortes, brunes, couvertes à leur partie antérieure de poils fauves et grisâtres. Les mâchoires sont fortes, arrondies, brunes, bordées d'une ligne fauve claire ainsi que la lèvre qui est semi-circulaire, plus large que haute. Le sternum est velu et recouvert de poils fauves grisâtres. Abdomen ovale, arrondi, brun, gros et renflé avec deux taches rouges fauves sur le milieu du dos; des poils grisâtres à la partie antérieure, ayant onze petits tubercules peu saillants sur le milieu, savoir : trois de chaque côté rangés longitudinalement, trois rangés transversalement à la partie antérieure, et deux rangés de même à la partie postérieure. Les pattes longues et fortes sont d'un gris fauve en dessus, annelées de noir et de blanc en dessous. Les palpes sont courts, aplatis, revêtus de poils fauves en dessus et d'un brun noir en dessous. Les pattes sont fortes, de longueur médiocre, la première paire est la plus longue ; la quatrième et la deuxième sont presque égales.

Aranea sexcuspidata, Fabricius, Entom. System. t. 2, p. 427, n° 76. — *Épéire impériale*, Walckenaer, Tabl. des Aranéides,

p. 67, nᵒ 64. — *Gasteracantha sexcuspidata*, Koch, Die Arachniden, t. 4, p. 36, Pl. 118, fig. 271.

Ancien-Monde — Afrique — Cap de Bonne-Espérance.

L'individu d'après lequel notre description a été faite, est
dans ma collection et m'a été rapporté du cap de Bonne-Espérance par M. le contre-amiral Lainé. Les individus rapportés
aussi du Cap par Péron et par Lalande, que j'ai vus dans la collection du Muséum n'ont que 5 lig. de longueur. Cette espèce
par ses tubercules tient beaucoup des Plectanes elle s'en éloigne
par les pattes.

166. ÉPEIRE À BOUCLIER. (*Epeira scutata.*) Long. 1 lig. 1/2.

Abdomen transversal beaucoup plus large que long, ovale,
sans aucune épine ; à dos coriacé, avec quatre taches ovalaires,
rangées transversalement, plus grosses et plus grandes, se terminant en pointe par en bas, en forme de larmes. Corselet large,
transverse. Pattes courtes. L'abdomen, le corselet et les pattes
sont de couleur brune. La première paire de pattes et la quatrième sont les plus longues et sont presque égales.

Acrosoma scutatum, Perty, Delectus animal. articulat. quæ
in itinere per Brasiliam colligerunt J. B. de Spix et Martins,
p. 93, fig. 7, sive art. 194, Tab. 38. — *Eurysoma scutatum*, Koch
Die Arachniden, t. 6, p. 117, Pl. 20ᶜ, fig. 517.

Nouveau-Monde. — Amér. mérid. — Brésil.

Cette espèce se rapproche beaucoup des Plectanes de la première famille, celle des Cancroïdes, par son abdomen transversal et par ses pattes peu allongées, par celles de la quatrième
paire, égales ou presque égales à la première ; mais elle en diffère par son abdomen dépourvu d'épines.

Une étude attentive des mœurs et des habitudes comparées
pourrait seule décider si les individus de cette famille ne doivent
pas passer dans le genre Plectane, dont ils s'éloignent cependant par certains caractères qui ne sont pas fondamentaux.

Affinité du genre Épéire. Le genre Épéire paraît être, dans l'ordre des Aranéides, le plus nombreux en espèces, le plus varié
pour les formes et les couleurs, le plus admirable par la régu-
larité géométrique de ses toiles, le plus facile à étudier et à ob-

serfer. Par les caractères essentiels de la bouche et des yeux ,
comme par l'industrie, ce genre a une telle affinité avec le genre
Plectane ou avec les Araignées épineuses , que nous avons de la
peine à nous déterminer à détacher ce dernier groupe des Épéires,
pour en constituer un genre à part. Les deux genres diffèrent
cependant par les organes du mouvement puisque dans les
Plectanes les pattes antérieures ne sont pas les plus allongées, et
que la quatrième paire égale ou surpasse la première. La forme
épineuse ou irrégulière de l'abdomen semble éloigner ces deux
genres, mais la famille des Épéires Plectanoïdes et celle des Plectanes Épéiroïdes les rapprochent. La famille des Épéires Plectanoïdes a, par les tubercules du corselet de l'*imperialis* , des rapports avec le genre Éripe ; par les pattes courtes et l'abdomen
transversal de l'Épéire à bouclier, de la ressemblance avec le
genre Thomise. Le corselet bombé et relevé à sa partie antérieure
de la famille des Épéires allongées, se retrouve aussi dans
plusieurs familles du genre Plectane , et il forme un des points
de rapprochement entre ces deux genres. Par leurs pattes
fortes et allongées , et la grandeur de leur corselet et la faculté de filer de très-grandes toiles , les Épéires ont de l'analogie
avec les Tégénaires. Le placement des yeux , les pattes fines
des Épéires de certaines familles , leurs toiles à mailles très à
jour et construites presque toujours en plein air, établissent des
rapports nombreux entre ce genre, les Linyphies et les Théridions.
La conformité des habitudes et des instincts est complète entre le
genre Épéire et le genre Tetragnathe, puisque ces dernières Aranéides font aussi une toile orbiculaire , mais les organes essentiels , la forme des mâchoires et de la lèvre et le placement des
yeux diffèrent dans les deux genres , quoique cependant la famille des Épéires allongées, et même un peu les organes essentiels , nous montrent de fortes analogies entre les Épéires et les
Tetragnathes : dans les deux genres la longueur relative des
pattes est la même.

37ᵉ Genre. PLECTANE. (*Plectana*).

Yeux, *huit presque égaux entre eux, posés sur l'extrémité antérieure du corselet, les quatre
intermédiaires occupant quatre angles d'un
carré, les latéraux rapprochés entre eux,
mais très-écartés des intermédiaires.*

Lèvre *large, arrondie à son extrémité.*

Mâchoires *courtes, arrondies, très-étroites à leur
insertion, très-dilatées vers leur côté interne.*

Pattes *fines, peu allongées, la quatrième paire est la
plus longue, la première ensuite, la troisième
est la plus courte.*

Abdomen *recouvert en dessus d'une carapace dure,
pourvu de tubercules épineux, le ventre gonflé et se terminant en cône tronqué à l'extrémité duquel se trouvent placés les filets
sétifères.*

Aranéides *sédentaires, formant une toile à réseaux
réguliers, composée de spirales ou de cercles
concentriques, croisés par des rayons droits
qui partent d'un centre où l'Aranéide se tient
souvent immobile.*

1ʳᵉ Famille. LES CANCROIDES. (*Cancroïdes.*)

Abdomen court, plus long dans le sens transversal que
dans le sens longitudinal.

Pattes courtes.

1ʳᵉ Race. LES POLYGONÉES. (*Polygonatæ.*)

Abdomen *présentant quatre côtés, ou un plus grand nombre.*

1. PLECTANE GLOBULÉE. (*Plectana globulata.*) Long. 4 lig.
Larg. de l'abdomen 5 lig.

Abdomen quadrangulo - hexagonale transverse , pourvu de
six épines , les quatre antérieures verticales , les postérieures dirigées horizontalement. Les intermédiaires latérales sont les plus
longues et sont portées sur deux petits globules renflés qui en
forment la base. Ces globules, ainsi que les épines qu'elles portent et toutes les autres sont d'un violet métallique brillant. Le
dos est bombé , sa couleur est un mélange de brun , de rouge et
de jaunâtre. Le ventre est très-brillant et conique. Il y a sur le
dos des points calleux , dix au bord antérieur, six dans le milieu.
Les points postérieurs sont géminés. Le corselet et les mandibules sont d'un brun foncé rougeâtre uniforme. Les mandibules
sont fortes, courtes, bombées, luisantes. Les pattes fines, rougeâtres, brunissant vers leurs extrémités. La partie antérieure du
bandeau offre une petite ligne rouge. (M.)

Plectane globulée. Walck. Monogr. des Plectanes. Mss. fig. 26.
Monde Maritime — Archipel Malais, Java et Sumatra.

2ᵉ Race. LES OVALAIRES TRANSVERSES.

Abdomen *ovalaire transverse dont le diamètre longitudinal a au
moins les trois quarts de la longueur du diamètre transverse.*

2. PLECTANE CANCRIFORME. (*Epeïra cancriformis.*) Long. totale 3 lig.
Larg. de l'abdomen 3 lig. 1/2 ♀.

Corselet carré noir. Abdomen presque hémisphérique, armé
de six tubercules coniques épineux , courts , rougeâtres, presque
égaux , deux de chaque côté dont les antérieurs sont un peu plus
courts ; les deux postérieurs égaux à celui du milieu. Couleur
jaune pâle , avec des points calleux noirs ou rougeâtres , savoir,
quatre ou six au milieu et d'autres au nombre de dix - huit ou
vingt qui bordent la circonférence du dos. Pattes courtes excé-
dant peu la longueur totale , assez fortes , rouges , annelées de
brun. Cuisses des pattes de devant renflées.

Aranea minor nigra cancriformis , the crab spider, Brown nat.
hist. of Jamaïca p. 419 , Pl. 44 , fig. 5. — *Gasteracantha cancri-*

formis. Koch, Die Arachniden , vol. 4, p. 21, Pl. 114, fig. 263.
— *Aranea conchata.*Mart. Sbabber, Physikalische Belustigun-
gen. 4 Nurnb. 1781, p. 1. Pl. 1. — *Aranca cancriformis*
Linn. syst. natur. 11, p. 1037, n° 46. — *Epeïra cancriformis.*
Walckenaer. Hist. nat. des Aranéides. Fascic 3, fig. 4. — *Ibid.*
Monographie des Plectanes, fig. 1. — *Aranea cancriformis*
Fabr. nat syst. 11, p. 408, n° 6. — *Epeïra cancriformis.* Ency-
clop. méthod. Pl. 339, fig. 43.

Nouveau-Monde — Archipel d'Amérique — La Jamaïque —
Très-commune dans la paroisse de Sainte-Marie — Amér. sept.

3. PLECTANE VÉLITE. (*Plectana velitaris.*) Long. 3 lig. 3/4.

Abdomen ovalo-arrondi, transverse, pourvu de six épines fortes,
coniques, rougeâtres, parsemé de petits points blancs ; l'épine
latérale intermédiaire est la plus longue et la plus forte ; elles
sont presque à une égale distance les unes des autres. Le dos est
de couleur orange ou jaune d'ocre avec des taches ocellées à
l'entour du dos , huit entre les deux épines antérieures et douze
dans le reste du pourtour, quatre en carré dans le milieu, les
deux antérieures plus rapprochées. Corselet noir ou rouge brun.
Pattes rougeâtres et fauves annelées de brun.

Gasteracantha velitaris. Koch Die Arachniden, t. 4, p. 33 ,
Pl. 117, fig. 269. —*Gasteracantha Hassellii*, ibid., p. 29, fig. 267.
Nouveau-Monde — Amérique méridion. — Brésil — Ancien-
Monde — Asie. — Java.

Ces deux Aranéides , dont M. Koch a fait deux espèces , ne présentent pas de différences dont on ne puisse se rendre compte
par le desséchement ou par l'âge , qui soient suffisantes même
pour en former deux variétés. La *Gasteracantha Hasselii* a les
épines plus fortes et plus allongées, elle est aussi un peu plus
grande, dans l'échelle de la figure, quoique la description dise
le contraire, et cependant selon les indications de M. Koch l'*Hasselii* serait de Java, la *Velitaris* du Brésil. Nous les croyons toutes
deux de cette dernière contrée.

4. PLECTANE HEXACANTHE. (*Plectana hexacantha.*) Long. 3 lig. 3/4 ,
larg. de l'abdomen 4 lig.

Abdomen court, plus large que long, ayant la forme d'un

paraléllogramme, mais le côté proche le corselet formant une courbe en arrière, les autres profondément découpés ou festonnés; le dos ayant six lobes coniques chagrinés terminés par de petites pointes cornées, les quatre lobes postérieurs à peu près égaux, les antérieurs plus courts, couleur claire; dans le milieu, les épines et le tour du dos noirs entre les deux épines antérieures, ou à dix taches ou points noirs; derrière ces points, une courte bande transversale noire, d'autres traits noirs transversaux entre les deux épines latérales et des points au-dessus des deux épines postérieures. La partie du dos qui avoisine le corselet est d'un jaune vif, le ventre est brun avec des rangées de taches jaunes transversales. Le corselet et les cuisses sont rouges, les jambes et les tarses annelés de blanc et de noir.

Epéire hexacanthe. Walckenaer, Tableau des Aranéides, p. 66, n° 57. — *Ib.* Monographie des Plectanes. Mss. (fig. 2). — Sloane Jamaïca, t. 2, p. 235, fig. 4. — *Aranea hexacantha.* Fabr. Ent. syst., t. 2, p. 417, n° 39.

Nouveau-Monde — Archipel de l'Amérique. — La Jamaïque et Saint-Domingue.

Fabricius et Olivier (Encyclopédie méthod. hist. nat., t. 4, p. 190, n° 25 et p. 205, n° 25) ont confondu ensemble la *Plectana cancriformis* et la *Plectana hexacantha* qui sont deux espèces différentes. Dans la *Cancriformis* les épines sont plus longues, plus fortes et naissent immédiatement de l'abdomen qui n'est pas découpé; dans l'*Hexacantha* les épines ne sont que la prolongation du contour festonné de l'abdomen; dans la *Cancriformis* les épines semblent ne pas faire partie de ce contour et font angle avec lui; dans l'*Hexacantha* il n'y a que huit points calleux ou enfoncés entre les deux épines antérieures; dans la *Cancriformis* on en compte dix. Ce n'est que dans la synonymie que Fabricius a erré, car il nous a remis étiquetés de sa main, les deux individus de ces deux espèces d'après lesquels il a fait ses descriptions. Nous avons reçu cette espèce de l'île Saint-Domingue. Nous avons une Plectane Hexacanthe qui a 3 lignes de long, 4 lignes de large, de couleur marron, à épines noires, à dos un peu bombé, qui devra être réexaminée.

L'Aranéide du Brésil que M. Koch a décrite sous le nom d'*Acrosoma hexacantha* et qu'il a confondue avec celle-ci est une espèce bien différente, proportionnellement beaucoup plus large et moins longue.

Nous eussions rapporté à cette espèce la *Gasteracantha Kuhlii* de M. Koch, Die Arachniden, t. 4, p. 20, Pl. 114, fig. 262, s'il n'avait pas indiqué Java pour la patrie de son Aranéide. Cette seule raison nous fait douter de l'identité de cette espèce avec l'*Epeïra Hexacantha*. Cependant, d'après la description et la figure nous ne pouvons établir de différence spécifique. Nous avons de notre espèce une excellente figure faite à Saint-Domingue sur l'individu vivant.

5. **Plectane curvispine.** (*Plectana curvispina.*) Long. 4 lig. larg. de l'abdomen 5 lig.

Abdomen ovalaire transverse, armé de six épines; deux à l'extrémité de la courbe surbaissée du côté antérieure dirigée latéralement, mais courbée en arrière. Quatre autres plus longues et plus fortes dirigées en arrière et courbées. Celles qui partent de l'extrémité de la courbe postérieure de l'abdomen sont plus grandes que les deux intermédiaires du côté postérieur, et celles-ci sont plus rapprochées entre elles qu'elles ne le sont des deux épines de la même ligne. Abdomen, corselet, pattes et épines d'un rouge brun. Le dos de l'abdomen a des points calleux ou enfoncés très-gros, surtout les quatre formant un carré au milieu du disque. Ces points sont au nombre d'environ dix-huit. Dix bordent le côté antérieur, six le côté postérieur, mais dans ces six il y en a deux qui servent avec les deux plus gros du milieu à former le carré du milieu du disque. Corselet et mandibules larges. Pattes courtes.

Epeïra curvispina, Guerin, Iconographie du Règne animal, Arachnides, Pl. 2, fig. 8, liv. 45.

Ancien-Monde — Afrique, Guinée.

6. **Plectane cuspidée.** (*Plectana cuspidata.*) Long. 4 lig. L'abdomen 3 lig. de long sur 3 lig. 1/2 de large.

Abdomen ovale arrondi, échancré et formant une courbe concave à son extrémité postérieure, pourvu de six pointes ou épines courtes, dont les deux antérieures sont assez éloignées du corselet, et les deux intermédiaires plus rapprochées des antérieures que des postérieures. Dos rouge-orange luisant. Le pourtour antérieur ayant dix ronds calleux rouges ocellés formant un demi-cercle, le pourtour postérieur, neuf de même nature sur une ligne transverse rentrante. Au milieu du disque quatre autre ronds de même nature dont les antérieurs sont plus rapprochés que les postérieurs, entre ces derniers quatre petits points rouge en carré. Corselet rougeâtre. Pattes orange, annelées de noir.

Gasteracantha cuspidata. Koch, Die Arachniden, t. 4, p. 22, Pl. 114, fig. 264.

Ancien-Monde — Archipel d'Asie — Java.

7. PLECTANE ELIPSOÏDE. (*Plectana Elipsoïdes*). Long. 4 lig. larg. 5 lig. ♀

Abdomen ovale, élipsoïde, pourvu de six épines noires coniques, les intermédiaires latérales plus rapprochées des antérieures que des postérieures. Dos jaune pâle. Six points noirs entre les deux épines antérieures, quatre ensuite en carré dans le milieu du dos, les deux supérieurs plus petits et plus rapprochés; sept points noirs derrière les points en carré, à l'extrémité postérieure du dos; deux traits noirs sur le bord postérieur à la base des épines postérieures. Corselet, pattes et palpes noirs, pattes très-courtes.

Crab spider, Abbot, Georg. Spiders, p. 13, fig. 118.

Nouveau-Monde — Amér. sept. — Georgie.

Elle a été prise le 16 juillet, dans les marais de Briar-Creek; on la trouve aussi dans les bois de chênes. Cette espèce, dit Abbot, fait une toile orbiculaire comme l'Araignée des jardins en Europe, son abdomen est crustacé, mais non assez dur pour ne pas éprouver de retrait par le desséchement.

Cette Plectane ressemble beaucoup à la *Cancriformis*, mais elle en diffère un peu par la forme et par le nombre des taches du dos.

8. PLECTANE MAURICE. (*Plectana Mauricia*.) Long. 3 lig. 34; larg. de l'abd. 4 lig.

Abdomen large, pourvu de six épines noires, les deux latérales intermédiaires sont les plus longues. Le test du dos est d'un jaune d'ocre; entre les deux épines antérieures sont dix points enfoncés, puis deux petits points noirs dans le milieu. Ensuite quatre taches noires entre les deux épines postérieures. Sur le bord externe postérieur sont quatre petits points enfoncés. Le corselet, les pattes et le ventre sont d'un brun noir avec quelques taches rougeâtres.

Ancien-Monde — Océan indien — Ile de France.

Collection de M. Catoire. Selon M. Catoire de Biancourt qui a habité pendant quatorze ans le cap de Bonne-Espérance et l'Ile de France, cette Aranéide devient quelquefois convexe par le desséchement. Elle marche de côté sur sa toile, et quand on la touche elle replie ses pattes sous sa carapace dorsale, et se laisse tomber toujours suspendue à son fil. Sa toile est arrondie, en cercles concentriques, traversée par des rayons qui émanent d'un centre commun. Elle suspend cette toile verticalement, à travers les sentiers, dans les grands bois.

9. PLECTANE LEPELLETIER. (*Plectana Lepelletieri*.) Long. 2 lig. 1/2, larg. 2 lig. 1/2.

Abdomen transverse beaucoup plus large que long, hexagone, d'un jaune doré avec six épines; deux de chaque côté disposées latéralement, l'antérieure beaucoup plus petite, deux au côté postérieur divergentes. Vingt-trois points ocellés d'un noir violet, anus bleu violet. Corselet d'un noir violet foncé, pattes et palpes d'un rouge de brique, avec l'extrémité lavée de brun.

Epéire Lepelletier, Guérin, Encyclopédie méthodique. Hist. nat. Insectes, t. 10, p. 764, art. Ulobore. — Zoologie du voyage de la Coquille, t. 2, part. 2, première divis. p. 52.

Monde-Maritime — Taïti — Bourou, Amboine — rapportée par MM. Durville et Lesson.

10. PLECTANE MUCRONÉE. (*Plectane mucronata*.) Long. totale 3 lig., larg. de l'abdomen 2 lig. 1/2.

Abdomen presque quadriforme, presque aussi long que large, ou formant une espèce de demi-cercle découpé dont le diamètre s'appuie sur le corselet. Les découpures forment cinq petits arcs terminés par six pointes courtes et un peu relevées, de sorte que le disque du dos a l'air creusé et concave dans son pourtour, mais le milieu est bombé. Les quatre pointes antérieures sont presque verticales, les deux pointes postérieures sont courbées en arrière comme de petits crochets, ou des hameçons. Le dos est jaune, et semblable à du chagrin très-fin, avec dix points enfoncés à la partie antérieure, et onze à l'entour du cercle postérieur, puis quatre au milieu. Le corselet est plus large que long, avec un plan antérieur renversé, brun, chagriné, revêtu de poils gris. Mandibules assez allongées pour ce genre, noires, fort luisantes. Yeux petits d'un blanc jaunâtre. Les latéraux sont portés sur une même éminence. Palpes courts, noirs et velus. Pattes courtes; cuisses d'un rouge ardent, le génual et le tibial sont noirs, le tarse est noir annelé de rouge. (M.)

Ancien-Monde — Afrique — Cafrerie — Rapportée par M. de Lalande.

11. **Plectane a six découpures.** (*Plectana sexserrata.*) Long. totale 3 lig. 1/2, larg. de l'abdomen 3 lig.

Abdomen à ovale transverse offrant huit pointes courtes, qui ne sont que les extrémités des six découpures arquées du pourtour du dos. Ce dos est de couleur brune avec quatorze ou quinze points ocellés, rougeâtres. Les deux épines antérieures sont si courtes qu'elles sont à peine visibles, les intermédiaires sont dirigées latéralement, les postérieures dans le sens de la longueur. Pattes courtes. (M.)

Plectana octoserrata. Walck. Mon. des Plectanes, fig. 7.
Nouveau-Monde — Amérique mérid. — Cayenne.

12. **Plectane a cinq découpures.** (*Plectana quinqueserrata.*) Long. totale 2 lig. 1/2, larg. de l'abd. 2 lig. 1/2.

Abdomen à ovale transverse, offrant six épines qui ne sont que les pointes des cinq découpures ou festons du pourtour de l'abdomen. Cependant les deux épines antérieures proches du corselet sont un peu plus saillantes; elles sont dirigées latéralement, et à une assez grande distance des quatre autres qui sont toutes dirigées postérieurement; le dos est d'un jaune verdâtre sale, lavé de brun, et il a dans son pourtour quinze points bruns et quatre en carré dans son milieu. Le corselet est carré, d'un brun rougeâtre ainsi que les pattes qui sont courtes et d'un rouge plus clair.

Plectana sexserrata. Walck. Mon. des Plectanes, fig. 8.
Nouveau-Monde — Guyane. De ma collection, rapportée par M. Doumerc.

13. **Plectane a trois découpures.** (*Plectana triserrata.*)
Long. totale 4 lig. , larg. de l'abd. 3 lig. 1/2.

Abdomen ayant la forme d'une demi-ellipse, avec trois fortes échancrures à la partie postérieure, en demi - cercle, dont les quatre pointes ou épines sont droites et dirigées horizontalement en arrière. L'échancrure intermédiaire est la moins large; il y a onze points ocellés le long du bord antérieur, et quatre points plus gros en carré dans le milieu. La couleur du dos est d'un blanc jaunâtre. Le ventre est noir avec des points blancs, et les épines en dessous ont des taches rougeâtres.

Aranea tetracantha, Pallas, *Spicilegia zoologica*, fasc. 9, Pl. 3, fig. 16 et 17. — *Aranea tetracantha*. Fabricius. Entom. syst. 11, 413, n° 36.

Nouveau-Monde — Amér. mérid. — Guyane. Surinam.

Pallas a confondu à tort cette espèce avec l'*Aranea tetracantha* de Linné qui ne lui ressemble nullement, et ce nom, qui peut induire en erreur, a dû être changé. — Fabricius, qui a suivi Pallas, a commis la même erreur que lui. La *Tetracantha* de Linné appartient à la deuxième race. C'est notre Plectane Linné.

14. **Plectane géminée.** (*Plectana geminata.*) Long. 3 lig. 1/2, larg. de l'abdomen 4 lig.

Abdomen très-large, aplati, à six épines courtes, les quatre latérales accouplées deux à deux, rapprochées, parallèles; points calleux proéminents, d'un rouge plus foncé que la couleur du fond qui est fauve, rougeâtre. Corselet noir en dessus, rougeâtre en dessous. Mâchoires et lèvres rougeâtres. Pattes postérieures largement annelées de rouge et de noir.

Aranea geminata, Fabricius, Suppl. Entom. system., p. 292, n°s 38 et 39.—*Epéire géminée*, Walckenaer, Tabl. des Aranéides, p. 66, n° 59. — Ibid. Hist. nat. des Aranéides, Fascic, 1, fig. 6. — Ibid. *Plectane géminée*, Monogr. des Plectanes (Mss.), fig. 4. — *Gasteracantha geminata*, Koch, Die Arachniden, t. 4, p. 16, Pl. 113, fig. 260.

Ancien-Monde— Asie— Indes orientales dans l'archipel Malais. Timor. (M.)

Décrit d'après un individu de ma collection qui m'a été donné

par Fabricius, le même qu'il a décrit aussi dans son ouvrage cité
plus haut.

15. PLECTANE SERVILLE. (*Plectana Servillii.*) Long. totale 3 lig.,
larg. 4 lig.

Abdomen ovale transverse, en fuseau, le côté antérieur plus
courbé que le côté postérieur, pourvu de six épines courtes, coniques, les deux latérales se joignant à leur base, mais non conniventes par leur côté; deux autres épines au côté postérieur,
une plus longue, mais se touchant aussi à leur base. Le dos est
d'un jaune clair. Le bord antérieur a deux points calleux ocellés,
le bord postérieur neuf, et quatre au milieu en carré, les postérieurs plus écartés. Corselet et mandibules noirs, pattes d'un
brun rougeâtre.

Épéire de Serville, Guérin, Encyclopédie méthodique, Hist.
nat. Ins. t. 10, p. 763.

Nouveau-Monde — Amérique méridion. — Brésil.

Ressemble à la Geminée, mais c'est une espèce plus large, et
différente.

16. PLECTANE ACUMINÉE. (*Plectana acuminata.*) Long. 3 lig., larg.
de l'abdomen 5 lig.

Abdomen ovale parallélogramme, transversal, formant un
arc surbaissé à sa partie antérieure, et un demi-ovale profondément découpé à sa partie postérieure, pourvu de six pointes ou
épines rouges, les deux antérieures à l'extrémité du côté antérieur, les deux intermédiaires à l'extrémité du côté postérieur de
la carapace qui forme une ligne droite, et qui sépare cette partie
du dos, de celle qui forme le prolongement du ventre, laquelle
projette aussi les deux épines postérieures qui terminent l'échancrure formant le milieu du côté postérieur: il y a dix points ocellés rougeâtres bordant le disque antérieur, et huit le long du disque postérieur de la carapace dorsale, puis quatre autres points enfoncés en carré dans le milieu du disque. Le dos est glabre luisant
d'une couleur rougeâtre tirant sur le carmelite, et dans quelques
individus d'un brun noirâtre. Le corselet et les mandibules sont
noirs, ces dernières sont renflées. Le corselet est bombé, carré
à plan renversé. Les yeux antérieurs du carré intermédiaire

sont plus gros et plus rapprochés que les postérieurs, ceux-ci sont comme placés sur le dos du corselet ou de la tête, tandis que les antérieurs le sont sur le bord du bandeau qui est nul. Les pattes et les palpes sont rougeâtres avec des anneaux bruns. Le ventre est fauve ou de couleur pâle.

Gasteracantha Kuhlii, Koch, die Arachniden, t. 4, p. 20, pl. 114, fig. 262.

Monde-Maritime — Archipel d'Asie — Java ou Sumatra.
Rapportée par M. Diard.

Cette espèce ressemble beaucoup à la *Plectana sexserrata*, mais elle est plus grande, plus large et proportionnellement plus courte. Conférez aussi la Description de la *Plectana hexacantha*, nº 4.

17. PLECTANE VARIÉE. (*Plectana variegata*.) Long. 3 lig. 1/2, larg. de l'abdomen 6 lig.

Abdomen en parallélogramme, transversal, à six épines courtes coniques, les deux antérieures formant les extrémités du côté antérieur, les deux intermédiaires terminant le côté de la carapace dorsale qui s'étend en ligne droite au-dessous de la portion du ventre qui projette les deux épines postérieures; toutes ces épines sont presque égales. Le dos est bombé à fond d'un jaune clair, avec une bande noire transversale, échancrée dans son milieu : cette bande souvent ne forme que des taches brunes quadriformes carrées dans ces deux extrémités, et est continuée par des points noirs. Elle est séparée par une bande jaune d'une autre bande brune qui traverse entre les deux épines intermédiaires, mais qui est interrompue dans son milieu et continuée par d'autres gros points noirs. Une dernière raie noire traverse entre les épines postérieures, formant trois ou quatre petites dentelures : il y a le nombre ordinaire de points calleux, les latéraux sont grands, concaves, rouge brun, au nombre de dix le long du pourtour antérieur, et huit sont au pourtour postérieur. Corselet et mandibules noirs. Pattes et palpes d'un rouge brun noirâtre. Ventre brun noirâtre.

VARIÉTÉ A. Raie antérieure noire du dos, interrompue et ne formant plus que des points noirs. Raie noire postérieure interrompue dans son milieu, et continuée par deux points noirs.

Variété B. Bande antérieure noire, large, divisée dans une partie de sa largeur par une échancrure jaune, à côtés parallèles.

Monde-Maritime — Australie — Nouvelle-Guinée, port de Dorey.

Rapportée par MM. Quoy et Gaymard.

Cette espèce a la forme de la Plectane acuminée, mais ses épines sont plus fortes, et ses couleurs bien différentes.

Conférer sur cette espèce Petiver, Gazoph. t. 26. *Araneus Luzon testaceus angusto trilunatus.* Mais cette Aranéide a les épines intermédiaires latérales plus fortes, droites ou courbées, en avant et non en arrière. Elle est de l'île de Luzon dans les Philippines.

18. **Plectane bariolée.** (*Plectana versicolor.*) Long. 4 lig., larg. de l'abdomen 5 lig.

Abdomen ovale transversal, beaucoup plus large que long, pourvu de six épines, rouges, de longueur médiocre, rapprochées par paires; les quatre antérieures latérales se touchant presque à leur base, mais un peu divergentes vers leur pointe; les deux de la rangée antérieure plus près du corselet, sont les plus petites de toutes; les deux de la rangée intermédiaire sont les plus longues de toutes; elles sont droites et dirigées transversalement, la pointe un peu inclinée en bas et divergente avec celle des antérieures. Les deux épines postérieures sont dirigées dans le sens de la longueur, et séparées par une profonde échancrure concave, mais bien plus rapprochées entre elles qu'elles ne le sont des intermédiaires latérales. La couleur du dos est d'un jaune pâle; cette couleur forme trois raies transversales, larges parce qu'elle est divisée par deux raies transversales larges, de couleur rose; mais la bande rose antérieure s'élargissant dans son milieu est comme rompue dans une portion de sa largeur pour donner place à une petite figure jaune formée d'un petit trait longitudinal court, au bout duquel est une autre ligne jaune transversale qui communique ainsi avec la bande jaune transversale, laquelle forme la bordure du dos proche le corselet : une ligne fine rouge est tracée dans le sens de la longueur qui s'étend depuis la bande antérieure rouge jusqu'au bord postérieur du dos et dans la bande jaune qui borde cette partie postérieure, où elle est croisée par un trait transversal. Le corselet et les pattes sont rouges. (M.)

Plectana versicolor, fig. 13, Walckenaer, Monogr. des Plectanes.

Ancien-Monde — Afrique — Cafrerie.

Rapportée par M. Delalande.

Cette espèce par la forme et par la couleur ressemble beaucoup à la Plectane variée, mais il est facile de l'en distinguer, par ses épines du rang intermédiaire plus allongées que toutes les autres, par ses deux rangs d'épines antérieures plus rapprochés et par sa forme plus ovale.

19. PLECTANE VOUTÉE. (*Plectana fornicata.*) Long. totale 4 lig., larg. de l'abdomen 6 lig. entre les deux extrémités.

Abdomen ovale transverse, ayant six épines de longueur médiocre et de grandeur inégale, les deux antérieures latérales très-courtes, les deux intermédiaires allongées, fortes, touchant presque aux antérieures par leurs bases, dirigées comme elles transversalement et peu courbées en arrière à la pointe ; les postérieures coniques courtes, quoique plus longues que les antérieures, et dirigées horizontalement et longitudinalement. Le dos est d'un rouge brun, ou jaune orangé, avec dix points calleux ocellés le long du côté antérieur, et huit le long du côté postérieur, puis quatre en carré dans le milieu du disque, les antérieurs plus rapprochés et plus petits que les postérieurs. Corselet noir. Pattes d'un brun rougeâtre ou jaune orange, annelées de brun ou de rouge. (M.)

Gasteracantha transversa, Koch, die Arachniden, t. 4, p. 14, pl. 113, fig. 259.

VARIÉTÉ jaunâtre.

Gasteracantha fornicata, Ibid., t. 4, p. 18, pl. 113, fig. 261.

VARIÉTÉ rouge brun.

Epeïra Diardi, Lucas, Dictionnaire pittoresque d'hist. nat., t. 3, p. 70, pl. 149, fig. 4.

Aranea fornicata, Fabricius, Syst. ent., 11, p. 417, n° 40.

Monde-Maritime — de Java selon M. Koch, de la Nouvelle-Hollande selon Fabricius. Elle a été rapportée de Java par MM. Diard et Duvaucel.

J'ai décrit cette espèce d'après un individu de la collection du Muséum, où elle est indiquée comme provenant de Java. Les cuisses des pattes antérieures sont renflées. La première et la quatrième sont presque égales, mais la quatrième paire est un peu plus longue que la première. Cette espèce diffère de la Plectane versicolore par l'uniformité de la couleur de son dos, et parce que les épines latérales intermédiaires sont plus allongées.

Conférer au sujet de cette espèce,

Aran. Luzon Bovinus. Petiver, Gazophil., t. 26, n° 5.

Si cette Aranéide des Philippines et de l'île Luçon n'est pas la même que la *Plectana fornicata*, c'est une espèce très-voisine.

20. PLECTANE LINNÉ. (*Plectana Linnæi.*) Long. totale 4 lig., larg. de l'abdomen 4 lig. ♀.

Abdomen ovale transverse, pointu à ses deux extrémités latérales, en fuseau, mais le côté supérieur est beaucoup plus courbé que le postérieur qui est presque droit. Cet abdomen est pourvu de quatre épines; les deux postérieures sont médiocrement allongées; elles ont une ligne de long; elles sont fortes et légèrement courbées en arrière. Les deux antérieures ne sont que deux petites pointes ou dents, qui semblent naître de la base des épines postérieures, et ces quatre épines, assez éloignées du corselet, semblent n'être que la prolongation latérale du milieu de l'abdomen. La couleur du dos est jaunâtre; il y a dix points calleux ou ocellés au pourtour antérieur, et un même nombre sur les bords postérieurs du disque, puis quatre points en carré dans le milieu, dont les antérieurs sont les plus petits et les plus rapprochés. Le dos est concave. Le corselet carré avec un plan renversé est d'un rouge de corail pâle luisant. Huit yeux, petits et rouges. Les antérieurs du carré intermédiaire sont plus rapprochés entre eux que ne le sont entre eux les postérieurs du même carré. Les yeux latéraux sont au niveau de ceux d'en bas. Les mandibules sont fort courtes, bombées, cunéiformes, d'un rouge luisant; elles sont noires à leur extrémité. Les pattes sont courtes; les cuisses rouges, renflées; les jambes annelées de rouge et de brun, les derniers articles d'un brun noir. Palpes ayant les premiers et les derniers articles noirs. (M.)

Aranea tetracantha, Linné, Systema naturæ, t. 1, part. 2, p. 1037, n° 45. *Plectana Linnæi*, Walckenaer, Monographie des Plectanes, MSS, fig. 22.

Ancien-Monde — Afrique — de la Cafrerie — de l'île Saint-Thomas — sur la côte d'Afrique.

Cette espèce est bien certainement l'Araignée tetracanthe de Linné ; mais tous les naturalistes l'ayant confondue avec celle que Pallas a aussi nommée tetracanthe, il a fallu changer le nom pour éviter la confusion ; nous lui avons donné le nom du grand naturaliste qui l'a décrite le premier. L'Araignée tetracanthe de Pallas et des auteurs est notre *Plectana triserrata*, qui appartient à la race précédente. Cette espèce a de fortes analogies avec la *fornicata* ; mais dans celle-ci les épines sont plus séparées à leur base.

21. PLECTANE INVERSE. (*Plectana inversa.*) Long. 4 lig., larg. de l'abdomen 4 lig.

Abdomen ovalo-triangulaire, pointu à ses extrémités latérales en forme de fuseau, la partie antérieure du disque formant comme un triangle très-large, tronqué à l'extrémité qui touche au corselet, pourvu de quatre épines latérales, deux de chaque côté, aux deux extrémités de l'ovale ; les épines antérieures sont les plus longues quoique peu allongées ; les épines postérieures sont très-courtes et touchent par leur base aux épines dont elles semblent une émanation. Les points ocellés sont en même nombre que dans la Plectane de Linné ; mais dans la Plectane inverse, ce sont les deux yeux antérieurs du carré du milieu qui sont plus gros et plus écartés que les yeux postérieurs du même carré ne le sont entre eux. Pattes fines, rouges, à extrémités brunes. Les huit yeux sont rouges, petits, les antérieurs intermédiaires plus rapprochés que les intermédiaires postérieurs ; les latéraux sont sur la ligne de ces derniers. (M.)

Plectana inversa, Walckenaer, Monographie des Plectanes, MSS, fig. 23.

Ancien-Monde — Afrique — Cafrerie , rapportée par M. Delalande.

Cette espèce qui, pour la forme générale, ressemble à la

Plectana Linnœi ou à l'*Aranea tetracantha* du naturaliste suédois, en est cependant l'inverse pour la grandeur relative des épines, et pour les points en carré du milieu du disque dorsal.

22. PLECTANE TRANSVERSALE. (*Plectana transversalis.*)

Abdomen ovale transverse, très-large, ayant quatre épines courtes de chaque côté, rapprochées comme dans la Géminée, mais ne se touchant pas, les deux épines postérieures sont plus grosses et plus longues que les antérieures. La couleur du dos est jaune rougeâtre, il y a dix points enfoncés sur le devant, huit aux côtés postérieurs, quatre en carré dans le milieu du disque, les postérieurs sont les plus gros. Les pattes sont noires, courtes et fines. (M.)

Epéire transversale, Walckenaer, Tableau des Aranéides , p. 66, n° 60.

Monde-Maritime — Archipel Malais — Timor.

Un second individu étiqueté comme venant de l'île de France m'a paru être de la même espèce. Rapportée par Péron et Lesueur.

23. PLECTANE LARGE. (*Plectana lata.*) Long. totale 3 lig. , larg. de l'abd. 4 lig.

Abdomen ovale transverse très-étroit, pointu à ses deux extrémités en fuseau, muni seulement de deux épines peu allongées, coniques, rouges au côté postérieur, dirigées horizontalement. Le dos est jaune, il y a huit points calleux, rouges le long du bord intérieur, un même nombre au bord postérieur et quatre en carré, les postérieurs plus gros et faisant suite aux quatre premiers , de manière à former un petit ovale jaune entouré de points rouges à l'extrémité postérieure du dos entre les deux épines. Corselet brun noirâtre. Pattes rougeâtres annelées de brun.

Epeïra lata. Walckenaer, Tableau des Aranéides , p. 66 , n° 61.
—*Plectana lata.* Monogr. des Plectanes. MSS., fig. 30.

Nouveau-Monde — Archipel d'Amérique — Guadeloupe.

Je suis informé par un colon de la Guadeloupe que cette espèce fait un cocon hémisphérique en soie verte et de la plus belle nuance.

24. PLECTANE TÉTRAÈDRE. (*Plectana tetraedra.*) Long. totale
3 lig. 1/2, larg. 4 lig. ♀

Abdomen ovalo-triangulaire, à dos formant presqu'un triangle
équilatéral, mais dont la base cependant excède en longueur les
côtés. Cette base est pourvue de deux épines courtes, coniques,
droites, dirigées horizontalement, placées à l'extrémité de la base
du triangle et du côté postérieur. Dos de couleur jaune à dix
points calleux rouges le long du côté antérieur, et un même
nombre au côté postérieur; quatre en carré dans le milieu. Corselet oblong, brun, pattes de longueur médiocre.

Plectane tétraèdre. — Walck. Monogr. des Plectanes. Mss.
fig. 32.

J'ignore la patrie de cette espèce qui est bien distincte.

2ᵉ FAMILLE. LES ARRONDIES. (*Rotundatæ.*)

Abdomen en ovale arrondi, transversal ou longitudinal,
entouré d'épines fortes et peu allongées.

1ʳᵉ Race. LES HIRSUTES. (*Hirsutæ.*)

Abdomen *pourvu d'épines sur les côtés et à la partie postérieure,
mais point à la partie antérieure.*

25. PLECTANE PRÉTEXTÉE. (*Plectana prœtextata.*) Longueur 4 lig.,
largeur 4 lig. ♀ (entre les bases des épines et non entre leurs
extrémités).

Abdomen de forme quadrangulaire arrondie, pourvu de six
épines presque égales, fortes, deux latérales et deux postérieures,
les latérales un peu plus écartées entre elles. Les quatre épines postérieures sont renflées à leur base. La couleur du dos est rougeâtre
ou ferrugineuse. Le dos est entouré d'une large bande noire interrompue dans le milieu de sa partie antérieure ; sur le milieu sont
quatre points noirs en carré, quelquefois les deux points noirs
antérieurs se convertissent en une petite figure noire qui a la
forme d'un chapeau rond, mais pointue dans son milieu et à ses

deux côtés; cette figure ressemble encore à un trèfle supporté par une tige qui a une ligne, très-fine divisant l'espace des deux points inférieurs; quelquefois ce dos est d'un noir pâle, ne laissant voir qu'une partie ovale allongée, rougeâtre dans sa première moitié et à sa partie postérieure, et deux ronds obscurs rouges avec une grosse tache d'un noir pâle au milieu; ces deux figures semblables entre elles réunies ressemblent à une tête de mort. Quelquefois les bords du chapeau ont la forme arrondie de deux ailes d'oiseau; quelquefois ce dos est entièrement rouge, brun, d'une couleur plus foncée à sa partie postérieure, mais sans bande ni figure, et laissant voir au lieu de taches noires des points ocellés obscurs au nombre de dix formant un demi-cercle à la partie antérieure, puis dans le milieu du dos, six points ocellés rangés longitudinalement et parallèlement. Ventre noir parsemé de taches d'un rouge vif. Corselet carré, noir glabre. Pattes d'un rouge brun, médiocrement allongées.

Monde maritime. Australie — Nouvelle-Guinée. Port de Dorey. Rapportée en nombre par MM. Quoy et Gaimard.

Ainsi, les différences que nous avons remarquées dans l'abdomen de cette espèce établissent trois variétés :

1. VARIÉTÉ A. Rousse, sans figure avec les points ocellés visibles.

2. VARIÉTÉ B. Noire, avec les deux gros points figurant deux têtes de mort.

3. VARIÉTÉ C. Variée en couleur avec les quatre points noirs au milieu du dos près le corselet, puis derrière cette figure une autre de même nature plus large en aile d'oiseau. Les jambes antérieures ont les cuisses plus grosses. Le ventre est conique, très-plissé sur les côtés, avec des points d'un rouge orange vif, quatre gros points rouges sont à la base de l'anus. Les mandibules sont glabres, coniques, noires. La lèvre triangulaire est en pointe. L'oviducte est un crochet porté par un petit globule dirigé perpendiculairement.

26. PLECTANE ATLANTIQUE. (*Plectana atlantica.*) Long. 4 lig., larg. de l'abdomen 3 lig. 3l4, ♀.

Abdomen arrondi, aussi large que long, pourvu de six épines noires, les postérieures plus grosses et plus fortes, les deux antérieures les plus courtes; entre elles est une rangée de points noirs, et derrière sont deux lignes transversales de même couleur, ayant la forme de deux accolades. Le fond de la couleur du dos est blanchâtre. Le corselet est rouge. Les pattes sont courtes, à cuisses antérieures rouges; les jambes et les tarses annelés de blanc et de noir.

Plectana atlantica, Walckenaer, Monographie MSS. du genre Plectane, fig. 3.

Nouveau-Monde — Archipel d'Amérique — Saint-Domingue.

Cette espèce ressemble beaucoup à l'*Exacantha*, mais sa forme plus arrondie, et ses épines latérales antérieures plus rapprochées entre elles, son épine latérale intermédiaire plus courte et les deux épines postérieures, la font facilement distinguer. Sous ces rapports elle se rapproche de la Plectane cancriforme, mais elle en diffère par les taches de son dos.

27. PLECTANE PENTAGONE. (*Plectana pentagona.*) Long. 4 lig., long. et larg. de l'abdomen 3 lig.

Abdomen pentagonal, à six épines courtes, mais acérées, renflées et globuleuses à leurs bases; les deux antérieures se touchant presque par les bases et divergentes entre elles, placées à l'extrémité du plus grand diamètre du pentagone, toutes deux plus écartées du corselet qu'elles ne le sont des épines placées aux deux angles du côté postérieur. Les deux épines intermédiaires sont les plus longues, les antérieures les plus courtes; le dos est jaunâtre avec quatre points en carré rouge dans le milieu; les deux points antérieurs plus rapprochés, les bords antérieurs du dos, sous et entre les deux épines antérieures, ont dix points rouges, et entre les épines postérieures huit. Le corselet est brun foncé, très-bombé. Les pattes sont assez allongées, rougeâtres.

Walckenaer, Monographie des Plectanes, MSS, fig. 9.

Monde-Maritime — Australie ou Polynésie — Nouvelle-Irlande ou Otaïti.

Collection de M. Guérin.

28. PLECTANE HÉCATE. (*Plectana Hecata.*) Long. 6 lig., larg. de l'abdomen 5 lig.

Abdomen quadriforme, à fond jaune sur le dos, avec six épines fort grosses, ayant la forme de trois croissants relevés,

semblables, deux accolés aux côtés et le troisième au bord postérieur. La couleur du dos est noire avec deux taches brunes
allongées, transverses sur le milieu du dos; et entre ces deux
taches, dont l'antérieure ou la plus rapprochée du corselet, est la
plus petite ou la plus courte, est une autre tache ronde ou ovale,
plus petite; ces trois taches sont divisées en deux par une ligne
fine de même couleur, qui s'étend longitudinalement de l'extrémité antérieure du disque jusqu'à l'extrémité postérieure.

Ar. crustaceus trilineatus, Petiver Gazophilac., t. 26, fig. 5.

Monde-Maritime — Archipel d'Asie — Philippines — Ile de
Luzon.

29. **Plectane a bandes.** (*Plectana tœniata.*) Long. 4 lig. 1/2. larg.
de l'abdomen 6 lig. 1/2, ♀.

Abdomen ovalo-transversal, beaucoup plus large que long,
ayant six épines coniques peu longues, les intermédiaires latérales plus longues et plus fortes que les autres, légèrement courbées en arrière, les antérieures plus petites, à pointes divergentes
et en avant. Les deux épines postérieures plus écartées des épines
intermédiaires que celles-ci ne le sont des antérieures, et plus
rapprochées entre elles. Le dos est déprimé, glabre, traversé par
trois bandes jaune rougeâtre et trois bandes noires, non interrompues; d'abord une bande jaune rougeâtre proche le corselet, une
bande noire entre les deux épines se joignant entre les points
oculaires antérieurs; une bande jaune rougeâtre entre les épines
intermédiaires, la plus large; une bande noire étroite derrière la
base des épines intermédiaires latérales; une bande jaune, ovale,
étroite; puis une bande noire près du bord postérieur, de laquelle s'élèvent cinq petites dentelures ou traits noirs, dont les
extrêmes rejoignent la bande noire intermédiaire. L'extrémité
du dos, entre les deux épines postérieures, est jaunâtre et
moins lavée de noir. Le corselet est brun, carré, plus large que
long. Le sternum noir avec un point rouge orange ou pentagonal dans le milieu. A la naissance des pattes sont des élévations rondes et brillantes. Les mandibules sont brunes, bombées,
la lèvre d'un brun rougeâtre, s'amincissant vers son extrémité.
Le ventre est noir, parsemé de taches rougeâtres. L'anus est,
comme d'ordinaire dans ce genre, renfermé dans une sorte d'étui
coriacé dont les bords sont peu élevés. Entre cet étui et le cor-

selet, on voit un tubercule luisant, conique, qui forme comme une sorte de petite épine, et il y a quatre points ocellés et écailleux à la base des quatre épines latérales. (M.)

Plectana tæniata. Walckenaer, Monographie des Plectanes, MSS., fig. 20.

Monde-Maritime — Nouvelle-Guinée — Port de Dorey.

30. PLECTANE IRRADIÉE. (*Plectana irradiata.*) Long. 2 lig. 1/2.

Abdomen ovalaire, transverse, jaunâtre, presque arrondi, concave, avec cinq rangs de points enfoncés sur des lignes transversales. La ligne antérieure et la ligne postérieure n'ont que trois ou quatre points : six épines rouges de longueur médiocre ; les plus rapprochées du corselet sont les plus courtes, celles qui les suivent immédiatement, ou les intermédiaires, sont les plus longues. Ces épines sont couchées ou dirigées horizontalement, mais les quatre antérieures sont dirigées latéralement et les postérieures en arrière ou dans le sens du corselet. Le corselet est bombé ou relevé vers la tête, et présente une double élévation qui laisse dans le milieu un sillon. La partie antérieure du bandeau sépare par une arête, ou rebord, les yeux postérieurs du carré intermédiaire des yeux antérieurs. Ces derniers sont les plus gros et les plus rapprochés. Les yeux latéraux rapprochés entre-eux sont très-écartés du carré intermédiaire et portés sur une élévation du corselet. L'Aranéide offre en dessous un sternum jaune orange, des mâchoires et une lèvre de même couleur, lavées de brun. Le ventre en pyramide conique, ridé transversalement, a des raies noires et jaunes. Les filières sont noires, le dessous des épines est jaune bordé de noir. Les pattes sont fines, d'un rouge pâle, la quatrième paire excède en longueur la première. Les palpes sont fins, jaunâtres, lavés de brun. (M.)

Ancien-Monde — Asie — Cochinchine. Envoyée par M. Diard.

2ᵉ Race. LES HISPIDES. (*Hispidæ.*)

Abdomen *arrondi dont tous les côtés sont pourvus d'épines divergentes.*

31. PLECTANE PENTACANTHE. (*Plectana pentacantha.*)

Abdomen pentagonal, pourvu de cinq épines divergentes, les

quatre antérieures relevées verticalement, l'épine postérieure dans le sens longitudinal ; les deux antérieures sont placées près. du corselet, les deux intermédiaires aux deux angles du côté postérieur, et la cinquième entre les deux postérieures au-dessus de l'anus ; les quatre épines antérieures sont coniques, renflées à leur base, trés-acérées, presque égales entre elles ; celles de la seconde ligne ou ligne intermédiaire sont les plus fortes, la cinquième postérieure est beaucoup plus petite et plus courte que les quatre autres. Toutes sont rousses ou d'un brun rougeâtre comme le corselet, les pattes et les palpes. Le dos est jaune. Le corselet est étroit, ovalaire, allongé, peu bombé. Les mandibules sont cylindriques, rougeâtres. Les pattes sont fines, assez allongées.

Décrite d'après deux individus de ma collection. — J'ignore sa patrie. — Je la crois de Cayenne.

32. **Plectane étoilée.** (*Plectana stellata.*) Long. totale 3 lig. larg. de l'abdomen 1 lig. 3/4.

Abdomen circulaire, aplati, couvert de poils fauves dorés, entouré de huit tubercules épineux, trois antérieurs du côté du corselet, deux latéraux de chaque côté, le huitième terminal au-dessus de l'anus. Le plus antérieur ou celui du milieu est abaissé vers le corselet, les deux qui l'accompagnent latéralement sont relevés, plus gros et bifurqués, les quatre latéraux sont abaissés, et le postérieur est relevé. Le corselet est ovale allongé, couvert de poils fauves clairs, les yeux sont élevés. Les mandibules sont fortes, cylindriques.

Aranea calcitrapa, Bosc, Ar. de la Caroline, p. 1, fig. 1. — *Epéire stellée*, Walckenaer, Tab. des Aranéides, p. 65, fig. 54. — *Plectane étoilée*, Id. Mon. des Plectanes (MSS. fig. 10).

Nouveau-Monde — Amérique septentr. — Caroline.

Cette singulière espèce, dit M. Bosc, n'est pas commune. Une espèce de Sphex, que Bosc dit être le *Sphex lunatus* de Fabricius, empile exclusivement cette araignée dans les tubes où il place ses œufs. Conférer, relativement à cette espèce, Marcgrave, Hist. nat. Brasilia, cap. 3, p 248.

3e Famille. LES PYRAMIDALES. (*Pyramidales.*)

Abdomen ovalo-triangulaire, s'élargissant graduellement vers sa partie postérieure ou ayant la figure d'une pyramide tronquée dont le sommet est vers le corselet, et dont le côté postérieur forme la base.

1re Race. LES ÉQUILATÉRALES A COURTES ÉPINES. (*Æquilaterales brevispinæ.*)

Abdomen *dont les trois côtés sont à peu près égaux, et dont les épines postérieures sont peu allongées ou ne surpassent pas la longueur du corps.*

33. PLECTANE A HUIT ÉPINES. (*Plectana spinosa.*) Long. 3 lig., larg. de l'abdomen 2 lig. 1/2.

Abdomen ovalo-triangulaire, à côtés égaux, à huit épines, six visibles sur le dos, et deux en dessous. Sur le dos, les deux antérieures s'avancent horizontalement en partie sur le corselet; les deux intermédiaires latérales verticales et plus petites, les postérieures plus longues et plus fortes que les antérieures, horizontales et divergentes; deux autres petites épines en dessous. Corselet, pattes et palpes d'un brun rougeâtre.

Aranea triangulari-spinosa, De Geer, Insectes, t. 7, p. 321, pl. 39, fig. 9 et 10.—*Aranea spinosa*, Linnæi System. nat., p. 1037, n° 47. — Fabricius, Entomol. System.
Nouveau-Monde — Amér. mérid. — Surinam.

Je n'ai point vu cette espèce, à moins que ce ne soit la même que la suivante, qui, pourtant, n'a que six épines, et qui paraît être plus étroite et plus allongée.

34. PLECTANE AIGUË. (*Plectana acuta.*) Long. 2 lig. 1/2, larg. de l'abdomen 1 lig. 1/2.

Abdomen ovalo-triangulaire, plus long que large, à six épines; les deux antérieures assez longues couchées vers le corselet et partant des deux angles de l'échancrure de l'abdomen qui le reçoit; les deux latérales petites et verticales; les deux postérieures, inclinées et divergentes, plus fortes et plus longues que les antérieures. Ces épines sont jaunes et tachées de brun. Le ventre est brun, conique. Le corselet est allongé, ovalaire, rétréci à sa partie postérieure, bombé dans son milieu; il a trois bandes longitudinales, noires ou brunes, deux bordant les côtés et une dans le milieu; de chaque côté de cette dernière sont deux autres d'un jaune rougeâtre; la bande noire du milieu se prolonge en avant et recouvre la région où sont les yeux du carré intermédiaire. Le bandeau est jaune. Les pattes sont fines, allongées, jaunâtres, tachées de brun. La quatrième surpasse d'une manière notable la première en longueur, qui est plus longue que la seconde, et la troisième est beaucoup plus courte que toutes les autres.

Nouveau-Monde — Amér. mérid. — Cayenne — De ma collection.

35. **PLECTANE PIQUANTE.** (*Plectana pungens.*) Long. 2 lig. 3[4. ♀ Larg. de l'abd. 2 lig.

Abdomen ovalo-triangulaire, équilatéral, pourvu de dix épines dorsales, ou plutôt de deux épines et de huit pointes ou très-petites épines. Les deux épines fortes sont aux deux angles du côté postérieur; elles sont droites, coniques, verticales et un peu divergentes, brunes ou noires. Les deux épines antérieures sont le prolongement des deux pointes d'une forte échancrure arrondie du côté antérieur de l'abdomen, qui touche au corselet. Ces deux épines sont petites, recourbées avec la pointe en haut, et d'un rouge pâle. Les six épines latérales, trois de chaque côté, sont comme les deux antérieures, petites, recourbées la pointe en haut, maïs cependant ayant la base dirigée horizontalement. Le dos est jaune d'or, et dans l'individu desséché paraît fortement concave. Le ventre est au contraire bombé, luisant, d'un brun noir, sans aucune épine. Le corselet est ovale allongé, rétréci à sa partie postérieure, luisant, brun foncé, bordé d'une raie d'un jaune vif. Les pattes sont brunes, uniformes, rugueuses.

Nouveau-Monde — Amérique méridionale — Cayenne.
De ma collection.

36. **PLECTANE DE DE GÉER.** (*Plectana De Geerii.*) Long. 3 lig. 1/2, Larg. de l'abdomen 2 lig. 3/4.

Abdomen ovale, triangulaire, équilatéral, ayant douze épines, deux antérieures de longueur médiocre couchées horizontalement et s'avançant sur le corselet, les postérieures longues et fortes, horizontales et divergentes, ayant une petite épine ou pointe à leur base en dessus, et une autre en dessous, ce qui fait six épines à cette partie postérieure. Il y a en outre deux petites épines verticales sur les côtés, et deux autres petites sous le ventre.

Aranea spinosa, variété De Geer, Insect. t. 7, p. 322.
Nouveau-Monde — Amérique méridionale — Surinam.

De Géer, en décrivant cette espèce comme une variété de la *Plectana spinosa* (n° 33), observe qu'elle pourrait bien être une espèce différente. Lui-même remarque qu'elle est un peu plus allongée, indépendamment des quatre petites épines qu'elle a de plus.

Les deux grandes épines postérieures sont moins longues, et garnies de poils ainsi que le ventre, et, dans la *Spinosá*, on ne voit point de poils dans ces parties.

37. **PLECTANE MILITAIRE.** (*Plectana militaris.*) Long. 3 lig. Larg. de l'abdomen, 2 lig. 1/2.

Abdomen ovalo-triangulaire à côtés égaux, armés de quatre épines dorsales. Les antérieures petites, noires, verticales; les postérieures plus allongées, divergentes.

Aranea militaris, Fabricius, Entomol. systematic., t. 2, p. 416.
Nouveau-Monde — Amérique méridionale.

Cette espèce ressemble à la Plectane à huit épines (*Plect. spinosa*), mais elle n'en a que quatre. M. Fabricius nous l'a rapportée du Danemark, étiquetée de sa main, et nous pouvons assurer que ce n'est point l'*Acrosoma militare* de M. Koch, qui est notre Plectane squammeuse.

38. **PLECTANE SAGITTÉE.** (*Plectana sagittata.*) Long. 5 lig. Larg. de l'abdomen à sa partie postérieure 3 lig.

Abdomen ovalo-triangulaire plus long que large, armé de

quatre épines, les deux antérieures proche le corselet courtes ;
les postérieures partant des deux angles de la base du triangle
plus longues et divergentes ; toutes les épines sont rouges à leur
base et noires à leur extrémité. Le dos est jaune avec des points
noirs, formant dans le milieu du disque un trapèze. Le côté
postérieur ou la base du triangle est arqué et bordé d'une double
ligne noire dont une est plus foncée. Le corselet est rouge, ayant
à sa partie postérieure une bordure jaune, doublée en dedans de
noir. Pattes et palpes rouges. Les pattes sont de longueur médiocre ; la quatrième paire est la plus longue.

Thorn-Crab-Spider. Abbot, Georgian Spiders, p. 8, fig. 5o.

Nouveau-Monde—Amér. sept.—Géorgie. Prise dans un champ
de riz près de Briar-Creek-Swamp. Elle est rare selon Abbot.

2ᵉ Race. **LES ÉQUILATÉRALES A LONGUES ÉPINES.** (*Æquila-
terales longispinœ.*)

Abdomen *triangulaire dont les trois côtés sont à peu près égaux,
et dont les épines postérieures du dos sont très-allongées
et surpassent de beaucoup la longueur du corps.*

A. *à épines postérieures courbées.*

3g. **PLECTANE CURVICAUDE.** (*Plectana curvicauda.*) Long. 6 lig.,
larg. de l'abdomen 4 lig. 1/2, long. des épines postérieures
13 lig. 1/2.

Abdomen ovalo-triangulaire, équilatéral, un peu plus large
que long, armé de six épines ; deux aux angles du côté postérieur
du dos, fort courbées, et dont la longueur égale près de trois
fois celle du corps. Elles sont dirigées latéralement, mais relevées en l'air en forme d'alène de cordonnier. Elles s'amincissent
graduellement et se terminent par une pointe fine. Vers leur
base, et au cinquième de leur grandeur, elles sont d'un rouge
cerise ; et vers leur extrémité leur couleur tourne au brun. Leur
tissu vers leur base est rugueux; la partie brune est couverte de
poils très-denses et très-fins. Deux autres épines, courtes et fines,
se font remarquer de chaque côté de l'abdomen, mais plus rapprochées des épines postérieures; ces épines ont un tiers de ligne
de long. Deux autres épines très-courtes, mais un peu plus lon-

gues que les latérales, qui ont une ligne et demie de long, se trouvent sous le ventre, entre les deux grandes épines posté-rieures. Le dos est jaune, avec des points calleux rouges, quatre antérieures, proche du corselet, trois aux côtés latéraux, huit au côté postérieur, quatre en carré dans le milieu; en tout vingt-deux. Le corselet est large, brun, bombé en devant. Le bandeau presque nul, relevé en une espèce de crête, est divisé dans son milieu; il est plus pâle et forme une ligne rougeâtre. Il y a des poils blancs sur l'élévation arrondie des côtés antérieurs du corselet. Les yeux sont jaunes; les intermédiaires postérieurs sont un peu plus gros et plus écartés que les intermédiaires an-térieurs. L'axe visuel des postérieurs est dirigé verticalement, celui des antérieurs horizontalement. Les latéraux sont très-rapprochés et au niveau des intermédiaires d'en haut. Les mâ-choires sont larges, courtes, fort brunes et échancrées dans leur longueur à leur extrémité interne. Les pattes sont d'un rouge pâle, uniforme, avec des poils fins et rares. La quatrième paire est la plus longue, mais la première a le fémoral, le génual et le tibial plus renflés que dans les autres, et est la plus longue après la quatrième. La troisième est la plus courte. (M.)

Epeïra curvicauda. Vauthier, Annales des sciences naturelles (mars 1824), in-8°, t. 1, p. 261 à 264; atlas in-4°, pl. 18, fig. 1 à 6. — *Epéire à queues courbes*, Audoin, Dictionnaire classique d'histoire naturelle, t. 6, pag. 200, et dans le vol. de planches, pl. 56, et pag. 112 de l'Explication. — *Gasteracantha arcuata.* Koch, Die arachniden, t. 4, pag. 34, pl. 118, fig. 270. — *Epéire curvicaude*, Règne animal de Cuvier, édit. 1837, pl. 11, fig. 3.

Monde-Maritime — Archipel malais — Java. Décrite d'après l'individu qui est au Muséum.

M. Koch cite à tort l'*Aranea arcuata* de Fabricius, qui est une espèce bien différente. — Vauthier se trompe quand il dit que la première paire de pattes est la plus longue; mais cette faute (co-piée par M. Lucas, Hist. nat. des Crustacés et des Arachnides, p. 430) n'est que dans sa description, son dessin est exact. Cette erreur vient du caractère générique donné par moi aux Épéires, qui ne peut s'appliquer aux Plectanes, mes Épéires épineuses.

40. PLECTANE FOURCHUE. (*Plectana furcata.*)

Abdomen brun, aplati, bordé et armé de quatre épines,

dont deux horizontales courbées en dedans, deux fois plus longues que le corps, et placées à la partie latérale postérieure de l'abdomen. Les deux autres très - courtes, très-petites, à peine apparentes, sont placées de chaque côté. On voit autour du rebord une ligne circulaire de points enfoncés d'une couleur violette, obscure, et quatre autres de la même couleur formant un carré au milieu de la partie supérieure. Corselet petit, brun, foncé, luisant.

Araignée fourchue. (*Aranea armata.*) Olivier, Encycl. méthod. Hist. nat. Insectes, t. 4, pag. 205, n° 24. — *Aran. Taurus*, Fabricius, Entom. system., t. 2, pag. 424, n° 64.

Nouveau-Monde — Archipel occid. — Saint-Domingue.

Notre description est copiée d'Olivier : Fabricius ajoute que les pattes sont fauves, et ne cite point Olivier. Tous les deux citent la collection de Gigot d'Arcy, et ils ont probablement décrit le même individu ; mais comme tous les deux disent que cette espèce n'a que quatre épines, elle ne peut être confondue avec la Curvicaude, qui a six épines et vient de Java.

41. PLECTANE ARQUÉE. (*Plectana arcuata.*) ♀.

Petite et brune. Abdomen pourvu de six épines marginales, trois de chaque côté, les deux antérieures et les deux postérieures courtes, subulées ; les deux intermédiaires grandes, arquées, six fois plus longues que le corps, chagrinées, velues. Le dos est aplati, brun. Les pattes sont d'une couleur pâle.

Aranea arcuata, Fabricius, Entomol. system. tom .3, pag. 425, n° 65.

Ancien-Monde — Asie — Indes Orientales.

Cette description est de Fabricius. Elle est insuffisante pour déterminer si cette Plectane est bien placée dans cette race ; mais puisque de six épines dorsales c'est l'intermédiaire qui est la plus grande, il est évident que M. Koch a eu tort de la rapporter à sa *Gasteracantha arcuata*, qui est la Plectane curvicaude.

B. *Épines postérieures droites.*

42. PLECTANE A ÉPINES BLEUES. (*Plectana cyanospina.*)

Long. 5 lig. Larg. de l'abdomen , 4 lig.

Abdomen triangulaire équilatéral pourvu de huit épines, six sur le dos, deux en dessous , les deux postérieures ayant près de trois fois la longueur du corps (13 lignes), sortant des deux angles postérieurs du dos, horizontales , divergentes et fines , diminuant graduellement vers la pointe. Les quatre autres épines du dos sont petites et coniques; les deux antérieures, proche le corselet, sont droites , verticales et d'un brun rougeâtre; les deux intermédiaires plus petites , de même couleur. Les deux épines en dessous, près de la base des grandes, sont de même couleur et de même grandeur que les épines intermédiaires. Le corselet , les mandibules , les palpes et les pattes sont d'un brun rouge très-luisant. Le corselet est ovalaire allongé. Les yeux sont tous d'un jaune d'ambre brillant ; les deux yeux postérieurs du carré intermédiaire plus gros et plus écartés entre eux que ne le sont les intermédiaires du même carré. Les yeux antérieurs latéraux sont au contraire plus gros que les postérieurs. Ces yeux latéraux sont moins rapprochés entre eux que dans beaucoup d'autres espèces ; l'abdomen est d'un jaune pâle tant en dessus qu'en dessous; un cercle bleu rougeâtre entoure seulement l'espace cylindrique de l'anus. Le dos est en-dessus déprimé, ayant de gros points enfoncés, huit vers le corselet , dessinant un axe surbaissé avec sa corde, six sur une ligne postérieure à cet arc, puis deux autres lignes de points entre les deux épines postérieures ; la ligne antérieure la plus courte en a quatre et l'autre six , ce qui fait en tout vingt-quatre points enfoncés. Dans les lignes formées par les plis du ventre on remarque des points enfoncés moins gros que ceux du dos. Il y a sur le dos une ligne transversale brune , et d'autres de même , plus fines , qui disparaissent ou n'existent que dans certains individus. Les pattes sont minces allongées, la quatrième paire plus allongée que la première. Le génual des deux paires antérieures est un peu arqué et bombé.

Epeira cyanospina, Lucas, Dictionnaire pittoresque d'histoire naturelle, 1835 , in 8., tom. 3, pag. 70. Pl. 140, fig. 3. *Plectana*

cyanospina. Walck., Monographie des Plectanes , MSS., fig. 40.
Nouveau-Monde — Amér. mér. — Guyane.

J'avais depuis longtemps décrit cette belle espèce sous un autre nom, d'après un individu de ma collection; mais ayant trouvé qu'elle avait été figurée par M. Lucas dans l'ouvrage précité, je lui ai conservé le nom qu'il lui avait donné, quoiqu'il n'ait accompagné sa figure d'aucune description.

43. PLECTANE ARMÉE. (*Plectana armata.*) Long. 5 , larg. de l'abd. 4 lig.

Abdomen triangulaire équilatéral armé de quatre épines. Les postérieures égalant une fois et demie la longueur du corps, grosses et fortes, horizontales et divergentes , et partant des deux angles de la base du triangle; les deux épines antérieures petites, courtes, situées au milieu du dos, rapprochées, verticales, brunes, rouges à leur base et violettes sur les côtés. La partie antérieure proche le corselet ou le sommet du triangle est arrondie. Le dos est déprimé, jaunâtre, et divisé en petits carrés comme des écailles de poisson ; le ventre a les raies plissées, jaunes, mais il y a entre le corselet et l'anus une figure violette allongée qui ressemble à un clépsydre et dont les angles postérieurs se joignent à deux autres figures violettes aussi, triangulaires ; la base de ce triangle formée par des lignes tremblées, commence à la base des épines postérieures. Le corselet est ovalaire, allongé, et a une ligne jaune latérale qui l'entoure. Pattes allongées, fines, de couleur pâle.

Plectane armée, pl. 22, fig. 1, D, 1, E, 1, G.
Nouveau-Monde — Indes occidentales — Saint-Domingue.

Si les descriptions d'Olivier et de Fabricius sont exactes , cette espèce ne peut être confondue ni avec l'*Aranea armata* du premier ou l'*Araneus taurus* du second , puisque dans cette espèce les épines postérieures sont courbées; la même raison empêche de la confondre avec l'*Aranea armata* de Fabricius, et enfin la grosseur des épines postérieures , et une longueur moindre, la font facilement distinguer de la *Plectana cyanospina.*

3ᵉ Race. LES ISOSCÈLES. (*Isosceles*).

Abdomen *triangulaire allongé, dont les deux côtés du dos du triangle sont de beaucoup plus allongés que le côté postérieur qui forme la base.*

44. PLECTANE POINTUE. (*Plectana aculeata.*) Long. 5 lig., base de l'abdomen 1/2, les côtés 3 lig.

Abdomen allongé triangulaire isoscèle, pourvu de huit épines pointues, six sur le dos et deux en dessous; sur le dos, il y en a quatre latérales et deux postérieures; les quatre antérieures sont verticales; les plus rapprochées du corselet sont un peu plus fortes que celles de la rangée suivante; les deux autres, trois fois plus grandes et plus fortes que les premières, sont penchées en arrière en s'écartant sur les côtés, et sont opposées par la base à la dernière paire qui se trouve en dessous, et se dirige en bas; celles-ci sont beaucoup moins fortes et moins allongées que la dernière du dos, mais un peu plus fortes que les deux antérieures. Le dos du côté du corselet forme une échancrure profonde en demi-cercle; il est armé de chaque côté de deux épines courtes, jaunâtres, dirigées en avant, ce qui ferait en tout dix épines; mais ces dernières sont à peine sensibles dans certains individus : le dos est d'un brun rougeâtre, le corselet ovale allongé, se rétrécissant vers la partie postérieure. Pattes et palpes d'un brun rougeâtre, luisants, rugueux, plus foncés à leur extrémité.

Aranea elongato-spinosa, De Geer, Insectes, t. 7, p. 323, Pl. 39, fig. 11 et 12.—*Aranea aculeata*, Fabricius, Entomologia systematica, t. 2, p. 417, nº 37.—*Araignée armée*, Olivier, Encyclop. méthod. Hist. nat. Ins., t. 4, p. 205, nº 26. — *Epeira aculeata*, Latreille, Gener., Crustac. et Insect., t. 1, p. 103, Spec. 2.

Nouveau-Monde — Amérique mérid. — Guyane — Cayenne — Surinam.

Décrit d'après un individu du cabinet de M. Dufresne.

45. PLECTANE A GROSSES ÉPINES. (*Plectana crassispina*) Long. 4 lig.

Abdomen allongé triangulaire isoscèle, armé de huit épines,

six sur le dos, deux en dessous, rouges, à extrémités brunes,
les deux antérieures sont les plus petites, elles sont inclinées en
avant, les intermédiaires un peu plus grandes, coniques, verticales; les postérieures sont grandes, fortes, sans cependant
égaler l'abdomen en longueur; elles sont relevées, mais penchées en arrière. Les deux en dessous, à la base de ces dernières,
sont petites et brunes, le dos est couleur orange, le ventre brun
avec des lignes plissées, blanches. Le corselet rouge brun, bordé
de jaune vif. Les pattes et les palpes de couleurs pâles uniformes.

Acrosoma crassispinum, Koch, Die Arachniden, t. 3, p. 55,
Pl. 92, fig. 209.
Nouveau-Monde.

Cette espèce ressemble beaucoup à l'*Aculeata*, mais elle en
diffère par la forme et la grosseur de ses épines postérieures,
par ses épines antérieures moins grandes, par les couleurs de
son corselet et de ses pattes.

46. PLECTANE TRANSITOIRE. (*Plectana transitoria.*) Long. 3 lig. ♀.

Corselet d'un rouge brun. Abdomen allongé, à partie postérieure peu élargie, d'un jaune d'ocre sur le dos, six épines
latérales peu allongées; entre les deux postérieures, l'abdomen se prolonge en un cylindre arrondi à son extrémité qui
est surmonté d'une petite pointe. Pattes rougeâtres.

Acrosoma transitorium, Koch, Die Arachniden, t. 6, p. 119,
Pl. 208, fig. 518.
Nouveau-Monde — Amér. mér. — Brésil.

47. PLECTANE FENDUE. — (*Plectana difissa.*) Long.
3 lig. ½ ♀.

Corselet d'un jaune rougeâtre avec trois raies brunes. Abdomen allongé, jaune, armé de six épines, les deux antérieures
formant l'échancrure qui reçoit le corselet, les postérieures
relevées, larges et bifides, deux latérales très-courtes, et ne
formant qu'une petite dent rapprochée des épines postérieures.

Acrosoma bifurcatum, Koch, Die Arachniden, t. 6, p. 124,
Pl. 209, fig. 521.
Nouveau-Monde — Amér. mér. — Brésil.

48. PLECTANE JAUNATRE. (*Plectana flaveola.*) Long. 2 lignes.

Corselet brun. Abdomen très-élargi à sa partie postérieure,
jaune, armé de six épines, les deux antérieures formant l'é-
chancrure qui reçoit le corselet, deux épines en larges cônes à
la partie postérieure et à la base de celles-ci deux très-petites
épines. Pattes d'un jaune d'ocre.

Acrosoma flaveolum, Koch, Die Arachniden, t. 6, p. 126,
Pl. 210, fig. 522.
Nouveau-Monde — Amérique mérid. — Brésil.

49. PLECTANE COUSINE. (*Plectana patruela.*) Long. 2 lig. ½.

Corselet large, avec les côtés blancs. Abdomen large, jaune
avec des points calleux, rouges, deux taches brunes rondes
sur les côtés, quatre épines courtes accouplées, formant deux
fourches à la partie postérieure. Pattes d'un brun rougeâtre.

Acrosoma patruela, Koch, Die Arachniden, t. 6, p. 130,
Pl. 210, fig. 524.
Nouveau-Monde — Amér. mér. — Brésil.

50. PLECTANE PARENTÉ. (*Plectana affinis.*) Long. 2 lignes ½.

Corselet déprimé, luisant, d'un brun jaunâtre avec les côtés
blanchâtres, sur le milieu une grande fossette et trois autres sur
les côtés. Abdomen large et de la forme de l'Acrosome cousine,
épais, aplati, court, brillant, d'un vert jaunâtre, bordé de
petites épines au nombre de quatorze, courtes, les antérieures
et les postérieures latérales sont les plus allongées. Pattes
brunes, dont le fémoral est armé de dents à sa partie intérieure.

Acrosoma affiné, Koch, Die Arachniden, t. 6, p. 131, Pl. 210,
fig. 525.
Nouveau-Monde — Amér. mérid. — Brésil.

51. PLECTANE A ÉPÉE. (*Plectana gladiola.*) Long. 3 lig. 1/2. ♀.

Abdomen allongé triangulaire isoscèle, armé de huit épines,
six dorsales, et deux ventrales rouges noircissant vers leurs

extrémités. Les deux épines postérieures relevées un peu, couchées en arrière, sont divergentes, surpassent de beaucoup les autres en longueur, et égalent presque la longueur de l'abdomen. Les deux intermédiaires sont courtes, coniques verticales, et placées à peu près à égales distances des épines postérieures et des épines antérieures ; ces dernières forment le prolongement de l'échancrure de l'abdomen qui s'appuie sur le corselet ; ces deux épines sont un peu plus longues et plus fortes que les intermédiaires et inclinées sur le corselet. Le dos est jaune, avec des points enfoncés d'un rouge brun, le ventre est noirâtre avec des taches blanches. Le corselet rouge brun avec des rayons noirs. Les pattes jaunes avec des taches lavées de noir.

Acrosoma aculeatum, Koch, Die Arachniden, t. 3, p. 38, Pl. 93, fig. 211.

De l'Amérique.

Fabricius cite pour son *Aculeata* la description et la figure de l'*Elongato-Spinosa* de Geer., avec laquelle celle-ci, pour le placement des épines, ne ressemble nullement. M. Koch a donc eu tort de citer pour synonyme l'*Aculeata* de Fabricius, cette erreur nous force à changer le nom qu'il avait donné à cette espèce.

52. PLECTANE MACROCANTHE. (*Plectana macrocantha.*) Long. 6 lig.

Abdomen allongé, triangulaire, isoscèle, armé de dix épines. Les postérieures grosses et grandes surpassant la longueur de l'abdomen, verticales, penchées et divergentes ; les deux antérieures petites, penchées sur le corselet. Les quatre intermédiaires, latérales et verticales : celles qui sont les plus proches des antérieures sont un peu plus grandes que celles qui les suivent ; les grandes épines postérieures sont jaunes à l'intérieur, noires sur les côtés. Outre ces huit épines dorsales, il y a deux épines en dessous à la base des deux grandes épines postérieures. Le dos est jaune d'ocre avec des points noirs ; le ventre est noir avec une ligne jaune fine à la base des épines, et une autre qui entoure la base du cône de l'anus. Le corselet est allongé, ovale, noir, entouré, bordé de jaune. Les pattes ainsi que les palpes sont noires, allongées ; la quatrième paire est notablement plus allongée que la première.

Acrosoma spinosum, Koch, Die Arachniden , t. 3, p. 56, Pl. 92, fig. 210.

Nouveau-Monde — Amérique méridionale — Brésil.

Cette espèce ne ressemble ni par le nombre de ses épines, ni par sa forme , à l'*Aranea triangularo-spinosa* , auquel M. Koch la rapporte ; cette espèce ressemble beaucoup pour le nombre et le placement des épines à la *Plectana pungens*, mais celle-ci a l'abdomen plus court et les épines latérales presque horizontales, tandis qu'elles sont verticales dans la *Macrocantha* : en outre les dix épines sont dorsales dans la *Plectana pungens*, au lieu qu'il y en a huit dorsales et deux ventrales dans la *Macrocantha*.

53. PLECTANE ARMIGÈRE. (*Plectana armigera.*) Long. 5 lig. ♀.

Abdomen allongé, triangulaire, isoscèle, armé de huit épines dorsales et deux pointes ventrales à la base des deux épines postérieures qui sont grosses , fortes , et égalent l'abdomen en longueur; elles sont relevées, divergentes, rouges dans la plus grande partie de leur longueur et lavées de noir à leur extrémité. Les six autres épines sont latérales, rouges à leur base et noires à leur extrémité; les antérieures prolongent les deux angles de l'échancrure qui reçoit le corselet, et sont un peu penchées en avant. Les deux épines qui sont derrière celles-ci sont verticales et de même grandeur que les antérieures , mais celles d'après, plus rapprochées des grosses épines postérieures que les quatre antérieures ne le sont entre elles, sont plus courtes et forment comme une petite dent dont la pointe est tournée en arrière. Le dos est d'un jaune pâle, enfumé, avec des points enfoncés, noirs ; le ventre a des stries grises et verdâtres qui se prolongent jusqu'à l'angle aigu, terminal, qui forme une sorte d'épine sous la grande. Le corselet est rouge, bordé de jaune. Les palpes ont le premier article rouge, les autres noirs , avec des anneaux d'un blanc vif aux articulations. — Pattes allongées , fines , d'un rouge ferrugineux, lavées de noir à leur extrémité.

Acrosoma armigerum, Koch, Die Arachniden, t. 4, page 11, Pl. 92, fig. 257.

Nouveau-Monde — Amérique méridionale — Brésil.

Cette espèce, par ses couleurs, par ses épines postérieures.

plus grosses et moins allongées, est facile à distinguer de la
Plectana macrocantha : on ne peut non plus la confondre avec
la *Plectana pungens*, dont l'abdomen est moins allongé, les
couleurs différentes, et qui a d'ailleurs dix épines dorsales, huit
petites et deux grandes, tandis que l'Armigère n'en a que huit
en tout.

54. **PLECTANE SQUAMMEUSE.** (*Plectana squamosa.*) Long. 5 lig.,
larg. de l'abd. 3 lig., long. des épines terminales 1 lig. 1/2,
long. de l'abdomen 4 lig.

Abdomen allongé, ovalo-triangulaire, isoscèle, pourvu de six
épines dorsales. Les deux postérieures attachées aux angles du
côté qui forme la base du triangle, sont horizontales, divergentes, grosses et épaisses, et beaucoup plus longues que les
quatre antérieures qui sont verticales, latérales et implantées
sur le dos, et non sur les bords des côtés de l'abdomen. Les
deux antérieures les plus rapprochées du corselet en sont à une
certaine distance, et sont presque deux fois aussi longues que
celles qui se trouvent placées entre elles et les épines postérieures ; celles-ci sont plus rapprochées de ces dernières que des
antérieures. L'angle du triangle proche le corselet, est arqué ;
le dos est de couleur jaunâtre, ou d'un rouge pâle et terne, mais
il paraît couvert de plaques blanches qui ressemblent à des
écailles ; il y a trois rangs de points enfoncés parallèles entre
les quatre épines postérieures, et un plus grand nombre sur le
milieu du dos qui dessinent un trapèze et un triangle ; sur les
côtés de l'abdomen sont d'autres raies parallèles de points enfoncés. Le corselet est allongé, noir, bordé de jaune, très-rétréci
à sa partie postérieure. Les pattes sont fines, allongées, brunes
glabres, la quatrième paire la plus longue. La première surpasse, mais de peu, la seconde en longueur ; la troisième est la
plus courte. (M.)

Épeïra sexspinosa, Hahn, Monographie der Spinnen, in-4°,
fasc. 3, pl. 4, fig. A et *a.*—*Acrosoma sexspinosa.* Hahn, Die Arachniden, in-8°, t. 2, p. 18, Pl. 43, fig. 107. — *Acrosoma militare.*
Koch, Die Arachniden, in-8°, t. 4, p. 12, Pl. 112, fig. 258.

Nouveau-Monde — Amérique méridionale — Guyane, Surinam, Cayenne, Brésil.

M. Fabricius nous ayant remis son *Aranea militaris*, nous pouvons assurer qu'elle ne ressemble pas à cette espece, à laquelle M. Koch a voulu la rapporter. (Conférer, p. 174, n° 37.)

55. PLECTANE DE VIGORS. (*Plectana Vigorsii.* ♂.)
Long. 7 lign.

Abdomen allongé triangulaire, isoscèle, armé de dix épines, deux ventrales et huit dorsales. Les quatre postérieures dorsales rapprochées l'une de l'autre, mais beaucoup plus longues que les quatre antérieures. Les deux postérieures partent des angles du côté postérieur du triangle, elles sont un peu moins longues et moins fortes que celles qui se trouvent au-dessus sur les côtés; deux petites épines s'élèvent sur le milieu du dos sur une ligne transversale, deux autres plus petites encore se voient aux deux extrémités de l'échancrure du corselet, et deux autres enfin en dessous de la partie postérieure; les épines les plus grandes sont d'un blanc jaunâtre, brunissant vers leurs extrémités. Le dos est jaune, le corselet brun, les pattes brunes. Le digital ovale.

Acrosoma Vigorsii, Perty, Delectus animalium articulatorum quæ in itinere per Brasiliam annis 1817 et 1820 colligerunt J. D. Spix et Martius, Monachii, 1830, p. 194, pl. 38, fig. 8.

Acrosoma Vigorsii. Koch, Die Arachniden, t. 6, p. 123, Pl. 209, fig. 520.

Nouveau-Monde — Brésil. — Dans la région équatoriale. Elle diffère de l'*Aculeata* par ses épines postérieures dorsales, moins grandes et moins fortes que les latérales postérieures.

4ᵉ Race. LES CLAVIGÈRES. (*Clavigeræ.*)

Abdomen *triangulaire équilatéral, armé d'épines dont quelques-unes sont à tiges cylindriques, et se terminent en un ovale, ou globule renflé, armé d'une petite pointe.*

56. PLECTANE MASSIGÈRE. (*Plectana clavatrix.*) Long. 4 lig., larg. de l'abd. 3 lig. 1/2 ♀.

Abdomen triangulaire équilatéral, tronqué en ligne droite à sa partie antérieure, à côtés également en ligne droite, mais arrondi à sa partie postérieure, garni de six épines, toutes sortant de la moitié postérieure du corselet. Les premières, ou les moins éloignées du corselet, petites, coniques, courtes, brunes, latérales, inclinées, divergentes; les deux qui suivent, beaucoup plus allongées, mais n'égalant pas cependant la longueur de l'abdomen, sortent des angles de la ligne arrondie qui est la base du triangle; elles sont grosses, cylindriques, rétrécies dans leur milieu, mais subitement grossies à leur extrémité, qui supporte une-épine conique et fine; la tige de cette massue armée est d'un brun rougeâtre, mais le gros de la massue est noir, à cause des poils abondants qui la recouvrent, il y a aussi quelques poils fins et rares sur la tige, dont la superficie est rugueuse. Deux autres épines brunes, coniques, horizontales, sortent du côté postérieur entre les deux grandes épines, moitié moins longues que celles-ci, elles sont plus longues et plus fortes que les épines antérieures. Le dos est jaune, bordé sur les côtés d'une raie noire, dentée à l'intérieur. Le dos, sur tous les côtés, est entouré de points enfoncés, et il y en a, en outre, quatre dans le milieu, placés en carré. Le ventre est brun, plissé, et a des points d'un jaune vif. Le corselet est noir, bombé transversalement avec un sillon longitudinal dans son milieu; les yeux antérieurs intermédiaires sont plus rapprochés que les postérieurs ne le sont entre eux, et aussi plus petits. Les mandibules sont noires, très-bombées, le sternum est noir, avec des taches jaunes et rouges à la naissance des pattes. Les mâchoires et la lèvre sont brunes, bordées de jaune. Les pattes sont glabres, d'un rouge de corail. Elles sont de longueur médiocre. La quatrième paire égale, mais ne surpasse pas la première en longueur, la troisième est la plus courte. (M.)

Plectane massigère, Walcken., Monogr., fig. 40.

Monde maritime — Archipel Malais — Iles Célèbes. — Cette espèce, une des plus singulières du genre Plectane, a été rapportée par MM. Quoy et Gaymard.

4ₑ Famille. LES BIFURQUÉES. (*Bifurcatæ.*)

Abdomen échancré ou bifurqué en deux lobes, armé aux extrémités des deux lobes de plusieurs épines, elles-mêmes formant une ou plusieurs bifurcations.

1ʳᵉ Race. LES TRIANGULAIRES LARGES. (*Triangulariæ latæ.*)

Abdomen *triangulaire, large, échancré à son extrémité postérieure.*

57. Plectane triangulaire. (*Plectana triangularis.*) Long. 3 lig. et 3 lig. 3/4 ♀.

Abdomen triangulaire, aplati, à large échancrure à sa partie postérieure, armé d'une épine trifide noire à l'extrémité des deux divisions de l'échancrure, quatre pointes coniques noires de chaque côté du triangle, deux autres points forment l'extrémité de l'échancrure qui reçoit le corselet. La couleur du dos est jaune ou orange, avec de gros points enfoncés noirs ou rouge brun. Le corselet est brun ou rouge brun, le ventre brunâtre ou orange, avec des taches plus foncées. Les pattes sont allongées, rouge clair, avec des taches brunes aux articulations.

Acrosoma triangulare, Koch, Die Arachniden, t. 3, pag. 78, Pl. 99, fig. 226. (Variété jeune, à dos jaune et à ventre brun, 3 lignes.) — *Acrosoma excavatum*, Koch, Die Arachniden, t. 3, pag. 80, Pl. 99, fig. 228. (Variété à dos et ventre couleur orange, plus âgée, 3 lignes 3/4.)
Nouveau-Monde — Amérique méridionale — Brésil.

58. Plectane plane. (*Plectana plana.*) Long. 3 lig. 3/4.

Abdomen triangulaire, aplati, avec une large échancrure à la partie postérieure, et une épine à trois pointes noires à l'extrémité de chaque division de l'échancrure; trois pointes coniques noires de chaque côté du triangle, ces pointes sont si peu élevées qu'elles semblent ne marquer que des festons; deux autres pointes formant l'échancrure de la partie antérieure qui reçoit le corselet; le milieu du dos rougeâtre, avec deux bandes latérales noires longitudinales de chaque côté ; de gros points noirs enfoncés dans le milieu ; ventre rayé de bandes noires et oranges, celles-ci ont des points noirs ; anus noir. Corselet, pattes et palpes d'un rouge ferrugineux.

Acrosoma planum, Koch, Die Arachniden, Pl. 99, t. 3, p. 81, fig. 228.

Nouveau-Monde — Amérique méridionale — Brésil.

Cette espèce a les plus grands rapports de ressemblance avec l'*Acrosoma triangulare*, mais elle en diffère par ses pointes latérales moins nombreuses et moins saillantes.

59. PLECTANE A ÉPINE FENDUE. (*Plectana fissispina.*) Long. 5 lig. 1/2 ♀.

Abdomen ovalo-triangulaire, large, échancré à sa partie postérieure, armé de huit épines, deux latérales et verticales, une de chaque côté, presque à égale distance de la partie antérieure et de la partie postérieure de l'abdomen ; deux à chacune des deux extrémités de l'écrancrure de la partie postérieure se dilatent et forment une bifurcation ; deux autres épines sont en dessous à l'extrémité postérieure et entre les deux bifurcations : dos jaune avec des points calleux rouges ; ventre noir avec des raies jaunes ou blanches. Corselet rouge, bordé de jaune. Pattes et palpes minces, allongés rouges.

Acrosoma fissispinum. Koch, Die Arachniden, t. 3, p. 54, Pl. 92, fig. 208.

Nouveau-Monde — Amérique méridionale — Brésil.

Décrite par M. Koch, d'après un individu conservé dans l'esprit de vin au Musée d'histoire naturelle de Munich.

Cette espèce a l'abdomen plus allongé que les Plectanes planes et triangulaires, et forme le passage entre cette race et celle des allongées.

2e Race. LES TRIANGULAIRES ALLONGÉES BIFIDES. (*Triangulariæ elongatæ.*)

Abdomen *triangulaire allongé, échancré à son extrémité postérieure*.

60. PLECTANE DORÉE. (*Plectana aureola.*) Long. 2 lig. 3/4 ♀.

Abdomen ovalo-triangulaire, allongé, armé de quatorze

épines dorsales, huit latérales et verticales, c'est-à-dire quatre
de chaque côté ; les antérieures, ou les plus rapprochées du
corselet, très-courtes, dirigées en avant ; celles qui suivent sont
plus longues que les quatre autres ; celles de la troisième rangée
sont les plus courtes ; l'extrémité de l'abdomen se dilate et se bifurque à sa partie postérieure, et porte, sur chacun de ses prolongements, trois épines qui bifurquent, l'extérieure plus grande
que les deux autres ; ces six épines terminales complètent le
nombre de quatorze. L'abdomen est noir sur le dos, bordé de
jaune doré, avec trois taches d'un jaune d'or plus foncé, disposées longitudinalement dans le milieu ; le ventre est noir, avec
des lignes jaunes transversales. Les première, les troisième et
quatrième épines de chaque côté, sont jaune doré, avec la
pointe brune ou plus foncée, les autres sont noires ; celles qui
sont à l'extrémité de la dilatation ont des pointes rouges. Corselet noir, bordé de jaune doré. Les pattes et les palpes, minces,
allongés, d'un brun noirâtre, uniforme.

Acrosoma aureolum, Koch, Die Arachniden, t. 3, p. 60,
Pl. 93, fig. 213.

Nouveau-Monde — Amérique méridionale — Brésil. — Du
Musée d'Histoire naturelle de Munich.

61. PLECTANE PEINTE. (*Plectana picta.*) Long. 2 lig. 1/2 ♀.

Abdomen ovalo-triangulaire allongé, armé de douze épines.
Deux très-courtes proches le corselet, dirigées en avant, quatre
autres latérales, verticales, courtes et coniques ; celles du second rang plus grandes que celles du troisième. L'extrémité de
l'abdomen se dilate et se bifurque, et porte trois épines trifides
à chacune de ses extrémités. L'abdomen a un dos convexe noir,
bordé de blanc, et trois taches blanches disposées longitudinalement. Les petites épines proches le corselet, et celles de la troisième rangée latérale sont blanches. Celles de la seconde rangée
sont noires, les postérieures blanches. Les épines trifides de la
dilatation sont noires. La tête et le corselet sont d'un noir rougeâtre ; le corselet est entouré d'une ligne de blanc jaunâtre.
Les palpes et les pattes sont de longueur médiocre, d'un brun
jaunâtre, avec des anneaux de même couleur, mais plus foncés.

Acrosoma pictum, Koch, Die Arachniden, t. 3, p. 61, Pl. 3,
fig. 214.

Nouveau-Monde — Amérique méridion. — Brésil — Muséum de Munich.

Cette espèce ressemble beaucoup, pour la forme et la disposition des couleurs, à la Plectane dorée ; mais elle a une épine latérale de moins, et les pattes moins allongées.

62. PLECTANE A SAC. (*Plectana saccata.*) Long. 2 lig. 1/2.

Abdomen ovalo-triangulaire, allongé, légèrement bifurqué, armé de quatre épines bifides terminales, et à l'extrémité de ses deux prolongements larges et courts, sont deux épines, ou plutôt deux pointes très-courtes à base large, arrondie. Le dos est convexe, d'un jaune verdâtre, avec des points calleux rouge brun, deux rangées latérales de six points, et quatre en carré dans le milieu de sa partie postérieure. Ventre jaune avec des raies brunes. Corselet, tête, sternum, mandibules d'un brun rougeâtre. Pattes et palpes d'un jaune d'ocre, avec de petites taches rouges aux articulations. Les pattes sont peu allongées.

Acrosoma saccatum, Koch, Die Arachniden, t. 3, p. 59, Pl. 93, fig. 212.

Nouveau-Monde — Amérique mérid. — Brésil. — Muséum de Munich.

Cette espèce diffère, par la forme, par ses pattes moins longues, et son petit nombre d'épines de la *Picta* et de l'*Aureola*.

63. PLECTANE BULLÉE. (*Plectana bullata.*) Long. 4 lig.

Abdomen triangulaire, allongé, bifide, dilaté en deux lobes à la partie postérieure qui se terminent par deux épines courtes, bifidées, dont l'antérieure, à sa base, présente une petite boule rouge brillante, l'autre épine est un peu recourbée en bas ; dessous, et à la naissance des lobes, est une plus petite épine, également courbe. Avant les deux lobes et sur les côtés de l'abdomen, sont deux autres petites épines dont la pointe se dirige latéralement. Ainsi le nombre total des épines ou dents est de huit. Toutes sont luisantes, d'un rouge brun ; l'abdomen est sur le dos, d'un jaune pâle, uniforme, avec des points enfoncés, rougeâtre ; le ventre est également jaunâtre. Le corselet est jaune rougeâtre. Les palpes et les pattes de même couleur, mais tirant un peu sur le vert, de longueur médiocre. Les mandibules brune rougeâtre. Les yeux sont couleur d'ambre jaune, les postérieurs du carré intermédiaire plus gros et plus écartés.

Nouveau-Monde — Amérique mérid. — Guyane — Cayenne. — De ma collection.

Conférez cette espèce avec la *Plectana fissispina* avec laquelle elle a beaucoup de rapport.

64. **Plectane a deux poinçons.** (*Plectana bisicata.*) Long. 4 lig.

Abdomen ovalo-triangulaire, allongé, armé de dix épines bifurquées dont les deux lobes terminaux sont peu allongés, mais forment un angle à leur jonction, eux-mêmes sont bifurqués par deux épines courtes, égales en longueur ; deux autres épines sont placées sur les côtés, vers le milieu de l'abdomen, deux autres proche le corselet, mais sur la partie antérieure du dos et non dans les angles du côté antérieur. Le dos de l'abdomen est d'un jaune pâle. Le corselet d'un brun clair, bordé de jaune. Pattes peu allongées, d'un brun clair.

Plectana bisicata, Walck., Monographie des Plectanes, MSS. fig. 38.

Amérique méridionale. — Collection de M. Guérin.

65. **Plectane flabellée.** (*Plectana flabellata.*) Long. 3 lig. 1/2.

Abdomen allongé triangulaire, mais étroit ; à côtés presque parallèles, bifurqué, et à lobes postérieurs qui divergent comme un éventail ; ces lobes sont allongés, resserrés, cylindriques, bifides à leur extrémité, et se terminant par deux épines courtes dont l'extérieure est un peu plus longue que l'intérieure ; deux autres épines sont, en quelque sorte, projetées au-dessus du corselet et forment comme la prolongation bifide du côté antérieur. Ainsi l'abdomen a six épines. Le dos de l'abdomen est d'un jaune clair, avec des points enfoncés rougeâtres. Le corselet est d'un jaune brun. Le bandeau, les yeux et les mandibules sont d'un jaune pâle. Les pattes sont peu allongées et d'un jaune brun.

Plectane en éventail, Walckenaer, Monographie des Plectanes, fig 41.

Amérique méridionale. — Collection de M. Guérin.

66. PLECTANE GRÊLE. (*Plectana gracilis.*) Long. 5 lig. ♀.

Abdomen ovalaire, allongé, resserré vers sa partie antérieure, élargi dans son milieu, bifurqué, relevé en bosse à sa partie postérieure, armé de dix épines. Les antérieures proche le corselet sont droites et verticales ; les deux du milieu sont aux extrémités des deux lobes des bifurcations qui terminent l'abdomen. Les deux épines supérieures bifurquant entre elles sont à peu près égales, quoique l'extérieure soit un peu plus forte, mais l'épine qui sort de dessous la bifurcation est petite et courte. La couleur du dos de l'abdomen est d'un blanc jaunâtre, avec un certain nombre de points bruns ou noirs, le ventre conique et renflé est verdâtre avec des taches brunes ou noires. Le corselet est allongé, brun, bordé d'une raie plus claire. Pattes brunes.

Epeïra gracilis, Walck., Tableau des Aranéides, p. 65, n° 50. — Ibid. Hist. natur. des Araignées, Fasc. 3, pl. 5. — *Oblong-Crab-Spider*, Abbot, Georgian Spiders, p. 7 et 8, fig. 47 et 48 (Femelle pleine).

Nouveau-Monde — Amérique septentrionale — Caroline, Géorgie.

Abbot dit que cette espèce fait une toile en orbes ou cercles concentriques traversés par des rayons comme l'Araignée des jardins. Il l'a prise le 8 juillet dans les bois de chêne et les marais du comté de Burke ; il en prit une autre pleine peu de temps après, dont le ventre était très-gonflé et l'abdomen proportionnellement moins allongé : il dit que l'abdomen de cette espèce est en partie crustacé, mais non assez dur pour ne pas éprouver du retrait par le desséchement. — J'ai décrit cette espèce d'après un individu de ma collection donné par Bosc comme provenant de la Caroline, mais dans le manuscrit sur les araignées de ce pays, il n'en fait pas mention.

Cette espèce ressemble beaucoup à la Plectane réduvienne, fig. 49 d'Abbot ; mais cette dernière n'a que des dentelures et point d'épines fortes.

67. **PLECTANE AILÉE.** (*Plectana alata.*) Long. 2 lig. 1/2.

Abdomen ovalaire, allongé, bifurqué, en deux lobes courts

et très-divergents, mais peu allongé, armé de douze épines ou dents, petites et courtes; deux très-minces dirigées en avant sur le corselet, et naissant des angles du côté antérieur ; deux plus courtes encore sur les côtés latéraux. Les deux lobes sont quadrifides, et se terminent par quatre petites dents ou épines très-courtes, dont une surpasse cependant les autres en grosseur et en longueur. Le corselet, l'abdomen, les palpes et les pattes sont d'un jaune pâle, uniforme, et sans tache. Les yeux sont brillants, d'un blanc ou jaune un peu verdâtre. Les mandibules sont jaunes, renfoncées. La quatrième paire de pattes beaucoup plus longue que la première. (M.)

Nouveau-Monde — Amérique mérid. — Brésil — Province de Sainte-Catherine, sur les bords de la mer.

Cette espèce a beaucoup de rapport avec la *Plectana gracilis ;* elle en diffère cependant, et par le nombre et par le placement des épines : elle diffère encore plus de la *Picta*, quoique celle-ci ait de même douze épines.

68. PLECTANE DOUBLÉE. (*Plectana duplicata.*) Long. 3 lig. 1/2 et 7 lignes.

Abdomen ovalaire, allongé, resserré vers sa partie postérieure, élargi dans son milieu, bifurqué, relevé en bosse vers sa partie postérieure, armé de huit épines glabres et rouges; deux sont à la partie antérieure, les six autres épines sont aux extrémités des deux lobes qui terminent l'abdomen. Les deux épines supérieures qui bifurquent sont à peu près égales entre elles, mais celle de dessous est reculée des deux autres et plus courte. L'abdomen est de couleur fauve, et il a des points enfoncés bruns, calleux, disposés longitudinalement. Le corselet est allongé, glabre, rouge, bordé d'une raie d'un jaune vif. Les pattes et les palpes sont rougeâtres, sans poils. (M.)

Nouveau-Monde — Amérique méridionale — Brésil.

Décrit d'après deux individus dont l'un n'était parvenu qu'à la moitié de sa grandeur. — Cette espèce a la forme de la *Plectana gracilis*, mais elle n'a que deux épines à la partie antérieure.

69. PLECTANE A HACHE. (*Plectana asciata.*) Long. 3 1/2.

Abdomen ovalaire allongé resserré vers sa partie postérieure, élargi dans son milieu, bifurqué, armé de huit épines dont deux courtes à la partie antérieure, et trois à l'extrémité de chacun des deux lobes de la bifurcation ; la supérieure plus grande, plus forte et ayant la forme d'une hache ; celle qui bifide avec elle, petite, conique, mais moins que l'épine qui est en dessous et se dirige en bas. La couleur du dos de l'abdomen est fauve clair, avec des points calleux enfoncés plus bruns. Le corselet, les mandibules, les pattes sont brun clair, rougeâtre. (M.)

Nouveau-Monde — Amérique méridionale — Brésil.

C'est la forme de la Plectane grêle, mais l'épine en forme de hache caractérise cette espèce, qui probablement parvient au double de la grandeur de l'individu décrit.

3ᵉ Race. LES ÉCARTELÉES. (*Discerptæ.*)

Abdomen *bifurqué ou écartelé latéralement.*

70. PLECTANE BIFURQUEE. (*Plectana bifurcata.*) Long. 3 lig. 1/2.

Abdomen oviforme, armé de six épines, renflé et dilaté dans son milieu, divisé dans cette partie en deux lobes cylindriques qui s'écartent latéralement, et sont bifides à leur extrémité qui est armée de deux épines, courtes, renflées, pointues, l'antérieure plus grosse. Du milieu du dos s'élèvent verticalement deux autres épines plus minces, mais plus longues que les épines postérieures. La couleur du dos est d'un jaune rougeâtre. Le corselet, les pattes et les palpes sont rouge brun ; le corselet est carré, allongé. Les pattes sont fines, allongées. La quatrième paire de pattes est beaucoup plus allongée que la première.

Epeïra sexspinosa, Hahn, Monographie der Aranea, 3 Heft., in-4°, pl. 4, fig. B., *b*. — *Acrosoma bifurcata*, Hahn, Die Arachniden, t. 2, p. 65, nommé sur la figure *Acrosoma sexspinosa*, Hahn, Die Arachniden, t. 2, pl. 68, fig. 158.

Nouveau-Monde — Amérique méridionale — Surinam, Brésil.

71. PLECTANE ÉCHANCRÉE. (*Plectana incisa.*) Long. 6 lig.

Abdomen échancré sur tous les côtés, dont le milieu du disque offre une sorte de parallélogramme qui projette des lobes pointus en tous sens, mais qui s'élargit en deux lobes bifides sur les côtés de sa partie postérieure, et est large et tronqué à sa partie antérieure. Il a huit épines ; deux, courtes, sont projetées en avant par les angles de ce côté antérieur ; quatre autres s'étalent latéralement et forment les deux divisions des deux lobes bifides qui se projettent latéralement. L'épine antérieure de cette bifurcation est grosse et renflée et a la pointe dirigée en avant ; l'épine postérieure, qui est à la base de l'autre, est plus courte et courbée en arrière. L'extrémité du dos, entre ces deux dilatations bifides et ces quatre épines, projette deux épines droites, coniques, pointues. Cet abdomen est, sur le dos, d'un jaune brun avec des raies transversales plus foncées. Le corselet est rouge bordé de jaune. Les pattes d'un jaune brun, de longueur médiocre ; la quatrième paire surpasse sensiblement la première en longueur.

Plectana incisa, Walck., Monographie des Plectanes, fig. 43.
Nouveau-Monde — Amérique méridionale — Brésil.
De la collection de M. Guérin.

C'est peut-être, pour la forme de son abdomen, la plus singulière de toutes les Plectanes. Par cette forme cependant cette famille se trouve rapprochée de la première ou de celle des Cancroïdes. Par la race des Polygonées, la forme générale de la Plectane globulée a quelques rapports avec celle de la Plectane échancrée.

5ᵉ Famille. LES ÉTROITES. (*Coarctatæ*.)

Abdomen allongé et étroit.

72. PLECTANE VESPOÏDE. (*Plectana vespoïdes*.) Long. 4 ou 6 lig., jusqu'à l'extrémité des épines postérieures ; larg. de l'abdomen, 1 ligne ♀.

Abdomen étroit, allongé, resserré vers le corselet, s'élargissant vers la partie postérieure, jusqu'à la naissance des deux épines, grosses, fortes, qui continuent la ligne du dos, de manière à former l'ovale. Ces deux épines sont parallèles, horizontales, et forment une bifurcation étroite et profonde. Il y a entre ces épines et le côté antérieur quatre autres épines courtes, verticales, minces. La couleur de cet abdomen, qui est armé de six épines, est d'un brun rougeâtre. Le corselet est noir, allongé, rétréci à sa partie postérieure, bordé sur les côtés d'une raie jaune avec un point enfoncé dans le milieu. Les mandibules sont renflées, brunes, luisantes. Les pattes sont brunes, fines et peu allongées. (M.)

Nouveau-Monde — Amérique méridionale — Cayenne.

73. **PLECTANE LYGÉENNE.** (*Plectana lygeana.*) Long. 4 lig.

Abdomen allongé, étroit, ovalaire, resserré dans son milieu, arrondi à sa partie postérieure armée de six épines très-minces, égales et semblables à des aiguilles ; deux de chaque côté verticales, et deux au côté postérieur dirigées en arrière, et qui naissent en dessous et non du dos. Ce dos est aplati et même concave dans l'état de dessiccation ; il est un peu échancré sous son côté postérieur et en cœur ; il a des points calleux, bruns, très-brillants ; il y en a aussi sous le ventre, renflé sur les côtés et prolongé en cône tronqué aigu. Le corselet est petit, en cœur, relevé à l'endroit des yeux, glabre et d'un noir luisant ; le bandeau est grand, les mandibules sont petites, cylindriques, renfoncées sous le bandeau. Les yeux ramassés en trapèze, jaunes, brillants ; les antérieurs du carré intermédiaire plus gros que les postérieurs. Les palpes sont courts, bruns et fins. Les pattes fines, brunes, glabres, avec des poils très-fins et peu denses aux extrémités, peu longues ; la quatrième paire est plus longue que la première paire, qui surpasse sensiblement la seconde. (M.)

Monde maritime — Archipel Malais — de Java ou de Sumatra. Rapportée par MM. Diard et Duvaucel.

6ᵉ FAMILLE. LES APLATIES. (*Depressæ.*)

Abdomen très-aplati, ovalaire ou arrondi, muni de très-courtes épines.

74. **PLECTANE BOUCLIER.** (*Plectana clypeata.*) Long. 5 lig.

Abdomen ovale, plus long que large ; plus large vers sa partie postérieure, qui présente dans son milieu une échancrure semi-circulaire. Le corselet est reçu dans une échancrure de la partie antérieure ; le disque est armé de dix épines très-petites et courtes, rouges à leur base, noires à leur extrémité, horizontales ; deux naissent de chaque côté de l'échancrure antérieure, deux sur les côtés, et six accompagnent l'échancrure postérieure. Le dos est rougeâtre, dur, à épiderme ressemblant à une peau de chagrin, avec des points calleux d'un rouge plus foncé, au nombre de quarante-quatre ; les rangées transversales qui bordent les côtés postérieurs et antérieurs sont les plus petites ; les rangées longitudinales, placées sur les côtés ou dans le milieu du disque, sont les plus grosses. Corselet rouge, petit, glabre, luisant, avec des points enfoncés sur les côtés et un dans le milieu. Pattes et palpes d'un brun noir, avec des anneaux plus pâles et lavés de rouge à l'axillaire, à l'exinguinal et au génual. Les pattes sont de longueur médiocre ; la quatrième surpasse de peu la première en longueur.

Epeïra clypeata. Walck. Tabl. des Aranéides, p. 67, n° 62. — Ibid. Hist. nat. des Aranéides, Fascic. 1, fig. 3. — *Micrathena clypeata.* Sundevall, Conspectus Arachnidum, p. 14. — *Micrathena clypeata.* Koch, Die Arachniden, t. 4, p. 38, pl. 119, fig. 272.

Monde-Maritime — Archipel Malais — Java.

J'ai décrit et figuré le premier cette espèce d'après un individu donné par M. Fabricius, sans indication d'origine. — C'est M. Koch qui a indiqué Java pour sa patrie.

7e FAMILLE. LES ÉPÉIRIDES. (*Epeïrides.*)

Abdomen découpé en tubercules pointus.
Pattes allongées, la quatrième paire la plus longue.

1re Race. LES TRIANGULAIRES TRAPÉZOIDES. (*Triangulariæ trapezoides.*)

Abdomen *triangulaire, épais, trapézoïdes.*

75. PLECTANE DOUTEUSE. (*Plectana dubia.*) Long. 14 lig.

Yeux latéraux postérieurs détachés et presque sur la même ligne que les antérieurs latéraux, et tous deux sur la ligne des antérieurs intermédiaires, qui sont plus gros et plus écartés que les postérieurs intermédiaires. La quatrième paire de pattes est plus allongée que la première paire. L'abdomen est triangulaire, allongé ; il a deux mamelons relevés, coniques, aux deux angles antérieurs, et un troisième mamelon de même forme, qui termine horizontalement la partie postérieure. Le dos est déprimé, le ventre renflé, et, vu de côté, l'abdomen a une forme de parallélogramme ou de trapèze. La couleur est brune et le dos offre une figure en triangle formée par des raies festonnées ou en zig-zag, d'un jaune plus clair ; il y a deux raies de six points enfoncés parallèles. Le ventre est d'un jaune d'or, avec deux raies fines, jaunes, parallèles sur les côtés. Le corselet est resserré vers la tête, comme dans l'espèce triangulaire, du reste brun et large. Les yeux antérieurs latéraux et intermédiaires sont portés sur des éminences rougeâtres, qui forment une avance du corselet. Les mâchoires sont très-arrondies, d'un rouge brun bordé de plus clair ; la lèvre est arrondie légèrement et ridée à son extrémité. La languette est saillante. Le sternum est brun, allongé, chagriné dans le milieu, avec des élévations ou tubercules plats, recouverts de poils fauves à la naissance des pattes. Les pattes sont très-allongées ; les cuisses sont renflées, d'un rouge uniforme, bordées en bas d'un anneau gris ; les autres articles sont obscurément annelés de gris et de rougeâtre. Palpes courts, de même couleur que les pattes. (M.)

Ancien-Monde — Asie — de la Cochinchine.

Espèce singulière, qui, par son aspect, est tout à fait semblable à une Épéire ; la quatrième paire de pattes, qui est la plus longue, l'éloigne des Épéires, et semble la placer dans les Plectanes ; mais, par la forme de son abdomen, elle ressemble aux Épéires triangulaires gibbeuses, par ses yeux aux coniques oculées. La forme de son corselet et les caractères de sa bouche la lient aussi intimement aux Épéires ; ainsi elle forme des nuances intermédiaires non-seulement entre le genre Épéire et le genre Plectane, mais encore entre plusieurs familles d'Épéires.

2ᵉ Race. LES PYRAMIDALES. (*Pyramidales.*)

Abdomen *en forme de pyramide ou triangulaire très-allongé, plus étroit a sa partie antérieure, et s'élargissant à sa partie postérieure.*

76. PLECTANE DE SLOANE. (*Plectana Sloanii.*)

Abdomen allongé, triangulaire, étroit, s'élargissant à sa partie postérieure, qui a cinq tubercules pointus, épineux, coniques, le terminal plus gros, deux autres latéraux, dirigés comme le dernier en arrière et horizontalement. Entre les deux tubercules épineux antérieurs, on remarque sur le dos quatre tubercules peu saillants. L'abdomen sur le dos est, jusqu'à une barre qui s'étend entre les deux tubercules antérieurs, d'un blanc argenté métallique. Entre les tubercules dans la région postérieure, la couleur est brune mêlée de blanc. Le ventre a dans le milieu une large raie jaune qui se détache sur un fond brun ou noir satiné. Corselet petit, en cœur. Pattes allongées, étendues.

Araneus cancriformis major, Hans Sloane, History of Jamaica, t. 2, p. 197, n° 14, pl. 235, fig. 3.

Nouveau-Monde — Archipel d'Amérique — la Jamaïque.

Je ne connais cette espèce que par la description de Sloane, qui dit, dans sa description : « *Abdomine spinulis obsito.* » Elle a été prise sur une haie, dans la rue Santiago de la Vega. Elle fait une toile en orbe ou en spirale, qui a trois pouces et demi de diamètre. Elle s'y tient les pattes étendues et rapprochées par paires, les deux antérieures en avant, les deux postérieures en arrière. La quatrième paire de pattes est plus allongée que la première.

77. PLECTANE SECTEUR. (*Plectana sector.*) Long. 3 lig.

Abdomen ovalaire, s'élargissant un peu vers la partie postérieure, qui est arrondie et découpée de manière à former huit dents. Le corselet est en cœur, et le dos a des petites raies transverses.

Aranea sector, P. Forskael, Descriptio anim. quæ in itinere orientali observavit. 1775, in-4, , p. 85, pl. 25, fig. C.

Ancien-Monde — Asie — Arabie , au pied de la montagne de Melhân , dans le Yemen.

Je ne connais cette espèce que par la trop courte description de Forskael et la figure qu'il en a donnée. Je ne la place ici qu'à cause de sa ressemblance de forme avec la *Plectana Sloanii* ; mais des raies placées à côté de la figure, qui semblent indiquer la longueur des différentes pattes, donnent lieu de croire qu'elle a la première paire de pattes plus allongée que la quatrième, et qu'elle pourrait bien appartenir au genre Épéire, à la 7e famille de ce genre , les *irrégulières*.

78. **Plectane réduvienne.** (*Plectana reduviana.*) Long. 4 lig. ♀

Abdomen allongé, pyramidale, anguleux, découpé en échancrures à bords, droit à sa partie postérieure, armé de huit épines ou dents. Deux épines latérales au milieu des deux côtés, deux autres de chaque côté de l'échancrure angulaire postérieure, et deux autres, courtes, fines comme des aiguilles, qui sortent en dessous de chacun des côtés et forment une échancrure postérieure angulaire. Le dos de l'abdomen est blanchâtre et fauve avec des points rouge brun, à savoir, quatre en carré proche le corselet, plus apparents derrière une ligne transversale de quatre, puis à la partie postérieure six points disposés en demi-cercle. Corselet ovalaire allongé rouge brun, entouré d'une ligne de couleur plus foncée, et une autre longitudinale dans le milieu. Pattes et palpes fauves avec des anneaux de couleur plus foncée. La quatrième paire de pattes est sensiblement plus longue que la première.

Abbot, Georgian spiders, p. 8, fig. 49.

Nouveau-Monde — Amérique sept. — Géorgie — Marais de Papaw. — Très-rare.

Cette espèce appartient bien au genre Plectane ; elle ressemble beaucoup à la *Plectana gracilis*, fig. 47et 48 , mais elle n'a pas comme celle-ci de véritables épines.

Affinités du genre Plectane. Les Plectanes s'éloignent de tous les autres genres d'Aranéides par leur tegumen coriacé et armé de tubercules durs , pointus et semblables à des épines ; mais pour les caractères génériques de première valeur, les yeux et la bouche, ils ressemblent aux Épéires ; aussi font-elles comme celles-ci

des toiles orbiculaires ou en spirale. Les Plectanes ne se trouvent
que dans les climats chauds ; ce sont les Épéires de la zone torride rendues capables, par la conformation dure et anguleuse de
leur tegumen, de supporter les pluies diluviales de ces climats
et les effets de leur soleil torréfiant. Cependant les Plectanes offrent un caractère de seconde valeur, mais générique, qui les
sépare des Épéires : c'est qu'elles ont la quatrième paire de pattes
aussi allongée et souvent plus allongée que la première, tandis
que dans les Épéires c'est toujours la première paire qui est plus
allongée que la quatrième. Ainsi, sous le rapport des organes
du mouvement, les Plectanes s'unissent aux Théridions. Les variétés de formes de l'abdomen sont encore plus nombreuses dans
les Plectanes que dans les Épéires. Sous ce rapport, les Plectanes
se rapprochent de plusieurs genres.Les tubercules des Éripes sont
si allongés que, s'ils étaient pointus et coriacés, ils ressemble-
raient aux épines des Plectanes. Le corselet élevé des premières
familles de Plectanes, ou les Cancroïdes, se retrouve dans les
grandes Épéires de la famille des Allóngés, dont on a fait le genre
Nephila. Les mamelons nombreux de leur abdomen sont encore
un caractère d'affinité avec plusieurs familles d'Épéires, les *irrégulières*, les *festonnées*, les *gibbeuses* ; et pour la forme même
de l'abdomen, la première race de la famille des Épéirides
dans les Plectanes, est semblable à celle des triangulaires gibbeuses dans les Épéires, et le tubercule de l'*Epeïra aciculata*
offre une petite épine. Enfin, la peau coriacée des Épéires Plectanoïdes rapproche encore plus ces deux genres qui, dans cette
dernière famille, ne sont séparés que par l'absence des épines et
par la différence dans la longueur relative des pattes. Les pattes
courtes et l'abdomen large des Plectanes Cancroïdes forment
entre les Plectanes et les Thomises un rapprochement si frap-
pant entre ces deux genres, éloignés par leurs caractères essentiels et par leurs habitudes, que des observateurs qui ont décrit
des Araignées épineuses, tels que Sloane et Abbot, les ont nommées toutes Araignées-crabes.

38ᵉ Genre. TÉTRAGNATHE (*Tetragnatha*).

Yeux *huit, presque égaux entre eux sur deux lignes ·
les yeux intermédiaires figurant un quadrilatère, les latéraux s'écartant du quadrilatère intermédiaire; plus rapprochés entre
eux que ne le sont entre elles les lignes des
intermédiaires.*

Lèvre *large, arrondie, petite et courte.*

Mâchoires *allongées, cylindriques, dilatées à l'extrémité de leur côté externe, divergentes.*

Pattes *allongées, fines; la première paire est la plus
longue, la seconde ensuite; la troisième est la
plus courte.*

Aranéides *sédentaires, formant une toile à réseaux
réguliers, composée d'une spirale croisée par
des rayons droits qui partent d'un centre où
elles se tiennent immobiles.*

Iʳᵉ Famille. LES DISJOINTES. (*Disjunctæ.*)

Yeux latéraux disjoints.
Mandibules proéminentes et divergentes.
Abdomen très-allongé.

i. Tétragnathe étendue. (*Tetragnata extensa.*) Long. 5 lig. 1/2 ;
long. de la première paire de pattes 12 lig. ♂ ♀.

Abdomen allongé, cylindrique, bombé sur le dos à la partie
supérieure, s'amincissant graduellement vers l'anus, vert argenté; réticule rouge et vert ou jaune sur le dos avec une ligne
longitudinale d'un vert noirâtre dans le milieu, coupée par d'autres en travers de même couleur; une de ces raies est droite et

forme la croix avec la ligne longitudinale qui est suivie par trois
ou quatre autres qui traversent en angle ou en accents circonflexes. Le ventre est noir ou vert foncé dans le milieu, et bordé
sur les côtés de deux lignes d'un jaune pâle, festonnées. Le corselet est ovalaire, allongé, arrondi et bombé à sa partie antérieure, déprimé et élargi dans son milieu. Les yeux postérieurs
sont plus gros et plus saillants que les antérieurs ; ils sont tous
noirs. Les yeux antérieurs du quadrilatère intermédiaire sont
plus rapprochés entre eux que les postérieurs ne le sont entre
eux. Les mandibules sont cylindriques, allongées, divergentes
et ont un onglet très-long, et la rainure qui le reçoit a des dents
très-longues. Les pattes sont minces, très-allongées ; la première
paire a plus de deux fois la longueur totale du corps. Les palpes
sont aussi très-minces, mais non allongés, dans les femelles.
Le corselet, les pattes et les palpes sont d'une couleur jaune,
verdâtre, uniforme.

Le mâle diffère de la femelle par un abdomen plus petit, plus
étroit, cylindrique, non bombé sur le dos ; un corselet plus allongé, des mandibules plus allongées, et ayant sur le dos du premier article, au-dessus de l'insertion du crochet, une épine
courte, dirigée en avant, dont la femelle est dépourvue. Les
palpes sont plus allongés que dans la femelle, et le digital pro·
jette deux lanières de longueur inégale, un peu velues, qui tiennent lieu de cupule et à la base desquelles se trouve inséré
l'organe générateur, qui se compose d'une valve globuleuse,
contournée en anneau glabre, luisant et rougeâtre, qui se termine par une conjoncteur en pointe d'un brun rougeâtre,
également contourné, comme l'extrémité d'un tire-bouchon.

Araignée étendue, Walckenaer, Faune parisienne, t. 2, p. 204,
n° 30. — *Tétragnathe étendue*, Walck., Tabl. des Aranéides, p. 68,
n° 1. — *Tetragnatha extensa*, Walck., Hist. nat. des Aranéides,
5, 6. — *Araneus ex viridi inauratus*, Lister, tit. III, p. 30, tab. 1,
fig. 3. — *Araignée patte étendue*, De Géer, Mémoires pour servir
à l'histoire naturelle des Insectes. Stockholm, 1778, in-4, t. 7,
p. 236, n° 10, pl. 19, fig. 1 2 3 et 4. — Sulzer, Geschichte der
Insecten, p. 254, tab. 30 ; ibid., p. 229 (dans la vignette à droite).

A. VARIÉTÉ grise argentée. *Tetragnatha extensa*. Hahn, Die Arachniden, t. 2, p. 43, pl. 56, fig. 129 (le mâle). — *Tetragnatha
gibba*. Koch, Die Ubersicht des Arachnidens system.,, p. 5. —

Aranea extensa. Linnée, Fauna suecica, 2ᵉ édit., p. 489, n° 1011.

B. **Variété** verte argentée, *Aran. quarta*, Schæffer, Icon. Insect., pl. 113, fig. 9 (non pleine). — *Aranea extensa*, Fabricius, Entomolog. syst., t. 2, p. 407, n° 1.

C. **Variété** jaune verdâtre. *Aran. secunda*, Schæffer, Icon. Insect., pl. 49, fig. 8 (femelle non pleine). Ibid. *Aranea prima.* fig. 9 (le mâle). — *Aranea Solandri (varietas)* Scopoli, Ent. carn., p. 398. — *Tetragnatha extensa*, Risso, Histoire naturelle des principales productions de l'Europe méridionale, t. 5, p. 168. — *Eugnathe chrysochlore.* Savigny, Descr. de l'Égypte, in-fol. Explication des planches, Arachnides, p. 119?—Édit. in-8°, t. 22, p. 324.

D. **Variété** rougeâtre, *Spider of a pale orange colour*, Albin, A natural hist. of Spiders, p. 38, pl. 25, fig. 122 (femelle pleine). Ibid. *Spider of a dark red colour*, ibid., fig. 124 (femelle pleine). Martyn. Aranei, English Spiders, p. 10 et 12, pl. 6, fig. 3 et 10. — *Aran. Solandri*, Scopoli, Ent. car., p. 397, n° 1105.—Dugès, dans Cuvier, Règne animal, pl. 10, fig. 5 (un mâle, à corselet, mandibules et palpes bruns rougeâtres). — *Tetragnatha rubra*, Risso, Hist. nat. des principales productions de l'Europe méridion., 15, pl. 168, n° 44.—*Tetragnatha extensa*, Latreille, Gener. Crustaceor. et Insector., t. I, p. 101, spec. 1. (Il indique les variétés, et cite, pl. 4, fig. 4, où il a figuré les yeux; mais les yeux latéraux sont mal figurés, tandis qu'ils le sont très-bien dans la planche de Dugès.)—*Tetragnatha extensa*, Sundevall, Svenska, Spindlarness Befrining, act. Holm, 1832, p. 256, n° 1. Il indique les variétés d'âge.

Ancien-Monde — Europe — Suède — France — Allemagne — Alpes-Maritimes.

Cette espèce varie beaucoup par l'âge et par l'effet du climat ; le même individu, qui était d'un vert tendre au printemps, devient d'une couleur plus foncée en automne. Les variétés verdâtres ou jaunâtres sont les plus communes dans les environs de Paris.

Cette espèce construit sur les bords des eaux, dans les bois et les lieux humides ou frais, une toile grande, orbiculaire, composée de fils fins, et le plus souvent verticale ; mais, à l'époque de son accouplement avec le mâle, elle construit sa toile dans une direction inclinée ou tout à fait horizontale. La Tétragnathe étendue, lorsqu'elle se tient sur sa toile, allonge ses pattes de devant et de derrière et étale en croix la troisième paire.

Le 26 mai 1806, le temps étant serein et médiocrement chaud, j'ai observé l'accouplement de la Tetragnathe étendue, dans la partie basse du parc de Saint-Cloud.

Le mâle était sous une toile orbiculaire assez grande et construite dans une position inclinée. La femelle était en dessus, suspendue en arrière par ses pattes de derrière ; son corps était ployé en deux, son abdomen dans un sens horizontal, tandis que son corselet se repliait sur le mâle dans une position verticale, de sorte que, sous un certain aspect, on ne voyait que son abdomen. Ses pattes de devant étaient engagées dans les pattes de devant du mâle, mais mollement et sans roideur. Ses mandibules étaient ouvertes ainsi que celles de son mâle ; et les extrémités de ces quatre branches de ces redoutables organes de la voracité des Aranéides, s'appuyaient les unes sur les autres et présentaient une figure de trapèze, comme les quatre branches ouvertes de deux paires de ciseaux qu'on joindrait par leurs pointes. Le mâle avait tout le corps étendu sur une même ligne, dans une position horizontale, mais renversée, c'est-à-dire que le sternum du corselet et le ventre ou le dessous de l'abdomen étaient tournés vers le ciel, et le dos vers la terre. Il résultait de cette position que, en dessous, le mâle, quoique plus petit que la femelle, semblait la surpasser en longueur de la moitié de son abdomen, et que la vulve de la femelle, placée dans la partie antérieure de son ventre, se trouvait exactement au-dessus des palpes du mâle. Lui était suspendu à la toile par ses pattes de devant, engagées, comme nous l'avons dit, dans celles de la femelle ; ses deux pattes de derrière étaient posées sur l'abdomen de la femelle, et servaient à la presser légèrement contre lui, pendant qu'il engageait le conjoncteur de son palpe gauche dans la vulve de la femelle. La valve du conjoncteur, pendant l'acte de la copulation, était gonflée, brillante et couleur d'ambre jaune. Cet accouplement dura plus d'un quart d'heure, et, quoique j'approchasse très-près mes yeux pour voir plus distinctement, les accouplés ne se séparèrent point. Lorsqu'en m'approchant je touchais à quelque partie de la toile et que je la faisais trembler, ils reculaient ou avançaient toujours accouplés. La femelle faisait alors quelques efforts pour se dégager, mais le mâle la retenait. M'étant détourné pendant deux minutes pour faire une autre observation, je vis, en revenant à eux, que la femelle seule était au milieu et dans le centre de sa toile, dans la position accoutumée, c'est-à-dire le corps et les pattes étendus, les deux premières paires en avant posées l'une contre l'autre, les deux paires postérieures dans la même situation, dirigées en arrière, et les pattes de la troisième paire étalées latéralement et faisant la croix, avec lecorps et les autres pattes qui se trouvaient sur une même ligne. Le mâle avait disparu, et je le cherchai en vain. Je vis près de là une autre femelle occupée à faire sa toile, et un autre mâle sur une branche voisine.

Lister a aussi observé l'accouplement de cette espèce, et voici comme il le décrit :

« Vers le 25 mai, au coucher du soleil, je vis s'accoupler plusieurs Araignées de cette espèce. Les deux sexes étaient suspendus en l'air par le moyen de fils placés sur leur toile. Le mâle était en dessous, le corps étendu en ligne droite. Le corps de la femelle, au contraire, était ployé, et son anus touchait la partie antérieure du ventre du mâle. Celui-ci poussait continuellement une petite corne remarquable par son tubercule à la partie supérieure du ventre de la femelle. Les pattes et les mandibules de l'un et de l'autre étaient entrelacées. » (Lister, de Anim. Angl., p. 31.)

La même année, vers le milieu de juin, il enferma plusieurs femelles dans une boîte vitrée ; elles pondirent des œufs très-petits et d'un jaune pâle. Elles avaient enveloppé ces œufs dans une bourre de soie lâche, qui formait un cocon de la grosseur d'un gros grain de poivre. Les fils les plus intérieurs de ce cocon sont d'un bleu verdâtre, les plus extérieurs sont un peu plus bruns et présentent des inégalités comme de petits globules, produits probablement par les œufs. Lister a plusieurs fois trouvé ce cocon attaché aux joncs et aux feuilles des plantes. Il remarque que cette espèce fait sa proie de très-grosses mouches, telles que des œstres, et qu'elle est très-féroce : ayant renfermé dans une boîte deux femelles, l'une d'elles tua l'autre sur-le-champ, et une secousse de la boîte l'ayant forcée d'abandonner sa proie, elle revint la chercher et la saisit avec avidité.

Lister remarque encore que les individus de cette espèce qu'on trouve dans les bois sont plus gros, plus grands et différents de ceux qu'on trouve dans les champs. Ces derniers sont plus exposés, dit-il, à être dévorés par les oiseaux, tandis que ceux des bois ont des retraites plus assurées, et prolongent leur existence plusieurs années. — Cela est-il certain?

De Geer dit avec raison que lorsque cette Aranéide repose le long des tiges d'une plante quelconque, elle a les pattes étendues et qu'elle est dans la même position que lorsqu'elle se tient au milieu de sa toile. Les œufs de la *Tetragnatha extensa* éclosent en automne. De Geer vit un grand nombre de jeunes Tétragnathes de cette espèce voltigeant dans l'air avec d'autres espèces d'Aranéides de genres différents, par le moyen de fils de la Vierge auxquels elles se trouvaient toutes suspendues. C'était le 19 septembre, par un temps très-pur.

On voit, d'après le travail de Savigny, resté imparfait, qu'il reconnaissait deux espèces de Tétragnathes dans les environs de Paris: la Tétragnathe étendue et la Tétragnathe chrysochlore. Comme il n'en a donné ni description ni figure, nous ignorons quels sont les caractères spécifiques qu'il avait reconnus pour distinguer ces deux espèces, qui doivent nécessairement appartenir à l'une de nos variétés. Nous avons remis à cet habile naturaliste une collection de toutes les Aranéides des environs de Paris, décrites par nous avec les noms de genres et d'espèces que nous leur avions assignés dans notre tableau, afin qu'il pût plus facilement étudier les Aranéides d'Égypte et les distinguer des nôtres. Nous croyons que la Tétragnathe chrysochlore est notre variété jaune et la variété rougeâtre dont Dugès a figuré le mâle dans les planches du règne animal de Cuvier. La description serait: *Tetragnatha chrysochlora*; abdomen allongé, d'un jaune métallique doré, avec des bandes longitudinales dans le mâle; corselet, mandibules, pattes et palpes de couleur brune.

2. TÉTRAGNATHE ANAMITIQUE. (*Tetragnatha anamitica.*) Long. 4 lig. *P*.

Abdomen allongé, cylindrique, moins large que le corselet, qui est très-allongé, rougeâtre. Les mandibules ont un crochet brun noir; la cavité de l'onglet est pourvue de treize à quatorze dents. Ces mandibules sont dirigées en avant, plus grosses vers leur extrémité, et surpassant la longueur du corselet. Les pattes sont rouges comme le corselet, glabres; les yeux globuleux très-saillants. (M.)

Ancien-Monde — Asie — Cochinchine. Rapportée par M. Diard.

Cette espèce ressemble tant à la Tétragnathe étendue de France, que, sans le lieu où elle a été prise, nous l'eussions considérée comme une variété, mais nous n'en connaissons que le mâle.

3. TÉTRAGNATHE PROLONGÉE. (*Tetragnatha protensa.*) Long. 5 lig. ♀.

Mâchoires étroites, très-allongées, renflées vers le bout en massue. Mandibules très-longues, terminées par une petite épine rougeâtre. Abdomen noir avec des taches blanches, longitudinales, formées par des touffes de poils blancs. Corselet brun rougeâtre, bordé de blanc. Pattes très-allongées. Palpes annelés de blanc et de brun. Pattes brunes avec des taches blanches, ne formant pas des anneaux aussi réguliers que dans les palpes.

Ancien-Monde — mer des Indes — île de France. Collection du professeur Lamarck.

4. TÉTRAGNATHE BRILLANTE. (*Tetragnatha nitens.*) Long. 4 lig. ♀.

Abdomen allongé, festonné, gris, tirant au violet. Le dos entouré d'une raie longitudinale, festonnée, sinuée antérieurement, crénelée postérieurement, d'un gris nébuleux, liseré de noirâtre, divisé sur la longueur par un disque intérieur lancéolé, découpé des deux côtés en trois dents correspondant aux trois principaux angles du disque extérieur, d'un roux doré, également bordé de noirâtre, et subdivisé lui-même par une ligne formée de deux traits en losange. Ventre d'un jaune doré, avec une bande noire, bordée de jaune clair et terminée en pointe aux filières. Corselet d'un roux pâle soyeux, avec deux raies blanchâtres ; sternum roussâtre. Pattes d'un roux clair, avec des anneaux blanchâtres, peu marqués.

Eugnatha nitens, Savigny, Description de l'Égypte, in-fol., Explication des planches, Arachnéides, p. 118, pl. 2, fig. 2, ou t. 22, p. 323, édit. in-8°.

Ancien-Monde — Afrique — Égypte — Environs de Rosette. Chaque tige de mandibule a neuf dents, sans compter les deux pointes terminales. Les crochets sont grands, fléchis, à rameaux.

5. Tétragnathe pélusienne. (*Tetragnatha Pelusia*.) 4 lig. 1/2. ♀ ♂.

Abdomen allongé, cylindrique, bombé sur le dos à sa partie antérieure, entouré d'une bande d'un jaune mêlé de roux, découpé des deux côtés en sept festons bordés de brun, et encadré de jaune doré clair; le premier et le second festons petits, le troisième grand, semi-orbiculaire, séparé de son opposé par une nervure rousse; les suivants et leurs opposés réunis en cœur, presque égaux. Le ventre est jaunâtre, bordé sur les côtés d'un trait obscur qui suit les contours de la ligne dorsale; il est divisé sur son milieu par une bande obscure, terminée, postérieurement en pointe. Le corselet est d'un jaune pâle soyeux, avec deux raies blanchâtres peu marquées. Le sternum est blanchâtre. Les pattes sont d'un jaune très-pâle.

Eugnatha Pelusia, Savigny, Description de l'Égypte, in-fol. Explication des planches, Arachnéides, p. 119, pl. 2, fig. 3 ; t. 22, p. 325, édit. in-8°.

Ancien-Monde — Afrique — Égypte — Environs de Roscite et îlots du lac Menrabh.

Les organes du mâle, fig. E, présentent un digital à capsule triangulaire qui n'embrasse qu'une très-petite partie de l'organe générateur, et qui prolonge sur ses côtés deux appendices allongés lancéolés. La valve de l'organe est globuleuse, et à son extrémité s'articule un conjoncteur contourné en spire ou tire-bouchon.

6. Tétragnathe cylindrique. (*Tetragnatha cylindrica*.)

Yeux, mandibules, mâchoires et lèvres de la Tétragnathe étendue. Corselet très-allongé, bordé de noir. (L'abdomen manque.) (M.)

Monde-Maritime — Australasie ou Nouvelle-Hollande.

Le corselet allongé de cette espèce m'a paru la distinguer de toutes celles qui m'étaient connues. Ne pouvant en donner une description complète, nous croyons devoir l'indiquer ici, pour qu'on en complète un jour la description.

7. **Tétragnathe mandibulée.** (*Tetragnatha mandibulata.*) Longueur totale 5 lignes, sans les mandibules qui ont 2 lignes de longueur ♀.

Mandibules portées en avant, très-proéminentes, très-allongées, renflées dans leur milieu, divergentes et dont la tige est terminée par une épine ou crochet d'un rouge pâle. Abdomen cylindrique, allongé, plus étroit que le corselet, un peu recourbé ou relevé à la partie postérieure, couleur vert obscur. Le corselet est allongé, rougeâtre, bordé d'une ligne jaune fine. Les palpes et les pattes sont rouges. Il y a des poils grisâtres ou blancs sur le corselet, les pattes et les mandibules. (M.)

Monde-Maritime — Archipel des Mariannes — Île Guam. Rapportée par M. Freycinet.

Pour les yeux et les mâchoires, cette espèce ressemble à la *Tetragnatha extensa*.

8. **Tétragnathe allongée.** (*Tetragnatha elongata.*) Long. 3 lig., 4 lig. 1/3, 6 lig. ♂ ♀.

Abdomen allongé, bombé sur le dos, réticulé, présentant une suite de raies brunes en croissant allongé, opposées de chaque côté du dos, ou comme une figure festonnée; puis, sur la gibbosité, dans le milieu des deux lignes de festons, une ligne longitudinale, rameuse, d'un brun noirâtre, plus foncée que les festons. Corselet ovale, brun, bordé de poils blancs. Mandibules très-allongées. Pattes et palpes couleur pâle, annelées de noir, tachés de brun aux articulations.

Aranea gibba, Bosc, Araignées de la Caroline, Mss. p. 18, pl. 5, fig. 5.—*Tetragnatha elongata.* Walck. Tabl. des Aranéides, p. 69, n° 2.

Nouveau-Monde. — Amérique septent.—État de la Caroline. Archipel des Antilles. — La Guadeloupe.

Bosc dit : « Cette espèce approche beaucoup de l'*Aranea intensa*, et doit être placée à côté d'elle. Elle vit comme elle dans les lieux aquatiques; pose ses pattes de la même manière. Elle est fort commune. »

C'est un mâle que Bosc a décrit, qui n'avait que 3 lignes de

long. Nous avons reçu de la Guadeloupe un individu femelle de
4 lignes 1/3 de long, et de 5 lignes 1/2 jusqu'à l'extrémité des
mandibules qui sont très-allongées. Les caractères des yeux et
de la bouche sont les mêmes que dans notre *Extensa* , mais l'abdomen est plus mince et plus allongé; il est brun, couvert de
poils fauves rares, sans aucune tache argentée ; la mâchoire, la
lèvre et le sternum sont noirs ; les pattes et les palpes très-
minces , rougeâtres et tachés de brun aux articulations. Le
corselet est d'un rouge brun; la fossette du milieu a encore
deux points enfoncés dans la cavité; l'onglet est très-long, fléchi
et rameux, et la tige des mandibules a neuf dents de chaque
côté, bordant sa rainure, sans compter les deux pointes terminales qui sont à la naissance de l'onglet.

La *Tetragnatha fulva* est, je crois, très-voisine de celle-ci , si
ce n'en est pas une simple variété.

9. **TÉTRAGNATHE FAUVE.** (*Tetragnatha fulva.*) Long. 6 lignes.

Abdomen allongé, renflé vers sa partie supérieure, à dos
fauve, avec une double raie longitudinale noire, continue ou
interrompue sur les côtés, festonnée en angle à sa partie postérieure, et présentant deux traits plus noirs proche le corselet,
qui sont suivis de deux ou trois taches blanches. Corselet rouge
orange, bordé de noir, avec une ligne longitudinale noire à la
partie postérieure. Mandibules jaunâtres , à onglet très-rouge à
son extrémité. Pattes de couleur pâle, tachées de noir aux articulations.

VARIÉTÉ **A.** Ligne noire du dos continue; deux taches blanches au-dessous de deux traits. (Un mâle. Les palpes, par erreur,
sont figurés comme ceux d'une femelle.) Abbot , Georgian
Spiders , p. 19, fig. 216.

VARIÉTÉ **B.** Ligne noire, interrompue dans son milieu seulement, et remplacée par des traits; les festons anguleux non interrompus; trois taches blanches, rondes, sous les deux traits
proche le corselet. Abbot, Id. fig. 221.

Nouveau-Monde— Amérique septent. — Géorgie.

Ces deux variétés ont été prises toutes deux sur leurs toiles
suspendues à des branches, au bord de l'eau, dans les bois de
chênes du comté de Burke; la variété B en juillet; la variété A
en septembre. Toutes deux sont communes.

10. **Tétragnathe frangée.** (*Tetragnatha fimbriata.*) Long.
5 lig. 1/2. ♂ ♀.

Abdomen allongé, très-bombé à sa partie antérieure, ayant dans le milieu du dos une figure ou feuille allongée, étroite, à côtés sinueux, d'un brun carmélite, ou noir foncé vers les bords, entourée d'une bande blanche, elle-même bordée de fauve pâle ; le milieu de la feuille a de petits traits plus bruns ou plus foncés, et quelquefois la couleur brune devient blanche : à la partie antérieure, elle a de petits traits rougeâtres ou bleuâtres. Corselet brun rougeâtre ou noir. Pattes de même couleur que le corselet, tachées de points plus foncés.

Variété A. Fauve. Abdomen allongé ; disque de la feuille entièrement fauve ; deux petits traits parallèles bruns à la partie supérieure, laissant un espace blanc ; une petite croix brune, et un trait de chaque côté en travers dans la bande blanche ; derrière la croix quatre points en carré plus obscurs. (Le mâle.) Abbot, Georgian Spiders, MSS. p. 37, fig. 461. (La figure, par les palpes, indique une femelle ; mais par la longueur des mandibules, un mâle.)

Variété B. Fauve et verdâtre. La partie supérieure de la feuille blanche est dessinée par une ligne rouge ; d'autres traits rouges parallèles ; dans le milieu, deux traits vert bleuâtre longitudinaux, derrière lesquels sont trois points brun rouge plus foncé que le reste de l'abdomen, qui est moins allongé. (Femelle jeune.)

Abbot, Georgian Spiders, p. 38, fig. 481.

Variété C. Noire. Abdomen, corselet et pattes noirs ; des traits plus noirs parallèles se font voir dans le milieu du disque de la feuille, dont le fond est d'un noir plus pâle, mais toujours bordé de blanc ; à la partie du dos proche le corselet, est un trait longitudinal plus noir, en fer de flèche.

Abbot, Georgian Spiders, p. 38, fig. 486.

Variété D. Renflée. Abdomen très-renflé par les œufs. Corselet, mandibules, tout le milieu du dos très-bruns. Abbot, Georgian Spiders, p. 34, fig. 491. (femelle pleine).

Nouveau-Monde — Amérique septent. — En Géorgie.

Abbot a pris la variété A, le 18 avril, dans les marais d'Ogechee ; il dit qu'elle est rare. La variété B a été prise, le 22 avril, sur sa toile orbiculaire, faite sur les bords d'un étang, dans les bois de chênes du comté de Burke; et la variété **C** dans un buisson de pin des mêmes bois, le 10 juillet. La variété **D** a été prise, le 24 avril, sur les bords d'un étang, dans les bois de chênes du comté de Burke.

11. TÉTRAGNATHE CULICIVORE. (*Tetragnatha culicivora.*) Long.
6 lig. ♂.

Corselet, abdomen, mandibules, palpes et pattes couleur de rouille-pâle; les pattes ponctuées aux articulations de points plus bruns. L'abdomen est cylindrique, les mandibules très-allongées et ouvertes.

Gnat spider. Abbot, Georgian Spiders, MSS., p. 19, fig. 211.
Nouveau-Monde — Amérique septent. — Géorgie.

Prise, le 10 juin, sur sa toile placée sur le bord d'un étang. Cette espèce est commune, et Abbot dit en avoir pris un grand nombre d'autres, au printemps, dans les marais de Briar-Creek. Il remarque que les Aranéides de cette espèce font leurs toiles comme l'Araignée des jardins d'Angleterre (*Epeïra diadema*); quelquefois sur des arbres, mais plus souvent entre de vieux arbres abattus et pourris, et sur les bois et les buissons qui sont au bord de l'eau. Il faut conférer cette espèce avec la *Tetragnatha fulva* (fig. 456 d'Abbot), qui en est peut-être la femelle.

12. TÉTRAGNATHE SANCTIFIÉE. (*Tetragnatha sanctitata.*) Long.
6 lig. ♂.

Abdomen, corselet, mandibules, palpes et pattes de couleur rougeâtre ou carmélite clair. L'abdomen est cylindrique, marqué à la partie antérieure de trois petits traits de couleur plus foncée et rubigineuse, terminés par un autre trait transversal, qui projette en dessous un petit trait de même couleur, puis après encore une petite croix de même couleur, et sur les côtés quatre traits de même couleur inclinés. Les pattes ont aussi aux articulations des taches de couleur plus foncée. Raies plus foncées entourant le corselet, et une troisième longitudinale dans le milieu.

Abbot, Georgian spiders, MSS., p. 35, fig. 441.
Prise, le 16 avril, sur un saule près d'un étang, dans les bois de chênes du comté de Burke; peu commune, semblable à la Té-

tragnathe culicivore pour la couleur et la forme ; peut-être est-ce la même espèce ; cependant le corselet est moins allongé , et d'ailleurs Abbot dit avoir pris un grand nombre d'individus de la Culicivore , tous pareils.

13. TÉTRAGNATHE DORÉE. (*Tetragnatha aurata.*) Long. 5 lig. ♀.

Abdomen cylindrique , fond rougeâtre avec un reflet métalli-que couleur d'or, deux taches rouges sur le dos , proche le corselet, disposées transversalement ; ligne médiane longitudinale, d'un rouge brun, divisant le dos en deux, et de chaque côté de cette ligne deux rangées de petits traits rougeâtres , disposés longitudinalement, formant sur les côtés comme deux lignes interrompues, parallèles à celle du milieu, mais celle des côtés n'est indiquée que par un petit nombre de traits. Ventre d'un brun foncé avec un reflet métallique d'or. Corselet ovalaire allongé, rougeâtre , bordé de noir , et une ligne de même couleur à sa partie postérieure. Mandibules peu allongées, divergentes, rouges. Pattes et palpes d'un jaune clair tachés de noir.

Abbot, Georgian spiders , p. 36 , fig. 451.
Nouveau-Monde — Amérique sept. — Géorgie.
Prise sur un cornouiller, le 13 août, dans les bois de chênes du comté de Burke.

Cette espèce ressemble beaucoup , pour les couleurs , à la Tétragnathe sanctifiée, et peut-être est-ce sa femelle.

14. TÉTRAGNATHE BARIOLÉE. (*Tetragnatha versicolor.*) Long.
5 lig.

Abdomen cylindrique, avec une figure ovalaire deux fois resserrée, rouge, sur le milieu du dos, divisée longitudinalement par une bande d'un beau vert, entourée par une bande jaune, qui elle-même continue dans un ovale d'un beau vert clair, couleur du corselet. Cet ovale jaune orange , divisé par une bande longitudinale verte, qui fait suite à celle du corselet, est entouré sur les côtés d'une bande de même couleur. Les mandibules sont rouges ; les pattes ont, dans certains individus, le fémoral vert et les autres articles jaunes, tachés de rouge aux articulations. Mandibules courtes, mais divergentes.

Abbot, Georgian spiders, p. 20, fig. 231. (Variété à couleurs
vives et à pattes dont le fémoral est vert.)

Ibid., p. 37, fig. 466. (Variété à couleurs plus ternes ; la tache
rouge est orange. La partie supérieure est subdivisée en deux.
La bande longitudinale verte est plus étroite , ainsi que la bande
verte qui entoure les côtés ; la bande jaune est plus large et
orange. Les trois lignes vertes du corselet sont à peine marquées. Le fémoral des pattes est d'un jaune rougeâtre comme les
autres articulations des pattes.)

Nouveau-Monde — Amérique septentrionale — Géorgie.

La première variété a été trouvée, le 18 avril, sur un buisson
dans la bruyère de Creek-Swamp. La seconde variété a été
prise, le 19 avril, sur une berge. La forme plus cylindrique
de l'abdomen et les mandibules peu allongées quoique divergentes, pourraient donner lieu de penser que cette Aranéide
appartient à la famille des Coadunées ; mais Abbot a figuré les
yeux dont les latéraux sont disjoints comme dans toutes les Tétragnathes de cette famille.

15. TÉTRAGNATHE VERTE. (*Tetragnatha viridis.*) Long. 5 lig. ♀.

Corselet et pattes verts. Abdomen allongé, cylindrique, vert,
entouré d'une bande blanchâtre, quelquefois argenté. Mandibules et palpes verts, ou couleur orange dans certains individus.
Mandibules courtes.

Abbot, Georgian spiders, MSS, p. 20, fig. 236. (Variété avec
les mandibules et les palpes verts.)

Ibid., p. 37, fig. 471. (Variété à mandibules et palpes oranges,
et deux bandes longitudinales argentées sur le dos.)

Nouveau-Monde — Amérique sept. — Géorgie.

Les deux variétés ont toutes deux été prises sur de jeunes pins,
la première dans un champ défriché abandonné près de la bruyère
de Creek-Swamp , la seconde à côté d'un étang dans les bois de
chênes; la première le 25 mai, la seconde le 9 du même mois. La
seconde variété, fig. 471, a sur la figure verte du milieu de petites
nervures plus foncées; l'abdomen est plus cylindrique. Peut-être
est-ce une espèce distincte. Les mandibules dans ces deux variétés sont très-courtes, et comme Abbot n'a pas figuré les yeux,
il est impossible de dire si cette espèce n'appartient pas à la famille des Coadunées.

16. **Tétragnathe safranée.** (*Tetragnatha lutea.*) Long. 4 lig. 1/2 ♂.

Abdomen cylindrique, allongé, plus étroit que le corselet, d'un jaune safrané verdâtre, avec deux lignes vertes longitudinales parallèles sur les côtés du dos, interrompues vers la partie postérieure, et ayant des points d'un vert plus foncé. Corselet ovalaire arrondi, d'un jaune safrané, avec une raie médiane verte au milieu de la partie antérieure, qui s'élargit près des yeux et forme une sorte de triangle allongé. Mandibules très-allongées, divergentes, jaunes, lavées de rouge sur les bords. Palpes allongés, jaunes, avec un digital renflé, ovale et rougeâtre. Pattes allongées, d'un jaune safrané ; la première paire beaucoup plus longue que les autres, et ayant l'extrémité du fémoral et du tarse noirs.

Abbot, Georgian spiders, p. 21, fig. 240.

Nouveau-Monde — Amérique sept. — Géorgie.

Prise, le 13 mai, dans les buissons de la bruyère de Creek-Swamp. Peu commune, dit Abbot, et il ajoute qu'elle ne fait pas de toile ; ce qui prouve seulement qu'il a pris ce mâle hors de sa toile, et que ce mâle était en quête d'une femelle. Je soupçonne que ce n'est pas une espèce distincte, mais le mâle de la Tétragnathe jaune.

17. **Tétragnathe jaune.** (*Tetragnatha flava.*) Long. 6 lig. ♀.

Abdomen allongé, cylindrique, étroit, mais plus large que le corselet, légèrement renflé à la partie antérieure, d'un jaune safran sur le dos, avec une ligne fine d'un gris pâle, longitudinale, interrompue au commencement de sa partie supérieure, et divisant, à sa partie postérieure, quatre petits points rouges en carré. Les mandibules, les palpes et les pattes sont aussi jaunes orange comme l'abdomen. Les mandibules sont de longueur médiocre, divergentes, courbées en arrière. Les pattes, très-allongées, ont des points rougeâtres aux articulations.

Abbot, Georgian spiders, p. 36, fig. 456.

Nouveau-Monde — Amérique sept. — Géorgie.

Prise, le 13 avril, sur le côté d'une branche d'aune, dans les bois de chênes du comté de Burke.

18. TÉTRAGNATHE VIOLACÉE. (*Tetragnatha violacea.*) Long. 6 lig.

Abdomen allongé, bombé à sa partie antérieure, diminuant graduellement de grosseur à sa partie postérieure. Dos de couleur violet pâle, mais presque blanc sur la gibbosité, qui a trois petites raies brunes ou d'un violet plus foncé, transversales, la raie postérieure est supportée par une petite raie perpendiculaire ; le tout a la figure d'un petit gril. Il y a ensuite une bande noire transversale, peu large, un peu courbée en avant. Le corselet, les pattes, les mandibules, les palpes et la capsule du conjoncteur sont d'un jaune orange clair. Le corselet est ovalaire, assez large, il est bordé de noir pâle et a une raie longitudinale de même couleur dans le milieu. Les pattes sont jaunes, mais elles ont des taches de noir aux articulations, et le fémoral est ponctué de noir pâle, les tarses lavés de la même couleur. Ces pattes sont aussi garnies de poils longs et fins, de couleur pâle.

Abbot, Georgian Spiders, p. 35, fig. 446.
Nouveau-Monde — Amérique sept. — Géorgie.
Prise, le 24 avril, dans le marais de l'anse des Bruyères. Peu commune. Cette espéce a des rapports avec la *lutea*, la *flava*, la *culicivora*.

19. TÉTRAGNATHE à TRAPÈZE. (*Tetragnatha trapezoides.*) Long. 4 lig. 1/2 ♀.

Abdomen allongé, cylindrico-ovalaire, un peu plus large dans son milieu, de couleur rouge sur le dos, avec une tache brune longitudinale qui s'étend depuis le corselet jusqu'à l'anus, dentée ou festonnée sur ses bords et dessinant un ovale près du corselet, suivi de deux trapézes allongés ; l'intérieur de cette tache, à chaque division, a une tache rouge plus clair, de la couleur du fond, et dans les deux divisions antérieures sont deux petits traits bruns rouges transversaux : les côtés de la tache sont blanchâtres, et les côtés de l'abdomen d'un jaune orange. Corselet ovalaire, jaune orange, lavé de brun sur les bords et dans le milieu. Mandibules divergentes, mais petites et courtes. Pattes allongées, fines, jaune orange, marquées de noir aux articulations.

Abbot, Georgian Spiders, p. 20, fig. 226.
Nouveau-Monde — Amérique sept. — Géorgie.

Secoué d'un houx, le 29 mars, dans les marais de l'anse des Bruyères. Abbot rappelle, au sujet de cette Aranéide, qu'il a trouvé une fois, dans un bateau de l'anse des Bruyères, un individu de ce genre qui excédait en grandeur tous ceux qu'il avait vus et qu'il a rencontrés depuis ; mais il a négligé de le prendre.

20. TÉTRAGNATHE CHASUBLE. (*Tetragnatha casula,*) Long. 5 lig. ♀.

Abdomen allongé, ovalaire, renflé dans son milieu, grossissant légèrement vers sa partie postérieure. Dos blanchâtre, marqué avec une croix d'un brun pâle, très-large ; l'arbre de la croix forme une bande brune qui s'étend depuis le corselet jusqu'à l'anus, qui s'élargit vers la partie postérieure, et se resserre avant d'arriver à son extrémité, pour s'élargir ensuite. La traverse de la croix, qui est plus près du corselet que de l'anus, est très-large, et assez longue pour atteindre les côtésdu ventre ; les extrémités latérales de cette traverse sont noir foncé, et comme l'arbre a une raie fine plus foncée sur ses bords, le tout forme une figure régulière et élégante, qui fait ressembler ce dos à une chasuble de prêtre. Le corselet est petit, brun pâle, avec les bords et une raie longitudinale dans le milieu plus foncés. Les mandibules sont courtes et petites. Pattes allongées, fines, de la couleur de la croix et du corselet, mais plus pâles et tachées de noir aux articulations.

Abbot, Georg. Spid., p. 38, fig. 476.
Nouveau-Monde — Amérique septent. — Géorgie.
Prise le 24 août sur un noisetier.

Les mandibules sont courtes et l'abdomen épais vers la partie postérieure. Comme Abbot n'a pas figuré les yeux, il est douteux que cette espèce appartienne à cette famille.

2ᵉ FAMILLE. LES COADUNÉES. (*Coadunatæ.*)

Yeux latéraux rapprochés.
Mandibules perpendiculaires.
Abdomen cylindrique ou ovalaire.

21. TÉTRAGNATHE ARGYRE. (*Tetragnatha Argyra.*) longueur
4 lig 1/2 ♀. — Long. 3 lig. 1/2 ♂.

Yeux latéraux, rapprochés, connivents. Abdomen cylindrique,

épais, médiocrement allongé, un peu bombé sur le dos à sa
partie antérieure et à son extrémité, à fond brun, ayant deux
larges bandes longitudinales et parallèles, d'un blanc jaunâtre à
éclat métallique, comme de l'argent légèrement doré ; ces deux
bandes sont deux fois interrompues, une fois à peu de distance de
leur extrémité antérieure, une seconde fois à la moitié de leur
longueur, et entre elles, dans l'intervalle de cette dernière moitié,
sont six taches de même couleur qu'elles, les deux antérieures
plus grandes et plus prolongées, les deux postérieures réduites
à des points peu visibles sur les côtés. La partie de l'abdomen qui
touche le corselet, est de même argentée ou dorée, avec une petite
tache ; sur les côtés est une autre bande longitudinale argentée,
qui est double à sa partie antérieure. Les côtés et le milieu du
ventre sont bruns ; le milieu du ventre est brun avec deux lignes
jaunes longitudinales, suivies de deux points jaunes, et réticulés
aussi de jaune métallique près des parties sexuelles. L'oviducte
est court, conique, rougeâtre, perpendiculaire ou renversé en arrière, c'est-à-dire du côté de la tête. Le corselet, rétréci et bombé
vers la tête, est court, large et aplati à sa partie postérieure,
avec un enfoncement transversal dans le milieu, qui a deux petits points enfoncés dans sa cavité ; il est rouge et glabre. La lèvre
est de même rouge, bombée, glabre, semi-circulaire. Les mâchoires sont médiocrement allongées, divergentes, étroites, resserrées
à leur insertion, et se dilatant graduellement et légèrement vers
leur extrémité. Les mandibules sont fortes, rouges, glabres, bombées à leur partie supérieure, tombant perpendiculairement, mais
divergentes. Les pattes sont courtes et fines dans les femelles, extrêmement allongées, surtout la première paire ; elles sont rouges,
tachées de brun aux articulations ; il y a des poils fins et courts au
tibial et au tarse. Les yeux antérieurs du carré intermédiaire sont
plus rapprochés et plus gros que les postérieurs ; les latéraux sont
connivents, mais leurs axes visuels se dirigent en sens inverse,
l'un en arrière, l'autre en avant. Ils sont placés sur la ligne des
intermédiaires postérieurs ; la direction de la ligne qui les unit
est parallèle ou diverge avec la ligne longitudinale du milieu
du carré formé par les yeux intermédiaires.

Le mâle diffère seulement de la femelle par un abdomen plus
court, plus petit, et qui diminue davantage de grosseur vers
l'anus. Le digital est très-renflé ; le vésicule qui supporte le
conjoncteur est inséré sur le côté externe de la capsule qui est

ovale. Ce vésicule est globuleux, d'un rouge pâle, et il a à son extrémité un conjoncteur en spirale ou tire-bouchon, d'un brun foncé rougeâtre.

Tétragnathe argentée, pl. 19, fig. I de cet ouvrage. (Dans la fig. I B, l'espace qui sépare les yeux latéraux est un peu trop grand.)

Nouveau-Monde — Archipel des Antilles — La Guadeloupe.

Cette belle espèce m'a été rapportée en nombre par feu mon ami, M. Laurent de Choisy, gouverneur de Cayenne; elle provenait de la Guadeloupe, où elle doit être commune.

22. TÉTRAGNATHE ZORILLE. (*Tetragnatha zorilla.*) Long. 2 lig., larg. 1 lig. 1/2 ♂.

Yeux latéraux, rapprochés, mais non connivents. Abdomen ovale, allongé, bombé sur le dos, noir. Une bande blanche en demi-cercle à la partie antérieure, proche le corselet; une suite de taches ocellées, à contour blanc et à milieu brun rougeâtre, disposées longitudinalement, et diminuant de grandeur depuis le milieu du demi-cercle blanc jusqu'à l'anus, et au nombre de cinq. Sur les côtés du dos, qui fait face à la plus grande de ces taches ocellées, quatre taches blanches inclinées, oblongues. Corselet arrondi, aplati à sa partie postérieure, avec un enfoncement dans son milieu, d'un brun foncé. Mandibules noires, petites, tombant perpendiculairement. Palpes d'un brun clair; le digital très-renflé; la valve est globuleuse et se termine par un conjoncteur en spirale. Pattes fines, très-allongées.

Aranea zorilla. Bosc. Ar. de la Caroline, MSS. p. 9, pl. 2, fig. 2.
Tetragnathe zorille, pl. 19, fig. 2 de cet ouvrage.

Nouveau-Monde — Amérique septent. — État de la Caroline. Sur les plantes.

Je n'ai point vu cette espèce, que l'élégance du dessin de son abdomen fait facilement distinguer. Par la longueur de ses pattes, ses yeux, la conformation dés palpes, dans les mâles, elle semble bien appartenir au genre Tétragnathe. Pourtant ce point devra être vérifié; et, si Bosc a bien figuré les yeux, il faudra subdiviser cette famille en deux races, car cette espèce se rapprocherait de la première famille par ses yeux, et de la seconde par ses mandibules non proéminentes et peu allongées; ce dernier caractère paraît le seul qui établira la différence entre les deux familles.

23. **Tétragnathe granulée.** (*Tetragnathã granulata.*) Long.
4 lignes ♀.

Yeux latéraux, rapprochés, connivents, sur la ligne des intermédiaires postérieurs. Abdomen cylindrique, allongé, bombé,
et renflé vers le corselet, diminuant graduellement de grosseur
vers l'anus, ayant sur le dos quatre éminences ou tubercules
disposés en carré, avec deux raies longitudinales d'un jaune d'or
métallique sur le milieu du dos, s'étendant depuis le corselet
jusqu'à l'anus, et une de chaque côté, de même couleur, mais
non terminée. Ventre brun avec des poils jaunes. Corselet rougeâtre en cœur, avec un enfoncement profond dans le milieu.
Sternum en cœur, rougeâtre, avec de légères éminences à la
naissance des pattes. Mandibules rougeâtres, peu allongées,
tombant perpendiculairement, non divergentes. Mâchoires
allongées, étroites, à côtés parallèles, légèrement dilatées vers
leur extrémité. Lèvre bombée, arrondie, plus haute que large.
Pattes allongées, fines, brunes, annelées de jaune clair. (M.)
Monde-Maritime — Nouvelle-Guinée — Port de Dorey.
Rapportée par MM. Quoy et Gaymard.

24. **Tétragnathe célébésienne.** (*Tetragnatha celebesiana.*) Long.
5 lig. ♀.

Yeux latéraux rapprochés et placés sur la ligne des yeux intermédiaires postérieurs, ceux-ci plus écartés entre eux que les
yeux intermédiaires antérieurs ne le sont entre eux. Abdomen
allongé, ovalo-cylindrique, un peu renflé dans son milieu, d'un
vert sale ; ayant sur le dos deux bandes d'un vert jaunâtre, brillant d'un éclat métallique. La bande extérieure se joint à la bande
intérieure, proche le corselet. Cette dernière est deux fois interrompue. Le ventre est brun, il a trois bandes jaunes parallèles
et longitudinales, qu'une bande transversale de même couleur
réunit, près du corselet. Sur les côtés de l'abdomen est une autre
ligne jaune qui ne se prolonge pas jusqu'à la partie postérieure.
Le corselet est rougeâtre, déprimé. La lèvre est arrondie, semi-
circulaire, brune. Les mâchoires et les mandibules sont rouges,
divergentes. Les pattes sont allongées, fortes, d'un rouge uniforme, avec des piquants noirs très-longs. Elles offrent d'une

manière très-distincte, à l'extrémité des tarses, trois onglets :
deux grands sont pectinés, un petit recourbé, non pectiné. (M.)

Monde-Maritime — Archipel malais — îles Célèbes.

Rapportée par MM. Quoy et Gaymard.

25. TÉTRAGNATHE BENGALAISE. (*Tetragnatha bengalensis.*) Long.
5 lig.

Yeux latéraux rapprochés, connivents, sur la ligne des intermédiaires postérieurs ; ceux-ci plus écartés entre eux que ne le
sont entre eux les yeux intermédiaires antérieurs. Abdomen cylindrique, noir ; ayant sur le dos des bandes longitudinales d'un
brillant métallique argenté, avec un reflet doré. Ventre brun.
Corselet glabre, rougeâtre. Pattes fines et de couleur verte. (M.)

Ancien-Monde — Asie — Hindoustan — Bengale.

Cette espèce ressemble beaucoup à la *Tetragnatha protensa*.

26. TÉTRAGNATHES ÉPÉÏRIDES. (*Tetragnatha Epeïrides.*)
Long. 1 lig. 1/2 ♀.

Yeux sur deux lignes parallèles, se rapprochant un peu à leur
extrémité ; la ligne antérieure un peu courbée en arrière. Les
yeux de la ligne postérieure sont plus gros que ceux de la ligne
antérieure. Le corselet est ovalaire, allongé, d'un rouge pâle,
avec deux larges bandes brunes, longitudinales, parallèles dans
son milieu, et ses bords également entourés de brun. Les mandibules sont de couleur blanche, cylindriques, allongées, non
divergentes, écartées. Les mâchoires sont longues, droites, à
côtés parallèles, coupées en ligne droite à leur extrémité, blanchâtres, un peu lavées de noir sur les côtés ; la lèvre est petite,
courte, semi-circulaire, noire, ainsi que le sternum. L'abdomen ovalaire, allongé, très-bombé et comme gibbeux sur le milieu du dos, à fond noir, mais avec nombre de taches jaune
rougeâtre, polygoniques ou triangulaires sur le dos, disposées
de manière à laisser à la partie antérieure une bande longitudinale noire, croisée par une autre de même couleur, courbe, de
sorte que ces deux bandes figurent une ancre ; puis la bande
noire s'élargit dans la partie postérieure, de manière à former
une figure ovalo-triangulaire, festonnée sur ses bords ; dans
le milieu sont deux lignes longitudinales de points jaunes res-

serrant une ligne noire qui fait suite à la tige de l'ancre. Le
ventre est noir, avec quatre points jaunes en carrés ; les points
postérieurs sont plus gros. Pattes blanches, fines, allongées ;
la paire antérieure beaucoup plus longue ; toutes sont annelées
de noir.

Ancien-Monde — Europe — France. Prise au Paraclet (près
Nogent-sur-Seine).

Cette espèce fait à l'ombre et entre les branches des arbres
une toile très-grande, composée de réseaux très-fins, mais très-
réguliers. Elle ressemble aux Tétragnathes coadunées, mais les
yeux latéraux sont un peu plus écartés.

3e FAMILLE. LES LÉZARDIFORMES. (*Lezardiformæ.*)

Palpes ayant l'huméral et le cubital renflés, et le digital
    mince et sétacé dans les femelles.
Mandibules courtes, coniques et non divergentes.
Abdomen allongé, renflé dans son milieu, et se terminant
    en pointe recourbée.

27. TÉTRAGNATHE LÉZARD. (*Tetragnatha lacerta.*)

Abdomen allongé, étroit, renflé dans son milieu, diminuant
graduellement vers son extrémité, qui se termine en queue
courbe. Le dos revêtu d'un éclat métallique argentin, les côtés
et la queue d'un jaune orange clair. Corselet petit, ovalaire, revêtu, comme l'abdomen, d'une couche d'argent. Mandibules
courtes, coniques, argentées, couleur orange clair, à articles
globuleux, le digital fin, filiforme. Pattes allongées, fines, d'un
jaune pâle.

Lezard spider, Abbot, Georg. spiders, p. 39, fig. 496.
Nouveau-Monde — Amérique sept. — Géorgie.

Prise le 9 juillet, secouée d'un pin, et de dessus le bord d'une
branche.

Abbot nous apprend que cette espèce relève habituellement
l'extrémité de son abdomen, comme certains animaux leur
queue. Cette habitude établit une affinité avec les Staphilins.
Abbot dit qu'il paraît que cette singulière Aranéide, qu'il n'a
prise qu'une fois, appartient au genre de l'*Aranea extensa*, qu'il

nomme le genre Cousin, *Gnat genus*, à cause des longues pattes
et du corps allongé. Cependant Abbot remarque aussi que cette
espèce en diffère sous certains rapports. La singulière conformation des palpes, les mandibules non divergentes et la forme de
son abdomen, tout nous porte à croire que cette espèce forme
un genre à part; mais, comme nous n'avons pas eu occasion de
l'examiner et que ses yeux et sa bouche nous sont inconnus,
nous avons dû provisoirement la placer dans le genre où Abbot
l'a mise. Il dit ne l'avoir trouvée que cette seule fois. C'est une
raison de plus pour attirer l'attention des observateurs sur cette
singulière espèce.

Affinités du genre Tétragnathe. Les Aranéides de ce genre ont
les mêmes habitudes que les Épéires, puisqu'elles font comme
elles une toile en spirale ; et qu'elles sont des Araignées géomè-
tres, comme les appelait Scopoli. Cependant ces deux genres
diffèrent beaucoup par leurs caractères essentiels, si on ne considère que la première famille des Tétragnathes ; mais par les
Tétragnathes coadunées, et par la famille des Épéires allongées,
les deux genres semblent s'unir et se confondre. Il n'en est point
cependant ainsi, car les Tétragnathes à yeux latéraux rapprochés
conservent encore le caractère du genre par ces yeux mêmes. En
effet, si l'on observe bien leurs axes visuels qui sont opposés,
on verra que ces yeux s'éloignent autant l'un de l'autre que
dans la première famille : ils ne sont pas placés sur une ligne
inclinée qui converge avec celle des yeux intermédiaires, mais
au contraire ils divergent de cette ligne. Cette position des yeux
rapproche beaucoup plus les Tétragnathes des Linyphies, que
des Épéires. Quoique dans les Tétragnathes de la seconde famille les mâchoires ne soient plus aussi allongées que dans la
première, cependant elles conservent la même forme ; elles
sont de même divergentes et ne ressemblent pas à celles des
Épéires. Les plus fortes affinités entre les Tétragnathes coadunées et les Épéires allongées sont dans les mandibules qui tombent perpendiculairement, dans la forme cylindrique de l'abdomen et surtout dans des pattes singulièrement fines et longues ;
mais les pattes des Tétragnathes sont beaucoup plus fines et plus
allongées, et nous ne trouvons pas, dans ce genre, d'espèces qui
approchent de la grandeur des Épéires allongées, qui sont celles
qui ressemblent le plus aux Tétragnathes. N'oublions pas de dire

que l'éclat métallique des couleurs de l'abdomen est encore un
rapport de plus entre certaines de ces familles de genres différents. Dans beaucoup de Tétragnathes l'onglet des mandibules est grand, rameux, et ne peut se reployer entièrement
dans la rainure de la tige, qui est armée de longues dents.
Ce caractère se retrouve aussi dans quelques Dysdères, et établit un léger rapprochement entre ces deux genres. S'il était
reconnu que l'Aranéide dont j'ai formé la troisième famille des
Tétragnathes appartînt réellement à ce genre, alors il aurait,
par son corselet petit et arrondi et par ses pattes fines, des rapports de ressemblance très-grands avec le genre *Pholcus*, qui lui
ressemble encore par son abdomen cylindrique et quelquefois
pointu. Le Tétragnathe lézard et le Pholque à queue se ressemblent en effet beaucoup au premier aspect, ce qui n'empêche
pas ces deux genres de différer par les caractères essentiels des
yeux et de la bouche : sous ces rapports les Tétragnathes ont de
plus fortes affinités avec les Épéires et même avec les Plectanes,
qui ne leur ressemblent pas du tout, qu'avec les Pholques. Mais
le genre auquel les Tétragnathes se trouvent liées par les plus
fortes affinités est le genre Ulobore ; pourtant dans les Tétragnathes les lignes des yeux antérieurs et postérieurs tendent
à se rapprocher par leurs extrémités ; dans les Ulobores ces
extrémités divergent. Sous ce rapport, ces dernières s'éloignent plus des Épéires et des Plectanes que des Tétragnathes ;
ces mêmes Ulobores, par la forme de leurs mâchoires, se rapprochent plus des Épéires et des Linyphies que des Tétragnathes.

39ᵉ Genre. ULOBORE (*Uloborus*).

Yeux *huit, presque égaux entre eux, sur deux lignes opposées ou écartées. Les yeux latéraux plus écartés entre eux que ne le sont entre eux les yeux antérieurs et postérieurs du carré intermédiaire. Ligne antérieure des yeux occupant le rebord antérieur du corselet et bandeau presque nul.*

Lèvre *large, arrondie, semi-circulaire ou semi-ovalaire.*

Mâchoires *plus hautes que larges, resserrées à leur base, arrondies et dilatées à leur extrémité, droites.*

Pattes *allongées, fortes; la première paire la plus longue, la quatrième ensuite, la troisième est la plus courte.*

Aranéides *construisant une toile horizontale, à réseaux réguliers en spirale, croisée par des rayons, et à mailles très-lâches. L'Aranéide se tient au milieu, renversée, les pattes étendues. Cocon allongé, anguleux.*

1ʳᵉ Famille. **LES DIVERGENTES.** (*Deflectentes.*)

Yeux sur deux lignes opposées courbées en sens contraires.
Lèvre semi-circulaire.

1ʳᵉ Race. **LES OVALO-CYLINDRIQUES.**

Abdomen *ovalo-cylindrique peu allongé.*

15.

1. ULOBORE WALCKENAER. (*Uloborus Walckenaerius.*) Long. 5 lig.,
♀ la femelle ; long. 3 lig., ♂ le mâle.

Abdomen ovale allongé, renflé dans son milieu, pointu à sa
partie postérieure, d'un jaune rougeâtre, couvert sur le dos d'un
duvet soyeux formant deux séries de petits faisceaux blanchâtres,
dessinant quatre lignes longitudinales, pâles, obscures, rameuses,
bifides à leur partie postérieure, de manière à former huit lignes
au lieu de quatre. Ventre noir au milieu, avec une ligne longitudinale jaune, un point et un petit croissant jaune aux deux
bouts ; côtés du ventre jaunes mouchetés de brun. Corselet
court, arrondi, aplati, rétréci vers la tête, divisé longitudinale-
lement par sept raies, dont quatre noires et trois blanches.
Pattes d'un blanc rougeâtre, les antérieures tachées de brun.
Mandibules verticales, peu robustes. Digital très-renflé dans
le mâle. Mandibules verticales, peu fortes et peu allongées.

Ulobore Walckenaer, Dugès, Règne animal de Cuvier, Arachnides, pl. 10, fig. 4. — Walckenaer, pl. 20, fig. 1 de cet ouvrage. (Les organes de la bouche ont été mal gravés ; les côtés
intérieurs des mâchoires ne se rejoignent pas. Voyez la figure de
Dugès (pl. 10, fig. 41). — *Uloborus Walckenaerius.* Hahn, die
Arachniden, t. 1, p. 122, pl. 35, fig. 62. — Ibid. Latreille, Gener.
Crust. et Insect., t. 1, p. 109 et 110. — Ibid. Règne animal de
Cuvier, t. 3, p. 88. — Ibid. Nouveau Dictionnaire d'hist. nat.,
t. 35, p. 102. — Ibid. Règne animal de Cuvier, nouvelle édition,
t. IV, p. 246. — *Ulobore de Walckenaer*, Guérin, Dictionnaire
classique d'hist. nat., t. 16, p. 458.

Ancien-Monde — Europe — Midi de la France et de l'Allemagne — aux environs de Bordeaux, de Montpellier et de Nuremberg.

Les petites touffes de poils lui forment sur le dos de petits
tubercules arrondis. Sur un mâle décrit par moi, qui n'avait
que deux lignes de long et dont la largeur était de 1/3 de
ligne, les pattes avaient les proportions suivantes : première
paire, 4 lignes 3/4 ; quatrième paire, 3 lignes ; deuxième paire,
2 lignes 2/3 ; troisième paire, 2 lignes. La quatrième paire de
pattes est, après la première, la plus longue dans la femelle
comme dans le mâle. Le dessin que nous avons donné de cette

Aranéide est de M. Dufour, et nous puisons dans une lettre adressée par ce naturaliste à M. Latreille ce qui concerne ses habitudes et son industrie.

Elle établit sa toile le plus ordinairement entre les tiges des ajoncs, dans des lieux secs et chauds. Cette toile est horizontale et en orbes ou spirales, comme celle des Épéires, mais d'un tissu plus lâche. L'Aranéide se tient au centre, les pattes étendues et serrées, à la manière des Tétragnathes. Elles emmaillottent en moins de trois minutes les petits insectes ou coléoptères qui se prennent dans leurs filets. Leur cocon, ou l'étui de leur cocon, est étroit, allongé, anguleux sur ses bords et suspendu verticalement par un de ses bouts à un roseau ; l'autre extrémité est fourchue. (Voy. Pl. 20, fig. 1 N.)

M. Hahn a trouvé cette espèce aux environs de Nuremberg, sur les bords des grands bois. Elle fait, entre les jeunes pins, une toile assez grande ; leur sac à œufs est de la grosseur d'un pois.

2ᵉ Race. LES ALLONGÉES CYLINDRIQUES.

Abdomen *ovale cylindrique*.

2. ULOBORE JAUNE. (*Uloborus flavus.*) Long. 3 lig. 1/2. ♀

Abdomen d'un jaune vif, velouté, à villosités divisées par petits compartiments visibles à la loupe, ou réticulé, le ventre d'un jaune pâle avec une bande obscure fort peu marquée ; liserée de jaune blanchâtre. Pattes blanchâtres, entourées d'anneaux plus clairs, allongées. Corselet ovale allongé.

Uloborus flavus, Savigny, Descript. de l'Égypte, hist. nat. Arachnides, explic. des pl., p. 117, pl. 2, fig. 1 et 2 ; t. 22, p. 322, édit. in-8°.

Ancien-Monde — Afrique — Égypte, environs de Rosette, et dans le jardin du Kaire.

Cette espèce paraît avoir le corselet plus allongé que l'Ulobore Walckenaer, les mâchoires moins resserrées à leur insertion, les yeux antérieurs du carré intermédiaire un peu plus rapprochés entre eux.

3. ULOBORE AMÉRICAIN. (*Uloborus Americanus.*) Long. 8 lig.

Yeux latéraux très-écartés et formant un grand carré où le

petit carré des intermédiaires est renfermé. Abdomen ovale,
allongé, pointu vers l'anus avec une bande rouge festonnée de
jaune et divisée longitudinalement en deux par une ligne noire
sur le milieu du dos ; côtés jaunes. Corselet ovale, allongé, avec
une ligne noire dans le milieu qui fait suite à celle du dos ; côtés
fauves. Pattes jaunes avec des points noirs aux articulations, et
les cuisses sablées de petits points noirs.

Abbot, Georgian Spiders, p. 7 , fig. 44.
Nouveau-Monde — Amér. sept. — Géorgie. Dans Briar-Creek-
Swamp. Rare.

Au nº 45, Abbot a figuré une Araignée de la même grandeur
et de la même forme que celle-ci, dont le dos est rose pâle, et
dont la ligne noire qui est sur le milieu du dos est formée de
trois petits trapèzes allongés ; le corselet n'a pas de ligne noire
longitudinale non plus que l'abdomen. Celui-ci a deux petits
traits parallèles suivis d'une raie double formant trois losanges,
ou un long fer de lance ; les côtes sont fauve rougeâtre moucheté de points plus foncés. Est-ce une variété de l'Ulobore
américain ? Abbot n'a point, comme à ce dernier, figuré les
yeux.

3e Race. LES ALLONGÉES FILIFORMES.

Abdomen *très-allongé , très-étroit , filiforme.*

4. ULOBORE FILIFORME. (*Uloborus filiformis.*) Long. 4 lig. 1/2 ♀.

Abdomen allongé, filiforme, étroit, cylindrique et se terminant en pointe, d'un jaune vif, divisé sur le dos dans toute sa
longueur par une ligne obscure. Corselet ovale, pointu vers la
tête. Les quatre yeux intermédiaires plus gros que les latéraux.
Pattes d'un gris livide.

Eugnatha filiformis. Savigny, Descript. de l'Égypte, Hist. nat.
t. 1. Arachnides, p. 120, pl. 2, fig. 4. — T. 22, p. 327, édit. in-8°.
Ancien-Monde — Afrique — Égypte — de l'intérieur du Delta.
Les pattes de la première paire ont 7 lignes 1/2 de longueur.
L'abdomen a 3 lignes 3/4 et n'est pas plus large que le corselet ;
il a 2/3 de ligne en largeur.

2ᵉ Famille. LES ÉCARTÉES. (*Divaricatæ*.)

Yeux sur deux lignes écartées, courbées en avant.
Lèvre semi-ovalaire.

5. ULOBORE ZOSIS. (*Uloborus zosis*.) Long. 3 lig. 1/2 ♂.

Abdomen ovalo-cylindrique, d'un fauve rougeâtre uniforme
sur le dos, ventre plus pâle, renflé et bombé près du corselet et
pointu vers l'anus, de longueur médiocre. Corselet ovalaire,
élargi et déprimé à sa partie antérieure, couvert de poils courts
et denses, marbré de gris, de noir et de fauve. Sternum rougeâtre, allongé, avec des points enfoncés à la naissance des
pattes. Les deux yeux antérieurs intermédiaires sont plus rapprochés entre eux que les postérieurs intermédiaires ne le sont
entre eux ; les yeux latéraux antérieurs sont écartés de la ligne
parallèle et placés plus bas que les intermédiaires de la même
ligne. Ces yeux sont noirs. La lèvre et les mâchoires sont de couleur pâle ou feuille-morte, glabres et sans poils ; les mâchoires
sont droites, dilatées graduellement, larges et en ligne droite à
leur extrémité et arrondies seulement au côté intérieur. La lèvre
est semi-elliptique, triangulaire, plus haute que large et terminée en pointe arrondie. Les mandibules sont cylindriques, perpendiculaires, non bombées sur le dos, de couleur aqueuse rougeâtre, à extrémité noire, et ayant une petite ligne transversale
à la partie supérieure. Les pattes sont allongées, fines, surtout vers
leur extrémité, point propres à la course, annelées irrégulièrement de noir et de jaune vif, de longueurs très-inégales. Celles de
la première paire sont à la fois beaucoup plus grosses et beaucoup
plus longues que les autres, la quatrième surpasse de beaucoup
la seconde en longueur, la troisième est beaucoup plus courte que
la seconde.

Zosis caraïbe, Planches de cet ouvrage, pl. 20, fig. 2.
Nouveau-Monde — Archipel des Antilles — Martinique.

Nous ne connaissons pas les habitudes de cette espèce, mais
nous pensons qu'elles doivent s'éloigner de celles du même
genre.

Affinités du genre Ulobore. — Ce genre est très-distinct, et cependant il tient par des affinités très-étroites avec trois autres, à savoir : les Épéires, les Tétragnathes et les Linyphies. La dernière famille, celle des *Divaricatæ*, dont nous avions pensé faire un genre à part sous le nom de *Zosis*, a les mâchoires des Linyphies, dont le côté intérieur se projette en angle au-dessus de la lèvre, et qui convergent vers leur extrémité. Dans leur ensemble elles se rapprochent des mâchoires de certaines Épéires ; mais cette famille est celle qui s'éloigne par ses yeux écartés des Épéires, et qui se rapproche sous ce rapport des Tétragnathes. La première famille d'Ulobores, au contraire, celle des Divergentes, a les plus grandes affinités avec les Épéires par ses mâchoires arrondies, étroites à leur insertion ; mais les lignes divergentes de leurs yeux les éloignent encore plus des Épéires que des Tétragnathes. Toutes les familles et toutes les espèces d'Ulobores ont ce caractère commun qui les éloigne des Épéires et qui les rapproche des Théridions et des Plectanes, c'est que la quatrième paire de pattes est la plus longue après la première paire.

40ᵉ Genre. LINYPHIE (*Linyphia*).

Yeux *huit, presque égaux entre eux, les intermédiaires postérieurs plus écartés entre eux que ne le sont entre eux les intermédiaires antérieurs; les yeux latéraux rapprochés.*

Lèvre *triangulaire, large à sa base.*

Mâchoires *droites, carrées, écartées entre elles ou s'inclinant légèrement sur la lèvre.*

Pattes *allongées, fines ; la première paire est la plus longue, la seconde ensuite, la troisième est la plus courte.*

Aranéides *sédentaires, formant une toile à tissu serré, horizontale, surmontée d'une autre toile à réseaux irréguliers, formés par des fils tendus sur plusieurs plans différents, et qui se croisent en tous sens ; se tenant le plus souvent sous la toile horizontale dans une position renversée, les pattes allongées en avant et en arrière.*

Iʳᵉ Famille. LES LINYPHIDES. (*Linyphidœ.*)

Mâchoires droites et très-écartées.
Abdomen ellipsoïde ou ovalaire, à dos bombé.
Corselet grand.

1. Linyphie montagnarde. (*Linyphia montana.*) Long. 3 lig. 1/4 ♀
Long. 2 lig. ♂

La femelle.—Abdomen ovale, allongé, resserré sur les côtés, pointu vers l'anus, arqué et bombé sur le dos, qui est plus élevé du côté du corselet; bande longitudinale, brune, dentée ou festonnée sur le dos, qui s'étend depuis le corselet jusqu'à l'anus, bordée de jaune; dans le milieu de cette bande est une autre bande longitudinale moins distincte, formée par des points jaunes, dessinant un petit ovale allongé, linéaire, proche le corselet, puis des triangles superposés les uns aux autres. Près de l'anus, la large bande est interrompue par deux traits jaunes inclinés, qui dessinent un ovale plus brun. Côtés bruns, sablés de points jaunes, avec une raie d'un jaune vif, longitudinale, traversée en marteau par un trait jaune; puis deux traits jaunes inclinés, parallèles, près de l'anus. Ventre verdâtre; sternum d'un brun plus foncé, noir. Corselet ovale, allongé, bombé, rougeâtre; deux petits traits noirs ou une ligne bifide noire, longitudinale, derrière les yeux. Mâchoires et mandibules rougeâtres. Yeux postérieurs du carré intermédiaire beaucoup plus gros que les intermédiaires antérieurs : tous les yeux sont placés sur des taches noires. Pattes allongées, rouges, glabres, avec des piquants rares, tachés de brun à leur extrémité. Les deux paires antérieures sont plus allongées que les postérieures.

Le mâle. — Abdomen cylindrique, d'un brun rougeâtre sur le dos, entouré d'une bordure jaune dentée, quelquefois oblitérée. Digital très-renflé, globuleux, d'un brun noir rougeâtre, dont la capsule est un ovale étroit qui ne recouvre pas l'organe sexuel, et dont la base est comme deux corps globuleux, aplatis, superposés, qui se terminent par un conjoncteur principal ou cône tronqué, et un conjoncteur auxiliaire, en crochet double ou en marteau.

Cette espèce présente les variétés suivantes :

Variété A. Ayant sur le dos, dans le milieu de la bande brune, deux raies fines, blanches ou ovales, près du corselet, suivies de deux ou trois chevrons, et un cercle jaune denté, entourant le tout, peu distinct.

B. Abdomen entièrement ponctué de jaune verdâtre sur un fond brun, qui oblitère, à la vue simple, les taches du dos et les côtés qui ne sont plus visibles qu'à la loupe (femelle pleine, nue).

Variété C. La bande brune dentée sans points jaunes, ni figure dans son milieu, qui est d'une seule couleur, avec les taches sur les côtés presque brunes.

Linyphie montagnarde, Walck. Tableau des Aranéides, p. 71, n° 2, Pl. 7, fig. 65 et 66. (Effacez la citation de De Géer, qui est fautive.) — *Linyphie montagnarde*, Walck. Planche 3, fig. 15 A et fig. 15 B des planches de cette histoire des Insectes aptères ; les yeux et la bouche , Pl. 16 , fig. 4 (une femelle). — *Araignée montagnarde*, Walck. Faune parisienne, Insectes , t. 2 , p. 215. (Effacez la citation de Lister qui se rapporte à une·autre espèce, et la remarque.) — *Linyphia triangularis*, Walckenaer , Hist. nat. des Aranéides , 5, 9. (Le nom donné à cette figure est une erreur du graveur ; ce fascicule a été publié sans description et sans ma participation.) — *Araneus montanus*, Clerck. Aranei suecici , p. 64 , spec. 11 , Pl. 3 , tab. 1, fig. 1, 2 et 3. — *Aranea resupina sylvestris*, De Géer , Mém. pour servir à l'histoire des Insectes , t. 7 , p. 244, n° 12 ; Pl. 14 , fig. 13 , 14 , 15 , 16 , 23. (Dans la figure 14, qui donne les yeux, ceux d'en bas ne sont pas assez rapprochés entre eux; fig. 15 , bonne figure de l'abdomen vu sur le dos.) — *Mountain spider*, Th. Martyn. Aranei Clerckii , p. 30, Pl. 3, fig. 4. — *Linyphie montagnarde*, Dugès dans Cuvier , Règne animal ; Arachnides, planche 10 , fig. 3 (le mâle) , e et b. (Excellente figure des yeux, de la bouche et du corselet.) — *Linyphia montana* , Koch, dans Deutschland Insecten , 127, Heft, fig. 18, la femelle (bonne figure), 127, 17 (le mâle vieux). (Effacez dans la synonymie la citation de Clerck qui reproduit l'erreur de De Géer.) — *Linyphia triangularis.* Latreille, Gener. Crustaceor. et Insect. t. 1 , p. 100 , Spec. 1.— *Araignée triangulaire*, Ibid. Hist. nat. des Crustacés et des Insectes , t. 7 , p. 242-248. — *Linyphia triangularis*, Sundevall , Svenska Spindlerness , p. 28 , n° 6. Act. Reg. Scient. Holm. 1829. (Effacez la synonymie et n'ayez égard qu'à la phrase spécifique. Dans la description , plusieurs des espèces suivantes sont confondues en une seule.)

En Suède — en France dans les environs de Paris et sur les monts Pyrénées — en Allemagne dans les environs de Ratisbonne.

Les erreurs commises par presque tous les naturalistes, dans la synonymie de cette espèce, sembleraient prouver qu'il est très-difficile de la distinguer de l'espèce suivante et de ses congénères, avec laquelle on l'a confondue ; cependant elle s'en distingue par des caractères tranchés, qu'il est nécessaire de faire connaître. Elle est un peu plus grande que l'espèce suivante et a des couleurs plus ternes ; son dos est plus arqué dans la partie antérieure, tandis que dans la Triangulaire, l'abdomen est plus renflé vers la partie postérieure. La raie brune, dentée, du dos, est continue, moins étroite que celle de la Triangulaire, et moins large que dans la *Linyphia resupina* de Wider, qui aussi a été confondue avec cette espèce. Notre *Montana* a une petite raie noire bifide, qui ne se trouve point dans notre *Resupina*, ni dans la *Resupina* de Wider. Les pattes annelées de brun de cette dernière la font aussi facilement distinguer : enfin la *Montana* a les yeux postérieurs du carré intermédiaire beaucoup plus gros que les antérieurs, et ceux-ci sont très-rapprochés ; ce caractère seul suffirait pour la distinguer de toutes les autres Linyphies, qui ne l'ont pas au même degré.

De Géer avait lu à l'Académie des sciences de Stockholm un mémoire sur l'accouplement de cette Aranéide, que Clerck cite comme imprimé le 26 janvier 1754, page 11. Lorsqu'en 1757 Clerck publia son Histoire naturelle des Araignées de la Suède, il donna le nom d'*Araneus montanus* à l'Aranéide qui avait été l'objet des observations de De Géer. Comme celui-ci procédait méthodiquement dans la publication de ses Mémoires sur l'histoire naturelle, il garda longtemps ceux qu'il avait composés sur les Insectes aptères, et ceux-ci ne parurent qu'en 1778, après sa mort ; il ne put donc corriger l'erreur qu'il avait commise, en intervertissant les citations relativement à Clerck, appliquant le nom de *Araneus triangularis* à son *Araneus montanus*, et *Aranea montana* à une espèce que Clerck n'a point connue et qui est la *Resupina* de Wider.

Latreille n'a bien connu que la Linyphie montagnarde qu'il a nommée triangulaire, et il l'a fort bien décrite. Mais sa description de la Triangulaire de Clerck, qu'il nomme Montagnarde, est faite d'après cet auteur. De Géer et Latreille ne se sont pas douté que ces deux espèces, la *Montana* et la *Triangularis*, étaient presque toujours confondues entre elles, et aussi avec d'autres espèces non décrites qui leur ressemblent. M. Sundevall, trompé par la fausse synonymie de De Géer, n'a pu distinguer cette espèce de celles qui lui ressemblent. Olivier, Encyclopédie méthod., Hist. nat., Insect., t. 4, p. 208, a copié De Géer, et il faut faire à sa synonymie les mêmes corrections.

La Linyphie montagnarde est la plus commune dans nos bois, autour des habitations et dans les jardins ; elle construit une très-grande toile horizontale, comme celle des Tégénaires ou Tapissières, au-dessous de laquelle elle se tient ; mais cette toile en tapis, en nappe suspendue comme un hamac, a en dessous, et surtout en dessus, une autre toile à réseaux écartés, irréguliers, semblable à celles des Théridions ou des Rétitèles. Cette toile s'élève souvent à une assez grande hauteur et occupe, dans les endroits solitaires des bois qui sont à l'abri du vent, un grand espace. Les fils de cette toile supérieure sont très-fins, peu visibles dans l'ombre, mais très-brillants au soleil, ou lorsqu'ils sont chargés, avant son lever, de la rosée matinale. On commence à les voir au printemps, mais c'est dans les mois de juin, de juillet et d'août qu'elles sont plus nombreuses et plus grandes. Nous avons trouvé, le 15 juin 1830, le cocon de cette espèce revêtu d'une bourre d'un blanc brillant, et attaché sur la surface inférieure d'une pierre, à laquelle aboutissaient les fils irréguliers tendus au-dessus de la nappe horizontale où se tient l'Araignée. Ce cocon est sphérique, aplati, et il contient des œufs jaunâtres, non agglomérés. L'Araignée le gardait assidûment. Elle avait abandonné sa toile pour demeurer dans le voisinage du cocon. L'ébranlement que je donnai à ses fils ne la fit pas bouger. Cette Araignée, lorsqu'elle n'a point ses œufs à garder, est très-vive, et marche sous sa toile avec beaucoup de vitesse. La femelle et le mâle cohabitent fréquemment sur la même toile, surtout dans le temps des amours. De Géer, qui a donné de cette espèce la plus excellente description, décrit son accouplement de la manière suivante. Il avait mis un mâle et une femelle dans un poudrier. La femelle s'y était filé une petite toile horizontale, et s'y tenait cramponnée en dessous, le ventre en haut, comme à l'ordinaire. Le mâle s'approcha d'elle en marchant également dans une position renversée ; il se plaça d'abord, mais toujours renversé, sous sa femelle, de façon que le dessus de son corselet venait s'appuyer sur le dessous de celui de sa femelle (voyez Pl. 16, fig. 22, de De Géer). Celle-ci restait constamment dans une parfaite tranquillité, immobile. Ainsi tous deux se trouvaient réciproquement entrelacés entre leurs pattes. Ce fut alors que le mâle appliqua son conjoncteur très-gonflé contre la vulve du ventre de la femelle. De Géer vit l'introduction de l'organe mâle (fig. 21), qui avait la forme d'un tuyau goudronné. Le mâle, après cette introduction, se tenait immobile pendant une minute, ensuite il retirait à lui son palpe, et l'on voyait rentrer en elles-mêmes toutes les parties saillantes. En retirant son conjoncteur, le mâle fit un petit effort. La partie rentrante se trouvait à la base du corps globuleux, et à sa jonction avec le radial. Pendant le temps que durait l'accouplement, le mâle donnait un petit mouvement de vibration à son ventre. Lorsqu'il avait retiré son conjoncteur de la vulve de la femelle, il le portait entre ses mandibules, et semblait le presser doucement et l'humecter, puis il recommençait de nouveau à s'accoupler. « Il était surprenant, dit De Géer, de voir pendant tout ce temps la femelle qui laissait tout faire à son mâle, sans se donner le moindre mouvement et sans marquer la moindre impatience, quoiqu'il la heurtât souvent assez rudement avec son palpe. »

« Tout près de cette femelle, continue notre auteur, il s'en trouva une autre dans le même poudrier, à laquelle le même mâle fit aussi visite pour s'accoupler avec elle, ce qu'il exécuta de même et à plusieurs reprises. Il passa ensuite encore à la première femelle, et recommença à la caresser de nouveau; il se rendit ainsi de l'une à l'autre, plusieurs fois de suite, dans le temps de trois heures que je l'observai sans interruption. Il paraît donc qu'un seul mâle est capable de féconder plus d'une femelle; et il est incroyable comme il est ardent à réitérer l'action amoureuse. »

J'ai observé aussi l'accouplement de cette espèce ou de la Triangulaire, dont la description va suivre; car alors je n'étais pas encore parvenu à les bien distinguer. J'eus deux fois occasion de faire cette observation, en 1832, aux Eaux-Bonnes, dans les Pyrénées, une première fois le 26 juin, et une seconde fois le 13 juillet, le thermomètre centigrade marquant 20 degrés de chaleur. Leur toile était tendue sur des buis. Je remarquai que l'accouplement n'avait pas lieu dans la partie de la toile en tapis ou nappe, mais dans la partie de celle à réseaux, où les mailles étaient les plus croisées et les plus denses. En relisant ma description, je la trouve si semblable, dans les principaux points, à celle de De Géer, que je ne la transcrirai pas. J'ajouterai seulement que le mâle observé par moi, en renouvelant ses accouplements avec la même femelle, et en passant pour cet effet ses palpes entre ses propres mandibules, ne se servait jamais deux fois de suite des mêmes palpes. La femelle, dans l'acte de la copulation, a le corps ployé à la renverse, et la partie de son abdomen où est la vulve est plus élevée vers le mâle que le reste du

corps ; sa vulve est fort ouverte, et présente un trou rond à fond
jaunâtre ; son abdomen a un mouvement de contraction tel
qu'entre l'anus et la vulve, il offre une courbe légère et concave.
Lorsque le vent vient à souffler, même avec assez de violence,
et balance la plante où se trouvent les deux individus accouplés,
cela ne les dérange pas ; mais si vous touchez à leur toile, même
légèrement, la femelle se détache du mâle et s'enfuit avec la
rapidité de l'éclair ; le mâle reste immobile et comme pétrifié ;
mais bientôt il poursuit la femelle, l'atteint, et recommence à
s'accoupler. Le conjoncteur se gonfle et se dégonfle pendant
l'acte de la copulation : j'ai compté, une première fois, 35 de
ces gonflements ou dégonflements en 4 minutes, pendant 40 minutes ; une autre fois, 53 en 6 minutes de temps, ce qui semble
faire présumer environ 9 à 10 coïts par minute, et 360 ou 400
pendant les 40 minutes.

Après l'acte accompli, le mâle se retire tranquillement, sans
paraître en rien redouter sa femelle. Cependant ces Aranéides
sont très-féroces, s'attaquent et se dévorent entre elles, si on
enferme deux femelles dans une même boîte. Clerck dit qu'elles
forment de leurs œufs deux ou trois petites masses réunies
dans une enveloppe commune, et qu'elles attachent ce cocon à
quelque corps voisin ; elles gardent ce cocon assidûment jusqu'à
ce que leur progéniture puisse saisir les petits insectes pris aux
minces filets qu'elles ont tissus pour leur usage. Ces œufs sont,
dit-il, jaunâtres, séparés et petits (p. 70). La bande du dos est
violette dans sa variété. Cette espèce est très-bien figurée par
M. Koch, dans Deutschland Insecten, 127, fig. 18. Elle a été
prise en septembre.

On ne peut deviner aujourd'hui quelle espèce d'Aranéide
Linnée a décrite en 1746, pour la première fois, dans la première
édition de sa *Fauna suecica*, sous le n° 1242, p. 357, et à laquelle
il a donné, dans sa seconde édition, le nom d'*Aranea montana*,
p. 488, n° 2007. On peut affirmer hardiment que lui-même ne
le savait plus lorsqu'il publia, en 1767, la dernière édition de
son *Systema naturæ*. Là, il reproduit la phrase si vague et si insuffisante de la Faune suédoise ; mais il y ajoute, comme synonymie, une citation de Lister, et cette citation nous reporte non
pas à une Araignée, mais à un Faucheur.

2. LINYPHIE TRIANGULAIRE. (*Linyphia triangularis.*) Long. 2 lig. 3/4
— 3 lignes ♀ Long. 1 lig. 3/4 ♂.

Abdomen ovale allongé resserré sur les côtés, arqué et
bombé sur le dos, se terminant en pointe à l'anus, plus élevé
vers la partie postérieure que vers la partie antérieure qui s'a-
mincit vers le corselet de manière à figurer une forme pyramidale, ou triangulaire, ou en poire, qui tend à paraître globuleuse quand l'aranéide est pleine. Bande festonnée d'un noir
vif, bordée de jaune ou de blanc verdâtre dans le milieu du
dos; la bande noire est divisée aux deux tiers de sa longueur
par deux petits traits jaunes transversaux qui ne joignent pas,
et qui sont immédiatement au-dessous de la plus grande é é-
vation du dos. Au-dessous de ces traits, la bande noire s'élargit,
formant un large triangle ou ovale jusqu'à l'anus. Dans sa
partie antérieure, la bande noire est souvent marquée de trois
petits traits jaunes ou blancs, disposés longitudinalement, qui
s'oblitèrent dans les femelles très-pleines, et alors cette partie
est entièrement noire, et la partie postérieure et large de cette
bande noire a deux petits points noirs disposés transversalement. Les deux bandes latérales jaunes qui, festonnées à
l'intérieur, bordent la bande noire, s'élargissent sur les côtés,
et projettent à la partie postérieure deux ou trois raies fines
perpendiculaires, jaunes. Sur la partie large du flanc de l'abdomen, il y a en outre au-dessous de cette bande une autre plus
courte, jaune, qui se détache du vertébral et se prolonge longitudinalement, en s'élargissant un peu, qui n'atteint pas cependant tout à fait les deux traits projetés en bas par la bande
supérieure, mais qui cependant figure, à cette partie resserrée
du côté de l'abdomen, une sorte de triangle à côté jaune, à
surface noire; mais dans les jeunes, ce triangle n'est plus
qu'une raie brune ou noire entre les raies jaunes et latérales.
Le ventre est noir comme les côtés et la bande du dos, mais
il a deux croissants ou deux lignes jaunes opposées, formées par
des lignes qui ne sont pas continues et qui sont composées de
traits détachés. Le corselet est ovale, un peu bombé à sa partie
antérieure, mais déprimé sur sa partie postérieure. Il est marginé, c'est-à-dire que ses côtés s'étalent en un rebord qui
forme comme une espèce de rigole tout autour. Ce rebord est

jaune pâle, tandis que toute la partie bombée est rouge brun.
Les mandibules sont rougeâtres, les mâchoires et la lèvre
noires, ainsi que le sternum. Les yeux sont gros, saillants, les
postérieurs des carrés intermédiaires n'étant pas plus gros ni
beaucoup plus écartés entre eux que les antérieurs du même
carré. Pattes allongées, fines, verdâtres ou rouge pâle, filiformes. — Le mâle a l'abdomen cylindrique et les mêmes
couleurs que les femelles; ses pattes sont plus jaunes, celles de
la femelle plus vertes.

Araignée triangulaire, Walckenaer, Faune parisienne, t. 2,
p. 214, n° 54. — *Linyphie triangulaire*, Walckenaer, Tableau
des Aranéides, p. 70, n° 1 (effacez dans la Synonymie la citation de Géer et celle de Lister). — *Araneus triangularis*,
Clerck, Aranei suecici, p. 71, Spec. 12, Pl. 3, tab. 2, fig. 1 et 2
(Variété à bandes rougeâtres, figure fautive). — *Triangular
Spider*, Martyn, Aranei, Clerck, p. 32, Pl. 3, fig. 1 (mauvaise figure). — *Aranea Albini*, Scopoli, Entomol. carniolica,
p. 36, n° 1089.

Linyphia Walckenaeria, Risso, Hist. nat. de l'Europe méridionale, t. 5, p. 169, n° 45 (Variété où les taches claires sont
verdâtres au lieu d'être blanches ou jaunes).

Linyphia marginata, Wider, dans le Museum Senckenbergianum, Band 1, p. 253, Pl. 17, fig. 5 *a* et *b* (bonne description
et bonne figure de la variété dont la bande longitudinale
du dos est toute noire, non mêlée de blanc. Femelle à abdomen
allongé, non pleine, 3 lignes).

Linyphia marginata, Koch, dans Deutschlands Insecten de
Herrich Schæffer, 127, 22 (Variété avec les taches blanches
mêlées dans la bande noire. Femelle jeune de 2 lignes 1/2). —
Ibid. 127, 21 — (Variété avec la bande noire ou rouge brune
sans tache blanche, l'abdomen cylindrique; — jeune mâle,
2 lignes 1/2, avec les organes développés).

Ancien-Monde — Europe — France — Suède — Allemagne —
Danemark.

Cette espèce a été bien souvent confondue avec la précédente,
dont elle a les habitudes. Cependant elle peut s'en faire distinguer à la première vue par ses couleurs plus tranchées, mêlées
de jaune, de noir, de blanc et de vert. La courbure de son
abdomen est différente, allant en diminuant beaucoup vers
le corselet; ses pattes sont plus fines et plus allongées, les

cuisses surtout sont plus grêles ; la tache brune du dos n'est pas continue ni aussi large vers le corselet. Elle n'a pas les gros yeux postérieurs du carré intermédiaire, qui distinguent la *Montana*. Enfin le singulier caractère de son corselet marginé, dont le rebord forme une rigole, et qui est d'un jaune pâle tranchant avec le reste, suffirait seul pour la faire distinguer non-seulement de ses congénères, mais de presque toutes les Arancides. — Je ne vois guère que l'Agélène labyrinthique qui présente aussi ce caractère, mais non pas au même degré que dans la Linyphie triangulaire. Ce caractère se trouve dans le mâle comme dans la femelle, et, dans les jeunes, il est aussi prononcé, et peut-être plus, que dans les adultes.

La Linyphie triangulaire se trouve fréquemment en juin le long des berges et des fossés, dans les buissons qui bordent les bois. Elle établit sa toile sur l'épine blanche, le troëne. Cette toile se compose d'un réseau horizontal à tissu en nappe ; sur ce réseau, et à l'entour, elle établit des fils croisés, qui prennent d'autant moins d'espace en largeur qu'ils sont plus élevés, d'où résulte un réseau pyramidal et terminé en pointe, les derniers fils se trouvant attachés à une branche encore plus élevée et soutenant le sommet de cette pyramide. Le mâle se rencontre souvent sur la toile de la femelle; ils paraissent y vivre en parfaite intelligence, et on les y trouve fréquemment accouplés. Selon Clerck, cet accouplement a lieu en septembre. La variété blanchâtre du mâle peut se confondre avec le mâle de l'Épéire inclinée, dont l'abdomen aussi est cylindrique; mais les pattes de celui-ci sont moins allongées, et les caractères essentiels de la bouche et du corselet diffèrent.

3. LINYPHIE RENVERSÉE. (*Linyphia resupina.*) Long. 3 ou 4 lig.

Abdomen ovalaire, allongé, resserré sur les côtés, pointu vers l'anus, arqué et bombé sur le dos, qui est plus élevé du côté du corselet. Sur ce dos est une figure ovale et une tache brune, bordée de jaune, dentée ou festonnée, élargie dans son milieu, pointue vers l'anus avec de petits points jaunes dans l'intérieur, dessinant une suite longitudinale de taches triangulaires ou festonnées, superposées les unes aux autres, brunes, obscures ; immédiatement au-dessus de l'anus sont deux petits traits jaunes transversaux. La bande latérale jaune qui entoure cet ovale est réticulée, ou formée par des points carrés très-rapprochés, sur un fond brun ; ces points sont plus pressés, plus denses vers les côtés de l'abdomen qui sont près du corselet, et diminuent graduellement jusqu'à l'anus ; cette bande est d'une couleur jaune vif à sa partie antérieure, et jaune brun à sa partie postérieure. Une bande noire foncée, arquée, commence près du vertébral, entoure en dessous la partie antérieure du ventre, pénètre dans la partie jaune du côté antérieur, et cesse au tiers de la longueur. En dessous et sur les côtés du ventre, la bande jaune est sinuée, bordée de brun à l'intérieur ; le ventre est brun, et a deux lignes jaunes opposées, formées par des traits ; ces deux lignes se rejoignent en angle au-dessus de l'anus, formant un V, qui est encore divisé dans son milieu par une ligne longitudinale. Le sternum est d'un brun noir rougeâtre. Les mâchoires sont d'un rouge pâle, glabre, brillant ; la lèvre brune, bordée de jaune ; le corselet ovale, allongé, bombé, rouge brun, avec des taches plus brunes, longitudinales ; une en triangle allongé, brune, au-dessus des yeux, et lavée de brun sur les bords, à la partie postérieure, et dans les lignes qui, des pattes, aboutissent au petit sillon enfoncé de la partie postérieure. Yeux presque égaux entre eux en grosseur, portés sur des éminences très-prononcées, brunes. Tous sont d'un jaune d'ambre brillant ; les quatre des carrés intermédiaires sont portés sur une élévation commune ; les deux antérieurs de ce carré sont plus rapprochés entre eux que les postérieurs du même carré ; ils sont projetés en avant, dépassant le bandeau, séparés par un petit sillon, ce qui les fait paraître plus rapprochés qu'ils ne le sont en effet. Les mandibules sont rouges, et brunes à leur extrémité. Les palpes ont l'huméral et le cubital rouge pâle, marqués de brun à leur extrémité ; le digital est d'un rouge brun, avec beaucoup de poils noirs. Les pattes sont allongées, mais médiocrement, jaune rougeâtre, annelées à tous les articles de larges anneaux d'un noir pâle ou rouge brun ; les deux paires antérieures ne sont pas beaucoup plus allongées que les postérieures. La première est la plus longue, mais la seconde ne surpasse que de très-peu la quatrième.

Le mâle jeune est semblable à la femelle ; il a le corselet plus brun, proportionnellement plus grand ; les pattes plus allongées et marquées d'anneaux rouge brun plus foncés ; plus âgé, et quand ses organes sont développés, son abdomen est petit,

étroit, ovalo-cylindrique, concave et ridé ; mais l'ovale brun,
bordé de jaune, se retrouve comme dans la femelle, et présente
quelquefois, à sa partie antérieure, deux points d'un jaune vif.
L'abdomen de la femelle, après la ponte, ressemble à celui du
mâle ; il est seulement un peu moins cylindrique.

Linyphia resupina, Wider, dans le Muscum Senckenbergianum,
in-4°, t. 1, p. 252, Pl. 17, fig. 4. — *Aranca resupina domestica*,
De Geer, Mém. p. s. à l'hist. nat. des Insectes, t. 7, p. 251,
n° 13. (Effacez la synonymie qui est fautive.) — *Araneus niger
aut castaneus*, Lister, Hist. an. Angl. de Aran., p. 64, tit. 19,
fig. 19.—*Araignée montagnarde*, Latreille, Hist. nat. des Insectes
et des Crustacés, t. 7, p. 248.—Ibid. Nouveau Dictionnaire d'hist.
nat. t. 13, p. 95. — *Araignée montagnarde*, Olivier, t. 4, p. 208,
n° 35. — *Aranea pinnata*, Müller, Zool. Dan. Prodrom., n° 2328,
Act. Nidr. IV, n° 87, Ubers., p. 303.

Ancien-Monde — Europe — France, Suède, Danemark, Angleterre.

Cette espèce ressemble beaucoup à la Linyphie montagnarde,
et a toujours été confondue avec elle ; cependant elle s'en distingue par des caractères constants et spécifiques. Elle a même
forme et même grandeur ; mais le dos est un peu moins bombé,
un peu plus large, et ce n'est pas une simple bande longitudinale brune qui est sur le milieu, mais un ovale brun qui remplit
le dessus du dos ; le corselet est plus étroit, plus bombé ; les
yeux postérieurs du carré intermédiaire ne sont pas si gros et si
disproportionnés avec les yeux intermédiaires antérieurs ; ceux-
ci sont moins rapprochés entre eux et plus saillants. Ses pattes
sont moins allongées ; les deux paires de pattes antérieures ne
surpassent pas autant en longueur la quatrième paire de pattes
que dans la Montagnarde ; enfin, ces pattes sont maculées par de
larges anneaux bruns. Ce caractère fait distinguer, au premier
coup d'œil, cette espèce de toutes celles avec lesquelles on pourrait
la confondre, qui ont toutes des pattes d'une seule couleur, sans
anneaux.

Le digital du mâle de cette espèce est assez semblable à celui
du mâle de la Montagnarde. Le conjoncteur se trouve accolé à
une cupule étroite, en ovale allongé, terminé par des poils. Ce
conjoncteur est globuleux à sa base et se termine en cône tronqué, à côté duquel est un crochet courbe, pointu, dénommé
conjoncteur auxiliaire, selon la nomenclature de M. de Savigny,

mais qui, d'après mes observations et celle de De Geer sur l'accouplement, serait le véritable conjoncteur.

Selon De Geer, cette espèce file, comme la *Montana,* une toile horizontale, suspendue et entourée par un grand nombre de fils perpendiculaires et obliques, croisés en tous sens; mais elle choisit les coins des murailles et des fenêtres, et d'autres endroits semblables, pour y tendre sa toile. Elle s'y tient en dessous, court avec vitesse, dans une position renversée ou le dos en bas, comme la *Montana.* Quand une Mouche se trouve prise, l'Araignée l'attaque toujours au travers de la toile. C'est rarement qu'on la voit marcher sur le plan supérieur.

Puisque Lister dit, dans sa description, *pedes maculosi,* il a, sans nul doute, cette espèce en vue dans sa description; mais quand il parle de ses habitudes, nous croyons qu'il a pu la confondre avec plusieurs de ses congénères. Quoi qu'il en soit, voici ce qu'il en dit: « Au printemps elle construit, dans les pâturages, un grand nombre de petites toiles en nappes fines, et dont l'existence ne se révèle que le matin, par le moyen de la rosée qui les surcharge. » Il en trouva une quantité dans les troncs pourris des vieux chênes et des bois dépérissants qui sont près d'Ascome, dans les environs de la ville d'York. C'est en juin qu'il a vu le cocon de plusieurs, près de leurs toiles; il se compose d'une bourre lâche, recouvrant les œufs, qui sont d'un jaune rougeâtre, non agglutinés. Lister a observé que cette espèce fait une double ponte, car il a vu deux cocons attachés l'un à côté de l'autre, mais inégaux. Dans l'un, les œufs étaient déjà éclos; dans l'autre, les œufs étaient entiers, pondus depuis peu de temps. Il a remarqué qu'en effet un grand nombre de femelles étaient pleines au commencement de septembre, et que le mâle se rencontrait fréquemment près de leurs toiles. Il est probable que les cocons pondus dans l'arrière-saison passent l'hiver abrités par les mousses et les racines des arbres, et n'éclosent qu'au printemps. Cependant Lister dit qu'il a observé de jeunes Aranéides de cette espèce au commencement de novembre, volant par le moyen des fils qu'elles faisaient sortir de leur abdomen; et, pour s'assurer qu'elles ne descendaient pas, il en mit plusieurs sur sa main, qui, par le moyen d'un fil aussitôt éjaculé par elles, montèrent aussitôt dans l'air et disparurent dans l'espace. Ces petits individus avaient la même forme que l'Araignée adulte; Lister en vit de semblables au commencement de mars; ils ont le corps

d'un noir brillant, et les pattes d'un jaune rougeâtre. J'ai trouvé
fréquemment cette espèce dans les envois d'Aranéides qui
m'ont été faits de Berlin. Serait-ce la plus commune dans les
environs de cette ville ?

Voici la description qui est donnée de l'*Aranea pinnata* de
Müller : « Elle est petite. Le dessus du corselet est brunâtre, et à
sa partie antérieure sont trois larges raies longitudinales. L'abdomen est arrondi et épais, de couleur noire, quelquefois d'un
violet foncé et brillant comme de la soie, avec deux raies blanches longitudinales, dentelées sur les côtés ; la partie postérieure
a encore deux raies, l'une longitudinale, l'autre oblique. Les
pattes sont de la même couleur que le corselet en dessus. Cette
Araignée étend sa toile sur les bruyères et autres arbustes peu
élevés. Elle est toujours placée sous sa toile, avec le dos tourné
vers la terre : aussi pourrait-on l'appeler *Aranea supina*. »

4. LINYPHIE EMPHANE. (*Linyphia emphana.*) Long. 3 lig.

Abdomen ovale allongé, resserré sur les côtés, pointu vers
l'anus, arqué et bombé sur le dos qui est plus élevé du côté
du corselet. Bande brune, festonnée ou dentée, étroite, longitudinale jusqu'à la courbure du dos, resserrée par une bande
jaune blanche, large, et qui s'étale sur les côtés : cette bande est
cependant tachée de trois petits traits bruns recouverts d'un peu
de jaune, disposés longitudinalement ; celui du milieu est courbe
ou en croissant. A la partie postérieure, qui forme plus de la
moitié de la grosseur du dos, est une grande tache quadriforme
ou triangulaire, qui se prolonge jusqu'à l'anus, noire comme la
bande étroite supérieure, et sur le milieu de laquelle ressortent
trois petits traits d'un jaune vif, disposés en triangle ; les deux
traits supérieurs sont transversaux, droits, l'un à côté de
l'autre, le troisième en dessous forme un petit angle ou accent
circonflexe. Les côtés de l'abdomen sont blancs et, vers la partie
postérieure, projettent trois lignes de même couleur, perpendiculaires ; la plus longue et la plus rapprochée du corselet achève,
avec une ligne latérale jaune du ventre, de dessiner une figure
triangulaire brune ou noire sur les côtés du ventre, proche le
corselet. Derrière ce triangle et à l'extrémité de l'abdomen qui
est brun, il y a quatre petits traits jaunes qui continuent les lignes
perpendiculaires jaunes et qui atteignent le côté des filières qui ont

encore au-dessus deux petites taches jaunes bifides, et qui sont ainsi entourées de petites taches jaunes. Le ventre a deux lignes jaunes longitudinales, opposées, qui vont se réunir en angle à l'anus. La région de la vulve est aussi jaune, ce qui dessine un triangle dans le milieu duquel des points fins, jaunes, dessinent un autre triangle allongé, inscrit dans le grand triangle, ne laissant de chaque côté que deux bandes noires. Le corselet est ovale, verdâtre, bombé, non marginé. Le sternum est glabre, d'un rouge brun tirant sur le noir ; les mâchoires et la lèvre roussâtres. Les yeux sont petits, sessiles, c'est-à-dire non portés sur des protubérances. Les postérieurs du carré intermédiaire ne sont pas plus écartés que les antérieurs du même carré, et ils sont d'un jaune d'ambre brillant transparent, mais ils ne sont pas beaucoup plus gros. Les yeux antérieurs sont rapprochés et bruns. Entre eux et les yeux postérieurs la tête présente un léger gonflement. Les yeux latéraux, au niveau de la ligne de ceux d'en haut, sont rapprochés, connivents, et placés sur une petite éminence d'un brun rougeâtre. L'œil postérieur est d'un jaune d'ambre brillant, l'antérieur brun. Les pattes sont allongées, verdâtres, unicolores.

Ancien-Monde — Europe — France.

Cette espèce, par sa forme, ses couleurs vives, mélangées de jaune, de vert et de noir, par son dos très-élevé lorsqu'elle est pleine, ressemble tellement à la Linyphie triangulaire, que l'on ne parvient que par un examen très-attentif à saisir ses différences spécifiques, qui sont cependant très-tranchées. D'abord, elle n'a point le corselet marginé ni déprimé à la partie postérieure. Ses yeux sont différents ; ils ne sont pas gros, bruns et saillants comme dans la triangulaire ; les yeux antérieurs et les yeux latéraux sont plus rapprochés entre eux ; le milieu du ventre n'est pas noir comme dans la triangulaire, et elle a des traits ou points jaunes à l'entour de l'anus. Cette jolie espèce, qui n'est pas commune, se rapproche aussi par le dessin des côtés de son abdomen de la *Linyphia quadrata* de Wider (Museum Senckenbergianum, p. 251, Pl. 17, fig. 3 *a* et *b*), mais celle-ci a les yeux antérieurs du carré intermédiaire trop écartés pour pouvoir être confondue avec elle. La *Linyphia peltata* du même auteur (pl. 17, fig. 7) concorderait assez pour les yeux, et surtout par la figure jaune du ventre, mais elle s'en éloigne par ses bandes noires et jaunes du dos et des côtés de l'abdomen, par la forme de cet abdomen, moins gonflé à sa partie antérieure.

5. **Linyphie des arbrisseaux.** (*Linyphia fructorum.*) Long.
2 lig. 1/5 ♀ ; long. 1 lig. 3/4 ♂.

La femelle.—Abdomen cylindrique épais, à dos élevé en ligne droite parallèle au ventre, tronqué à son extrémité postérieure ou se terminant par une courbe verticale et un peu rentrante en dessous. Bande large, noire, dentée, longitudinale sur le dos, depuis le corselet jusqu'au commencement de la courbure verticale, bordée d'une large bande blanche ou jaune, festonnée tant à l'intérieur qu'à l'extérieur, qui projette sur les côtés trois petites lignes jaunes perpendiculaires, formées par des points ou petits traits le long des côtés de la partie postérieure : entre ces raies et le corselet, les côtés sont noirs, ainsi que tout le ventre ; mais sur le bas des côtés est un croissant ou courte bande jaune un peu arquée, dont les pointes sont relevées, et qui, en se rejoignant à la ligne blanche latérale et perpendiculaire, dessine quelquefois un triangle noir ; cette bande ou croissant est souvent courbée en crochet à sa partie postérieure et plus large. L'extrémité postérieure ou verticale du dos est noire, mais elle est entourée d'une bande jaune, dessinant la moitié d'un ovale fermé en bas par deux grands points jaunes ou une ligne interrompue dans son milieu ; la courbe est aussi interrompue ou amincie à sa partie supérieure. Au milieu du disque sont deux petits points jaunes très-fins, disposés transversalement. Corselet allongé, bombé, rouge. Les yeux latéraux et les yeux intermédiaires portés sur trois éminences brunes qui leur sont communes. Ces yeux sont gros, de couleur noire. Les intermédiaires forment un carré plus haut que large ; les yeux postérieurs sont un peu plus écartés entre eux que les antérieurs, mais non sensiblement plus gros. Mandibules rouges. Pattes de longueur médiocre, d'un rouge verdâtre, unicolores. Le sternum, la lèvre et les mâchoires sont brun noir. Les mâchoires finissent en carré, pointues à leur intérieur, mais elles sont moins écartées que dans les autres espèces et ont une légère inclinaison sur la lèvre, qui est courte et arrondie.

Le mâle,—ressemble peu à la femelle : il est petit, a l'abdomen cylindrique, plus étroit que le corselet, arrondi à son extrémité. Le dos est rouge, bordé sur les côtés d'une raie dentée, jaune ou blanche ; ces raies ou bandes s'amincissent à la partie postérieure. Le ventre est de même rougeâtre, avec deux croissants de chaque côté, jaunes, longs, opposés par leurs courbures concaves. Le corselet est ovale, pointu et relevé vers la tête, élargi et déprimé à sa partie postérieure, rouge, avec un sillon enfoncé dans le milieu et trois petits points enfoncés sur les côtés, qui sont extérieurement à ces points d'une couleur plus pâle ou jaunâtres, mais sans rigole ni bordure. Les pattes sont allongées, fines, rougeâtres, et la seconde paire surpasse visiblement la quatrième en longueur. Le digital est gros, globuleux, et présente une cupule allongée, ovale, garnie de poils, et sur le côté un conjoncteur dont la base est un disque bombé, rougeâtre. qui supporte un anneau rond du milieu duquel sortent deux petits organes coniques, pointus, courts, d'un rouge plus clair.

Variété A. Jeune de la femelle, 1 ligne. Les figures du dos, des côtés et du ventre sont aussi complètes que dans l'adulte, et mieux marquées, parce que le blanc ou jaune est plus large et y occupe plus d'espace.

Variété B. Raie jaune du côté du ventre, réduite à une tache triangulaire jaune.

Linyphia frutetorum, Koch, dans Deutschlands Insecten, Herrich Schæffer, 127, 20, la femelle. Ibid. 19, le mâle. — *Linyphia quadrata*, Wider, Museum Senckenbergianum, p. 251, Pl. 17, fig. 3 *a* et *b*.

Ancien-Monde — Europe — France — Allemagne.

Cette espèce se trouve dans les buissons, les taillis, au milieu des arbrisseaux. Elle fait sa toile comme toutes celles de ce genre, et c'est à la fin de mai et au commencement de juin que l'on trouve le mâle sur la toile de la femelle. Elle est beaucoup plus rare dans nos environs de Paris que les espèces précédentes, quoique dans cette espèce, et dans d'autres de ce genre, le fémoral de la quatrième paire de pattes soit, dans la femelle, un peu plus long que le fémoral de la seconde paire ; cependant, cette seconde paire de pattes est toujours un peu plus longue que la quatrième. M. Wider se trompe lorsqu'il dit le contraire.

La Linyphie des arbrisseaux se rapproche beaucoup de la Linyphie triangulaire, par les figures noires et blanches de son abdomen ; mais la forme de cet abdomen est moins elliptique, moins voûtée, moins élégante que dans les trois espèces précédemment décrites ; les pattes sont moins allongées ; les yeux antérieurs intermédiaires moins rapprochés. Il y a une variété noire de l'Épéire conique, à laquelle cette Linyphie ressemble beaucoup par la bande noire de son dos et toutes les couleurs de son abdomen, et même la forme de cet abdomen ; mais cependant cette forme est différente et suffit pour les distinguer, sans parler de tous les caractères génériques.

Le mâle de cette espèce ressemble beaucoup aux mâles des espèces précédentes ; mais son abdomen est plus court et plus petit ; son corselet plus grand.

6. Linyphie des prés. (*Linyphia pratensis.*) Long. 1 lig. 1/2 ou 2 lignes. ♀.

Abdomen ovalo-globuleux, épais, à dos bombé, mais non voûté, terminé vers l'anus en ligne inclinée, d'un brun marron foncé, présentant sur le dos une figure ovale, blanche ou jaune, divisée longitudinalement dans son milieu par une suite de triangles bruns superposés. Cette figure est entourée par un ovale ou bande jaune ou blanche, dentée ou festonnée à son intérieur, séparée de l'autre par une bande d'un brun noir, qui est le fond de la couleur de l'Aranéide. Le triangle de la ligne longitudinale noire du milieu de la figure blanche intérieure est plus allongé ; le postérieur plus élargi et renversé, son sommet se trouvant tourné vers l'anus. Dans les autres, le sommet est vers le corselet. Aucun de ces triangles n'est fermé ni à sa base ni à son sommet ; c'est-à-dire que les festons ou dents de la bande blanche qui les forment ne se rejoignent pas. Dans les femelles, qui ont deux lignes de long, la bande ovale blanche extérieure n'est pas fermée à sa partie postérieure, et se réduit à une bande latérale, jaune ou blanche, toujours festonnée, quelquefois interrompue dans son milieu. Côtés de l'abdomen, ventre, sternum, mâchoires, région de l'anus, en dessus, d'un brun marron noir. Corselet petit, ovalaire, bombé, resserré sur les côtés, relevé vers les yeux, d'un rouge clair. Yeux gros et saillants, surtout ceux du carré intermédiaire ; les yeux postérieurs de ce carré sont plus gros et plus écartés entre eux que les yeux antérieurs du même carré ; l'espace qui les sépare est brun, les yeux latéraux sont plus petits et au niveau de la ligne des yeux intermédiaires postérieurs : tous ces yeux sont bruns. Les mandibules sont rougeâtres, allongées, amincies et creusées à leur extrémité extérieure, et un peu divergentes. Les mâchoires sont droites, écartées, un peu arrondies et bombées à leur extrémité; la lèvre grande et arrondie. Les palpes filiformes, courts, verdâtres, avec quelques piquants à leur extrémité. Les pattes sont de longueur médiocre, fines, verdâtres, et d'une couleur plus foncée aux articulations; les deux paires antérieures sont sensiblement plus longues que la quatrième ou dernière. La troisième est beaucoup plus courte.

Linyphia pratensis, Wider, Museum Senckenbergianum, t. 1, p. 258, Pl. 17, fig. 8 *a* et *b* (variété A).

Ancien-Monde — Europe — Allemagne — France.

La Linyphie des prés construit, comme toutes celles de son genre, une toile en nappe dans les herbes des prairies, et elle se tient comme elles dans une position renversée. Cette espèce ne peut être confondue avec aucune des précédentes, par les couleurs de son abdomen. Elle est plus petite, et elle se rapproche, par la forme du corps, de la Linyphie des arbrisseaux, et la grosseur relative de ses yeux intermédiaires postérieurs établit entre elle et la Linyphie montagnarde une affinité. C'est à l'espèce dont la description va suivre qu'elle ressemble le plus, surtout par sa variété B.

7. LINYPHIE DES PATURAGES. (*Linyphia pascuensis.*) Long. 2 lig. 1/4. ♀ ♂.

Abdomen ovalaire, bombé, de couleur marron, rouge brun, ou tirant sur le noir; deux bandes blanches ou jaunes, dentées ou festonnées à l'intérieur, réunies en angle proche du corselet, et s'écartant longitudinalement sur les côtés, jusqu'aux trois quarts de la longueur du dos; une autre bande de même couleur, parallèle à la première, entoure au-dessous d'elle tous les côtés de l'abdomen, ne laissant qu'un très-petit intervalle au-dessus de l'anus. Cette bande, qui diminue en pointes à ses deux extrémités, touche quelquefois à l'autre à la partie postérieure, et termine à cette jonction la bande brune qui les sépare; quelquefois la bande blanche festonnée intérieure s'oblitère ou est remplacée par des points; alors le dos est presque entièrement brun. Le ventre est brun, luisant, uniforme, sans aucune tache, ainsi que le sternum et les mâchoires. Les mandibules sont peu allongées, d'un rouge brun, évidées en dehors, et un peu divergentes à leur extrémité. Le corselet est ovalaire, arrondi , et bombé vers la tête , d'un brun marron rougeâtre. Les yeux sont presque égaux entre eux ; les quatre du carré intermédiaire sont portés sur une même éminence ; les deux yeux postérieurs de ce carré ont leur axe visuel dirigé un peu de côté et en arrière ; ils sont plus écartés , mais non plus gros que les antérieurs : ces quatre yeux sont noirs. Les latéraux, portés sur une commune éminence brune , au niveau de la ligne des yeux intermédiaires postérieurs , sont de couleur d'ambre jaune , luisants ; ils sont très-rapprochés entre eux, mais non connivents. Les mâchoires sont droites , écartées , arrondies, et bombées à leur extrémité ; la lèvre est grande, triangulaire, large à sa base, arrondie à son extrémité. Les palpes sont rouges , courts , filiformes, garnis de poils et de piquants noirs à leur extrémité. Les pattes sont allongées, minces, d'un rouge pâle, unicolores , sans poils ni piquants.

Variété A. Bande intérieure du dos dentée , bien marquée.

Variété B. Bande antérieure du dos oblitérée, ou remplacée par des points jaunes ou blancs.

Ancien-Monde — Europe — France , dans les herbes des prés.

Cette espèce ressemble beaucoup à la Linyphie des prés ; mais son corselet est comparativement plus grand , et elle en diffère aussi par les yeux et par la figure du dos de son abdomen.

Dans le jeune âge , la *Linyphia pascuensis* a l'abdomen plus allongé, plus cylindrique, le dos peu bombé ; la couleur de l'abdomen d'un brun rouge marron clair.

Cette espèce est très-commune dans les Pyrénées, sur les montagnes et dans les vallées ; elle construit au milieu des herbes des toiles en hamacs , sans rets ni filets au-dessus, et à peu de distance du sol. Ces toiles retiennent longtemps la rosée de la nuit qui s'agglomère sur elles en grosses gouttes brillantes et resplendissantes comme des diamants lorsque le soleil du matin darde sur elles ses rayons.

8. Linyphie a points.(*Linyphia multiguttata.*) Long. 1 lig. 3/4 ♂.

Abdomen ovalaire un peu plus renflé à sa partie postérieure, à dos bombé, mais non voûté, d'un brun marron clair, avec une bande longitudinale argentée, obscure, formée par des points jaunes ; proche du corselet un trait longitudinal, ou commencement de bande, continué jusqu'auprès de l'anus par une suite de quatre ou cinq traits jaunes ou blancs inclinés. Au-dessous de ces traits, le long des côtés du ventre, sont six à sept points jaunes (en tout quatorze) disposés sur les côtés et au milieu du ventre. Le corselet est petit, étroit, ovale, bombé dans son milieu, de couleur brun marron. Les yeux sont saillants et placés sur une éminence brune. Les postérieurs du carré intermédiaire sont très-proéminents, plus écartés entre eux et plus gros que les antérieurs, qui sont petits; les latéraux sont rapprochés sur une même éminence, mais sur la ligne des intermédiaires antérieurs. Tous ces yeux sont de couleur d'ambre jaune luisant. Le ventre est brun, sauf les points jaunes ou blancs sur les côtés, et quatre en carré dans l'intérieur. Le sternum est brun rougeâtre. Pattes allongées, fines, verdâtres.

Linyphia multiguttata, Wider, Museum Senckenbergianum, t. 1, p. 255, Pl. 17, fig. 6, *a* et *b*.

Ancien-Monde — Europe — France — Allemagne.

On la trouve dans le commencement du printemps sur les gazons, les haies et sous les pierres.

Rien de plus ressemblant et de plus facile à confondre avec cette espèce que la variété B de la *Linyphia pascuensis;* cependant celle-ci a toujours le ventre tout brun sans aucun point jaune, son corselet est plus grand, ses yeux bruns et autrement placés. La manière dont les yeux latéraux sont placés dans la *Linyphia multiguttata* établit une forte affinité entre cette espèce et le genre Théridion. Cependant ses mâchoires sont celles des Linyphies, droites, écartées, un peu carrées et élargies vers leur extrémité; la lèvre est courte, mais large à sa base et arrondie à son extrémité; le bandeau est grand comme dans toutes les Linyphies; les mandibules sont allongées, cylindriques, évidées et non renflées, et par leur inclinaison plutôt rentrant sous le corselet que proéminentes; elles sont glabres et d'un rouge clair.

9. LINYPHIE ÉCUSSONNÉE. (*Linyphia peltata*.) Long. 2 lignes.

Abdomen ovale allongé, resserré sur les côtés, pointu vers l'anus, arqué et bombé sur le dos, qui est plus élevé du côté du corselet. Bande longitudinale brune ou noire, dentée, qui s'étend depuis le corselet jusqu'à l'anus. Côtés du dos, de l'abdomen et du ventre, de couleur blanche ou grise, formant une large bande latérale festonnée ou dentée, qui s'étend depuis le corselet jusqu'à l'anus. Milieu du ventre noir, ayant dans son milieu une courbe semi-elliptique jaune, fermée par une bande droite, ou un large diamètre transversal, de même couleur. Cette ligne est du côté du corselet ; la partie convexe de la figure est tournée vers l'anus. Un autre diamètre longitudinal obscur, peu visible, tombe perpendiculairement du premier et divise en deux cette figure, qui rappelle la forme d'un écusson ou d'un bouclier. Le corselet est déprimé, d'un rouge pâle ; la région de la tête est d'un rouge orange. Le sternum ovale, glabre et d'un luisant métallique jaune cuivré ou doré. Les mâchoires sont droites, écartées, d'un brun rougeâtre à leur base, jaunes vers leur extrémité, ainsi que la lèvre. Les mandibules sont rouges, cylindriques, fortes, glabres, un peu inclinées en dessous. La région des yeux forme une bande brune transversale entre le bandeau qui est jaune, et le corselet au-dessus de la tête, qui est d'un rouge clair. Les yeux ont un reflet brillant couleur d'ambre jaune ou d'or poli ; ils sont peu gros, peu saillants et resserrés entre eux, c'est-à-dire que les yeux latéraux sont portés sur une éminence commune, qui est rapprochée de celle où se trouve le carré intermédiaire. Les yeux postérieurs de ce carré sont un peu plus gros et plus écartés que les antérieurs intermédiaires du même carré. Les yeux latéraux sont sur la ligne des yeux postérieurs, et, quoique rapprochés entre eux, sont séparés par un intervalle. Les pattes sont allongées, fines, les paires antérieures plus longues et plus fortes que les postérieures, la seconde plus allongée que la quatrième, avec des piquants noirs au tibial, au métatarse et au tarse.

Linyphia peltata, Wider, Museum Senckenbergianum, t. 1, p. 256, Pl. 17, fig. 7 *a*, *b*, *c* (les yeux sont figurés peu exactement, les latéraux sont trop rapprochés entre eux et trop en avant, les postérieurs du carré trop gros).

Ancien-Monde — Europe — Allemagne — France.

Cette espèce, par la forme elliptique de son abdomen et ses pattes très-allongées, se rapproche beaucoup plus de la Linyphie montagnarde et la Linyphie renversée que des espèces précédentes , mais comme elle n'a pas ; ainsi que la Linyphie des arbrisseaux , la Linyphie des pâturages et la Linyphie emphane , ces raies ou bandes jaunes et noires sur les côtés du ventre , on est moins exposé à la confondre avec elles. Cette espèce se trouve au printemps parmi les buissons.

10. LINYPHIE DOMESTIQUE. (*Linyphia domestica.*) Long, 2 lig. ♀ ; 1 lig. 3/4 ♂ .

La femelle. — Abdomen ovalaire allongé , évidé à sa partie antérieure , pointu vers l'anus , renflé sur les côtés à la partie postérieure , trapézoïdal ; dos et côtés légèrement bombés , rouge ferrugineux , d'une couleur plus claire sur le dos du côté du corselet, et moucheté de points bruns ; derrière sont quatre ou cinq larges chevrons bruns superposés les uns aux autres jusqu'à l'anus. Sur les côtés une large bande noire qui part du vertébral , se prolonge au tiers de la longueur et se termine par une ligne inclinée qui va rejoindre les chevrons du dos. Les parties claires du dos et des côtés ont des teintes d'un roux sanguin. Derrière la bande latérale et l'anus sont deux autres traits inclinés noirs. Le ventre est dans le milieu , de couleur pâle verdâtre uniforme. Le corselet est ovalaire allongé , déprimé et large à sa partie postérieure , rouge pâle , bordé ou entouré d'une raie fine , d'un rouge foncé près des pattes. Les yeux sont gros, saillants , noirs , les latéraux rapprochés du carré intermédiaire. Les yeux postérieurs du carré intermédiaire sont plus écartés entre eux que les antérieurs du même carré , mais ils ne sont pas beaucoup plus gros. Les mandibules sont très-allongées , divergentes , évidées à leur côté externe, et vers leur extrémité , ayant un onglet très-allongé et les dents de la rainure interne très-apparentes. Le sternum est jaunâtre , la lèvre et les mâchoires sont d'un rouge pâle. Les mâchoires sont droites , allongées , écartées, peu dilatées vers leur extrémité , légèrement arrondies à leur extrémité externe. La lèvre est courte , plus large que haute , semi-circulaire. Les palpes sont minces , sétacés , avec des piquants noirs , longs au digital. Les pattes sont allongées, fines , les antérieures ne sont pas beaucoup plus allongées que les postérieures ; elles sont d'un rouge pâle , annelées de rouge plus foncé aux articulations, et avec un large anneau de même couleur au fémoral et au tibial.

Le mâle — est plus petit. Le corselet est de couleur plus foncée, avec des taches brunes sur les côtés ; il a l'abdomen plus étroit, moins bombé et plus court. La couleur du dos est quelquefois jaunâtre ou grisâtre, mais il a aussi les chevrons bruns ; il est aussi fréquemment brun ; les bandes foncées du côté de l'abdomen sont noires. Ses pattes sont plus allongées, d'un rouge plus foncé, mais tachées de même. Les mandibules sont aussi un peu plus allongées et portées en avant, plus évidées à leur extrémité. Le digital est globuleux, rouge ; la cupule hémisphérique large contient un conjoncteur dont la base en spirale supporte deux petits organes crochus en tire-bouchon, d'un rouge brun.

Variété A. Brune, à corselet brun, à ligne latérale festonnée blanche (une jeune 1 lig. 1/4).

Variété B. Les parties latérales du dos claires, d'un rouge sanguin ; ventre et sternum de couleur pâle.

Variété C. Les parties latérales du dos claires jaunâtres.

Variété D. Les parties du dos claires, d'un gris pâle, les chevrons pâles.

Variété E. Abdomen allongé, étroit, cylindrique, à ventre et corselet avec une ligne longitudinale et une bordure noires.

Linyphia domestica. Wider, Museum Senckerbengianum, t. 1, p. 265, Pl. 18, fig. 1 *a* et *b*. — *Linyphia crypticola*, Koch, dans Schæffer Deutschlands Insecten, 124, 23 (le mâle jeune, variété A). — *Ibid.* 24 (la femelle jeune, 1 lig. variété A.) (Effacez la synonymie.)

Ancien-Monde — Europe — France — Allemagne.

Cette espèce a été trouvée abondamment, dans les premiers jours d'octobre, sur l'écorce des grands hêtres, des charmes, des frênes de la forêt de Saint-Gobain. Elle paraît aimer les lieux ombragés et humides. Sa couleur se confond avec celle des arbres sur lesquels on la trouve. Elle s'y tient immobile, les pattes étendues, et ce n'est que lorsqu'on l'inquiète qu'elle court avec une extrême agilité. Je l'avais nommée *Linyphia agilis*. M. Wider (Museum Senckenbergianum) dit qu'il a souvent rencontré cette espèce à Beerfelden, dans les maisons et dans les étables, où elle construit une toile horizontale sous laquelle elle se tient dans une position renversée.

Les couleurs de cette espèce s'éclaircissent avec l'âge et sont plus sombres dans les jeunes.

M. Koch dit que cette espèce est commune en août et en septembre, dans les pavillons construits dans les jardins. Mon *Theridion crypticolens*, qu'il cite comme synonyme, est une espèce toute différente, à abdomen globuleux, couleur du fond pâle, avec des taches triangulaires en chevrons linéaires, d'un noir pâle, et de très-longues pattes molles et assez grosses. Ce Théridion est commun dans les caves humides. Voyez ci-après.

Il faut un examen long et attentif pour reconnaître cette espèce dans la variété E, qui est un jeune individu parvenu au quart de sa grosseur; alors l'abdomen est très-allongé, cylindro-conique, n'offrant aucun renflement, et diminuant graduellement en pointe; les taches noires en chevrons ou en balanciers, en sont plus larges et plus nettes. Le milieu du ventre, au lieu d'être pâle et brun ainsi que le sternum et le ventre, est entouré de la couleur jaune fauve qui fait le fond de celle du dos. Le corselet a une ligne longitudinale et une bordure noire bien marquée. La femelle, par l'ovale brun de son dos, par la forme arrondie et déprimée de son abdomen, ressemble beaucoup à l'Épéire callophylle.

11. LINYPHIE TÉNÉBRICOLE. (*Linyphia tenebricola*.) Longueur 1 lig. 3/4 ♀, mâle 1 lig. 1/5 ♂.

Abdomen ovale allongé, bombé à sa partie supérieure, diminuant en pointe aiguë vers l'anus, de couleur rouge brun, avec une petite tache brune bifide ou échancrée sur le dos proche le corselet, et derrière cinq ou six chevrons ou accents circonflexes alternativement blancs et bruns, superposés sur le milieu du dos. Ventre brun ou noir, avec deux taches blanches sur les côtés. Cet abdomen est, par rapport au corselet, incliné presque verticalement, comme celui de plusieurs Théridions. Le corselet est ovale allongé, bombé, pointu vers la tête, jaune rougeâtre, lavé de brun pâle. Les yeux sont gros, saillants, brillants, très-ramassés entre eux, d'un jaune d'ambre ou d'or; les postérieurs du carré intermédiaire plus gros et plus écartés que les antérieurs; les yeux latéraux sont gros, rapprochés; les antérieurs latéraux sont plus gros que les postérieurs, avec lesquels ils sont accouplés, et sont au niveau de la ligne des intermédiaires antérieurs; tous ces yeux sont placés sur un espace noir. Les mâchoires sont droites,

larges à leur extrémité, mais non dilatées, d'un rouge pâle ; la
lèvre est large, semi-circulaire, d'un brun foncé, ainsi que le
sternum. Les mandibules sont d'un rouge pâle, se renfonçant
sous le bandeau, bombées à leur insertion, très-évidées à leur
extrémité, divergentes et peu allongées. Les pattes et les palpes
sont rouge-pâles, lavés de noir, avec des piquants noirs. Le
mâle est semblable à la femelle ; il a seulement l'abdomen plus
petit, son digital est globuleux, très-renflé ; la cupule, dans le
jeune âge, est sphérique et transparente, laissant voir à travers
le conjoncteur plus brun. Les parties sexuelles de la femelle sont
saillantes et très-rapprochées du corselet, et elles présentent un
petit tube rond, à l'extrémité duquel est une membrane à crochet recourbé vers l'anus.

Linyphia tenebricola, Wider, Museum senckenbergianum, t. 1,
p. 267, Pl. 18, fig. 2 *a* et *b*. (Les yeux latéraux ne sont pas bien
figurés, les antérieurs devraient être plus gros.)

Ancien-Monde — France — Allemagne.

Cette Aranéide fait, dans les caves et les lieux obscurs, aux
angles des murailles, une petite toile horizontale, pareille à celle
des Tégénaires et des Agélènes, mais sans aucun trou, se tenant
toujours au milieu de sa toile, dans une position renversée. Je lui
avais donné par cette raison le nom de *Speluncaria*. M. Wider
dit qu'il l'a trouvée en grand nombre aux environs de Beerfelden,
sous les pierres, dans les prairies et dans les bois.

Cette espèce est plus petite que la Linyphie domestique, et,
malgré une certaine ressemblance dans le dessin du dos, ne sau-
rait être confondue avec elle. La forme de son abdomen est différente, plus renflée à la partie supérieure, plus pointue vers
l'anus, et non pas élargie dans son milieu comme dans la domestique. Son cocon est très-blanc, gros comme un grain de poivre.
Lorsque l'Aranéide veut le changer de place, elle le prend entre
ses mandibules et marche en se traînant. Je trouvai cette espèce
avec son cocon à Pont-le-Roy, à la fin de juillet, et ses petits
étaient déjà éclos, quoique encore renfermés dans le cocon.
L'abdomen était d'un jaune clair, le corselet et les pattes blancs.

12. LINYPHIE ÉLÉGANTE. (*Linyphia elegans.*)

Abdomen ovalaire allongé, resserré sur les côtés, bombé sur le
dos, elliptique dans une position inclinée par rapport au cor-

selet. Fond de la couleur d'un vert rouge pâle, parsemé symétriquement de points d'un jaune vif, tant sur le dos que sur les côtés. Ces points ont entre eux une ligne longitudinale médiane de la couleur du fond, bordée par deux rangées de points ou petites taches jaunes, plus grosses que celles qui sont sur les côtés; celles-ci forment des lignes serrées entre elles, parallèles et inclinées. À la partie postérieure du dos, deux raies brunes obscures se joignent en angle à l'anus, formant un V, et il y en a une autre aussi sur le côté de cette extrémité postérieure; ces raies brunes n'existent pas dans les jeunes. Le ventre est verdâtre pâle uniforme, sauf la vulve qui est rougeâtre, très-grande, conchyliforme à quatre éminences. Le corselet est allongé, ovale, très-bombé et arrondi vers la tête, d'un jaune rougeâtre, glabre, avec une fossette dans le milieu; il est unicolore, mais ayant dans le jeune âge une raie noire longitudinale qui disparaît dans l'adulte. La forme voûtée de la tête rapproche entre eux les yeux; ils sont noirs, à peu près égaux entre eux. Les yeux postérieurs du carré intermédiaire sont plus écartés entre eux que les antérieurs; les yeux latéraux sont très-rapprochés entre eux, et sur la ligne des yeux postérieurs intermédiaires. Les mandibules sont allongées, rouges, évidées à leur extrémité, et tombent perpendiculairement. Le sternum est brun foncé, avec des poils jaunes fins. La lèvre est grande, aussi haute que large, arrondie à son extrémité, d'un rouge brun; les mâchoires sont d'un rouge pâle, glabres et luisantes, droites, écartées, bombées. Les palpes sont minces, rouge pâle, avec des piquants noirs allongés à leur extrémité. Les pattes sont très-allongées, surtout les antérieures; ainsi la seconde paire, inférieure à la première en longueur, surpasse visiblement la quatrième paire; elles sont glabres, d'un rouge pâle avec quelques piquants rares, fins, peu visibles, au fémoral.

Ancien-Monde — Europe — France.

J'ai observé cette espèce faisant une toile en nappe parmi les herbes, en automne. Ses pattes sont courtes dans le jeune âge, mais s'allongent ensuite beaucoup. La forme de son abdomen est exactement celle de la Linyphie montagnarde, mais elle n'en a pas les yeux et reste toujours beaucoup plus petite.

13. LINYPHIE RÉTICULÉE. (*Linyphia reticulata.*) Longueur
4 lig. ♂ ♀.

Abdomen ovale allongé, d'un jaune verdâtre, subdivisé ou
réticulé par des traits fins, noirs, en petits polygones, comme des
écailles de poisson. Trois raies longitudinales noires, vermiculées ou tremblées ; les latérales s'écartent entre elles et forment
un ovale qui est divisé en deux par celle du milieu. Corselet
brun avec trois lignes noires, deux sur les bords, une médiane,
élargie en triangle à sa base, en trapèze dans son milieu. Pattes
brunes, annelées de noir ; les mandibules s'écartent latéralement. Le mâle est plus petit que la femelle, mais semblable.

Theridion reticulatum, Hahn, Die Arachniden, t. 2, p. 39,
Pl. 54, fig. 124. — *Bolyphantes trilineatus,* Koch, Ubersicht des
Arachnidens systems, p. 9. — *Aranea lineata.* Linné, Fauna sue-
cica, 2e édition, p. 487, n° 2001. — *Aranea trilineata,* Linné,
Syst. nat., Holmiæ, 1767, tom. 1, p. 1031, n° 10.

Se trouve, selon M. Hahn, au printemps et en automne, au
pied des murs des jardins, dans les champs au pied des arbres,
parmi les pierres et dans le gazon. Linné dit dans les bois, et
semble avoir décrit une variété de cette espèce, dont le corselet
et les pattes étaient plus pâles que celle qu'a figurée M. Hahn.

14. LINYPHIE BRODÉE. (*Linyphia phrygiana.*) Long. 3 lig. ♀ ;
2 lig. ♂.

La femelle. — Abdomen ovale allongé, bombé sur le dos, arrondi à sa partie postérieure en courbe un peu rentrante en dessous, jaune, avec des taches brunes. Une bande longitudinale de
chevrons superposés, brun olivâtre, s'allonge sur le milieu du
dos, depuis le vertébral jusqu'à l'anus; les côtés sont d'un blanc
jaunâtre, réticulé de brun, avec trois ou quatre traits bruns inclinés sur les côtés du ventre. Le ventre est d'un brun olivâtre dans
son milieu; près des filières sont deux points bruns. Le corselet est
ovale, large et déprimé, jaunâtre, avec deux raies bifides longitudinales, brunes, qui se joignent et forment un angle à la partie
postérieure, et s'épanouissent en quatre branches sur les yeux postérieurs. Les côtés du corselet sont aussi entourés à la partie pos-

térieure d'une ligne fine et noire. Les pattes sont fines, allongées ; la seconde, moins longue que la première, est un peu plus longue que la quatrième ; elles sont jaunes ou jaune verdâtre, avec des taches rougeâtres aux articulations, des anneaux d'un noir pâle et des piquants.

Le mâle — a l'abdomen plus allongé, presque cylindrique. Les chevrons sont rougeâtres, le corselet grand, large, rouge pâle, avec les deux lignes bifides se joignant en angle, d'un rouge un peu plus foncé que le fond, mais moins foncé que dans la femelle. La bordure brune, à peine visible ou entièrement oblitérée. Les pattes très-allongées, surtout les antérieures, avec des piquants grands et noirs, des points ou taches aux articulations; les anneaux à peine distincts. Digital globuleux, très-renflé ; la cupule hémisphérique, avec des conjoncteurs brillants. Le mâle a quelquefois l'abdomen cylindrique et n'offre plus que quatre petits traits bruns sur le dos ; le reste blanc.

Linyphia phrygiana. Koch, Die Arachniden, t. 3, p. 83, Pl. 100, fig. 229 (le Mâle), *ibid.*, fig. 230 (la femelle).
Ancien-Monde — France — Allemagne.
Sur le bord des bois, dans les buissons peu élevés. Selon M. Koch, cette espèce s'accouple à la fin de mai, dans les environs de Ratisbonne. J'ai trouvé la femelle en juillet. Les mâchoires sont allongées, cylindriques, diminuant vers leur extrémité et inclinées sur la lèvre.

15. LINYPHIE PYRAMITÈLE. (*Linyphia pyramitela.*) Longueur
3 lig. 1/2 ♀ .

Abdomen ovale allongé, évidé vers le corselet, arrondi et renflé vers sa partie postérieure, elliptique ou en poire, ayant sur le dos une bande longitudinale noire, formant un triangle allongé à sa partie antérieure, et terminé en carré long à sa partie postérieure. De chaque côté de cette partie de la bande se détachent deux petits traits noirs parallèles, qui ressortent sur le fond des deux bandes latérales blanches qui bordent la bande noire ; les côtés du dos sont noirs et entourent la bande blanche. Le corselet est ovale, petit, noir. Les pattes sont noires, excepté à la partie antérieure du fémoral ; elles sont de longueur médiocre.

Abbot, Georgian Spiders, p. 8, fig. 54.
Nouveau-Monde — Amérique sept. — Géorgie.
Commune dans les bois de chênes. Prise le 25 mars.

Lors même que la forme de l'abdomen n'indiquerait pas que
cette espèce est une Linyphie, ce que nous apprend Abbot à son
sujet ne laisserait aucun doute. « Elle fait, dit-il, une toile à
réseaux irréguliers, qui a la forme d'une pyramide ou d'un pain
de sucre, dont la base est une toile horizontale, à tissu comme
celui de l'Araignée des chambres, mais plus fin et moins opaque.»
Cette espèce, par la forme pyramidale ou triangulaire de son
abdomen, doit être placée à côté de la Linyphie triangulaire
d'Europe.

16. LINYPHIE RADIÉE. (*Linyphia radiata.*) Long. 3 lignes.

Abdomen ovale, allongé, évidé vers le corselet, renflé et
arrondi à la partie postérieure, blanc, jaune et brun : il y a à la
partie antérieure une figure allongée, d'un brun rougeâtre, qui
est un demi-ovale, festonné, bordé de brun plus foncé, divisé
longitudinalement par une ligne de même couleur, au bout de
laquelle est un petit ovale brun ; c'est comme une cloche allongée,
dont le battant pendrait en dehors. Cette figure se détache sur un
fond blanc, et ce blanc est bordé par la ligne brune, mince, qui
entoure le dos. De cette ligne brune se détachent, de chaque côté,
trois petits traits bruns, qui tendent vers le petit ovale brun ou
le battant de la cloche, comme vers un centre ; mais ces traits,
qui semblent former autant de rayons, ne vont pas jusqu'à l'o-
vale ; entre l'espace qu'ils laissent à la partie postérieure, au-
dessus des filières, est un petit demi-cercle brun, surmonté de
deux traits bruns, ayant la figure symbolique du bélier dans les
calendriers ou sur les zodiaques. Le fond de la couleur de cette
partie de l'abdomen est jaune citron. Corselet ovalaire, petit,
rougeâtre. Pattes allongées, jaunes, avec des anneaux noirâtres
aux articulations.

Abbot, Georgian Spiders, p. 8, fig. 55.
Nouveau-Monde — Amérique septent. — Géorgie.
Prise le 15 mai, dans une toile à réseaux irréguliers, sur une
fougère, et sur le côté d'une branche de pin, dans les bois du
comté d'Effingham. « C'est, dit Abbot, le seul individu que j'aie

rencontré. » Cependant, cette espèce est absolument pareille à la précédente, ou à la Linyphie pyramitèle, par la forme du corps, et la figure du dos : elle a aussi avec elle beaucoup de ressemblance, mais les pattes sont plus allongées, et, si les dessins sont fidèles, ce n'est pas la même espèce. La Linyphie radiée, à cause de ses couleurs, ressemble encore plus que la Pyramitèle à la Linyphie triangulaire d'Europe.

17. LINYPHIE RUBANÉE. (*Linyphia lemniscata.*) Long. 5 lig. ♀.

Abdomen ovalaire, allongé, resserré sur le côté, renflé dans son milieu, cylindroïde, orné de bandes rouges, blanches, vertes et jaunes. Le milieu de son dos a une bande jaune-citron, large, qui s'étend depuis le vertébral jusqu'à l'anus ; cette bande jaune est festonnée sur ses bords par une ligne d'un rouge vif vermillon, et a dans son milieu une raie bleue ou vert-d'eau, deux fois traversée par un petit trait, formant ainsi une croix double ; la ligne jaune, bordée d'une bande blanche festonnée, bordée elle-même, sur les côtés de l'abdomen, de vert-pré. La région des filières ou de l'anus est tachée de bistre ou de brun rougeâtre. Le corselet est verdâtre. Les pattes sont vertes, excepté les tarses et les articulations qui sont jaunes.

Ribbon Spider, Abbot, Georgian Spiders, p. 6, fig. 25.

VARIÉTÉ A. La bande du milieu du dos est blanche à la partie antérieure et brune à la partie postérieure. Ibid. p. 37, fig. 472. (Un mâle.)

VARIÉTÉ B. Abdomen d'un jaune verdâtre pâle, avec deux points roses à sa partie antérieure, et la ligne festonnée brune. Ibid. p. 38, fig. 473. (Une femelle.)

Nouveau-Monde — Amérique septent. — Géorgie.

Prise dans les bois de chênes du comté de Burke.

La variété A, fig. 472, a été prise, le 2 juin, dans un nid de Mouche maçonne, entièrement rempli d'individus de cette espèce. La seconde B, fig. 473, est tombée d'un *persimon*, secoué le 13 mai, près d'un étang, dans un bois de chênes du comté de Burke.

Abbot a très-bien décrit l'industrie de cette espèce sur un individu conforme à la figure 25 : cette espèce est peut-être la plus jolie de tout le genre, à cause de ses couleurs vives et du dessin élégant qui est sur son dos. « L'Araignée à ruban , dit-il , fait une toile épaisse, qui ressemble au couvercle d'un plat ; elle se tient au milieu, et en dessous, de cette toile, qui est surmontée d'une autre , formée par quantité de fils croisés dans toutes sortes de directions, qui sont attachés aux branches de l'arbre et jusqu'à son sommet. Cette espèce est tellement commune , que dans les bois , les arbrisseaux et les buissons qui entourent un étang, je trouvai plusieurs de leurs toiles jointes ensemble , et deux ou trois individus ayant une toile en commun. »

Cette dernière observation est d'autant plus importante, que nous avons remarqué aussi que la Linyphie montagnarde et la triangulaire faisaient leurs toiles dans le voisinage les unes des autres , tellement qu'elles semblent se confondre ; et c'est par cette raison que nous avons été si longtemps avant de pouvoir reconnaître les différences que présentent ces deux espèces ; en les trouvant souvent réunies sur la même toile, nous les prenions pour deux variétés d'une même espèce.

18. LINYPHIE LONGUE-DENT. (*Linyphia longidens.*) Long. 2 lignes 1/4 ♀. — Long. 1 lig. 1/5 ♂.

Abdomen ovalaire, peu allongé, renflé vers sa partie postérieure , évidé à sa partie antérieure ; dos rouge pâle, avec deux rangées longitudinales et parallèles de taches noires carrées , au nombre de quatre par chaque rangée , qui figurent des dés ou les cases d'un échiquier. Les côtés sont rouge pâle ; le ventre est noir , avec deux taches plus claires sur les côtés et au-dessous de la vulve. Le corselet est grand, ovalaire, bombé sur le dos, jaune orange dans le milieu, entouré sur les côtés d'une large bande noire qui recouvre les yeux, mais non le bandeau qui est orange comme le dos. Les yeux sont égaux. Les deux yeux postérieurs du carré intermédiaire sont sessiles, c'est-à-dire non élevés sur une éminence , et sur le dos même de la tête, et jaune d'ambre ; mais les yeux antérieurs du même carré sont noirs, un peu plus rapprochés entre eux que les yeux postérieurs, et plus gros qu'eux ; ils sont placés sur une sorte d'avance de la tête, qui dirige leur axe visuel en bas. Les yeux latéraux sont de même placés sur une protubérance latérale commune, très-rapprochés et presque connivents ; au niveau de la courbure des yeux antérieurs du carré intermédiaire. Ces yeux latéraux sont jaune d'ambre. L'œil

antérieur latéral est plus gros que son annexe, et même plus gros
que les yeux postérieurs du carré intermédiaire, mais moins gros
que les yeux antérieurs de ce carré. Les mandibules sont grandes,
divergentes, glabres, rouges ; elles sont pourvues d'un onglet,
grand, courbe, et de dents ou pointes allongées, bordant la rainure. Sternum brun noir ; mâchoire et lèvre rouges bordées de
rouge plus clair ; la lèvre est très-courte, beaucoup plus large que
haute, arrondie ; les mâchoires sont droites, allongées, écartées, à
côtés parallèles, l'angle extérieur de leur extrémité un peu arrondi.
Les palpes sont courts, jaune rougeâtre, avec quelques anneaux
d'un rouge plus foncé. Les pattes fines, médiocrement allongées, les pattes antérieures surpassant en longueur les postérieures ; elles sont jaune rougeâtre, avec de larges anneaux
noirs. Le mâle est beaucoup plus petit que la femelle. Son abdomen est plus allongé, plus étroit ; mais il a les mêmes taches
noires ou rougeâtres sur le dos. Le corselet est plus grand
et plus rouge, ainsi que les pattes, qui sont plus allongées. Ses
mandibules sont moins fortes, moins bombées, plus évidées à
leur extrémité ; elles divergent davantage et sont plus portées
en avant. Le digital est très-renflé, globuleux. La cupule est
triangulaire et projette un crochet à la partie supérieure ; la
base de l'organe générateur offre trois éminences allongées
comme le dessus d'une patte de chien, à côté deux courts
crochets.

Linyphia longidens, Wider, Museum Senckenbergianum, t. 1,
p. 270, Pl. 18, fig. 5 (le détail des yeux, fig. C, est inexact ;
tous les yeux antérieurs sont trop petits dans cette figure). —
Théridion damier (Theridion alveolum), Walckenaer, Tableau
des Aranéides, p. 76, n° 22. — *Micryphantes tesselatus*, Koch,
Die Arachniden, t. 3, p. 86, Pl. 101, fig. 233.

Ancien-Monde — Europe — Allemagne — Italie—France—Aux
environs de Paris et de Beerfeld.

Se trouve dans les bois sous les pierres au printemps.

Cette petite espèce est très-remarquable. Par la grosseur relative de ses yeux antérieurs, elle a quelque affinité avec une Atte, et
aussi par les couleurs du dos de son abdomen, par la grandeur
de son corselet. Par ses yeux latéraux rapprochés de la ligne d'en
bas, elle confine au genre théridion ; par sa lèvre, ses mâchoires,
ses pattes, elle appartient essentiellement au genre Linyphie. Je

n'ai point vu sa toile. L'individu que j'ai décrit n'avait de longueur que 1 lig. 1/2 ; c'était un jeune, et l'abdomen alors est plus ovale, plus élargi dans son milieu, plus pointu vers l'anus ; il n'était guère plus grand que le corselet. Quelle est la forme de sa toile? M. Koch dit qu'il a trouvé l'unique mâle qu'il a décrit de cette espèce, dans un champ de pommes de terre. Il y a de grandes erreurs de copiste dans cette partie de son ouvrage. Dans sa planche il donne à la figure 233, qui est notre espèce, le nom de *Micryphantes sylvarum*. Dans son texte, il ne fait nulle mention de ce nom, et il décrit cette espèce sous le nom de *Micryphantes tesselatus*, et renvoie à tort, pour cette description, à la figure 234, qui est son *Micryphantes erythrocephalus* (p. 85) pour lequel il cite à tort la figure 233.

19. LINYPHIE ORANGE. (*Linyphia crocea.*) Long. 2 lig. 1/4.

Abdomen ovale allongé, un peu rhomboïdal, jaune orange pâle, avec deux bandes plus foncées et plus rouges sur le dos, longitudinales, et se joignant aux deux extrémités. Dans le milieu de l'ovale qu'elles forment est une ligne de même couleur, plus fine et amincie à ses deux extrémités. On voit aussi sur le dos deux rangées de points enfoncés ; les quatre les plus rapprochés du corselet sont visibles sans la loupe. Il y a quelques petits sillons transversaux obscurs vers l'anus. Le ventre est brun et a deux lignes longitudinales jaune orange. Le corselet est ovalaire, relevé et bombé vers la tête ; il est de couleur rouge brun, avec trois lignes longitudinales plus brunes. La lèvre et les mâchoires sont brunes. Les mandibules sont rouge orange et perpendiculaires. Les yeux postérieurs intermédiaires sont plus gros et plus écartés que les antérieurs intermédiaires ; les latéraux sont rapprochés, mais non connivents, et sont au niveau de ceux d'en bas. Les pattes sont de couleur orange brun, aucune tache et médiocrement allongées.

Ancien-Monde — Europe — France — environs de Paris.
Prise en juin.

2ᵉ Famille. **LES THÉRIDIONIDES.** (*Theridionides.*)

Mâchoires allongées, écartées, légèrement inclinées sur la lèvre.
Abdomen ovalaire allongé ou globuleux.
Corselet grand.

Iʳᵉ Race. **LES OVALAIRES** (*Ovatæ*).

Abdomen *ovale allongé.*

20. **LINYPHIE MAXILLEUSE.** (*Linyphia maxillosa.*) Longueur 2 lig. 1/2 ♂ ♀ .

La femelle. —Abdomen ovale allongé, déprimé, arrondi à sa partie postérieure, et dans une position horizontale par rapport au corselet; ayant sur le dos un ovale festonné, brun, sur ses bords plus clair, et jaune dans le milieu où se voit une ligne longitudinale, fine, rameuse, formée par de petits points jaunes qui la bordent. Les côtés, tout à l'entour de cet ovale, sont jaune verdâtres. Ventre un peu bombé, d'un vert jaunâtre et velouté, avec deux raies plus pâles, parallèles, fines, obscures. Corselet ovalaire, allongé, grand, à tête large, bombée, d'un rouge foncé, avec une ligne longitudinale d'un rouge brun dans le milieu, et une autre bifide sur les côtés, mais plus pâle et qui souvent s'oblitère. Yeux gros, saillants et noirs ; les intermédiaires postérieurs un peu plus écartés que les antérieurs intermédiaires ; les latéraux rapprochés, connivents, sur la ligne des intermédiaires d'en haut; l'œil antérieur latéral plus gros que le postérieur avec lequel il est accouplé. Mandibules fortes, bombées, cylindriques, avec un long onglet d'un rouge brun, non-seulement divergentes, mais écartées latéralement. Sternum d'un rouge foncé ou brun. Lèvre grande, triangulaire, à angle arrondi, élargie à sa base. Mâchoires cylindriques, allongées, étroites, arrondies à leur extrémité et légèrement inclinées sur la lèvre. Palpes minces, filiformes, d'un rouge pâle, marqués de noir à leur extrémité, et quelques poils fins et courts. Pattes peu allongées et peu fines, d'un rouge pâle ; les antérieures sont les plus longues, dans cet ordre : 1, 2, 4 et 3. Elles n'ont que quelques poils très-courts et très-fins, à peine visibles à la loupe.

Le mâle. — Il a la grandeur de la femelle ; son corselet est un peu plus grand, son abdomen plus étroit et plus bombé sur le dos ; il est d'un jaune clair, et son ovale, festonné, plus étroit, présente deux bandes brunes, festonnées en dedans et en dehors et ayant dans son milieu une bande longitudinale d'un jaune vif, festonnée sur ses bords ; cette bande jaune est encore divisée en deux longitudinalement par une ligne fine, brune, un peu rameuse. Sur ses côtés se dessine aussi une bande jaune-citron du vertébral à l'anus, qui tranche avec la couleur plus brune du ventre. Les deux petites lignes longitudinales parallèles du ventre sont aussi d'un jaune plus vif. Le rouge du corselet est plus glabre et plus luisant, et les trois raies brunes longitudinales plus foncées. Les mandibules sont plus grêles, plus allongées et encore plus écartées latéralement. Elles ont un onglet rameux, compliqué d'une dent sur le côté ; cet onglet est tellement allongé, qu'il ne peut entrer dans la rainure de la mandibule. Le digital est allongé, et ce qui tient lieu de cupule est une lanière ovale, sinuée et cylindrique, qui dépasse par sa pointe le conjoncteur. Ce conjoncteur est glabre, globuleux, brillant, d'un rouge-cerise, et supporte un crochet court et mince de même couleur ; il est enchâssé à sa partie supérieure dans une petite capsule, et fait saillie au côté externe. Les pattes, dans le mâle, sont plus allongées, surtout les pattes antérieures.

Variété A. Corselet brun, trois points jaunes de chaque côté de la bande.

Theridion maxillosum. Hahn. Monographie der Spinnen, fasc. IV, pl. 4, fig. B. — Id., Die Arachniden, t. II, p. 37, Pl. 53, fig. 122. — *Theridion vernale*. Hahn, Die Arachniden, t. II, p. 38, Pl. 53, fig. 123. —*Pachygnata Listeri*, Sundevall Svinska Spindlerness, p. 23, n° 2. (Acta reg. Ac. Scient. Holm. 1829.)
Ancien-Monde — Europe — France — Allemagne — en Suède.

Déjà cette espèce commence à se confondre avec les Théridions : par la légère inclinaison des mâchoires et ses pattes peu allongées, elle s'éloigne déjà des Linyphies, mais elle appartient à ce genre par la proportion relative de ces mêmes pattes, par ses yeux, par sa grande lèvre et par ses mâchoires un peu écartées. M. Sundevall a fait de cette famille un genre qu'il a nommé *Pachygnata*.

Hahn dit qu'il a trouvé cette espèce sous des pierres et dans le gazon, aux environs de Nuremberg et de Munich, et que la cou-

leur de son abdomen est très-variable. Il ne décrit pas le mâle,
et, chose remarquable, j'ai trouvé au moins autant de mâles que
de femelles. Le mâle, pour la figure du dos, ressemble beaucoup
à l'Épéire théis, et aussi à l'Épéire callophylle. J'ai trouvé un
mâle à couleur très-vives sous une pierre. M. Sundevall a pris
souvent cette Linyphie, en mai et en juin, dans les bois sur
l'herbe, dans les lieux élevés de la province de Scanie et de
Blecking. Je l'ai prise au Paraclet, prés Nogent-sur-Seine, le
18 septembre.

Le genre Pachygnate est habilement caractérisé par M. Sundevall (Svinska spindlerness, p. 21), mais il est évident que ce
genre n'est pas assez distinct, et qu'il forme seulement le passage du genre Linyphie au genre Théridion. Il faut donc l'établir
comme une famille à part dans un des deux genres, et la préférence doit être donnée au genre Linyphie.

21. LINYPHIE DEGEER. (*Linyphia Degeerii.*) Long. 1 lig. 1/2 ♂ ♀.

Abdomen ovale allongé, déprimé, arrondi à sa partie postérieure, ayant sur le dos une figure ovale festonnée, noirâtre,
divisée dans son milieu par une double ligne longitudinale de
points, entouré sur les côtés d'une bande jaune-citron. Ventre
d'un brun verdâtre. Corselet, sternum et mandibules d'un rouge
brun noirâtre. Pattes et palpes d'un rouge clair. Mandibules
écartées latéralement. Le digital du mâle a une cupule en lanière, auquel est attaché un organe globuleux, rouge-cerise,
qui projette le conjoncteur jusqu'à la pointe de la lanière en
dedans.

Pachygnata Degeerii. Sundevall, Svinska Spindlerness, p. 24,
n° 3. (Act. Reg. Ac. Scient. Holm. 1829.)

Ancien-Monde — Europe—France — Suède.

Cette espèce ressemble tellement à la *Maxillosa*, par sa forme
et le dessin de son abdomen, que j'ai longtemps cru que c'était
une variété de sexe, car elle est de moitié plus petite; mais j'ai
trouvé le mâle avec son organe développé, de même grandeur
que la femelle, et des mâles jeunes de la *Maxillosa* égaux en
grandeur et même plus grands que les mâles de la *Degeerii*, dont
le digital n'était pas encore développé. Dans la *Degeerii*, le mâle
est semblable à la femelle et n'a jamais ces couleurs vives et ces
deux larges bandes brunes de la *Maxillosa*. La grandeur et les

couleurs du corselet, et même celles du dos qui sont plus noires, servent à distinguer cette espèce au premier coup d'œil. Elle est commune dans les jardins, et les deux sexes construisent souvent de petites toiles dans les angles des murailles. C'est en mai que M. Sundevall, en Suède et dans les provinces de Scanie et de Gothland, a le plus souvent trouvé cette espèce. J'en vis une fois plusieurs individus, le 31 janvier, dans un plant de laitue, mêlés avec la *Lycosa saccata*. Je pris quatre mâles et une seule femelle. Le 23 avril, je pris encore un mâle sur un marbre du jardin ; il était extrêmement agile. Enfin, cette espèce se cache aussi sous les pierres, et se renferme dans un sac de soie transparent, qu'elle construit dans leurs cavités. J'en ai trouvé un individu ainsi, le 5 juillet, dans un champ pierreux du bois de Boulogne, voisin de l'allée tortue de Passy à Neuilly.

22. LINYPHIE CLERCK. (*Linyphia Clerckii.*) Long. 1 lig.

Abdomen ovale, déprimé, arrondi à sa partie postérieure, noir en dessus avec une double petite raie blanche longitudinale. Les côtés blancs, ventre gris sur les côtés, noir dans son milieu, corselet, bouche et pattes d'un gris pâle ou testacé, mais non rouge. Le corselet est marqué de lignes noires, les mandibules du mâle sont cylindroïdes, plus étroites à leur insertion, celles de la femelle sont ovalaires. L'onglet dans les deux sexes à une dent interne. L'abdomen est plus grand dans la femelle, plus pâle sur les côtés, et le dessin est moins net et moins arrêté.

Pachygnata Clerckii, Sundevall, Svinska Spindlerness, p. 21, n° 1. (Act. Reg. Ac. Scient. Holm. 1829.)
Ancien-Monde — Europe — Suède.

Je ne connais point cette espèce dont j'emprunte la description à M. Sundevall ; elle doit se rapprocher beaucoup de la Linyphie de De Géer. M. Sundevall dit qu'on la trouve fréquemment en Scanie dans les endroits marécageux, dans les champs en été ; cependant en décembre et en mars, elle se montre, lorsque le temps est doux et à la tempête, sur les marais glacés.

23. LINYPHIE UNICOLOR. (*Linyphia concolor.*) 1 lig. 1/6 ♂ ♀.

Abdomen ovale, allongé, pointu vers l'anus, d'un brun noirâtre sur le dos et sous le ventre, qui s'éclaircit un peu sur les côtés. Corselet d'un rouge brun. Pattes allongées, d'un rouge clair, la première est un peu plus longue que la quatrième qui surpasse en longueur là seconde, la troisième paire est la plus courte. Le mâle est semblable à la femelle, mais il a les palpes très-longs terminés par un digital dont l'organe générateur est recouvert par une cupule composée de plusieurs écailles, et qui projette un long crochet sinueux à double courbure.

Linyphia concolor, Wider, Museum Senckenbergianum, p. 267, pl. 18, fig. 3 *a* et *d*.

Ancien-Monde — Europe — Allemagne — Près de Beerfeld.

24. LINYPHIE MIGNONNE. (*Linyphia delicatula*.) 1 lig. 1/5.

Abdomen ovale, allongé, très-bombé sur le dos, retréci et aminci à sa partie antérieure, s'élargissant un peu à la partie postérieure, se terminant en pointe ellipsoïde, d'un brun olivâtre uniforme, ventre et sternum de même couleur. Corselet et pattes rouge-cerise. Ces pattes ont, en dessous, une tache brune à l'exinguinal, elles sont fines allongées, la première paire surpasse en longueur la quatrième.

Ancien-Monde — Europe — France.

Cette espèce ressemble beaucoup à la précédente pour les couleurs, mais elle a le corselet plus pointue, les pattes plus allongées et plus fines. Elle a l'aspect, la couleur et la forme de l'espèce du genre Argus dont M. Savigny a fait son genre Enyo.

25. LINYPHIE SOMBRE. (*Linyphia luctuosa.*) 1 lig. 1/4 ♀.

Abdomen ovale, allongé, renflé dans son milieu, se terminant en pointe vers l'anus, à fond noirâtre et mat, marbré sur le devant et en dessus d'un blanc jaunâtre qui tranche avec le demi-cercle d'un noir mat qui occupe le côté. Le dos de l'abdomen à sa partie postérieure est généralement noir, mais il a dans son milieu quatre chevrons ou accents circonflexes. Le ventre est d'un rouge pâle uniforme, sauf les deux opercules branchiales qui sont blanches, la femelle a un oviducte en crochet comme les Épéires. Le corselet est d'un blanc grisâtre diaphane glabre avec des bandes noires très-marquées, une dans le milieu une large, grande et bifide, trois autres de chaque côté de celle-là, et une bordure d'un noir vif. Les yeux sont gros, noirs, ramassés, presque égaux, les postérieurs intermédiaires plus écartés que les antérieurs intermédiaires. Les yeux latéraux rapprochés, mais non connivents et séparés par un espace notable. Les mandibules sont d'un blanc lavé de noir, assez grandes, l'onglet est d'un rouge clair. La lèvre très-courte, large, terminée en courbe aplatie, les mâchoires sont allongées, écartées, inclinant un peu sur la lèvre, à côtés parallèles coupées carrément à leur extrémité, la lèvre et les mâchoires sont blanchâtres, mais de couleur plus foncée cependant que le sternum et l'exinguinal. Les pattes sont allongées, fines, d'un blanc diaphane, avec des anneaux noirs au nombre de cinq ou six; les parties blanches sont très-grandes.

Ancien-Monde — France — Paris.

Prise le 18 septembre, dans l'embrasure d'un volet.

26. LINYPHIE LUGUBRE. (*Linyphia lugubris.*) Long. 1 lig. 1/3 ♀.

Abdomen ovale, renflé dans son milieu, noir, pointu à son extrémité, marbré en dessus de taches noires et d'un jaune vif; côté noir avec une raie jaune. Corselet noir, bombé, luisant, avec des raies d'un noir rougeâtre, obscures, rayonnant vers le sillon du milieu. Lèvre et mâchoires d'un noir rougeâtre. Pattes allongées, rouges, annelées de noir.

Ancien-Monde — Europe — France — Paris.

Prise en septembre, dans le jardin près de ma demeure.

Ce n'est peut-être qu'une variété de la *Linyphia luctuosa*, à laquelle elle ressemble par tous les caractères essentiels, mais dont elle diffère cependant par la couleur du ventre, du corselet, du sternum, et des pattes.

27. LINYPHIE GLOBULEUSE. (*Linyphia globosa.*) Long. 1 lig. 3/4 ♀.
1 lig. 1/2. ♂.

Abdomen ovale allongé, renflé, bombé sur le dos, noir; une figure allongée, festonnée sur le dos, qui a dans son milieu une bande longitudinale de neuf à dix chevrons blancs. La ligne de l'ovale, vers la partie postérieure, est complétée par des traits blancs inclinés: le ventre est noir avec deux taches blanches

sur les côtés. Le corselet est rouge pâle, blanc et noir sur les
côtés, et une ligne bifide enveloppant les yeux; les pattes et les
palpes sont rouges, avec des anneaux bruns. Le mâle est semblable à la femelle pour les chevrons, et la bordure festonnée :
son digital est allongé, peu renflé ; la cupule est en lanière
ovale et renferme un conjoncteur rouge globuleux supportant une pointe courbe dans la longueur de la cavité de la
cupule.

Linyphia globosa, Wider, Museum Senckenbergianum, t. 1,
p. 259 , Pl. 17, fig. 9 *a* et *b*.

Ancien-Monde — Europe — Allemagne.

Prise en automne dans les environs de Beerfeld , cette
espèce ressemble beaucoup au *Theridion maculatum*, mais l'abdomen est plus bombé sur le dos, plus globuleux. Le nombre
de chevrons qui composent la bande médiane est plus consi-
dérable; elle est d'ailleurs toujours petite et diffère par des caractères essentiels. Les mandibules du mâle sont très-allongées,
renflées dans leur milieu et très-divergentes ; le sternum est
brun marron; la lèvre est grande, semi-circulaire, très-bom-
bée et brun marron; les mâchoires de même couleur, cylin-
drico - cunéiforme, un peu concaves; elles s'inclinent sur la
lèvre comme la plupart de celles de cette famille, qui participe
beaucoup du genre Théridion.

28. LINYPHIE THORACIQUE. (*Linyphia thoracica.*) Long. 3 lig. 1/2.

Abdomen ovale allongé , bombé sur le dos, de couleur pâle,
entouré sur le dos d'un cercle noir et d'une suite longitudinale
de neuf à dix chevrons noirs, côté du ventre pâle, milieu noir.
Corselet de couleur pâle, avec une raie longitudinale sur la
partie postérieure, et une de chaque côté. Pattes allongées, de
couleur pâle, annelées de noir.

Linyphia thoracica , Wider , Museum Senckenbergianum, t. 1,
p. 261, Pl. 17, fig. 10 *a* et *b*.

Ancien-Monde — Europe — Allemagne.

29. LINYPHIE TIGRESSE. (*Linyphia tigrina.*) Long. 3 lig.

Abdomen ovalaire allongé , bombé sur le dos, évidé à sa partie
antérieure, et grossissant vers l'anus, à fond pâle, avec une suite

de chevrons très-fins, noirâtres tout le long du dos; bandes noires et lignes inclinées noires sur les côtés du ventre qui est pâle. Corselet verdâtre avec une ligne longitudinale noire dans le milieu, des traits noirs en rayons. Pattes allongées, surtout les antérieures, de couleur vert pâle, annelées de noir.

Linyphia tigrina, Wider, Museum Senckenbergianum, t. 1, pag. 262, Pl. 17, fig. 11 *a*, *b*, *c*.

Ancien-Monde — Europe — Allemagne.

On la trouve dans les maisons et dans les étables où elle construit une toile en tapis, sous laquelle elle se tient dans une position renversée.

30. LINYPHIE DORSALE. (*Linyphia dorsalis.*) Long. 1 lig. 3/4.

Abdomen ovale allongé, bombé sur le dos, jaunâtre, avec une grande tache noire près du corselet; une suite de cinq chevrons noirs disposés longitudinalement; corselet d'un rouge brun. Pattes et palpes d'un rouge pâle.

Linyphia dorsalis, Wider, Museum Senckerbergianum, t. 1, p. 264, Pl. 17, fig. *a* et *b*.

Ancien-Monde — Europe — Allemagne.

Je ne suis pas bien certain que ces quatre dernières espèces appartiennent à cette famille; elles semblent être intermédiaires entre cette race et la suivante.

2e race. LES RENFLÉES. (*Turgidæ.*)

Abdomen *globuleux à dos bombé.*

31. LINYPHIE GONFLÉE. (*Linyphia bucculenta.*) Long. 2 lig. 1/2.

Abdomen ovale globuleux, pointu vers l'anus, dos bombé, couleur pâle vert-pomme, entouré à sa partie antérieure d'une portion de cercle noire, dont la circonférence près du corselet est plus large, marquée par quatre points blancs et se terminant par un trait rentrant. Sur le milieu du dos est une figure ferrugineuse d'un vert sale, rameuse ou imitant une branche d'arbre. L'oviducte dans la femelle est un crochet allongé comme celui des Épéires. Les yeux postérieurs du carré intermédiaire sont plus gros et plus écartés que les antérieurs du

même carré; les latéraux sont rapprochés, mais non connivents. Les mandibules sont jaunâtres, cylindriques, allongées,
écartées latéralement et ont des onglets très-longs. La lèvre est
courte, très-large, arrondie ; les mâchoires larges, à côtés parallèles, anguleuses à leur extrémité intérieure, écartées, mais
légèrement inclinées sur la lèvre. Le corselet est de couleur
pâle ainsi que les pattes, et les palpes d'un blanc aqueux trans-
lucide. La première paire de pattes est la plus longue, la seconde ensuite, la troisième est la plus courte.

Théridion gonflé, planches de cet ouvrage, Pl. 21, fig. F, 2 D,
2 G, 2 A, 2 B.—*Araneus bucculentus*, Clerck, Ar. succici, p. 63,
spec. 10, Pl. 4, fig. 1. — *Linyphia bucculenta*, Sundevall, Svincka
Spindlarness, p. 2, n° 11. (Act. Reg. Acad. Scient. Holm. 1832,
p. 109.)

Ancien-Monde — Europe — Environs de Paris.
Prise le 18 septembre.

Le dessin et les détails de notre planché 21 sont d'un jeune
Prussien nommé Kummer, qui s'était fait précepteur à Paris.
Studieux et sagace, il s'attacha à l'étude de l'Histoire naturelle
et à celle des Araignées en particulier, et il inspira le même
goût à un de ses élèves, actuellement le docteur Doumerc. Il fut
aidé par nous dans ses premiers travaux qu'il nous soumit, et
nous avons eu longtemps entre nos mains un ouvrage manuscrit
qu'il a laissé sur les Aranéides des environs de Paris. Cet ouvrage se réduit à quelques notes très-courtes et à des dessins de
quelques espèces ; mais ces notes sont d'un bon observateur, et
ces dessins sont d'une grande perfection. Kummer partit pour
l'Afrique pour un voyage de découverte ; il était attaché comme
naturaliste à l'expédition du major Campbell, et mourut à Ro-
bagga près de Cacundi en janvier 1817 (Voyez Ritter Erdkunde,
t. 1, p. 431.)

32. LINYPHIE CRYPTICOLE. (*Linyphia crypticolens.*) Long. 2 1/2.

La femelle. — Abdomen globuleux, à dos très-bombé, renflé
dans son milieu, perpendiculaire, d'un fauve pâle, rongeâtre ou
grisâtre, avec des traits noirs formant, sur le dos et les côtés du
dos, de petits polygones irréguliers, quadrangulaires ou arrondis,
ou ovalaires. Dans le milieu de la partie antérieure, c'est une

18.

bande médiane longitudinale , un peu festonnée ou dentée,
se joignant quelquefois par ses angles et présentant une suite
de petits trapèzes. La ligne noire qui la borde forme de petits
triangles noirs fins , qui contribuent , avec d'autres lignes également fines et noires , à former trois polygones ovalo-qua-
drangulaires de chaque côté de cette ligne médiane. Ensuite et
derrière la ligne médiane qui occupe la partie antérieure du
dos , sont trois chevrons noirs d'où se détachent encore des
lignes latérales qui vont former de chaque côté et à la suite
des polygones ci-dessus mentionnés , un autre polygone ovalaire plus grand et immédiatement au-dessus des filières. Le
dernier chevron forme dans le milieu et derrière tous les autres
chevrons une figure étroite , ovale , et un peu plus pâle que le
fond. Les lignes latérales qui ont contribué à former ces figures
se continuent jusqu'aux côtés du ventre , formant des sépara-
tions non fermées par le bas , ou des figures non closes. L'oblitération de quelques-unes de ces lignes noires produit des variétés dans ces figures vagues et irrégulières : nous les indi-
querons. Le ventre est d'un fauve pâle uniforme , avec deux
raies brunes brisées , formant les deux jambages du V séparés
et opposés , ou bien un V très-large , mais ce V est oblitéré
dans un grand nombre. Le corselet est arrondi , déprimé , en
cœur ; il a dans le milieu un sillon longitudinal ; il est rouge
orange et il est divisé dans son milieu par une bande longitudinale noire qui s'élargit vers les yeux en un trapèze et un
triangle allongé , ou deux triangles superposés. Les pattes sont
fortes et très-allongées ; la première paire surpasse de beaucoup
les autres en longueur. Dans les plus gros individus, elle a
8 lignes de long, la quatrième 5 lignes 1/3 , la seconde 5 lig.,
la troisième 4 lig. 1/2. Le génual de la première paire est bombé
et courbé. Ces pattes sont rouges , annelées de noir ou de brun
rougeâtre dans le voisinage des articulations ; mais ces anneaux
s'oblitèrent souvent par l'âge ou par l'effet de l'esprit-de-vin.
Ces pattes sont velues ou revêtues de poils très-fins , sans aucun
piquant. Les palpes de même rougeâtres, sétacés, fins, allongés, velus et terminés par un crochet. Les yeux sont gros et
forment un groupe resserré au-dessus d'un bandeau élevé.
Tous les yeux sont blanchâtres, excepté les yeux antérieurs intermédiaires qui sont d'un brun rougeâtre. Les postérieurs intermédiaires sont plus gros et plus écartés que les antérieurs

intermédiaires. Les mandibules sont allongées, cylindriques, verticales; les mâchoires allongées, écartées, mais légèrement inclinées sur la lèvre, à côtés parallèles un peu arrondies à leur extrémité. La lèvre est plus large que haute, quadriforme, rouge pâle, ainsi que les mâchoires.

Le mâle.— Il est semblable à la femelle, il a seulement l'abdomen plus petit et d'un fond de couleur foncée, quelquefois ridé ; il a les pattes plus allongées ; son digital présente une cupule ovale, pointue à son extrémité. Cette cupule est surmontée à sa partie supérieure et extérieure d'un crochet brun rougeâtre. Le conjoncteur renfermé dans la cupule a un petit corps globuleux, denté à sa base, d'où se détachent deux petits corps cylindriques, dont l'un est recourbé en crochet à son extrémité.

Variété A. Abdomen arrondi, petit, fauve et ne présentant que quelques chevrons noirs à la partie postérieure, et quelques taches sur les côtés. Pattes grisâtres ou jaune pâle, n'ayant d'anneaux qu'aux pattes postérieures.

Variété B. Abdomen ovalaire déprimé, avec des taches noires au dos bien marquées, la ligne du corselet réduite à un triangle rouge brun ; pattes rouge-corail sans annelures (2 lignes 1/4. Mâle à digital développé.)

Variété C. D'un gris verdâtre. Les deux polygones et la ligne médiane de la partie antérieure du dos oblitérés. Pattes sans annelures. 2 lig. 1/2.

Variété D. Variété à ligne médiane du dos étroite mais distincte ; à polygones latéraux et dorsaux jaunâtres ou rougeâtres, bien formés, mais rétrécis et formés, non plus par des lignes fines, mais par des bandes noires et larges. Ventre avec deux courbes opposées, noires, larges, qui forment un chevron renversé qui se joint à l'anus. Pattes fortement annelées. (Femelle dans toute sa grosseur.)

Variété E. Abdomen presque entièrement rougeâtre ou grisâtre, qui présente tous les polygones, mais formés par des lignes fines et déliées. Pattes annelées.

Variété F. Abdomen entièrement rouge sur le dos et sous le ventre ; n'offrant plus que quelques vestiges pâles de chevrons à la partie postérieure du dos, et ayant sur le corselet une tache obscure rouge, plus foncée au lieu de la raie noire. Pattes rouges, sans annelures.

Araignée crypticole. Walckenaer, Faune parisienne, t. 2,

p. 207, n° 33. — *Théridion crypticole*, Walck., Tableau des Aranéides, p. 75, n° 18, Pl. 8, fig. 75 et 76. — *Théridion crypticole*, Pl. 4, fig. 5 *a* de cet ouvrage. — *Araneus cellulanus*. Clerck, Ar. suecici, p. 62, n° 9, Pl. 4, fig. 12. — *Linyphia nebulosa*, Sundevall, Svinska Spindlarness, p. 31, n° 9. (Act. Reg. scient., Holm, 1829.)

Clerck remarque très-bien que cette espèce a des poils sans piquants. Sa figure, quoique mauvaise ainsi que toutes celles qu'il a données, étant jointe à la description, ne laisse aucun doute sur la synonymie. Nous ne savons quelle Aranéide M. Sundevall a décrite sous le nom de *Linyphia cellulana*. La *Linyphia nebulosa* de M. Sundevall, dont la description est très-bonne, est bien notre *Crypticolens*, comme il l'a soupçonné, mais ce ne peut être l'*Aranea montana* de Linné.

Cette espèce se trouve dans les lieux ombragés et humides, surtout dans les caves, où elle construit dans les angles des murs une toile en tapis, sous laquelle elle se tient. Cette toile est surmontée d'une autre toile en réseau, et forme souvent une sorte de trou ou puits dans l'angle de la muraille. Mais souvent aussi la toile n'a point de ces trous et est suspendue à la voûte des caves ou des cavernes. On en rencontre enfin qui n'ont que quelques fils tendus. J'ai vu, le 20 juillet, dans ma cave, à Paris, des femelles avec leurs cocons, et des mâles en assez grand nombre. Ces cocons sont globuleux, composés d'une bourre dense, d'un fauve gris pâle. Les femelles portent avec elles leurs cocons, attachés à la partie postérieure de leur abdomen, non comme les Lycoses en dessous, mais en dessus de leur anus. Ce cocon est de la grosseur d'un gros grain de poivre. Quoique cette espèce ait des pattes plus fortes que la plupart des Linyphies ou des Théridions, son allure est lourde et lente, mais elle est vivace, et, dans le rigoureux hiver de 1829, le 27 décembre, le thermomètre de Réaumur marquant 10 degrés de froid, M. de Théis me rapporta plusieurs femelles et plusieurs mâles qu'il avait pris dans une des caves de la ville de Laon. M. Sundevall remarque avec sagacité que cette espèce forme, par ses habitudes, ses couleurs, ses pattes, le passage des Tapitèles et des Napitèles, ou des Linyphies avec les Tégénaires et les Agélènes.

33. LINYPHIE BRIDÉE. (*Linyphia frenata.*) Long. 3 lig. 3/4 ♀.

Abdomen globuleux, à dos très-bombé, d'un gris pâle, granulé, ou réticulé de noir, velu, ayant sur les côtés une bande bifide plus foncée. Ventre noir. Le corselet ovale, rouge, bordé de brun. Les yeux sont entourés de noir. Le carré des yeux intermédiaires est allongé, les yeux antérieurs intermédiaires plus petits et plus rapprochés que les postérieurs ; les latéraux, sur la ligne des intermédiaires postérieurs, rapprochés mais non connivents. La lèvre est large, semi-circulaire. Les pattes sont rougeâtres, sans anneaux, et allongées ; la première paire égale presque deux fois la troisième en longueur, et elle surpasse la seconde paire de toute la longueur du tarse ; la seconde paire est un peu plus longue que la quatrième paire. Ces pattes sont velues ou pourvues de poils très-fins, avec des piquants longs mais en petit nombre.

Linyphia frenata. Wider, Museum Senckenbergianum, t. 1, p. 269, pl. 18, fig. 4. — *Theridion nebulosum*, Hahn, Monographie der Spinnen, fasc. VI, pl. 4, fig. A*a* 1. (Dans l'explication de la planche, le nom de *Theridion dorsiger* est appliqué à cette figure, contrairement à l'indication gravée au bas de la planche.)

Ancien-Monde — Europe — Allemagne — environs de Beerfeld.

Selon M. Wider, à qui nous avons emprunté la description de cette espèce, elle construit dans les buissons une toile grande et épaisse, surmontée de fils en réseaux, disposés régulièrement en tous sens, ce qui donne à cette toile une forme de montagne.

34. LINYPHIE CEINTE. (*Linyphia cincta.*) Long. 2 lig. 1/2.

Abdomen ovale allongé, globuleux, très-bombé sur le dos et arrondi à sa partie postérieure, d'un brun noirâtre sur le dos et sous le ventre, avec des taches blanches sur les côtés et tout à l'entour ; les deux taches qui sont proche du corselet sont plus marquées. Sur le dos sont trois chevrons rouges, obscurs, qui sont comme perdus dans la couleur du fond, et des points blancs, visibles seulement à la loupe ; ligne blanche latérale au-dessus de l'anus, deux points enfoncés à la partie supérieure du dos.

Corselet petit, ovale allongé, relevé en carène dans son milieu, déprimé sur les côtés, brun, glabre et luisant. Sternum triangulaire et d'un brun plus rouge que le corselet. Yeux noirs ; les antérieurs intermédiaires plus rapprochés entre eux que les postérieurs intermédiaires ; les latéraux rapprochés sur un même tubercule. Les mandibules sont cylindriques, perpendiculaires, d'un brun rougeâtre. La lèvre brune, terminée en pointe, aussi haute que large. Les pattes sont fines, médiocrement longues ; la première paire est la plus longue, la seconde ensuite, la troisième est la plus courte ; elles sont toutes d'un brun clair rougeâtre, pourvues de quelques piquants en petit nombre.

Ancien-Monde — Europe — France — environs de Paris.

J'ai trouvé cette espèce au pied d'un petit arbrisseau. Elle était sur sa toile, qu'elle construit horizontalement, assez dense, et ressemblant beaucoup par son tissu à la toile d'une Tégénaire.

35. LINYPHIE ROUGE. (*Linyphia rubra.*) Long. 3 lignes.

Pattes, abdomen et corselet d'un rouge uniforme, ainsi que les mandibules, le ventre et la poitrine, qui sont rouges. Le corselet est glabre et d'un rouge plus foncé. La lèvre est d'un rouge brun, grande, triangulaire, tronquée à son extrémité. Les mâchoires sont étroites, cylindriques, à côtés parallèles, anguleuses à leur extrémité interne, inclinées sur la lèvre. Les mandibules sont fortes, perpendiculaires, et s'écartent latéralement.

De ma collection. J'ignore d'où elle provient.

36. LINYPHIE INCERTAINE. (*Linyphia incerta.*)

Yeux intermédiaires presque égaux entre eux ; les antérieurs plus rapprochés ; les latéraux se touchant ; l'œil latéral postérieur plus gros que celui avec lequel il est accouplé. Lèvre très-large et courte en hauteur, arrondie par sa base et dans ses côtés, creusée en ligne courbe concave à son extrémité. Mandibules cylindriques, très-allongées. Corselet large, glabre, diaphane, d'un gris sale. (M.)

Theridion incertum. Walckenaer, Tabl. des Aranéides, p. 78, n° 27, Pl. 8, fig. 77 et 78. — *Théridion longipède.* Pl. 4, fig. 6 A de cet ouvrage.

Monde-Maritime — Australie ou Nouvelle-Hollande.

Nous plaçons ici cette espèce par conjecture ; l'abdomen manque, et nous n'avons pas une connaissance suffisante de l'organisation et des habitudes de cette Aranéide, pour lui assigner avec certitude la place qu'elle doit occuper dans la méthode. Ses longues mâchoires et leur forme, et la longueur des palpes, la rapprochent du genre Plectane, dont elle s'éloigne par ses yeux et ses longues mandibules. Par sa lèvre, cette espèce a de l'analogie avec la Linyphie crypticole.

37. Linyphie tisseuse. (*Linyphia textrix.*) Long. 3 lig. 1/2 ♀

Abdomen ovoïde, de couleur fauve ; une large bande sur le milieu du dos, festonnée et bordée d'une ligne d'un jaune vif. Corselet fauve avec une bande longitudinale brune sur le milieu du dos. Pattes jaunes, annelées de brun.

Abbot, Georgian Spiders, p. 14, fig. 134.
Nouveau-Monde — Amérique sept. — Géorgie.
Prise, le 6 juin, sur sa toile qui a quelque ressemblance avec celle de l'Araignée des chambres (*Tegenaria domestica*). Cette circonstance nous indique bien que c'est une Napitèle, une Linyphie. Abbot la trouva avec son cocon, qui, est dit-il, de couleur cendrée. Pour le dessin du dos, cette espèce ressemble à mon *Theridion pulchellum* (Theridion vittatum de Koch), et par conséquent au *Theridion orix* de Bosc.

3ᵉ Famille. LES ÉPÉIRIDES. (*Epeïrides.*)

Mâchoires droites et très-écartées.
Abdomen renversé, ou se projetant presque verticalement en pyramide conique.
Corselet petit.

38. Linyphie zonée. (*Linyphia zonata.*) Long. 3 lig. ♀.

Abdomen ovale allongé, renflé dans son milieu, graduellement évidé à sa partie postérieure, qui est relevée verticalement, et qui présente la figure d'une pyramide conique allongée. Le ventre forme un angle dont la pointe est dirigée en bas, de même que dans la conique, mais plus triangulaire. Les côtés ont six raies ou bandes qui alternent en noir foncé et en couleur blanche argentée. Près du corselet, il y a une tache d'un noir foncé ; la raie ou bande qui est dans le milieu de l'abdomen se recourbe jusqu'aux filières, qui sont comme sous le ventre et plus rapprochées du corselet que de. l'extrémité de l'abdomen. La raie qui est proche du corselet est courte; elle se termine en pointe et n'atteint pas celle du milieu. Le dos en dessus est d'un gris sale dans le milieu. Sur les côtés sont des points argentés formés par des raies latérales dont l'extrémité commence au côté du dos. En dessous, entre l'anus et l'extrémité du dos, il y a une large bande noire semblable à celle des côtés, qui se termine par deux branches noires bifurquant en V ou formant une croix. L'extrémité de l'abdomen est d'un gris sale. Le corselet est petit, glabre, allongé, rougeâtre, bombé vers la tête ; le bandeau est grand et rougeâtre. Le sternum est noir et a des éminences à la naissance des pattes. Les mandibules sont droites et tombent perpendiculairement; elles sont d'un rouge pâle. Les mâchoires sont droites, écartées, à côtés droits et parallèles, mais s'élargissant vers leur extrémité qui est large et carrée. Ces mâchoires sont rougeâtres ainsi que la lèvre qui est grande, triangulaire, large à sa base, émoussée ou arrondie à son extrémité. Les pattes sont allongées, fines. La première paire surpasse de moitié la seconde en longueur ; celle-ci est ensuite la plus longue, la troisième est la plus courte. Ces pattes sont brunes, mais le tibial de la première paire est d'un jaune pale. Cette première paire a 6 lignes 1/2 de long (M.)

Ancien-Monde — Océan Indien — Ile de France.

Envoyée par M. Dejardin.

C'est uniquement d'après la forme de, la bouche de cette espèce que je conclus qu'elle appartient au genre Linyphie, avec toutes celles de cette famille dont la bouche a la même forme.

39. Linyphie argyrode. (*Linyphia argyrodes.*) Long. 2 lig ♀, ou 4 lig. ♂.

Abdomen ovale allongé, renflé dans son milieu, graduellement évidé à sa partie postérieure, perpendiculaire, c'est-à-dire qu'il est relevé verticalement, et qu'il présente la figure d'une pyramide conique allongée ; le ventre forme un angle dont la pointe est dirigée en bas. Cet abdomen est de couleur métallique d'argent le plus brillant, et vu à la loupe, il est semblable à l'écaille de certains poissons. Il y a une raie noire longitudinale dans le milieu du dos, croisée par une petite bande de même couleur à la partie postérieure. Toute la partie qui touche au corselet est brune ou noire, et en dessous des filières, ce noir se subdivise en une sorte de patte d'oie qui, par sa couleur tranche avec la couleur d'argent métallique. Le corselet est allongé, étroit et comme cylindrique ; il se rétrécit graduellement vers la partie postérieure, et s'arrondit vers la tête : il est rougeâtre. La lèvre et les mâchoires sont de même couleur. Les mâchoires sont légèrement inclinées sur la lèvre. Celle-ci est arrondie, bombée, ainsi que les mâchoires, qui sont allongées, non dilatées et à côtés parallèles, jusqu'à moitié de leur hauteur, et évidée vers leur extrémité. Le bandeau est grand. Les yeux sont placés en dessus du corselet. Les quatre intermédiaires sur les côtés d'une élévation brune luisante. Les latéraux sont rapprochés et au niveau des intermédiaires d'en haut, sur une même élévation, mais séparés des quatre intermédiaires par un intervalle ; ces yeux latéraux sont sur le côté et non de face, et sur une ligne un peu divergente de la ligne intermédiaire.

Variété A. Raie longitudinale noire sur le milieu du dos.

Variété B. Dos entièrement argenté et sans raie transversale noire.

Silver-spider, Abbot, Georgian Spiders, pag. 12, fig. 99 (Variété A, vue sur le dos). — Ibid., fig. 100 (la même vue de côté).

Nouveau-Monde — Amérique sept. — Géorgie.

Prise le 4 septembre, tombée d'un chêne secoué dans les bois de chênes du comté de Burke.

Abbot dit n'avoir pris cette jolie espèce qu'une seule fois. L'individu que j'ai décrit se trouvait dans ma collection, dans une bouteille, avec plusieurs Aranéides de France ; cependant il serait possible qu'il provînt de l'Algérie ou de la Guadeloupe. Dans cette incertitude, la figure d'Abbot ne différant que faiblement de celle-là, je n'ai pas dû les distinguer spécifiquement.

40. **Linyphia rousse.** (*Linyphia rufa.*) 3 lig.

Abdomen en pyramide conique centrale, très-renflé sur les
côtés, rouge orange avec une ligne plus foncée sur la partie antérieure du dos, qui est entouré de deux autres lignes semblables
qui se rejoignent vers la partie postérieure, laquelle présente
un petit carré long bordé de rouge. Corselet de couleur rouge
foncé. Pattes allongées, fines, jaunâtres.

Abbot, Georgian Spiders, p. 11, fig. 98.
Nouveau-Monde — Amér. sept. — Géorgie.

Sur un chêne dans les bois du comté de Burke; fait une toile
irrégulière. Abbot fait la remarque que son abdomen a exactement la forme de la Linyphie argentée.

Affinités du genre Linyphie. Ce genre par ses mâchoires tient
des Tégénaires, des Ulobores et des Agélènes; par ses pattes fines
et allongées, il se rapproche des Épéires et des Théridions; et
par la longueur relative de ses pattes, il a plus de rapport avec les
Épéires qu'avec les Théridions, puisque presque toutes les espèces
qu'il renferme ont la seconde paire de pattes plus allongée que la
quatrième. La Linyphie crypticole établit surtout un étroit rapport
d'affinité par les pattes entre les Linyphies, les Épéires, les Tégénaires et les Agélènes. Les yeux latéraux toujours rapprochés ou
géminés établissent aussi un rapport d'affinité étroit entre les Linyphies et les Épéires, mais le bandeau est grand et allongé dans les
Linyphies comme dans les Théridions, et c'est avec les Théridions
que les Linyphies se trouvent liées par les plus fortes affinités. Les
deux genres ne renferment que des espèces petites à abdomen
plus ou moins globuleux ou renflé, à pattes fines, à mâchoires
qui s'élargissent rarement vers leur extrémité, qui quelquefois
même s'amincissent, et enfin dans la famille des Linyphies théridionides le rapprochement des deux genres est des plus grands.
Ce que l'organisation des Linyphies nous fait prévoir est vérifié
par l'observation. Elles réunissent en partie l'industrie des Rétitèles ou des Théridions avec celle des Tapitèles ou des Tégénaires
et des Agélènes; elles font des toiles qui sont à la fois des toiles en
tapis et en réseaux.

41ᵉ Genre. THÉRIDION. (*Theridion.*)

Yeux , *au nombre de huit presque égaux entre eux,
sur deux lignes plus ou moins convergentes;
les quatre intermédiaires placés en carré;
les latéraux séparés ou rapprochés entre eux.*

Lèvre *courte , plus large à sa base , triangulaire
ou semi-circulaire.*

Mâchoires *allongées , étroites , inclinées sur la lèvre ,
convergentes à leur extrémité.*

Pattes *allongées , fines ; la première paire est le plus
souvent la plus longue , la quatrième ensuite ,
qui surpasse souvent la première en longueur ,
la troisième est la plus courte.*

Aranéides *sédentaires , formant une toile à réseaux
irréguliers composés de fils qui se croisent en
tous sens sur plusieurs plans différents.*

1ʳᵉ Famille. LES OVALAIRES. (*Ovatæ.*)

Yeux latéraux se touchant.

Mâchoires légèrement arrondies, et dilatées à leur extrémité interne.

Lèvre en triangle tronqué à son extrémité.

Abdomen ovalaire allongé, bombé sur le dos.

Pattes allongées , fines ; la première la plus longue , la
quatrième ensuite, la troisième la plus courte.

Aranéides recouvrant leurs œufs d'une bourre de soie lâche
et peu serrée, et rapprochant les feuilles pour s'y
renfermer au temps de leur ponte.

1. Théridion rayé. (*Theridion lineatum.*) Long. 3 lig. 1/2 ♀.

Abdomen ovale, allongé, bombé sur le dos, jaune-citron ou

blanchâtre, marqué d'une raie noire longitudinale sous le
ventre, de quatre points noirs autour des filières, et d'une suite
de points fins de même couleur, disposés longitudinalement le
long du dos, mais qui disparaissent lorsque l'abdomen atteint,
par la gestation, sa plus grande grosseur et devient globuleux.
Le dos est quelquefois entièrement jaune, quelquefois entouré
d'un cercle rose ou vert, denté à l'intérieur, ou presque entièrement couvert par un ovale rose. Le corselet et les pattes sont
rougeâtres, ainsi que la bouche et le sternum, qui a dans son
milieu une petite ligne longitudinale noire. Pattes allongées,
fines ; la première paire surpasse la quatrième en longueur, et
celle-ci la seconde. Quelquefois l'abdomen se défigure après la
ponte, et prend alors une forme cylindrique, plus gros à sa
partie postérieure et ayant la forme d'une Linyphie. Le mâle est
semblable à la femelle ; il a seulement les mandibules plus allongées ; l'onglet en est très-long; il est courbé à son extrémité, et
la tige n'est ni creusée ni dentée. Le digital est renflé en ovale,
pointu ; conjoncteur brun rougeâtre, avec une petite éminence
cylindrique de même couleur.

Araignée rayée, Walckenaer, Faune parisienne, t. 1, p. 210,
n° 49. (Variété blanche ou jaune, sans tache sur le dos.) — *Ar.
couronnée*, Ibid. p. 211, n° 50. (Variété avec un cercle rose,
rouge carmin ou vert.) — *Ar. ovale*, Ibid. n° 51, avec un cercle
interrompu, ou ayant deux points jaunes dans le milieu. —
Théridion rayé, *Théridion couronné*, *Théridion ové*, Walckenaer,
Tableau des Aranéides, p. 73, n°s 1, 2 et 3. — *Théridion couronné*, Planches de cet ouvrage, Pl. 4, fig. 1 A et B. — *Araneus lineatus*, Clerk, p. 60, n° 8, Pl. 3, fig. 8. — *Ar. redimitus*,
Ibid. p. 59, n° 7, Pl. 3, fig. 9. — *Ar. ovatus*, Ibid. p. 58, n° 6,
Pl. 3, fig. 8. — Martyn-Araneï, p. 27 et 28, Pl. 4, fig. 2, Pl. 2,
fig. 4, et Pl. 5, fig. 4. — Albin, p. 39, Pl. 26, fig. 127 (*Ther.
lineatum*). — *Ibid.* p. 29, Pl. 19, fig. 92 (*Ther. lineatum redimitum*).— *Ibid.* p. 36, Pl. 24, fig. 116 (*Ther. lineatum ovatum*).—
Schœffer, Icon. Ratisb., Pl. 64, fig. 8 (*Ther. redimitum*). — *Araneus albicans corona coccinea*, Lister, p. 51, tit. 12 (*Theridion redimitum*). — *Araignée à couronne rouge*, De Geer, t. 7, p. 242,
n° 11, Pl. 14, fig. 4 et 11. — Frisch, Fasc. 10, n° 4, Pl. 4, fig. 1,
2 et 3. (*Theridion redimitum.*) — L'*Araignée à bande rouge*,
Geoffroy, Ins. des environs de Paris, t. 2, p. 648, n° 12 (*The-

ridion ovatum). — *Aranea vittata*, Fourcroy. Entomol. Paris, p. 534, n° 12. — *Theridion redimitum*, Latreille, Gener. Crust. et Insect., t. 1, p. 98, n° 97. — *Theridion redimitum*, Hahn, Monographie der Spinnen, Fasc. IV, Pl. 4, fig. C. — *Theridium ovatum*, Sundevall, Svinska Spindlarness, p. 6, n° 3. Acta Reg. Acad. scient. Holmiæ, 1831. — *Aran. redimita*, Olivier, Encyclopédie méthod. hist. nat. Ins., t. 4, p. 207, n° 33. — *Theridion redimitum*, Hahn, Die Arachniden, t. 1, p. 86, Pl. 21, fig. 65. — *Stealoda redimita*, Koch, Ubersicht des Arachnidens system, p. 9, Pl. 2, fig. 17.

En France — En Allemagne — En Suède.

L'*Aranea ridimita* de Linné (Fauna succica, 2ᵉ édit., p. 488, n° 2004) a été citée par tous les auteurs dans la synonymie de l'espèce que nous venons de décrire, et la description de Linné y semble conforme ; cependant, lorsqu'il dit : *telas ducit more domesticæ*, il donne à croire qu'il a eu une autre espèce en vue, et cette espèce est peut-être la *Linyphia maxillósa* ; sa forme et l'ovale rougeâtre de son dos se détachant sur un fond pâle, a de la ressemblance avec le *Theridion ovatum*.

Cette espèce fait une toile irrégulière sur les plantes peu élevées, telles que la mille-feuille, les graminées, en pyramide renversée, mais elle s'enferme dans les feuilles des arbres pour faire sa ponte. Elle fait aussi sa toile entre les feuilles d'arbres, et en tapisse tout l'intérieur d'une légère couche de soie sur laquelle elle dépose son cocon, qui est d'un blanc azuré, quelquefois d'un bleu azuré foncé ; il est quelquefois de la grosseur d'un gros pois et quelquefois plus petit. Lorsque ses œufs sont éclos, elle démêle en flocons plus lâches les fils de son cocon, et reste longtemps dans son nid avec ses petits, qui vivent ainsi en société, et ne quittent le nid, pour s'isoler et construire une toile à part, que lorsqu'ils sont assez forts. Le nombre des œufs que renferment les cocons les plus gros, est d'un cent ; ces œufs sont libres et non agglomérés. Le mâle de cette espèce cohabite aussi avec sa femelle dans le même nid, et ne redoute rien d'elle. Cette observation s'applique à toutes les espèces du genre Théridion.

Cette Aranéide est une des plus jolies, par l'élégance de sa forme et la vivacité de ses couleurs ; et ses variétés, sous ce dernier rapport, paraissent si tranchées, qu'il n'est pas étonnant qu'on en ait fait autant d'espèces ; mais il est bien certain que ce ne sont que des variétés. Lorsqu'elles sont jeunes, elles sont blanches ou jaune pâle, et les points noirs sur le dos sont comparativement plus noirs et plus gros ; en naissant elles sont d'un blanc diaphane, glabre, luisant; l'abdomen est rond, globuleux, et on voit déjà les points noirs sur le dos ; mais, à la fin de juin, en juillet et au commencement d'août, on trouve ensemble, dans le même lieu et de la même grosseur, des jaunes (*Lineatum*), des couronnées de cercle rose (*Redimitum*) et des couronnées d'ovale plein rose (*Ovatum*), et d'autres qui n'ont que ces figures incomplètes, et indiquées pour le reste par une teinte verdâtre. A la fin de juillet on trouve des mâles avec l'ovale rouge, qui ont deux petites lignes transversales jaunes sur le milieu du dos. Les couleurs rouges des variétés *Redimitum* et *Ovatum* disparaissent dans l'esprit-de-vin, et alors tous les individus sont semblables. J'ai souvent rencontré son nid enveloppé dans des feuilles de rosiers, de lilas, de charmes. Albin, en Angleterre, l'a trouvée, le 6 septembre, dans une feuille d'ortie. Il dit que son cocon est bleu, mais c'est un bleu verdâtre. Ses habitudes, comme celles de toutes les Théridions, sont lentes et on la prend facilement. (Voyez Albin, p. 39.)

Puisque M. Koch rapporte à son genre *Steatoda* le *Theridion redimitum*, ce genre, tel qu'il le conçoit, ne me paraît pas le même que celui auquel M. Sundevall a donné ce nom. (Voyez Sundevall, Conspectus Arachnidum, p. 16.)

2. Théridion lyrique. (*Theridion lyricum.*) Long. 3 lignes 1/2.

Abdomen ovale, arrondi, jaune-citron, ayant à la partie antérieure du dos un triangle tronqué à son sommet, formé par des lignes noires, dont les deux angles postérieurs sont aigus et prolongés ; ce triangle est divisé en deux par une petite ligne transversale, et au-dessous de cette ligne est un petit trait noir perpendiculaire. Derrière cette figure et à la partie postérieure du dos, sont deux traits noirs, courbes, opposés par leur côté concave, traversés par trois petites lignes fines, parallèles, le tout figurant une petite lyre : l'ensemble de tous ces traits noirs, fins et nets, ressemble à certains caractères chinois. Le corselet est blanc, avec une bande longitudinale dans son milieu ; les yeux intermédiaires antérieurs sont les plus écartés ; les latéraux sont rapprochés, mais non réunis. Les pattes sont allongées, jaunes, avec des taches noires aux articulations. Palpes jaunes.

Abbot, Georgian Spiders, p. 16, fig. 152.
Nouveau-Monde — Amérique septent. — Géorgie.

Prise le 17 septembre, enveloppée de sa toile avec son cocon, sur une feuille de *dogwood*, dans un bois de chênes. Rare.

3. THÉRIDION A CHAINE. (*Theridion catenatum.*) Long. 4 lignes.

Abdomen ovale, jaune orange, avec deux petits traits noirs sur le dos, en accents circonflexes, disjoints proche le corselet; plus en arrière, une suite de quatre figures en trapèzes enchaînés ou réunis les uns aux autres, formés par des lignes noires, larges; des points ronds, noirs, sur les côtés du dos, au nombre de trois; corselet rouge orange. Les yeux antérieurs intermédiaires sont plus écartés que les postérieurs intermédiaires; les latéraux sont disjoints. Les pattes sont rouge orange, marquées de noir aux articulations, ainsi que les palpes.

Abbot, Georgian Spiders, p. 16, fig. 153.
Nouveau-Monde — Amérique septent. — Géorgie.

Prise, le 17 juillet, sur un sassafras, dans les bois de chênes du comté de Burke.

2ᵉ Famille. LES ARRONDIES. (*Rotundatæ.*)

Yeux latéraux rapprochés.
Mâchoires évidées vers leur extrémité, couchées sur la
    lèvre.
Lèvre élargie à sa base.
Pattes fortes, peu allongées.
Abdomen ovale arrondi.
ARANÉIDES faisant une petite toile et tendant des fils isolés
    sous les pierres, dans les fentes des murs, dans les
    lieux sombres.

4. THÉRIDION QUATRE POINTS. (*Theridion quadripunctatum.*)
Long. 4 lig. ♀, 3 lig. ♂.

Abdomen arrondi déprimé, fauve et brun. La partie antérieure
qui touche au corselet, entourée par une bande jaune ou
fauve formant un demi-cercle; le milieu du dos fauve et les
côtés noirs; le fauve formant une figure mal limitée quadriforme à sa partie antérieure et échancrée ou bifide à sa partie
postérieure. Dans le milieu une bande ou ligne longitudinale
fauve formée par trois ou quatre traits fauves oblongs entourés
de brun pâle; la partie postérieure de cette bande médiane est
souvent traversée en croix par un ou deux petits traits fauves.
De chaque côté de cette bande se détachent des traits bruns pâles
qui forment sur la tache claire, trois ou quatre ronds ou taches
encore plus pâles. Sur le milieu du dos sont quatre points enfoncés. Les côtés sont bruns, entourés et bordés en dessous de jaune
ou de fauve qui s'étend sous le ventre qui est jaune ou d'un
fauve clair, sauf le milieu qui est brun; cette couleur brune du
milieu forme une figure bifide vers le corselet, et étend ses deux
branches aux opercules branchiales; la partie postérieure entoure
les filières d'un cercle brun. Le sternum et les mandibules sont
d'un fauve pâle. Les pattes de même couleur avec des taches
plus brunes aux articulations. La première paire est la plus
allongée, la quatrième ensuite, la troisième est la plus courte.
Cette longueur relative des pattes est la même dans le mâle qui
ressemble à la femelle par les couleurs, mais il est plus petit et
plus allongé. La cupule de son digital est ovale tronqué et contient
dans son intérieur un conjoncteur long et arqué, à deux pointes
et en fer à cheval.

VARIÉTÉ A. Abdomen brun foncé; les taches claires, rouges,
brunes.

VARIÉTÉ B. Abdomen fauve pâle; les taches brunes rougeâtres.

VARIÉTÉ C. Abdomen brun noir sur le dos.

Araignée quatre points, Walckenaer, Faune parisienne, t. 2,
p. 210, n° 48.—*Théridion quatre points*, Ibid., Tableau des Aranéides, p. 73, n° 4, Pl. 7, fig. 69 et 70. — *Theridion quadripunctatum*, Hahn, Die Arachniden, t. 1, p. 78, Pl. 20, fig. 85

(le mâle). — *Araignée à points concaves*, De Géer, t. 7, p. 255, n° 16, Pl. 15, fig. 1. — *Theridion quadripunctatum*, Sundevall, Svinska Spindlarness, p. 11, n° 6. (Conférez Act. Reg. Scient. Holmiæ, 1831.) — *Araneus pullus, glaber, domesticus*, Lister, De Araneis, p. 49, titre XI, fig. 11. — *Theridion thoracicum*, Hahn, Die Arachniden, t. 1, p. 88, Pl. 21, fig. 66. — *Aranea bipunctata*, Linné, Fauna Suecica, 2e édit., p. 486, n° 1997. — *Eucharia bipunctata*, Koch, Ubersicht, p. 7, Pl. 1, fig. 13. — Ibid. Herrich Schæffer, 134, 10 (le mâle), 11 (la femelle).

Ancien-Monde — Europe — France — Suède — Allemagne.

Linné et De Géer ont confondu cette espèce et la suivante en une seule ; Linné dit d'abord *tota atra*, et ensuite sa description détaillée est contraire à cette assertion et indique le *Theridion quadripunctatum*. De Géer offre la même contradiction dans sa description. Dans cette espèce et dans la suivante les yeux intermédiaires sont portés sur des éminences du corselet, mais séparés par un enfoncement transversal entre les yeux antérieurs et les yeux postérieurs. Les yeux latéraux portés aussi sur des éminences sont rapprochés, mais ne se touchent pas, et sous ce rapport, le caractère de cette famille, tel qu'il est donné dans mon Tableau des Aranéides, Pl. 7, fig. 70, et dans les planches de cet ouvrage (Pl. 4, fig. 2 B), n'est pas parfaitement exact.

Cette espèce est commune sous les pierres dans les bois, et aussi dans les champs et dans les maisons. J'en pris un grand nombre dans le bois de Boulogne, ainsi que de la suivante, en mai et en juin. Le *Theridion quadripunctatum* construit une petite toile très-irrégulière. Cette Aranéide enveloppe de quelques fils la proie qui s'est arrêtée dans sa toile avant d'oser l'attaquer. Elle recouvre ses œufs d'une bourre lâche et peu serrée. Ils sont au nombre d'environ 50 à 60, d'une couleur rose clair et légèrement agglutinés. L'Aranéide attache son cocon aux pierres, aux murailles et aux corps où se trouve son nid. Elle survit à l'hiver, car j'ai rencontré des femelles toutes grandes dès le commencement d'avril.

5. THÉRIDION TRISTE. (*Theridion triste*.) Long. 5 lig. ♀, 4 lig. ♂.

Abdomen ovalaire arrondi, noir, entouré à la partie antérieure en dessous, qui touche au corselet, d'une bande jaune ou rouge qui forme un demi-cercle. Dos velouté noir, présentant quelques

19.

points jaunâtres ou rougeâtres formant une ligne longitudinale
obscure. Quatre points enfoncés sur le milieu du dos, ventre noir.
Corselet, sternum, bouche, palpes et pattes noirs ou d'un brun
foncé, avec des taches plus foncées aux articulations des pattes.
Le mâle est semblable à la femelle ; ses palpes sont très-allongés,
la cupule du digitale est ovale, allongée, pointue, grande, et
renferme un conjoncteur long et arqué dont l'extrémité converge
avec la pointe de la cupule.

VARIÉTÉ A. Abdomen glabre entièrement noir avec le cercle
antérieur étroit et en partie oblitéré: Corselet et pattes noirs.

VARIÉTÉ B. Abdomen noir avec la bande jaune antérieure très-
large, et une suite de points jaunes ou plus clairs, peu visibles,
formant une ligne longitudinale. Corselet et pattes noires.

VARIÉTÉ C. Abdomen noir avec la bande jaune ou rouge antérieure très-large, une suite de points jaunes obscurs indiquant
la ligne longitudinale du dos. Corselet et pattes rougeâtres.

Théridion triste, Hahn, Die Arachniden, t. 1, p. 89, Pl. 21,
fig. 67 (variété A). — *Theridion thoracicum*, Ibid., t. 1, p. 88,
Pl. 21, fig. 66 (variété C). —*Theridion dispar* (femelle), Léon
Dufour, Annales des sciences naturelles, juin 1824, t. 2,
p. 209, Atlas in-4°, Pl. 10, fig. 4 (une jeune); la figure 6 n'est
pas le mâle de cette espèce, mais du Théridion paykullien.
—*Araignée toute noire ayant un demi-cercle rouge à sa partie antérieure*, Latreille, Nouveau Dictionnaire d'histoire naturelle,
134, p. 11.
Ancien-Monde — Europe — France — Allemagne — Suède.

La variété C de cette espèce a tant de rapport avec le *Theridion punctatum*, qu'il a été facile de les confondre comme on l'a
fait bien souvent, d'autant plus que ces deux espèces se trouvent
ensemble dans les mêmes lieux, souvent l'une à côté de l'autre.
Cependant le *Théridion triste* a un corselet un peu plus grand,
une tête moins pointue, son dos est plus bombé, moins déprimé.
Ses variétés les plus claires sont toujours plus sombres que les
plus brunes du *Quadripunctatum*, et surtout le ventre est
dans l'une entièrement noir et jaune sur les côtés. Les yeux
du *Théridion triste* ont une teinte sombre et noirâtre, ceux
du *Theridion quadripunctatum* sont d'un jaune brillant. Le
Theridion quadripunctatum n'atteint jamais à la grandeur du

Théridion triste, et ce dernier, je crois, se trouve plus rarement que l'autre dans les habitations, s'il s'y trouve ; il habite de préférence les bois et les champs pierreux. Du reste, les habitudes sont semblables dans les deux espèces.

Theridion quadripunctatum Americanum, Abbot, Georgian Spiders, p. 24, fig. 292, variété noire à pattes jaunes.— Ibid., fig. 293, variété fauve à pattes jaunes plus fortement annelées.

De Géorgie. — Prises toutes deux sur des arbres, la première en avril, la seconde en mars, ces deux variétés d'une même espèce semblent ne pas différer du *Theridion quadri-punctatum* d'Europe.

6. Théridion maculé. (*Theridion maculatum*.) Long. 4 lig. ♂.

Abdomen ovalaire, arrondi, déprimé, brun ou noir, entouré sur le dos et les côtés du dos d'une bande blanche fortement dentée ou festonnée ou qui projette sur les côtés du dos de petites taches blanches ; dans le milieu du dos est une suite de petits traits blancs, ovales, inclinés, comme des chevrons ou accents dont les deux branches auraient été écartées ; en dessous le ventre a de chaque côté une tache jaune ou blanche dentée ou fortement festonnée, et dans le milieu, trois petites lignes ou traits longitudinaux de même couleur qui convergent et se réunissent en une petite raie transversale. Sur les côtés de l'abdomen les cercles du ventre et du dos bornent une bande brune ou noire, et les deux bandes jaunes se réunissent au-dessus de l'anus, de sorte que l'extrémité est jaune ou blanchâtre. Le corselet, le sternum et la bouche sont brun noirâtre. Lèvre noire, bombée, triangulaire, arrondie à son extrémité, aussi haute que large. Mâchoires noires, très-inclinées sur la lèvre, un peu creusées à leur côté externe. Les pattes sont fortement annelées de brun, de noir et de rouge. Ces pattes sont peu fortes et peu allongées. Le mâle est semblable à la femelle.

Variété A. Couleur du fond fauve ou rouge tant sur le dos que sous le ventre.

Variété B. Les deux premières taches de la ligne du milieu oblitérées, les autres distinctes ou seulement réduites à des points ronds et blancs.

Variété C. Taches du milieu sombres, peu visibles, les traits

blancs du milieu du ventre réduits à un seul avec un point blanc
de chaque côté.

VARIÉTÉ **D**. Le second chevron, à partir du corselet qui est le
plus grand, oblitéré; les autres convertis en petits trapèzes
jaunes qui se touchent par leurs pointes; abdomen gros et bombé
(avant la ponte).

Theridion maculatum, Walckenaer, Tableau des Aranéides,
p. 74, n° 6. — *Araignée tachetée de blanc*, De Géer, t. 7, p. 257,
n° 17, Pl. 15, fig. 3 et 4. — *Theridion albo-maculata*, Sundevall,
Svinska Spindlarness, p. 10, n° 5. (Conférez Act. Reg. scient.
Holmiæ, 1831.) — *Theridion albo-maculatum*, Hahn, Die Arachniden, t. 1, p. 79, Pl. 20, fig. 58. (Le texte indique la figure 59;
elle est marquée 58 dans la planche, où on a mis deux figures
numérotées 58; celle de l'espèce ici décrite est sur la ligne du
milieu, à droite.) — *Eucharia corollata*, Koch, Ubersicht, p. 8.
— Schæffer Insect., Ratisb., 2556. — *Ar. albo-lunata*, Panzer
Insect. Schæfferi, p. 206, Pl. 255, 6.

Ancien-Monde — Europe — France — Suéde — Allemagne.

Les caractères essentiels des yeux, de la bouche, sont les mêmes dans les *Theridion quadripunctatum*, *paykullianum* et *maculatum*, mais dans ce dernier les mâchoires sont moins larges et
plus inclinées sur la lèvre. M. Sundevall dit que cette Aranéide
construit entre les tiges des graminées, des carex et de l'cyme
des sables, une petite toile à réseaux ouverts, et en dessous,
un tissu horizontal sous lequel elle se tient à la manière des
Linyphies. Dans l'été pluvieux de 1829, M. Sundevall ne vit aucune de ces toiles, et il observa au contraire plusieurs individus
de cette espèce cachés au pied des tiges de thym et de serpolet.
De Géer mit une femelle de cette espèce dans un poudrier; elle
y pondit une vingtaine d'œufs parfaitement sphériques d'une
couleur de chair jaunâtre, qu'elle enferma dans une coque
ronde de soie très-blanche et très-serrée, au travers de laquelle
on pouvait cependant voir les œufs : elle fila autour de cette coque une seconde enveloppe composée de soie plus lâche et moins
serrée.

J'ai trouvé en nombre cette espèce sous les pierres dans le
bois de Boulogne, et je l'ai observée assidûment du 1er au
16 juillet. C'est alors que le *Theridion maculatum* pond ses œufs
qu'il entoure d'une bourre de soie peu serrée, laquelle forme un

cocon globuleux d'environ trois lignes de diamètre; il est blanc
et quelquefois un peu jaunâtre, souvent entouré de parcelles de
sable et de petits cailloux. L'Aranéide tend des fils à l'entour de
ce cocon, d'une manière irrégulière. J'y ai trouvé pris des Der-
mestes, des Carabes, et des Hannetons. J'ai ouvert, le 16 juillet,
trois de ces cocons, l'un contenait soixante-douze œufs libres et
non agglutinés entre eux; dans un second cocon les œufs
étaient éclos, mais immobiles et dans l'état de nymphes pareilles
aux figures 14 et 17 de l'ouvrage de Maurice Hérold (*de Generatione Aranearum in ovo*); dans un troisième cocon les nymphes
étaient développées et venaient de se transformer. Les pattes et
le corselet étaient d'un blanc verdâtre, l'abdomen jaune. Au
bout de quelques jours je trouvai des jeunes de cette espèce
rougeâtres; on remarque alors la bande jaune proche le corselet,
et les quatre points enfoncés; puis un peu plus âgés la ligne
longitudinale se dessinant par des petits points jaunes disposés par
paires, mais plus écartés entre eux que ne le sont les taches ovalaires de l'Aranéide dans toute sa grandeur. Quoique le cocon ne
soit que de bourre lâche, il faut en desserrer les fils pour que les
jeunes puissent sortir du tas où elles se trouvent, et elles restent
longtemps en société dans cette soie ainsi démêlée. Cette Aranéide a des habitudes lourdes et lentes; lorsqu'on lève la pierre
où elle se trouve, elle s'enfuit et s'écarte dans le premier moment,
mais si elle a pondu, elle revient aussitôt sur son cocon et le
couvre de ses pattes. Cette habitude de ne pas abandonner son
cocon et de le couver, en quelque sorte, est commune à tous les
Théridions, et en général aussi à toutes les Aranéides qui se ca-
chent pour pondre, dans des lieux obscurs, ou se renferment
avec leurs œufs dans des fourreaux de soie. Vers le 4 ou 5 août,
je vis encore des femelles de cette espèce avec leurs cocons, mais
elles étaient rares.

7. **THÉRIDION PAYKULLIEN.** (*Theridion paykullianum.*)

Abdomen ovale, arrondi, déprimé, noir ou brun, avec un
demi-cercle blanc ou jaune, atténué dans son milieu, entourant la partie qui touche au corselet; une ligne longitudinale blanche ou jaune, coupée par trois traits de même
couleur, qui forment une triple croix. Corselet d'un brun
marron noirâtre. Pattes et palpes annelées de rouge et de brun.

Les pattes deviennent fortes et grandes dans les individus âgés,
et le fémoral a un anneau brun à sa base et un autre à son
extrémité. Le mâle ressemble à la femelle; son digital est ovale.

Theridion paykullien, Walckenaer, Tableau des Aranéides,
p. 74, n° 5. — Ibid., Hist. nat. des Aranéides, 4, fig. 4 (un
mâle grossi). (Effacez *Theridion maculatum* dans la Synonymie.)
— *Theridion dispar mas*, Dufour, Annales des Scienc. nat., t. 2,
p. 210, juin 1824. — *Theridion dispar mâle*, Ibid., Atlas des
Annales des Scienc. nat., in-4°, pl. 10, fig. 6.—*Eucharia Hera*,
Koch, dans Herrich-Schæffer, 134,8 (le mâle). — Ibid., 9 (la
femelle). — *Theridion dispar*, ♂. Sundevall, Svinsk Spindlarness, p. 13, n° 7 (Act. Reg. Scient., Holmiæ, 1831).

Ancien-Monde — Europe — France — Allemagne — Suède —
Espagne.

J'ai trouvé cette espèce sous les pierres avec le *Quadripunctatum*, le *Maculatum*, et quoiqu'elle ait avec ces deux Aranéides les plus grands rapports, on voit qu'elle a la quatrième
paire de pattes toujours plus longue, tandis que dans le *Quadripunctatum* la première et la quatrième paires sont presque
égales, et qu'en les mesurant avec soin, on voit que la première l'emporte sur la quatrième. M. Sundevall a trouvé cette
espèce en mai et en juin dans l'île de Gottland. (Conférez Brébisson, Catalogue, dans les Mém. de la Société Linnéenne de Normandie.)

8. **Théridion bariolé.** (*Theridion variatum.*) Long. 5 lig. ♀.

Abdomen ovale, allongé, ovoïde, à fond d'un blanc pur, avec
quatre bandes transversales, brisées en chevrons ou accents circonflexes, d'un brun rougeâtre. La première de ces taches a une
petite échancrure à la pointe de la partie supérieure proche le
corselet. Côtés de l'abdomen et anus d'un brun rougeâtre. Ventre
blanc, mais avec des raies fines, rougeâtres, qui dessinent un
trapèze blanc dans le milieu, avec deux taches ovales blanches
de chaque côté.

Théridion bariolé, Walckenaer, Tableau des Aranéides, p. 74,
n° 8.

Je n'ai jamais pris moi-même cette espèce, je l'ai trouvée
dans un envoi d'Aranéides, qui m'a été fait par M. Berthout de

Lyon. Elle ressemble pour les couleurs au *Theridion triangu-lifer*, mais par la forme de la lèvre, les yeux et le corselet, elle se rapproche du *Theridion quadripunctatum*; elle est seulement plus petite.

9. THÉRIDION ÉTRANGER. (*Theridion peregrinum.*) Long. 5 lig. ♂.

Abdomen ovale, plus renflé dans son milieu, d'un noir ve-louté, excepté à l'anus et aux opercules branchiales, qui sont rouges. Le corselet est glabre, aplati, arrondi sur les côtés d'un rouge de corail sur le dos et au sternum. Les yeux sont placés sur le haut d'un bandeau très-élevé, glabre et rouge. Les deux antérieurs du carré intermédiaire sont plus gros et plus rapprochés que les intermédiaires postérieurs; les deux laté-raux sont rapprochés, mais non réunis, placés parallèlement au carré intermédiaire et sur la ligne des intermédiaires d'en haut. La lèvre et les mâchoires sont d'un rouge brun. La lèvre est en triangle, arrondie à son extrémité. Les mâchoires sont courtes à côtés parallèles, arrondies à leur extrémité, inclinées sur la lèvre rouge. Les mandibules sont longues, fortes, rouges, lavées de noir à leur extrémité. Les palpes sont très-allongés, rouges, glabres, terminés par un digital ovalo-globuleux, noi-râtre, dont la cupule est surmontée d'un crochet. Les pattes sont très-inégales entre elles. La quatrième paire est la plus longue, la seconde ensuite, la troisième est la plus courte. Le fémoral et le tibial sont d'un rouge vif et ont des poils noirs. Ces pattes ont trois griffes dont les deux principales sont pectinées par des dents très-fines et très-grandes. (M.)

Nouveau-Monde — Amér. mérid. — Brésil — Rio-Janeiro.

Rapporté par M. Freycinet.

Ce Théridion a tous les caractères de la famille des Arrondies.

3ᵉ Famille. LES RENFLÉES. (*Turgidæ.*)

Yeux latéraux rapprochés ou connivents.
Mâchoires allongées, évidées à leur extrémité, scalpelliformes, légèrement inclinées sur la lèvre.
Lèvre courte, semi-circulaire.
A ranéides faisant des toiles à réseaux, renfermant leurs œufs
  dans une enveloppe de soie d'un tissu serré, formant
  un cocon globuleux.

1ʳᵉ Race. LES GLOBULEUSES PERPENDICULAIRES.

Abdomen *globuleux, vertical.*

10. Théridion sisyphe. (*Theridion sisyphum.*) Long. 2 lig. 1/4 ♀.
  Long. 1 lig. ♂.

La femelle. — Abdomen ovale à dos globuleux, terminé en
pointe à sa partie postérieure, perpendiculaire ou vertical, à couleurs variées par des lignes et des taches blanches, noires, rouges
et jaunes. Sur le sommet du dos sont deux lignes courbes d'un
blanc vif, qui se réunissent en un angle dont la pointe est tournée
vers le corselet, et entre elles, sur un fond noir, deux points
blancs; deux autres lignes blanches se dirigent vers l'extrémité
postérieure; d'autres lignes blanches ou jaunes rayonnent du
centre où est l'angle en avant vers le corselet et sur les côtés, et
ont entre elles des taches noires ; sur la partie postérieure du dos
est une grande tache ovale rouge orange. Le ventre est brun
ou noir avec quatre petites taches jaunes, l'une au bas des
parties sexuelles, deux autres de chaque côté proche du corselet, et une petite barre jaune au-dessus des filières. Le corselet est petit, d'un brun rougeâtre, ainsi que les pattes, qui
sont fines, peu allongées, d'un rouge pâle, avec un point plus
foncé aux articulations, surtout aux pattes postérieures. Les
pattes sont inégales; la première paire la plus longue, la quatrième ensuite, la seconde est bien moins longue que la quatrième, et plus longue que la troisième.
  Le mâle. — Abdomen petit, noir, sans mélange d'aucune autre

couleur. Corselet et pattes rouges, lorsque son digital est développé, rougeâtre et semblable à la femelle par le dessin du dos ; dans le jeune le digital a une cupule avec un conjoncteur allongé, courbe, terminal.

Variété A. Fond de la couleur noire, surtout vers le corselet. Toutes les lignes blanches s'y trouvent.

Variété B. Fond de la couleur rouge, c'est-à-dire que toute la partie noire est d'un rouge pâle, mais avec toutes les lignes blanches.

Variété C. Fond d'un jaune pâle, mais avec toutes les lignes blanches et tout le dessin du dos.

Variété D. Fond rouge ferrugineux, avec les taches et le dessin du dos presque oblitérés, ou n'ayant que des lignes courbes blanches sur le côté.

Araignée sisyphe, Walckénaer, Faune parisienne, t. 2, p. 206, n° 32. — *Ibid.* Tabl. des Aran., p. 74, n° 9. — *Ibid.* Hist. natur. de Aran. fasc. 3. Pl. 9 (effacer la citation de Clerck dans la synonymie ; d'autres citations sont douteuses). — *Aran. rufus silvicola*, Lister, p. 53, tit. 14, fig. 14. *Die bunte bucklich liegende Garten-Spinne*, Frisch Insecten, t. 10, p. 21. — *Araneus formosus*, Clerck, Aran. suecici, p. 56, spec. 5, Pl. 3, tab. 6, fig. 1 et 2. — *Araneus lunatus*, Clerck. — *Ibid.* p. 52, spec. 5, Pl. 3, tab. 7, fig. 1 et 2 (variété C). — *Theridion lunatum*, Herrich Schæffer, 131, fig. 12 (la femelle), fig. 11 (le mâle). (Très-bonnes figures.) — *Theridion sisyphum*, Latreille, Gener. crust. et Insect., t. 1, p. 97, n° 1. — *Theridion lunatum*, Sundevall, Svinska spindlarness, p. 4, n° 2 (conférez Ac. Reg. Ac. scient. Holmiæ, 1831). — *Theridion sisyphum*, Hahn, Die Arachniden, t. 2, p. 47, Pl 58, fig. 132 (variété A). — *Théridion lunulé*, Latreille, Nouveau Dictionnaire d'histoire naturelle, t. 34, p. 12. — *Theridion pallidum*, Koch, Die Arachniden, t. 3, p. 64, Pl. 94, fig. 216 (variété D).

Ancien-Monde — Europe — France — Suède.

Cette espèce construit dans les bois, à l'entour des maisons et des murs, une assez grande toile dont les fils se croisent en tous sens. Elle se forme un nid composé de feuilles sèches, de détritus de végétaux ou de plâtras qui sont suspendus au milieu d'une toile irrégulière, et ont l'air d'y être tombés par hasard : c'est là dessous qu'elle se tient. Elle paraît dès les premiers beaux jours du printemps, s'accouple vers la fin de juin, et pond vers la fin d'août ou le commencement de septembre. Elle fait deux ou trois pontes et enveloppe ses œufs dans un cocon rond et rougeâtre, dont le tissu est serré, et qu'elle a soin d'ouvrir avec ses mandibules, lorsque ses petits sont éclos ou près d'éclore. Ses œufs sont blancs, ronds et au nombre de cent environ. Lister dit avoir trouvé jusqu'à cinq cocons dans un seul nid. Je n'en ai jamais trouvé plus de trois; mais Clerck en a trouvé neuf. Après être éclos, les petits restent en société avec la mère, qui les nourrit, jusqu'à ce qu'ils aient assez de force pour saisir et terrasser eux-mêmes leur proie. Les jeunes, lorsqu'ils n'ont qu'un sixième de ligne, ont déjà sur le dos les dessins délicats, et variés en couleur, qui caractérisent cette espèce. Lorsque cette Aranéide n'est pas cachée sous la feuille où elle a établi son nid, elle se tient sur sa toile dans une position renversée, comme une Linyphie. Aussi se rapproche-t-elle un peu de ce genre par ses mâchoires peu inclinées, et la forme du corps des Linyphies épéirides dont l'abdomen est de même perpendiculaire et gibbeux, mais la gibbosité du dos dans ces dernières est en pointe, tandis qu'elle est globuleuse dans nos Théridions.

J'ai trouvé le Théridion sisyphe entre des feuilles de graminées, le 25 août. Elle avait formé un toit d'un tissu blanc et épais; elle était logée sur ce nid, qui contenait tous ses petits vivants, et qui glissèrent à terre attachés à leurs fils, lorsque je secouai ces plantes; mais il est bien rare qu'elles se choisissent un séjour aussi peu abrité. M. Sundevall rapporte un fait curieux sur cette espèce d'Aranéide : il en vit huit qui avaient fait leur toile dans le vaisseau qui le transportait aux Indes-Orientales. Il y avait des mâles et des femelles qui tous se tenaient au milieu de leur toile dans une position renversée. La Blatte germanique était presque le seul insecte dont ils pussent se nourrir; mais elle y était en abondance. Ces Aranéides se trouvèrent admirablement bien du climat des tropiques, et les femelles pondirent jusqu'à huit cocons dans leur nid, ce qui confirme l'observation de Clerck, qui en a compté neuf. M. Sundevall a compté jusqu'à cent trente œufs dans un seul nid. Les petits, éclos en nombre immense, après quelque temps de séjour dans le nid, se dispersèrent dans le vaisseau, et peut-être ce vaisseau est le premier qui ait naturalisé cette espèce dans l'Hindoustan, où elle se propagera comme un insecte du pays.

L'*Ar. sisyphus* de Clerck est mon *Theridion nervosum*, et non mon *Sisyphum*. J'ai été induit en erreur à ce sujet, dans mes premiers ouvrages, parce que Clerck, pour son *Araneus sisyphus*, a cité à tort la figure de Frisch, qui est bien notre *Theridion sisyphum*, et que d'ailleurs le naturaliste suédois, dans la description des habitudes, a confondu ces deux espèces, et n'a pas vu que son *Araneus lunatus* n'était qu'une variété, après la ponte, du *Formosus*. La meilleure figure qu'on ait donnée du *Theridion sisyphum* (Walck.) est celle de Herrich Schæffer Deutschland, Insecten, 13i, fig. 11 le mâle, fig. 12 la femelle, sous le nom de *Theridion lunatum*, et ensuite celle de Hahn (Die Arachniden, pl. LVIII, fig. 132), sous le nom de *Theridion sisyphum*. Ces deux entomologistes ont dessiné la variété A, qui est la noire. La variété B, la rouge, est au moins aussi commune dans nos environs.

11. THÉRIDION DÉCOUPÉ. (*Theridion nervosum.*) Long. 2 lig. ♀ , 1 ligne 1/2 ♂.

Abdomen globuleux, bombé sur le dos, terminé en pointe à l'anus, perpendiculaire, à couleur mélangée de rouge pâle, de noir et de rose. Le dos a deux bandes noires, ou d'un rouge brun, plus larges dans leur milieu et s'amincissant graduellement aux deux extrémités, depuis le corselet jusqu'à l'anus, bordant une large bande médiane en fuseau. Ces deux bandes noires ou brunes sont coupées de chaque côté par trois lignes courbes fines d'un blanc vif. Entre le corselet et les deux premières lignes fines, la bande du milieu est blanche ; elle est suivie d'un petit ovale ou rond rouge qui est entouré de blanc au milieu du dos, et entre la première et la seconde courbe, blanche. Entre la seconde et la troisième, la ligne médiane se continue par un petit point rose entouré de blanc, et ensuite, à la partie postérieure, par un petit trait bifide blanc, et après par une simple ligne blanche entre les deux côtés de la bande qui se réduit à deux lignes brunes se joignant ensemble à l'anus. Sur les côtés, des lignes blanches et noires rougeâtres, inclinées, qui alternent sous le ventre, lequel a deux points jaunes de chaque côté vers le corselet et un petit triangle brun au-dessus de l'anus bordé de jaune ; il y a un point

noir au-dessous de l'anus. Corselet ovalaire arrondi, à tête pointue
rouge pâle, avec une raie longitudinale d'un brun foncé dans le
milieu, et deux autres plus courtes sur les bords de la partie la
plus large. Mâchoires, mandibules et palpes rouge pâle. Pattes
fines de couleur pâle, annelées de rouge brun aux articulations.
La première paire est la plus allongée, la quatrième ensuite; la
troisième est la plus courte. Le mâle est semblable à la femelle.
Son digital est gros, renflé, ovale.

VARIÉTÉ A. Abdomen couleur pâle verdâtre; les deux bandes
latérales d'un brun pâle; la ligne médiane formée par des triangles, des ronds ou trapèzes entourés de blanc. Ventre de couleur pâle uniforme. Corselet rougeâtre, sans bande brune.

VARIÉTÉ B. Abdomen pâle, jaunâtre ou blanchâtre sur le dos
et sous le ventre. Les deux bandes brunes du dos pâles et roses,
presque effacées, mais présentant encore une nuance plus foncée, coupées par les trois lignes blanches sur leur côté. Pattes et
corselet d'un rouge pâle; quelquefois les dernières pattes sont
annelées.

VARIÉTÉ C. Abdomen à fond rouge brun; les bandes brunes
très-marquées, mais la ligne médiane n'offrant que de petits
trapèzes rougeâtres. Les côtés et le ventre sont rougeâtres; le
corselet d'un rouge brun. (Une jeune.)

Araignée découpée, Walck., Faune parisienne, t. 2, p. 207,
Théridion découpé, n° 35 (nervosum), Walck., Tableau des
Aranéides, p. 74, n° 10. — *Araneus sisyphus*, Clerck, Aran.
succ., p. 54, spec. 4, Pl. 3, fig. 5. — *Araneus ferè subfuscus,
variè coloratus*, Lister, p. 51, tit. 13, fig. 13. — Albin, Natural
History of spiders, p. 23, Pl. 15, fig. 71. — *Theridion sisyphus*,
Herrich Schœffer, Deutschland Insecten, 131, 9 (le mâle variété C). — Ibid. fig. 10 (la femelle variété A). — *Theridion nervosum*, Hahn die Arachniden, t. 2, p. 48, Pl. 58, fig. 133
(variété B). (Bonne figure.) — *Aranea nervosa*, Olivier, Encyc.
Méth., hist. nat., t. 4, p. 210, n° 41. — *Theridion sisyphus*, Sundevall, Svinska Spindlarness, p. 8, n° 4, conférez Act. Reg.
Scient. Holm., 1831. — *Aranea notata*, Linné, Fauna suecica,
2e édit., p. 489, n° 2008. — *Theridion aulicum*, Koch, Die
Arachniden, t. 4, p. 115, Pl. 140, fig. 323 (variété C de 1 lig. 1/4
de long).—*Théridion à nervures*, Latreille, Nouveau Dictionnaire
d'hist. nat., t. 24, p. 13.

Ancien-Monde — Europe — Suède — France — Allemagne —
Grèce.

Dans le *Theridion nervosum* (le *Sisyphus* de Clerck), les
mâchoires sont plus étroites, plus cylindriques que dans le
Sisyphe (*lunatus* et *formosus* de Clerck). La lèvre est plus large
que haute, triangulaire et brune; les mâchoires sont de couleur pâle; les yeux latéraux sont connivents ; les yeux antérieurs intermédiaires sont plus gros, plus écartés, plus bruns
que les postérieurs intermédiaires. Lister, qui a étudié avec
soin cette Aranéide, dit qu'à son changement de peau, elle
revêt dans le jeune âge des couleurs différentes, blanches,
jaunes, rouges, vertes, et qu'il serait impossible de noter toutes
ses variétés. Cela est vrai, aussi n'avons-nous noté que les principales; mais elle est toujours très-reconnaissable : son abdomen est plus globuleux, moins évidé et moins pointu à la partie
postérieure que dans le *Theridion sisyphum*. Cette Aranéide est
très-commune dans les bois et dans les jardins, mais surtout
dans les bois et sur le chêne et le buis. Elle se trouve à une
grande hauteur; j'en ai pris nombre d'individus sur la montagne de Grammont voisine des Eaux-Bonnes dans les Pyrénées.
C'est en juillet et en août qu'on la rencontre le plus souvent.
Sa toile n'est pas aussi grande que celle du *Theridion sisy-*
phum (mihi). C'est un réseau formé de fils croisés en tous sens,
qui ressemble à une tente ou à une pyramide pointue dont la
base a quatre pouces de diamètre environ. Le sommet de cette
pyramide se compose d'un tissu plus dense, et c'est sous ce
sommet comme sous une cloche qu'elle se tient ordinairement
après avoir pondu. Son cocon, retenu par des fils à la toile,
est à un pouce plus bas. Aussitôt qu'on remue cette toile, l'A-
ranéide se précipite sur son cocon, l'entoure de ses pattes
et ne le quitte pas. Quand elle veut s'enfuir, elle prend alors
son cocon avec ses mandibules. Ce cocon est rond, verdâtre et
a une ligne un quart de diamètre. Les œufs ne sont pas agglutinés, mais se séparent dès qu'on a écarté la bourre de soie
assez dense qui les enveloppe. On en compte environ soixante
à soixante-dix dans un seul cocon (M. Sundevall en a compté
quatre-vingts). Ils sont presque parfaitement globuleux et jaunâtres. Dans les Pyrénées, cette espèce pond du cinq au huit
juillet; dans les environs de Paris, c'est du vingt-cinq juillet au
quinze août. Dès le mois de mai, on trouve des femelles et des
mâles, et leur accouplement a lieu vers le milieu de juin; on
trouve des jeunes nouvellement éclos vers le vingt août. Les

petits restent longtemps avec la mère, qui rassemble alors à l'entour de son nid des chenilles, des hannetons, des débris de feuilles sèches. Si on touche à ce nid, l'Aranéide se rapproche aussitôt de ses petits et ne les quitte qu'à la dernière extrémité, et contrainte par la force. Lister dit avoir vu à son grand étonnement le cocon de cette espèce suspendu hors de son nid. Il vit un accouplement le 1er juin au soir, et le mâle se servait alternativement de l'un et de l'autre palpe, et imprimait à la toile un léger mouvement de trépidation. Au commencement de juillet, il a assez souvent trouvé deux cocons dans un seul nid.

12. THÉRIDION D'ABÉLARD. (*Theridion Abelardi.*) Long. 3/4 de lig.

Abdomen globuleux, rouge amarante ou lie-de-vin, avec des points blancs sur les côtés, et qui bordent sur le dos, une bande blanche crénelée ou en losange, laquelle commence proche le corselet et se termine au sommet le plus élevé du dos, et se continue ensuite par une ligne non interrompue jusqu'à l'anus. Des raies fines, blanches, latérales, forment à côté de la raie médiane, des ovales ou polygones rougeâtres. Ventre rougeâtre sablé de points blancs. Corselet petit, jaune verdâtre, glabre, arrondi à sa partie postérieure, rétréci vers la tête. Large bande brune longitudinale, qui s'élargit vers la tête; bord liseré de noir sur les côtés qui avoisinent les pattes et point vers la bouche. Les huit yeux sont noirs; les intermédiaires en carré, les latéraux rapprochés au niveau de ceux d'en bas. Lèvre triangulaire, arrondie à son extrémité, verdâtre, avec une petite tache brune à sa base. Mâchoires allongées, cylindriques, resserrées dans leur milieu, arrondies à leur extrémité, fortement couchées sur la lèvre. Pattes minces peu allongées, verdâtres, avec des taches brunes aux articulations.

Ancien-Monde — Europe — France.

Prise au Paraclet, près Nogent-sur-Seine, le 1er octobre.

Cette espèce ressemble à la Sisyphie jeune, mais celle-ci n'a pas un fond de couleur aussi uniforme.

13. THÉRIDION PEINT. (*Theridion pictum.*) 2 lig. ♂ ♀.

Abdomen globuleux, brun, avec une figure triangulaire,

bordé de jaune citron, rouge à la partie antérieure de l'abdomen, proche le corselet. Bande longitudinale dentée, rouge, bordée de jaune, se terminant en angle à l'anus. Le mâle ressemble à la femelle (2 lignes).

Ar. peinte. Walckenaer, Faune parisienne, t. 2, p. 207, n° 36. — *Théridion peint,* Tabl. des Aranéides, p. 74, n° 11.—*Theridion pictum,* Hahn, Die Arachniden, t. 1, p 90, Pl. 22, fig. 68. —

Theridion ornatum, Hahn, Monographia Arancarum, fasc. VI, Pl. 3, fig. C et fig. 3. — *Steatoda picta,* Koch, Ubersicht des Arachniden System., p. 9, n° 2.

Variété A. Abdomen brun.

Variété B. Abdomen jaune.

Ancien-Monde — Europe — France — Allemagne.

Parmi les ronces et les bords boisés des ruisseaux. Elle fait son cocon en septembre ; il est rond et de couleur plombée. M. Hahn dit avoir trouvé cette jolie espèce en Allemagne, dans les haies, les bois, les buissons, les jardins.

14. Théridion crénelé. (*Theridion denticulatum.*) Long. 1 lig. 1/2 ♀. Long. 1 ♂.

Abdomen globuleux, large et bombé sur le dos, perpendiculaire, gris noirâtre, avec une bande longitudinale blanche ou jaune, dentée ou crénelée, qui s'étend sur toute la longueur du dos depuis le corselet jusqu'à l'anus ; sur les côtés sont de petites lignes transversales noirâtres qui correspondent aux angles de la raie du milieu. Le ventre est noir luisant avec une tache triangulaire d'un jaune ou d'un blanc vif au-dessous de la vulve ; plus haut et sur les côtés, proche le corselet, sont deux autres taches de même couleur, encadrées dans la sinuosité noire de cette partie du ventre. Le corselet a le dos blanchâtre (il devient rouge quand il est resté dans l'alcool), petit, en cœur, bordé de noir avec une bande longitudinale bifide dans le milieu; le sternum brun lavé de noir ainsi que la bouche. La tête est noire, les yeux antérieurs intermédiaires un peu proéminents, un peu plus gros que les postérieurs intermédiaires ; les latéraux sont rapprochés et connivents. La lèvre est semi-circulaire. Les mâchoires allongées, étroites, à côtés parallèles, très-inclinées sur la lèvre, coupées en carré à leur extrémité. Les pattes sont fines, peu allongées, blanches, ponctuées de brun aux articulations;

la première paire est la plus longue , la quatrième ensuite , à la troisième est la plus courte. Le mâle est petit; il a l'abdomen ovale et moins globuleux , le corselet proportionnellement plus grand , les pattes et les palpes plus allongés ; le digital est ovale.

VARIÉTÉ A. Dos blanc, avec le dessin plus pâle , mais distinct; ventre noir avec les taches jaunes ou avec le dessin du dos presque oblitéré ; le ventre brun avec un point jaune.

VARIÉTÉ B. Dos rouge brun ; ventre noir avec une seule tache jaune triangulaire dans le milieu.

Araignée crénelée, Walckenaer, Faun. Paris., t. 2 , p. 208 , n° 37. Ibid.Tabl. des Ar. p. 74 ,n° 12 (effacez la citation de Lister). — *Theridion melanurum* , Hahn , Mon. Ar. in-4° fasc. VI , Pl. 3, fig. A , 1.

Ancien-Monde — Europe — France — Angleterre.

J'ai souvent trouvé cette espèce en juin et en juillet dans les bois et les jardins. J'en ai vu un individu vivant le 31 janvier, aux deux tiers de sa grandeur, dans un plant de laitues. J'ai remarqué que cette Aranéide enveloppe sa proie de ses fils. Je la vis envelopper un Scolite pris dans sa toile ; elle suça cet insecte beaucoup plus gros qu'elle , et le rejeta ensuite , puis elle se replaça dans la rainure du mur ; sa toile, qui est établie ainsi entre deux pierres , était toujours très-propre. Le 1er mai 1828 , je vis à Nevers un individu de cette espèce qui s'était logé dans l'angle d'un carreau de ma chambre à coucher. Il avait construit un réseau irrégulier vertical, et formé de fils lâches tendus dans le sens du carreau ; ce réseau était composé de deux toiles ou deux couches distinctes. L'Aranéide se tenait au sommet des deux toiles presque toujours dans une position renversée , c'est-à-dire le dos tourné vers le sol. Dans la nuit du 17 au 18 mai , elle pondit et enveloppa ses œufs d'un cocon sphérique. Le thermomètre marquait alors à l'ombre 16 à 17 degrés de chaleur , échelle de Réaumur ; ce cocon était formé seulement de bourre de soie. Les œufs étaient libres et non agglutinés entre eux , très-petits et grisâtres. Le 12 juin 1835 , je trouvai encore une femelle de cette espèce qui avait attaché son cocon sur un mur de la serre de mon jardin , à Villeneuve-Saint-Georges. Ce cocon est brun , verdâtre , et a juste la forme de l'Aranéide, c'est-à-dire qu'il est globuleux à sa partie supérieure , et se termine en pointe à l'autre bout. Ce cocon est plus gros que l'abdomen de l'Aranéide qui l'a pondu.

Ce cocon n'était pas alors enveloppé de soie, et les œufs ne formaient qu'une masse agglutinée. Je plaçai l'Aranéide dans un
tube de verre avec son cocon, et elle commença aussitôt à tirer
à elle cinq ou six œufs hors de la masse; je ne pus alors porter
plus loin cette observation. Quand cette Aranéide est toute jaune,
l'abdomen est rougeâtre; on aperçoit la bande dentée du dos,
mais le ventre est rouge et les taches jaunes n'existent pas.

Le 4 novembre 1840, j'ai pris un individu de cette espèce tout
jeune dans du raisin. Il n'avait qu'une demi-ligne de long. La
figure du dos était complète, la bande crénelée blanche, le reste
plus pâle. A la partie supérieure du dos, je trouvai une petite
larve cramponnée sur l'épiderme de l'Aranéide ayant 1/6 de ligne
de long, cylindrique, plus grosse à un de ses bouts, ayant dix à
onze anneaux et absolument semblable à celle que j'avais observée
en 1832, dans les Pyrénées, sur la partie supérieure du dos d'une
Linyphie triangulaire ou montagnarde, le 30 août; mais cette
dernière Aranéide avait une ligne 1/4 de long et la larve parasite
2/3 d'une ligne.

J'ai eu tort de rapporter dans mon tableau cette espèce à
l'*Araneus pusillus lividus, pictura clunium nigra et veluti denticulata* de Lister, tit. 16, p. 56. Celle-ci n'est pas globuleuse;
cette Aranéide a plus de rapport avec le *Theridion benignum.*
Elle fait un cocon aplati et lenticulaire.

15. THÉRIDION INCISÉ. (*Theridion incisuratum.*) Long. 3 lig.1/2.

Abdomen globuleux, rouge pâle, avec une bande longitudinale rouge vif sur le milieu du dos, dont les côtés sont à festons
angulaires ou en zigzag, bordée de deux lignes d'un jaune vif;
ces lignes sont doublées d'une bordure noire. Entre cette bande
médiane et le corselet, à la partie supérieure de l'abdomen, est
un carré jaune citron, bordé de noir sur les côtés et séparé de
la bande par un petit chevron transversal noir, mais ouvert par
en haut, c'est-à-dire n'ayant aucune bordure du côté du corselet.
Corselet petit, rond, d'un jaune orange, bordé de noir, avec
une raie noire longitudinale dans son milieu. Pattes jaunes annelées de jaune orange foncé.

Abbot, Georgian Spiders, p. 11, fig. 520.
Nouveau-Monde — Amérique sept. — Géorgie.

Prise le 6 juillet sur un sumac dans les bois de chênes du comté de Burke.

Cette espèce ressemble beaucoup à notre *Theridion denticulatum* pour la figure du dos; mais la bande est plus large, et les couleurs sont différentes et plus vives.

16. THÉRIDION TEINT. (*Theridion tinctum.*) Long. 1 1/2 lig. ♀.
1 1/6 ♂.

Abdomen globuleux, bombé sur le dos, perpendiculaire, à fond blanc, ou jaune verdâtre ou rougeâtre; une tache noire bifide, ou ayant une petite échancrure blanche dans son milieu, qui est comme deux triangles noirs, isocèles, réunis et engagés l'un dans l'autre par leur base; mais quelquefois ils sont divisés et forment deux taches. Dans le jeune âge, au contraire, cette tache noire est plus grande et a une proéminence noire vers le corselet, au lieu d'échancrure; quelquefois les deux taches triangulaires, pâles dans le milieu, sont tracées par des points noirs. Au-dessous de ces taches une ligne blanche transversale, puis une suite de petites taches noires carrées, formant, avec la bordure plus noire de la tache proche le corselet, deux bandes noires, qui vont se réunir en angle à l'anus, et qui sont séparées par de petits traits transversaux, d'un brun pâle, se prolongeant sur les côtés; entre ces deux bandes noires sont de petites taches pâles, entourées de jaune ou de blanc, qui sont suivies par un ovale jaune ou rouge, assez grand à la partie inférieure; au-dessus de l'anus, cet ovale est bordé par les lignes noires latérales, qui, dans cet endroit, sont fines et festonnées. Le ventre a deux traits noirs, courbes, sur les côtés antérieurs, qui entourent les opercules branchiaux; il y a des taches et des points noirs près des filières. Le corselet est petit, rougeâtre; la partie de la tête est marquée par un triangle noir, dont la base s'appuie sur les yeux et a deux ronds noirs; il y a des petits traits noirs sur les bords latéraux du corselet, sur la partie antérieure du bandeau, à la naissance des mandibules qui sont rouges. Le sternum est rouge, avec deux petits points bruns longitudinaux dans son milieu, et entouré d'une ligne noire; la lèvre est haute, grande, semi-circulaire, brune; les mâchoires allongées, d'un rouge pâle, cylindriques, diminuant un peu vers leurs extrémités, scalpelliformes. Les yeux antérieurs sont entourés d'une bande brune, et d'autres bandes joignent les yeux antérieurs et postérieurs ; les yeux antérieurs intermédiaires sont proéminents, plus gros que les postérieurs intermédiaires ; ceux-ci sont de couleur d'ambre jaune, brillants ; les antérieurs sont bruns ; les yeux latéraux sont connivents. Les pattes sont fines, jaunâtres, avec de longs anneaux ; les deux paires antérieures surpassent notablement les postérieures en longueur ; la première paire est la plus longue et la troisième la plus courte.

Le mâle ressemble à la femelle ; son digital est globuleux, et présente un conjoncteur rond, brun, glabre et luisant à sa base, et terminé par un crochet brun, rouge, courbe et pointu.

Variété A. Abdomen jaune, avec la tache noire pleine.

Variété B. Abdomen rougeâtre, avec la tache divisée.

Araignée teinte, Walckenaer, Faune parisienne, t. 2, p. 208, n° 38. — *Theridion tinctum*, Id. Tabl. des Aranéides, p. 75, n° 13. — *Theridion irroratum*, Koch, Die Arachniden, t. 4, p. 120, pl. 141, fig. 327. (Variété B, un jeune.) — *Theridion pectitum*, Sundevall, Svinska Spindlarness, p. 17, n° 10. (Conférez Act. Holmiæ, 1831.)

Ancien-Monde — Europe — France — Allemagne — Suède.

J'ai trouvé le mâle au commencement de juin et en août ; c'est dans les jardins, et même dans les angles des maisons, que j'ai quelquefois rencontré la femelle. M. Koch dit avoir mis sous verre, dans le mois de juin, une femelle de cette espèce, qui pondit aussitôt et enveloppa ses œufs dans un cocon globuleux. Cinquante jeunes Aranéides sortirent de ce cocon ; la tête et le corselet étaient blanchâtres, avec un point noir à l'endroit des yeux et dans le milieu du corselet ; les bords étaient bruns. Le ventre était gris, avec deux lignes brunes longitudinales sur le dos, et le milieu plus clair. Les pattes comme dans l'Aranéide adulte.

Quand cette Aranéide est jeune, ses pattes sont moins allongées et courtes. Cette espèce présente bien des variétés. Dans l'une d'elles (la variété A), le corselet est rouge, les pattes blanches, sans annelures, le ventre gris ; le dos est en entier rempli par la tache noire foncée, veloutée, festonnée, surtout à sa partie postérieure, qui se prolonge en deux bandes aussi festonnées à la partie

postérieure, enveloppant au-dessus des filières une bande ovale,
festonnée, d'un jaune vif. Près du corselet, la tache noire, à son
sommet ou à sa pointe, est marquée d'un point jaune ou blanc
très-vif, qui y forme une petite échancrure, et sur la partie
postérieure, deux petits points d'un jaune vif ou blanc. Le ventre
et les côtés du ventre sont jaunes; mais cette couleur jaune est
d'autant plus verdâtre et d'autant plus pâle qu'elle se rapproche le
plus du milieu de l'abdomen. Ce jaune se nuance graduellement
jusqu'à la couleur orangé foncé, près des bords de la tache et
des raies noires du dos, et cette couleur fait ressortir les festons
formés par les taches noires. L'endroit des parties sexuelles est
brun, celui des filières verdâtre. Dans d'autres, au contraire, la
tache noire est moins grande, et, au lieu d'être échancrée, cette
tache a une petite proéminence arrondie vers le corselet; elle a
la forme d'un semi-ovale arrondi, et à sa partie postérieure sont
deux petits points jaunes, presque imperceptibles; puis derrière,
et séparés par un petit espace jaune, sont deux traits noirs, inclinés latéralement, à l'extrémité desquels deux raies noires longitudinales se réunissant en angle à l'anus font suite pour limiter
sur les côtés l'ovale ou la bande d'un jaune ou d'un blanc vif,
qui caractérise la partie postérieure du dos. Le ventre, dans cette
variété, est noir dans son milieu, tandis qu'il est rougeâtre et
sans taches dans d'autres.

C'est dans le jeune âge, et lorsque cette Aranéide n'a que 3/4 de
ligne de long, que la tache noire est divisée en deux triangles et
que le reste de la figure du dos n'est encore indiqué que par
quelques taches noires qui semblent irrégulières; et c'est bien
alors le *Theridion irroratum* de M. Koch.

Le mâle pris par moi, le 2 juin, entre des feuilles de pin, au
Jardin des Plantes, était aussi grand qu'une femelle; les petits
points blancs à la base des deux triangles formant la tache brune
près du corselet, étaient très-visibles; la ligne transversale très-
blanche et la partie postérieure formaient une espèce de triangle allongé, jaunâtre, plus brun vers sa base, plus clair à son
sommet; l'anus était bordé de points blancs très-fins, visibles
seulement à la loupe.

Cette Aranéide est une bonne fileuse. Le 10 juillet, je vis un
individu de cette espèce, de la variété A (longueur 1 ligne 3/4),
que je viens de décrire, sur un arbre de mon parc, à Villeneuve-Saint-Georges. Sa toile était un tissu de fils très-fins,

formant une trame à mailles très-lâches, mais assez fournie pour donner à ce tissu l'aspect d'une gaze claire. Elle était construite sur la feuille axillaire d'un chèvrefeuille en fleur, et elle s'élevait jusqu'aux folioles latérales, qui se réunissent par leur pédicule au pédicule de la fleur du milieu; de sorte que cette toile n'avait pas moins de cinq pouces de long sur quatre de hauteur. L'Aranéide se tient le plus ordinairement au bas du pédicule de la feuille centrale; elle y était immobile, et les cuisses de ses pattes antérieures étaient remployées sur le corselet, en dessus. Derrière elle, je vis deux de ses cocons placés sur la même ligne. Ils sont parfaitement ronds, ont une ligne et demie de diamètre, et se composent d'une petite masse d'œufs non agglutinés entre eux. Ils étaient tous deux recouverts d'une bourre fine, lâche et claire, qui laisse voir les œufs au travers du tissu dont ces cocons se composent. Ces deux cocons étaient séparés, mais enveloppés dans une même toile; chaque cocon contenait trente œufs, petits, blancs, ronds, parfaitement séparés, et roulant sur la table lorsqu'on écarte la soie qui les réunit.

J'ai trouvé, à Pont-le-Roi, une Aranéide de cette espèce, sur une feuille de thuya, avec un seul cocon. Elle avait un aspect blanchâtre et sale, et de petits grumeaux blanchâtres à sa superficie. Elle portait ce cocon attaché à son anus. Je l'enfermai avec son cocon dans une boîte. Lorsque j'ouvris la boîte, l'Aranéide la parcourut avec rapidité en tout sens et en sortit; mais comme elle avait laissé partout des fils dont l'extrémité se trouvait attachée à son cocon, elle y revenait toujours. Si on prend le cocon avec les pinces, elle y reste attachée ou elle s'en écarte comme pour voir d'où vient le danger; et alors, si vous posez le cocon par terre ou plus bas, vous la voyez redescendre par un fil qui y aboutit : par là elle nous démontre qu'en s'écartant de son cocon, elle ne l'a point abandonné. On peut dire que les Araignées sentent et vivent en quelque sorte par tous les fils qu'elles ont tendus.

17. THÉRIDION GENTIL. (*Theridion pulchellum.*) Long. 1 lig. 1/2. ♀.
Long. 1 lig. 1/2. ♂.

Abdomen globuleux, bombé sur le dos, resserré sur ses côtés, perpendiculaire, avec une bande longitudinale, rougeâtre, festonnée sur ses bords, depuis le corselet jusqu'à l'anus ; côtés rouge brun; ventre presque noir dans son milieu; corselet petit,

glabre, luisant, jaune d'ambre, ayant une bande longitudinale
d'un brun rougeâtre dans son milieu ; sternum glabre, jaune
d'ambre ; bords bruns avec huit petits points noirs, formant
une courbe près de la lèvre. Yeux intermédiaires antérieurs plus
gros et plus rapprochés que les postérieurs ; les latéraux sont
très-rapprochés, mais non connivents. Les yeux antérieurs
sont noirâtres ; les postérieurs intermédiaires blanchâtres. Lèvre
grande, semi-circulaire ou triangulaire à son extrémité ; jaune
rougeâtre, brune à sa base. Mâchoires d'un jaune rougeâtre,
allongées, à côtés parallèles, évidées en pointe à leur extrémité
ou scalpelliformes, inclinées sur la lèvre, ayant à leur base un
petit cercle brun. Pattes jaunes, annelées de rouge, de longueur médiocre ; la première paire est la plus longue, la seconde
et la quatrième sont presque égales entre elles, la troisième est
la plus courte. Le mâle est semblable à la femelle.

VARIÉTÉ A. Bande festonnée du dos d'un brun marron ou
noire, bordée de jaune. Côtés de l'abdomen rougeâtre, avec deux
larges bandes d'un vert jaunâtre formées par des points. Pattes
verdâtres. Mandibules droites verdâtres.

VARIÉTÉ B. Abdomen jaune.

Araignée gentille, Walckenaër, Faune parisienne, t. 2, p. 208.
— *Theridion pulchellum*, Ibid. Tabl. des Aranéides, p. 75, n° 14.
— *Theridion vittatum*, Koch, Die Arachniden, t. 3, pag. 65,
Pl. 94, fig. 217 (la femelle). — Ibid. t. 4, p. 118, Pl. 141,
fig. 326 (le mâle).
Ancien-Monde — Europe — France.

Cette espèce se trouve sur les feuilles de chêne, de charme,
de pin, de sapin et autres arbres. Elle fait son cocon sur la fin
de juin. Il est du plus beau blanc, d'un tissu serré : des fils assez
longs sont attachés par elle à la feuille où elle l'a fixé, et s'étendent sur des feuilles de la même branche de l'arbre où se trouve
cette feuille, et d'autres sont projetés latéralement sur les branches voisines. On ne compte que seize à dix-sept œufs dans chacun de ces cocons, et les œufs sont du blanc le plus éclatant.
Cette Aranéide est une de celles qui gardent leur cocon avec le
plus de constance et d'assiduité.

Les *Theridion denticulatum ; pulchellum ; incisuratum ; candefactum*, et la *Linyphia textrix*, se ressemblent beaucoup par

la figure du dos de leur abdomen qui, dans toutes, présente une bande longitudinale dentée ou festonnée.

18. Théridion orix. (*Theridion orix.*) Long. 1 lig. ♂.

Abdomen globuleux, glabre, de couleur pâle, piqueté de rouge et de brun, avec une bande longitudinale festonnée formée de points bruns et rouges, fort rapprochés. Corselet arrondi, déprimé, de couleur pâle, diaphane, avec une bande brune dans son milieu. Pattes pâles, annelées de brun.

Aranea orix, Bosc, MSS. sur les Aran. de la Caroline, p. 10, Pl. 1, fig. 4.
Nouveau-Monde — Amér. sept. — Caroline.

Cette espèce, dit Bosc, est fort commune. Elle se forme un nid, en liant les feuilles sèches des arbres. Elle ressemble tellement à notre *Theridion pulchellum*, qu'on doute si ce n'est pas la même espèce. On voit que par ses habitudes elle a beaucoup de rapport avec notre *Theridion sisyphum.*

19. Théridion blanchi. (*Theridion candefactum.*) Long. 1 lig. 1/3.

Abdomen ovale, globuleux, bombé sur le dos, resserré sur les côtés, blanc ou jaunâtre, avec une bande festonnée, large sur le milieu du dos, presque d'égale largeur depuis le corselet jusqu'à l'anus, bordée de brun, traversée dans son milieu par des traits blancs transversaux à chaque feston, et vers la partie postérieure ce milieu encore traverse deux ou trois lignes blanches, et sous la première division la bande médiane, proche le corselet, est un triangle allongé, festonné. Les côtés du dos et du ventre sont blancs ou jaune pâle ; le milieu du ventre est noir et resserré par le jaune en une large bande longitudinale ; le corselet, en dessus, le sternum et la bouche sont glabres et rougeâtres. Les yeux antérieurs intermédiaires sont proéminents, mais non plus gros ni plus rapprochés que les postérieurs intermédiaires ; les yeux latéraux sont portés sur une même éminence latérale de la tête, très-rapprochés, mais non connivents ; tous les yeux sont d'un jaune d'ambre, brillants. La lèvre est aussi haute que large, semi-circulaire ; les mâchoires sont larges, à côtés parallèles, scalpelliformes ou angulaires à leur extrémité ;

les mandibules sont cylindriques, rougeâtres, et tombent perpendiculairement ainsi que le bandeau. Les pattes sont jaunes ou
rouge pâle, non annelées; les pattes antérieures sont plus allongées que les postérieures; la première paire est la plus longue,
la seconde ensuite, la troisième est la plus courte.

Ancien-Monde — Europe — France.

Cette espèce ressemble beaucoup à la précédente, et par ses
couleurs et par sa bande festonnée ; mais ses couleurs sont beaucoup plus blanches, sa bande festonnée n'est pas aussi tranchée,
aussi divisée et est blanchie par d'autres lignes. Dans le jeune âge
surtout, le blanc domine dans ses couleurs. Des caractères encore plus essentiels, mais moins faciles à apercevoir, qui sont
donnés dans nos descriptions, séparent nettement ces deux
espèces d'Aranéides.

20. **THÉRIDION SEMBLABLE.** (*Theridion simile.*) Long. 1 ligne 1/2.

Abdomen globuleux bombé, perpendiculaire, rouge jaunâtre, avec une bande longitudinale festonnée, blanche sur le
milieu du dos, qui s'élargit en formant un triangle, proche du
corselet. Dans le milieu de cette bande, en est une plus étroite
qui la divise dans toute sa longueur, excepté à l'endroit de la
base du triangle qui fait une petite interruption. Cette bande
étroite est aussi en cet endroit un peu plus large, formant ainsi
elle-même proche du corselet un triangle très-allongé. Corselet rouge brun; pattes jaunes, avec des anneaux rougeâtres
aux articulations.

VARIÉTÉ A. Abdomen à bandes jaunes et blanches.

Theridium simile, Koch, Die Arachniden, t. 3, p. 62, Pl. 94,
fig. 215.

Ancien-Monde — Europe — Allemagne — Environs de Ratisbonne.

Cette espèce ressemble en effet beaucoup au *Theridion pulchellum* (*vittatum* de M. Koch), mais elle est bien distincte. On
la trouve avec son cocon dans le mois de juin.

21. **THÉRIDION VARIABLE.** (*Theridion varians.*) 1 ligne. ♀.

Abdomen à dos noir, entouré d'un cercle jaune, une figure

jaune triangulaire , dentée ou à festons aigus, jaune citron ; petit trait transversal jaune dans le milieu de la partie du cercle noir qui est proche le corselet. Le corselet est jaune et est entouré d'un cercle noir sur ses bords, et a une large bande longitudinale noire dans son milieu. Dans quelques individus la tache jaune trianguliforme dentée et le trait jaune sont entièrement oblitérés, et le dos est tout noir , entouré d'un cercle jaune. Pattes jaunâtres , annelées de noir.

Variété A. Avec le dos entièrement jaune.

Variété B. Avec la tache brune.

Theridion leuconotum, Hahn , Mon. Aran. Fascic. VI, Pl. 3, fig. B, 2, *b*. — *Theridion varians*. Ibid. Die Arachniden, t. 1, p. 93, Pl. 22, fig. 71 et 72 (variété avec tache jaune.) — Ibid. fig. 72 (variété avec le dos tout noir).

Ancien-Monde — Europe — Allemagne.

22. THÉRIDION CAROLIN. (*Theridion carolinum.*) Long. 1 lig. 1/3. ♀. 1 lig. ♂.

Abdomen globuleux , très-bombé sur le dos , pointu vers l'anus , perpendiculaire, d'un jaune clair sur le milieu du dos , les côtés entourés d'un brun rougeâtre violacé ; ventre d'un brun rougeâtre , excepté les filières qui sont jaunes. L'oviducte est très-saillant et très-apparent ; il est noir, carré à sa base, et projette un petit tube conique dirigé vers le corselet. Le corselet est petit, jaunâtre sur les côtés , rouge brun sur les bords. Le sternum est de couleur jaune , entouré de brun rougeâtre ; la tête est relevée , rougeâtre. Les yeux sont placés haut, le bandeau est grand , les yeux postérieurs intermédiaires sont plus gros et plus écartés que les intermédiaires antérieurs; les latéraux sont connivents. Les mandibules sont larges, coniques, rouges. Les mâchoires allongées , cylindriques, jaunâtres, inclinées sur la lèvre. Les palpes sont blancs et bruns à leur extrémité ; ils ont des piquants. Les pattes sont jaunes pâles.

Le mâle a l'abdomen plus petit , moins bombé , noir avec deux points sur le dos, le corselet rougeâtre , les pattes jaunes, les palpes très-allongés , d'un rouge brun noir ; digital ovalaire très-renflé.

Ar. caroline, Walckenaer, Faune parisienne, t. 2 , p. 208,

n° 40. — *Theridion carolin.* Id. Tableau des Aranéides, p. 75 ,
n° 15. — *Theridion dorsiger*, Hahn, Monographia Aranearum,
in-4°, Fasc. VI , Pl. 4, fig. B et 2, *b*. — Idem , Die Arachniden ,
t. 1, p. 82 , Pl. 20, fig. 60 (le texte indique à tort la figure 61).
— *Linyphia bimaculata*, Koch, dans Herrich Schæffer, Deutschland Insecten, Fasc. 127 , fig. 23 (le mâle.) — Ibid. fig. 24
(la femelle). —*Aranea bimaculata*, Linné, t. 1, p. 1033, n° 26
(le mâle).

Ancien-Monde — Europe — France — Allemagne.

Cette jolie espèce a été trouvée par mon fils Charles, enfant
alors âgé de trois ans, le 1er juillet, dans un parc. Elle a été décrite d'après cet individu pour la première fois dans la Faune parisienne. Depuis, je l'ai prise encore, le 20 juin, dans la forêt
de Carnelle, près Anière-sur-Oise : c'était encore une femelle.
M. Koch a aussi décrit le mâle. C'est , d'après ce qu'il nous apprend , en mai et en juin qu'on le trouve avec l'organe conjoncteur développé. Il dit que cette espèce se trouve partout dans
les buissons et les bois. Je n'ai jamais trouvé le mâle qui , par
son corps presque tout noir et ses palpes bruns ou noirs,
tandis qu'ils sont jaunes dans la femelle, ressemble bien peu
à celle-ci. Par une singularité remarquable, Linné, qui n'a
décrit que d'une manière vague un petit nombre d'Aranéides
dans son *Systema naturæ*, et qui avait peu étudié ce genre ,
donne une description très-précise du mâle de cette Aranéide.

23. THÉRIDION GRACIEUX. (*Theridion venustum.*)

Abdomen globuleux, bombé sur le dos, pointu vers l'anus,
perpendiculaire , jaune citron ou blanc , avec deux lignes
longitudinales entourant le dos de chaque côté, d'un rouge
vermeil (*Theridion lepidum*). Quelquefois l'espace qui est
entre ces lignes est rouge et forme alors un ovale découpé en
zigzag sur ses bords (*Theridion venustum*). Ventre ayant la moitié de la partie supérieure lavée de noir, le reste jaune. Corselet jaune pâle , avec une ligne brune longitudinale dans le milieu ; tête pointue, lèvre, mâchoires et mandibules de couleur
pâle jaunâtre. Yeux antérieurs intermédiaires plus écartés entre
eux que les postérieurs intermédiaires ; yeux latéraux , connivents ; pattes jaunes ou blanchâtres.

VARIÉTÉ A. Abdomen à bande en zigzag, d'un beau rose vif ou rouge, couleur de rouille.

VARIÉTÉ B. Abdomen à bande en zigzag, verdâtre, presque oblitérée.

VARIÉTÉ C. Abdomen à ovale rose sans trace distincte des bandes en zigzag.

VARIÉTÉ D. Abdomen à ovale couleur amarante très-pâle, avec des bandes latérales en zigzag plus foncées.

Araignée jolie, Walckenaer, Faune parisienne, p. 208, n° 41.
Theridion lepidum, Walckenaer, Tableau des Aranéides, p. 75, n° 16, variété A. — *Theridion venustum*. Ibid. p. 75, n° 17. — Albin, Natural Hist. of spiders, p. 31, Pl. 20, fig. 99, variété A (Theridion lepidum). — *Aranea purpurata*, Panzer, Faun. Insect. Germ. Fasc. 85, 22 (variété B, Theridion venustum).

Ancien-Monde — Europe — France.

Prise dans la forêt de Carnelle, le 29 juin, sur un arbre. Elle tend des fils d'une feuille à l'autre. Son cocon est de la grosseur d'un grain de poivre; il est formé d'une soie très-blanche et très-fine. Lorsqu'elle l'a formé, elle se pose dessus et semble n'en vouloir point bouger. J'ai compté vingt-quatre œufs dans un cocon; ils sont ronds et blancs.

24. THÉRIDION D'HELOÏSE. (*Theridion Heloïsii*.) Long. 1 ligne 1/4.

Globuleuse, jaune sur le dos; deux bandes longitudinales, d'un jaune verdâtre sur les côtés, et une suite de chevrons ou de triangles de même couleur que les bandes latérales. Côtés et ventre d'un jaune plus clair. Parties sexuelles noires. Quatre points noirs à l'entour de l'anus. Corselet petit, d'un blanc diaphane, avec une bande jaune longitudinale dans son milieu, depuis l'extrémité postérieure jusqu'aux yeux. Palpes blancs. Pattes blanches, avec des points fauves rougeâtres aux articulations.

Ancien-Monde — Europe — France.

Trouvée dans le parc du Paraclet (d'Héloïse), près de Nogent-sur-Seine.

Cette jolie espèce enveloppe ses œufs dans deux cocons attachés ensemble, formés d'une bourre lâche et peu serrée, d'une soie blanchâtre. Un de ces cocons est plus gros qu'elle, l'autre est plus petit. Elle attache ces cocons dans l'intérieur d'une feuille d'arbre, de préférence sur celle du chêne, et au revers non lisse de cette feuille. Elle couche la feuille et en fixe les bords par des fils. J'ai cueilli une de ces feuilles sans que l'Araignée sortît de son immobilité; mais l'ayant ainsi gardée sous verre, je la vis couper les fils qui attachaient ces deux cocons à la grande nervure, et les transporter avec facilité sur les bords de la feuille; puis elle courba et roula la feuille plus qu'elle ne l'était précédemment, de manière à mieux cacher ses cocons, à mieux les dérober à la vue. J'ouvris et je déployai cet endroit de la feuille; alors elle prit de nouveau ses cocons et les transporta au pédicule de la feuille, étant dans un mouvement continuel toutes les fois qu'elle était inquiète de sa chère postérité.

25. THÉRIDION MOUCHETÉ. (*Theridion guttatum.*) Long. 3/4 de ligne. ♀ ♂.

Abdomen globuleux, brun rougeâtre ou noir; taches rondes, d'un jaune vif sur le dos; elles sont au nombre de quatre, ou de six, ou de dix, ou même de douze, selon les variétés, sur trois lignes longitudinales parallèles; celle qui se trouve près du corselet est la plus grosse, et elles vont ensuite en diminuant de grosseur. La seconde, à partir du corselet, est, dans quelques individus, surtout les mâles, géminée ou double, c'est-à-dire formée par deux petites taches l'une à côté de l'autre. Les quatre autres, plus larges et plus rondes, sont disposées par paires sur les côtés. Le ventre est rougeâtre, glabre et luisant. Le corselet est d'un rouge brun, bombé, élargi sur les côtés. Le sternum est bombé, noir et comme chagriné. La lèvre et les mâchoires sont noires; la lèvre est large, courte, arrondie et bombée; les mâchoires cylindriques, un peu évidées à leur extrémité, scalpelliformes, très-inclinées sur la lèvre. Les yeux latéraux sont rapprochés et plus gros que les intermédiaires; les yeux antérieurs intermédiaires sont portés sur un avancement du bandeau, qui paraît comme creusé, et ils sont plus gros que les postérieurs intermédiaires. Les pattes sont rouges, annelées de brun. Le mâle est semblable à la femelle, et a, comme elle, une demi-ligne de long; mais son radial est renflé, brun; son digital est cylindrico-ovalaire, et présente un conjoncteur peu allongé, en forme de crochet.

Theridion guttatum, Koch, dans Herrich Schæffer, 131, 5 (le mâle, variété noire à six taches, avec les taches géminées jaunes). — Ibid. 131, 6 (la femelle, variété noire, avec quatre taches jaunes). — *Theridion guttatum*, Wider, Mus. Senck. t. 1, p. 241, Pl. 16, fig. 7.

Ancien-Monde — Europe — Allemagne — France.

J'ai trouvé le mâle et la femelle de cette espèce ensemble, sous une pierre, dans la forêt d'arbres verts qui entoure l'Alten-Schloss (le vieux château), près de Baden-Baden, le 4 août 1834, et aussi dans le bois de Boulogne, près Paris. Cette Aranéide a de grands rapports d'affinité avec le *Theridion maculatum*, mais c'est une espèce différente; son mâle avait son organe développé et diffère du mâle du Théridion maculé. Il y a d'ailleurs entre ces deux espèces des différences essentielles; la forme de l'abdomen les place même dans deux familles différentes. M. Wider (Museum Senckenbergianum, t. 1, p. 241) dit que cette espèce a beaucoup de rapports avec mon *Theridion signatum*. Celle-ci encore appartient à une famille différente. L'individu mâle trouvé par moi avait la tache géminée, qui est peut-être distinctive du sexe. C'est aussi dans les bois que M. Koch a trouvé cette espèce.

Cette espèce file une petite toile à réseaux dans les cavités des fourmilières. Elle se nourrit principalement de petites fourmis. Quand on la touche, elle retire ses pattes et fait la morte.

26. THÉRIDION ATRILABRE. (*Theridion atrilabra.*) Long. 1 lig. ♂.

Abdomen globuleux, gris, avec deux rangées longitudinales de points blancs, peu apparents, au nombre de six de chaque côté, dessinant sur le milieu du dos une espèce de figure ovale allongée. Corselet ovalaire, déprimé, de couleur pâle à sa partie postérieure, à tête noire. Mandibules pâles. Palpes et pattes pâles. Le digital, dans le mâle, ayant une cupule ovale comprimée.

Aranea atrilabra, Bosc, MSS. sur les Araignées de la Caroline, p. 14, Pl. 1, fig. 6.

Nouveau-Monde — Amérique sept. — Caroline.

Cette espèce, dit M. Bosc, est fort commune sur les plantes, et se fait un abri en pliant des feuilles.

27. **Théridion minime.** (*Theridium minimum.*) 2/3 de ligne.

Abdomen globuleux, bombé, perpendiculaire, d'un jaune brun, clair, sur les côtés et à l'entour du dos ; plus pâle dans son milieu avec une large bande longitudinale plus foncée dans son milieu, croisée par deux bandes transversales également larges qui se suivent, l'une blanche proche le corselet, l'autre brune foncée. Le corselet est d'un jaune pâle, les yeux latéraux sont connivents, les antérieurs intermédiaires projetés sur une éminence du corselet plus gros et plus rapprochés que les postérieurs intermédiaires. Les pattes sont d'un jaune pâle avec des poils fins. La première paire est la plus longue, la quatrième ensuite, la troisième est la plus courte.

Theridion minimum, Wider, Museum Senckenbergianum, t. 1, p. 249, Pl. 17, fig. 2.

Ancien-Monde — Europe — Allemagne — Environs de Beer-feld.

Cette espèce fait sur les feuilles un nid où elle se tient, qui a la forme d'une cloche ou d'un dôme, mais qui se termine en bas par quatre festons ou appendices, dont trois sont courts et le quatrième prolongé ; celui-ci est le prolongement d'un seul côté, et est arrondi à son extrémité. Dans les trois autres festons du reste du périmètre, celui du milieu est arrondi, les deux autres pointus. Enfin sur sa partie bombée et externe, il y a deux petites saillies qui sont comme deux petites oreilles triangulaires.

28. **Théridion a anse.** (*Theridium ansatum.*) Long. 4 lignes.

Abdomen globuleux, rond, rougeâtre ou brun ; sur le dos des taches et des raies noires, une raie transversale d'un blanc vif ou fauve clair, composé d'une ligne courbe et de deux droites ayant quelque ressemblance avec une anse de marmite ; derrière cette raie une bande festonnée se prolongeant jusqu'à l'anus ou trois points blancs disposés longitudinalement. Corselet d'un jaune rougeâtre uniforme. Pattes jaunes annelées de brun.

Abbot, Georgian Spiders, p. 15, fig. 149. — Ibid. fig. 150.

Variété A. Brune avec l'anse couleur fauve, et la raie longitudinale postérieure continue (fig. 149).

Variété B. Rouge clair, avec des marques noires, la raie transversale blanche, et trois taches rondes, blanches, séparées par la ligne postérieure (fig. 150).

Nouveau-Monde — Amér. sept. — Géorgie.

La variété de la figure 149 a été prise par Abbot le 4 juillet dans un bois de chênes. Il dit qu'elle fait une toile irrégulière, formée par des fils fins et qu'elle se tient au milieu de cette toile sous une ou deux feuilles mortes, ainsi elle a exactement les habitudes du *Theridion sisyphum* à laquelle elle ressemble encore moins par les couleurs que la variété de la figure 150. Celle-ci, Abbot l'a prise le 25 avril sur sa toile formée d'un réseau irrégulier attaché à la charpente d'un vieux moulin; il l'a aussi trouvée dans sa toile faite sur les arbres.

29. Théridion sisyphoïde. (*Theridion sisyphoïdes.*) Long. 4 lig. ♀.

Abdomen d'un rouge de brique avec une raie blanche, transversale sur le milieu du dos formé par deux arcs qui à leur jonction sont surmontés par un petit arc ou croissant contenant une tache noire bordée de blanc en dessus ; les deux arcs sont aussi à leur côté supérieur bordés ou lavés d'une large bande noire derrière ; entre les deux arcs est un petit triangle noir suivi de trois points blancs, les deux derniers au milieu de deux bandes noires latérales. Corselet rougeâtre bordé de noir, et une bande noire longitudinale dans son milieu. Pattes jaunâtres avec des anneaux noirs.

Abbot, Georgian Spiders, p. 25, fig. 313.
Nouveau-Monde — Amér. mérid. — Géorgie.

Cette espèce ressemble encore plus à notre *Theridion sisyphum* (Ar. formosus de Clerck) que les espèces précédentes, et je ne l'eusse considéré que comme une variété des figures 149 et 150, sans les trois lignes du corselet qu'on ne trouve pas dans le *Theridion sisyphum*, ni dans le *Theridion ansatum* d'Amérique.

Abbot prit le *Theridion sisyphoïdes* sur sa toile formée d'un réseau irrégulier, dans un bois de chênes, et sur l'espèce de chêne noir nommé Black-Jack.

30. Théridion pale. (*Theridion pallidum.*) Long. 4 lig. ♀.

Abdomen globuleux, arrondi, d'un jaune pâle, l'épiderme

divisé en petits carrés et comme chagriné par des raies croisées
plus foncées, lavé d'un brun pâle; proche le corselet, trois
taches noires qui forment une sorte de bande transverse interrompue et courbe, les deux taches latérales triangulaires, celle
du milieu en portioncule de cercle : à la partie postérieure du
dos est une tache triangulaire d'un noir pâle dont la base est
tournée vers l'anus ; cette tache plus noire sur ses bords s'éclaircit
en jaune pâle dans son milieu ; vers sa pointe ou son sommet,
elle a une petite tache d'un jaune vif qui forme un petit triangle
renversé, c'est-à-dire qu'il est en sens inverse du grand, la pointe
étant tournée vers l'anus, la base vers la pointe du grand triangle. Corselet fauve brun. Pattes jaunâtres marquées de taches
plus foncées aux articulations.

Abbot, Georgian Spiders, p. 25, fig. 312.
Nouveau-Monde — Amér. sept. — Géorgie.

Cette espèce a beaucoup de ressemblance pour les couleurs,
et même pour le dessin du dos, avec le *Theridion minimum* de
Wider, et aussi avec les deux espèces précédentes.

2ᵉ Race. **LES TRANSVERSES.** (*Transversæ.*)

Abdomen *en fuseau, transverse, plus large que long.*

31. **THÉRIDION OPULENT.** (*Theridion opulentum.*) Longueur totale,
3 lign. 1/2. Largeur de l'abdomen, 3 lign. 1/2.

Abdomen globuleux, plus large que long, bombé, arrondi
antérieurement et postérieurement, et se terminant sur les côtés
en pointe conique; dos blanc argenté, d'un éclat métallique,
taches jaunes. Corselet, palpes et pattes d'un rouge jaunâtre ou
jaune orange.

Abbot, Georgian Spiders, p. 39, fig. 497.
Nouveau-Monde — Amérique septentrionale — Géorgie.
Prise sur un buisson le 3 mai, dans les bruyères de Creek-
Swamp.
Abbot fait remarquer avec raison la singulière forme de cette
Aranéide qui ressemble à un coussin relevé sur un de ses angles.

3e Race. LES TRONQUÉES. (*Truncatæ*).

Abdomen *ovalaire, allongé à sa partie antérieure, tronqué à son extrémité.*

32. THÉRIDION PARTAGÉ. (*Theridion partitum.*)

Abdomen bombé, ovalaire, plus large à sa partie antérieure, diminuant vers son extrémité, qui est tronquée en ligne droite, ayant sur le dos deux bandes argentées d'un blanc bleuâtre à éclat métallique, qui remplissent presque toute sa superficie, et qui sont séparées entre elles par une bande noire médiane longitudinale, et entourées de noir sur tous les côtés; une échancrure, ou point noir, sur leur bord latéral ou antérieur. Le ventre est brun et rouge. Le corselet, petit, allongé, cylindrique, noir. La première paire de pattes très-allongée, noire; la seconde également noire, et les deux pattes postérieures d'un rouge pâle.

Nouveau-Monde — Amérique septentrionale — Géorgie.

Abbot, Georgian Spiders, p. 39, fig. 498.

Prise le 22 juin sur sa toile à réseaux irréguliers faite sur un jeune pin dans les bois de chênes du comté de Burke. Cette espèce est très-rare, et Abbot n'a jamais pris que cet individu.

4e FAMILLE. LES TRIANGULILABRES. (*Trianguli-labræ.*)

Yeux sur deux lignes rapprochées, larges, les latéraux non connivents, sur la ligne des intermédiaires antérieurs, ou la ligne médiane du carré intermédiaire.

Mâchoires cylindriques, étroites, couchées sur la lèvre, rapprochées par leurs extrémités.

Lèvre grande, triangulaire, plus haute que large.

Abdomen globuleux.

ARANÉIDES enveloppant leurs œufs d'une bourre de soie lâche et peu serrée, formant une toile composée de fils lâches et flottant dans l'intérieur des bâtiments et des lieux obscurs.

33. THÉRIDION TRIANGULIFER. (*Theridion triangulifer*). Long. 2 lig. 1/2.

Abdomen globuleux très-bombé, rouge brun, ou rouge pâle et blanc, ayant sur le milieu du dos une bande longitudinale blanche ou jaune, formée par une suite de quatre petits triangles superposés les uns sur les autres, dont les sommets sont disjoints, et qui diminuent de grandeur à mesure qu'ils s'approchent de l'anus. La partie qui est proche le corselet est blanchâtre ou jaunâtre, et présente quelquefois un petit ovale jaune avec une ou deux lignes jaunes ou blanches et rouge brun pâle, transversales. Les côtés du dos sont rouges et ont latéralement deux ou trois taches ovales jaunes, dont une est proche des filières. Quelquefois ce côté, près du ventre, est entièrement jaune. Le ventre est rouge brun ou brun foncé, avec deux taches jaunes placées transversalement près des filières qui, faisant suite aux taches jaunes des côtés, forment une ligne transversale de points. Dans certaines espèces jaunes, le premier triangle est oblitéré et est converti en un carré jaunâtre, les autres sont très-disjoints à leur sommet. Les côtés sont jaunes, et le ventre n'est rouge que dans la partie proche le corselet, et dans l'espace qui entoure les filières. Le corselet est petit, pointu vers la tête, arrondi et bombé à la partie postérieure, rouge brun. Les yeux sont très-gros, les quatre antérieurs sur une bande noire, les antérieurs intermédiaires noirs et plus rapprochés que les postérieurs intermédiaires, qui sont jaunes d'ambre, ainsi que les latéraux. Les latéraux antérieurs sont presque sur la même ligne que les antérieurs intermédiaires. Les mandibules, le sternum et la bouche sont d'un pâle rougeâtre. Les pattes sont rouge pâle, annelées de rouge un peu plus foncé, surtout aux articulations. La première paire est la plus longue, la quatrième après, la troisième est la plus courte.

VARIÉTÉ A. Abdomen rouge pâle, triangles et taches jaunes.

VARIÉTÉ B. Abdomen rouge brun, triangles et taches blancs.

VARIÉTÉ C. Abdomen noir, triangles et taches rougeâtres ou jaunes; corselet brun noir.

VARIÉTÉ D. Abdomen d'un blanc jaunâtre, avec une suite de points rouges sur le dos, le ventre rouge brun est partagé

dans son milieu par une bande jaune (l'Aranéide est toute jaune
lorsqu'elle n'a atteint qu'une ligne 1/2 de long.).

Araignée triangulifère, Walckenaer, Faune parisienne, t. 2 ,
p. 207, n° 34. — *Theridion triangulifer*, id. Tableau des Aranéides, p. 75 , n° 19 . Pl. 8, fig. 73 et 74. — Id. Hist. naturelle des
Aranéides, fasc. 3, fig. 6. — *Theridion venustissimum* , Koch, Die
Arachniden, t. 4 , p. 114, Pl. 140, fig. 322 (variété C).

Ancien-Monde — Europe — France — Morée.

Cette espèce se trouve le plus souvent dans l'intérieur des
maisons, particulièrement des armoires ou des meubles où l'on
n'a pas fouillé depuis longtemps. Je l'ai prise aussi sur les
bords de la Thèves , proche l'abbaye de Royaumont, dans un
endroit humide, parmi les ronces. Elle fait sa ponte au commencement de septembre; son cocon est de la grosseur d'un
pois et est composé de soie moelleuse et d'un blanc grisâtre ;
elle l'attache au haut de sa toile formée par des fils d'un tissu
très-clair, lâche et flasque. Celle que j'ai observée avait construit
cette toile dans l'entre-deux des planches d'un bas d'armoire ,
situées à sept pouces de distance. La largeur de cette toile avait
environ deux pieds. Les fils étaient principalement dirigés de
haut en bas , excepté vers le haut, où ils formaient une sorte
de toile horizontale.

Après la ponte, l'abdomen , dans certaines femelles de cette
espèce, se trouve tellement défiguré, qu'il ne présente plus
qu'une suite de trapèzes rouges, et les côtés deviennent entiè-
ment bruns. Je n'ai compté que vingt-trois œufs dans un des
cocons.

M. Doumerc a fait sur cette espèce des observations d'une
grande importance , et qui ont besoin d'être vérifiées et étendues à d'autres espèces. Il prit dans sa maison , à la fin de décembre , un Théridion triangulifère , et il l'enferma dans un fla-
con. Son abdomen grossit , quoiqu'il ne prît aucune nourriture.
Le 15 avril suivant il le lâcha et le mit dans le coin d'un châssis
à l'air libre. L'Aranéide fila aussitôt une toile irrégulière. Vers le
mois de mai , elle pondit , fit un cocon dont les petits ont éclos
le 15 juin. C'étaient tous des femelles. Puis après , cette même
Aranéide pondit de nouveau, et de ce second cocon il n'est éclos
que des mâles.

34. **Théridion orticole.** (*Theridion usticæ.*) Long. 1 lig. 1/2 ♀.

Abdomen globuleux, noir, avec deux chevrons ou accents circonflexes jaunes ou blancs, deux autres ensuite qui ne se rejoignent pas au sommet, et après une tache rhomboïdale au-dessus des filières, qui tranche avec le fond. Vers le corselet l'abdomen est entouré de deux raies jaunes ou deux croissants transversaux sur la même ligne, mais séparés. Le corselet est jaune sur les côtés et a une raie longitudinale plus foncée dans le milieu. Le ventre a une tache jaune près des filières et une autre près des parties sexuelles. Les yeux latéraux sont rapprochés de la ligne d'en bas et disjoints. Les machoires sont cilyndriques, étroites et fortement inclinées sur la lèvre, qui est triangulaire. Les pattes sont allongées, fortement annelées de noir et de blanc aqueux diaphanes.

Araignée orticole, Walckenaer, Faune parisienne, t. 2, p. 210. — *Theridion urticæ*, Walck., Tableau des Aranéides, p. 76, n° 21.

Ancien-Monde — Europe — France.

J'ai trouvé cette espèce sur les orties, et une seconde fois, le 30 novembre 1830, dans mon jardin, sous un couvercle.

35. **Théridion ponctué.** (*Theridion punctatum.*)

Abdomen globuleux, brun ponctué de jaune, entouré par une bande jaune en zigzag, avec des lignes noires transversales à la partie postérieure.

Ancien-Monde — Europe — France.

Araignée ponctuée, Walck., Faune parisienne, t. 2, p. 210, n° 46. — Ibid. Tabl. des Aranéides, p. 76, n° 20.

36. **Théridion sanguinolent.** (*Theridion sanguinolentum.*)
Long. 1 lig. ♀ 3/4 de lig.

Abdomen globuleux, bombé sur le dos, pointu vers l'anus, perpendiculaire, d'un rouge sanguin; corselet, sternum, pattes, palpes et mandibules de même couleur; les yeux postérieurs intermédiaires sont un peu plus gros et plus écartés que les antérieurs intermédiaires, les latéraux sont sur la ligne de ceux d'en bas , rapprochés , mais non connivents. Le mâle est de même d'un rouge sanguin ; il a l'abdomen plus allongé , et large dans son milieu ; il a un croissant noir sur les yeux. Les palpes sont rouges , à la réserve de l'extrémité du digital qui est noirâtre. Ce digital est ovale. Les pattes sont d'un rouge plus pâle.

Ancien-Monde — Europe — France.

Cette petite espèce court très-vite ; elle se trouve souvent dans l'herbe en mai et en août. J'ai trouvé le 3 mai un mâle dont le digital présentait un conjoncteur développé.

37. **THÉRIDION PRIAPÉ.** (*Theridion priapeium*). 1/2 lig. ♂.

Le mâle. — Abdomen globuleux , rouge-cerise , glabre et luisant ; lèvre et mâchoires rouges , mandibules de même couleur, ainsi que les pattes. Palpes rouges, à l'exception du digital qui est blanchâtre. Ce digital est ovale, d'une grosseur extraordinaire relativement à la petitesse de l'Aranéide ; il est renflé , creusé et terminé par une touffe ou pinceau de poils. Les yeux antérieurs intermédiaires sont au moins égaux aux yeux postérieurs intermédiaires, et forment avec eux un carré allongé en hauteur. Les yeux latéraux sont presque connivents et sur la ligne projetée à travers le milieu du carré formé par les intermédiaires. La lèvre est très-large à sa base , courte et tronquée à son extrémité ; les mâchoires sont cylindriques, se terminant en angle à leur extrémité , couchées sur la lèvre.

La femelle.—Elle est semblable au mâle pour les couleurs et la grandeur, et n'en diffère guère que par les palpes, qui sont filiformes et qui, ainsi que les pattes, sont d'une couleur moins rouge que le reste du corps. Les yeux sont gros, noirs, très-rapprochés entre eux. Les antérieurs intermédiaires sont plus rapprochés entre eux que les postérieurs intermédiaires. Les latéraux sont rapprochés , mais non connivents. La lèvre est courte , plus large que haute , et en parallélogramme transverse. Les mâchoires , très-couchées sur la lèvre , ont leurs côtés parallèles , mais sont évidées à leur extrémité , qui est scalpelliforme (assez semblables aux mâchoires du Théridion rayé).

Ancien-Monde — Europe — France.

J'ai pris la femelle au Paraclet , le 18 septembre , sur le gazon parmi un tas de pierres.

Le mâle de cette espèce, est remarquable par la grosseur du digital, il ressemble en cela à l'Uptiote incertaine de Schreber (Pl. 7, fig. 2, k), mais il en diffère pour tout le reste.

38. THÉRIDION ÉPAIS. (*Theridion grossum.*) Long. 4 lig. 1/2 ♀.

Abdomen globuleux, à dos bombé, à ventre épais, noir sur le dos, avec une raie plus noire longitudinale, étroite, rameuse sur le milieu, sablé de petits points d'un blanc très-vif près du corselet, disposés latéralement, et d'autres points longitudinaux sur les côtés; sur la ligne noire, il y a huit points blancs par paire, dont les quatre du milieu forment un carré, et deux petits points connivents près des filières. Le ventre est d'un brun olivâtre. Le corselet est brun jaunâtre. Les pattes sont fortes, allongées; leur fémoral, leur génual et leur tibial sont noirs, leur métatarse et leur tarse sont rouges ferrugineux. Il y a des piquants noirs.

Theridion grossum, Koch, Die Arachniden, t. 4, p. 112, Pl. 140, fig. 321.

Ancien-Monde — Europe — Grèce — Morée.

Cette espèce, par la grosseur, la forme et la couleur, a de l'affinité avec le genre Latrodecte, mais elle en diffère par les yeux.

39. THÉRIDION SAXATILE. (*Theridion saxatile.*) Long. 1 lig. 3/4, ♀, 1 ligne 1/4.

La femelle. — Abdomen globuleux, rouge brun sur le dos, avec une raie longitudinale noire croisée à sa partie postérieure par un petit trait, ou formant une espèce de trèfle sur un fond blanc, bandes blanchâtres transversales, trois ou quatre petits traits blancs au-dessus des filières et à la courbure postérieure du dos. Corselet rouge, brun ou noir, dessous du ventre noir, pattes jaunâtres annelées de rouge pâle et de quelques anneaux noir pâle; yeux égaux entre eux, les latéraux disjoints, et sur la ligne médiane du carré formé par les intermédiaires.

Le mâle. — Abdomen noirâtre ou brun rougeâtre, avec deux rangées transversales de taches blanches festonnées ou guillochées, doublées de taches ou points rouges ; des traits plus courts semblables à la partie postérieure du dos. Les pattes plus allongées que dans la femelle, de même couleur. Corselet noirâtre ou rouge orange. Les palpes rouges, terminés par un digital dont la cupule est ovale, allongée, rougeâtre, contenant un conjoncteur noirâtre.

Theridion saxatile, Koch, dans Herrich-Schæffer, Deutschlands, Insecten, 131, fig. 7. (Le mâle, variété avec le corselet couleur orange, abdomen brun sans tache rouge.) — Ibid. fig. 8 (la femelle, variété avec l'abdomen rouge clair ponctué de noir, corselet noir.) — Ibid. Die Arachniden, t. 4, p. 116, Pl. 141, fig. 324. (Le mâle à abdomen noir, à corselet et à taches blanches doublées de rouge.) — Ibid. fig. 325, la femelle, variété rouge brun, avec la raie médiane noire et des taches noires sur les côtés.

Ancien-Monde — Europe — Allemagne — Environs de Ratisbonne.

Le mâle est développé en juin. — Cette espèce, qui a beaucoup de rapport avec la Sisyphe, n'est pas rare dans les jardins, près des vieux murs, parmi les tas de pierres, les roches et les broussailles.

40. THÉRIDION ORNÉ. (*Theridion ornatum.*) Long. 5 lig. 1/2.

Abdomen ovalaire, allongé, à dos blanc, ayant près du corselet, cinq points noirs disposés en demi-cercle, qui en renferment trois de même couleur en triangle. Derrière ce demi-cercle, est une ligne festonnée, verte sur les côtés, jaune à sa partie antérieure, formant un grand ovale, où se trouvent à la partie supérieure une croix à deux barres transversales composée de points noirs, avec une ligne jaune-citron. Entre les deux barres transversales, et derrière cette croix, est une tache noire ovale qui a des taches plus noires transversales et qui figure une espèce de grande jarre ou pot à beurre. Trois raies jaune obscure traversent cette figure, la première à sa partie supérieure, les deux autres plus bas et rapprochées entre elles près des filières. Corselet d'un beau vert tendre ; tête jaune. Les pattes ont leur fémoral d'un vert tendre, leur tibial d'un vert

plus tendre; le métatarse jaune, avec des piquants; les tarses
jaunes.

Abbot, Georgian Spiders, p. 38, fig. 475.
Nouveau-Monde — Amérique septentrionale — Géorgie.

Abbot dit avoir vu cette espèce, le vingt-trois juillet, sur sa
toile qui était en réseaux irréguliers, parmi des roseaux, dans
Briar-Creek-Swamp.

5ᵉ Famille. LES TUBERCULÉES. (*Tuberculatæ.*)

Yeux latéraux rapprochés au niveau de la ligne médiane
      du carré formé par les yeux intermédiaires.

Lèvre ovalo-triangulaire.

Mâchoires étroites, cylindriques, inclinées sur la lèvre.

Abdomen globuleux, renflé à sa partie supérieure, qui est
      surmontée de tubercules.

Aranéides très-petites, faisant sur les feuilles une petite
      toile de réseaux irréguliers.

41. Théridion aphane. (*Theridion aphane.*) Long. 1 lig. 3/4,
      ou 2 lig. 2/3 ♀, 1 lig. ♂.

Abdomen globuleux, bombé en dessus, pointu vers l'anus,
perpendiculaire, ayant sur le dos quatre tubercules mousses,
disposés transversalement par paires; les deux antérieurs sont
les plus rapprochés. Ce dos est couvert de petits poils fauves
dorés et grisâtres qui forment des taches irrégulières. Le ventre
est noirâtre avec une tache jaune dans son milieu. Le corselet est
épais, arrondi, bombé, jaune pâle, bordé d'une ligne brune
découpée et dentée, divisé dans son milieu par une bande noire
interrompue, et ayant deux croissants noirs opposés au-dessus
des yeux. Pattes et palpes d'un jaune pâle, annelés de brun. La
première paire de pattes est beaucoup plus allongée que les autres;
la seconde ensuite, la troisième est la plus courte. Ces pattes ont
des poils très-fins avec un petit nombre de piquants. Le mâle est
semblable à la femelle, mais plus petit; il a des pattes plus fortes,
plus allongées et plus velues. Ses palpes sont aussi plus allongés,
et son digital est globuleux, brun, la cupule est surmontée

à sa partie antérieure par deux appendices ou oreilles, et terminée à sa partie inférieure par un petit pinceau de poils.

Araignée aphane, Walckenaer, Faune parisienne, t.2, pag. 206,
n°31. — *Théridion aphane*, id. Tab. des Aranéides, p. 77, n° 26.
— Ibid. Histoire naturelle des Aranéides, Fascic. V. pl. 3. —
Ero tuberculata, Koch, dans Herrich - Schæffer, 138, fig. 3
et 4. — Ibid. Deutschland. Crust. Myr. and Arachn. h, 5, nos 3
et 4. — *Ar. à tubercules*, De Géer, t. 7, p. 227, n° 8, Pl. 13,
fig. 15.

Ancien-Monde — Europe — France — Suède — Allemagne.

J'ai trouvé cette espèce à la fin d'août dans le gazon de mon
jardin à Paris, et au commencement de mai dans le bois de Vin-
cennes. Dans M. Herrich Schæffer, le dos est rouge et offre deux
bandes noires en croix, deux ovales bordés de blanc; la partie
postérieure du dos, derrière les tubercules, est blanchâtre avec
de petits traits noirs au-dessus de l'anus. Ceci se rapporte bien à
la description que De Géer donne de son Araignée à tubercules.
L'abdomen, dit-il, est sur le dos d'un brun obscur mêlé d'un
peu de rougeâtre, et varié de quelques raies noires et de quelques points blancs. Il a en dessus deux gros tubercules ayant à
côté d'eux deux petites éminences en pointes mousses. Le ventre
d'un brun clair; le corselet est glabre, luisant et brun. Les yeux
sont petits, les antérieurs intermédiaires sont égaux, plus rapprochés entre eux que les postérieurs intermédiaires; les latéraux
sont au niveau de ceux d'en bas et connivents. Les pattes sont
allongées, surtout les deux paires antérieures, annelées de gris,
de blanc et de brun.

Aranea tuberculata, De Géer, t. 7, pag. 227, n° 8. (Long.
1 lig. 1/2.)

De Géer la donne comme une *retiara*, c'est-à-dire qu'il la
croyait une Orbitèle, une Épéire; mais il n'a pas vu la toile, il
a seulement remarqué que cette petite espèce suspend son cocon
aux planchers des maisons ou des poutres, par un fil très-délié,
mais au point d'attache, ce suspensoir est fixé par cinq ou six fils
séparés qui se réunissent ensuite en un seul. Ces cocons sont
ovales ou globuleux, mais composés d'une soie très-mince, si
mince, qu'au grand jour on voit les œufs au travers. Chaque
cocon renferme seulement dix à onze œufs très-petits, sphériques, gris brun, très-luisants; ils sont placés au milieu du cocon,

dans une espèce de bourre de soie fine , et reposent ainsi isolés
mollement et chaudement. De Géer avait observé ces cocons au
commencement de janvier, ils ont éclos au commencement de
mai. Les jeunes percèrent le nid , restèrent trois jours immobiles , et se mirent ensuite à tendre des fils irréguliers et sans
ordre , sur lesquels ils se promenaient continuellement.

Dans le mois de juillet, De Géer a observé d'autres cocons suspendus , comme ceux de l'*Aranea tuberculata* , à des tiges de
gramens , mais ils avaient la forme d'une cloche ou d'une
lentille à fond plat. Cette espèce (Pl. 13 , fig. 15) nous paraît
appartenir au genre Théridion et non au genre Épéire ; nous
n'avons pu encore observer nous-même les cocons dont parle
De Géer, et qui feraient disparaître nos incertitudes.

42. **Théridion varié.** (*Theridion variegatum.*) 3/4 de lig. ♀ ♂.

Abdomen globuleux, bombé en dessus, pointu vers l'anus, perpendiculaire, jaune pâle , avec des points rouges et des taches
noires , ayant sur le dos deux tubercules rapprochés. Pattes annelées de blanc et de noir. Le mâle diffère peu de la femelle ,
et , contre l'ordinaire , il a des couleurs plus claires.

Ero variegata , Koch , dans Herrich Schæffer, 138 , 5 et 6. —
Ibid. Deutsch. Crust. Myr. and Arachn. nᵒˢ 6 et 7. — Ibid.
Ubersicht , Die Arachniden Systems , p. 8, Pl, 2, fig. 15.
 Theridion thoracicum, Wider, Museum Senckerb. Pl. 14, fig. 11.

Cette espèce a beaucoup de ressemblance avec le *Theridion aphane*, mais ses tubercules sont plus rapprochés : il n'y en a que deux,
et ses pattes sont moins allongées. Selon M. Koch, on trouve cette
Aranéide dans les bois , mais elle est rare. M. Wider (Museum
Senckenbergianum) dit aussi de son *Theridion thoracicum* qu'on
trouve le mâle et la femelle de cette espèce dans le gazon au printemps , mais peu souvent.

6ᵉ Famille. LES CACHÉES. (*Absconditæ.*)

Yeux sur deux lignes formant un quadrilatère très-allongé transversalement sur l'extrémité du corselet, en dessus ; les latéraux rapprochés, mais disjoints ; bandeau grand, perpendiculaire.

Máchoires courtes, larges, cunéiformes ou pointues à leur extrémité, inclinées sur la lèvre.

Lèvre large à sa base, arrondie, semi-circulaire, ou terminée en pointe obtuse.

Corselet ovale allongé, relevé et arrondi vers la tête.

Abdomen ovale allongé.

Pattes allongées, fortes, propres à la course ; les cuisses antérieures sont renflées ; variables dans leur longueur relative ; la troisième est toujours la plus courte.

Aranéides se cachant sous les pierres, les champignons, et dans les lieux obscurs et humides, formant, pour envelopper leurs œufs, un cocon sphérique composé d'une bourre de soie dense, compacte, unie.

43. Théridion marqué. (*Theridion signatum.*) Long. 2 lignes ♀, 1 lig. 4/5 ♂.

Cette espèce a tous les caractères de la famille dont elle est le type principal. Abdomen ovale, allongé, déprimé, grossissant un peu dans sa partie postérieure, noir, ayant sur le dos une bande en demi-ovale ou croissant jaune à l'extrémité antérieure qui touche au corselet, quelquefois rompue dans son milieu ; un petit trait jaune perpendiculaire au croissant ; puis deux traits transversaux de chaque côté, sur le milieu du dos, également d'un jaune vif ; un trait de même couleur, longitudinal, ou deux points à la suite l'un de l'autre, au-dessus de l'anus ; de telle sorte que, si on prolongeait ces quatre traits ou points, ils formeraient une croix ; mais le supérieur, proche le corselet, manque quelquefois. Ventre,

sternum et bouche noirs. Pattes rouges ou brun rougeâtre, lavées
de noir aux extrémités du fémoral et du tibial.

Le mâle ressemble à la femelle ; seulement son abdomen est
moins gros, plus déprimé, plus large dans son milieu ; les
taches jaunes sont plus vives ; le corselet plus grand, plus déprimé à sa partie postérieure et d'un rouge plus clair, ainsi que
les pattes. Le digital est ovale, allongé, gros et grand ; la cupule
est allongée, étroite, rougeâtre ; à son intérieur elle présente la
figure d'une oreille, dont le fond est blanchâtre, les bords bruns,
et de la partie supérieure sort un conjoncteur assez long, courbe
et pointu.

Araignée marquée, Walckenaer, Faune parisienne, t. 2, p. 209,
n° 45. — *Theridion signatum*, id. Tabl. des Aranéides, p. 76,
n° 24. — *Theridion quadrisignatum*, Hahn, Die Arachniden,
t. 1, p. 78, Pl. 20, fig. 60 (le mâle).

Ancien-Monde — Europe — France — Allemagne — Environs
de Paris.

Prise, en juin, sous une pierre ; une fois seulement entre les
carreaux d'une fenêtre donnant sur le jardin ; sa toile était irrégulière, assez grande ; elle se tenait dans un coin de cette toile,
dans une cachette recouverte d'un peu de soie et de feuilles
sèches. Il est remarquable que dans cette famille les pattes diffèrent peu par leur longueur relative, et que la troisième égale
presque en longueur la seconde.

44. **THÉRIDION NOTÉ**. (*Theridion notatum.*) Long. 1 lig. 1/4 ♂.

Abdomen ovale, plus large dans son milieu, d'un brun olivâtre
pâle, avec deux fossettes profondes, transversales, dans le milieu du dos ; deux petits traits jaune obscur, latéraux, opposés,
proche du corselet, et deux autres semblables au-dessus de
l'anus. Ventre d'un brun olivâtre pâle, avec l'extrémité des deux
traits jaunes reparaissant de chaque côté, à la pointe au-dessus
de l'anus. Corselet large, en cœur, d'un rouge clair, ainsi que
le sternum, la bouche et les pattes. Celles-ci sont lavées de rouge
plus brun à l'articulation du fémoral et du tibial. Le digital est
gros, la cupule est hémisphérique, rouge, ouverte par en bas,
et présente un conjoncteur double, c'est-à-dire formé de deux
globules rouges, surmontés tous deux de deux petits points bruns.
La tête, rouge, présente une ligne brune qui lave les yeux an-

téricurs, dont les intermédiaires sont bruns, un peu proéminents ;
les intermédiaires postérieurs jaune sale, brillants ; les latéraux
rapprochés sur la ligne des yeux d'en bas. La lèvre brun rougeâtre, semi-circulaire ; les mâchoires jaune pâle, un peu bombées à leur base, diminuant vers leur extrémité, très-inclinées
sur la lèvre.

Theridion quadriguttatum, Hahn, Die Arachniden, t. 1, p.
84, Pl. 21, fig. 63 (le mâle).

Trouvée dans ma collection, sans que je puisse dire d'où elle
vient. Je n'ai point vu la femelle, mais d'après l'exemple du
Signatum, elle doit ressembler au mâle pour les taches. Il y a
donc doute pour la figure 64 de M. Hahn, qui, je crois, est mon
Theridion obscurum.

45. THÉRIDION OBSCUR. (*Theridion obscurum.*) Long. 2 lig. 1/2.

Abdomen ovale, arrondi, grossissant un peu vers la partie
postérieure, à dos bombé, d'un brun foncé uniforme, avec des
poils grisâtres, et deux points en fossette dans le milieu du dos.
Corselet arrondi à sa partie postérieure, glabre, luisant, d'un
brun olivâtre. Sternum noir. Tête glabre, arrondie, d'un brun
jaunâtre. Yeux intermédiaires un peu plus rapprochés entre eux
que les postérieurs intermédiaires ; les latéraux rapprochés et
disjoints, les latéraux au niveau de ceux d'en bas. Les pattes et
les palpes sont de couleur olivâtre uniforme. Le mâle est semblable à la femelle.

Ancien-Monde — Europe — France.

Araignée obscure, Walckenaer, Faune parisienne, t. 2, p. 209,
n° 44. — *Theridion obscurum*, id. Tabl. des Aranéides, p. 76,
n° 23. — *Theridion quadriguttatum*, t. 1, p. 85, fig. 64 (la
femelle).

J'ai trouvé dans la forêt de Carnelle, le 27 juin, une femelle
de cette espèce sous une pierre, posée sur son cocon. Il était gros
comme un pois, du blanc le plus éclatant, et formé d'une bourre
compacte ; il contenait quatre-vingt-dix-huit œufs blancs et de la
grosseur de grains de millet. Je ne crois pas que la figure 64 de
Hahn soit la femelle du mâle de sa figure 63 ; non-seulement les
couleurs ne sont pas les mêmes, mais la forme du corselet est
différente.

46. **THÉRIDION AMPULLACÉ.** (*Theridion ampullaceum.*) Long.
1 ligne 2/3 ♀ ♂.

Abdomen ovalaire, arrondi, noir sur le dos, avec dix taches
roses ou jaune blanchâtre, deux grandes taches allongées, en
forme de larmes ou de bouffants, proche le corselet; à côté sont
deux raies courbes, également roses; au-dessous des deux grandes
taches sont deux autres, formant un quadrilatère également
rouge, et derrière celles-ci deux petits traits courbés, dont la
convexité est parallèle à celle des bords du dos; les derniers
traits sont les plus longs. Corselet allongé, resserré vers la tête,
arrondi à sa partie postérieure, noir, avec des poils gris ou
blancs, dans la région céphalique ou triangulaire, et au rayon-
nement des pattes. Les pattes sont allongées, fines et jaune pâle
uniforme, avec des piquants; la première paire est la plus
longue, la seconde ensuite, la troisième est la plus courte. Les
palpes sont minces, jaune pâle. Les mandibules sont d'un
brun noirâtre. Le mâle est plus petit, et les taches roses ou
jaunes se trouvent chez lui souvent presque entièrement oblitérées.

Theridion signatum, Hahn, Die Arachniden, t. 2, p. 40, pl 54,
fig. 125.

Ancien-Monde — Europe — Allemagne.

Le cocon de cette espèce est jaune, globuleux, et a la grosseur
d'un grain de millet.

Cette espèce se trouve sous les pierres. Hahn dit qu'elle est
rare. Je ne l'ai jamais trouvée, et je ne suis pas certain qu'elle
appartienne à cette famille. Comme ce n'est point le *Theridion
signatum*, décrit depuis longtemps dans ma Faune parisienne,
je n'ai pu lui conserver le nom que Hahn lui avait donné.

7ᵉ FAMILLE. LES DICTYNES. (*Dictynæ.*)

Yeux formant une ligne antéricure droite; les latéraux rapprochés, mais disjoints.

Mâchoires à côtés parallèles, allongées, coupées en ligne droite à leur extrémité, courbées sur la lèvre.

Lèvre grande, triangulaire.

Abdomen ovalaire arrondi, déprimé.

Pattes fines, peu allongées.

ARANÉIDES petites, formant une petite toile sur les feuilles, entre les grains de raisin, et des baies; enveloppant leurs œufs dans un cocon aplati et lenticulaire, formé d'un tissu fin et serré.

47. THÉRIDION BIENFAISANT. (*Theridion benignum.*) Long. 1 lig. 1/3 ♀ ♂.

La femelle. — Abdomen ovale, fauve, avec une tache noire carrée sur la partie antérieure du dos, bordée par des poils gris. Taches transversales de même couleur, mais plus obscures à la partie postérieure; côtés d'un fauve uniforme; milieu du ventre d'un brun noir. Pattes rougeâtres, la première paire est la plus longue, la quatrième après, la troisième est la plus courte.

Le mâle. — Ressemble à la femelle; mais dans le temps de l'accouplement, il est plus allongé, plus noir, plus glabre, et a l'aspect d'une Fourmi.

VARIÉTÉ A. Côtés et partie postérieure de l'abdomen bruns.

VARIÉTÉ B. Côtés et partie postérieure de l'abdomen d'un gris blanc.

Araignée bienfaisante, Walckenaer, Faune parisienne, t. 2, p. 209, n° 43. — *Theridion benignum*, Walckenaer, Tableau des Aranéides, p. 77, n° 25. — Ibid., Hist. nat. des Aranéides, fascicul. 5, Pl. 8. — *Araneus cinereus e minimis*, Lister, De Araneis, p. 55, tit. 15. — *Théridion bienfaisant*, Dugès, dans Cuvier, Règne animal, Arachnides, Pl. 10, fig. 1. — *Dictyna benigna*, Koch, Die Arachniden, t. 3, p. 27, Pl. 83, fig. 184, le mâle; fig. 185, la femelle. (La meilleure figure.) — Id. Ubersicht des

Arachniden Systems, p. 12, n° XIII, Pl. 2, fig. 22. — *Theridion benignum*, Sundevall, Svinska spindlarness, p. 15, n° 9, Reg. Ac. sc. Holmiæ, 1831, p. 122. — *Dictyna benigna*, Sundevall, Conspectus Arachnidum, p. 16.

Ancien-Monde — Europe — France — Angleterre — Allemagne.

Le Théridion bienfaisant est très-commun surtout dans les jardins et les potagers; il fait une petite toile irrégulière qui, quoique très-fine, suffit pour préserver les raisins de la morsure des autres insectes. Il est rare que l'on serve de ces fruits en automne sans qu'il y ait plusieurs Théridions bienfaisants, et les personnes les plus dégoûtées en ont bien des fois avalés avec leurs cocons sans s'en apercevoir. C'est sur la surface des feuilles des arbres fruitiers, sur les lilas, les rosiers, sur les fleurs en corymbes, sur celles des bruyères, des gramens et autres plantes, que cette Aranéide aime à tendre ses fils. Elle fait trois pontes différentes dans un seul été; elle enveloppe ses œufs dans un tissu serré d'un blanc éclatant, qui par l'effet du temps acquiert quelquefois une couleur rousse; ce cocon est aplati et lenticulaire. J'ai plusieurs fois observé avec soin l'accouplement de cette espèce. Elle est tellement ardente dans ses amours qu'on peut cueillir la feuille où il a lieu, et observer ces Aranéides à la loupe dans l'acte même de la copulation; c'est vers le milieu de mai, entre 9 heures et midi, lorsque le thermomètre de Réaumur marquait 18 à 20 degrés de chaleur, que j'ai fait ces observations.

Le couple commence d'abord par se couvrir tous deux d'un tissu de soie rare et très-léger, qu'ils ont soin de construire en commun. Il ne dérobe en rien la vue de l'acte qu'ils doivent consommer, mais ces fils légers les garantissent de la crainte d'être troublés dans leurs amours. Le mâle, plus agile, agite les filets sétifères qui terminent son abdomen, et tend plusieurs fils qui complètent la maison de l'épouse qu'il s'est choisie, et qui servent peut-être à lui en assurer la possession et à la retenir dans la chambre nuptiale. Il s'avance ensuite vers elle. Tapie dans la rainure du pétiole de la feuille, les pattes serrées et ramassées, elle l'attend sans remuer; puis il s'approche d'elle, chatouille avec ses deux palpes pendant une minute ou deux sa partie postérieure et la caresse légèrement de temps en temps avec ses pattes antérieures qu'il allonge; sa compagne, longtemps immobile, excitée enfin par ces attouchements réitérés, soulève alors

un peu son ventre auparavant plaqué contre la feuille ; les pattes
du mâle pénètrent aussitôt dans l'intervalle, et atteignent les
parties sexuelles qu'elles sollicitent par leurs titillations vives
et précipitées. La femelle, vaincue par l'attrait irrésistible de la
volupté, se meut enfin, tourne subitement vers le mâle, pose ses
pattes sur le corselet de ce dernier, qui la reçoit et la soutient
entre les siennes ; il applique alors une des extrémités antérieures
de ses palpes contre l'organe sexuel de la femelle.

Tel est le détail du prélude que termine enfin leur union; mais
pour concevoir clairement comment elle s'opère, il faut décrire
d'une manière très-circonstanciée la position de l'un et de l'autre.

Leurs têtes sont opposées face à face, leurs pattes antérieures
entrelacées ; mais le mâle, qui soutient la femelle, a le corselet
et les palpes relevés en l'air ; il a l'extrémité postérieure de son
abdomen appuyée fortement contre la feuille ; le palpe qui agit
allongé et tendu; la patte postérieure, qui est du même côté, est également allongée et tendue. L'autre patte postérieure est ployée
sous le côté de l'abdomen qui est incliné et penché du côté opposé au palpe générateur ; les trois autres pattes de ce dernier
côté soutiennent la femelle, et les trois de l'autre côté frottent
les pattes de cette dernière ou lui caressent doucement l'abdomen. Le palpe qui n'est pas engagé agit de même, et quoiqu'il
ne participe pas à l'acte principal, il ne reste pas oisif. La femelle,
à la réserve de la quatrième paire de pattes qui reste en arrière
et repose doucement sur quelques fils très-déliés, a passé toutes
ses autres pattes par-dessus sa tête et les a rejetées du côté opposé au palpe générateur du mâle qui la pénètre, de sorte que
du côté qui fait face à ce palpe elle semble n'avoir pas de pattes
antérieures. On comprend que dans cette attitude rien ne gêne
l'organe générateur du mâle. Il arrive quelquefois que la femelle
se trouvant plus inclinée sur le côté, le mâle s'incline aussi davantage sur le sien, et comme ses palpes sont allongés, et qu'il
a la faculté de les reployer, ou de les étendre, tout en agissant,
il se trouve que sa tête et son corps sont situés presque parallèlement à la femelle, et que leur position ressemble presque à celle
d'un homme et d'une femme couchés l'un à côté de l'autre.
On concevra facilement, d'après notre description, que cette position, n'étant déterminée que par une légère inclination du
corps, ne diffère de la précédente que du plus au moins ; aussi
n'a-t-elle ordinairement lieu que lorsque l'accouplement a

duré quelque temps , et que le mâle a perdu une partie de son ardeur.

Ils restent accouplés pendant deux ou trois minutes et quelquefois plus longtemps. Il n'y a alors aucun danger que durant ce temps ils se dérangent si on approche doucement la feuille de ses yeux pour observer avec une forte loupe ce qui se passe. On voit la cupule se contracter et s'ouvrir alternativement, la base globuleuse du conjoncteur se gonfler et se dégonfler à chaque mouvement de la cupule, et pousser ainsi en avant et agiter l'extrémité crochue du conjoncteur qui a pénétré dans la vulve de la femelle. Celle-ci est toujours la première qui se lasse de ce jeu. Pour se dégager elle allonge ses pattes sur le corselet du mâle, passe par-dessus lui, fait quelques pas sur la feuille et se retourne vers lui. Le mâle fait de même et la poursuit. Les voilà donc encore face à face , mais à quelque distance , car le mâle s'est arrêté, et ordinairement il s'occupe encore à tendre quelques fils autour de sa compagne, qui quelquefois lui tourne de nouveau le dos; alors recommencent les mêmes préludes, les mêmes agaceries que j'ai déjà décrites, et qui se terminent de la même manière. Dans les jours très-chauds, tels que ceux où j'ai fait ces observations, nos Aranéides répètent sept à huit fois dans l'espace de deux heures ces scènes de volupté. Lorsque tout est terminé le mâle et la femelle ne se séparent pas, mais ils cohabitent ensemble sur la même feuille.

Dans nos environs de Paris , c'est vers la fin de juin qu'on commence à trouver sur les feuilles les cocons de cette espèce.

Le 24 juin , je vis une de ces Aranéides qui avait construit sa toile dans une feuille reployée , et placé sur cette feuille six cocons arrangés à côté les uns des autres comme des pains ronds dans une crédence. Le 29 juin elle avait augmenté la rangée d'un septième cocon , mais une partie des autres étaient vides ; les petits avaient éclos et en étaient sortis. Dans le mois d'octobre cette Aranéide se place sur les plantes à tiges minces , et s'enveloppe dans une toile , probablement pour se garantir du froid et passer l'hiver.

48. **THÉRIDION CACHÉ.** (*Theridion latens.*) Long. 1 lig. 1/4. ♀ ♂.

Abdomen ovale, d'un gris blanc, avec un ovale noir festonné sur le milieu du dos; corselet et pattes noirs. La première paire est

la plus longue, la quatrième après, la troisième est la plus
courte. Le mâle, à la réserve du digital qui est très-renflé, ressemble à la femelle.

Dictyna latens, Koch, Die Arachniden, t. 3, p. 29, Pl. 83,
fig. 186.— *Araneus pusillus lividus pictura denticulata*, Lister, de
Araneis, titulus 16, p. 56, fig. 16. — *Aranea latens*, Fabric.,
Entomol. Systematica, t. 2, p. 409, n° 6.

Ancien-Monde — Europe — France — Allemagne — Angleterre.

Cette espèce construit à l'extrémité des rameaux des genêts
et des graminées, et autres plantes, de petits réseaux qui ont
une forme globuleuse ; en Angleterre elle fait son cocon vers le
commencement de juin. Il est aplati ou lenticulaire, et d'un
vert bleuâtre. On en trouve plusieurs à la fois dans son nid. Elle
ressemble beaucoup au *Theridion benignum*, mais elle est toujours plus petite. Fabricius les a toutes deux confondues en une
seule espèce, car sa description convient aux deux : ces mots *Linea
dorsali atra interrupta* conviennent au *Benignum*, et ceux-ci,
pedes atri, au *Latens*.

M. Koch décrit sous le nom de *Dictyna variabilis* une troisième
espèce dans cette famille, mais la forme du corselet est plus allongée, et la couleur, si singulière pour ce groupe, nous donne
lieu de douter que, si cette espèce est réellement distincte, elle
appartienne à ce groupe. Nous soupçonnons même que cette espèce est une variété de notre *Drassus viridissimus* ou du *Drassus
flavescens* (Voyez t. 1, p. 631 et 632), qui a en effet des habitudes
assez semblables à celles du *Theridion benignum*, et qui fait comme
lui une petite toile sur les feuilles, mais le genre est différent.
Toutefois, dans le doute, nous ajoutons ici la description du Théridion variable (*Theridion variabilis*). Abdomen jaune rougeâtre,
avec deux demi-cercles verdâtres irréguliers, lacérés, enfermés
l'un dans l'autre proche le corselet, bordés de taches brunes ou
noires, deux taches verdâtres dans le milieu du dos, de même dé-
chiquetées et doublées de noir, puis trois autres bandes courbes
verdâtres transversales, dont l'antérieure a, entre ses courbures,
deux points noirs séparés par un trait verdâtre perpendiculaire :
corselet rouge bordé de jaune, pattes et palpes jaunes.

Dictyna variabilis, Koch, Die Arachniden, t. 3, p. 29, Pl. 88,
fig. 187.

Ancien-Monde — Europe — Allemagne — environs de Ratisbonne.

Sur les arbrisseaux et les herbes : M. Koch dit qu'elle est rare;
alors ce ne serait pas le *Drassus viridissimus* , qui est au contraire
assez commun sur les feuilles de lilas, de rosiers et autres arbustes.

·*Affinités du genre Théridion.* Les rapports d'affinités du genre
Théridion avec les autres genres d'Aranéides sont aussi nombreux
que la diversité de leur industrie et de leur mode d'existence,
qui varient dans chaque famille, parce que dans chaque famille
il y a des toiles qui diffèrent par la forme. Nous les désignons
toutes par toiles à réseaux irréguliers, ce qui atteste à la fois la
disette de notre langage et celle de nos observations, car chaque
espèce de Théridion tend ses fils de la même manière et
fabrique des toiles de même forme, qui, dans leurs irrégu-
larités apparentes, sont aussi régulières que celles des Orbitèles et des Tapitèles. Les réseaux qui nous paraissent tissus
sans plan et en désordre ont au contraire toujours les mêmes
formes dans les espèces qui se ressemblent; mais ces formes nous
échappent, leurs désordres apparents n'existent que parce que
nous ne pouvons préciser l'ordre qui y règne. Les Théridions ont
de telles affinités avec les Latrodectes qu'on a voulu réunir ces
deux genres, mais la position de leurs yeux et d'autres caractères encore les séparent. Les Théridions ont de plus fortes affinités avec les Linyphies. Ces affinités sont telles , que par la deuxième famille de Linyphies, qui déjà a les mâchoires inclinées ,
les deux genres semblent se confondre. Les pattes plus fortes ,
plus allongées des Linyphies, un corselet plus grand, des mâchoires moins inclinées donnent les moyens de les séparer à des yeux
exercés. La dernière famille de Linyphies se réunirait par la forme
de l'abdomen et d'autres caractères à la famille des Théridions
renflés , surtout par la deuxième race de celle-ci , si la seule espèce dont nous avons pu examiner la famille ne nous avait dé-
cidé à les réunir aux Linyphies ; l'observation des habitudes et
la forme de la toile devront décider si c'est à juste titre. Mais le
genre Théridion, par la petitesse de son abdomen, ses pattes fines
et peu allongées, a peut-être encore des rapports plus étroits avec
les Scytodes et les Uptiotes, que le nombre et le placement de
leurs yeux cependant éloignent d'eux par un grand intervalle.
L'abdomen toujours très-gros relativement au corselet, et bombé

sur le dos, a la forme de ce corselet. Des yeux plus ou moins
rapprochés, des pattes peu propres à la course et des mouvements
lourds et lents, établissent de grands rapports entre les Théridions et les Épéires. Les Tuberculés dans les Théridions, et les
Triangulaires gibbeuses dans les Épéires, nous font voir dans ces
deux genres des Aranéides dont l'abdomen est surmonté de tubercules. Les couleurs vives, variées et régulières de la famille
des Théridions renflés rapprochent encore ce genre des Épéires,
tandis que la forme ronde et les couleurs sombres de l'abdomen
des Théridions arrondis viennent encore rallier les Théridions
aux Latrodectes, au genre Clotho et aussi à certains Drasses,
genre uni aux Théridions par la famille des Théridions cachés, et
aussi par les Théridions dictynes, la dernière des familles de ce
genre ; famille à petites espèces qui semblent s'allier avec la dernière famille des Drasses, celle des Phitophiles, laquelle ne renferme aussi que de petites espèces. Les Théridions, par ces dernières familles qui sont des Aranéides à abdomen allongé et déprimé, minimes et à couleurs sombres, s'allientaussi avecle genre
Argus. Toutes les espèces ont, comme celles de ce dernier
genre, des mâchoires inclinées sur la lèvre. C'est aussi par ce caractère et par ses pattes fines et grêles que les Théridions se rapprochent du genre Épisine que sépare d'elle un placement d'yeux
semblable à celui des Thomises ; et quoique ce dernier genre
diffère extrêmement des Théridions, et par les formes, et par
les organes du mouvement et de la vue, cependant il s'allie
aussi avec lui par les mâchoires inclinées sur la lèvre. C'est ce
même caractère qui rapproche les Argyronètes des Théridions,
quoique ces deux genres diffèrent sous tant d'autres rapports.

42ᵉ Genre. ARGUS (*Argus*).

Yeux *au nombre de huit, presque égaux entre eux, sur deux lignes plus ou moins convergentes ; la ligne des yeux postérieurs toujours très-courbée en avant ; les yeux latéraux et les yeux antérieurs intermédiaires portés sur des éminences en avant de la tête ; yeux postérieurs intermédiaires dans les mâles, souvent placés à l'extrémité d'un tubercule cylindrique vertical qui s'élève à la partie antérieure du corselet.*

Lèvre *courte, arrondie ou tronquée à son extrémité, bombée.*

Mâchoires *larges et bombées à leur base, cylindriques et coniques, creusées au côté interne, entourant les côtés de la lèvre, et inclinées sur elle.*

Pattes *peu allongées, propres à la marche, variant quelquefois de longueur relative d'un sexe à l'autre, de couleur uniforme, sans annelures, la quatrième paire et la première sont les plus longues ; la troisième est la plus courte.*

Corselet *grand, allongé, ovalaire, bombé à sa partie antérieure, qui est quelquefois revêtue de tubercules dans le mâle.*

Aranéides *très-petites, de couleur brune ou rouge, uniforme ; tendant des fils ou faisant de très-petites toiles irrégulières ou horizontales à l'entrée des petites cavités de la terre, ou des roches, ou des plantes, se cachant sous les pierres, dans les mousses, et se nichant dans les toiles abandonnées d'autres Aranéides pour y déposer leurs cocons qui sont globuleux.*

1re FAMILLE. **LES ÉRIGONES**. (*Erigonæ.*)

Lèvre courte, plus large que haute.
Mâchoires très-courtes, très-inclinées sur la lèvre, dilatées
à leur base.

1re Race. **LES ÉRIGONIDES**. (*Erigonides.*)

Yeux *presque égaux entre eux, les intermédiaires formant un*
carré.
Mâchoires *très-dilatées à leur base, coniques à leur extrémité.*

1. ARGUS VAGANT. (*Argus vagans.*) Long. 1 1/3 $\wp$ ♂.

Abdomen ovale, bombé, pointu vers l'anus, d'un brun noir,
corselet grand, ovalaire, rouge brun, bombé avec des dents
fines à l'entour et à la tête. Pattes rouge clair. Les yeux sont
rassemblés sur le sommet antérieur de la convexité du corselet,
disposés sur deux lignes transverses, un peu courbées. Les yeux
intermédiaires antérieurs sont un peu plus gros que les postérieurs ; les quatre intermédiaires figurent un carré régulier, et les
quatre latéraux deux lignes divergentes rapprochées, mais non
conniventes. Les mandibules sont abaissées un peu en arrière,
renflées à leur base supérieure, fort rétrécies, et comme étran-
glées près du crochet. Dans les mâles seulement, ces mandibules
sont garnies sur leur côté extérieur d'une rangée d'épines pourvues d'une gouttière très-oblique, bordées de deux rangs de
longues dentelures, et d'un crochet très-relevé dans le repos.
Les mâchoires sont très-larges à leur base qui est creusée au côté
interne, courtes et coniques en diminuant de grosseur vers leur
extrémité, très-inclinées sur la lèvre qui est épaisse, haute à
son bord antérieur, arrondie, un peu échancrée à son extrémité.
Le palpe dans le mâle est très-grand ; il a l'huméral long, courbé,
épineux ; le cubital dilaté en appendice et tronqué au sommet,
égal au radial qui est un peu moins dilaté, mais également tronqué. La cupule du digital interne, ovale-oblongue, échancrée
postérieurement à son bord supérieur, munie à sa base interne
d'une apophyse cornée, recourbée, dilatée vers le bout. Con-

joncteur corné, renflé, pourvu à son sommet de trois organes saillants; le principal triarticulé, à articles gros et compliqués, à dernier article légèrement courbé, pointu. Le palpe de la femelle est terminé par un onglet pectiné. Dans la femelle, la quatrième paire est la plus longue, la première ensuite, la troisième est la plus courte; dans le mâle, la première paire est la plus longue, la seconde ensuite, la troisième est la plus courte. Les cuisses de la première paire du mâle sont garnies d'un rang d'épines en dessous.

Erigone vagans, Savigny, D. de l'Égypte, Hist. nat. t. 1, 2ᵉ partie, p. 115 de l'édit. in-folio ou tome 22, p. 319, de l'édit. in-8º, planche 1, fig. 9. — *Erigone errante*, planche 17, fig. 2 de cet ouvrage (le mâle). — *Théridion dentipalpe*, Wider, Museum Senckenbergianum, t. 1, p. 248, planche 17 , fig. 1 (le mâle). — *Erigone vagans*, dans Cuvier, Règne animal, édit. des élèves, Pl. 14, fig. 8, *a, b, c, d.*

Ancien-Monde — Europe — Afrique — en Égypte, en France, en Allemagne, dans les environs du Caire, de Paris, de Beerfeld.

On la trouve en Europe, dans les jardins et les bois, en mai et en juillet.

M. Savigny et M. Wider n'ont figuré que le mâle. Je possède dans ma collection trois individus de cette espèce, ce sont trois mâles. M. Savigny a vu la femelle, et c'est à lui que l'on en doit la description.

2. ARGUS LONGIMANE. (*Argus longimanus.*) Long. 1 lig. ♂.

Corselet noir, entouré de dents très-fines excepté à la tête. Abdomen ovalaire, d'un brun noirâtre, les palpes et le fémoral rouges, les tarses bruns.

Linyphia longipalpis, Sundevall, Acta Holmiæ, 1829, p. 25, nº 1 , ibid. , 1832, p. 259.

Ancien-Monde — Europe — Suède.

Cette espèce, selon M. Sundevall, diffère de l'*Argus vagans*, ou Érigone de Savigny, en ce que les cuisses du mâle et la tête sont dépourvus de pointes et d'épines; du reste, elle lui ressemble en tout. On la trouve dans les lieux sablonneux. Les mâles sont adultes en mars et en juin.

2º Race. LES ZODARIONIDES.

Yeux intermédiaires antérieurs plus gros, les quatre intermédiaires formant un trapèze, dont le côté postérieur est très-large. Mâchoires n'étant pas dilatées à leur base, cylindriques et arrondies à leur extrémité.

3. ARGUS LONGIPÈDE. (*Argus longipes.*) Long. 1 lig. 1/2 ♀.

Abdomen ovale, allongé, grossissant à sa partie postérieure, très-bombé sur le dos, resserré sur les côtés, très-épais, brun rougeâtre uniforme, ventre d'un rouge pâle, vineux. Corselet petit, resserré vers la tête, élargi à sa partie postérieure, rougeâtre. Pattes antérieures brun foncé, surtout au fémoral; pattes postérieures d'un rouge pâle. Le mâle a les pattes beaucoup plus allongées.

Troisième famille, les Zodarions. — Clotho longipede, t. 1, p. 639 et 640 de cet ouvrage. — Ibid. *Clotho luisant,* Pl. 16, fig. 6 D, 6 B, 6 A, fig. 60 (femelle) (indiquée à tort sous le nom de Clotho luisant, c'est Clotho longipède qu'il fallait mettre). — *Enyo longipes,* Savigny, Descript. de l'Égypte, Arachnides, page 136 de l'édit. in-folio ou p. 351 de l'édit. in-8º, Pl. 3, fig. 8.

Ancien-Monde — Europe — Afrique — Égypte — France.
Prise dans le bois de Boulogne.

J'ai eu tort de dire, t. 1, p. 639, que l'*Enyo longipes* de Savigny se rapprochait plus par sa bouche du *Clotho Durandii* que l'*Enyo nitida,* c'est le contraire qu'il fallait dire; un examen scrupuleux m'a convaincu que l'*Enyo longipes,* par la forme de son corps, appartenait au genre Argus, quoique par ses yeux cette Aranéide soit affiliée au genre Clotho. Les yeux, la bouche et la forme globuleuse du corps rattachent invariablement l'*Enyo nitida* au genre Clotho. Savigny avait établi son genre Enyo d'après cette dernière espèce; il n'avait pas vu la bouche de l'autre qu'il ne décrit pas et il ne l'a point fait dessiner; il n'est donc pas étonnant qu'il se soit trompé en réunissant ces deux Aranéides dans un même genre. Déjà nous les avions placées dans deux familles différentes, et ce que nous disons p. 641 sur les affinités du genre Clotho

démontre que dès-lors nous doutions que la famille des Zodarions dût en faire partie.

4. **ARGUS OCCITANIQUE.** (*Argus occitanica.*) Long. 2 lig. 1/4 ♀.

Yeux intermédiaires antérieurs beaucoup plus gros que les
autres. Corselet arrondi, rétréci vers la tête. Abdomen ovalo-
globuleux, avec deux filières saillantes.

Enyo occitanica, Dugès, Règne animal de Cuvier, Pl. 14,
fig. 5, *a, b, c, d.*

Ancien-Monde — Europe — Midi de la France.

Assez semblable à la précédente pour les yeux et la bouche ;
mais le corps paraît plus large, plus ramassé. Serait-ce une
femelle pleine? La quatrième paire de pattes surpasse d'une
manière notable les autres en longueur. La première paire est
ensuite la plus longue ; la seconde et la troisième sont presque
égales, mais la troisième paraît un peu plus longue. La lèvre
paraît plus haute que dans l'Argus longipède; elle est quadriforme, mais arrondie sur les côtés, échancrée à son extrémité.
Les mâchoires sont cylindriques, mais très-couchées sur la lèvre
et se touchant par leurs extrémités.

2ᵉ FAMILLE. LES MICRYPHANTES. (*Micryphantes.*)

Corselet sans tubercule dans les deux sexes.
Yeux sur deux lignes; les intermédiaires formant un quadrilatère plus haut que large.
Lèvre arrondie, semi-circulaire ou tronquée à son extrémité.
Mâchoires larges, cylindriques, arrondies à leur extrémité,
à dos courbé, inclinées sur la lèvre.

1ʳᵉ Race. LES QUADRIGÈRES. (*Quadrigeræ.*)

Yeux *intermédiaires formant un carré, les antérieurs intermédiaires n'étant pas beaucoup plus rapprochés que les postérieurs
intermédiaires.*

5. **ARGUS ROUX.** (*Argus rufus.*) Long. 3 lig. ♀.

Yeux latéraux disjoints. Corselet et pattes d'un rouge brun, glabre et luisant. Abdomen ovale allongé, d'un brun rougeâtre ou jaunâtre, revêtu de pattes noires. Pattes allongées, minces.

Theridion rufum, Wider, Museum Senckenbergianum, t. 1, p. 223, Pl. 15, fig. 3.

Ancien-Monde — Europe — Allemagne.

Le mâle et la femelle se trouvent souvent sous les pierres en mars et en novembre, ou dans l'herbe, ordinairement en société avec l'*Argus cornatus*.

6. ARGUS PARVIPALPE. (*Argus parvipalpus.*) Long. 1 lig. 1/2 ♂.

Yeux latéraux rapprochés, mais disjoints. Corselet couleur orange, à tête rembrunie et revêtue de poils fins. Sternum d'un brun foncé. Pattes de couleur jaune rougeâtre, uniforme, plus claire que la couleur du corselet. Abdomen allongé d'un gris brun velu.

Theridion parvipalpe, Wider, Mus. Senck., t. 1, p. 226, Pl. 15, fig. 6.

Ancien-Monde — Europe — Allemagne — environs de Beer-felden.

Sous les pierres, dans les bois et dans les prairies. M. Wider n'a trouvé que le mâle.

Conférez *Micryphantes ovatus*, Koch, dans Herrich Schæffer, 121, 19, ♂.

Cette Aranéide a le corselet large, rouge brun, ainsi que les pattes, l'abdomen ovalaire court, le digital du mâle gros, à cupule ovale, à conjoncteur globuleux. M. Koch n'ayant point indiqué les yeux, on ne peut assigner de place à cette espèce, qui d'ailleurs se confond par les couleurs avec plusieurs autres. Il a rencontré le mâle et la femelle dans les jours chauds de mars et d'avril.

7. ARGUS D'ALBERTINE. (*Argus Albertinæ.*) Long. 3/4 lig.

Abdomen cylindrico-ovoïde, plus pâle sous le ventre. Corselet large, en cœur, peu allongé, pointu vers la tête. Yeux sur deux lignes rapprochées vers leurs extrémités, petits, bruns. Tête relevée. Lèvre ovalo-triangulaire plus haute que large, olivâtre. Mâchoires de même couleur inclinées sur la lèvre, arrondies et

évidées à leur extrémité. Pattes de longueur médiocre, rougeâtre
pâle.

Ancien-Monde — Europe — France.
Prise au Paraclet, près Nogent-sur-Seine, le 30 septembre.

2ᵉ Race. **LES TRAPÉZIGÈRES.** (*Trapezigeræ.*)

Yeux *intermédiaires formant un trapèze, les antérieurs intermédiaires étant plus petits et plus rapprochés que les postérieurs
intermédiaires.*

8. **ARGUS FORMIVORE.** (*Argus formivorus.*) Long. 1 lig. 1/3.

Yeux latéraux rapprochés, mais disjoints. Les postérieurs intermédiaires plus gros et plus écartés que les antérieurs, blancs
ainsi que les latéraux. Les antérieurs intermédiaires sont noirs.
Le bandeau est grand et de couleur fauve. La lèvre est plus large
que haute, en triangle tronqué à son extrémité. Les mâchoires
sont étroites, cylindriques, inclinées sur la lèvre, brunes. Le corselet, ainsi que les mandibules et le bandeau, est d'un gris verdâtre,
et dans les plus âgés d'un rouge brun, petit, en cœur, c'est-à-dire
élargi et arrondi vers sa partie postérieure, ayant la partie antérieure élevée et resserrée. Le sternum est brun, ainsi que les
mâchoires et la lèvre. L'abdomen est ovoïde, le dos très-bombé,
d'un brun marron rougeâtre. Quelquefois, lorsque l'Aranéide
vient de changer de peau, l'abdomen est d'un gris sale comme le
corselet. Il change encore plus après plusieurs pontes, car il devient jaune en dessus et comme écailleux ; les pattes sont alors
plus rouges, le ventre est jaune rougeâtre et noir à l'anus. La
première paire de pattes est la plus longue, la quatrième ensuite ;
la troisième est la plus courte.
Ancien-Monde — Europe — France — environs de Paris.

Cette espèce contrefait la morte quand on veut la prendre.
Je l'ai trouvée fréquemment sous les pierres au bois de Boulogne,
dans le mois de juillet, en compagnie avec le Théridion maculé
et la Clubione lapidicole. Elle file une toile irrégulière, assez
grande pour sa grosseur. Elle est l'ennemie des Fourmis, dont elle
fait un grand dégât ; ses œufs sont enveloppés dans un cocon
entièrement sphérique, qu'elle compose d'une soie lâche et peu

serrée. Elle entoure le cocon d'une autre bourre de soie plus lâche, dans laquelle elle enveloppe toujours des nymphes et des chrysalides de Fourmis (vulgairement nommées œufs) qui, à demi transformées, servent de nourriture à sa postérité lorsqu'elle vient d'éclore. Presque toujours elle fait deux pontes et fabrique deux cocons, l'un plus gros, l'autre plus petit. Elle est lente dans ses mouvements et se laisse prendre facilement ; quand elle est sur son cocon elle ne bouge pas. Ce cocon a 1 lig. 1/5 de diamètre. Les jeunes que je vis éclore au 25 juillet étaient au nombre de trente, ils avaient 1/4 de ligne de long, et ils étaient entièrement blancs. L'abdomen avait seulement une teinte plus jaunâtre. Plus âgés, les pattes et le corselet deviennent verdâtres, tandis que l'abdomen continue à rester jaune, jusqu'à ce que plus tard il brunisse. Dans un cocon de cette espèce j'ai compté jusqu'à 70 œufs.

9. ARGUS GRAMINICOLE. (*Argus graminicolis.*) Long. 1 lig. 3/4 ♀.
1 lig. 1/2 ♂ ♀.

Corselet petit, ovale, allongé, rouge, ainsi que les pattes. Abdomen ovalaire très-bombé et grossissant un peu vers sa partie postérieure, couleur d'un brun olivâtre ou noirâtre, tant sur le dos que sous le ventre, sans aucune tache. Tête bombée: Yeux presque égaux, blanchâtres, peu saillants, mais tous portés sur une éminence de la tête, les latéraux rapprochés et non connivents, et sur la ligne du carré intermédiaire. Mâchoires écartées à côtés parallèles évidées à leur extrémité qui est anguleuse intérieurement, légèrement inclinées sur la lèvre, qui est carrée, aussi haute que large et séparée du corselet par un sillon transversal. Palpes rouges, pattes courtes dans la femelle, assez allongées dans le mâle. Le fémoral est plus rouge et de couleur plus foncée que le tibial et le tarse. La quatrième paire de pattes surpasse en longueur la première, celle-ci est plus allongée que la seconde, la troisième est la plus courte. Le mâle a un digital dont la cupule a des appendices ovales comme si elle était composée de plusieurs feuillets, et qui se termine en bas par un crochet en tire-bouchon ; des mandibules pourvus de dents, dont une est plus allongée.

Linyphia concolor, Wider, Museum Senckenbergianum, t. 1,

p. 267, Pl. 18, fig. 3 *a* et *d* (le mâle). — *Linyphia graminicola* ,
Sundevall , Svinska Spindlarness, p. 26 , n° 2. Act. Holm. 1829.
— *Theridion rubripes* , Hahn, die Arachniden , t. 1, p. 92, Pl. 22,
fig. 70. — *Micryphantes rubripes*, Koch , Die Arachniden , t. 4,
p. 121 , Pl. 142, fig. 328 (le mâle), fig. 329 (la femelle pleine).
— *Micryphantes erythrocephalus* , Ibid. , t. 3 , p. 85, Pl. 101,
fig. 234 (nommée à tort *M. tessellatus* sur la planche citée, une
jeune). — *Micryphantes rubripes* , Hahn, dans Herrich Schœffer ,
121 , 24 (la femelle pleine).

Ancien-Monde — Europe — France — Allemagne — Suède.

J'ai trouvé souvent cette espèce qui, par ses formes et ses habitudes , semble être la liaison entre le genre Linyphie et le
genre Argus , mais je pense qu'elle appartient plus spécialement
à ce dernier genre. On la trouve dans les prairies et dans les
vergers. Elle court très-vite. La femelle construit, à l'extrémité
des rameaux, des fleurs, des plantes herbacées, une petite toile
à réseaux irréguliers et croisés en tous sens , mais dont la forme
est presque sphérique. Le mâle ne tend que quelques fils.

Cette espèce a sur le dos une suite de points plus noirs au nombre de six disposés par trois à la partie antérieure, ils sont peu
visibles quand cette Aranéide est pleine (conférez fig. 329 de
Koch). Dans cette variété le fémoral est beaucoup plus rouge ,
le corselet est plus brillant et plus clair. Dans l'Aranéide jeune ,
au contraire , le corselet a la couleur brune du corselet du mâle
et le fémoral n'est pas rouge clair , mais d'un roux un peu plus
foncé que le vert.

Le *Micryphantes tessellatus* de M. Koch est le mâle de notre
Linyphia longidens (conférez Wider , Museum Senckenb. , t. 1,
Pl. 18, fig. 5). Dans son texte, M. Koch indique pour cette espèce,
Pl. 101, fig. 234 , mais dans la planche c'est notre *Argus graminicolis* qui est représenté dans cette figure, c'est-à-dire le
Micryphantes erythrocephalus de Koch. La figure 233, auquel
renvoie le texte pour cette dernière espèce , est celle du *M. tessellatus* (*L. longidens*), et sur la planche gravée celle-ci y est nommée *Micryphantes silvarum* , nom qui ne se trouve nulle part
dans l'ouvrage , ce qui produit une telle confusion qu'il est difficile de ne pas paraître obscur en l'expliquant.

10. **Argus a palpes renflés.** (*Argus crassipalpus.*) Long. 1 lig. 1/2 ♀, 1 lig. 1/4 ♂.

Corselet d'un brun olivâtre. Abdomen d'un brun noir, pattes et palpes d'un rouge clair, ligne antérieure des yeux courbée en avant, yeux latéraux rapprochés, mais non connivents, les yeux antérieurs intermédiaires beaucoup plus rapprochés que les postérieurs intermédiaires. La femelle a l'abdomen gros, renflé dans son milieu en ovale arrondi. Le mâle au contraire, quand son conjoncteur est développé, a un abdomen allongé, et pas plus large que le corselet. Les pattes sont d'un rouge plus foncé dans le mâle; dans la femelle elles sont jaunes ou plus pâles aux articulations; elles ont de longs piquants dans les deux sexes. Le mâle a le radial très-court et courbé, et le digital très-renflé ovalaire.

Micryphantes crassipalpus, Koch, die Arachniden, t. 4, p. 128, Pl. 142, fig. 330 (le mâle), ibid, 331 (la femelle).

Cette espèce ressemble beaucoup à l'*Argus graminicolis*, mais elle est plus grande et les yeux sont placés différemment dans la Graminicole (*Rubripes* de Koch, voyez Pl. 142, fig. 328 *b*). Les yeux latéraux sont plus inclinés et plus séparés que dans le *Crassipalpus*. Dans le *Graminicolis* les yeux antérieurs forment une ligne courbée en arrière, tandis que dans le *Crassipalpus* cette ligne est courbée en avant.

C'est sur les haies des jardins qu'on trouve cette espèce. Elle n'est pas rare; au mois de juin le mâle a les organes développés, et il habite presque toujours dans le voisinage de sa femelle.

11. **Argus velu.** (*Argus comatus.*) Long. 2 lig. 1/2 ♀.

Yeux latéraux rapprochés, mais disjoints. Yeux antérieurs intermédiaires plus petits et beaucoup plus rapprochés que les postérieurs intermédiaires. Corselet allongé d'un brun jaunâtre ainsi que les pattes. La tête a des poils très-nombreux. Abdomen velu, ovalaire allongé grossissant un peu vers la partie postérieure, d'un brun couleur de puce, et ventre garni de poils noirâtres. Le mâle ne se distingue que par son digital.

Theridion comatum, Wider, Mus. Senck., t. 1, p. 225, Pl. 15, fig. 4.

Ancien-Monde — Europe — Allemagne.

On trouve souvent cette Aranéide sous les pierres sur le gazon avec l'*Argus rufus*, auquel elle ressemble par la forme, mais elle en diffère par ses yeux, son corselet plus petit, les poils de sa tête, et la configuration des parties génitales.

12. ARGUS ALLIÉ. (*Argus affinis.*) Long. 2 lig.

Tête pointue, yeux resserrés entre eux. Yeux latéraux rapprochés, mais disjoints. Les intermédiaires antérieurs beaucoup plus rapprochés que les postérieurs et plus petits qu'eux. Abdomen ovale, allongé, pointu, corselet et pattes rougeâtres. Le mâle ne diffère de la femelle que par son digital.

Theridion affine, Wider, Museum Senckenbergianum, Pl. 15, fig. 5.

Ancien-Monde — Europe — Allemagne.

Cette espèce ressemble à l'*Argus comatus*, mais elle est de couleur plus pâle, ses yeux sont plus ramassés, les organes mâles diffèrent dans les deux espèces.

13. ARGUS LONGIPALPE. (*Argus longipalpus.*) Long. 1 lig. ♂.

Yeux rapprochés, mais disjoints. Yeux antérieurs intermédiaires, plus petits et beaucoup plus rapprochés que les postérieurs intermédiaires. Corselet ovale, allongé, glabre, luisant, d'un rouge brun. Pattes de même couleur, mais plus claires. Abdomen ovale, allongé, bombé sur le dos, pointu vers l'anus, d'un brun noirâtre, velu. Palpes très-allongés, se tenant droits, et élevés comme si le cubital était soudé. Le digital est allongé, petit, peu renflé.

Argus longipalpus, Wider, Mus. Senckenb. t. 1, p. 227, Pl. 15, fig. 7.

Ancien-Monde — Europe — Allemagne.

M. Wider a trouvé en été plusieurs mâles de cette espèce, et pas une seule femelle. Les yeux antérieurs intermédiaires sont encore plus petits et plus rapprochés entre eux que dans les deux espèces précédentes.

14. ARGUS DENTÉ. (*Argus dentatum.*) Long. 1 lig.

Yeux latéraux rapprochés, mais disjoints, yeux égaux en

grosseur, les antérieurs intermédiaires n'étant pas beaucoup plus rapprochés que les postérieurs intermédiaires. Corselet allongé, glabre, d'un brun rougeâtre, la tête a dans son milieu une sorte de crête, de poils roides et droits. Les pattes sont de la couleur du corselet, mais plus pâles. Les mandibules du mâle ont dans le milieu de leur rainure une dent forte et allongée. Abdomen ovale, allongé, pointu, brun noirâtre, très-velu.

Theridion dentatum, Wider, Mus. Senck, t. 1, p. 229, Pl. 15, fig. 8.

Ancien-Monde — Europe — Allemagne.

Cette espèce ressemble beaucoup à l'Argus parvipalpe, mais le carré des yeux intermédiaires est moins grand que dans cette dernière, et les yeux latéraux sont sur une ligne plus oblique.

15. ARGUS TERRESTRE. (*Argus terrestris.*) Long. 1 1/5 ♀.

Les deux lignes des yeux rapprochées en carré long. Yeux latéraux rapprochés, mais disjoints, les antérieurs intermédiaires presque aussi gros, mais plus rapprochés entre eux que les postérieurs intermédiaires. Corselet allongé, courbé dans son milieu, se relevant vers la tète, glabre, d'un brun rougeâtre, plus brun à sa partie antérieure. Pattes et palpes rougeâtres, brunissant vers leur extrémité. Abdomen ovale, allongé, revêtu de poils. Le mâle ne diffère de la femelle que par son digital et son corps plus allongé, et des pattes beaucoup plus longues.

Theridion terrestre, Wider, Mus. Senckenberg., t. 1, p. 239, Pl. 16, fig. 5 (la femelle). — *Micryphantes longipes*, Koch, dans Herrich Schæffer, 121, fig. 22 (le mâle).

Ancien-Monde — Europe — Allemagne.

Cette Aranéide est commune au printemps et construit à l'entrée des trous ou des cavités formées par le terrain, une petite toile épaisse, horizontale, comme celle des Linyphies, sur laquelle elle court; mais cette toile ne peut guère s'apercevoir que quand elle est humectée par la rosée. Le digital du mâle est ovale brun et a un conjoncteur qui se termine en pointe. M. Koch dit que cette espèce est commune en hiver sur la terre, sous le gazon, et qu'elle doit s'accoupler de bonne heure au printemps, car en avril il n'a plus trouvé un seul mâle.

23.

16. ARGUS DU LICHEN. (*Argus lichenis.*) 3/4 de lig. ♀.

Les deux lignes des yeux écartées, surtout celles du carré intermédiaire. Les antérieurs de ce carré plus rapprochés que les postérieurs. Yeux latéraux rapprochés, mais disjoints. Corselet allongé, glabre, olivâtre. Pattes plus pâles. Abdomen ovale, allongé, olivâtre, revêtu de poils. Le mâle est semblable à la femelle, il a seulement les pattes plus allongées, le fémoral et le tibial tirant sur le rouge, le digital gros et brun, ovalaire, avec un appendice feuillé.

Theridion lichenis, Wider, Museum Senckenbergianum, t. 1, p. 240, Pl. 16, fig. 6. — *Micryphantes olivaceus*, Koch, 137, fig. 5 (le mâle) fig. 6 (la femelle). — Ibid. Deutch. Myr. Crust. Arachn. t. 4, n°s 5, 6.

Ancien-Monde — Europe — Allemagne.

On trouve toute l'année le mâle et la femelle dans les mousses ou dans les fentes de l'écorce des arbres, des forêts ou des lieux humides. Cette espèce est très-vive : si on l'inquiète dans la retraite où elle est blottie, elle se laisse aussitôt tomber, et on ne la voit plus.

17. ARGUS COURT. (*Argus brevis.*)

Yeux petits et disséminés en largeur. Yeux latéraux rapprochés, mais disjoints au niveau des intermédiaires antérieurs. Ceux-ci plus petits et beaucoup plus rapprochés entre eux que ne le sont entre eux les intermédiaires postérieurs. Corselet médiocrement allongé à tête large, à partie postérieure un peu élargie et arrondie, glabre, brun noirâtre, sans fossette dans le milieu, sternum d'un brun plus clair. Pattes d'un brun rougeâtre uniforme. Abdomen ovalo-globuleux à dos très-bombé.

Theridion breve, Wider, Museum Senckenberg., t. 1, p. 242, Pl. 16, fig. 8.

Ancien-Monde — Europe — Allemagne.

Elle ressemble au *Theridion guttatum*, pour la forme, mais elle en diffère par les yeux, qui se rapprochent encore plus des yeux des Épéires que de ceux des Théridions, si cependant cette espèce a, comme l'assure M. Wider, les mandibules, les mâchoires et la lèvre entièrement semblables à celles du *Theridion guttatum*, on doit la ramener au genre Théridion et la retrancher du genre Argus.

Dans cette espèce les mâles sont plus grands que les femelles, anomalie qui se retrouve encore dans quelques autres genres, tels que les Ségestries et les Argyronètes.

18. ARGUS DYSDÉROÏDE. (*Argus Dysderoïdes.*) Long. 1 lig. 1/3 ♀.

Yeux latéraux connivents ; yeux antérieurs intermédiaires plus petits, et beaucoup plus rapprochés entre eux que les postérieurs intermédiaires ; corselet allongé ovalaire, glabre, luisant, d'un brun jaunâtre. Pattes rougeâtres, pâles, de longueur médiocre. Abdomen ovale, allongé, cylindroïde. Le mâle a l'abdomen cylindrique plus petit que celui de la femelle et un corselet de couleur plus sombre que dans la femelle.

Theridion dysderoïdes, Wider, Museum Senckenberg., t. 1, p. 247, Pl. 16, fig. 12.
Ancien-Monde — Europe — Allemagne.
Prise sous la mousse et les lichens du hêtre au mois de mai.

Cette espèce se rapproche plus du *Theridion marginellum* de M. Wider (qui est notre Drasse jaune, t. 1, p. 632), que du *Theridion viride* (qui est notre Drasse vert, t. 1, p. 631), quoique M. Wider le place à côté de ce dernier.

19. ARGUS ANTIQUE. (*Argus anticus.*) Long. 1 lig. 2/3 ♀.

Yeux latéraux rapprochés, mais disjoints sur la ligne médiane du carré formé par les yeux intermédiaires. Ce carré est étroit en largeur, très-allongé en hauteur, formant un trapèze allongé dans le sens de la longueur du corselet. Les yeux antérieurs intermédiaires sont plus rapprochés entre eux que les postérieurs intermédiaires. L'abdomen est ovale allongé, épais, mais non renflé, arrondi à sa partie postérieure, mais velouté, peu velu, presque glabre à sa partie antérieure, il a sur le dos quatre fossettes. Le corselet est ovalaire, allongé, glabre, luisant, brun rougeâtre, bombé et voûté vers la tête. Les pattes sont rougeâtres, les postérieures de couleur uniforme, mais les antérieures ont le

fémoral rouge, et le tibial noir, puis le métatarse et le tarse
rouges. Elles sont allongées, minces et inégales en longueur. La
quatrième paire est la plus longue, la première diffère peu de
la seconde, la troisième est la plus courte.

Theridion anticum, Wider, Museum Senckenbergianum, t. 1,
p. 221, Pl. 15, fig. 1. — *Micryphantes tibialis*, Koch, Die Arachniden, t. 3, p. 47, Pl. 89, fig. 203.
Ancien-Monde — Europe — Allemagne.
Le mâle de cette espèce est inconnu ; on la trouve dans les
gazons des bois et les endroits ombragés.

20. ARGUS A PALPES BRUNS. (*Argus fuscipalpus.*) Long. 3/4 de lig.
'ou 1 lig. 1/4 ♀, 1 lig. ♂.

Corselet ovalaire allongé, noir, glabre et luisant. Abdomen
ovale, allongé, déprimé, revêtu de poils fins noirs. Pattes d'un
rouge clair uniforme, marquées de noir aux articulations avec
des piquants. Palpes minces, allongés, d'un brun noirâtre uniforme dans les jeunes ; l'huméral plus pâle dans les individus
adultes. Le mâle est semblable à la femelle, il a seulement un
digital globuleux noir ; l'abdomen et les pattes plus allongées.

Micryphantes fuscipalpus, Koch, Die Arachniden, t. 3, p. 46,
Pl. 89, fig. 202 (une jeune). — Ibid., *Micryphantes rurestris*,
t. 3, p. 84, fig. 231 (le mâle), fig. 232 (la femelle).
Ancien-Monde — Europe — Allemagne.
Dans les prairies humides, dans les champs de pommes de terre.
On trouve plus communément le mâle développé en octobre,
et M. Koch croît qu'il y passe l'hiver et qu'il continue de s'accou-
pler au printemps.

N. B. Le *Micryphantes bicolor*, de M. Koch, dans Herrich
Schæffer, 124, fig. 19, ou le *Theridion bicolor*, de Hahn, Die
Arachniden, t. 1, p. 91, Pl. 22, fig. 69, appartient au genre
Théridion par son corselet court et large et son abdomen
arrondi ; long. 3 lig. 1/4. Abdomen noir, corselet et pattes jaunes
bruns.

21. ARGUS QUATERNE. (*Argus quaternus.*) Long. 1 lig. ♀.

Abdomen ovalaire, grossissant un peu vers l'anus, pointu vers son extrémité, de couleur fauve pâle, ayant quatre grandes taches noires, ovales, en carré sur le dos. Ventre rougeâtre. Corselet grand, ovalaire. Yeux antérieurs noirs, les postérieurs intermédiaires pâles. Lèvre grande, carrée, rougeâtre. Mâchoires dilatées à leur base, très-couchées sur la lèvre. Les pattes sont fines, allongées, rouges. La première paire et la quatrième paire sont presque égales, mais la première est la plus allongée, la troisième est la plus courte.

Ancien-Monde — Europe — France.

Sur les feuilles de tilleul, et d'autres arbres : prise le 30 septembre.

22. **Argus de Mathilde.** (*Argus Mathildæ.*) Long. 1 lig. ♂.

Abdomen ovale, allongé, grossissant vers la partie postérieure, bombé, d'un brun marron en dessus avec une bande longitudinale fauve, rougeâtre, large, et divisant le dos en deux parties; une bande transverse rougeâtre, obscure, et quelquefois oblitérée figurant avec l'autre une croix. Ventre d'un gris rougeâtre, pâle avec deux taches ovales, triangulaires, noires dans le milieu, opposées ou transversales. Corselet petit, en cœur, relevé en carène dans le milieu, de couleur olivâtre, resserré vers la tête qui est lavée de brun au-dessus des yeux, arrondi à sa partie postérieure. Yeux clairs et blanchâtres, les antérieurs intermédiaires plus rapprochés que les postérieurs intermédiaires. Les latéraux sont au niveau de ceux d'en haut. Les yeux ont tous devant eux des taches noires. Celle qui est devant les yeux antérieurs intermédiaires est grande, et forme un rond ou un cœur dans quelques individus. Le sternum est rougeâtre, et est entouré d'une bordure noire festonnée. Le lèvre est grande, élargie à sa base, arrondie, en demi-cercle, noire ou brune dans son milieu, à bords rouges. Les mâchoires sont rougeâtres, peu allongées, très-dilatées à leur base, scalpelliformes, arrondies à leur extrémité, couchées sur la lèvre. Les mandibules sont rouges, pâles, cylindriques, et perpendiculaires. Pattes allongées, fines, d'un rouge pâle. La quatrième paire est la plus longue, la première après, la troisième est la plus courte. Ces pattes sont d'un rouge vif, sans annelure et de couleur uniforme, à la réserve de l'exinguinal qui est de couleur pâle comme le ventre.

Ancien-Monde — Europe — France.

Prise le 27 septembre, au Paraclet, près Nogent-sur-Seine.

23. ARGUS DE CÉCILE. (*Argus Ceciliæ.*) Long. 1 lig. ♀.

Abdomen ovale, allongé, étroit, diminuant et se terminant en
pointe vers l'anus, de couleur olivâtre, pâle avec des bandes
transversales, noires, rompues ou festonnées sur le dos. Les deux
premières bandes près du corselet sont deux chevrons ou bandes
brisées; derrière celles-ci sont quatre petites lignes obliques ou
deux chevrons non joints par leurs sommets, puis derrière ces
chevrons une bande transversale noire comme les autres qui a
un feston en demi-cercle dans son milieu; cette bande se continue sur les côtés et rejoint une ligne noire, qui est sur les côtés
de l'abdomen, et qui bifurque près du corselet; la bifurcation
supérieure encadre ainsi latéralement les lignes transversales antérieures du dos sans les toucher. Le ventre est d'un vert olivâtre
plus foncé que le dos, qui contraste avec le sternum et la bouche
qui sont d'une couleur brune très-foncée. Le corselet est grand,
ovalaire, arrondi à sa partie postérieure, pointu vers la tête, de
couleur olivâtre sur le dos, glabre, diaphane lavé de brun sur la
tête. Les mandibules sont droites, cylindriques, glabres, luisantes, de couleur diaphane, mais plus teinturées de noir que le
corselet. La lèvre est courte, très-large, arrondie et formant à son
extrémité une courbe elliptique et surbaissée. Les mâchoires sont
étroites, cylindriques, à côtés parallèles, courbées sur la lèvre,
elles sont d'un brun foncé. La tête est relevée à l'endroit des
yeux qui sont gros, noirs, et sur deux lignes; la ligne postérieure droite, la ligne antérieure courbée en arrière. Les yeux
latéraux sont rapprochés, mais disjoints. Les yeux postérieurs intermédiaires sont plus gros et plus écartés que les antérieurs intermédiaires qui forment avec eux un trapèze. Les pattes et les
palpes sont allongés, fins, sans poils ni piquants, d'un jaune pâle
uniforme. Le digital des palpes est dans le mâle (qui est le seul
sexe encore connu de nous), gros, globuleux, noir, contenu dans
une cupule hémisphérique et projetant deux pointes brunes
courtes et coniques.

Ancien-Monde — Europe — France.

Prise dans le parc de mon fils, le Paraclet, fondé par Héloïse,
près Nogent-sur-Seine : je l'ai trouvée dans un tas de pierre,
placé au milieu d'un gazon, le 28 septembre.

Cette espèce, par la grosseur de ses yeux postérieurs, tient du

genre Linyphie, et par ses couleurs, de la Linyphie ténébricole:
elle ressemble aussi par les raies de son dos à l'Épéire fasciée
jeune.

3e FAMILLE. LES MELICÉRIDES. (*Melicerides.*)

Corselet revêtu de tubercules près desquels sont placés les
yeux.
Lèvre large, courte, tronquée ou arrondie.
Mâchoires à côtés parallèles; cylindriques ou coupées en
lignes droites ou élargies à leur extrémité, inclinées
sur la lèvre.

1re Race. LES CIRCULIGÈRES.

Yeux *placés par paires à égale distance d'un centre commun.*
Corselet *revêtu d'un seul tubercule dans les mâles.*

24. ARGUS MONOCÈRE. (*Argus monoceros.*) 1 lig. 3/4 ♂.

Yeux latéraux rapprochés, mais disjoints sur la ligne médiane
du carré des yeux intermédiaires et perpendiculaires à ce carré.
Yeux intermédiaires postérieurs et antérieurs également rapprochés entre eux et de même que les latéraux perpendiculaires à
ceux-ci, dessinant un pentagone ou un cercle à l'entour d'un tubercule pointu, rond et velu, projeté en avant sur la tête comme
une petite corne. Corselet grand, glabre, luisant, allongé, arrondi
à sa partie postérieure, resserré vers la tête, d'un rouge jaunâtre.
Abdomen ovale, allongé, bombé sur le dos et à sa partie antérieure, grossissant un peu vers la partie postérieure qui se termine en pointe à son extrémité. Pattes allongées, minces, d'un
rouge pâle uniforme, peu inégales. La quatrième paire est la
plus longue, la première ensuite, la troisième est la plus courte.
Les palpes sont d'un rouge pâle.

Theridion Monoceros, Wider, Mus. Senck., t. 1, p. 236, Pl. 16,
fig. 3.

Ancien-Monde — Europe — Allemagne.

On n'a encore trouvé que le mâle de cette espèce. Il est probable
que la femelle, à l'exemple d'autres espèces congénères, est dé-

pourvue de la corne ou du tubercule entre les yeux; mais le placement singulier de ces yeux presque sur deux lignes en croix à branches égales la fera facilement reconnaître.

2e Racc. **LES PARALLELIGÈRES.**

Yeux sur deux lignes presque parallèles courbées en avant.
Corselet ayant deux bosses ou tubercules dans les mâles.

25. ARGUS SILLONNÉ. (*Argus sulcifrons*). Long. 1 lig. 1/4 ♀, 2/3 de lig. ♂.

Yeux sur deux lignes presque parallèles courbées en avant, les latéraux placés sur un même tubercule, mais disjoints; les antérieurs intermédiaires plus petits et plus rapprochés entre eux que ne le sont entre eux les yeux postérieurs intermédiaires. Corselet, abdomen et sternum d'un brun marron. Le corselet est bombé vers la tête, il est moins long et moins large que l'abdomen. Les mandibules sont grandes, cylindriques, rougeâtres. Le lèvre est courte, plus large que longue, coupée en ligne droite à son extrémité. Les mâchoires sont larges, peu allongées, à côtés parallèles, coupées en lignes droites à leur extrémité, écartées entre elles, légèrement inclinées sur la lèvre. L'abdomen est ovale allongé, grossissant vers sa partie postérieure, pointu vers l'anus. Les pattes sont de couleur fauve ou d'un gris sale uniforme. La quatrième paire est la plus longue, la première ensuite, la troisième est la plus courte. Le mâle est beaucoup plus petit, et sa tête large projette en avant deux petites bosses ou cornes courtes arrondies. Son digital est globuleux et renflé.

Theridion sulcifrons, Wider, Museum Senckenberg., t. 1, p. 231, Pl. 15, fig. 10.
Ancien-Monde — Europe — Allemagne — France.

Ma description est faite d'après une femelle de ma collection. M. Wider n'a connu que le mâle, qui seul a les deux bosses et dont le conjoncteur se termine par un crochet courbe et mince.

3ᵉ Race. LES CURVIGÈRES.

Yeux *antérieurs, rapprochés entre eux, portés sur des éminences du corselet et formant une courbure séparée des deux yeux intermédiaires postérieurs.*

Corselet *revêtu d'une ou deux bosses ou tubercules, supportant une portion des yeux.*

26. ARGUS BITUBERCULÉ. (*Argus bituberculatus.*) Long. 1 lig.

Yeux antérieurs intermédiaires plus petits et plus rapprochés que les postérieurs intermédiaires; les latéraux rapprochés, mais disjoints. Ils sont petits, presque égaux, d'un jaune d'ambre. Corselet, sternum, pattes et palpes d'un rouge clair. Le corselet est grand, large et déprimé à sa partie postérieure, bombé et relevé à sa partie antérieure, et ayant dans les mâles au-dessus des yeux deux grosses bosses ou éminences ovalaires juxta-posées d'un rouge plus pâle. La lèvre est courte, large, semi-circulaire, bombée et brune. Les mâchoires rouges, larges, courbées sur la lèvre, fléchies à leur base, à angle externe faisant saillie, bombées, charnues, plissées à leur intérieur par l'effet de la courbure, amincies et terminées en pointe à cause d'une petite échancrure externe et interne, qui a lieu à leur extrémité. Les mandibules sont brunes et évidées dans leur milieu. L'abdomen ovale, allongé, brun noirâtre sur le dos; ventre noir. Les pattes sont peu allongées, la première paire est la plus longue, ensuite la seconde, la troisième est la plus courte. Le digital du mâle présente une cupule ovalaire peu renflée avec un conjoncteur globuleux, gros jaunâtre qui se termine par un crochet allongé; le radial se dilate en une sorte de cloche ou collerette comme dans l'*Argus vagans.*

Theridion bituberculatum, Wider, t. 1, p. 222, Pl. 15, fig. 2, (*b* le mâle), (*a* et *c* la femelle).

Ancien-Monde — Europe — Allemagne — France.

Décrit d'après trois individus de ma collection.

M. Wider, dit qu'on trouve le mâle et la femelle sous les pierres depuis juillet jusqu'en septembre, dans les jardins et dans les prairies.

27. ARGUS A CRÊTE. (*Argus cristatus.*) Long. 1 lig. 1/5 ♀ ♂.

Yeux très-ramassés sur une tête pointue et portés dans le mâle sur un tubercule avancé du corselet qui n'existe pas dans la femelle. Les yeux postérieurs intermédiaires beaucoup plus écartés que les antérieurs intermédiaires. Les latéraux rapprochés mais disjoints. Corselet petit, peu allongé, arrondi à sa partie postérieure, resserré vers la tête, d'un rouge-vermillon avec une bande noire carrée longitudinale qui s'étend depuis le milieu du corselet presque sur les yeux. Pattes et palpes d'un rouge jaunâtre. Abdomen ovalo-globulaire, très-bombé sur le dos qui est d'un brun noirâtre, tandis que le ventre est d'un jaune rougeâtre pâle. Le mâle ne diffère de la femelle que par son digital.

Theridion cristatum, Wider, Mus. Senckenberg., t. 1, p. 230, Pl. 15, fig. 9.

Ancien-Monde — Europe — Allemagne.

Le mâle et la femelle ont été pris en septembre sur une haie, et dans une toile pareille à celle d'un vrai Théridion sous une feuille. Aussi cette espèce s'éloigne des précédentes et se rapproche des Théridions par la forme globuleuse de son abdomen, et son corselet court et élargi à sa partie postérieure. Par le placement de ses yeux cette espèce se rapproche de l'*Attus longipes* (*Enyo* de Savigny).

28. ARGUS CHÉLIFÈRE. (*Argus cheliferus.*) Long. 2 lig. ♀ ♂.

Yeux latéraux, connivents. Corselet arrondi et large à sa partie postérieure, rétréci vers la tête, qui est proéminente, élevée et bombée, et projette une large bosse ou tubercule qui dépasse le bandeau qui est rentrant ; le corselet est glabre, d'un brun rougeâtre, plus foncé sur les yeux. Les pattes d'un jaune rougeâtre. Abdomen ovalo-globuleux bombé, d'un brun cendré. Les palpes du mâle ont leur radial renflé et anguleux à leur extrémité, et marqués sur l'élargissement de petits points noirs qui le font ressembler aux serres d'un Crabe. Le digital est ovale, et la cupule renferme un conjoncteur qui se termine par deux pointes ou crochets.

Theridion cheliferum, Wider, Museum Senckenberg., t. 1, p. 237, Pl. 16, fig. 4.

Ancien-Monde — Europe — Allemagne.

Le mâle et la femelle se trouvent depuis juillet jusqu'en septembre, dans le gazon.

Cette espèce est à conférer avec mon Argus formivore, qui lui ressemble par la forme du corselet, mais qui en diffère sous d'autres rapports.

29. ARGUS BICORNE. (*Argus bicornis.*) Long. 1 lig. 1/2.

Corselet d'un brun rougeâtre, pattes de même couleur, mais plus claires. Le corselet est glabre et brillant. L'abdomen brun, noirâtre, velu, avec quatre ronds ou points carrés à la partie supérieure. Le corselet se termine à sa partie antérieure par une tête très-élevée, pointue et projetée en avant, subdivisée en deux pointes ou éminences séparées par un sillon, et l'une au-dessus de l'autre. Les yeux intermédiaires sont placés sur ces deux pointes, les latéraux sont placés à côté et aux deux extrémités du sillon qui sépare les deux éminences. La lèvre est courte et arrondie ; les mâchoires dilatées à leur base. L'abdomen est ovale, renflé dans son milieu, pointu vers sa partie postérieure.

Theridion bicorne, Wider, Museum Senckenbergianum, t. 1, p. 220, Pl. 14, fig. 12 (le mâle). — *Micryphantes punctatus*, Koch, Die Arachniden, t. 3, p. 12, Pl. 76, fig. 170 (la femelle).

Ancien-Monde — Europe — Allemagne.

Le mâle et la femelle se trouvent dans le gazon en août et en février. M. Wider remarque que quand le mâle a pris tout son accroissement, ses yeux se trouvent plus rapprochés et sont sur une éminence ou avance du corselet très-épaisse, qui n'est divisée en deux que par un sillon peu marqué. M. Koch, dans sa description, ne parle pas des sillons ni des éminences, mais sa figure les indique, et la forme du corselet est la même que dans le Théridion bicorne. M. Koch a décrit la femelle, et M. Wider le mâle. Dans la femelle, selon la description et la figure de M. Koch, les pattes et les palpes sont d'un brun rougeâtre, mais marqués de noir aux articulations. M. Koch a pris cette espèce dans les forêts d'arbres verts ; dans les endroits humides sous la mousse et sur la terre. Il ajoute qu'elle est rare.

3o. Argus a pieds jaunes. (*Argus ochropus.*) 3/4 de lig.

Corselet et abdomen ovalaires, allongés, noirs. Pattes et palpes jaunes avec des piquants. Les palpes de la femelle sont tachés de noir à leur extrémité ; dans le mâle, ils sont terminés par un bouton ovalaire peu renflé. La femelle n'a point de tubercules sur la tête. Dans le mâle au contraire, la tête s'élève en un gros tubercule légèrement échancré à son extrémité, et les yeux postérieurs intermédiaires sont placés de chaque côté à l'extrémité de l'échancrure du tubercule. Les six autres yeux sont en bas du tubercule ; les quatre antérieurs forment une ligne droite ou un peu courbée en avant, les yeux latéraux postérieurs sont placés derrière les latéraux antérieurs, de manière à former avec eux une ligne perpendiculaire ; ils sont rapprochés, mais disjoints. Dans la femelle, les yeux sont égaux sur deux lignes très-rapprochées, presque parallèles, et toutes deux courbées en avant, les antérieurs intermédiaires sont plus rapprochés entre eux que les postérieurs intermédiaires ne le sont entre eux. Le mâle a les pattes plus minces, plus allongées que la femelle, et l'abdomen plus étroit et plus allongé.

Micryphantes ochropus, Koch, Die Arachniden, t. 4, p. 136, Pl. 144, fig. 336, *a* et *b* (le mâle), fig. 337, *a* et *b* (la femelle).

M. Koch a trouvé le mâle et la femelle de cette espèce en juin, parfaitement développés.

3i. Argus parallèle. (*Argus parallelus.*) Long. 1 lig. ♀ ♂.

Corselet et abdomen d'un brun foncé. Pattes et palpes d'un rouge clair. Le corselet est petit, court, large et très-voûté à sa partie antérieure. La tête est surmontée dans le mâle par un gros tubercule ou élévation sur laquelle se trouvent portés les yeux intermédiaires postérieurs. Le corselet a des sillons en rayons marqués de lignes noires. L'abdomen est ovale, allongé, déprimé sur le dos, arrondi à sa partie postérieure, velu. Les pattes sont courtes, garnies de poils, le fémoral de la paire antérieure renflé.

Theridion parellelum, Wider, Museum Senckenberg., t. 1, p. 234, Pl. 16, fig. 1.

Ancien-Monde — Europe — Allemagne.

Le mâle et la femelle se trouvent en novembre dans le gazon.

32. ARGUS NAIN. (*Argus pusillus.*) Long. 2/3 lig.

Yeux antérieurs intermédiaires plus petits et plus rapprochés que les postérieurs intermédiaires. Les latéraux au niveau de la ligne des antérieurs, rapprochés, mais disjoints. L'abdomen ovalaire, globuleux, bombé sur le dos, d'un brun de suie, non velu. Le corselet glabre, luisant, d'un brun clair ; le sternum est en cœur et d'un brun foncé ; la tête est bombée et comme séparée du reste du corselet, par un sillon peu profond, mais dans le mâle cette partie est encore surmontée d'un tubercule arrondi, sur lequel se trouve reporté les yeux postérieurs intermédiaires. L'abdomen est aussi plus petit et les pattes plus allongées. Ces pattes sont courtes, fines, peu inégales en longueur, la troisième paire est la plus courte. Le digital du mâle renferme dans sa cupule un conjoncteur courbe.

Theridion pusillum, Wider, Museum Senckenberg., t. 1, p. 243, Pl. 16, fig. 9.

Ancien-Monde — Europe — Allemagne, environs de Beerfeld.

4ᵉ Race. LES CASSIFÈRES. (*Cassiferœ.*)

Yeux *antérieurs intermédiaires plus rapprochés entre eux que ne le sont entre eux les postérieurs intermédiaires, yeux latéraux rapprochés.*

Corselet *ayant dans les femelles à son extrémité antérieure une élévation verticale supportant les yeux, ou dans un des sexes, quelquefois dans tous les deux, un long tubercule qui s'élève verticalement sur le devant de la tête et au sommet duquel sont reportés les yeux postérieurs intermédiaires.*

33. ARGUS CORNU. (*Argus cornutus.*) Long. 2 1/2 lig. ♀.

Corselet grand, allongé, sur lequel s'élève verticalement à son extrémité antérieure un tubercule conique au sommet duquel sont placés les yeux de la manière suivante : les quatre antérieurs sont en ligne courbée en avant ; les latéraux sont connivents et placés sur la ligne des intermédiaire antérieurs, de manière à ce que les yeux latéraux antérieurs sont plus bas que les intermédiaires antérieurs ; ces derniers sont plus rapprochés entre eux que ne le sont entre eux les intermédiaires postérieurs : semblable pour les yeux à la Linyphie montagnarde. Dans le mâle le tubercule de la tête est en forme d'une trompe d'éléphant renflée dans son milieu, et il s'y trouve une petite éminence dans le milieu de sa partie la plus large. Corselet ovalaire, allongé, bombé dans son milieu et près de la tête, couleur d'un brun rougeâtre. Le digital du mâle est gros, renflé et a un appendice ou chaperon au-dessus de la cupule. Mandibules très-allongées, bombées sur le dos, écartées latéralement avec un onglet long très-courbé, mince et pointu, la rainure intérieure est armée de plusieurs dents pointues. L'abdomen est ovale, allongé, très-bombé sur le dos, recouvert d'un duvet épais, noir; il a quatre points en carré plus noirs à la partie antérieure; les deux points antérieurs sont souvent oblitérés. Les pattes sont minces, allongées, le fémoral renflé, surtout dans les antérieures, et rouge. La première paire est la plus longue, mais elle n'excède pas beaucoup en longueur la quatrième qui est égale à la seconde, la troisième est la plus courte. Palpes rouges filiformes.

Theridion cornutum, Wider, Museum Senckenbergianum, t. 1, pg. 235, Pl. 16, fig. 2. — *Linyphia alticeps*, Sundevall, Act. Holmiæ, 1831, p. 261, n° 13 *a* et *b*. — *Micryphantes Camelinus*, Koch, Die Arachniden, t. 3, p. 11, Pl. 76, fig. 168 (le mâle), Pl. 76, fig. 169 (la femelle). — Cuvier, Règne animal, édit. 1837, Pl. 15, fig. 8.

Ancien-Monde — Europe — Allemagne — Suède — France.

Dans les jardins, les lieux enfoncés et humides. M. Koch a trouvé les deux sexes; M. Wider la femelle, dans le mois de décembre; elle filait sur une branche de sapin un fil imperceptible. M. Sundevall l'a trouvée en août et en septembre, et seulement la femelle, dans les environs de Stockholm et de Stenshufud en Scanie. Il remarque avec raison que cette espèce ressemble au genre Hersilie pour la forme de la tête.

34. ARGUS CAPUCHONNÉ. (*Argus cucullatus.*) Long. 1 lig. 1/3 ♀, 1 lig. 1/4 ♂.

Corselet brun noir, abdomen brun marron, pattes et palpes rougeâtres, avec de longs piquants noirs. L'abdomen est ovale allongé, renflé dans son milieu, pointu vers l'anus. Le corselet petit, élargi à sa partie antérieure. Le mâle a la tête surmontée

d'un tubercule vertical court, arrondi à son sommet, présentant
en devant une courbure rentrante, et ayant la forme d'un chaperon. A la base de ce chaperon sont les deux yeux intermédiaires antérieurs, et plus haut, sur sa convexité antérieure, sont les
deux yeux intermédiaires postérieurs. Les latéraux ont sur le corselet leur position ordinaire. Le digital du mâle est gros et globuleux, et son conjoncteur est d'un brun noirâtre.

Micryphantes cucullatus, Koch, Die Arachniden, t. 3, p. 45,
Pl. 89, fig. 200 (le mâle), ibid. fig. 201 (la femelle).
    Ancien-Monde — Europe — Allemagne — France.
    Dans les endroits humides des forêts.

Espèce qui a beaucoup de ressemblance avec l'*Argus elongatus*,
mais qui en diffère par la forme de son tubercule, qui ne se
trouve que dans un sexe, tandis que dans l'*Elongatus*, il existe
dans les deux sexes.

35. ARGUS ALLONGÉ. (*Argus elongatus.*) Long. 1 lig. 1/2 ♀,
1 lig. 1/4 ♂.

Corselet ovale, allongé, mais court et petit proportionnellement à l'abdomen, d'un brun rougeâtre, et sur l'extrémité duquel
s'élève verticalement un gros tubercule, gros, épais, courbé du
côté du dos et arrondi au sommet, mais coupé perpendiculairement à la partie antérieure. C'est sur le sommet antérieur de
cette partie que sont placés les yeux; les antérieurs intermédiaires sont plus petits que les postérieurs intermédiaires et aussi
plus rapprochés que ne le sont entre eux ces derniers. La femelle
a l'abdomen plus gros, le corselet déprimé, sans tubercule. Les
pattes sont rouges dans la femelle, jaunes dans le mâle, et dans
les deux sexes marquées d'un point noir aux deux extrémités du
métatarse. L'abdomen est velu, d'un brun noirâtre, déprimé sur
le dos où l'on remarque quatre points enfoncés, et grossissant
vers son extrémité, arrondi à sa partie postérieure. Les pattes
sont peu allongées, rouges, garnies de poils; la première paire
est la plus longue, la quatrième après, la troisième est la plus
courte. Le mâle a le corselet noir, l'abdomen plus court,
les pattes couleur orange, plus claires, lavées de noir aux
articulations.

Theridion elongatum, Wider, Mus. Senckenb., t. 1, p. 233,

Pl. 15, fig. 12 (le mâle jeune). — *Micryphantes galeatus*, Koch,
dans Herrich Schæffer, 121, fig. 23 (le mâle). — *Micryphantes
elevatus*, Koch, Die Arachniden, t. 4, p. 133, fig. 334 (le mâle),
fig. 335 (la femelle).

Ancien-Monde — Europe — Allemagne — France.

On trouve le mâle et la femelle dans le gazon au mois de mars
ou en juin.

M. Koch remarque que les organes conjoncteurs du mâle se
trouvent développés à la fin d'avril, et au commencement de mai.
Selon la description et la figure de M. Wider, le tubercule exis-
terait dans les deux sexes, avec une différence dans ce tubercule,
qui serait plus élevé dans le mâle (conférez Wider, Pl. 15, fig. 12 c
et d); mais M. Koch ayant trouvé la femelle de cette espèce sans
le tubercule, nous croyons qu'il y a erreur dans l'observation de
Wider. Toutefois l'*Argus cornutus* nous offre l'exemple d'une
femelle qui a aussi un tubercule qui supporte les yeux, mais je
n'en crois pas moins que la fig. c, dans Wider, est un jeune mâle
non encore entièrement développé, pris pour une femelle par ce
très-habile aranéologue.

36. **Argus pointu.** (*Argus acuminatus*.) Long. 1 lig. 1/2 ♀ ♂.

Corselet et abdomen d'un jaune pâle uniforme, tant en dessus
qu'en dessous. Pattes, palpes ou corselet et abdomen d'un brun
foncé, avec les pattes et les palpes jaune safran. Corselet allongé
arrondi à sa partie postérieure, resserrée vers la tête qui, dans
le mâle, a un tubercule cylindrique qui s'élève verticalement sur
la tête; ce tubercule, qui est courbé et bombé sur le dos, arrondi
et renflé à son extrémité, supporte les deux yeux postérieurs intermédiaires; les yeux antérieurs intermédiaires plus rapprochés
que les postérieurs sont à la base du tubercule. Les yeux latéraux sont rapprochés mais disjoints, de sorte que l'œil postérieur
latéral se trouve porté sur le côté du tubercule; les yeux antérieurs latéraux sont un peu plus bas que les yeux intermédiaires
et font avec eux une ligne courbée en avant. L'intervalle du tubercule entre les yeux d'en haut et ceux d'en bas, a quelques
petits poils qui s'inclinent en bas. Dans la femelle la tête n'a point
de tubercules, et les yeux antérieurs, très-rapprochés et portés
sur des éminences du corselet, font une ligne courbée en arrière.
Les yeux postérieurs intermédiaires, beaucoup plus écartés

que les antérieurs , ne sont point reculés , mais au contraire beaucoup plus rapprochés des latéraux postérieurs. Le sternum est court, en cœur ; la lèvre est courte, carrée, aussi haute que large, d'une couleur plus foncée que les mâchoires qui ont le double en longueur; elles sont larges, un peu renflées dans leur milieu, tronquées ou creusées à leur extrémité , écartées , et légèrement inclinées sur la lèvre. L'abdomen est ovale, allongé, arrondi et bombé à sa partie antérieure , pointue vers l'anus, et inclinée par rapport au corselet. Les pattes sont allongées, fines, armées d'onglets fortement dentés. La quatrième paire est la plus longue, la première après, la troisième est la plus courte. Les palpes dans le mâle ont le digital très-renflé , et il a la figure d'une fève qui serait cylindrique : quand l'organe n'est point développé il est plus allongé et moins gros ; lorsqu'il est développé , il laisse apercevoir sous sa cupule un conjoncteur crochu.

Theridion acuminatum , Wider, Mus. Senckenb., t. 1 , p. 232 , Pl. 15 , fig. 11, *a*, *b* et *f* (la femelle), *c* et *d* (le mâle). — *Micryphantes acuminatus*, Koch, Die Arachniden, t. 4, p. 130. Pl. 143, fig. 332 (le mâle) , ibid. fig. 333 (la femelle).

Variété A. Abdomen brun.

Variété B. Abdomen jaune (jeune).

J'ai décrit cette espèce sur quatre individus, deux mâles et deux femelles pris par M. Audoin, à Vernon, en Normandie, sous les pierres, et ma description s'est trouvée conforme à la figure et à la description que M. Wider a donnée de son *Théridion acuminatum* , sauf les couleurs qui sont différentes ; les quatre individus décrits par moi étaient d'un jaune pâle uniforme, ceux de M. Wider d'un brun foncé uniforme ; mais la preuve que cette différence de couleur tient à la variété d'âge résulte de ce qu'aucun des mâles décrits par moi n'avaient les organes conjoncteurs développés, et qu'ils l'étaient dans ceux de M. Wider : d'ailleurs dans les deux variétés les pattes sont jaunes; les individus décrits par M. Koch ont les mêmes couleurs que ceux de M. Wider. On trouve cette Aranéide dans les jardins ou dans les terres voisines des habitations.

37. Argus bifide. (*Argus bicuspidatus.*) Long. 1 lig. 1/4 ♀ 1 lig.

Corselet et abdomen ovalaires , allongés , d'un brun noir , uni-

forme ; pattes jaunes, rougeâtres ou oranges, avec des piquants
au fémoral. Le mâle a sur la tête deux tubercules coniques,
verticaux et peu allongés, qui se tiennent par leur base, mais
qui sont écartés à leurs sommets, et supportent les deux
yeux postérieurs intermédiaires. Les six yeux antérieurs, en
dessous de la ligne formée par la base des tubercules, sont
éloignés des postérieurs. Les quatre antérieurs forment une
ligne droite ou légèrement courbée en avant. Les deux yeux
latéraux postérieurs sont derrière les antérieurs, formant
avec eux une ligne peu inclinée. Ces yeux latéraux sont rapprochés entre eux, mais disjoints. Dans la femelle les yeux
sont sur deux lignes très-rapprochées, l'antérieure droite, la
postérieure courbe. Les yeux antérieurs intermédiaires sont
beaucoup plus rapprochés entre eux que les postérieurs intermédiaires ne le sont entre eux. La femelle a l'abdomen plus
renflé, et le corselet proportionnellement moins allongé que le
mâle. Celui-ci a un digital ovale dont le conjoncteur est
brun, et en arc courbé, et opposant sa pointe à celle de la
cupule.

Micryphantes bicuspidatus, Koch, Die Arachniden, t. 4,
p. 138, Pl. 144, fig. 338, le mâle, fig. 339, la femelle.

Ancien-Monde — Europe — Allemagne.

M. Koch a trouvé cette espèce en juin sur des haies de jardin,
avec le conjoncteur entièrement développé dans le mâle.

Affinités du genre Argus. — Aucun genre ne semble plus naturel et plus fortement caractérisé que le genre Argus, qui se
compose de petites Aranéides dont les moindres atteignent
à peine une demi-ligne et les plus grosses 2 lig. 1|2 ou trois
lignes ; qui toutes ont un abdomen de couleur brune ou noire,
uniforme, un corselet de couleur un peu plus claire, et des
pattes jaunes ou rouges : tellement semblables dans leur aspect
qu'on les prendrait toutes pour des variétés de la même espèce,
et cependant différentes entre elles par des caractères de première valeur. Ces caractères donnent la faculté de les subdiviser en plusieurs races et familles ; et pour bien saisir les
rapports d'habitude et de mode d'existence, nous avons été
dans la nécessité de faire ce partage. Rien donc n'est plus
curieux à examiner et à faire ressortir que les affinités d'un
genre qui semble séparé de tous les autres par l'exiguïté des indi-

vidus, et qui , cependant, tient à un si grand nombre de genres.
Celui auquel il se trouve le plus affilié, par le placement des yeux
antérieurs rapprochés entre eux, par la forme allongée du corselet
et de l'abdomen, par la lèvre courte , est le genre Linyphie : aussi
on s'en aperçoit par les habitudes de quelques espèces , telles que
celles de l'*Argus terrestris*, qui fait une toile horizontale. L'*Argus
graminicolis* s'identifie aux Linyphies par ses formes. Les Argus,
par leurs mâchoires inclinées sur la lèvre , le placement de leurs
yeux , la petitesse du corselet et le corps globuleux et bombé de
quelques espèces, comme l'*Argus cristatus*, par exemple , se con-
fondent presque avec les Théridions. Enfin par les yeux, la famille des Zodarionides a les plus fortes affinités avec les Clothos,
dont les couleurs sont aussi toujours sombres ; mais les Clothos
ont la lèvre plus entourée par les mâchoires et tiennent plus
aux Drasses que les Argus. Cependant la quatrième paire de
pattes plus grande que la première dans beaucoup d'espèces, et
même la forme du corps et les couleurs sombres , ainsi que les
mâchoires enveloppant la lèvre à leur base, établissent de fortes
affinités entre les Argus et les Drasses ; ces deux genres se rapprochent par l'Argus sillonné, qui a les yeux sur deux lignes
parallèles comme un Drasse , et par la famille des Drasses phy-
tophylles ou des Drasses verts et jaunes , qui se rapprochent par
les organes de la bouche , le corselet bombé et les yeux , et par
leur petitesse , du genre Argus, mais qui s'en éloignent par les
couleurs et par d'autres caractères, qui, selon nous , les rattachent
aux Drasses plus qu'aux Argus. M. Savigny ayant distingué trois
griffes aux tarses de la famille des Érygones , il est probable que
toutes les espèces d'Argus ont aussi ce caractère , ce qui établit
une affinité entre ce genre et un grand nombre d'autres genres ;
(voyez tome 1er, p. 83) , entre autres le genre Ségestrie , qui
ont avec nos Argus une autre sorte de rapport, par la différence
qui existe dans la longueur relative des pattes entre les deux
sexes d'une même espèce. Ainsi l'*Argus vagans* se trouve à cet
égard dans le même cas que la Ségestrie sénoculée. Par l'Argus
Dysdéroïde , ce genre a aussi un rapport de forme avec les petites
espèces de Dysdères. Le caractère des tubercules qui s'élèvent
verticalement sur la tête de plusieurs espèces d'Argus et supportent une partie des yeux est rare et singulier, mais il n'est
pas unique ; nos Argus se rapprochent sous ce rapport des Éripes,
dont elles s'éloignent par tous les autres caractères. Ce qui

pourtant est particulier aux Argus, c'est que ce caractère, pour
certaines espèces, n'existe que dans le mâle. De même les
Argus s'allient aux Épéires par les éminences ou bosses du
corselet qu'on voit couronner la tête dans certaines espèces, comme
dans l'Épéire impériale et l'Argus bituberculé, ou par les simples
avances du corselet sur lequel se produisent les yeux, comme
dans la famille des Épéires irrégulières, l'*Epeïra conica* et autres, et les *Argus cristatus*, *sulcifrons*, *chelifer*, *pusillus*, *bicornis*.

En résumé, les genres Linyphie, Théridion et Argus, se tiennent par les rapports les plus intimes, et cependant leurs caractères propres ressortent à la première vue. Les Linyphies se
distinguent par leur forme svelte et elliptique, plus grosse, plus
arrondie à leur partie postérieure; par les barres jaunes ou
blanches des côtés et du dessous de leur abdomen, qui tranchent
sur un fond de couleur plus ou moins sombre ; enfin par leurs
allures vives et promptes; les Théridions par leur abdomen
rond ou globuleux, revêtu de couleurs diverses et de dessins
variés et réguliers; par leurs pattes fines et peu allongées ; par
leurs mouvements doux et lents qui n'opposent aucun obstacle
à l'observateur voulant les étudier. Les Théridions et les Linyphies se séparent encore des Argus par leurs habitudes sédentaires et la grandeur de leurs toiles. Les Argus se font remarquer par leur exiguïté, leur couleur uniforme et sombre, leur
forme ovalaire, allongée, en même temps bombée, et cependant
pointue vers l'anus, qui tient le milieu entre la forme du Théridion et celle de la Linyphie, et enfin par les tubercules et
les éminences de leur corselet, singulier caractère qui les sépare non-seulement des deux genres avec lesquels ils sont
affiliés, mais de presque tous les autres genres d'Aranéides.
Enfin, les Argus sont moins sédentaires, projettent moins de
fils que les Linyphies et les Théridions. Notre sixième famille des
Théridions, celle des *Absconditœ*, dont M. Koch a fait ses genres
Asagena et *Phrurolithus*, et notre septième famille du même
genre, qui a fourni à M. Sundevall son genre *Dyctina*, sont celles
qui se rapprochent le plus du genre Argus.

43ᵉ Genre. ÉPISINE (*Episinus*).

Yeux *huit, presque égaux entre eux, la ligne postérieure droite, la ligne antérieure fortement courbée en arrière et formant avec l'autre un demi-cercle qui produit une élévation à l'extrémité antérieure de la tête.*

Lèvre *courte, arrondie, plus large que haute, en demi-cercle.*

Mâchoires *allongées, à côtés parallèles, arrondies vers leur extrémité, penchées sur la lèvre.*

Pattes *allongées, fines, inégales; la première, la plus longue; la quatrième ensuite; la troisième est beaucoup plus courte que toutes les autres.*

Aranéides *tendant des fils sur lesquels elles s'étendent et se tiennent suspendues, en rapprochant en avant et en arrière leurs pattes dans le sens de la longueur du corps.*

1. Épisine tronqué. (*Episinus truncatus.*) Long. 1 lig. 1/2.

Abdomen allongé, étroit, grossissant à sa partie postérieure et figurant une sorte de pyramide tétraèdre tronquée vers son sommet. Dans la femelle l'abdomen est plus court et plus large que dans le mâle; dans celui-ci il a au moins deux fois la longueur du corselet; il est jaune brun sur le dos, le ventre brun foncé. Il a près du corselet une échancrure fine et profonde; son dos est un peu courbé, et il a une figure festonnée, obscure, bordée de jaune vif dans la femelle, avec une tache brune au milieu de laquelle est un point jaune; à sa partie postérieure le dos se termine par deux angles pointus, et est ensuite coupé verticalement, de manière que cette partie postérieure forme un triangle renversé dont les deux angles de la base d'en haut font l'extrémité du dos et l'angle d'en bas l'anus. Le ventre est arrondi en carène, comprimé sur les côtés d'un brun luisant uniforme. Le corselet est court, arrondi, déprimé, pointu vers la tête, rougeâtre, bordé de jaune dans la femelle ; ayant dans le mâle une ligne brune latérale à quelque distance du bord ; puis dans le milieu de la partie postérieure, un ovale brun, qui bifurque en avant et se prolonge sur les yeux, laissant une ligne jaune longitudinale qui passe dans le milieu du carré des yeux intermédiaires, et sépare ainsi la tête en deux triangles bruns où sont placés les yeux. Au dessous des yeux le bandeau se trouve coupé par un sillon transversal profond, de sorte que la partie inférieure de ce bandeau forme une espèce de chaperon qui recouvre les mandibules à leur naissance. La lèvre et les mâchoires sont de couleur brune marron. Les mâchoires sont un peu arrondies et renflées à leur extrémité, de manière que leur contour extérieur forme une légère sinuosité. Les mandibules sont cylindriques, assez allongées, perpendiculaires, un peu renflées à leur insertion, et d'un rouge pâle et sale. Les palpes dans la femelle sont filiformes, leur premier article est brun, les autres d'un rouge pâle. Le mâle a un digital très-gros et très-renflé d'un jaune très-pâle, ovalaire mais recourbé ou resserré dans son milieu, offrant une sinuosité en dessus, et une en dessous. La première paire de pattes a le fémoral et le tibial bruns, le métatarse et les tarses blancs ; la quatrième paire a le commencement du fémoral blanc, le milieu brun et le reste blanc ; la troisième paire est blanche.

Épisine tronquée, Pl. 21, fig. 1 D, 1 c, 1 e planches de cet ouvrage. — *Épisinus truncatus*, Walckenaer, dans Latreille Genera Insect. , t. 4, p. 371. — *Épisine*, Règne animal de Cuvier, édit. 1837, Pl. 15, fig. 9, et 9 a.

Ancien-Monde — Europe — France.

J'ai trouvé cette espèce dans les environs de Paris, dans un jardin à Sèvres. Elle est rare.

Affinités du genre Épisine. — Par sa bouche, par sa lèvre courte et ses mâchoires inclinées, son corselet petit et en cœur, c'est aux Théridions que les Épisines se trouvent le plus étroitement affiliées. Cependant la forme allongée de leur abdomen, leurs longues pattes qu'elles tiennent étendues comme les Linyphies, révèlent avec celles-ci des rapports d'affinités très-intimes. Les

Épisines se rapprochent beaucoup du genre Philodrome par le placement de leurs yeux en demi-cercle, leurs pattes allongées, et même aussi par la forme du corps qui dans la troisième famille des Philodromes est aussi allongé et quelquefois rhomboïdal. Ainsi ce genre Épisine, qui est bien distinct, forme en quelque sorte la liaison entre tous les genres que nous venons de nommer.

44ᵉ Genre. ARGYRONÈTE (*Argyroneta*).

Yeux *huit, presque égaux entre eux, occupant le devant du corselet sur deux lignes ; les yeux intermédiaires postérieurs plus écartés et plus gros que les intermédiaires antérieurs ; les yeux postérieurs sur une même élévation latérale de la tête, rapprochés, mais disjoints ; tous les yeux antérieurs placés sous un rebord avancé de la tête.*

Lèvre *allongée, triangulaire, dilatée à sa base, arrondie à son extrémité.*

Mâchoires *cylindriques, fortes, allongées, légèrement inclinées sur la lèvre qu'elles dépassent peu en longueur, à côtés parallèles, arrondies à leur extrémité.*

Pattes *de longueur médiocre ; la première paire est la plus longue, la quatrième ensuite, la troisième est la plus courte. Les deux paires de pattes postérieures sont plus renflées et plus fortes que les deux paires antérieures.*

Aranéides *nageant dans l'eau, l'abdomen enveloppé dans une couche d'air; s'accouplant dans l'eau, et formant au milieu de l'eau une coque ovale remplie d'air, tapissée de soie, où elles se tiennent renfermées et où aboutissent des fils dirigés en tous sens.*

1. Argyronète aquatique. (*Argyroneta aquatica.*) Long. 5 lig. ♀. Long. 6 lig. ♂.

Abdomen ovale allongé, bombé sur le dos et courbé vers l'anus ; ventre concave, de couleur brune fauve uniforme, couvert de poils veloutés ; quatre points enfoncés sur le dos. Corselet large à sa partie postérieure, rétréci et bombé à sa partie antérieure ; glabre, rouge brun, ainsi que les pattes, et les palpes qui sont minces et filiformes. Le mâle a les mêmes couleurs, il est plus grand et plus fort. Son abdomen est plus allongé, moins courbé vers l'anus ; ses pattes antérieures sont plus longues ; son digital est peu renflé, la cupule en est allongée, arrondie ou globuleuse à sa partie antérieure, puis terminée en pointe allongée cylindrique, ayant la forme d'une larme batavique, revêtue de poils assez gros à son extrémité. Cette cupule en dessous contient sous sa partie globuleuse une cavité ronde avec un bord rougeâtre, d'où sort un conjoncteur dont la base est conique, jaunâtre, vésiculeux, qui se termine par un petit organe court, cylindrique et rouge. Les mandibules dans les deux sexes sont fortes, glabres, cylindriques, bombées près du bandeau et divergentes ; il y a cinq pointes coniques ou dents pour recevoir l'onglet au côté externe. Les pattes sont terminées par trois onglets dont deux sont pectinés ; le génual est renflé.

Argyronète aquatique, Pl. 22, fig. 4 E, 4 D, 4 *d*, 4 *c*, 4 *k*, 4 L, 4 M, de cet ouvrage.—*Araignée aquatique*, Walckenaer, Faune parisienne, t. 2, p. 233.—Ibid. Tableau des Aranéides, p. 84, Pl. 9, fig. 87 et fig. 88 (les yeux latéraux sont trop rapprochés dans cette figure, et les yeux intermédiaires postérieurs pas assez écartés).—*Argyroneta aquatica*, Hahn, Die Arachniden, t. 2, p. 33, Pl. 51, fig. 118 (la femelle long. 7 lig. 1/4. Les figures B et C pour les yeux et la bouche sont copiées de mon tableau).—*Argyroneta aquatica*, Herrich Schæffer, 134, fig. 21 (le mâle long. 7 lig. 1/4), fig. 22 (la femelle long. 5 lig. 3/4).—*Argyroneta*, Koch, Ubersicht des Arachniden Systems, p. 14, Pl. 2, fig. 28.—*Argyroneta aquatica*, J. Sundevall, Conspectus Arachnidum, p. 22.—Ibid. Svinska Spindlarness, p. 24, n° 1, dans les Act. Reg. Acad. scient. Holmiæ, 1831, p. 132.—*Argyronète aquatique*, dans les planches du Règne animal de Cuvier, édit. 1836, Pl. 9, fig. 3 (figure copiée de Hahn et les détails d'après notre tableau).—*Araignée aquatique*, De Géer, Mémoires pour servir à l'Hist. des Insectes, t. 7, p. 303, n° 33, Pl. 19, fig. 5 (le mâle); fig. 13 (la femelle) ; la fig. 7, les yeux bien figurés ; fig. 10 et 11, le digital du mâle ; fig. 6, les crochets des pattes ; fig. 12, les six filières.—

Argyroneta aquatica, Latreille, Gener. Crust. et Insect., t. 1, p. 93, Pl. 3, fig. 14 (les yeux). (Effacez dans la synonymie la citation de la figure de Schæffer qui se rapporte à la Clubione féroce mâle).—Ibid. dans Cuvier, Règne animal, édit. 1829, t. 4, p. 242. — *Argyroneta aquatica*, Lucas, Histoire naturelle des Crustacées et des Arachnides, pag. 440, Pl. 8, fig. 4, 4 A et 4 B. (Figures copiées d'après notre tableau et les planches de cet ouvrage.) —Ibid. Voigt, Des Thierreich von baron Cuvier, t. 4, p. 351, n° 28.—*Argyronète*, Latreille, Nouveau dictionnaire d'Hist. nat., 1811, in-8°, t. 2, p. 522.—*Araneus aquaticus*, Clerck, Aranei Suecici, p. 143, cap. 8, Pl. 6, fig. 8 (un mâle, les yeux sont mal figurés, les couleurs de l'abdomen et du corselet fausses si c'est la même espèce que la nôtre). — Ibid. Martyns, Aranei, Clerck's Swedish Spiders, 1793, in-4°, p. 67, Pl. 9, fig. 6.—*L'Araignée brune aquatique*, Geoffroy, Histoire abrégée des Insectes des environs de Paris, t. 2, p. 644 à 646, n° 7. (Long. 5 lig. larg. 3 lig.) — *Aranea aquatica*, Linné, Faun. Suecica, 2e édit. et 1re édit., p. 396, n° 1240, p. 491, n° 2020.—Ibid. Syst. nat., édit. 10, p. 623, n° 32.—Ibid. édit. 12e, p. 1036, n° 39.—De Villers, Caroli Linnæi Entomologia, t. 4, p. 102, n° 33.—*Aran. aquatica*, Fabricius, Entomolog. systematica, t. 2, p. 418, n° 43.—*Aran. aquatica major*, Fabric. ibid., p. 419. (Conférez Herrich Schæffer. 134, fig. 21, Linnæi Fauna Suecica, 2020, et ci-après.)—*Araignée aquatique*, Olivier, Encyclopédie méthod., Hist. nat., t. 4 (t. 1 des Insectes), p 226, n° 112.—*Araignée aquatique*, Mémoire pour servir à commencer l'histoire des Araignées aquatiques (par Joseph Albert le Large, de Lignac, prêtre de l'Oratoire), Paris, 1748, petit in-8°, chez Pissot, 75 pages, publié par L. D. T. (Lieutaud de Troisvilles. Autre tirage ou édition avec la date de 1749, et l'approbation.) — Ibid., seconde édition, an VII (1799), in-12, chez H. Barbou (avec une préface sur cette nouvelle édition par J. F. A. O., c'est-à-dire par J. F. Adry Oratorien : cette édition est faite sur le tirage, ou sur l'édition de 1749, où se trouve l'approbation du censeur Demours qui manque à la première).

Ancien-Monde — Europe — Suède — Allemagne — France — Hollande.

J'ai trouvé cette espèce en nombre dans la mare du Petit-Gentilly, près Paris, et dans les environs de Laon. Elle a été trouvée en Suède par Clerck, par De Géer et par Linné; en Allemagne, par Hahn et par Herrich Schæffer. De Lignac l'a prise aux Bordeaux, à quatre lieues du Mans; et de Troisvilles, dans la rivière d'Erdre, près de Nantes. De Villiers assure qu'elle se trouve aussi dans le Midi de la France ; cependant aucun naturaliste du Midi n'en a donné de description d'après nature. Des trois Aranéides décrites par M. Risso dans son Histoire naturelle des environs de Nice et des Alpes maritimes, t. 5, p. 165, nos 37, 38 et 39, sous les noms d'*Argyroneta trilineata, palustris, bicolor,* il n'y en a pas une seule qui nous paraisse se rapporter à ce genre, et nous croyons qu'il est particulier aux zones froides et tempérées, mais étranger aux climats chauds. Les meilleures figures de cette Aranéide sont celles que nous avons publiées dans les planches de cet ouvrage. De Géer est celui qui a le mieux figuré les yeux et les différentes parties, telles que les organes sexuels du mâle et les pattes. Les figures de Hahn et de M. Herrich Schæffer se rapportent pour les couleurs assez bien avec celles de l'espèce que nous avons observée souvent et dans différents lieux, mais elle est plus grande ; la femelle a l'abdomen moins brun, et M. Herrich Schæffer l'a figurée comme étant dans l'habitude de projeter ses mandibules en avant, et de les écarter, comme la *Tetragnatha extensa,* et certaines Linyphies; ce que nous n'avons pas observé dans la nôtre. Fabricius parle aussi d'une variété ou d'une espèce d'Araignée aquatique plus grande, dont les mandibules sont proéminentes, fortes et noires, et les crochets très-rouges. C'est probablement celle qu'a observée Linné, et qui passe l'hiver dans des coquilles vides de Limaçons qu'avec une habile industrie elle ferme hermétiquement avec sa soie; du moins cette particularité ne se trouve rapportée par aucun autre naturaliste. Linné dit : « C'est une des plus grandes » espèces d'Araignées de nos climats ; ses mandibules sont » plus grandes que celles de nos autres Araignées ; elles sont » noires, dures, toujours ouvertes, et mordent tout ce qui se » présente; elles rappellent celles de la Tarentule, et d'après » cette analogie, sa structure et sa couleur, on doit inférer » que cette Araignée est venimeuse. » (F. S. p. 491.) Linné se trompait à cet égard ; mais ce qu'il dit semble indiquer une Araignée plus formidable que celle qui a été observée par nous, par Geoffroy, par Sundevall. M. Herrich Schæffer dit que le corselet de cette Aranéide est d'un brun rougeâtre lavé de brun olive, et l'abdomen d'un brun olive, quelquefois d'un brun foncé, et quelquefois d'un brun noir. Fabricius dit

simplement qu'elle est de couleur cendrée, et que l'abdomen a
le dos brun. Clerck dit que cette Aranéide a le corselet brunâtre, et il l'a figuré d'un beau rouge : voulant rendre la couleur
glauque de l'abdomen au milieu de l'eau, il l'a peint bleu.
Geoffroy dit simplement : « Cette espèce est brune et légèrement
velue. » De Lignac dit : « Elles sont grises à la sortie de l'eau. »
De Géer, qui a donné de cette Aranéide la description la plus
détaillée, la plus exacte, la plus savante, dit : « La couleur de
ces Araignées est noire ou d'un brun obscur, mais regardées
plus attentivement, on voit que la tête et le corselet sont d'un
brun obscur tirant sur le châtain, que la couleur noire du ventre tire sur le gris de fer, que les pattes et les mandibules sont
noires. » De Géer remarque encore que sous le ventre on voit
beaucoup de rides assez profondes, longitudinales, transversales
et courbées. Il dit aussi que les mandibules sont grandes dans
les deux sexes. Voici comme il décrit le conjoncteur du
mâle. « Le bouton a en dessous une cavité ovale, garnie tout autour d'un rebord relevé et écailleux; et en dedans d'une peau
membraneuse et charnue; dans cette cavité est placé un corps
mobile, de figure irrégulière, moitié écailleux, et moitié mem-
braneux (voyez Pl. 19, fig. 10 et 11), qui se termine au bout
postérieur par un crochet écailleux. Ce corps mobile tient à
une autre partie dure, écailleuse et immobile, qui repose immédiatement dans la cavité du bouton, et d'où part de son bout
antérieur un filet écailleux et brun, courbé en arc, qui se rend
au corps mobile, et qui entre dedans. En soulevant ce dernier
corps, on voit qu'il glisse sur le filet écailleux, qui lui sert comme
de lien ou de ressort quand l'Araignée met ces parties en action;
mais quand elle les tient dans l'inaction et comme fermées, alors
le crochet dont j'ai parlé s'appuie dans une autre grande cavité,
qui se trouve en dessous de la quatrième partie du bras (le radial),
tout près du bouton de la cinquième (le digital), et dont le fond
est composé d'une peau molle et flexible. » (P. 307.)

L'Argyronète aquatique ressemble beaucoup à la Clubione atroce,
ou au Drasse gnaphose, ou brun, ou à la Clubione soyeuse. Elle ne
se fait remarquer ni par ses couleurs, ni par aucune singularité
dans la forme ; cependant elle se distingue de toutes les Aranéides
connues par cette faculté remarquable qu'elle a de plonger dans
l'eau, de vivre et de s'accoupler au milieu de l'eau. Les mâles de
l'Argyronète aquatique, comme dans certaines espèces de Séges-

trics , sont plus forts et plus grands que les femelles ; ce qui les
distingue encore de presque tous les autres genres d'Aranéides.
Cette espèce aime les eaux qui coulent lentement , et où se trouvent un grand nombre d'Hydrachnées et de petits insectes aquatiques ; celles encore où végètent la lentille d'eau et autres plantes
aquatiques dont elle recherche l'ombre.

L'Argyronète aquatique a l'abdomen recouvert d'un duvet qui
ne permet pas à l'eau de mouiller son épiderme ; lorsqu'elle
nage en plongeon, tout son abdomen est enveloppé d'une lame
d'air qui suffit aux besoins de ses opercules branchiales : toutes
les autres Aranéides au contraire sont mouillées et noyées lorsqu'on les plonge dans l'eau, et ne peuvent y vivre que peu d'instants , même ces espèces de Lycoses et de Dolomèdes qui font
quelques pas sur la surface des eaux tranquilles. Quand l'Argyronète aquatique nage au milieu de l'eau , son abdomen ressemble
à une bulle d'air, ou plutôt de vif-argent , qui se meut et s'agite
avec vivacité. Lorsqu'elles ne sont pas enveloppées d'une bulle
d'air ou couvertes de vif-argent , ces Aranéides ont dans l'eau
leur couleur ordinaire et naturelle , mais c'est un indice qu'elles
sont malades ; les plus jeunes et les plus petites ont cette même
faculté de plonger dans l'eau , et ont, comme les grandes ,
l'abdomen recouvert de vif-argent : on en voit ainsi nager de
très-minimes. Ces Aranéides ont aussi la faculté de vivre hors
de l'eau. J'en ai gardé plusieurs dans un bocal , et toutes les
jeunes qui avaient besoin de changer de peau sortaient de l'eau ,
et dépouillaient leur ancienne peau sur le bord du bocal. Geoffroy, qui a très-bien observé et très-bien décrit les habitudes de
cette espèce , dit qu'elle sort quelquefois de l'eau pour poursuivre
les Insectes , et qu'elle les emporte dans l'eau quand elle les a
pris. (Geoffroy, t. 2, pag. 646.)

Lorsque l'Argyronète veut construire son nid, elle nage vers la
superficie de l'eau, la tête en bas, elle élève au-dessus de sa surface l'extrémité postérieure de son abdomen , dilate ses filières, et
replonge avec rapidité. Par cette opération , elle produit une petite bulle d'air qui , indépendamment de la couche argentée dont
son abdomen est enveloppé , se montre globuleuse , attachée à
son anus. Elle nage ensuite vers la tige de la plante où elle veut
fixer son nid, et touche la petite bulle d'air, qui se détache aussitôt et adhère à la plante. L'Aranéide remonte ensuite à la surface , où elle reprend une autre bulle d'air, qu'elle rejoint à la

première. Lorsqu'elle a , par ce manége , successivement augmenté le volume de son ballon d'air, elle l'enduit d'une soie d'une blancheur extrême. Elle se tient alors dans ce ballon , qui est ouvert par en bas , dans une position renversée. Elle tend , dans l'eau , des fils irréguliers qui aboutissent à l'orifice de sa coque aérienne. A ces fils se prennent les Hydrachnées, les jeunes Squilles et d'autres Insectes aquatiques dont l'Argyronète se nourrit. Quelquefois elles prennent leur proie et la portent sur leur loge , et s'en repaissent au milieu de l'eau ; ou bien la transportent à l'air et la mangent à sec ; souvent elles poursuivent les Insectes au milieu de l'eau , et après les avoir saisis, elles les portent dans leur nid et les mangent, ou bien elles les laissent attachés à un fil sans y toucher, comme provisions.

De Lignac a observé que lorsque ces Aranéides ont besoin d'être fécondées , une partie de leur dos n'est couverte ni d'air ni de vernis; cette partie a assez communément la forme d'un losange (pag. 42 de la 1re édit., pag. 40 de la seconde), et comme il ne leur a vu cette marque qu'au printemps et au mois de septembre , il infère de là qu'elles ont deux portées par an. J'ai vérifié cette observation , et j'ai remarqué que le sternum, la bouche en dessous , le ventre et l'extrémité de l'abdomen et les filières étaient, alors que l'Aranéide nage, les parties revêtues de la couche d'air la plus épaisse et la plus brillante. Le mâle, lorsqu'il veut s'accoupler, construit près de la femelle un nid par les mêmes moyens que la femelle a formé le sien , mais ce nid est moins grand.

De Lignac dit (pag. 43 ou 40) que le mâle, quand il a terminé la construction de sa demeure près de celle de la femelle , en sort par le côté, et fait un long canal qui joint sa cellule à celle de sa femelle ; puis il perce les parois de cette dernière , et en introduisant son corps dans cet appartement étranger, l'orifice du tuyau de communication qu'il a fait s'unit subitement au bord du trou qu'il a pratiqué , comme deux gouttes d'eau qu'on rapproche. Ce vestibule de communication étant pratiqué , il le fortifie par la voûte et par les côtés; il l'enduit, comme le reste de son nid, d'une soie blanche et imperméable. Il étend même ce corridor de manière à ce qu'il soit aussi grand que chacun des deux appartements. On voit quelquefois, mais seulement au printemps, jusqu'à trois loges qui communiquent l'une dans l'autre. Comme ces cellules ont été facilement unies , elles se séparent aussi quelquefois, surtout lorsqu'elles sont fraîchement jointes ou lorsque ces Aranéides se livrent des combats, car dans le temps des amours elles sont très-irascibles. Souvent on voit des Argyronètes du dehors faire effort pour entrer dans une des trois loges ; mais l'Aranéide qui y réside et qui a les pattes en dehors, veille, sentinelle assidue, à la sûreté de son domicile, et poursuit à outrance celle qui se présente pour le violer.

Le 27 juillet, je mis, dans deux bouteilles à larges goulots ou dans deux petits bocaux, un mâle et une femelle de l'Argyronète aquatique, que j'avais pris dans les environs de Laon. Dès le lendemain, je vis, dans une des bouteilles, le mâle caresser la femelle de ses pattes, et porter son digital sous son ventre. Les deux Aranéides étaient alors sur une même ligne et opposées face à face. Le mâle porte sa tête sous le corps de sa femelle dans une position renversée ; il s'écarte, et la femelle, au moyen de ses pattes, le chatouille à la partie postérieure.

Le lendemain, je vis, à 6 heures du matin, une petite toile construite par une de nos Argyronètes. Je fis couler doucement dans la bouteille de nouvelle eau fraîche ; alors le couple se mit à travailler avec une activité extraordinaire, et en moins d'une heure de temps, il forma, par le procédé que j'ai décrit, une bulle d'air ayant la forme d'une voûte surbaissée ; le mâle et la femelle s'y tenaient ensemble. Bientôt la bulle d'air s'est défaite, et, dans la même matinée, la femelle a fait une toile à la superficie de la plante que j'avais introduite dans le bocal. A ma grande surprise, elle a ensuite fait une ponte et enveloppé ses œufs d'un cocon de soie. Ce cocon était placé près de la superficie de l'eau et sur les parois mêmes du bocal. On voyait les œufs d'un beau jaune orange à travers le tissu très-fin et très-blanc du cocon.

Le 29 juillet, à 6 heures du matin, je vis la femelle près de ses œufs, puis revenir à la surface et plonger. Le mâle se rapprocha de sa compagne. Les deux Aranéides frottèrent doucement les unes contre les autres les extrémités de leurs pattes antérieures, ayant l'air de se caresser ; puis ce mouvement de pattes fut plus brusque et paraissait menaçant : le mâle, frappé par les pattes de sa femelle, s'est écarté subitement. Nos Argyronètes se sont bientôt recherchées de nouveau ; elles ont enlacé leurs pattes les unes dans les autres, se sont rapprochées de plus en plus tête contre tête, les mandibules ouvertes, puis elles s'élan-

cèrent l'une sur l'autre, ensuite reculèrent, se séparèrent instantanément et s'écartèrent, comme si elles eussent été saisies d'une
subite frayeur. La femelle retourna aussitôt près de ses œufs.

Le lendemain , je renouvelai presque entièrement l'eau de nos
Argyronètes, et je les vis s'approcher l'une de l'autre, se toucher
légèrement de leurs pattes , nager sans tendre aucun fil , sans
faire de toile et sans toucher aux Hydrachnées et aux Mouches
que j'avais mises dans l'eau , mais qui étaient toutes mortes ; nos
Aranéides mettaient souvent leur abdomen hors de l'eau , et
s'attachaient aux parois du bouchon. Lorsque je retirais le bouchon, elles ne cherchaient point à fuir, et restaient immobiles.
Une petite Argyronète , d'une ligne de long, que j'avais prise en
même temps que les grandes, et qui était restée au fond du
bocal, nagea vers la superficie de l'eau, très-vivace, et l'abdomen
entouré d'air.

Le soir, à 5 heures , je vis le mâle et la femelle sur le cocon ,
rapprochés , les pattes enlacées et immobiles. En ouvrant le bouchon , ils se séparèrent. Je fus très-étonné de ne plus trouver de
toile à l'entour du cocon. Avait-elle été employée pour fortifier
le cocon ? Ce cocon était flasque , aplati , attaché à la plante par
un court pédicule ; il était en partie plongé dans l'eau.

Le 1er août , j'aperçus de nouveau dans le bocal de nos Aranéides une petite bulle d'air et une toile plus grande que n'avait
été la première.

Je fus ensuite cinq jours sans que mes occupations me permis-
sent d'observer nos Aranéides, et le 6 août, je les revis sans
qu'elles eussent nullement souffert du défaut de nourriture.
Elles avaient détaché le cocon pour l'enfoncer au fond du bocal.
Je les changeai d'eau, et aussitôt elles nagèrent avec délice,
se recherchèrent et s'unirent près du cocon , et se caressèrent
avec leurs pattes.

Le 7 août , j'ai renversé l'eau du bocal dans une grande cuvette
déjà à moitié remplie d'eau. Les Argyronètes, excitées ou trou-
blées par le mouvement subit du flot, nagèrent avec une grande
rapidité , et la femelle , ayant retrouvé son cocon au milieu de
l'eau , s'en saisit, l'embrassa avec ses pattes et chercha à le sou-
lever. Je mis ensuite nos deux Argyronètes dans l'esprit de vin ;
là leur abdomen n'était plus enveloppé d'air, ni semblable à une
bulle de vif-argent. Elles périrent toutes deux aussi promptement

que d'autres Aranéides de la même grosseur qu'on plonge dans ce liquide.

Je retirai de l'eau le cocon : il était rond, aplati, avait trois lignes de diamètre, formé par une toile fine, d'un tissu serré, mince comme une pellicule d'oignon et difficile à déchirer. Il contenait quarante œufs non agglutinés, globuleux et de couleur jaune pâle.

Le couple de l'autre bouteille fila une toile verticale, mince, à tissu serré, entre les plantes que j'avais placées dans sa prison de verre. Le mâle se tenait le plus souvent dessus cette toile, et paraissait en être l'artisan. Quoique très-vivaces, ces Argyronètes ne parurent pas manifester l'intention de s'accoupler, et après plusieurs jours je les retirai de l'eau et je les plongeai dans l'esprit de vin.

Lorsque les Argyronètes travaillent à leur ballon, semblable à une cloche de plongeur, elles se frottent le corps, pressent leurs filières avec une de leurs pattes de derrière, et emploient alternativement l'une et l'autre de ces pattes ; quand elles ont filé une partie du ballon ou répandu des fils avec leur anus, elles polissent de même sa surface avec une de leurs pattes, tandis que l'autre soutient ce ballon du côté où il n'a pas reçu son dernier poli (de Lignac, p. 12 ou p. 20, seconde édit.).

La forme et la figure des cloches où se tient l'Argyronète diffèrent ; celle que j'ai observée avait une figure ovoïde, tronquée à son extrémité inférieure et ouverte par en bas au moyen d'une fente dont les parois se rejoignent. De Lignac, au contraire, dit : « L'Araignée ne craint point d'ennemi dans sa cloche ; le dessous n'est pas ouvert ; le fond est exactement garni de fils, mais il y a une fente ; on voit l'Araignée tâtonner pour la trouver ; elle y insère sa patte avec quelques difficultés, mais dès qu'elle l'a fait pénétrer, l'insecte y entre sans difficulté ; elle est grosse comme une noix, enveloppée de matière vitrée, renforcée de fils dont elle est tapissée, pour ainsi dire, au petit point. » Mais de Lignac vit diverses espèces de cloches dans des années différentes. Les premières qu'il observa « avaient la figure d'un rognon dont la surface concave serait tournée vers le ciel, ou plutôt d'un cœur mal fait, plus large qu'il ne serait long et épais, un petit domillon s'élève au milieu. Elles m'ont paru plus fortes de matière vitrée que les autres. Elles étaient appliquées contre les parois du verre et soutenues par des fils au côté non adhérent du verre. » (P. 15 et 27, 1ʳᵉ édit., p. 22 et 3o, 2ᵉ édit.)

De Lignac dit n'avoir observé qu'une seule année ces sortes de cloches ; celles qu'il vit depuis lui ont fait croire qu'elles étaient dues à une autre espèce d'Argyronète ; il n'a pu retrouver dans ces nouvelles cloches ni le domillon, ni le cordon remarquable dont les premières étaient ceintes. « Ces autres cloches, dit de Lignac, ont un fond, mais il n'est pas solide : la matière vitrée y reste avec sa liquidité. Elle peut être trouée de toutes parts et le trou est rebouché sur-le-champ. Aussi est-il très-rare de voir de l'eau dans le fond de ces espèces de cloches, ce qui arrive constamment dans les autres. » (P. 27, 1ʳᵉ éd., p. 3o, 2ᵉ édit.)

De Lignac distingue, suivant nous avec raison, dans l'Argyronète, deux matières différentes qu'elle tire de son corps : celle de la soie qui forme les fils, et qui a la propriété de sortir en fil durci de ses filières ou de se durcir dans l'eau, et ce que De Lignac appelle la matière vitrée, qui est celle avec laquelle elle enduit sa cloche. Voici ce que dit à ce sujet cet habile observateur (p. 10, 1ʳᵉ édit., ou p. 19 de la 2ᵉ édit.) :

« Outre la matière que nos Araignées emploient en fil, elles en pétrissent une autre qui paraît sortir de leurs mamelons. Je la compare à du verre liquide. Il s'en faut bien qu'elle se dessèche comme celle de leurs fils. Elles la pétrissent en écartant alternativement quatre mamelons, et en rapprochant alternativement deux opposés avec un grand effort. D'autres fois elles écartent leurs mamelons et semblent souffler la matière en dehors en un ou plusieurs globules assez considérables ; mais elle n'est point rejetée, elle est pétrie, avec ses pattes de derrière, et elle en frotte la bulle d'air qui doit former sa cloche tant en dessus qu'en dessous. Lorsqu'une patte de derrière va chercher de cette matière, on voit le vernis s'étendre en lame entre la patte et l'organe qui le fournit (p. 58, 1ʳᵉ édit., ou p. 5o de la 2ᵉ édition). »

M. Lieutaud de Troisvilles, dont les observations sont rapportées dans le Mémoire de de Lignac (p. 53 de la 1ʳᵉ édit. ou p. 47 de la seconde), a remarqué que quand elles doivent pondre, les Argyronètes construisent une nouvelle cloche, ou revêtent celle qui est déjà faite d'une soie encore plus fine et plus nourrie. Les œufs y éclosent, et on voit sortir de ce beau ballon, d'une blancheur éclatante, une quantité prodigieuse de petites bulles, brillantes comme le vif-argent, qui nagent en différents sens.

La femelle qu'observa M. de Troisvilles, fit sa cloche satinée le 15 avril, et le 3 juin suivant les petites Aranéides en sortirent. La veille pas une seule ne s'était montrée ; elles montèrent chercher de l'air. Plusieurs se firent de petites cloches sur une plante aquatique qu'elles trouvèrent dans leur vase ; néanmoins elles allaient dans la maison maternelle et elles en sortaient. Quelques-unes d'entre elles se jetèrent sur le cadavre d'une Nymphe à masque (une larve de Libellule) ; chacune le tirait de son côté, en sorte qu'elles le déchiraient comme feraient deux chiens qui tiraillent un morceau de chair. Le cinquième jour elles changèrent de peau, et notre observateur vit un grand nombre de leurs dépouilles flotter sur la surface de l'eau.

Lorsque les jeunes Aranéides furent sorties du ballon, il parut transparent, mais deux jours après la naissance de la famille, une partie parut de nouveau satinée et opaque, ce qui fit espérer une nouvelle ponte qui n'eut pas lieu. Quand le ballon fut désert, le mâle, qui s'était construit une jolie coque vers la surface de l'eau, venait quelquefois visiter le vieil appartement. Ces Aranéides s'affectionnent aux lieux où elles ont eu leurs cloches ; il y reste toujours quelques fils qu'elles savent mettre à profit. Si l'espèce de toile garnie de fil d'une ancienne loge leur reste, elles en font une voûte extérieure pour une nouvelle cloche qu'elles posent dedans, et alors la cloche est abritée comme sous une tente ou un pavillon, mais isolée, car les parois de la nouvelle cellule ne touchent point celles de la tente. (P. 61, 1ʳᵉ édit., ou p. 52, 2ᵉ édit.)

Nous avons remarqué que l'Argyronète attache sa cloche aux parois du vase où on l'a placée, ou à des plantes aquatiques, mais M. de Troisvilles a observé que lorsqu'on ne met point de plantes dans le vase, il leur arrive quelquefois de croiser des fils et de suspendre par ces fils leur cloche au milieu du vase. Ces cloches restent toujours brillantes et produisent aux yeux l'effet le plus agréable ; elles sont renforcées de vernis dans leurs parois, et elles ne paraissent point tapissées de fils (p. 60).

De Lignac ayant placé un trop grand nombre d'Argyronètes dans une carafe, elles se mangèrent. Le mâle, dit-il, qui était peut-être unique, a été sacrifié à la jalousie des femelles qui ensuite se sont mutuellement détruites (p. 52 ou 46). J'ai été témoin d'un fait qui semble être contraire à celui-ci. J'avais placé dans un de ces vases en verre où l'on met des poissons rouges, un grand nombre de ces Aranéides ; j'y avais mis un arbre de corail à filaments très-fins, et je vis une femelle faire sa cloche et l'attacher à l'arbre de corail, et un mâle grand et fort construire sa demeure à côté de cette femelle. Je fus témoin de leurs caresses et de leurs amours ; mais ayant été forcé de m'éloigner, je ne trouvai plus à mon retour que le mâle et quelques jeunes : toutes les femelles , au nombre de sept ou huit , avaient disparu. Je ne pus les retrouver et je soupçonnai qu'elles avaient été dévorées par le mâle, qui était en bon état de santé et très-vivace ; cependant je ne vis aucun débris de pattes ou de mandibules ; et l'Aranéide n'aurait pu avaler ces pattes. Clerck a tenu un grand nombre de ces Aranéides deux mois de suite , sans qu'elles se fissent le moindre mal (Clerck, p. 150). De Géer a placé plusieurs mâles et plusieurs femelles dans un même vase, et elles n'ont point cherché à se nuire. Il en conclut qu'elles sont moins féroces que les Araignées terrestres : il aurait dû dire que certaines Araignées terrestres, car aucune espèce du grand genre Théridion n'est féroce (Conférez de Géer, t. 7, p. 108).

Les Argyronètes construisent leurs cellules au printemps et en automne, et y passent l'hiver. De Géer prit en Hollande une Argyronète mâle ; au mois de septembre il la mit dans un vase rempli d'eau et elle y vécut quatre mois. Elle avait formé sa cellule et l'avait attachée contre les parois du vase au moyen d'un grand nombre de fils irréguliers, de manière que la partie supérieure de la cellule se trouvait hors de l'eau (Voyez de Géer, t. 7, Pl. 19, fig. 13); cette cellule avait la forme d'une cloche ou de la moitié d'un œuf de pigeon. Cette cloche était close de toutes parts, excepté en-dessous, où elle avait une grande ouverture qui donnait entrée et sortie à l'Aranéide. Ses parois étaient fort minces ; son intérieur entièrement rempli d'air et sans une goutte d'eau. L'Aranéide s'y tenait dans le milieu de l'air, ayant la tête dirigée en haut et les pattes appliquées contre le corps.

Le 15 décembre, de Géer ne vit plus d'ouverture à la cloche ; l'Araignée s'y trouvait renfermée et immobile. En pressant cette cloche, elle se déchira, et l'air qui y était renfermé s'échappa en forme de bulle ; alors l'Argyronète rompit le reste de la cloche et en sortit ; de Géer lui présenta une Squille asile ou un Cloporte aquatique, elle s'en saisit un instant et la suça. Ainsi, après trois mois de jeûne et de réclusion , elle se trouvait encore vivace et en humeur de manger. De Géer prit depuis une Argyronète femelle au mois de mai ; celle-ci, renfermée également dans un vase rempli d'eau, fit une coque différente de la première, elle avait une forme hémisphérique et ressemblait à une calotte. L'Aranéide s'y tenait tranquillement, ayant la tête en bas, environnée d'air. L'ouverture était, comme toujours, dirigée en bas.

C'est aussi au mois de mai que Clerck a trouvé en Suède l'Argyronète qu'il a décrite. Il a renfermé, dans un vase plein d'eau, dix femelles avec un mâle. Au bout de douze jours, ces Aranéides formèrent leurs cellules, où elles se tenaient la tête renversée, plongée dans l'eau, et l'abdomen environné d'air : quelques jours après, elles pondirent, et Clerck remarque que la masse des œufs remplissait le quart de la cloche. Ces œufs étaient d'un jaune safran : le 7 juillet, les petits sortirent d'un des cocons et commencèrent à nager.

Aldrovande (lib. v, p. 605) remarque qu'Albert le Grand a parlé d'Araignées aquatiques, non, dit-il, parce qu'elles font leur toile dans l'eau, car cela est impossible, mais parce qu'elles marchent sur la surface de l'eau, comme sur la terre, sans se mouiller. On voit par ce passage que les Araignées réputées aquatiques étaient ces Lycoses et ces Dolomèdes qui ont la faculté de marcher quelques pas sur les eaux, lorsqu'elles sont tranquilles. Les Argyronètes ou, les véritables Araignées aquatiques, plongeant, nageant et faisant leur toile dans l'eau, ont été inconnues jusqu'en 1746, que Linné en publia le premier une bonne description dans la première édition de la *Fauna suecica ;* mais De Géer, en Hollande, en 1736, avait déjà observé la curieuse industrie de cette espèce d'Aranéide, remarquée en France, en 1744, par le père Alphand, oratorien, au Vouldy, maison de campagne de l'oratoire du Saint-Esprit de Troyes. Alphand en donna avis à Joseph-Albert le Large de Lignac, qui les observa aux Bordeaux, à quatre lieues du Mans. Elles avaient presque en même temps été observées aussi par M. Lieutaud de Troisvilles, dans la rivière d'Erdre, près de Nantes. Ce sont les observations de ces trois personnes réunies qui se trouvent détaillées dans l'ouvrage anonyme intitulé : *Mémoire pour servir à commencer l'histoire des Araignées aquatiques.* Le P. A. de Lignac en fut le rédacteur, mais l'ouvrage fut imprimé par les soins de M. de Troisvilles. La lettre qui est à la suite de ce mémoire, en date du 17 août 1745, adressée à M. Lieutaud de Troisvilles, est de Réaumur. C'est le respectable Adry qui nous fournit ces détails dans la préface de la seconde édition, préface anonyme, signée seulement par des lettres initiales que nous avons facilement devinées, et qui n'auraient pas dû échapper à l'infatigable catalogueur Barbier. Adry dit avoir vérifié une partie des observations contenues dans ce mémoire, et il ajoute qu'il a trouvé un grand nombre d'Araignées aquatiques à Argentolle, hameau à une petite lieue de Troyes, sur le chemin de Piney-Luxembourg.

Le mémoire de de Lignac fut imprimé en 1748, et ne fut même publié qu'en 1749. Alors Linné, dans sa *Fauna suecica*, qui parut en 1746, avait déjà donné une bonne description de l'Araignée aquatique. Il ne la désignait cependant pas sous ce nom, car ce grand naturaliste n'avait pas encore introduit l'usage des noms spécifiques ; il donne seulement à cette Aranéide l'épithète de *livida*, commune dans son ouvrage à plusieurs autres : mais il a fait de celle-ci une description particulièrement détaillée et très-bonne. Après la phrase spécifique, et à la suite de cette phrase, il ajoute ces mots, qui prouvent que cette Aranéide l'avait frappé par cette faculté de plonger dans l'eau, étrangère à toutes les espèces du même genre : « *Habitat* IN AQUA, *et quidem non suprà aquam, sed* IN *et* SUB AQUA. » Mais Linné n'avait point connu cette espèce avant de Lignac, dont les observations remontent, ainsi que nous l'avons dit, à l'an 1744; car dans son prodrome de la Faune suédoise, intitulé : *Elenchus animalium per Sueciam observatorum*, à la suite de l'*Oratio de necessitate peregrinationum intra patriam*, p. 88 et 89, il décrit treize espèces d'Araignées, et ne fait nulle mention de notre Argyronète. Or, ce livre parut à Leyde, en 1743, et dans la quatrième édition du *Systema naturæ*, publiée à Paris, en 1744, on ne trouve rien encore sur cette Aranéide. Ce n'est que dans la sixième édition du *Systema naturæ*, imprimée, en 1748, à Stockholm et à Leipsick (cette dernière est la meilleure et la plus complète), que Linné ajouta, pour chaque espèce, un nom spécifique au nom générique : dans cette nouvelle édition d'un livre qui en eut tant, on trouve l'Argyronète désignée sous le nom qu'elle a conservé de *Aranea aquatica* (p. 68, n° 204, 4).

Mais de Lignac, qui n'était devenu naturaliste que par le plaisir qu'il avait trouvé à observer les habitudes de l'Araignée aquatique, ne connaissait pas les écrits de Linné, et il les aurait connus, que le naturaliste suédois, n'ayant donné aucun détail sur les

habitudes de cette Araignée , il n'était pas tenu de le citer, d'autant plus , que les observations de de Lignac étaient antérieures à la publication de la Faune suédoise, et de la sixième
édition du *Systema naturæ*.

Les diverses éditions de cet ouvrage , qui succédèrent à celle-
ci jusqu'à la dixième, n'en sont que des réimpressions avec l'addition des noms allemands ou français ; mais la dixième est un
travail nouveau et exécuté sur un plan perfectionné, dont
Linné ne s'est plus écarté. Dans cette édition , on retrouve la
mention de l'*Aranea aquatica*, mais à la citation de la seconde
édition de la *Fauna suecica*, pour la synonymie, se trouve ajoutée
celle de l'ouvrage de Clerck. Cet auteur , dans son traité particulier sur les Araignées de Suède , avait publié une figure fautive
et une description insuffisante de l'Araignée aquatique, mais il
avait observé les habitudes de ces Araignées, et, plus instruit
que Linné sur ce genre, il avait mieux compris tout ce que ces
habitudes avaient de singulier et d'anomal. Aussi avait-il fait de
ces Aranéides l'objet d'un chapitre particulier, d'une subdivision
du genre. Il ne cite point le mémoire de de Lignac, qui contenait
sur cette Aranéide des observations bien plus nombreuses et plus
suivies que celles qu'il publiait ; ce qui prouve qu'il n'a point
connu ce mémoire. Le traité de Clerck est de l'année 1757 , et la
dixième édition du *Systema naturæ* est aussi de la même année,
mais le traité de Clerck , publié sous les auspices de la société
d'Upsal , contient une approbation signée Linné , comme président de cette société , qui est datée du 18 octobre 1756 ; on voit
comment Linné alors a pu citer cet ouvrage dans le sien , dont
l'épître dédicatoire est datée d'Upsal , le 10 mai 1757. Dans la seconde édition de la Faune suédoise, qui parut en 1761, Linné
reproduisit la description détaillée de l'*Aranea aquatica* de la première édition de cet ouvrage, en y ajoutant la citation de l'ouvrage de Clerck ; mais ni dans cette nouvelle édition, ni dans le
Systema naturæ, dont la dernière et douzième édition , donnée
par l'auteur, vit le jour en 1767, Linné n'a pas non plus cité le
mémoire de de Lignac, parce qu'il ne l'a point connu. Ce mémoire,
tiré à petit nombre , était devenu une rareté bibliographique
avant la réimpression d'Adry. Pourtant Géoffroy avait publié ,
en 1764 , son bel ouvrage sur les Insectes des environs de Paris,
et en donnant une bonne description de cette Aranéide , de ses
habitudes et de son industrie , non-seulement il cite le mémoire

de de Lignac, et il lui rend pleine justice, mais il dit qu'il a vérifié et trouvé exactes les observations qui y sont consignées. Selon son exactitude ordinaire, Géoffroy cite aussi Linné qui avait décrit avant lui cette Aranéide, mais point Clerck, dont l'ouvrage, rare et alors d'un prix excessif, lui était inconnu. Enfin, on publia, en 1778, le septième volume de de Géer, qui contenait non-seulement une description plus détaillée de cette Aranéide que toutes celles qui avaient paru, mais aussi des figures de ses parties essentielles. De Géer n'a pas oublié Linné, Géoffroy et le mémoire de de Lignac, dont il fait, comme Géoffroy, un grand éloge. Depuis, aucun naturaliste, excepté nous, n'a fait des observations suivies sur ces Aranéides. Ceux qui en ont parlé se sont contentés d'en donner la description, et de citer ceux qui en avaient parlé avant eux. Nous avons cru devoir ajouter aux observations déjà publiées dans notre Faune parisienne, en 1802, celles que nous avons faites depuis, un extrait de celles qui avaient été faites avant nous, et enfin les figures les plus exactes, nous le croyons, que l'on ait encore données du mâle et de la femelle de cette curieuse espèce.

Un très-habile aranéologue dit de notre Argyronète : *in aquis dulcibus frequens per totam Europam occurrit.* Cela n'est pas exact. Cette espèce est déjà rare dans le nord de France ; on ne l'a point encore trouvée en Italie, ni en Espagne, ni en Égypte, ni en Algérie, de sorte qu'il est permis de douter qu'elle puisse vivre dans des climats chauds, si ce n'est sur les hautes montagnes. Il est probable que le degré de température élevée qu'acquiert dans ces climats l'eau soumise à l'action du soleil leur serait nuisible. Le même naturaliste dit : *in terram nunquam ascendunt.* Les observations de de Lignac, de Géoffroy, et les nôtres constatent que ces Aranéides sortent quelquefois hors de l'eau, soit pour changer de peau, soit pour atteindre leur proie. De Géer confirme ceci quand il nous apprend qu'elles ont aussi la faculté de vivre dans l'air et sur la terre aussi bien que dans l'eau, quoique l'eau soit proprement l'élément où elles résident.

Affinités du genre Argyronète. — Ce genre, par la forme de son abdomen et de son corselet, par ses couleurs sombres et même par le placement de ses yeux, se rapproche des Clubiones, mais la lèvre pointue et non tronquée, les mâchoires inclinées, établissent de fortes affinités, avec les Théridions surtout. La forme de leurs lèvres allongées et pointues, et arrondies vers leur extrémité, qui recouvre presque entièrement les mâchoires, a aussi quelque ressemblance avec certaines espèces de Drasses. Elles ont aussi, comme certains Drasses et quelques Clubiones (la *Clubiona sericea*, par exemple, et le *Drassus nocturnus*), un abdomen dont l'aspect est soyeux et velouté.

Enfin, les Argyronètes se rapprochent encore des Clubiones par la ressemblance non pas entière, mais grande, qui existe entre les organes mâles dans les deux genres. Les Argyronètes ont aussi de fortes analogies de formes avec les Argus, dont elles se rapprochent beaucoup par les yeux et par les éminences de la tête, sous lesquelles et sur lesquelles des yeux sont placés. Ces diverses affinités expliquent celles qui se trouvent dans les habitudes. Ainsi, les Argyronètes sont, sous ce rapport, dans cette grande classe d'Aranéides qu'on a nommées *incluses*, et qui, comme les Dysdères, les Ségestries, les Clubiones, les Drasses, les Argus, se filent une coque pour s'y enfermer, y pondre leurs œufs et y passer l'hiver. De même que les Théridions, les Argyronètes tendent des fils autour de leur demeure, et font une toile irrégulière pour prendre leur proie.

SUPPLÉMENT

A L'HISTOIRE NATURELLE

DE

L'ORDRE DES ARANÉIDES.

SUPPLÉMENT

A L'HISTOIRE NATURELLE

DE

L'ORDRE DES ARANÉIDES.

Le temps qui s'est écoulé entre la publication du premier volume et celle du second volume de cet ouvrage ; tout ce qu'on a publié dans cet intervalle sur le sujet qui s'y trouve traité ; les espèces que j'ai reçues et décrites trop tard pour pouvoir les placer en leur lieu, m'imposent la nécessité d'ajouter ce supplément , comme complément indispensable à l'histoire naturelle de l'ordre des Aranéides.

§ I.

Tome 1, p. 25. Au nombre des Aptéristes méthodistes ajoutez :

Ætius.	Wider.
Ælien.	Perty.
Illiger.	Mac'Leay.

Aux Aptéristes iconographes ajoutez :

Wider.	Perty.
Reuss.	Charles Curtis.

T. 1, p. 26. Aux Aptéristes descripteurs ajoutez :

Fourcroy.	Billon.
Kircher.	Wider.
Laet.	Schreibers.
Bomare.	Lichtenstein.
W. Sells.	Ratzeburg.

T. 1, p. 27. Aux Aptéristes contemplateurs ajoutez :

Bonanni.	Wider.
Bohemann.	Kircher.
Hook.	Fourcroy.
Keeling.	Bomare.
Alexandre Brongniard.	Spix.
Schreiber.	Martius.
Alphand.	De Troisvilles.

T. 1, p. 28. Aux Aptéristes économistes ajoutez :

Bomare.	Brandt et Ratzeburg.

Ibid. Aux Aptéristes collecteurs ajoutez :

Bardoux.	Jénison.
Florent Prevost.	Webb.
Silveira.	Klug.
Auguste Saint-Hilaire.	Wagner.
Catoire.	Guyon.

M. Guyon, chirurgien en chef de l'armée d'Algérie, nous a envoyé plusieurs flacons pleins d'Aranéides, de Scorpions et de Myriapodes, recueillis par lui en Algérie.

§ II.

T. 1, p. 57.

Sur les ouvertures branchiales des Aranéides.

Après le second alinéa ajoutez :

Nous n'avons jamais voulu admettre la division que

Latreille et Dufour ont voulu établir dans les Aranéides par le nombre des branchies pulmonaires, qui sont au nombre de deux dans les uns, de quatre dans les autres, parce que nous savions qu'elle rompait l'ordre naturel. Elle a été reproduite et copiée par un grand nombre de naturalistes, qui n'ont fait le plus souvent que transcrire ce qui avait été fait sur ce sujet ; mais ceux qui avaient fait comme nous une étude particulière des Aranéides l'ont rejetée, comme nous l'avions déjà fait dans la Faune française ou dans notre Histoire naturelle des Aranéides de France.

Ainsi M. Dugès dit :

« On sait toute l'importance que Latreille, s'appuyant sur les observations de Léon Dufour, a donnée aux organes respiratoires dans sa classification des Arachnides. Sans doute ils méritent l'attention du zoologiste ; mais peuvent-ils servir à caractériser de grandes sections ? D'abord leur situation intérieure les rend peu propres à fournir des caractères zoologiques ; et ensuite il est certain que leurs différences ne sont pas toujours proportionnelles à celles de l'ensemble des autres parties du corps. Peut-on rationnellement éloigner les Chélifères des Scorpions, parce que les premiers ont des trachées, et les seconds des poumons branchiformes ? Nous ne le pensons pas, et nous applaudissons à M. Sundevall pour s'être affranchi de cette entrave à une classification vraiment naturelle des Arachnides. Comment conserver une division basée sur la nature et le nombre des organes respiratoires, en présence de ce fait que les Ségestries et les Dysdères, auxquels l'habile observateur ci-dessus nommé a reconnu quatre stigmates, n'ont pourtant que deux poumons, et que les deux stigmates postérieurs donnent naissance à des trachées ? » (*Annales des sciences naturelles*, 1836, in-8, t. VI, Zoologie, p. 182.)

§ III.

Sur le nombre des yeux dans les Aranéides.

T. 1, p. 61. Des yeux au nombre de huit, ou de six ; lisez :

Au nombre de huit, ou de six, ou de deux.

T. 1, p. 67, second alinéa :

Les yeux des Aranéides sont toujours au nombre de huit ou de six.

Lisez : au nombre de huit, de six ou de deux.

Et à la fin de cet alinéa ajoutez :

On ne compte qu'un seul genre à deux yeux, et dans ce genre une seule espèce.

§ IV.

Sur la structure du corselet dans les Aranéides.

T. 1, p. 65. Au sujet de la structure du corselet des Aranéides, après l'alinéa qui finit, ligne 3, par le mot *rayonnants*, ajoutez :

Certaines espèces ont toute la partie arrondie ou postérieure du corselet rebordée, c'est-à-dire que leurs bords sont renflés de manière à former un petit sillon. La Linyphie triangulaire se distingue de ses congénères par ce caractère, qu'on trouve aussi dans l'Agélène labyrinthique.

Dugès remarque, d'après Dufour, que la fossette qui est au milieu du corselet est pour servir d'attache aux muscles, et il ajoute cette observation :

« Que la tête est d'autant plus large, la fossette médiane et transverse d'autant plus profonde, que les mandibules sont plus robustes.»

§ V.

Sur les mandibules de certaines Aranéides.

T. i, p. 71. A ce qui est dit sur les tiges des mandibules, après ces mots : sert à creuser la terre, ajoutez ceci :

Dans certains mâles, les tiges de mandibules sont pourvues à leurs côtés externes d'épines qui n'existent pas dans les femelles, comme, par exemple, dans l'*Argus vagans*.

§ VI.

Sur le digital du sexe mâle de certaines Aranéides.

T. i, p. 74. Au sujet du digital dans le sexe mâle des Aranéides, à la suite de la ligne 3o, après ces mots : plus court que dans les femelles, ajoutez :

Dans certaines espèces du genre Sphodros, le digital dans le mâle est subdivisé en deux articles, et leurs palpes, au lieu d'avoir cinq articles, comme dans toutes les autres Aranéides, en ont six. Il en est ainsi dans les mâles du *Sphodros nigripes*, et du *Sphodros tarsalis*. (Conférer à ce sujet, t. i, p. 248, et ci-après, les rectifications sur le genre Sphodros.)

§ VII.

Sur les palpes de certaines Linyphies.

T. i, p. 75. Relativement aux palpes des femelles, ligne 17, après ces mots : dans les Lycoses, ajoutez :

Dans certaines espèces, parmi les Linyphies, le digital est dépourvu d'onglet.

26.

§ VIII.

Sur le nombre d'articles dans les pattes des Aranéides.

T. 1, p. 78. Ajoutez au premier alinéa :

Dans le genre Otiothops, au contraire, la première paire de pattes n'a que six articles, tandis que les autres en ont sept, comme dans les autres Aranéides, et cette première paire de pattes a le dernier article du tarse arrondi et dépourvu d'onglet. Dans ce genre singulier, l'exinguinal est confondu avec le fémoral, et tous les deux, et surtout le dernier, sont gonflés, presque globuleux ; le génual est aussi gonflé et plus allongé que le tibial, et le métatarse et le tarse sont très-courts. Ainsi ce genre et le genre Chersis font exception au caractère général des Aranéides sous le rapport des pattes antérieures. Ces genres se rapprochent par ce caractère des Phrynes et des Solpuges. (Conférez Mac Leay, *Annals of nat. hist.*, vol. 2, p. 12, Pl. 2, fig. 5.)

§ IX.

T. 1, p. 77. A ce qui est dit sur la bouche, lignes 18 et 19, remplacez par une virgule le point qui est après ces mots : qui est bouche, et ajoutez :

, selon M. Treviranus ; mais selon les nouvelles recherches de MM. Brandt et Ratzeburg (sur l'anatomie des Araignées, *Annales des sciences naturelles*, t. 13, p. 180), la ligne garnie de poils qui se trouve au milieu de la lèvre que Tréviranus a prise pour la bouche, n'offre point de fente. Ce n'est donc pas là qu'est la bouche : elle se trouve, selon M. Brandt, au-dessous de la langue , et est ainsi placée d'une manière analogue à celle des Insectes et de quelques Crustacés.

§ X.

Sur la longueur relative des pattes des Aranéides.

T. 1, p. 81 et 82.

La longueur relative des pattes varie selon le sexe dans la même espèce, dans certaines espèces de Ségestries , d'Attes , de Dolomèdes et d'Argus.

§ XI.

De la reproduction des pattes dans les Araignées.

T. 1, p. 83.

A la fin du second alinéa :

Je n'ai rien dit de cette faculté qu'on a remarquée dans les Araignées , de réparer la perte d'une ou de plusieurs de leurs pattes , qui repoussent comme celles des Crustacés lorsqu'elles leur ont été enlevées par accident ou par violence. Un médecin nommé Heineken a fait sur ce sujet, à Funchal , dans l'île de Madère , les expériences les plus exactes et les plus décisives. (Conférez *Zoological Journal*, t. 4, p. 286.)

Il garda depuis le 30 avril jusqu'au 6 juin une *Tetragnatha extensa* , à laquelle il manquait deux pattes ; elles repoussèrent , et l'Aranéide parvint à changer de peau. Il en fut de même pour l'*Aranea domestica* , pour une Épéire et deux Lycoses. Heineken coupa un article d'une patte à une Épéire dont il n'a pu déterminer l'espèce. Il la garda depuis le mois de mars jusqu'en juillet , et son article a repoussé. Il amputa au milieu de la seconde jointure la patte droite d'une Atte : le membre repoussa , mais plus faible ; l'Aranéide changea de peau et survécut. Il garda un *Attus scenicus* depuis le 26 juillet jusqu'au 2 septembre, après lui avoir enlevé un article à une de ses pattes : l'article repoussa ; l'Aranéide changea de peau et vécut. En octobre, une Atte à laquelle il avait coupé deux pattes vit repousser ses deux pattes et changea de peau. D'un autre côté, il garda un individu de la même espèce pendant treize mois, depuis le 19 mars jusqu'au 16 avril de l'année suivante, après lui avoir amputé une patte : cette patte n'a point repoussé, et l'Aranéide n'a point changé de peau. Heineken a gardé le *Pholcus phalangioïdes* depuis le 12 juillet jusqu'au 7 février, après avoir mutilé une de ses pattes ; cette Aranéide a pondu des œufs qui ont éclos, mais sa patte n'a point repoussé.

Heineken meurtrit fortement le fémoral d'une *Epeïra fasciata* et d'une *Tegenaria domestica* ; mais au bout de quinze jours ces deux Aranéides se rétablirent dans leur premier état.

Une *Epeïra fasciata* à laquelle Heineken fit subir, au mois de février, l'amputation d'une patte, mourut pendant l'opération. Une autre de la même espèce, plusieurs Lycoses et une Araignée domestique, auxquelles il avait de même retranché une patte, ne moururent pas immédiatement, mais en changeant de peau.

Enfin, Heineken garda dix mois une Lycose dont il avait amputé une des pattes. Elle pondit un grand nombre d'œufs ; mais durant ce temps sa patte ne repoussa point, et elle n'a point changé de peau : au bout de dix mois elle s'évada.

(Le mémoire de Heineken est intitulé : *Experiments and observations on the casting of and reproduction of the legs of crabs and spiders*, dans le *Zoological Journal*, art. XXXV, t. 4, p. 286.)

§ XII.

Sur les filières des Araignées.

T. 1, p. 86, lignes 31 et 32.

J'ai dit que les filières supérieures et allongées, caudiformes, de plusieurs Aranéides, étant velues jusqu'à leur extrémité, m'avaient paru sans trou ni papilles et point propres par conséquent à produire de la soie. Lyonnet avait pensé la même chose; mais M. Dugès nie qu'il en soit ainsi, et dit au contraire, d'après des observations qui ne peuvent être révoquées en doute, que ces filières supérieures, ou ces palpes de l'anus, comme il me reproche de les avoir appelées, ont des ouvertures propres au passage de la soie. (Conférez *Annales des sciences naturelles*, seconde série, t. VI, Zoologie, p. 166.)

§ XIII.

Sur l'œsophage grêle des Aranéides.

T. 1, p. 97, ligne 3. A ce qui est dit ici de l'œsophage, ajoutez, en terminant l'alinéa après ces mots, de la languette :

A l'ouverture buccale commence l'œsophage grêle, qui se perd sous cette partie que M. Brandt nomme l'os hyoïde, et qui consiste en une lame oblongue, élargie en avant et en arrière, et située au-dessus et un peu en arrière du grand ganglion nerveux qui se trouve entre les pattes.

§ XIV.

Sur l'épiploon des Aranéides.

T. 1, p. 97, ligne 24. Ajoutez à cet alinéa, au sujet de la liaison du canal intestinal avec l'épiploon :

M. Brandt croit avoir vu quelques petits canaux partant du tissu adipeux de la même manière que Tréviranus l'a observé dans le Scorpion, et Meckel dans la Mygale. Cette observation vient à l'appui de l'opinion de Meckel, de Cuvier et d'Oken, que le tissu adipeux n'est autre chose que la soie.

§ XV.

Sur la génération des Aranéides.

T. 1, p. 104. A la fin du premier alinéa, après la ligne 13, ajoutez :

M. Dugès ne s'est pas contenté, comme Tréviranus, de faire de belles recherches anatomiques sur les Araignées, il a aussi observé leurs mœurs et leurs habitudes ; aussi s'élève-t-il, comme nous, contre l'opinion de Tréviranus sur la génération des Aranéides. M. Dugès a observé plusieurs fois les copulations de plusieurs Aranéides, et jamais il n'a vu de rapprochement de ventre à ventre : toujours, dit-il, cet accouplement a eu lieu par les palpes du mâle, qui introduit le conjoncteur de son digital dans la vulve de la femelle. (*Annales des sciences naturelles*, 1836, in-8, seconde série, t. VI, Zoologie, p. 187.)

Le double organe générateur dans les mâles, le double ovaire dans les femelles, les doubles tubes ou conduits qui aboutissent à l'ovaire et à la vulve, la cloison qui sépare chaque ovaire, semblent fournir l'explication naturelle d'une observation récente du docteur Doumerc. Il a constaté qu'une espèce de Théridion faisait deux cocons dont les œufs étaient pondus à deux époques différentes, et que de chacun de ces cocons il ne sortait que des individus d'un même sexe ; de l'un des mâles , de l'autre des femelles, sans mélange d'individus des deux sexes. Si cette différence dans les pontes provient de la cloison qu'on a reconnue dans les ovaires , il doit en être ainsi dans toutes les Aranéides ; si cela provient de ce qu'un des ovaires ne produit que des œufs mâles et l'autre des femelles , il se pourrait que les cocons n'eussent cette propriété de ne contenir que des œufs d'un seul sexe que dans les espèces où les ovaires ont des conduits séparés jusqu'à l'ouverture des organes de la génération , et qu'elle n'eût pas lieu dans ceux où les vaisseaux ou conduits de l'oviducte se réunissent en un seul et même tube pour aboutir à la vulve, tel que dans les Clubiones. Il est possible aussi que chacun des deux palpes du mâle ne soit propre qu'à féconder les œufs d'un seul sexe.

XVI.

Sur les nerfs de la tête des Aranéides.

T. 1, p. 113. A la fin du paragraphe IX , après la ligne 15 , à ce qui concerne les yeux , la bouche et les nerfs qui y aboutissent, et qui aboutissent aussi aux pattes , ajoutez :

Mais les belles observations de MM. Brandt et Dugès (*Annales des Sciences naturelles*, t. 6, p. 175, et t. 13, p. 184, et [*Pl. de Cuvier , Arachnides ,* II , 8 , et III , 1) , le premier , en opérant sur l'Épeire diadème , le second sur la Mygale maçonne, ont jeté un nouveau jour sur cette importante partie de l'anatomie des Araignées. D'après leurs recherches , le plus gros renflement nerveux décrit par Lyonnet se trouve entre les pattes , et un peu plus haut qu'elles. Au-dessous de cette partie que M. Brandt nomme l'os hyoïde (voyez t. 1 , p. 97), on aperçoit deux renflements assez rapprochés qui n'ont pas été observés par Tréviranus. Quatre nerfs optiques par paires sortent de ces renflements, et pénètrent par branches dans les yeux , et deux autres faisceaux de nerfs sortant d'un de ces renflements vont aboutir aux organes de la bouche. D'autres ganglions ovalaires émettent des cordons nerveux aux huit pattes. Ces ganglions partent, comme ceux des yeux et de la bouche , du ganglion central placé au-dessous de la fossette que l'on voit à la plupart des Aranéides au milieu du corselet. Deux grands cordons nerveux , qui partent du même centre, se subdivisent en passant dans le vertébral , et projettent huit ou dix filets nerveux dans l'intérieur de l'abdomen. « Si nous considérons , dit M. Brandt, de plus près les renflements optiques , nous trouverons qu'il existe une très-grande analogie entre le système nerveux des Araignées et celui des Insectes et des Crustacés , quoique le système nerveux des Araignées en diffère par l'absence des ganglions abdominaux. »

Rien n'est plus important pour nous , comme méthodiste , que cette liaison observée par MM. Brandt et Dugès entre les nerfs des yeux, de la bouche et des pattes, qui , dans les Araignées , partent d'un tronc commun. Ainsi s'explique pourquoi on trouve dans les organes extérieurs de la vision, de la nutrition et du mouvement les meilleurs caractères pour former des genres naturels , et par quelle raison les Aranéides dont les yeux sont placés de même ont aussi des mâchoires, une lèvre et des mandibules de même forme , et aussi des pattes de même nature.

§ XVII.

Sur les mâles d'Aranéides.

T. 1, p. 127, ligne 18. Ajoutez :

On sait aussi, par une observation de De Géer sur la Linyphie montagnarde, qu'un seul mâle suffit à plusieurs femelles, et qu'il en recherche plusieurs consécutivement dans la même heure.

§ XVIII.

Sur l'accouplement de certaines espèces d'Aranéides.

T. 1, p. 128, ligne 7. Après ces mots : et dans quelques autres genres, ajoutez :

particulièrement dans le genre Argus.

Et après la fin de l'alinéa, ajoutez encore :

Quelques espèces ont la faculté de s'accoupler et de se reproduire plusieurs fois dans le cours de leur vie ; plusieurs aussi ne font qu'une seule ponte et une seule éducation, puis languissent et meurent.

§ XIX.

De la soie des Araignées, de sa production et de son usage.

T. 1, p. 132.

A la fin du second alinéa, avant la dernière ligne, ajoutez :

Aucun naturaliste n'a, suivant nous, aussi bien traité de la soie des Araignées que Dugès ; et comme ce qu'il en dit confirme les observations, moins complètes que les siennes, que nous avons faites nous-même, nous allons les transcrire ici. Dugès n'a décrit complétement aucune espèce nouvelle, n'a formé aucun genre dans les Aranéides, et cependant il les a mieux observées, les connaissait mieux que ceux qui ont publié un grand nombre de figures, et encombré la science de noms de genres, qu'elle désavoue, et auxquels ils ne pourraient assigner de caractères certains.

La sécrétion de la soie, dit Dugès, s'opère dans une masse glandulaire, demi-transparente et glaireuse, qui occupe la partie postérieure de l'abdomen et offre généralement moins de volume qu'on ne serait tenté de le croire, en raison de l'abondance de ses produits. Chez l'Épéire fasciée même, qui fait de si grandes toiles et de si volumineux cocons, l'organe sécréteur de la soie n'occupe pas plus du quart du thoraco-gastre (de l'abdomen); il est réduit à bien peu de chose chez la Mygale maçonne. Les Pholques nous présentent cet organe dans sa plus grande simplicité anatomique; c'est un composé de six vésicules de dimensions différentes, quatre allongées et deux rondes, terminées chacune par un canal excréteur qui va s'ouvrir seul au bout de l'une des six filières. La plupart des autres Aranéides ont également six filières; mais il s'en faut de beaucoup que leur glande soit aussi simple, lors même qu'il n'y a que deux filières utiles comme dans la Mygale maçonne.

Puisque nous parlons de ces appendices externes, arrêtons-nous un moment. La Mygale maçonne n'a, outre ces deux grandes filières, que deux autres mamelons rudimentaires et imperforés; la Mygale aviculaire utilise, au contraire, ces deux mamelons un peu

mieux développés , et pourvus de l'appareil excréteur.
Chez l'Atype, il y en a déjà six ; il en possède deux de
plus de grandeur médiocre , outre les petites qu'on voit
chez les Mygales. Des six que possèdent toutes les autres Araignées , toujours on voit les deux postérieures
plus allongées , les antérieures externes plus grosses et
plus courtes , les intermédiaires plus petites et souvent cachées par les autres. Aussi ces appendices différents ont-ils assurément des fonctions différentes, et
excrètent-ils des fils à différents degrés de ténuité. A
en juger par l'Araignée domestique , les petites filières
ou les médianes sont destinées à émettre les plus gros
fils ; les antérieures, que Lyonnet a crues simplement
perforées , ont réellement des canules très-fines , et
doivent servir à façonner le duvet le plus délicat ; les
postérieures ont trois canules assez grosses à leurs extrémités , et d'autres de moyenne grosseur sur le reste
de leur surface.

Lorqu'on parle de filières égales , comme pour les
Drasses, les Clubiones , ce n'est que d'après une apparence de premier coup d'œil ou par comparaison avec des
genres voisins, les Aranas (Tégénaires, Agélènes, etc.)
par exemple. Celles-ci, comme toutes les grandes fileuses, ont les filières postérieures longues, à articulations
bien distinctes, redressées en arrière , et véritablement
caudiformes ; elles ont même valu son nom spécifique à
l'Hersilie, trouvée par M. Savigny en Égypte ; elles ont
une disposition analogue dans les grandes Mygales
d'Amérique , l'Atype (Oletère atype), la Clotho :
aussi ces Araignées savent-elles tisser des tissus soyeux
très-fins, très-serrés et très-considérables. L'Atype ,
comparée à la Mygale maçonne , nous offre , sous
ce rapport, une différence bien notable ; la dernière ne

garnissant d'une couche mince de soie que le couvercle et deux ou trois pouces de son boyau, creusé dans un terrain ordinairement assez solide, tandis que le premier creuse dans un terrain meuble, dont il soutient, jusqu'au fond de la mine, les parois peu solides, au moyen d'une épaisse tapisserie. C'est toujours en dessous de ces grandes filières que se trouvent mêlés avec des poils roides, et constituant une sorte de brosse, les organes excréteurs dont nous allons parler. Chez les Épéires, il en est de même ; mais les quatre grandes filières, très-élargies à leur base et un peu aplaties, présentent ceci de remarquable, qu'elles peuvent se reployer l'une vers l'autre, formant ainsi, avec la papille qui recouvre l'anus, une sorte de rosette à cinq divisions. Quand l'animal veut s'en servir, il renverse ces quatre battants en dehors, épanouit cette singulière fleur, et fait sortir de la surface villeuse ainsi mise à nu une multitude de fils. Dans tous les cas, ce n'est point par des trous, comme on le répète souvent, que la matière soyeuse est poussée en dehors, c'est par une multitude de canules microscopiques, transparentes, renflées à la base, et qui même chez la Mygale aviculaire sont enveloppées dans ce point par un renflement vésiculeux. Ces canules ont été connues de Lyonnet, qui, par une erreur singulière, les a refusées aux filières supérieures de l'Araignée domestique, tandis que c'est là qu'elles sont en plus grande abondance ; M. Walckenaer les a crues aussi impuissantes à filer, bien qu'une inspection directe puisse aisément démontrer le contraire, en conservant une Araignée prisonnière dans un vase transparent. De ces canules, quelques-unes sont plus grosses que les autres et en nombre bien moindre , telles les cinq centrales de l'article terminal de la Mygale maçonne ; mais grandes ou petites, toutes reçoivent un canal particulier distinct. Dès lors, on conçoit que l'organe sécréteur est infiniment plus complexe en général que chez les Pholques ; ses vésicules sont innombrables : Tréviranus en représente de rameuses. Ces canules peuvent indubitablement se mouvoir, s'ériger, s'ouvrir ou se fermer au gré de l'animal , de même que les filières se meuvent à sa volonté et en tous sens , au moyen de muscles nombreux et forts , tant intrinsèques qu'extrinsèques , dont elles sont pourvues : l'animal les aide encore dans leurs fonctions par des mouvements de l'abdomen et même du corps en totalité , et il est curieux de voir comment il s'agite pour tapisser une toile dont la trame seule est jetée , comment il s'infléchit et secoue ses filières , pour fixer contre un corps solide le bout d'un câble de sûreté ou d'une corde résistante , et qui doit servir de support à son léger édifice.

La soie est une matière gluante qui se dessèche plus ou moins rapidement , selon les espèces et la ténacité des fils ; les toiles des grandes Épéires conservent long-temps une certaine viscosité , et les gros cordages qu'elles tendent d'un arbre à l'autre sont souvent noueux , parsemés de gouttelettes de matière soyeuse concrétée en masse roussâtre ; il y a plus , quelquefois cette matière semble être exploitée en couche continue pour former une sorte de carton ou de papier, comme nous le verrons par la suite. Cette matière est insoluble dans l'eau : les pluies déchirent les toiles sans les dissoudre , et l'Argyronète aquatique tend ses rets au fond des eaux demi-stagnantes, avec autant de succès que les Théridions le font dans les airs.

Ces fils sont-ils éjaculés pour ainsi dire, conformément à l'opinion de Lister et de Latreille? Il ne nous a pas paru qu'il en fût ainsi : généralement ils sont tirés hors des filières ou par le mouvement de celles-ci et du corps même, en s'éloignant du point où ils ont été probablement fixés, ou par des tractions exercées à l'aide des pattes, et surtout de celles de derrière, sans que la droite s'y emploie plus que la gauche, malgré l'assertion de M. Carus. Deux nerfs, en forme de peigne, plus unis et crochus entre eux au bout de chaque patte, voilà un appareil bien propre à soutenir, étirer, séparer les filaments, à les poser au lieu voulu, à les tendre au degré convenable. C'est avec une des pattes postérieures que l'Érèse petagna (l'Érèse impériale) carde et floconne, si l'on peut s'exprimer ainsi, la soie duveteuse dont elle tapisse sa demeure ; nul doute que ce soit en crêpant ainsi leurs fils que les autres Araignées composent la bourre moelleuse qui entoure immédiatement leurs œufs. La Filistate bicolore ne compose aussi que des tissus mous et crépus ; la soie grisâtre, vue à la loupe, se montre toute formée de filaments en zigzag ou en tire-bouchon ; mais il est probable que cette disposition est due au mouvement des filières plus qu'à celui des pieds. (*Annales des Sciences naturelles*, 1836 ; seconde série, tom. 6. —Zoologie, pag. 197).

§ XX.

T. 1, p. 151, ligne 20. La Tégénaire agreste, lisez :

La Tégénaire domestique. On doit lire à ce sujet la description très-détaillée que le premier nous avons donné du nid que l'Araignée domestique construit pour sa postérité, et de la formation de son cocon, dans la *Faune française*, *Aranéide*, p. 214, Pl. VIII, fig. 1 et 2.

§ XXI.

Sur les Aranéides coureuses et vagabondes coureuses.

T. 1, p. 140, ligne 24.

Effacez le mot sphase ajouté à tort après celui de Lycose, comme faisant partie des *Aranéides coureuses*. A la page suivante je les place avec plus de raison dans les *Vagabondes coureuses*, et à la page 202, dans le tableau, il faudra les mettre sous l'accolade des Myrmécies et avant ce genre.

§ XXII.

Sur le changement d'habitude, et sur l'instinct des Aranéides.

T. 1, p. 141. Après ces mots, des genres que nous venons de nommer, ajoutez :

Heineken, dans le t. 4, p. 198, de l'Entomologie de Kirby, lut qu'une Aranéide, après avoir perdu ses cinq pattes, les vit repousser, mais plus faibles, et que de sédentaire et fileuse qu'elle était auparavant, elle devint chasseuse : il fit les expériences suivantes pour vérifier ce fait avancé d'après l'assertion de Leach.

Il ôta deux pattes à une *Epeïra fasciata* : elle continua de filer et de raccommoder sa toile quand on la détruisait, et elle disparut au bout de cinq jours, le 9 août.

Heineken, le 10 juillet, arracha cinq pattes à une Araignée tubicole. Réduite ainsi à n'avoir plus que trois pattes, cette Aranéide tendit des fils comme auparavant, s'éloigna de la mouche qu'on lui offrit, et ne manifesta aucune inclination chasseuse ; mais le 25 du même mois, ayant attrapé une mouche dans les filets qu'elle avait tendus, elle s'en saisit et la mangea. Le 30 juillet, ou au bout de vingt jours, elle avait construit à l'entour d'une branche une espèce de toile. Le 12 août, Heineken lui enleva encore une patte, ce qui la réduisit à n'avoir que deux pattes ; dans cet état elle fila encore pour se couvrir et fabriquer son tube, elle tendit des fils pour prendre une mouche, et le 25 septembre, elle mourut. (Conférez *Zoological Magazine*, t. 5, p. 428.)

Ainsi il est bien constant que les Araignées conservent l'instinct qui leur est propre, et de fileuses qu'elles étaient ne deviennent pas chasseuses ; mais elles modifient cet instinct, car une Épéire, si elle n'a pas assez d'espace pour fabriquer sa toile géométrique, fait pour se saisir de sa proie une toile à réseaux irréguliers.

§ XXIII.

Sur les Lycoses ; et sur les habitudes qui leur sont attribuées de nourrir leurs petits.

T. 1, p. 156.

On avait dit que les Lycoses qui portent leurs petits sur leur dos les nourrissent. Il résulte des expériences et des observations de Heineken, que le fait est inexact. (Conférez *Entomological notices* by C. Heineken M. D.—Dans le *Zoological Journal*, January, May 1829, t. 5, p. 191 à 194.)

§ XXIV.

Sur les genres d'Aranéides particuliers au Nouveau-Monde et au Monde-Maritime.

T. 1, p. 165.

Au deuxième alinéa, au sujet des genres propres au Monde-Maritime, qu'on n'a point trouvés ailleurs, citez les genres Dolophones, Désis, Clastes et autres.

Au cinquième alinéa, dans l'énumération des genres particuliers au Nouveau-Monde, ajoutez les genres Calommate et Acanthodon.

§ XXV.

Sur l'Arachne timida et le genre Dyction.

T .1, p. 166. Au troisième alinéa, effacez ces mots :

Il en est de même du genre Dyction qu'on n'a encore trouvé qu'en Égypte.

Trompé par une figure de M. Reuss, j'avais fait un genre d'une Arachnide qui est l'*Arachne timida* de Savigny, laquelle fait partie de mon genre Agélène.

§ XXVI.

Lieux où se trouve le genre Ulobore.

T. 1, p. 166.

Je dis, au cinquième alinea, que le genre Ulobore n'a été trouvé qu'en Europe, en France ; il faut mettre : n'a encore été trouvé qu'en Europe et en Afrique, en France et en Allemagne.

§ XXVII.

Sur les ennemis des Araignées.

T. 1, p. 172. A la fin du dernier alinéa ajoutez :

Il faut compter parmi les ennemis des Araignées, les Scorpions, les Scutigères (Lithobies, Cermaties) qui dévorent les Araignées des appartements et des masures ; la Scolopendre mordante, qui attaque les plus grosses, au moins parmi les espèces souterraines, les enveloppe, les garrote de vingt bras à la fois, les perce de ses crochets non moins venimeux que les leurs, et les mange ensuite jusqu'au bout des pieds. Le Prega-Diou des Languedociens (*Mantis religiosa*) en fait autant des Araignées campagnardes qu'il peut atteindre hors de leurs toiles : les plus fortes ne résistent pas à ces bras tranchants, dentelés et crochus, qu'on nomme pattes ravisseuses. C'est aussi avec ses pattes chéliformes que notre Scorpion commun saisit et mutile les Araignées ; les Ségestries, les Épéires, ne peuvent lui résister ; mais il a été quelquefois victime dans des combats forcés avec la grande Lycose, quand celle-ci parvenait à le saisir par le ventre, évitant tout à la fois, et l'aiguillon de la queue qui ne peut se recourber que vers le dos, et ces serres redoutables dont le renflement loge un muscle puissant, et qui peuvent en conséquence couper sans difficulté les pattes saisies entre leurs mors, ou écraser le corselet, mais qui ne peuvent manœuvrer que dans un plan parallèle à la longueur du corps ; aussi les Scorpions d'Europe, ne cherchent-ils pas ces combats comme on l'a cru, et ne s'adressent-ils en agresseurs qu'aux individus les plus petits, les plus faibles et les plus mous.

Conférez, Dugès, *sur les Aranéides*, dans les *Annales des Sciences naturelles*, seconde série, t. 6, Zoologie, p. 217.

§ XXVIII.

Sur la guerre que certains Sphex font aux Aranéides.

T. 1, p. 175. Après le premier alinéa.

Nous devons ajouter ici une observation de Dugès, qui démontre que diverses espèces de Sphex s'attachent de préférence à la poursuite de telles ou de telles Araignées : le *Sphex Albicinctus* s'attache particulièrement à la Lycose narbonnaise, et les individus qu'il attaque de préférence sont ceux de moyenne taille, c'est-à-dire qui le dépassent considérablement en volume. Piquée par l'aiguillon vénénifère de cet insecte, l'Araignée tombe dans la torpeur et se laisse entraîner, sans pouvoir opposer la moindre résistance, jusqu'au trou préparé d'avance, où elle est ensevelie pour servir de pâture aux jeunes larves, dont les œufs y sont déposés en même temps qu'elle. J'ai arraché à son vainqueur une de ces Lycoses déjà totalement immobile; j'ai voulu voir si elle était blessée à mort, et, dans le cas contraire, combien durerait l'engourdissement produit par le venin de l'Hyménoptère. Ce n'est qu'au bout de huit et dix jours qu'elle a commencé à remuer l'extrémité de l'une ou de l'autre patte et à avaler quelques gouttelettes d'eau, ou de ma salive déposée sur la bouche. Chaque jour les mouvements devinrent plus étendus quoique la torpeur fût habituellement profonde encore en l'absence de tout excitant. Au bout d'un mois l'Aranéide put saisir une mouche que je faisais bourdonner sur ses mandibules; et enfin, après sept semaines environ, elle avait recouvré assez de vigueur et d'activité pour se soustraire à la captivité. Ceci confirme donc bien positivement l'opinion de Réaumur, qui attribue au venin du Sphége, la propriété de stupéfier, sans tuer la victime destinée à fournir ainsi aux petits à naître une pâture facile et toute fraîche en même temps.

Annales des Sciences naturelles, 1836, in-8°, seconde série, t. *6*, Zoologie, p. 218.

§ XXIX.

Sur le venin des Aranéides.

T. 1, p. 177.

Dugès a fait sur lui-même les mêmes expériences que nous, mais dans un pays chaud, à Montpellier, où les Aranéides sont bien plus grosses et par conséquent plus en état de nuire. Voici ce qu'il dit à ce sujet.

Nous avons vu souvent des Araignées irritées, la Clubione nourrice surtout lorsqu'elle défendait ses petits, émettre une gouttelette parfaitement limpide par la fente de leurs crochets redressés et prêts à frapper l'ennemi qui avait violé leur domicile, et les excitait par de nouvelles attaques. La propriété délétère de cette humeur est assez démontrée par les affets qu'en ressentent les Insectes piqués, ne fût-ce que par une patte, ainsi que l'observe avec toute raison Tréviranus.

Nous avons voulu pousser plus loin nos observa-

tions , et à l'imitation de quelques zélés naturalistes ,
éprouver sur nous-même les effets de leurs morsures.
Plusieurs fois des Épéires , des Ségestries et autres,
nous ont fait sentir un pincement peu douloureux ,
l'épiderme n'ayant été pas traversé. La Dysdère érythrine , plus petite , mais pourvue de crochets proportionnellement plus longs et surtout plus aigus , a produit plus d'effet sur nos doigts : une cuisson vive ,
mais très-passagère , a été le résultat de cette piqûre.
La Clubione nourrice , choisie de la plus grande taille,
puissamment armée et pourvue de grosses glandes ,
n'a produit également que des piqûres si fines et si
superficielles , que j'aurais cru l'épiderme intact sans
le vif sentiment de cuisson , le petit gonflement et la
rougeur qui se montraient à chaque endroit pressé
par la pointe de ses crochets. Ces effets durèrent à
peine une demi-heure. Enfin une grande Araignée dite
des caves (*Segestria perfida*) , appartenant à une espèce réputée venimeuse dans nos pays tempérés , a
été choisie pour sujet d'expérience principale. Elle
avait neuf lignes de long , mesurée des mandibules
aux filières. Saisie entre les doigts du côté du dos, par
les pattes ployées et ramassées ensemble (c'est ainsi
qu'il faut prendre les Aranéides vivantes , pour éviter
leurs piqûres et s'en rendre maîtres sans les mutiler) ,
je la posai sur différents objets, sur mes vêtements
sans qu'elle manifestât la moindre envie de nuire ; mais
à peine appuyée sur la peau nue de mon avant-bras ,
elle en saisit un pli dans ses robustes mandibules d'un
vert métallique , et y enfonça profondément ses crochets ; quelques instants elle y resta suspendue,
quoique laissée libre ; puis elle se détacha , tomba et
s'enfuit , laissant à deux lignes de distance l'une de

l'autre, deux petites plaies rouges, mais à peine sai-
gnantes, un peu ecchymosées au pourtour, et com-
parables à celle que produirait une forte épingle. Dans
le moment de la morsure, la sensation fut assez vive
pour mériter le nom de douleur, et se prolongea pendant cinq à six minutes encore, mais avec moins de
force; j'aurais pu la comparer à celle de l'ortie dite
brûlante. Une élévation blanchâtre entoura presque
sur-le-champ les deux piqûres et le pourtour, dans
une étendue d'un pouce de rayon à peu près, se co-
lora d'une rougeur érysipélateuse, accompagnée d'un
très-léger gonflement. Au bout d'une heure et demie
tout avait disparu, sauf la trace des piqûres, qui
persista quelques jours comme aurait fait toute autre
petite blessure. C'était au mois de septembre, et par un
temps un peu frais; peut-être les symptômes eussent-
ils offert quelque peu plus d'intensité dans une saison
plus chaude, mais il n'en serait certainement résulté
rien de pareil même à ces boutons que quelques personnes trouvent le matin sur leurs lèvres, véritables
efflorescences dues à une cause interne, à un léger
mouvement fébrile, et qu'on attribue bien gratuitement
à la morsure de l'Araignée domestique. Cette espèce ef-
fectivement ne paraît pas avoir la force et le courage
nécessaires pour attaquer ainsi sans nécessité; les plus
grands individus que j'en ai pris (et j'en ai pris d'aussi
volumineux que la Ségestrie dont je viens de parler),
n'ont jamais fait le moindre effort pour mordre. J'en
dirai autant de la Malmignatte, dont la piqûre est réputée mortelle en Italie. Quant à la Tarentule, l'espèce de la Pouille est rare chez nous; je ne l'y ai
trouvée qu'une fois; mais en revanche, la Tarentule
narbonnaise y est commune et y acquiert une très-

grande taille, et l'on sait qu'elle diffère bien peu de
la précédente. M. Dufour l'a trouvée abondamment
en Espagne, et je l'ai reçue même d'Afrique. Cependant on n'a jamais parlé des dangers de sa morsure, ni par conséquent observé les ridicules symptômes qu'on propose de guérir par des jongleries non
moins ridicules ; aussi personne ne croit-il aujourd'hui
au tarentisme. Les Tarentules ont des glandes ve-
nimeuses assez considérables, mais pas plus pourtant
que l'Araignée domestique, proportion gardée à la
taille. Dans une Lycose d'un pouce et un quart, Meckel a trouvé à ces glandes quatre lignes de longueur ;
elles ont une ligne et demie dans une Clubione nourrice de neuf lignes, trois lignes seulement dans une
Mygale aviculaire. J'avais déjà depuis longtemps
soupçonné cette petitesse des organes sécrétoires du
venin dans les Mygales d'Amérique, d'après celle que
je trouvais à la Mygale maçonne. Elles sont chez
celle-ci presque rudimentaires, et la force muscu-
laire supplée à l'insuffisance du venin ; aussi une
mouche bleue mise en expérience a-t-elle survécu aux
profondes blessures que lui avait faites une de ces
Aranéides vivement irritée, et qui l'avait tenue ac-
crochée pendant dix minutes, tandis qu'un Lézard
gris de trois pouces de longueur a été étranglé en
dix minutes, malgré sa vive résistance.

Annales des Sciences naturelles, 1836, seconde
série, t. VI, Zoologie, p. 211, 214.

§ XXX.

Emploi de la soie d'Araignée.

T. 1, p. 194. Après la ligne 10 ajoutez :

On trouve le fait suivant rapporté par M. Blanchard

dans le Dictionnaire universel d'histoire naturelle, dirigé par Charles d'Orbigny, t. 2, p. 71.

M. Alcide d'Orbigny, bien connu par ses longs voyages dans l'Amérique méridionale, et par ses longs travaux zoologiques, a donné au Muséum d'histoire naturelle un échantillon de la soie d'une Araignée, dont il m'a assuré avoir recueilli en Amérique une très-grande quantité, qui lui avait servi à se faire confectionner un pantalon qu'il a longtemps porté.

§ XXXI.

T. 1, p. 202. Tableau des Aranéides.

Pour les corrections à faire à ce tableau, voyez ci-après, la liste des noms de genres classés d'après leur organisation et leurs habitudes.

§ XXXII.

Sur le nombre des genres dans les Théraphoses.

T. 1, p. 205, ligne 17.

Au lieu de cinq genres, lisez : sept genres; et après le mot Sphodros, ajoutez Calommate et Acanthodon. Ajoutez une seconde fois ces mêmes mots après Sphodros, à la dernière ligne de cette page.

§ XXXIII.

Genre **MYGALE.**

T. 1, p. 209.

MYGALE FASCIÉE.

Ajoutez à la synonymie la citation suivante :

Mygale fasciata, Koch, Die Arachniden, *t.* 6 , p. 65 , Pl. 67 ,
fig. 157 , ♂ (long. 33 lig.).

§ XXXIV.

T. 1, p. 213.

MYGALE ROSE.

Ajoutez :

Mygale rosea, Guérin, Arachnides du Voyage de *la Favorite* ,
p. 5 , cl. VIII, Pl. 17 , fig. 1 , dans le Magazin de Zoologie,
pour 1838.

§ XXXV.

T. 1, p. 214.

Il s'est glissé une faute de copiste grave dans la
description de cette espèce.

On lit , ligne 2 : avec des points rouges ; il faut
lire : avec des poils rouges.

Depuis que cette description a été écrite , M. Léon
Dufour m'a remis une Mygale , qu'il considère comme
la *Mygale Bartholomei* de Latreille , et qui est ,
selon moi , ma *Mygale nigra*. J'en donne ici la description. C'est une femelle.

MYGALE NOIRE. (*Mygale nigra*.) ♀ Long. 18 lig.

Yeux ramassés sur une élévation qui se porte en avant , et
très-rapprochés de l'extrémité du bandeau ; de couleur d'ambre
jaune ; les quatre yeux antérieurs sont plus gros que les postérieurs. Abdomen moins allongé que le corselet, à fond noir très-
velouté , brillant , mais recouvert à sa partie antérieure de poils
allongés , d'un rouge vif ou enflammé. Ventre noir velouté ;
cuisses très-renflées, d'un noir velouté et brillant ; tarses et métatarses à peau nue et grisâtre. Griffes insérées au-dessus de l'extrémité du tarse, la recouvrant, brunes, non pectinées; il y en a

à tous les tarses, mais celles des tarses antérieurs sont plus grosses.

Décrite d'après un individu de ma collection apporté vivant à Bordeaux sur un vaisseau.

C'est, je crois, le *Phalangium americanum*, Caroli Clusii, curæ posteriores, 1611, in-folio, p. 46. Elle fut envoyée à Clusius de la baie de Todos los Santos.

§ XXXVI.

T. 1, p. 216.

MYGALE JAVANAISE. (*Mygale javanensis.*)

Ajoutez, comme synonymie :

Mygale monstrosa, Koch, Die Arachniden, t. 5, pag. 14, Pl. 347. fig. 346. (Long. 2 pouces 4 lig. ♀.)

§ XXXVII.

T. 1, p. 218.

MYGALE AVICULAIRE. (*Mygale avicularia.*)

Ajoutez à la synonymie :

Mygale, Dugès, dans le Règne animal de Cuvier, Pl. 5, fig. 1 a, 1 b, 1 c, 1 d, 1 e, 1 f. (Les yeux, les mandibules, l'extrémité des pattes et divers autres détails.)

§ XXXVIII.

T. 1, p. 219.

MYGALE HOSTILE. (*Mygale hostilis.*)

A la description du mâle, le seul sexe que j'aie vu, ajoutez la description de la femelle donnée par M. Koch.

Long. 17 lig. ♀.

Abdomen d'un brun ferrugineux sur les côtés et à sa partie antérieure, et noir à sa partie postérieure. Pattes très-velues.

Mygale herculea, Koch , Die Arachniden, t. 5, pag. 21, Pl.15o,
fig. 35o.

Monde-maritime — Nouvelle-Hollande , selon M. Koch.
Je crois que c'est une jeune.

§ XXXIX.

T. 1, p. 219.

MYGALE PARSEMÉE. (*Mygale conspersa*).

Je n'ai décrit que la femelle ; ajoutez la description
du mâle d'après M. Koch.

Long. 18 lig. (avec les mandibules) ♂.

Corselet noir. Abdomen rougeâtre. Pattes ayant au fémoral
une double raie rouge et glabre. Les filières ont de petits cercles
jaunes aux articulations.

Mygale bistriata, Koch , Die Arachniden , t. 5 , p. 16 , Pl. 148,
fig. 347.

§ XL.

T. 1, p. 225.

MYGALE CAFRERIENNE. (*Mygale cafreriana*.)

Ajoutez cette synonymie :

Mygale icterica, Koch , Die Arachniden , t. 5 , p. 22 , Pl. 15o ,
fig. 351. (11 lignes avec la mandibule , un mâle. — De Grèce, à
Nauplie.)

§ XLI.

T. 1 , p. 233.

MYGALE RECLUSE. (*M. nidulans*.)

Ajoutez à la trop courte description de cette espèce ces mots :

Corselet , palpes et pattes d'un brun marron luisant. Abdomen
brun rougeâtre.

Et à sa synonymie :

Cteniza venatoria, Koch, Die Arachniden, t. 5, p. 12, Pl. 146, fig. 345.(Long 14 lignes, en y comprenant les mandibules.) — *Cteniza nidulans*, W. Sells, Transactions of the entomological Society, t. 2, part. 4, p. 207. — *Actinopus venatorius*, Westwood, Annals and Magazine of natural history, February 1841, n° 39.

Cette espèce, selon M. Westwood, n'appartient pas au genre Cténize, mais au genre Sphodros. M. Koch cite à tort, pour cette Aranéide, l'*Aranea venatoria* de Linné ; celle-ci est l'Araignée de la Jamaïque, notre *Olios leucosius*, le *Thomisus venatorius* de Latreille ; voyez t. 1, p. 567, et ci-après sur le genre Sphodros. (Conférez, *Mygale nitida*, Griffith, t. 13.)

§ XLII.

T. 1, p. 235.

MYGALE MAÇONNE. (*Mygale cæmentaria.*)

Ajoutez à la synonymie les citations suivantes :

Mygale cæmentaria, Dugès, dans le Règne animal de Cuvier, Pl. 1, fig. 1 (le mâle), fig. 1, bis. (la femelle). — Ibid. Détails anatomiques sur cette espèce, Pl. 1, fig. 1, de 1 à 10, Pl. 2, fig. 1 à 8, Pl. 3, fig. 1 à 11, Pl. 4, fig. 6 à 13.

· C'est à tort que j'ai dit, d'après Dorthez, qu'on ne trouvait jamais la Mygale maçonne dans un nid qui lui fût propre. Dugès a observé le contraire, et dit :

« J'ai trouvé bien souvent le mâle de la Mygale maçonne, non en compagnie comme l'a dit Dorthez, mais seul et bien chez lui, entouré seulement de plusieurs terriers renfermant chacun un individu de l'autre sexe. (*Annales des sciences naturelles*, 1836, in-8, t. 6. — Zoologie, p. 186.)

§ XLIII.

T. 1, p. 239.

Ajoutez ici, après le n° 34, la description de l'espèce suivante , qui , si elle n'est pas la même que la *Mygale Ariana* , doit en approcher beaucoup.

34 *bis.* MYGALE AFRICAINE. (*Mygale africana.*) Long. 8 lig. ♀.

Abdomen , corselet et pattes d'un rouge clair. Dos de l'abdomen ayant une ligne longitudinale rouge brun , traversée en croix par sept autres lignes de même couleur ; derrière cette figure sont des taches sinuées et sur les côtés de petits points aussi rouge brun.

Cteniza africana , Koch , Die Arachniden, t. 5, p. 10 , Pl. 146 , fig. 344. — Id. Moritz-Reisen in der Regenschaft Algier, Leipzig , 1841, in-8, t. 3, p. 211 (Pl. X de l'Atlas).

Cette Aranéide est commune sur tout le littoral de l'Algérie , depuis Bone jusqu'à Oran ; elle coure après les insectes , et s'élance sur eux par bonds d'un pouce ou même de deux pouces de longueur.

§ XLIV.

T. 1, p. 245.

Après le genre Olétère insérez le genre suivant, dont la seule espèce connue a été d'abord placée et décrite par M. Lucas , comme une espèce du genre *Sphodros* , mais qui s'éloigne de ce genre par un caractère essentiel. Aussi ce naturaliste a-t-il proposé en note de former de cette espèce un nouveau genre, et de lui donner le nom de *Calommata* , et depuis il a introduit ce genre dans son Histoire naturelle des Crustacés , des Arachnides et des Myriapodes. En assignant à ce genre ses caractères distinctifs , nous conservons le nom qui lui a été donné.

32 *bis*. Genre. **CALOMMATE.** (*Calommata.*)

Yeux, *au nombre de huit, groupés par trois et par deux, de manière à former un triangle dont l'angle antérieur, dirigé vers le bandeau, présente deux yeux rapprochés, égaux, placés transversalement à une assez grande distance des deux autres groupes qui sont composés de trois yeux rapprochés en triangle.* — Ainsi ·

Lèvre *petite, arrondie, plus large que haute, insérée entre les bases des mâchoires.*

Mâchoires *très-allongées, étroites, recourbées en arrière, très-divergentes, diminuant graduellement de largeur à leur extrémité qui se termine en pointe arrondie.*

Palpes *peu allongés, grêles, déprimés à leurs côtés internes, arrondis à leurs côtés externes.*

Pattes, *les trois paires postérieures courtes, fortes et renflées ; la paire antérieure mince et grêle ; la quatrième et la seconde paire presque égales, et plus longues que la première ; la troisième est la plus courte.*

Aranéides...

1. Calommate fulvipède. (*Calommatta fulvipes.*)

Abdomen, corselet, mandibules, palpes et pattes fauve clair. Corselet grand, allongé, ovalo-quadriforme ; tête large, partie postérieure arrondie, mais non rétrécie. Abdomen court, globuleux. Mandibules très-allongées, portées en avant, crochet noir.

Pachyloscelis fulvipes, Lucas, dans Guérin, Magasin de Zoologie, 1836, in-8°, classe VIII, p. 2 , Pl. 14, fig. 1 à 7. — *Actinopus fulvipes*, Id. Annales de la Société entomologique, t. 6, p. 378 (dans la note), Pl. 13, fig. 6 à 11. — *Calommata fulvipes*, Id. Hist. nat. des Crustacés, des Arachnides et des Myriapodes, p. 346, Pl. 2, fig. 3.

Nouveau-Monde — Amérique méridionale. — Brésil à Bahia, trouvée par M. Bardoux.

Affinités du genre Calommate. Par sa lèvre courte , ses mandibules, ses mâchoires, et surtout par ses yeux, ce genre se rapproche plus des Olétères que des Sphodros. Ses mâchoires étroites, divergentes et recourbées en arrière ont de l'analogie avec celles des Tétragnathes, dont elles s'éloignent pourtant par leur extrémité pointue et leur forme en sabre. La manière dont les yeux sont groupés établit un rapport d'affinité très-grand entre ce genre et ceux des genres Mygale et Pholcus, et de certaines espèces d'Argus; mais le genre Calommate s'éloigne des Pholcus et des Argus par tous les autres rapports, tandis qu'au contraire il en a de très-intimes avec les Mygales, les Olétères, les Sphodros et les Acanthodons. Ses pattes courtes et renflées rapprochent le genre Calommate du genre Sphodros, mais il se rapproche encore plus du genre Acanthodon par les yeux, et c'est entre ce dernier genre et le genre Olétère qu'il convient de le placer.

§ XLV.

T. 1, p. 246.

Genre ACANTHODON.

Yeux *au nombre de huit ; deux sont antérieurs, près
du bord antérieur du bandeau, très-rapprochés entre eux. Six sont postérieurs et reculés sur le haut de la tête, à une assez grande
distance des deux yeux antérieurs. Les quatre
intermédiaires forment entre eux un carré,
les deux latéraux sont sur la ligne des yeux
postérieurs intermédiaires.* Ainsi :

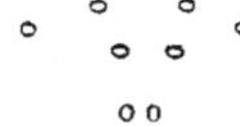

Lèvre *petite, étroite, allongée en parallélogramme
ou triangle tronqué.*

Mâchoires *ovalaires, allongées et renflées dans leur
milieu, écartées et divergentes.*

Palpes *allongées, pédiformes, insérées à l'extrémité
des mâchoires.*

Pattes *fortes, renflées, assez allongées, la quatrième
paire la plus longue, la première après, ensuite la troisième ; la seconde paire est la plus
courte.*

Mandibules *larges, courtes, fortes, cunéiformes,
ayant de très-petites dents qui forment une
petite râpe à l'extrémité de leur tige. Onglet
courbe, assez allongé.*

Acanthodon de Petit. (*Acanthodon Petitii.*) Long. 14 lig. ♀.

Les deux yeux antérieurs sont plus gros que les postérieurs.

Les deux yeux postérieurs du carré intermédiaire sont plus écartés et plus petits que les antérieurs du même carré. Les mâchoires ont la forme des hanches des pattes, et sont garnies de forts poils à leur côté interne ; les palpes ont les deuxderniers articles un peu aplatis et armés en dessous d'une griffe et de deux ergots formant un râteau; il en est de même des pattes. Corselet ovalaire, allongé, rétréci et élevé en avant, aplati sur les côtés et en arrière, d'un brun marron vif, et comme vernissé ainsi que les palpes et les pattes. Celles-ci sont garnies de poils noirs assez longs; elles ont quelques lignes longitudinales plus foncées. Abdomen ovale, étroit, allongé, d'un brun pâle terne et velu. Les pattes et les palpes sont garnies de poils noirs assez longs et ont quelques lignes longitudinales plus foncées.

Acanthodon Petitii, Guérin, Arachnides du voyage de la Favorite, cl. VIII, Pl. 16, fig. 1 à 8.

Nouveau-Monde — Amérique méridionale — Brésil.

Je remarque, page 2, que M. Guérin, dans les caractères génériques de ce genre, dit que la troisième paire est la plus courte, tandis que la figure et la description de l'espèce disent le contraire. C'est, je crois, cette dernière assertion qui est vraie.

Affinités du genre Acanthodon. Ce genre doit être placé à côté du genre Calommate, avec lequel il a plus d'analogie qu'avec tout autre; mais par les yeux il se rapproche aussi des Missulènes, des Sphodros, et des Sphases. Dans la tribu des Araignées il tient aux Orbitèles par sa lèvre, et dans celle des Mygales par ses mâchoires qui sont convexes au lieu d'être concaves au côté interne ; par ses mandibules à râteau il a surtout de l'affinité avec les Mygales mineuses ou les Mygales de la famille des Cténizes. C'est un genre bien distinct, quoiqu'en quelque sorte intermédiaire entre tous ces genres.

§ XLVI.

T. 1, p. 246 à 253.

Genre SPHODROS.

Les explications qui ont été données sur les espèces du genre Sphodros et leur synonymie laissent encore bien des incertitudes. L'espèce suivante, décrite par M. Lucas, est nouvelle.

Sᴘʜᴏᴅʀᴏs ᴅ'Aᴜᴅᴏᴜɪɴ. (*Sphodros Audouinii.*) Long. un pouce ♀.

Corselet, mandibules et palpes rouges. Abdomen ovale, plus allongé que le corselet, de couleur fauve jaunâtre. Lèvre large à sa base terminée en pointe. Mâchoires larges, divergentes à leur extrémité, arrondies à leur côté extérieur, couvertes de longs poils roux à leur côté interne.

Paschyloscelis Audouinii, Lucas, dans le Magasin zoologique de Guérin, 1836, classe VIII, page 5.—*Actinopus Audouinii*, Lucas, Annales de la Société entomologique de France, t. 6, p. 377, nᵒ 2, et p. 387, Pl. 13, fig. 1 à 5. — Ibid., Hist. nat. des Crustacés, des Arachnides et des Myriapodes, p. 344, nᵒ 2.

Nouveau-Monde — Amérique du Nord.

Par le placement de ses yeux et par sa lèvre, cette espèce appartient évidemment à notre première famille ou à celle des Acutilabes; mais ses mâchoires plus larges devraient faire établir une race à part dont elle serait le type, si ce genre, composé d'espèces rares, était mieux connu.

Le Sphodros d'Audouin diffère essentiellement du Sphodros Abbot, par un corselet et un abdomen plus ovalaires, et moins élargi à sa partie postérieure. Le corselet est moins large vers la tête. Il a les mêmes pattes; mais ces pattes sont un peu moins courtes que dans le Sphodros Lucas, moins allongées que dans le Sphodros nigripède. Les mâchoires sont aussi beaucoup plus larges que dans le Sphodros Abbot et le Sphodros Lucas. Selon la figure, la quatrième paire est la plus longue, la première ensuite. Mais la description de l'auteur semble se contredire à cet égard, et ne s'accorde pas avec la figure.

T. 1, p. 246.

Voici, d'après les observations qui ont été faites, comment on pourait répartir les espèces de Sphodros décrites jusqu'ici et établir leur synonymie dans les

deux familles dont j'ai déjà donné les caractères, t. 1,
p. 246.

1re Famille. LES ACUTILABES.

1. Sphodros d'Abbot. (*Sphodros Abbotii.*)

Walck., t. 1, p. 247, n° 1 (la femelle, Pl. 1, fig. 7).—*Sphodros
Milberti*, Walck., t. 1, p. 249, n° 2 (le mâle, Pl. 1, fig. 7 bis).
—*Actinopus Abbotii,* Lucas, Annales de la Société entomol., t. 6,
p. 377, fig. 2, n° 3.

2. Sphodros Walckenaer. (*Sphodros Walckenaerii.*)

Sphodros Abbotii (le mâle), Walck., t. 1, p. 247.—*Actinopus
Walckenaerii*, Lucas, Annales de la Société entomologique, t. 6,
p. 377, fig. 2, n° 3.

3. Sphodros nigripède. (*Sphodros nigripes.*)

Sphodros Abbotii, Walck., t. 1, p. 248.—*Actinopus nigripes*,
Lucas, Annales de la Société entomol., t. 3, p. 364, Pl. 7, fig. 2.
— Ibid. Hist. nat. des Crustacés et des Arachnides, p. 345.

4. Sphodros d'Audouin. (*Sphodros Audouinii.*) Ci-dessus p. 436.

Actinopus Audouinii, Lucas, Annales de la Société entom.,
t. 6, p. 377 et 387, Pl. 13, fig. 1 à 5.—Ibid. Magasin de zoologie,
classe VIII, p. 5 ; t. 1, p. 249.

2e Famille. LES FUSILABES.

5. Sphodros tarsale. (*Sphodros tarsalis.*)

Sphodros Lucas, Walckenaer, t. 1, p. 250, n° 3 (le mâle). —
Actinopus tarsalis, Perty, Delectus anim., p. 198, Pl. 39, fig. 6.—
Actinopus tarsalis, Lucas, Annales de la Société entom., t. 6,
p. 377, n° 6. — Ibid. Hist. nat. des Crust., des Arach. et des
Myriapodes, p. 343.

6. Sphodros Lucas. (*Sphodros Lucasii.*)

Sphodros Lucas, Walckenaer, t. 1, p. 251 (la femelle). —*Acti-*

nopus rufipes, Lucas, Annales de la Société entom., t. 6, p. 376, n. 1. — *Cratoscelis rufipes*, ibid. t. 3, p. 362, Pl. VII, fig. D 2. — *Actinopus rufipes*, Ibid. Hist. nat. des Crust., des Arach. et des Myriapodes, p. 344, n° 1.

T. 1, p. 253.

M. Westwood a reçu vivante à Londres une Aranéide venue de Barbarie, qu'il rapporte à notre genre Sphodros. Ne pouvant, d'après ce qui a été publié du mémoire que ce célèbre entomologiste a lu à ce sujet dans la séance de la Société entomologique de Londres, le 6 janvier 1840, déterminer si cette espèce appartient bien à ce genre, nous ne pouvons par conséquent la classer dans aucune de nos deux familles ; cependant nous rapporterons ici la description que M. Westwood en a donnée.

SPHODROS ÉDIFICATEUR. (*Sphodros œdificatorius.*) Long. 12 lig.

D'un brun noir, brillant en dessus, plus pâle en dessous ; corselet arrondi à sa partie antérieure, et semi-circulaire à sa partie postérieure, à sillons profonds ; mâchoires velues à poils plus pâles. Abdomen d'un brun soyeux ; ventre ayant quatre taches jaunes à sa partie antérieure. Pattes presque égales en longueur.

Actinopus œdificatorius, Westwood, Annals and Magazine of natural history, February 1841, n. 39.

Ancien-Monde — Afrique — Barbarie, à Tanger.

Cette description est bien vague, mais M. Westwood en donne probablement une plus détaillée dans son mémoire intitulé : *Observations sur les espèces d'Araignées qui habitent des tubes cylindriques, et qui les recouvrent d'une porte en forme de trappe.*

Dans ce mémoire, M. Westwood passe en revue, dit le journal d'où nous tirons cette notice, toutes les espèces d'Aranéides qui creusent leur nid en terre et le recouvrent d'une porte en forme de trappe, et qu'on a rapportées aux Mygales et aux Cténizes ; parmi ces Aranéides, il en est, telles que l'Araignée mineuse des Indes occidentales, qui appartiennent au genre *Sphodros* et non au genre Mygale, et que M. Westwood rapproche, par cette raison, de son *Sphodros œdificatorius*. Comme nous n'avons pu placer que d'après des figures et l'analogie des formes l'Araignée mineuse de Brown, la *Mygale nidulans*, nous ne contestons pas qu'elle ne puisse appartenir au genre Sphodros ; dans ce cas il faudrait insérer dans ce genre la description de cette espèce, qui peut-être est la même que le *Sphodros Abbotii*, le *Purse - Webb Spider* d'Abbot (Voyez t. 1, p. 247). Mais ce n'est pas, suivant nous, l'*Aranea venatoria* de Linné qui est notre *Olios leucosius*, le *Thomisus venatorius* de Latreille, enfin l'Aranéide décrite par Sloane, Hist. of Jamaïca, p. 185, t. 2, p. 235, fig. 1 et 2. Conférez ce que nous disons à ce sujet t. 1, p. 567.

Depuis que ceci a été écrit, nous trouvons la description faite à la Jamaïque de la Tarentula 2 de Brown, l'*Aranea nidulans* des auteurs, par M. W. Sells. C'est, suivant cet observateur, une Mygale de la famille des Cténizes (*Cteniza nidulans*). Elle creuse son tube dans les terrains argileux, sous les roches et sous les arbres ; son tube est vertical et recourbé au fond, il a cinq pouces de long, l'orifice a un diamètre de 3/4 de pouce ; il est recouvert par une opercule. M. Sells a cependant trouvé un de ces nids sans opercule. L'Aranéide a un pouce de long. Conférez *Transactions of the Entomological society*, vol. 2, part. 4, p. 207. *Notes respecting the nest of Cteniza nidulans*, by W. Sells, esq., Pl. 19, fig. 6.

Ce mémoire a été lu à la société entomologique de

Londres, le 2 janvier 1837, p. 207. Si les observations de M. Sells et de M. Westwood sont exactes, la *Cteniza nidulans* serait notre *Mygale nidulans* d'Amérique, et une espèce bien différente de celle du Sphodros édificateur de M. Westwood. Ce résultat est contraire à ce que l'analogie nous aurait fait supposer ; jusqu'ici, nous avons cru que le genre Sphodros était particulier au Nouveau-Monde, et nous n'eussions pas été étonné qu'on découvrît que la Théraphose de Brown fût du genre Sphodros ; mais nous sommes surpris de trouver une Théraphose de ce genre en Barbarie. N'y a-t-il pas erreur dans la provenance pour cette dernière espèce ? ou est-il bien vrai qu'elle appartienne au genre Sphodros ?

§ XLVII.

Genre MISSULÈNE.

T. 1, p. 252. Ajoutez à la synonymie de la

Missulène herseuse :

Pl. 1, fig. 6 de cet ouvrage. — *Eriodon*, Planches de Cuvier, Règne animal, Pl. 5, fig. 3.

§ XLVIII.

Genre FILISTATE.

T. 1, p. 255. Ajoutez à la synonymie :

Filistate bicolore, Léon Dufour, Annales de la Société entomologique de France, t. 1, p. 527 à 535. — *Teratodes attalicus*, Koch, Die Arachniden, t. 5, p. 6, Pl. 146, fig. 343. Long. 4 lignes.

C'est le mâle. Abdomen ovale, cylindroïde, brun rougeâtre. Corselet pointu, jaune, bordé de noir, avec une raie noire tombant sur le milieu des yeux. Palpes allongées jaunes, à dernier article cylindrique, brun. Pattes très-allongées, très-amincies à leur extrémité. Cuisses jaunes tigrées de noir. Les six yeux principaux ont une couleur cristalline blanche. La Filistate bicolore a aussi été trouvée en Grèce.

Addition aux affinités du genre Filistate. — M. Koch a ignoré ce qui a été écrit avant lui par Latreille, M. Dufour et moi, puisqu'il a fait de cette espèce un genre nouveau : il avait été déjà caractérisé avant lui ; mais M. Koch a bien vu que les Filistates appartenaient plutôt aux Théraphoses qu'aux Araignées. Cependant, selon M. Dufour, les Filistates n'ont que deux opercules branchiales, ce qui établirait, sous le rapport de la respiration, des affinités plus intimes entre presque toutes les familles d'Araignées que n'en ont les Ségestrics et les Dysdères, quoique celles-ci, qui appartiennent à la tribu des Araignées, aient cependant quatre opercules branchiales ; mais dans ces Aranéides, les opercules postérieures sont presque contiguës aux antérieures, et peu distinctes, tandis que, dans la Mygale et dans l'Olétère atype, les opercules branchiales postérieures sont séparées des antérieures par un pli ou vestige d'anneau, et très-distinctes.

§ XLIX.

Sur les éminences céphaliques des Araignées.

T. 1, p. 258, ligne 15. Au sujet des éminences coniques qui sont placées au-devant de la tête de certaines Araignées, ajoutez :

Qu'elles sont placées au-dessus des yeux et quelquefois les supportent.

§ L.

Sur les affinités de la tribu des Araignées.

T. 1, p. 260. Ajoutez après le premier paragraphe des *Affinités* :

Par le genre Otiothope, dont la première paire de pattes est palpiforme, et n'a que six articles et point de griffes aux tarses, la tribu des Araignées se trouve rapprochée, par un rapport d'affinité très-intime, des Solpugides, qui ont aussi six pattes griffées ou onguiculées, et les pattes antérieures palpiformes. (Conférez aussi t. 1, p. 39.)

§ LI.

T. 1, p. 260. Avant le genre Dysdère, et en tête de tous les genres de la deuxième tribu des Aranéides, ou celle des Araignées, il faut placer le :

Genre NOPS.

Yeux, *deux, égaux entre eux, placés sur une ligne transverse et reculés sur le derrière de la tête.*

Lèvre *plus longue que large, arrondie à son extrémité.*

Mâchoires *à côtés parallèles entourant la lèvre, coupées obliquement à leur côté interne.*

Pattes *allongées, la quatrième paire la plus longue, l'antérieure ensuite, la troisième est la plus courte.*

Aranéides *se cachant sous les pierres.*

Nops de guanabacoa. (*Nops guanabacoœ.*) Long. 5 lig. ♉.

Corselet glabre, d'un rouge sanguin, allongé, ovalaire, pointu vers la tête. Yeux au nombre de deux seulement, placés sur une ligne transverse, reculés sur le dos du corselet, et au milieu d'une tache noire ovalo-quadriforme ; ces yeux sont ronds, noirs, très-brillants lorsque l'Aranéide est vivante, mais sans iris. Mandibules courtes, verticales, coniques ; crochet petit, courbe, pointu. Digital des palpes renflé, ovalaire ; cupule revêtue de poils gris. Sternum deux fois aussi long que large, et ayant de légères éminences à la naissance des pattes. Abdomen ovalosphéroïdal d'un brun rougeâtre, terminé par six filets sétifères de couleur plus pâle , dont deux sont plus allongés ; ventre n'ayant que deux opercules branchiales ; les filières sont d'une couleur plus pâle que l'abdomen ; deux sont très-allongées. Les pattes sont allongées , rougeâtres ; les onglets sont courts , pectinés à leur base.

Nops guanabacoæ , Mac Leay, Annals of natural history, 1838, in-8, t. 2, p. 2.

Nouveau-Monde — Archipel d'Amérique — Cuba — prise dans le lieu nommé Guanabacoa.

C'est la seule espéce connue de ce genre que M. Mac-Leay a fait connaître le premier ; c'est aussi la seule espèce d'Aranéide qui n'ait que deux yeux. M. Mac-Leay dit qu'il possède un autre individu du genre Nops, semblable au *Nops guanabacoæ* , mais qui est dépourvu de la tache noire sur le corselet. Peut-être est-ce une variété de sexe ou d'âge ; si c'était une espèce différente , on pourrait la nommer *Nops immaculata.*

Affinités du genre Nops.—Ce genre se distingue de tous les autres par le nombre de ses yeux ; mais par la manière dont ses deux yeux sont placés , par la forme de son corselet et de son abdomen , il a les plus fortes affinités avec les genres Dysdères , Scytodes et Desis. Comme les Dysdères, il n'a que deux griffes aux pattes ; le corselet est de même glabre et rouge , mais c'est surtout avec la troisième famille des Dysdères (celle des Ariadnes) , dont les mandibules sont perpendiculaires, que ces affinités sont bien plus fortes. Le genre Nops a ses deux yeux placés comme les yeux postérieurs des Scytodes , sur la partie antérieure du dos du corselet. Il tient encore à la première famille des Scytodes par ses mandibules petites et courtes ; à la seconde, par son corselet glabre, rouge, non bombé. Il ressemble peu , par les yeux et les mandibules, au genre Desis, mais cependant il s'en rapproche par ses formes générales et ses couleurs ; il s'en éloigne par les griffes des pattes, qui sont au nombre de trois dans le genre Desis , tandis que les Dysdères et les Nops n'en ont que deux. Les habitudes des Nops sont peu différentes de celles des Dysdères. Les Nops se trouvent, comme les Dysdères , sous les pierres et dans des intervalles resserrés , cachés et obscurs. Les habitudes de la seconde famille des Scytodes se rapprochent aussi de celles de ces deux genres.

§ LII.

T. 1, p. 261.

Genre DYSDÈRE.

Quoiqu'il n'y ait que peu d'espèces dans la famille des Agones, il faut établir deux races.

1ʳᵉ Famille. LES AGONES.

1ʳᵉ Race. LES ALLONGÉES. (*Elongatæ.*)

Corselet *allongé*.

Dysdère érythrine. (*Dysdera erythrina.*)

Ajoutez à la synonymie :

Dysdera erythrina, Koch, Die Arachniden, t. 5, p. 76, Pl. 165, fig. 389, le mâle (variété à corselet rouge foncé).—*Dysdera rubicunda*, ibid. t. 5, p. 79, Pl. 165, fig. 390, le mâle; ibid. fig. 391, la femelle (variété à corselet rouge brun).

J'ai plusieurs fois pris, dans les mêmes lieux et aux mêmes époques de l'année, les variétés dont M. Koch fait des espèces.

Mais il faut ajouter dans cette race l'espèce suivante :

Dysdère safranide. (*Dysdera crocata.*) Long. 4 ou 5 lig.

Abdomen ovale allongé, de couleur jaune grisâtre, moucheté de petits points ou taches grises. Corselet grand, rouge, bordé d'une ligne noire, fine. Pattes jaune orange uniforme. Le mâle ne diffère de la femelle que par ses palpes allongées, son conjoncteur pyriforme, ses mandibules rouges, plus allongées, plus proéminentes, et ses pattes antérieures, qui sont, ainsi que ses palpes, d'un jaune plus foncé que ses pattes postérieures.

Dysdera crocota, Koch, Die Arachniden, t. 5, p. 81, Pl. 166, fig. 392 (le mâle), ibid. fig. 393 (la femelle).—Ibid. fig. 394, long. 2 lig. 1/4 (variété à corselet rouge ou brun).

Ancien-Monde — Europe — Grèce.

Les yeux postérieurs dans cette espèce sont plus arrondis et plus gros que dans la Dysdère érythrine.

T. 1, p. 264.

2e Race. LES MINIMES. (*Minimæ.*)

Ajoutez comme synonymie de

DYSDÈRE HOMBERG :

Dysdera punctata, Koch, Die Arachniden, t. 5, p. 84, Pl. 167, fig. 395 (long. 3 lig. 1/3 le mâle). — Ibid. fig. 396 (long. 4 lig. 1/3 la femelle). Variété mouchetée avec une ligne jaune longitudinale sur l'abdomen proche le corselet qui n'atteint pas à la moitié de la longueur du dos. Cette variété a, comme l'espèce suivante, des anneaux noirs aux articulations des pattes, qui la distinguent bien de l'Érythrine.

De Grèce.

Peut-être l'espèce suivante n'est-elle qu'une variété de la *Dysdera Hombergii;* toutefois les différences assez grandes qu'elle présente nous portent à l'inscrire ici comme espèce distincte dans cette même race.

DYSDÈRE JOLIE. (*Dysdera lepida.*) Long. 2 lig. 1/4 ♂. Long. 1 lig. 1/2 ♀.

Abdomen jaune rougeâtre, pâle ; de petits traits courbes, larges, rougeâtres, inclinés et parallèles sur les côtés du dos, et une bande longitudinale dans le milieu jaune; corselet grisâtre, pattes pâles.

Dysdera lepida, Koch, Die Arachniden, t. 5, p. 85, Pl. 167, fig. 397 (le mâle, long. 2 lig. 1/4), trouvée sous les pierres près de Karlsbad en Bohême. —*Dysdera scalaris,* Herrich Schæffer, 134, 23 (une femelle, long. 1 lig. 1/4, probablement une jeune), trouvée sous les pierres dans les environs de Ratisbonne.

Cette espèce, par les couleurs et les taches du dos, a de la ressemblance avec la *Linyphia longidens.*

§ LIII.

Genre SÉGESTRIE.

T. 1, p. 267.

2. SÉGESTRIE PERFIDE.

Ajoutez à la synonymie de cette espèce :

Segestria florentina, Koch, Die Arachniden, t. 5, p. 72, Pl. 164, fig. 385 (une femelle âgée, long. 8 lig.) ; ibid. fig. 386 (une femelle jeune, long. 6 lig.). Fig. *b*, le digital du mâle.

J'ai trouvé en juin plusieurs individus de cette espèce à Villeneuve-Saint-Georges, ayant fabriqué leur tube dans une jalousie, et qui se sont laissés glisser dans le jardin d'un second étage fort élevé, toujours 'attachés à un de leurs fils qu'ils ont ainsi dévidé dans toute cette longueur.

T. 1, p. 268.

3. SÉGESTRIE SENOCULÉE.

Ajoutez à la synonymie :

Segestria senoculata, Koch, Die Arachniden, t. 5, p. 75, Pl. 164, fig. 388 (le mâle).—*Segestria florentina* (varietas), Koch, Die Arachniden, Pl. 164, fig. 387.

Les pattes dans cette espèce sont rouges, annelées bien distinctement de brun rouge. Ces deux espèces, la *Senoculata* et la *Perfida*, ne diffèrent que par les couleurs des mandibules du corselet et des pattes ; mais ces différences sont constantes, et les mœurs et les habitudes diffèrent aussi dans les deux espèces. MM. Koch et Dugès, faute d'assez nombreuses observations, les ont à tort confondues. Dans la Perfide, l'abdomen du mâle est proportionnellement plus allongé, plus cylindrique, grossissant un peu vers sa partie postérieure. Le mâle de la Senoculée a son abdomen ovalaire, allongé, et plus pointu à l'anus qu'à la partie postérieure.

§ LIV.

Genre SCYTODE.

T. 1, p. 271. Ajoutez à la synonymie de la

SCYTODE THORACIQUE :

la synonymie suivante :

Scytodes tigrina, Koch , Die Arachniden , t. 5 p. 87, Pl. 167 , fig. 398 (la femelle , long. lig. 1/2).
De Grèce.

T. 1, p. 274. Ajoutez à la synonymie de la

SCYTODE BLONDE :

Scytodes erythrocephala, Koch , Die Arachniden , t. 5, p. 90 , Pl. 168, fig. 399 (le mâle). —Ibid. fig. 400 (la femelle). Le corselet est rouge jaunâtre, mais l'élévation de la tête est rouge comme les mandibules. L'abdomen est ovale allongé. Long. 3 lig. le mâle ; 3 lig. 3/4 la femelle.
Des environs de Nauplie en Grèce.

§ LV.

Genre LYCOSE.

T. 1, p. 282. Ajoutez à la synonymie de la

LYCOSE TARENTULE :

Pl. 7, fig. 3 D et 3 E de cet ouvrage.—*Lycosa tarentula*, Koch, Die Arachniden , t. 5 , p. 112 , Pl. 173 , fig. 413 (la femelle).— Ibid. fig. 414 (le mâle, pris à Bologne, long. 13 lignes). —*Lycosa prægrandis*, Koch , Die Arachniden , t. 3, p. 22 , Pl. 81 , fig. 180 , long. 15 lignes. (La femelle vue en dessus, trouvée en Grèce.)

§ LVI.

T. 1, p. 285. Après la Tarentule hispanique n° 3 ,
insérez l'espèce suivante :

3 *bis*. TARENTULE RUBIGINEUSE. (*Tarentula rubiginosa.*) Long.
11 lig. ♀.

Abdomen d'un rouge brun avec une tache triangulaire grise
proche le corselet et quatre raies blanches, avec des points
blancs à leur extrémité à la partie postérieure. Pattes jaunâtres,
avec des taches brunes aux cuisses et aux jambes. Palpes jaunes,
avec un digital brun.

Koch , Die Arachniden, t. 5, p. 121, Pl. 174, fig. 416.
Ancien-Monde — Europe — Haute-Italie.

§ LVII.

T. 1, p. 287. Ajoutez à la synonymie de la

LYCOSE TARENTULOÏDE SINGORIENNE :

Lycosa Latreilleii, Koch, Die Arachniden, t. 5, p. 99, Pl. 171,
fig. 406.

§ LVIII.

T. 1, p. 288. Après la description de la Lycose singorienne , ajoutez, comme espèce nouvelle :

6 *bis*. LYCOSE REVÊCHE. (*Lycosa vultuosa*.) Long. 10 lig. ♂. Long.
14 lig. ♀.

Abdomen brun rougeâtre, ayant sur le dos des rangées de points
jaunes ou blancs détachés, disposés longitudinalement ; ces rangées sont quelquefois au nombre de deux, quelquefois au nombre de trois ou quatre. Ventre noir.

Lycosa vultuosa , Koch, Die Arachniden , t. 5, p. 102, Pl. 171,
fig. 407. (Le mâle, variété à lignes blanches tremblées à la par-

tie postérieure, à abdomen noir).—Ibid, fig. 408 (la femelle,
variété à abdomen ferrugineux, et à quatre lignes de points détachés à la partie postérieure).—*Lycosa hellenica*, Koch, Die Arachniden, t. 5, p. 102, Pl. 172, fig. 409 (la femelle).—Ibid. t. 3,
p. 24, Pl. 81, fig. 181 (le mâle), variétés avec les deux lignes de
points jaunes qui sont les lignes latérales.

§ LIX.

Des écrits publiés sur les Tarentules.

T. 1, p. 292.

Pour connaître tous les écrits sur l'histoire de la
Tarentule que j'ai consultés, il faut joindre à la liste
des livres donnée en note à cette page de mon ouvrage,
ceux qui se trouvent indiqués dans mon Tableau des
Aranéides, dont je n'ai pas reproduit les titres. Depuis
j'ai trouvé à la bibliothèque de l'Institut un ouvrage
dont j'ignorais l'existence. C'est un in-folio intitulé :
Della tarantola ovvero falangio di Puglia. Comme le
titre frontispice manque, j'ignore quel est l'auteur de ce
traité fort diffus. Selon cet auteur, le premier qui aurait parlé de la Tarentule serait Nicolò Perotto, qui
vivait au milieu du treizième siècle. Ce qu'il en dit se
trouve dans un recueil de lettres, *Cornucopia*, co-
lonne 4 C, v. 50, édit. de Paganino, 1522. Voyez
aussi Grüter, *il Tesoro dei Critici*, cap. 31, p. 119,
où on cite un nommé Brodeau au sujet de la Tarentule. Il est aussi fait mention de la Tarentule dans le
poëme de Berni, *Orlando innamorato*, lib. 2, cap. 17,
stanze 6 e 7.

§ LX.

T. 1, p. 3o8.

4ᵉ Race. LES INSIGNÉES.

En tête de cette race, placez la description des deux espèces qui suivent :

16 *bis.* Lycose cotonneuse.—(*Lycosa xylina.*) — Long. 8 lig. *P.*

Abdomen ovale, allongé, d'un brun jaunâtre avec deux raies blanches ou jaunes, pointues et bordées de noir vers leur naissance et à leur extrémité, divergentes, formant un angle proche le corselet et n'atteignant pas le tiers de la longueur du dos ; et des taches grisâtres obscures faisant suite aux deux raies blanches. Côtés du ventre jaunâtres, milieu du ventre d'un noir velouté. Corselet jaune brun, revêtu de poils gris ou jaunes, qui forment une large bande rouge, pâle dans le milieu, s'élargissant vers la tête. Une bande jaune qui entoure le corselet et quatre rayons de même couleur qui tendent du centre à la circonférence. Pattes fortes, rougeâtres avec des points noirs aux articulations, et des raies longitudinales d'un brun plus foncé au fémoral.

Koch, Die Arachniden, t. 5, p. 119, Pl. 174, fig. 415. — *Lycosa xylina,* Wagner, Reisen in der Regenschaft Algier, 1841, in-8, t. 3, p. 241, Atlas, Pl. 10.

Ancien-Monde — Afrique — Algérie, aux environs d'Alger, de Bone et d'Oran.

Cette espèce a de la ressemblance avec l'Agrétique.

17 *bis.* Lycose famélique. (*Lycosa famelica.*) Long. 9 lig.

Abdomen ovale, allongé, brun foncé, ayant sur le dos deux lignes fauves claires formant un angle à côté courbé, ou figurant un Λ renversé dont la pointe est tournée vers le corselet, et se termine au tiers de l'abdomen ; puis quatre pattes fauves quadriformes ou ovalaires derrière lesquelles sont quatre chevrons de même couleur. Les deux bandes anguleuses, les quatre taches et les chevrons sont sablés ou perlés de points gris. Filets sétifères supérieurs revêtus de poils blancs. Ventre jaune ou blanc avec des bandes brunes souvent oblitérées à la partie postérieure. Corselet brun avec trois bandes jaunâtres et des rayons de mêmes couleurs. Les bandes jaunâtres sont divisées par des lignes fines, brunes, qui dans celle du milieu dessinent un ovale cuspidiforme partagé en deux. Pattes jaunâtres, le métatarse et le tarse rayés de noir, et des taches noires au commencement et à l'extrémité du tibial des pattes postérieures.

Koch, Die Arachniden, t. 5, p. 123, Pl. 174, fig. 417.

Ancien-Monde— Europe — Morée.

Pour le dessin et les couleurs du dos, cette Lycose ressemble beaucoup au Drasse que M. Koch a nommé *Melanophora varia* dans Herrich Schæffer, 134, 17.

§ LXI.

T. 1, p. 309.

17. Lycose agrétique.

Ajoutez à la synonymie de cette espèce :

Lycosa trabalis, Koch, dans Herrich Schæffer, 134, 19 (le mâle), fig. 20 (la femelle).

§ LXII.

T. 1, p. 318.

29. Lycose habile.

Ajoutez à la synonymie de cette espèce :

Lycosa amylacca, Koch, Die Arachniden, t. 5, p. 110, Pl. 172, fig. 412. (Long. 4 lig.)

En Autriche, prise sur les bords du Danube.

§ LXIII.

T. 1, p. 330.

LYCOSE ALLODROME.

Ajoutez à la synonymie de cette espèce :

Lycosa allodroma, Koch, Die Arachniden, t. 5, p. 106, Pl. 172, fig. 410 (le mâle), fig. 411 (la femelle). Long. 8 lig.

§ LXIV.

T. 1, p. 336.

N° 5. LYCOSE INTRÉPIDE.

Au lieu de ces mots : je la crois du Nouveau-Monde, lisez :

Ancien-Monde — Afrique, Algérie.
J'ai reçu d'Alger un individu de cette espèce qui n'avait que huit lignes de long.

§ LXV.

T. 1, p. 338.

LYCOSE RAVISSANTE. (*Lycosa raptoria.*)

A la description donnée ici du mâle de cette espèce, ajoutez celle de

La femelle :
Abdomen fauve sur le dos ; la tache noire qu'on observe dans le mâle est nulle ou oblitérée ; ventre d'un noir pâle. Les mandibules sont plus allongées et plus robustes que dans le mâle. Les poils rouges qui les recouvrent sont d'une couleur plus foncée, et les poils noirs de la base plus marqués ; crochets courts. Le corselet est moins allongé et moins resserré à sa partie antérieure ; la raie fauve longitudinale du milieu et les raies qui rayonnent du centre sont plus brunes et plus foncées. Les mâchoires et la lèvre sont de couleur noire. Les pattes sont moins

allongées et plus robustes ; leur couleur est d'un fauve plus
foncé que dans le mâle , et les taches noires du dessus bien marquées.

Variété A. Mandibules d'un fauve clair.

Lycosa erythrognata, Lucas , Ann. de la Soc. entomologique ,
année 1836, t.5, p. 521, Pl. 15, fig. B, le mâle.—Ibid. p. 524, la
femelle. — Ibid. p. 525, variété B, une femelle. — Ibid. Hist.
nat. des Crustacés, des Arachnides et des Myriapodes , p. 361.

§. LXVI.

T. 1, p. 341.

A la fin de la troisième famille des Lycoses , celle
des Porte-Queue , ajoutez la description de l'espèce
suivante :

64. Lycose à points blancs. (*Lycosa albipunctata.*) Long.
2 lig. ♂.

Ligne des yeux antérieurs courbée en avant, ceux de la seconde
ligne très-gros. Corselet brun noirâtre , allongé , bombé, ovalaire. Mandibules verdâtres , lavées de noir ; digital du mâle à
cupule ovalaire , large et pointue. Abdomen ovalaire , allongé ,
bombé , resserré sur les côtés , augmentant de grosseur vers la
partie postérieure , bombé sur le dos , d'un brun marron avec
six à sept points d'un blanc vif, entourés de noir de chaque côté ,
se rapprochant et se réunissant en angle à l'anus. Ventre d'un brun
rougeâtre avec des poils gris. Pattes allongées fines, la quatrième
paire surpassant de beaucoup les deux premières en longueur,
verdâtres , annelées, mouchetées et lavées de brun et de noir.

Ancien-Monde — Europe — France.

Prise le 28 septembre au Paraclet, près Nogent-sur-Seine ,
dans un tas de pierres ; elle court très-vite , et est difficile à
prendre.

§ LXVII.

Genre DOLOMÈDE.

T. 1, p. 349. Au *Dolomedes lycœna ,*
Effacez la citation du *Dolomedes errans* de Dufour.

T. 1, p. 350. Après le premier alinéa de cette page, ajoutez à la première famille une

4ᵒ Race. LES AGÉLÉNOIDES. (*Agelenoïdes.*)

Yeux *inégaux, ceux de la seconde ligne plus gros; ceux de la première ligne formant une courbe en arrière, et ayant les yeux intermédiaires plus petits que les latéraux.*

Lèvre *allongée, carrée, tronquée à son extrémité.*

Corselet *allongé, ovalaire, resserré et bombé à sa partie antérieure.*

Abdomen *ovalaire, allongé, grossissant à sa partie postérieure, bombé sur le dos, à filets sétifères allongés.*

DOLOMÈDE AGÉLÉNOÏDE. (*Dolomedes agelenoïdes.*) Long. 5 lignes.

Abdomen dont les côtés du dos sont d'un brun noir, moucheté, mêlé de taches rousses, tandis que le milieu a une bande plus claire, bordée de deux lignes comme l'Agélène labyrinthique ; les deux lignes, dans leur première moitié, ont deux taches rouges et brunes qui alternent, et elles sont jointes par des chevrons à leur partie postérieure. Ventre d'un rouge pâle, uniforme. Les yeux sont noirs et le bandeau grand. Les pattes et les palpes sont rouges sans annelures, mais avec des poils allongés et des piquants noirs. La quatrième paire de pattes est la plus longue, la première après, la troisième est la plus courte. Ces pattes sont fortes, longues, propres à la course, et elles ont le fémoral renflé, surtout aux pattes antérieures.

Ancien-Monde — Afrique — Algérie.

J'ai reçu cette espèce de M. Guyon, chirurgien en chef de notre armée d'Afrique. La forme du corselet et celle de l'abdomen ressemblent à celle de l'Agélène labyrinthique. La lèvre de la Dolomède agélénoïde est quadriforme, allongée, plus haute que large, tronquée à son extrémité. Les mâchoires sont droites, allongées, et s'élargissent graduellement vers leur extrémité. Le corselet est allongé, ovalaire, resserré vers la tête.

§ LXVIII.

T. i, p. 358. Remplacez la trop courte description du Dolomède de Dufour par la description suivante, faite sur des individus que j'ai reçus d'Algérie :

DOLOMÈDE DUFOUR. (*Dolomedes Dufourii.*) Long. 6 lig. ♂.
Long. 8 lig. ♀.

Yeux sur trois lignes bien distinctes ; les postérieurs portés sur un tubercule noir, les antérieurs latéraux plus gros que ceux de la ligne du milieu, qui sont ensuite les plus gros. Les antérieurs intermédiaires sont les plus petits de tous. Lèvre carrée aussi large que haute, échancrée à son extrémité, rouge ; mâchoires droites, écartées, à côtés parallèles arrondis à leur extrémité, rougeâtres ; mandibules fortes, bombées à leur insertion, verticales, rougeâtres avec des poils dorés plus abondants dans le mâle. Dans ce sexe, le corselet est grand, en cœur, plus large que l'abdomen, un peu déprimé ; il est couvert dans le mâle de poils fauves dorés, mélangé de noir dans la femelle, rouge et presque glabre dans le mâle. Le digital du mâle est pourvu d'une cupule ovalaire très-grosse, qui renferme un conjoncteur dont la forme est celle d'une coquille allongée et arrondie à l'un de ses bouts, et pointue à l'autre. L'abdomen dans la femelle est en ovale allongé, régulier, légèrement renflé dans son milieu, plus étroit et beaucoup plus allongé que le corselet ; celui du mâle est moins long et moins bombé. Le fond de la couleur est d'un fauve d'or dans les deux sexes, et le dos est pareillement fauve d'or ; mais dans la femelle, les poils fauves dorés paraissent superposés à des poils noirs, et il y a dans le milieu de la partie antérieure du dos une bande noire à double fer de flèche qui atteint la moitié du dos, sur les côtés de laquelle, et à la suite, on distingue obscurément de petites taches de poils dorés d'une couleur plus vive. Dans certains individus, il n'y a point de poils noirs sur les poils dorés à la partie postérieure, il n'y en a qu'à la partie antérieure. La vulve de la femelle offre une cavité noire séparée en deux par une bande plate. Les palpes, dans les deux sexes, sont de couleur fauve doré. Les pattes sont longues et fortes, moins fortes et plus allongées dans le mâle que dans la femelle. Le fémoral est renflé et rouge ; le tibial, le métatarse et le tarse sont lavés de noir. Les pattes diffèrent de longueur relative dans les deux sexes. Dans la femelle, c'est la première paire qui est la plus longue, la quatrième ensuite, et la seconde après; la troisième est la plus courte. Dans le mâle, au contraire, c'est la quatrième paire qui est la plus longue, la première après, et ensuite la seconde.

Dolomedes spinimanus. Dufour, Ann. des scienc. phys. t. V, Pl. 16, fig. 3. — Description de cinq Arachnides nouvelles. — *Dolomedes ocreatus*, Koch, dans Wagner, Reisen in der Regenschaft Algier, 1841, in-8°, t. 3, p. 212, atlas, Pl. 10. Le mâle, observé par M. Dufour, n'avait que cinq lignes. Les individus reçus par moi d'Algérie avaient six lignes. M. Koch donne huit lignes à son *Dolomedes ocreatus.* L'abdomen grossit vers sa partie postérieure. Le dos est fauve, avec un double ovale formé par de petits traits noirs, brisés à la partie antérieure; derrière sont quatre points bruns, les postérieurs très-rapprochés. Le corselet est ovalaire allongé, fauve, bordé de jaune, avec deux lignes formant l'Y, renfermant une partie claire jaune, qui a deux taches brunes. La tige de l'Y est sur un fond jaune clair, entouré de deux larges bandes brunes. Hanches, cuisses et génual jaunes, jambes et tarses noirs.

Ancien-Monde — Europe, en Espagne — Afrique, en Algérie.

C'est le dessin de M. Dufour qui est exact relativement à la longueur relative des pattes dans la femelle, et la description qui est fautive.

§ LXIX.

T. 1, p. 360.

Affinités du genre Dolomède.

Après ces mots : la position de leurs yeux, ajoutez :

Les Dolomèdes, par les longues filières de la race des Agélénoïdes, tiennent aux Agélènes et aux Hersilies. Le Dolomède admirable est le type primordial de ce genre, parce que, par son corselet court et par son abdomen très-allongé, il s'éloigne le plus du genre Lycose, dont se rapproche, sous ces deux rapports, le *Dolomedes fimbriatus.* Le Dolomède de Dufour a le corselet et l'abdomen de cette première famille des Dolomèdes, mais par les yeux il appartient à la troisième famille ou à celle du Dolomède admirable.

§ LXX.

T. 1 , p. 360.

Il faut placer à la suite du genre Doloméde le genre
suivant institué par M. Mac-Leay.

Genre DEINOPE. (*Deinopis.*)

Yeux *huit ; deux sont dorsaux et six frontaux ; sur
trois lignes. Quatre yeux petits sur la ligne
antérieure qui est courbée en avant. Les intermédiaires très-rapprochés. Les latéraux sur
les coins antérieurs du bandeau , et placés en
quelque sorte sur une ligne un peu plus avancée
que les intermédiaires. Derrière ces yeux latéraux sont les yeux de la seconde ligne, d'une
grosseur démesurée et placés très-près de ceux
de la première ligne. Les yeux de la troisième
ligne, au nombre de deux , sont dorsaux et
petits comme ceux de la ligne antérieure et très-
éloignés de ceux de la seconde ligne.* Ainsi :

Lèvre *allongée , quadriforme , resserrée dans son
milieu.*

Mâchoires *droites , écartées , épaisses , quadriformes ,
divergentes , tronquées obliquement au côté
interne , resserrées dans leur milieu , renflées
et arrondies à leur base.*

Pattes *très-allongées ; la première paire est la plus
longue , la seconde ensuite , la troisième après,
la quatrième est la plus courte.*

Deïnope Lamie. (*Deïnopis Lamia*.) Long. 5 lig. 1/2 ♀.

Grisâtre, velue. Les gros yeux noirs entourés d'un cercle de poils rouge brique. Corselet allongé, resserré et quadriforme à sa partie antérieure, arrondi et élargi à sa partie postérieure, ayant dans le milieu deux lignes ocracées obscures ; le sternum est bordé de noir sur les côtés. Abdomen très-allongé, cylindrique, avec quatre points noirâtres à la base, et tachés vers le milieu. Pattes tachées de noir. Le fémoral des pattes antérieures est garni au côté interne de touffes de poils épaisses et serrées.

Deïnopis Lamia, Mac-Leay, Annals of natural history, 1838, t. 2, p. 9, Pl. 2, fig. 3.

Nouveau-Monde — Archipel d'Amérique — Cuba.

Cette espèce se trouve sous les pierres, mais elle a en partie les habitudes des Dolomèdes et court très-vite.

Affinités du genre Deïnope. — Par ses yeux sur trois lignes, dont deux surpassent énormément les autres en grosseur, par la forme carrée de la tête, la forme allongée et cylindrique de l'abdomen, ses pattes allongées, ce genre a les plus grands rapports d'affinités avec les Dolomèdes, dont il a aussi les habitudes. Par les yeux et la forme large et carrée de la tête, ce genre se rapproche encore plus des Myrmécies. Par la forme de son corselet et de son abdomen, il a des rapports très-grands de ressemblance avec les Épéires allongées et les Tétragnathes, mais il s'en éloigne par ses caractères essentiels, et par ses affinités génériques, qui l'allient aux Dolomèdes et aux Myrmécies.

§ LXXI.

Genre CTÈNE.

T. 1, p. 364.

Ctène janéire.

Ajoutez à la description :

Sur le dos, deux rangs parallèles de taches noires au nombre de quatre de chaque côté : six filières très-apparentes. Le mâle a le digital peu renflé, la cupule ovale allongée pointue ; les mâchoires et la lèvre jaunâtres très-velues. La première et la seconde paire de pattes presque égales.

Je ne sais si la description et la figure peu précises de M. Griffith permettent d'ajouter, comme espèce distincte, le

CTÈNE WALCKENAER. (*Ctenus Walckenarius.*) Long. 15 lig.

Jaunâtre avec des raies rougeâtres, et des lignes noires.

Ctenus Walckenaerii, Edward Griffith, Animal kingdom, by baron Cuvier, with supplementary additions to each order, 1833, t. 13, p. 417 et p. 538.

Ce volume renferme la copie de presque toutes les figures d'Aranéides que nous avons publiées. C'est pourquoi, pour ne pas faire de double emploi, nous nous sommes abstenu de citer cet ouvrage, qui cependant, par cette réunion de figures, est très-utile pour l'étude.

§ LXXII.

Genre SPHASE.

T. 1, p. 373.

SPHASE HÉTÉROPHTHALME.

Ajoutez à la synonymie :

Sphasus variegatus, Koch, Die Arachniden, t. 5, p. 95, Pl. 170, fig. 403.

T. 1, p. 374.

SPHASE ITALIEN.

Ajoutez à la synonymie :

Sphasus gentilis, Koch, Die Arachniden, t. 5, p. 97, Pl. 170, fig. 404. (Se trouve en Morée.)

Ajoutez ensuite une nouvelle espèce :

2 *bis.* SPHASE ALGÉRIEN. (*Sphasus algerianus.*) Long. 3 lig.

Corselet rouge, abdomen rouge avec des taches et des poils gris sur les côtés, ventre blanchâtre. Pattes et palpes d'un rouge pâle uniforme.

Ancien-Monde — Afrique — Alger.

T. 1, p. 375.

SPHASE RAYÉ.

A la synonymie , où on lit : *Oxyopes variegatus* , Latreille , lisez :

Oxyopes lineatus , Latreille.

Et ajoutez à la synonymie :

Sphasus lineatus , Koch, Die Arachniden , t. 3 , p. 12 et 13, Pl. 77, fig. 171 (le mâle), fig. 172 (la femelle).

T. 1, p. 378. Ajoutez après le Sphase à bandes l'espèce nouvelle qui suit :

11 *bis.* SPHASE PALE. (*Sphasus pallidus.*) Long. 5 lig. ♂. 9 lig. ♀.

Corselet grand , bombé , arrondi à sa partie postérieure avec un sillon longitudinal profond , rouge fauve , lavé de brun sur les côtés , et en devant. Abdomen allongé, cylindroïde , diminuant vers l'anus, jaune doré; pattes très-allongées , rougeâtres avec des piquants; les antérieures beaucoup plus longues que les postérieures et dans cet ordre 1, 2, 4 et 3.

Sphasus pallidus, Koch, Die Arachniden , t. 5 , p. 98, Pl. 170, fig. 405.

Nouveau-Monde — Indes occidentales.

Le mâle que j'ai décrit dans la collection de M. Guérin , n'avait que cinq lignes de long et venait de Cuba. La femelle décrite par M. Koch était beaucoup plus grande. Le bandeau dans cette espèce est très-élevé, rougeâtre ; l'aréole des yeux est couverte de poils jaunes dorés; la capsule du mâle est petite, interne, avec deux conjoncteurs supplémentaires , présentant des filaments allongés , dont un est renflé à son extrémité.

§ LXXIII.

T. 1, p. 379.

Sur les habitudes des Sphases.

Sphasus floricolens.

M. Mac-Leay dit que les Sphases sont sédentaires , qu'on en

trouve à Cuba une espèce verte qui y est extrêmement commune, et qui est nommée *Sphase floricole.* D'un autre côté, M. Hahn dit du *Sphase hétérophthalme* qu'il saute et court très-vite. Ces deux indications ne sont pas contradictoires et rapprochent les Sphases des Attes et des Myrmécies, sédentaires aussi, mais aussi sautant et courant. Ce genre est donc intermédiaire, pour les habitudes comme pour le placement des yeux, entre les Lycoses, les Dolomèdes, les Attes, et les Myrmécies. C'est l'idée que j'en ai donnée quand j'ai détaillé ses affinités ; mais il convient, je crois, de les placer plus près des Attes et des Myrmécies que je n'avais fait, et de les mettre dans les Saltigrades ou Voltigeuses. (Conférez Mac-Leay, Annals of Natural history, 1838, t. 2, p. 7, et notre Tableau des genres d'Aranéides, t. 1, p. 202.)

§ LXXIV.

T. 1, p. 383.

DOLOPHONE NOTACANTHE.

Ajoutez à la synonymie :

Acrosoma notacantha, Voigt, dans Cuvier, Thierreich, Leipzig 1836, in-8°, t. 4, p. 370.

A la ligne **27**, au lieu de : angle visuel, lisez : axe visuel.

§ LXXV.

T. 1, p. 385.

Genre MYRMÉCIE.

MYRMÉCIE FAUVE.

Ajoutez à la synonymie :

Pl. 9, fig. 2 D, 2 A, 2 *l*, 2 B, 2 F, 2 P, de cet ouvrage.—*Myrmecium rufum*, Latreille, Annales des sciences naturelles, t. 3, p. 27, Pl. 2, fig. 1 à 7 de l'Atlas, et page 49 du texte de l'Atlas pour l'explication. — *Myrmecia rufa*, Pl. 13, fig. 4, des Planches de l'édition de 1836 du Règne animal de Cuvier.

T. 1, p. 388.

MYRMÉCIE MÉLANOCÉPHALE. (*Myrmecia melanocephala.*) Long. 4 lig. 1/2 ♀.

Corps divisé par des étranglements en cinq parties ; tête noire, mandibules rouges à leur extrémité, jaunes à leur base, très-allongées, carrées à leur extrémité, resserrées à leur insertion; crochet très-allongé. Corselet grand, quadriforme à sa partie antérieure, resserré sur le derrière de la tête , ovalaire et rougeâtre à sa partie postérieure. Viennent ensuite trois étranglements , dont un cylindrique et comme un vertébral prolongé , jaune. L'abdomen divisé en deux étranglements, le premier gonflé, globuleux , le dernier renflé , mais plus allongé ovalaire. Pattes allongées, rougeâtres ; la quatrième paire est la plus longue , la première ensuite, la troisième est la plus courte.

Myrmarachne melanocephale , Mac-Leay, Annals of natural history , 1838, t. 2, p. 10-12 , Pl. 1, fig. 4.

Nouveau-Monde — Archipel d'Amérique — Cuba.

C'est à la *Myrmecia vertebrata* et à la *Myrmecia fulva*, que la *Myrmecia melanocephala* ressemble le plus.

Les yeux postérieurs paraissent plus reculés et à une plus grande distance de ceux de la seconde ligne dans la *Myrmecia Melanocephala* que dans la *Myrmecia fulva*, et plus semblables à ceux du genre *Attus*.

Sur la division du genre Myrmécie.

Ce genre Myrmécie ne sera bien connu que lorsqu'on aura pu rapprocher et comparer les espèces. La *Fulva* , la *Vertebrata* , la *Nigra* et la *Melanocephala*, paraissent former une même race dont le corps est divisé en cinq parties.

La *Lunata* n'a le corps divisé qu'en quatre parties, et tous ses segments sont ovalaires. Elle n'en a point de cylindrique, et paraît former à elle seule une race à part.

Une troisième race serait formée par la *Rubra* et la *Caliginosa*, dont le corps n'est divisé qu'en trois parties ; la partie du milieu est triangulaire, l'antérieure quadriforme, la postérieure ovalaire ou globuleuse.

Si ces observations sont reconnues exactes , les trois races de Myrmécies pourront être ainsi distinguées :

1re Race. **LES QUINQUISECTES.**

Abdomen *en cinq divisions dont une vertébrale cylindrique.*

1. Myrmécie fauve.
2. Myrmécie noire.
3. Myrmécie mélanocéphale.

2e Race. **LES QUADRISECTES.**

Abdomen *en quatre divisions ovalaires et renflées.*

4. Myrmécie à croissant.

3e Race. **LES TRISECTES.**

Abdomen *en trois divisions, renflées, ovalaires et triangulaires.*

5. Myrmécie rouge.
6. Myrmécie sombre.

§ LXXVI.

Genre ÉRÈSE.

T. 1, p. 397.

ÉRÈSE IMPÉRIALE.

La couleur ardoisée de cette Araignée résulte du mélange de poils noirs et blancs, très-courts, sur l'abdomen et le corselet; en dessus sont les poils blancs et les poils sont fauves en dessous. Le dos a six points enfoncés disposés longitudinalement sur deux lignes sur le milieu du dos. Les poils blancs sont roux sous le ventre; sur les mandibules et sur les pattes ils sont d'un roux orange vif à l'extrémité des articulations des pattes et y forment de petits anneaux très-étroits.

Ancien-Monde — Afrique — Algérie.

L'espèce d'Algérie n'a que quatre lignes. Non-seulement cette espèce diffère de l'Épéire frontale par les poils roux de la partie antérieure du corselet, mais ce corselet est plus court dans *l'impériale* que dans la *frontale*. Dans l'impériale les yeux postérieurs sont très-petits et très-enfoncés dans les poils, plus en arrière, et plus reculés sur les côtés du dos.

T. 1, p. 398.

ÉRÈSE WALCKENAER.

Les couleurs du ventre distinguent bien cette espèce de la précédente, car le ventre de l'*Impériale* est toujours noir ou de couleur sombre.

T. 1, p. 407.

ATTE PARÉ. (*Attus scenicus.*)

Ajoutez à la synonymie :

Calliethera scenica, Koch, Ubersicht der Arachniden systems, p. 3o, Pl. 4, fig. 56.

J'ai pris un *Attus scenicus* dans mon parc de Villeneuve-Saint-Georges, le 2 août. C'était une femelle enfermée seule dans un sac très-blanc appliqué sur une feuille de laurier rose.

T. 1, p. 408.

ATTUS PSYLLE. (*Attus psyllus.*)

Ajoutez à la liste des pays où l'on a trouvé l'*Attus psyllus*, la Suède.

T. 1, p. 411.

ATTE CUIVRÉ. (*Attus cupreus.*)

A la fin du premier alinéa, ajoutez :

Le 2 novembre j'ai trouvé dans une grappe de raisin, à la base du pédoncule d'un grain, un jeune mâle de cette espèce renfermé dans son sac de soie.

§ LXXVII.

T. 1, p. 416.

Ajoutez, après l'*Attus frontalis*, la description de l'espèce suivante, qui est inédite :

N° 18 *bis*. ATTE AGILE (*Attus agilis.*) — Long. 3 lig. 1/2.

Yeux latéraux, à égale distance des yeux antérieurs et des

yeux postérieurs. Corselet grand, aussi allongé que l'abdomen dans la femelle, et dans le mâle plus allongé ; ce corselet est entouré d'une bande de poils blancs , jaunâtres, et dans le milieu d'une raie longitudinale de même couleur, qui se termine vers les yeux, dans quelques individus, par un petit triangle blanc. De chaque côté de cette ligne , le fond est noir , mais avec des poils ou des taches fauves dorées. L'abdomen est ovale, allongé, grossissant vers la partie postérieure , d'un roux fauve mélangé de taches noires et jaunes et d'un roux doré; sur le milieu du dos sont quatre points noirs en carré, et ensuite, à la partie postérieure , deux raies noires festonnées formant une sorte de trapèze , dont le côté antérieur se complète par les points noirs postérieurs du milieu du dos , et dont l'angle terminal postérieur aboutit au-dessus des filières. Ventre et sternum fauve pâle. Pattes assez allongées , d'un roux pâle, obscurément annelées de brun pâle. Le fémoral des pattes antérieures est noir dans le mâle , fauve rougeâtre comme les autres dans les femelles. C'est la quatrième paire de pattes qui , dans les femelles , est la plus allongée, ensuite la première , puis après la deuxième ; la troisième est la plus courte. Dans le mâle , au contraire , c'est la première paire de pattes qui est la plus longue , la seconde ensuite , la quatrième; après la troisième est la plus courte. Les palpes sont dans le mâle recouvertes à leur second article de ces poils d'un jaune vif qui tranchent avec le noir du dernier article dont la cupule est un ovale allongé. Dans la femelle ces palpes sont simplement velues et d'un rouge pâle comme les pattes. Le corselet a aussi des couleurs beaucoup plus vives dans le mâle que dans la femelle.

Ancien-Monde — Afrique — Algérie.

De ma collection, envoyée par M. Guyon.

T. 1, p. 461.

ATTE TARDIGRADE. (*Attus tardigradus.*)

Ajoutez à la synonymie :

Dendryphantes muscosus, Koch übersicht des Arachniden Systems, p. 31.

T. 1, p. 432.

51. ATTE A QUATRE TACHES.

Ajoutez, comme synonymie :

Salticus quadrimaculatus, Guérin, Arachnides du Voyage de la Favorite, p. 7, Pl. 17, fig. 2, dans le Magasin de zoologie pour 1838.

T. 1, p. 473.

Ajoutez à la fin de la page :

A *bis*. Les Africaines.

Espèces de cette famille qui ont été trouvées en Afrique.

133 *bis*. ATTE POURPRE. (*Attus purpuratus.*) Long. 4 lig. ♂.

Corselet épais, noir, aussi long et aussi large que l'abdomen. Abdomen ovale, déprimé, renflé dans son milieu, entouré sur les côtés d'une couleur pourprée ou rouge de brique : sur le milieu du dos sont deux gros points de même couleur sur une ligne transversale. Ventre rouge. Pattes et palpes avec des poils fauves. La cupule des palpes est peu dilatée, presque filiforme, et un peu renflée par des poils. Elle est allongée et elle a un conjoncteur en crochet. Les pattes antérieures ont les cuisses très-renflées. Ces pattes sont peu allongées ; la première paire est la plus longue, la seconde ensuite, la troisième est la plus courte. Les yeux de la ligne intermédiaire sont un peu plus rapprochés de la ligne des yeux antérieurs que de la ligne des yeux postérieurs. Ils sont tous de couleur jaune, brillants.

Ancien-Monde — Afrique — Algérie.

J'ai reçu trois individus mâles et pas une seule femelle.

T. 1, p. 475.

137 *bis*. ATTE CASTELNAU. (*Attus castellanus.*) Long. 2 lig. 1/2.

Corselet large, très-épais, rhomboïdal, brun en dessus avec une ligne longitudinale blanche bordée de rouge orangé qui s'élargit à sa partie antérieure ; le bandeau, les mandibules et les côtés du corselet sont revêtus de poils d'un blanc de neige.

L'abdomen est jaune cuivré dans le milieu, entouré de brun sur les côtés qui vers le ventre présentent une bande d'un blanc éclatant comme celle du corselet, mais très-étroite. Les yeux latéraux de la seconde ligne sont plus rapprochés des antérieurs que des postérieurs. Les pattes sont annelées de brun et de blanc ; elles sont allongées : la première est la plus courte, la seconde ensuite, la quatrième après. Les palpes sont peu allongées ; leur digital est ovoïdo-cylindrique ; le conjoncteur est aplati et arrondi ; les mandibules sont courtes, cunéiformes, se portant un peu en avant. Les poils blancs qui les recouvrent à leur insertion ne se prolongent pas jusqu'à leur extrémité qui est d'un rouge brun.

Nouveau-Monde — Amér. sept., de la Vera-Cruz.

De ma collection donnée par M. Delaporte, comte de Castelnau.

Classification des Attes d'après la longueur relative des pattes.

T. 1, p. 483.

Ajoutez à la classification n° I, et avant la lettre A qui sera A *bis*, la section suivante :

I, A.

1, 2, 4, 3.

Attus agilis (mas.) (n° 18 *bis*, t. 1, p. 416 *bis*).
— Purpuratus (mas.) (n° 133 *bis*, t. 1, p. 473).

T. 1, p. 484, au :

II, C.

1, 4, 2, 3.

Attus purpuratus (n° 133 *bis*, t. 1, p. 474), *femina.*

T. 1, p. 485.

Ajoutez au :

IV, A.

4, 1, 2, 3.

Attus agilis (n° 18 *bis*, t. 1, p. 416), *femina.*

30.

Classification des Attes d'après la position des yeux.

T. 1, p. 487.

A la classification n° II, par les yeux, ajoutez :

II.

Attus agilis (n° 18 *bis*, 146).

Et au :

III.

Attus purpuratus (n° 133 *bis*, t. 1, p. 474).

§ LXXVIII.

Genre THOMISE.

T. 1, p. 500.

THOMISE ARRONDIE.

Ajoutez :

Après la ponte son abdomen est plus allongé, plus pointu, pyriforme.

Commune aussi dans l'Algérie.

Au lieu de :

Son abdomen (celui du mâle) est peu allongé,

Lisez :

Son abdomen est plus allongé.

T. 1, p. 504.

Après la 8e espèce, ajoutez la description de l'espèce suivante, qui est nouvelle.

8 *bis*. THOMISE OCRACÉE. (*Thomisus ochraceus.*)

Abdomen d'un jaune d'ocre uniforme, avec dix points enfoncés, très-fins, formant un angle sur le dos ; épiderme coriacé ou ressemblant à la loupe à du cuir ; ventre jaune. Corselet très-bombé dans son milieu d'un jaune blanchâtre. Région des yeux blanche ; mandibules, palpes et pattes d'un jaune plus clair que la couleur du dos. Les pattes antérieures ont le fémoral renflé, la seconde paire est la plus longue, les pattes postérieures sont minces et courtes.

Ancien-Monde — Afrique — Algérie.

De ma collection, envoyée par M. Guyon.

T. 1, p. 518.

Ajoutez, après le numéro 26, cette nouvelle espèce :

THOMISE SANGUINOLENT. (*Thomisus sanguinolentus.*) Long. 3 lig. 1⁄2 ♂.

Abdomen avec les deux bosses ; dos jaune lavé de rouge pâle proche le corselet et des traits de même couleur sur les côtés. Ventre d'un jaune uniforme. Corselet couleur jaune pâle. Tête anguleuse ; du rose vineux entre les deux pointes ou angles cornus ; trois taches ou bandes verticales de même couleur au bandeau qui n'a que deux taches angulaires jaunes. Le rose vineux colore aussi les mandibules à leurs côtés externes ; le reste est jaune, mais le bandeau projette entre les mandibules un petit corps jaune, arrondi. Les pattes et les palpes sont plutôt tachées qu'annelées de rouge. Ce sont surtout ces pattes tachées de couleur sanguine au fémoral et au tibial, qui frappent d'abord ; ces taches sont de la même couleur que celles du bandeau. Le sternum est jaune pâle. Les yeux sont petits et tous placés sur les bandes de couleur sanguine ou vineuse de la tête.

Ancien-Monde — Afrique — Algérie.

Cette espèce a beaucoup de rapport avec le *Thomisus maculatus.*

De ma collection ; envoyé par M. Guyon, chirurgien en chef de l'armée d'Afrique.

T. 1, p. 523.

THOMISE CRÊTÉE. (*Thomisus cristatus.*)

Ajoutez, à la fin de l'article de la Thomise crêtée :

Très-commune dans les environs de Paris à la fin d'octobre. Se promenant alors sur les tiges des plantes pour saisir les jeunes Aranéides et s'en nourrir.

T. 1, p. 524.

Ajoutez la description de la nouvelle espèce suivante, après la Thomise sablée :

34 *bis*. THOMISE VEINÉE. (*Thomisus venulatus*.) Long. 2 lig. 3/4 ♀.

Abdomen d'un blanc jaunâtre subpyriforme, avec de petites raies longitudinales en festons extrêmement fines, d'un rouge sanguin, en veines parallèles formant des ovales renfermés les uns dans les autres. Ventre blanchâtre, uniforme. Corselet d'un brun jaunâtre dans le milieu, brun sur les côtés et vers la tête. Sternum, mâchoires, mandibules, pattes et palpes d'un jaune pâle.

Ancien-Monde — Afrique — Algérie.

De ma collection, envoyé par M. Guyon.

T. 1, p. 532.

THOMISE EN COIN. (*Thomisus cuneatus*.) Long. 1 lig. 1/2 ♂.

Abdomen ovale, allongé, pyriforme, élargi dans son milieu, tronqué à sa partie postérieure, coupé en triangle, avec les coins du dos proéminents, d'un gris jaunâtre sur le dos, avec une raie longitudinale en trapèze allongé proche le corselet, qui atteint la moitié de l'abdomen. Des mouchetures plus grosses et plus fortes à la partie postérieure. Corselet brun sur les côtés avec un triangle jaune dans le milieu subdivisé en deux petits triangles bruns. Pattes jaunes lavées de brun, particulièrement aux articulations. L'endroit des yeux est d'un jaune citron.

Xysticus cuneatus, Koch, Herrich Schæffer, Deutschland insecten, 134-24.

Ancien-Monde — Europe.

T. 1 , p. 536.

THOMISE HÉRISSÉE. (*Thomisus villosus.*)

Ajoutez , à la fin de la description de la Thomise hérissée :

Ancien-Monde — Europe — France — Afrique — Égypte — Algérie.

Le mâle et la femelle de cette espèce m'ont été envoyés d'Algérie. Le mâle a les pattes antérieures très-longues , et le fémoral non renflé. Le conjoncteur est conchyliforme, ses bords sont noirs et en spirale.

§ LXXIX.

Genre SÉLÉNOPS.

T. 1 , p. 548.

2e FAMILLE. LES AÏSSES.

Mettez en tête des caractères des Aïsses :

Yeux latéraux de la ligne postérieure ronds.

T. 1 , p. 549. Il faut ajouter au genre Sélénops une famille ainsi caractérisée :

4e FAMILLE. LES HYPOPLATÉES (*Hypoplatea*).

Lèvre courte , semi-circulaire.
Yeux latéraux de la ligne postérieure ovales.
Pattes , la troisième paire la plus longue, la seconde ensuite, la première est la plus courte.

SÉLÉNOPS PROMPT. (*Selenops celer.*) Long. 6 lig. 1/2.

D'un fauve grisâtre ; corps très-plat. Abdomen plus long que large , plus étroit que le corselet, coupé en ligne droite à sa partie antérieure, à côtés droits et arrondis, se rétrécissant vers sa partie postérieure ; raie noire vers la pointe ; trois points noirs proche le corselet ; des points noirs cachés parmi les points jaunes. Fémoral avec trois anneaux noirs transverses, coupés par des anneaux jaunes ; tibial, métatarse et tarse jaunes avec des anneaux d'un noir pâle.

Hypoplatea celer, Mac-Leay, Annals of natural History, 1838, in-8°, t. 2, p. 6, Pl. 1, fig. 2.

Amérique — Archipel — commune à Cuba.

Cette espèce court sur les plafonds, dans les temps de pluie, avec une rapidité extraordinaire, et plus vite que les Lycoses, que Latreille a cependant nommées citigrades par excellence.

§ LXXX.

Genre PHILODROME.

T. 1, p. 558.

Philodrome oblong. (*Philodromus oblongus.*)

Ajoutez à la synonymie :

Thanatus trilineatus, Koch, Ubersicht des Arachniden systems, p. 28, n° 2.

T. 1, p. 559.

Philodrome rhombifère. (*Philodromus rhombiferens.*)

Ajoutez à la synonymie :

Thanatus formicinus, Koch, Ubersicht des Arachniden systems, p. 28, n° 1, Pl. 4, fig. 51 (les yeux).

Selon Dugès, cette espèce place son cocon plat et étoilé contre terre, au pied des touffes de gramen, et le surmonte d'une toile verticale pareille à celle d'une brigantine de navire.

Annales des sciences naturelles, 1836, seconde série, t. VI, p. 196.

Sur l'établissement du genre Philodrome.

T. 1, p. 562.

M. Koch, Ubersicht, p. 28, cite à tort Latreille

comme ayant établi le genre Philodrome; ce genre a d'abord été proposé par moi dans l'Histoire naturelle des Aranéides de France faisant partie de la *Faune française*. Il a été aussitôt adopté par Latreille qui n'a pas manqué de me citer à cette occasion. Ce n'est au reste qu'une des familles du genre Thomise de mon *Tableau* converti en genres ; il en est de même du genre Olios, ce sont deux familles que j'ai pour la première fois détachées du genre Thomise dans cette *Histoire naturelle des insectes aptères*, pour en faire un genre.

§ LXXXI.

Genre OLIOS.

T. 1 , p. 567.

1ʳᵉ Famille. LES ROBUSTES.

Olios leucosie.

Ajoutez à la synonymie :

G. *Sarotes*, Sundevall, Conspectus Arachnidum, p. 24.

P. 670. Ajoutez cette nouvelle espèce :

Olios morbide. (*Olios morbillosus.*)

Les deux paires de pattes antérieures beaucoup plus longues, grisâtres, corselet avec une grande tache en croissant d'un vert brun à la partie postérieure.

Thomisus morbillosus, Appendix to King's Survey of the intertropical and western coasts of Australia, 1827, in-8°, t. 2, p. 469, n° 192. — *Olios morbillosus*, Mac-Leay, Annals of natural history, t. 2, p. 8.

De la Nouvelle-Hollande.

C'est d'après l'assertion de M. Mac-Leay que je place dans le genre Olios cette espèce, dont au reste la description est insuffisante.

T. 1, p. 571.

3e Famille. LES ÉNERGIQUES.

Ajoutez cette nouvelle espèce :

OLIOS POILU. (*Olios setulosus.*) ♂. Long. 8 et 9 lig.

Couleur jaune d'ocre, disque du corselet d'un roux ferrugineux. Abdomen ovale. La deuxième paire de pattes est la plus allongée ; elle a deux pouces 4 lignes. La première et la quatrième paires sont presque égales, la troisième paire est la plus · courte. Ces pattes sont garnies de piquants noirs, épars. Le digital du mâle est ovale.

Micrommata setulosa, Perty, Delect. anim. artic. in Bras. collect. p. 195, Pl. 38, fig. 13. — *Ocypete setulosa*, Koch, Ubersicht des Arachniden system, p. 27.

7e Famille. LES SPARASSOÏDES.

T. 1, p. 574.

14. OLIOS A TARSES SPONGIEUX.

Selon Dugès, il faudrait effacer cette septième famille des Olios et cette espèce, attendu que le Micrommate (Sparasse) à tarses spongieux, d'après lequel je l'ai formée, est le mâle du Sparasse argelas, et n'est pas une espèce distincte. Ainsi que je l'ai dit, je n'ai point vu le Sparasse à tarses spongieux, et je ne le connais que d'après la description de Dufour ; mais j'ai vu et décrit des mâles du Sparasse argelas, qui m'ont paru avoir beaucoup plus de ressemblance avec la femelle que le Micrommate à tarses spongieux ; de sorte que je doute un peu de l'exactitude de l'observation de Dugès. Elle a du moins besoin d'être vérifiée. Conférez, *Annales d'histoire naturelle*, seconde série, t. VI, p. 196.

T. 1, p. 575.

M. Mac-Leay affirme que les Olios n'attaquent point les Lézards, et il remarque que le *Thomisus morbillosus*, dans King's *Survey of intertropical and western coasts of Australia*, t. 2, p. 469, appartient au genre Olios. (Conférez, *Annals of natural history*, 1838, t. 2, p. 8.)

M. Mac-Leay ajoute qu'il croit qu'aucune Aranéide n'attaque l'animal vertébré. Plusieurs observations de voyageurs semblent démentir ce fait, èt M. Griffith dit qu'un M. Arthaud a donné la mort à des poulets en les faisant mordre par la grande Mygale du cap de Bonne-Espérance (*Mygale cancerides*). M. Dugès a vu étrangler un Lézard par une Mygale maçonne. (Voyez ci-dessus, p. 425, et Griffith, dans Cuvier, *Animal kingdom*, t. 13, p. 458.)

§ LXXXII.

Genre CLASTES.

T. 1, p. 579.

Après la description du Clastes Abbot, ajoutez celle des deux espèces suivantes :

3. Clastes vert. (*Clastes viridis.*) Long. 9 lig.

Abdomen ovale un peu renflé, d'un brun vert pomme. Dans le milieu est une bande longitudinale, d'un vert plus foncé, sur laquelle se détachent par paires six ovales ou ronds blancs ou d'un jaune pâle, accouplés par paires. Les deux premières sont bordées de noir à leur partie supérieure par une raie qui croise une raie longitudinale noire, laquelle atteint la moitié antérieure du dos : de chaque côté de cette bande longitudinale verte sont des raies plus pâles se rejoignant à l'extrémité supérieure et à l'extrémité postérieure, jaunâtre à sa partie antérieure, verdâtre à sa partie postérieure; les côtés qui bordent ces deux bandes sont vert foncé comme la bande du milieu. Les filières sont d'un jaune pâle. Le corselet est ovalaire peu allongé, d'un vert pâle avec des points rouges. Les pattes sont allongées, jaunâtres; le fémoral est pointillé de rouge. Elles ont des poils fins allongés.

Abbot, Georgian spiders, p. 32, fig. 406.

Nouveau-Monde — Géorgie.

Prise le 12 septembre. Abbot dit à tort que cette espèce est peut-être la femelle de celle de la fig. 401 ; ce sont deux femelles qu'il a figurées. Le cocon est brun et a la forme d'un pain de sucre, mais présentant un cône moins allongé et moins pointu.

4. CLASTES ROSE. (Clastes roseus.) Long. 9 lig.

Abdomen ovale allongé, renflé vers sa partie antérieure, diminuant vers sa partie postérieure; milieu du dos à fond vert pomme, avec trois ovales ou ronds se touchant proche le corselet en trèfle, entourés de rose vif, l'antérieur rond d'un vert pâle, les deux autres ovales blancs ou jaune pâle ; au-dessous trois autres petits cercles blancs entourés de rose placés de même en trèfle, bordés de vert entourés de rose. Derrière une tache verte entourée de rose en fer à cheval, et derrière ces taches des lignes obliques roses ou en chevrons au nombre de quatre ; les deux antérieures disjointes ; les côtés du dos et de l'abdomen sont verdâtres, chinés de rose. Le corselet est ovalaire, allongé, d'un vert pâle avec des U ou fers à cheval roses, opposés dans leurs côtés convexes; le croissant postérieur beaucoup plus petit; une petite ligne rose, fine, longitudinale, qui traverse le milieu des deux demi-cercles, et trois gros points roses de chaque côté. Pattes allongées jaunâtres avec des taches verdâtres et des points roses.

Abbot, Georgian spiders, p. 23, fig. 411.

Trouvé dans un champ de blé des bois de chênes du comté de Burke, avec ses cocons qui sont d'une couleur brune foncée, et ont la forme d'un bloc à chapeau.

Cette espèce tend quelques fils irréguliers.

§ LXXXIII.

Genre SPARASSE.

T. 1 , p. 583.

Sparasse émeraude.

A la fin du premier alinéa ajoutez cette observation de Dugès que nous transcrivons :

Le Sparasse émeraude joint ordinairement ensemble par leurs bords trois feuilles de ronces ; quelquefois il roule en cornet une feuille de bouillon blanc ; et je l'ai forcé même à se contenter de papier, ayant placé dans un verre une femelle dont le ventre, considérablement renflé, annonçait une ponte prochaine. Cette espèce m'a montré le même soin pour maintenir fixe sa cellule, comme si elle eût craint de la voir roulée au loin par les vents ; chaque fois que je l'ai détachée de l'arbuste qui la portait, l'animal en est sorti la nuit pour l'attacher de toutes parts au moyen de cordages très-rationnellement disposés.

Annales des sciences naturelles, seconde série, vol. VI , Zoologie , p. 193.

T. 1 , p. 584.

Selon M. Dugès, il n'est pas douteux que le Micrommate à tarses spongieux de M. Dufour ne soit le mâle du Micrommate argelas (*Sparassus argelas*).

Conférez *Annales des sciences naturelles*, 1826 , in-8°, t. VI , Zoologie, p. 184 , et ci-dessus, p. 474.

§ LXXXIV.

Genre CLUBIONE.

T. 1 , p. 591.

2. Clubione amarante.

Ajoutez à la description de l'espèce :

Corselet verdâtre.

Et à la synonymie :

Clubiona pallens, Koch, Die Arachniden, t. 6, p. 19, Pl. 185, fig. 443 (le mâle).—Ib. fig. 444 (la femelle).—Bonne figure ; la raie du dos est si fine qu'elle ne s'aperçoit souvent que quand l'Aranéide a été plongée dans l'esprit-de-vin. C'est une jeune que M. Koch a décrite.

T. 1, p. 591.

3 A. CLUBIONE ATTIFÉE. (*Clubione compta.*) Long. 2 lig. 1/4.
2 lig. 1/4.

Abdomen d'un jaune d'ocre, avec trois petites taches brunes triangulaires sur le dos, une double raie brune longitudinale à la partie antérieure.

Clubiona compta, Koch, Die Arachniden, t. 6, p. 16, Pl. 185, fig. 440.

Ancien-Monde — Europe — Allemagne.

Trouvée en juillet, par M. Koch, dans un buisson près d'un bois, en Franconie : rare.

T. 1, p. 592.

CLUBIONE MARRON.

Ajoutez à la synonymie :

Melanophora pallipes, dans Herrich Schæffer, 134, 18

T. 1, p. 594.

CLUBIONE ACCENTUÉE.

Ajoutez à la synonymie :

Anyphæna accentuata, Koch, Ubersicht des Arachniden systems, p. 18, n° 1, Pl. 3, fig. 34.

T. 1, p. 597.

8. CLUBIONE AMUSSE.

Ajoutez à la synonymie :

Lucia germanica, dans Herrich Schæffer, Koch, dans Herrich Schæffer, 141, 3 (le mâle).—Ibid. n° 4 (la femelle).

T. 1, p. 598.

10. CLUBIONE LAPIDICOLE.

Ajoutez à la synonymie :

Drassus lapidicola, Koch, Die Arachniden, t. 6, p. 28, Pl. 187, fig. 450 (le mâle).—Ibid., 451 (femelle pleine).

Drassus signifer, Koch, Die Arachniden, t. 6, p. 31, fig. 352. C'est la Lapidicole jeune. Abdomen gris, brun, qui se termine par des raies transversales, noires, brisées à la partie postérieure. Les jambes et les tarses ont quelques petits anneaux noirs.

T. 1, p. 600.

CLUBIONE LIVIDE.

Il faut distinguer deux variétés de cette espèce :

VARIÉTÉ A. *Clubiona livida flava*, la Clubione livide jaune qui est le

Drassus lutescens, Koch, Die Arachniden, t. 6, p. 21, Pl. 186, fig. 445.

VARIÉTÉ B. *Clubiona livida rubra*, la Clubione livide rougeâtre, qui est le

Drassus rufus, Koch, Die Arachniden, t. 6, p. 33, Pl. 189, fig. 153 (le mâle).—Ibid., fig. 154 (la femelle).

T. 1, p. 600.

Après la Clubione livide, ajoutez les espèces suivantes qui sont nouvelles :

CLUBIONE SÉVÈRE. (*Clubiona severa*.) Long. 5 lig. ♀.

Abdomen ovale, allongé, avec deux rangs de traits inclinés blancs; corselet d'un rouge jaunâtre; pattes et palpes d'un jaune d'ocre terne.

Drassus severus, Koch, Die Arachniden, t. 6, p. 22, Pl. 186, fig. 446.

CLUBIONE TROGLODYTE. (*Clubiona troglodytes.*) Long. 2 lig. 1/2 ♂.
3 lig. 1/2 ♀.

Abdomen ovale, allongé, rougeâtre, avec des points ou des traits parallèles, blanchâtres près du corselet, et des petits traits obliques à la partie postérieure. Corselet brun. Pattes et palpes rougeâtres.

Drassus troglodytes, Koch, Die Arachniden, t. 6, p. 35, Pl. 189, fig. 455 (le mâle), et fig. 456 (la femelle).

CLUBIONE ASPERGÉE. (*Clubiona roscida.*)

Abdomen ovale, allongé, renflé dans le milieu, d'un brun grisâtre ou gris jaunâtre parsemé de petites taches blanches plus claires et plus abondantes sur les côtés : ces points laissent dans le milieu une bande longitudinale brune, obscurément crénelée à sa partie postérieure, et ayant sur ses bords de petites taches ovales d'un brun rougeâtre, entourées de poils et disposées longitudinalement, obscures. Corselet grand ovalaire, allongé, diminuant graduellement vers la tête, qui est étroite et indiquée par un triangle bombé et allongé. Corselet, pattes et palpes, d'un rouge brun. Le corselet a des taches plus brunes qui, partant de la fossette centrale comme centre commun, rayonnent vers les pattes. La tête est brune, et les palpes sont presque noirs à leur extrémité. La quatrième paire de pattes surpasse sensiblement la première en longueur.

Amaurobius roscidus, Koch, dans Herrich Schæffer, 141, 6.
— Ibid. Dtschl. Crust. Myr. u. Arachn. h. 8, n° 6.

Ancien-Monde — Allemagne — prise dans les Alpes.

Je n'ai point vu cette espèce, et c'est par analogie que je la place dans ma troisième famille des Clubiones, ou celle des *Furies.*

T. 1, p. 601.

CLUBIONE NOURRICE.

Ajoutez à la synonymie :

Cheiracanthium nutrix, Koch, Die Arachniden, t. 6, pag. 9, Pl. 182, fig. 435 (la femelle pleine). Long. 4 lig. 1/4; *ibid.* p. 434 (le mâle). Long. 4 lig. —*Anyphæna nutrix*, Koch, Ubersicht, p. 18, n° 2.

Ajoutez ensuite :

Variété A. Verte. Abdomen ovale, gros, renflé dans son milieu, vert olive foncé, avec une ligne noire longitudinale dans la moitié de la partie antérieure, des ronds noirs sur les côtés, quelques accents noirs à la partie postérieure. Corselet jaune avec deux lignes brunes. Pattes et palpes noires marquées de noir aux extrémités. Long. 4 lig. 1/4 (une femelle pleine).

Cheiracanthium pelasgicum, Koch, Die Arachniden, t. 6, p. 12, Pl. 183, fig. 437 (une femelle pleine).

Variété B. Rougeâtre. Abdomen ovale, allongé, diminuant graduellement de grosseur vers la partie postérieure, rougeâtre avec un losange allongé, brun, bordé de jaune à la partie antérieure, quelques points noirs de chaque côté du losange et à cinq chevrons à la partie postérieure. Corselet ovale, allongé, jaunâtre, avec des rayons rougeâtres. Pattes et palpes d'un jaune verdâtre, le digital ovalaire allongé. Long. 3 lignes.

Cheiracanthium pelasgicum, Koch, Die Arachniden, t. 6, p. 12, Pl. 183, fig. 436 (le mâle). La variété verte et son mâle, la variété rouge, ont toutes les deux été trouvées en Grèce ; mais je les ai aussi assez fréquemment prises dans les bois des environs de Paris.

T. 1, p. 602.

CLUBIONE ERRATIQUE.

Ajoutez à la synonymie.

Cheiracanthium carnifex, Koch, Die Arachniden, t. 6, p. 14, Pl. 184, fig. 438 (le mâle). — Ibid. fig. 439 (la femelle). — *Clubiona erratica*, Koch, dans Herrich - Schæffer 139, 5 (le mâle). — Ibid. 139, 6 (la femelle) — Ibid. Deutchland, Crustaceor, Myr. u. Aran. h. n° 5 (le mâle) n° 6 (la femelle).

M. Koch pense (T. VI, p. 15) que Hahn avait l'*Aranea nutrix* devant lui, lorsqu'il écrivit sa description, quoique sa figure ressemble à l'*Erratica*, et s'y rapporte. Cela est douteux ; la description de Hahn est très-courte et peut s'adapter aux deux espèces qui sont très-voisines ; la description de Fabricius de l'*Aranea carnifex* que cite M. Koch, peut s'adapter à plus de dix Aranéides différentes par le genre et par l'espèce.

T. 1 , p. 606.

CLUBIONE FÉROCE.

Effacez de la synonymie l'*Aranea terrestris* de Reuss et Wider, et la *Clubionia claustraria* de Hahn, mais aux citations de Schæffer et d'Albin, ajoutez :

Amaurobius ferox, Koch, Die Arachniden, t. 6, p. 41, Pl. 96, fig. 461 (la femelle).

T. 1, p. 607.

A la fin de la première race des Clubiones de la 6e famille,

LES PARQUES,

Ajoutez la race suivante :

2e Race. Les LARGES. (*Lata.*)

Corselet *large*.

CLUBIONE MONTAGNARDE. (*Clubiona tetrica.*) Long. 3 lig. 1/2.

Abdomen d'un noir pâle avec deux rangées de larges taches jaunes formant des polygones irréguliers ; une ligne brisée transverse en avant, circonflexe au-dessus de l'anus, un petit trapèze aune près des filières. Corselet et pattes d'un beau jaune pâle, uniforme.

Amaurobius tetricus, Koch, die Arachniden, t. 6, p. 43, Pl. 31, fig. 462. — *Clubiona claustraria*, Hahn, Die Arachniden, t. 1, p. 114, Pl. 30 , fig. 86.

Ancien-Monde — Europe — Carniole.

Espèce bien distincte. Le corselet est plus large que dans la *Clubione atroce*, et dans la *Clubione féroce* ; les yeux sont plus ramassés ; ceux de la ligne antérieure sont plus rapprochés entre eux , et les yeux latéraux sont portés sur une éminence moins inclinée.

Les deux races suivantes, les Brévilabes, les Longilabes, sont les 3e et 4e race de cette famille.

T. 1, p. 607.

CLUBIONE TIGRINE. (*Clubiona tigrina.*) Long. 6 lig. ♂.

Abdomen grossissant vers la partie postérieure, grisâtre, une raie fourchue, ou en fer de flèche proche le corselet ; raies brunes, courbes et transversales sur le côté au-dessus de l'anus. Filières rougeâtres très-saillantes. Corselet large, d'un brun marron avec des rayons et un trait dans le milieu plus sombre. Pattes brunes, sans annelures, avec des piquants ; d'un brun rougeâtre uniforme, fortes et peu allongées. Digital du mâle en ovale allongé, étroit, peu renflé.

Amaurobius tigrinus, Koch, dans Herrich Schæffer, 141,5.
Ancien-Monde — Europe — Allemagne — dans les Alpes.

§ LXXXV.

Genre DESIS.

T. 1, p. 611.

DESIS DYSDEROÏDES.

Après la ligne 5, et à la suite de la description du *Desis dysderoïdes*, ajoutez :

Conférez avec cette espèce la description du *Drassus brevimanus*, dans Koch, Die Arachniden, t. 6, p. 24 (le mâle), Pl. 186, fig. 447, qui vient aussi de Bahira au Brésil.

Le *Drassus brevimanus* a cinq lignes de long ; il a le corselet rouge et l'abdomen d'un gris brun ; les pattes jaune d'ocre, les palpes de même à extrémités rouges ; il ressemble au *Dysdera erythrina* et au *Desis dysderoides* pour la grandeur du corselet, et par ses mandibules proéminentes, mais celles-ci sont noires. M. Koch dit que le *Drassus brevimanus* ressemble au *Drassus lapidicolens*, mais que le corselet est plus allongé. Je crois que le *Drassus brevimanus* est notre *Desis dysderoides*, mais M. Koch ne décrit ni les yeux, ni la bouche ; il est impossible de distinguer d'une manière certaine, non-seulement à quelle espèce, mais à quel genre il faut le rapporter ; il a aussi beaucoup de ressemblance avec le *Drassus rubreus* d'Europe.

31.

§ LXXXVI.

Genre DRASSE.

LES LUCIFUGES. (*Lucifugæ.*)

T. 1, p. 613. Ajoutez aux caractères de cette race qui concernent les yeux :

Les intermédiaires postérieurs très-rapprochés.

DRASSE LUCIFUGE.

Ajoutez à la synonymie :

Ibid. *Pythonissa lucifuga*, Koch, t. 6, p. 54, Pl. 194, fig. 468 (le mâle), fig. 469 (la femelle âgée), fig. 470 (variété, femelle pleine.) — *Drassus lucifugus*, Herrich Schæffer, 137, fig. 3 et 4 (la femelle).

2° VARIÉTÉ. Abdomen noir, corselet un peu brun, rougeâtre. Pattes rougeâtres, noircissant vers leur extrémité.

Pythonissa occulta, Koch, Die Arachniden, t. 6, p. 56, Pl. 195, fig. 471, le mâle. Cette figure, pag. 56, est nommée *Pythonissa fusca.* — *Pythonissa occulta*, t. 6, p. 58, Pl. 195, fig. 472.

T. 1, p. 614. Dans les Nyctalopes ajoutez :

DRASSE TACHETÉE. (*Drassus lentiginosus.*) Long. 4 lig. 1/2.

Abdomen ovale, allongé, grossissant un peu vers la partie postérieure, de couleur pâle, rouge fauve ou noisette claire, moucheté ou sablé de petits points noirs, les plus gros formant entre eux des lignes parallèles. Corselet et pattes rougeâtres. Palpes et filières rouges.

Drassus lentiginosus, Koch, Die Arachniden, t. 6, p. 39, Pl. 190, fig. 459.

Ancien-Monde — Europe — Grèce.

Jolie espèce bien distincte.

T. 1, p. 615.

DRASSE NOCTURNE. (*Drassus nocturnus.*)

Ajoutez à la synonymie :

Pythonissa variana, Koch , Die Arachniden, t. 6, p. 65, Pl. 97, fig. 478. Long. 4 lig.

Trouvée aux bains de Kissingen , en Franconie , sous les pierres.

A la suite de la description du *D. nocturnus*, p. 616, ajoutez :

DRASSE HELLÉNIQUE. (*Drassus hellenicus.*) ♀.

Corselet brun , abdomen ovalaire , oblong , noir, huit ronds rougeâtres , disposés longitudinalement sur le dos, sur deux lignes parallèles. Palpes , pattes et filières d'un brun clair ; article des tarses d'un jaune d'ocre.

Pythonissa lugubris, Koch, Die Arachniden , t. **6** , p. 60 , Pl. 95, fig. 473.

Ancien-Monde — Europe — Morée, près de Nauplie.

Trouvée sous les pierres.

Les yeux intermédiaires postérieurs sont aussi écartés entre eux qu'ils le sont des latéraux de la même ligne. Cette espèce forme la transition entre la famille des *Lithophilæ* et celles des *Abscondita*. Peut-être forme-t-elle une race distincte du *Drassus nocturnus* dans cette dernière famille ; mais pour caractériser cette race , il faudrait avoir examiné cette espèce par nous-même , et nous ne la connaissons que par la figure et la description de M. Koch.

T. 1, p. 616.

DRASSE GNAPHOSE.

Ajoutez à la synonymie :

VARIÉTÉ A. A corselet jaunâtre.

Pythonissa maculata , Koch, Die Arachniden, t. 6 , pag. 61 , Pl. 196 , fig. 474 (le mâle, 3 lig.). — Ibid., fig. 475 (la femelle , 2 lig. 1/2.)

Cette variété a le corselet jaune bordé de noir, une grande tache carrée jaunâtre à la partie antérieure de l'abdomen , proche le corselet , et quatre petites taches jaunes en carré à la partie postérieure.

T. 1 , p. 617. Après la description du Drasse gnaphose ajoutez :

DRASSE TRICOLORE. (*Drassus tricolor.*) Long 3 lign.

Corselet rouge brun , bordé de brun , avec des taches brunes rayonnantes. Abdomen noir. Palpes rouges. Pattes rouges et noires ; l'exinguinal et le fémoral sont rouges , le génual et le tibial noirs , le tarse rouge.

Pythonissa tricolor, Koch , Die Arachniden, t. 6 , pag. 67 , Pl. 97, fig. 479 (la femelle). — *Drassus bicolor*, Hahn, Die Arachniden , t. 1 , p. 123 , pl. 36, fig. 94.

Ancien-Monde — Europe.

DRASSE ORNÉE. (*Drassus exornatus.*) Long. 2 lig. 3/4.

Abdomen très-allongé proportionnellement au corselet. Dos de l'abdomen rougeâtre avec une ligne longitudinale rameuse, traversée par des traits rompus en accents circonflexes. Filets sétifères très-proéminents. Corselet rougeâtre , bordé de brun avec des rayons bruns. Palpes jaunes. Pattes de même, lavées de taches très-pâles dans certains individus, et dans d'autres, noires.

Pythonissa exornata , Koch, t. 6 , Pl. 96, p. 63 , fig. 476 , 477.
Ancien-Monde — Europe — Grèce.

T. 1, p. 617.

DRASSE NOIRATRE. (*Drassus fuscus.*)

Ajoutez à la synonymie de cette espèce :

Drassus nigritus , Hahn , Die Arachniden , t. 1, p. 123, Pl. 36, fig. 93. — *Melanophora oblonga* , Koch , Die Arachniden , t. 6 , p. 80 , Pl. 200 , fig. 487. — *Melanophora oblonga* , Koch , dans Herrich Schæffer, 120, 23. (Jambes et palpes rougeâtres. Long. 3 lig. 1/2 un mâle jeune.) — *Melanophora bimaculata* , Koch , Die Arachniden, t. 6 , p. 81, Pl. 200 , fig. 488. (Jambes, tarses et palpes jaune lavé de brun. Long 3 lig. 1/2 une femelle.) — *Melanophora Argoliensis*, Koch , Die Arachniden , t. 6 , p. 72 , Pl. 98 , fig. 483 (une femelle, 3 lig. 1/3). De Grèce.

T. 1, p. 618.

DRASSE NOIRE. (*Drassus ater.*)

Ajoutez à la synonymie de cette espèce.

Melanophora subterranea, Koch, dans Herrich Schæffer, 120, 20 la femelle, 21 le mâle. — *Melanophora violacea*, Koch, Die Arachniden, t. 6, p. 71, Pl. 98, fig. 482. Long. 2 lig. 1/2 ♀. (Métatarses et tarses jaunes, digital jaune.) Trouvé sous les pierres, dans les bois de Carlsbad en Hongrie. — (Variété ou peut-être une espèce distincte.)

Conférez *Aranea Petiverii*, Scopoli, mais la description de cet auteur est trop peu caractéristique pour qu'on puisse décider si elle appartient à cette espèce.

T. 1, p. 619.

DRASSE SOYEUX. (*Drassus sericeus.*) Long 3 lig. 1/2 ♀.
Long 2 lig. 1/2 ♂.

Ajoutez à la synonymie de cette espèce :

Drassus sericeus, Koch, Die Arachniden, t. 6, p. 37, Pl. 190, fig. 457, le mâle. — Ibid., fig. 458. — *Drassus lucifugus*, Koch, Deutschl. Crust. C. M. u Arachniden, 6, 3, 4.

T. 1, p. 622.

DRASSE BRILLANT (*Drassus fulgens.*)

Ajoutez à la synonymie :

Drasse brillant, Pl. 16, fig. 5 de cet ouvrage.

Effacez :

Macaria fulgens de Koch,

et ajoutez :

Macaria fastuosa, Koch, Die Arachniden, t. 6, p. 94, Pl. 203, fig. 498 (la femelle). — Ibid. dans Herrich Schæffer, 129, 16 *a*. — *Macaria aurulenta*, Koch, Die Arachniden, t. 6, p. 94, Pl. 203, fig. 499 (le mâle). 1 lig. 3/4.

Pris près de Donau.

T. 1 , p. 624.

DRASSE FASTUEUX (*Drassus fastuosus.*)

Effacez *Macaria festiva* qui est le *Theridion signatum*, et ajoutez :

Macaria fulgens, Koch, dans Herrich Schæffer, 129, 14.

T. 1, p. 626.

DRASSE DE LYONET. (*Drassus Lyonetti*). Long. 2 lig. 1/3 ♂. Long.
3 lig ♀.

Ajoutez à la citation de Savigny :

Égypte, t. 2, p. 48, édit. in-8. —*Melanophora flavimana*, Koch,
Die Arachniden, t. 6, p. 73, Pl. 98, fig. 484.

Palpes et derniers articles des pattes et des filières d'un jaune
vif; exinguinal brun ; tout le reste, c'est-à-dire le corselet,
l'abdomen et les pattes, noir. Le fémoral est renflé. L'abdomen se grossit graduellement vers la partie postérieure, et a
sur le dos six points ronds obscurs, plus noirs que le reste, disposés par paires au nombre de trois sur deux lignes parallèles,
longitudinales.
Ancien-Monde — Europe — Grèce.

Ajoutez après cette nouvelle espèce :

DRASSE BEAU. (*Drassus formosus.*) Long 1 lig. 3/4.

Corselet brun marron , d'une couleur plus claire vers la tête.
Abdomen noir avec une raie blanche transversale, divisée, bordée de pourpre à la partie antérieure; une seconde ligne de
même blanche et brisée au milieu du dos , bordée de pourpre ;
une suite de petits points blancs longitudinaux, formant croix
avec les deux lignes en travers au point blanc qui est au-dessus
des filières. Les pattes et les palpes jaunes d'ocre, à l'exception
du fémoral des deux pattes antérieures qui sont noires, et de
l'huméral des palpes qui est également noir.
Koch, Die Arachniden, t. 6, p. 97, Pl. 203, fig. 501.

T. 1, p. 627.

DRASSE ATROPOS. (*Drassus Atropos.*)

Ajoutez à la synonymie :

Amaurobius terrestris, Koch, Die Arachniden, t. 6, p. 45, Pl. 192, fig. 463 (le mâle). — Ibid, fig. 464 (la femelle). — *Amaurobius subterraneus*, Koch, Übersicht des Arachnidens System, p. 15.

M. Koch a raison de dire que j'ai eu tort de citer l'*Aranea terrestris* de M. Wider, comme synonyme de la *Clubiona atrox*, mais il se trompe lorsqu'il croit que mon *Drassus atropos* n'est pas la même espèce que l'*Aranea terrestris* de Wider, comme l'indique ma synonymie.

T. 1, p. 629.

DRASSE ÉGORGEUR. (*Drassus trucidator.*)

Ajoutez à la synonymie :

Amaurobius montanus, Koch, Die Arachniden, t. 6, p. 48, Pl. 92, fig. 465, long. 4 lig. 1/2 ou 5 lig.—Ibid, Übersicht des Arachniden, Pl. 3, fig. 29.

Cette variété présente deux raies jaunes sur le dos, proche le corselet, avant les chevrons disjoints. Du reste la description et la figure conviennent à notre Drasse égorgeur.

M. Koch dit que cette espèce, rare dans certaines localités, est commune dans les Alpes moyennes à cinq ou six cents toises au-dessus du niveau de la mer. On la trouve fréquemment dans les environs de Gastein, sous les écorces d'arbres pourris.

T. 1, p. 631.

DRASSE VERT. (*Drassus viridis.*)

Ajoutez à la synonymie.

Theridion viride, Wider, Museum Senckerbergianum, t. 1, p. 246, Pl. 16, fig. 11, *a* et *b*. — *Dictyna variabilis*, Koch, Die Arachniden, t. 3, p. 29, fig. 187. (Long 1 lig. 1/2.)

Cette famille se rapproche beaucoup des Théridions par la famille des Dictynes, et encore plus des Argus.

T. 1, p. 632.

DRASSE JAUNE. (*Drassus flavescens.*)

Ajoutez à la synonymie.

Theridion marginellum, Wider, Museum Senckerbergianum,
t. 1, p. 244, Pl. 16, fig. 10.

§ LXXXVII.

T. 1, p. 640. A la suite du genre *Clotho* il faut
insérer un nouveau genre que M. Mac Leay nous
a fait connaître.

Genre OTIOTHOPS. (*Otiothops.*)

Yeux *huit, sur trois lignes , la ligne antérieure courbée en arrière ; deux autres sur une seconde
ligne , au-dessus des latéraux de la ligne antérieure, mais rentrant, et faisant cette seconde
ligne moins longue que la première. Les deux
yeux postérieurs plus gros , sont reculés sur le
derrière de la tête , tellement condensés entre
eux, qu'ils paraissent ne former qu'un seul œil
marquant seulement le milieu de la troisième
ligne , séparés par un intervalle notable des
yeux latéraux , et sur la perpendiculaire qui
passe au milieu de l'intervalle des yeux intermédiaires de la ligne antérieure.* Ainsi :

Lèvre *allongée , triangulaire , conique.*
Mâchoires *larges , triangulaires , resserrées à leur
insertion , tronquées en ligne droite à leur
extrémité.*

Pattes *antérieures à premiers articles très-renflés ; la première paire palpiforme , et n'ayant que six articles. La première paire est la plus longue , la seconde ensuite , la troisième après , la quatrième est la plus courte.*

ARANÉIDES *habitant sous les pierres.*

OTIOTHOPS WALCKENAER. (*Otiothops Walckenaerii.*) Long. 5 lig.

La paire depattes antérieure, palpiforme, de six articles, a une hanche courbe, renflée, allongée; l'exinguinal n'existe pas ou se trouve réuni au fémoral qui est très-gonflé ; le génual est singulièrement allongé , et renflé à son extrémité ; le tibial mince et court ; le métatarse et le tarse sont courts; le tarse à son extrémité est arrondi et sans griffe. La seconde paire de pattes a le fémoral et le tibial renflés, et comme les autres pattes, excepté la première paire , elle a sept articles , et deux griffes seulement aux tarses. Les palpes sont minces , sétacés et insérés à la base des mâchoires. Les Mandibules sont courtes, transverses, verticales; le crochet est petit, horizontal. Le corselet est allongé ovalaire, convexe, glabre et rougeâtre; tête large et arrondie. L'abdomen est allongé, ovoïde, noir velu. Les filières sont petites.

Otiothops Walckenaerii, Mac-Leay, Annals of natural history, 1838, vol. 2, p. 12, Pl. 2, fig. 5.

Nouveau-Monde — Archipel d'Amérique — Ile de Cuba.

Se trouve sous les pierres dans les bois.

Affinités du genre Otiothops. Ce genre est un des plus importants qu'on ait découverts depuis longtemps, parce que par ses pattes antérieures palpiformes, qui n'ont que six articles et qui sont dépourvues de griffes , il établit une affinité remarquable entre les Aranéides et les Solpugides. Ces pattes antérieures sont cependant de véritables pattes , puisque comme les autres pattes elles s'articulent au sternum et non aux mâchoires. Par le gonflement de ses pattes antérieures, ce genre a des rapports de ressemblance avec les genres Chersis, Mithra et l'Upliote incertaine de Schreber , mais par le placement de ses yeux, il se rapproche du genre Clotho et de la famille des Enyos. Par les mâchoires, il a de fortes affinités avec certains Drasses, et particulièrement avec les Drasses lucifuges ; par ses palpes, sa lèvre, la forme du corps, il a des rapports de ressemblance avec les Chersis et avec les Attes.

§ LXXXVIII.

T. 1, p. 642.

Genre LATRODECTE.

Au lieu de ces mots :

Yeux *sur deux lignes légèrement écartées et diver-gentes ,*

Mettez :

Yeux *sur deux lignes divergentes ou parallèles.*

Et avant le Latrodecte malmignatte, mettez :

1re Famille. LES DIVERGENTES.

Yeux formant deux lignes divergentes.

T. 1, p. 643.

LATRODECTE MALMIGNATTE.

On la trouve en France, aux environs de Montpellier.

T. 1, p. 643.

Dugès dit que la Malmignatte suspend à la voûte d'un antre à large ouverture, naturellement creusé sur quelque pente de terrain, quelque revers de fossé, quatre et même cinq cocons tout à fait piriformes, pointus, de la grosseur d'une noisette et de couleur nankin. Leur coque a presque la dureté du carton. L'Araignée se tient continuellement près d'eux et ne

les quitte que par violence. Elle cesse, sitôt après sa
dernière ponte, de prendre de la nourriture. Dans
l'automne, on la trouve déjà flétrie, et bientôt on n'en
rencontre plus aucune, bien que les cocons passent
l'hiver, contenant des œufs, ou des petits déjà tout
formés, mais qui n'en doivent sortir qu'aux chaleurs
du printemps.

T. 1, p. 645. Après le Latrodecte oculé, à la fin de la
page, ajoutez :

Dugès lorsqu'il a prétendu que la Ségestrie perfide
à mandibules vertes, était la même espèce que la Ségestrie à mandibules brunes, s'est certainement trompé;
mais nous croyons qu'il a raison lorsqu'il pense que
quelques-uns des Latrodectes dont on a fait des espèces différentes, à cause de la diversité des taches de
l'abdomen, ne sont que des variétés d'âge. Les couleurs de la peau n'offrent pas un caractère aussi certain que celles des mandibules. Aussi avions - nous
déjà émis le doute que le *Latrodectus martius* de Savigny n'est autre qu'une variété mâle de la célèbre
Malmignatte. En est-il de même des autres Latrodectes trouvés dans l'Ancien-Monde ? c'est ce qui
nous semble douteux, d'après les différences spécifiques que nous avons remarquées. Pourtant les observations d'un naturaliste tel que Dugès ne doivent
pas être passées sous silence. Voici comme il s'exprime :

« On a fait plusieurs espèces du Théridion ou Latrodecte à treize gouttes ou Malmignatte des Italiens
que nous avons aussi en Languedoc, et qui paraît
également habiter l'Égypte. Très-jeune, elle a treize
taches blanches sur un fond brun : plus âgée, ces

taches sont d'un rouge de sang, parfois encore bordé de blanc (*Latrodectus oculatus* ou *Argus*, Sav.); chez les individus plus avancés en âge, la plupart de ces taches se sont effacées; quelquefois il reste encore à la base de l'abdomen une ligne couleur de sang (*Latrodectus venator*, Savigny); quelquefois encore tout a disparu, l'animal est devenu entièrement noir, comme chez le plus grand nombre des femelles adultes de nos contrées : c'est alors le Théridion lugubre de Dufour, le *Latrodectus erebus* de Savigny. » *Annales des sciences naturelles*, 1836, in-8°, seconde série, vol. VI, Zoologie, p. 169.

T. 1, p. 649. Après la description du Latrodecte meurtrier, ajoutez :

2ᵉ FAMILLE. LES PARALLÈLES.

Yeux sur deux lignes presque parallèles.

LATRODECTE HISPIDE. (*Latrodectus hispidus.*) Long. 5 lig. 1/2.

Abdomen globuleux, bombé, épais, noir sur le dos, et sur les côtés couvert de poils durs. Le ventre a deux raies jaunes. Le corselet est brun rougeâtre. Pattes allongées, fortes, d'un noir brun tirant sur le rouge.

Meta hispida, Hahn, Die Arachniden, t. 3, p. 9, Pl. 75, fig. 166. —*Latrodectus hispidus*, Koch, Ubersicht des Arachnidens Syst. p. 7.

Ancien-Monde — Europe — Grèce — environs de Nauplie.

LATRODECTE DE SCHUCH. (*Latrodectus Schuchii.*) Long. 6 1/2.

Abdomen globuleux, bombé, épais, d'un brun olivâtre sur le dos; côtés jaune-orange, bordés d'une ligne jaune sinueuse se réunissant près du corselet, et bordant dans cette partie deux taches d'un jaune-orange proche le corselet. Sur le milieu du dos on voit, disposés longitudinalement, deux petits triangles noirs bordés de jaune vif, et derrière le second, ou le plus grand de ces triangles, est un quadrilatère ou trapèze de couleur plus claire que les deux triangles, mais également bordé de jaune vif. Le ventre est de couleur olivâtre, mais plus clair que le dos, et a une tache jaune transversale. Le corselet est d'un rouge brun. Les pattes ont leur fémoral et leur tibial noirs, le tarse et le métatarse rougeâtres.

Meta Schuchii, Hahn, Die Arachniden, t. 3, p. 10, Pl. 75, fig. 167. — *Latrodectus Schuchii*, Koch, Ubersicht des Arachniden Systems, p. 7, Pl. 1, fig. 14.

Ancien-Monde — Europe — Grèce.

M. Koch déclare dans son Tableau du système des Arachnides p. 7, qu'il a placé à tort ces deux espèces dans son genre *Meta*, et il les replace dans notre genre Latrodecte, auquel elles appartiennent.

§ LXXXIX.

Genre PHOLQUE.

T. 1, p. 654.

Pholque a queue.

Ajoutez à la synonymie de cette espèce, ces mots :

Conférez Abbot, fig. 496.

T. 1, p. 655.

Affinités du genre Pholcus. Le genre Pholcus a aussi de fortes affinités et par les mœurs et par la forme avec le genre Scytode dont les espèces se trouvent aussi dans les habitations obscures ou abandonnées, et qui tendent de même des fils lâches, et ont des pattes fines et l'épiderme mou. C'est surtout avec la deuxième famille des Scytodes que cette affinité est plus forte, et aussi avec la seconde race de la première famille. Le corselet arrondi et déprimé de la Scytode Omosite, les longues pattes du mâle de la Scytode brune, enfin la configuration de la lèvre et les mâchoires des Scytodes et des Pholques, nous montrent des rapports qui sautent aux yeux des observateurs les moins exercés.

T. 1, p. 655. Après les affinités du genre *Pholcus*, ajoutez ce qui suit :

Sur le Pholcus sexoculatus.

Dugès, dans un savant mémoire intitulé : *Observations sur les Aranéides* (*Annales des sciences naturelles*, t. VI, Zoologie, 1836, in-8, p. 160), parle, sous le nom de *Pholcus sexoculatus*, d'un Pholque à six yeux « bien remarquable, dit-il, par l'absence des deux yeux médians ; il n'a que les deux groupes latéraux de trois ocelles disposés en triangle. Ce caractère les distingue des Scytodes et des Omosites, qui sont très-voisins et n'ont aussi que six yeux, mais dont font partie les deux médians. Il ressemble beaucoup du reste au Pholcus phalangiste, et en raison de la petitesse de sa taille on pourrait le prendre pour un jeune individu de cette espèce si ceux-ci n'avaient huit yeux très-distincts dès leur naissance. » (*Voyez* Cuvier, *Règne animal*, édit. 1836, Pl. 9, fig. 7) ; nous croyons qu'il y a erreur dans l'observation de Dugès, et qu'il a pris pour une espèce distincte un très-jeune individu Phalangiste où ces yeux médians n'étaient pas encore apparent. Dugès n'a donné que les yeux de son *Pholcus sexoculatus* ; il n'a fait connaître ni la bouche ni le corps, ni la grandeur. Si cette espèce existe, la bouche doit différer de celle du genre *Pholcus*, et elle doit faire un genre à elle seule, mais qui, d'après ce qu'a dit Dugès, doit être placé à côté du genre *Pholcus*. On ne peut s'empêcher de reconnaître, ainsi que le dit ce naturaliste qu'il existe de grandes affinités entre les Pholques et les Scytodes, surtout par la seconde famille de ce dernier genre, celle des Omosites, dont le corps est cylindrique, les pattes allongées, fines. Les Scytodes comme les

Uptiotes , tiennent beaucoup plus des Théridions que des Ségestries et des Dysdères par l'ensemble de leurs affinités : c'est pour mettre de la clarté dans la méthode que nous avons rapproché toutes ces Aranéides , afin de ne pas séparer les genres qui se distinguent par ce caractère rare de n'avoir que six yeux. Mais la nécessité de rapprocher le *Pholcus sexoculatus*, s'il existe, de nos Pholques, forcerait à faire un changement dans l'ordre de la série des genres et de placer les *Celluli-coles* , dans lesquelles on comprendrait le nouveau genre, à la suite du groupe de genres désigné par le nom d'Errantes , qu'il faudrait terminer , non par le genre *Artema* , mais par le genre *Pholcus ;* de sorte qu'il y aurait deux genres à six yeux avant les Vagabondes, et trois genres à six yeux avant les Sédentaires (Voyez le Tableau , t. 1 , p. 202). Par cet arrangement la méthode serait moins systématique et moins régulière, mais elle serait plus naturelle. J'avais au reste déjà remarqué l'affinité qui existe entre les genres Pholcus et Scytodes (Voyez t. 1, p. 275).

On pourrait encore réunir dans une série continue toutes les Aranéides à six yeux , en transportant tout le groupe des Tubicoles (les Dysdères et les Ségestries) à la suite des Niditèles (les Clubiones et les Drasses), auxquels ils sont si étroitement liés par tant de rapports. Puis on mettrait à la suite les Cellulicoles, les genres Uptiotes et Scytodes ; on ferait suivre ce genre par le *Pholcus sexoculatus* de Dufour, qui terminerait la série des Araignées à six yeux, à laquelle on ferait succéder les genres *Pholcus* et *Clotho* , et le reste de la série des Filitèles telle qu'elle est dans mon Tableau. Cet arrangement serait peut-être de tous celui qu'on devrait préférer, s'il n'avait pas le grave inconvénient d'interrompre, par une petite série d'Aranéides à six yeux, toute la grande série des Aranéides à huit yeux.

§ XC.

Genre ARTÈME.

T. 1, p. 657.

ARTÈME MAURICIENNE.

Ajoutez à la synonymie :

Artème Mauricienne, planches de cet ouvrage, Pl. 15, fig. 1 D, 1 B, 1 A.

§ XCI.

Genre TÉGÉNAIRE.

T. 2, p. 3.

TÉGÉNAIRE DOMESTIQUE.

Ajoutez à la synonymie :

Tegenaria domestica, Brandt und Ratzeburg, Medizinische zoologie, 1833, in-4°, t. 2, p. 93, Pl. 14, fig. 3 (bonne figure de la femelle jeune) ; fig. 9, la même vue en dessous. — Id., Pl. 15, fig. 18 à 25 (détails anatomiques).

T. 2, p. 8.

TÉGÉNAIRE AGRESTE.

Ajoutez à la synonymie :

Tegenaria scalaris, Brandt und Ratzeburg, Medizinische zoologie, 1833, in-4°, t. 2, p. 95, Pl. 14, fig. 6 (la femelle); fig. 7 (le mâle).—Ibid., Pl. 15, fig. 26 (extrémité des pattes).

MM. Brandt et Ratzeburg, s'ils avaient connu nos divers ouvrages sur les Aranéides, n'auraient pas donné un nouveau nom à notre Tégénaire agreste, ni avancé que leur *Tegenaria scalaris* était confondue avec la *Tegenaria domestica*. Cela était ainsi en effet avant la publication de ma Faune parisienne, en 1802, mais dans cet ouvrage, t. 2, p. 216 et 217, j'ai distingué trois espèces d'Araignées, que tous les naturalistes avaient jusqu'à moi confondues avec l'*Aranea domestica* de Linné. Pourtant ce ne fut qu'en 1830 que l'Araignée domestique, cet insecte si commun, tant de fois enregistré plutôt que décrit dans les ouvrages des naturalistes, fut définitivement connu ; je publiai alors dans la Faune française (Aranéides de France , p. 205 à 225 , et Pl. 8 , fig. 1, 2) des figures exactes de la femelle et du mâle , faites sur des individus vivants et pris en même temps sur la même toile ; je donnai une description détaillée de toutes ses variétés à toutes les époques de son existence. Enfin je décrivis son cocon , qu'aucun naturaliste n'avait encore découvert ; je fis connaître de quelle manière elle l'abrite dans un sac suspendu , au-dessus duquel est une petite toile en hamac, où elle se tient en vedette ; le tout construit à l'écart, et souvent assez loin de sa toile. Il fut dès lors facile de ne pas la confondre avec l'*Agrestis* (la *Scalaris*), puisque celle-ci appartient à une autre race. Je décrivis aussi alors les gros cocons également inconnus jusqu'à moi, que forme cette dernière Aranéide , et j'en donnai une figure exacte, ainsi que de la *Civilis ;* mais le cocon de celle-ci m'est inconnu , et cette espèce est d'autant plus intéressante à étudier, que c'est après la Tégénaire domestique celle qui se rencontre le plus souvent dans nos maisons. La *Murina* est , de toutes les espèces de Tégénaires que j'avais distinguées dès 1802 , de la *Domestica*, celle qui est la plus rare , la moins connue, la moins bien décrite. La *Domestica* est figurée à la Pl. 8, fig. 1 et 2 de la Faune française, et Pl. 16 , fig. 2 D et 2 E de cette Hist. nat. des Ins. Aptères. L'*Agrestis* (*scalaris*), Pl. 8, fig. 3, F. fr. , et Pl. 16, fig. 3, H. N. D. I. A.; et la *Civilis* , Pl. 8 , fig. 4, F. fr. , et Pl. 16 , fig. 1, H. N. D. I. A.

T. 2 , p. 16.

TÉGÉNAIRE LYCOSINE.

Ajoutez à la synonymie :

Textrix lycosina , Koch, Ubersicht des Arachnidens, Systems, p. 14, Pl. 2, fig. 26.

32.

§ XCII.

Genre AGÉLÈNE.

T. 2, p. 22.

AGÉLÈNE LABYRINTHIQUE.

A la fin du premier alinéa, ajoutez :

Voici comment M. Dugès décrit l'accouplement de l'Agélène labyrinthique :

« J'ai vu durer plus d'une heure le rapprochement des deux sexes, et l'impatience m'a fait plus d'une fois partir sans attendre la fin de la cérémonie, qui pourtant, à en juger par ce que j'ai vu une fois, n'en était pas la partie la moins curieuse. Le sexe masculin fait les premières avances, et c'est le domicile féminin qui sert de théâtre aux ébats. Après des agaceries d'une part et quelques façons de l'autre, la femelle reste immobile à l'entrée de son entonnoir, les pattes retirées vers le corps et comme en léthargie. Le mâle se place auprès d'elle, la tête tournée en sens inverse de la sienne; il l'embrasse avec les pattes du côté qui lui correspond, et presse, à de nombreuses reprises, sur la région de la vulve, le renflement du palpe du même côté. Chaque fois ce renflement se gonfle et s'épanouit comme une vésicule blanchâtre ; chaque fois aussi que l'animal le retire, c'est pour le porter à sa bouche et le serrer entre ses mâchoires avant de recommencer la même opération. Après une demi-heure ou davantage, on le voit saisir entre ses mandibules les pattes pelotonnées de sa compagne toujours immobile ; il la transporte ainsi de son côté droit à son côté gauche et *vice versd*, l'embrasse de la même manière et reprend les mêmes manœuvres avec son second palpe. Arrivé au terme de ses amoureux exercices, il abandonne brusquement l'épousée, qui, sortant instantanément de sa léthargie, poursuit rapidement le fugitif jusqu'aux confins de son habitation. J'ai vu celui-ci se retourner alors, opposer la menace à la menace, reconduire la dame du logis jusqu'à ses appartements intérieurs, et se poser à l'entrée, manifestant bientôt, par des manières caressantes, l'intention de ne pas lui garder longtemps rancune. Au reste, si l'on venait à troubler ces mystères , même au milieu de leur plus active célébration , la femelle ne montrait pas moins de promptitude à reprendre son agilité , et les deux époux, de bon accord, se précipitaient au fond du labyrinthe qui a fait donner son nom à l'espèce. »

Voici la description que Dugès donne du nid et du cocon de l'Agélène labyrinthique : « Il est composé d'une grande chambre d'un taffetas assez serré , percée de quelques ouvertures pour le passage de la mère , qui veille ordinairement sur ce trésor, mais l'abandonne au moindre danger. Dans cette chambre est suspendue par une douzaine de piliers une loge plus petite remplie d'un duvet floconneux , au centre duquel est placée la poche papyracée , qui renferme des œufs gros comme des grains de millet , et moins nombreux que ceux de beaucoup d'autres espèces. Cet appareil incomplet , cette garde insuffisante , ne sauraient empêcher ces œufs d'être fréquemment la proie des Ichneumons , dont le germe est sans doute inséré au milieu d'eux , à l'aide de la longue tarière dont est pourvue la femelle de ces Hyménoptères ; aussi trouve-t-on dans ces cocons tantôt des vers blancs, tantôt des nymphes près d'éclore ; et si ces Araignées ne faisaient point plusieurs pontes par été , l'espèce , si nombreuse en individus , serait au contraire fort rare. »

Annales des sciences naturelles , 1836 ; seconde série, t. 4 , p. 188 à 190.

§ XCIII.

Genre ÉPÉIRE.

T. 2 , p. 31.

ÉPÉIRE DIADÈME.

Ajoutez à la synonymie :

Epeïra diadema, Brandt und Ratzeburg, Medizinische Zoologie, 1833, in-4°, t. 2, p. 86, Pl. 14, fig. 1 (le mâle), fig. 4 (la variété A), fig. 2 et 3 (la variété D).—Ibid., p. 96, Pl. 15, fig. 1 à 17 (détails anatomiques).

ÉPÉIRE ACALYPHE.

T. 2, p. 50. Ajoutez à la synonymie :

Zilla genistæ, Koch, Ubersicht des Arachnidens Systems, p. 5 :

Et effacez :

Zilla decora.

T. 2, p. 6i.

ÉPÉIRE ADROITE. (*Epeïra solers.*)

Ajoutez à la synonymie :

Atea sclopetaria, Koch, Ubersicht des Arachnidens Systems , p. 4, n° 3.—*Araneus sclopetarius*, Clerck, Ar. suec., p. 43, Pl. 2, fig. 3, n°s 1 et 2 (le mâle).

Clerck dit que la femelle pond environ trente œufs, au commencement de la canicule.

T. 2, p. 62.

ÉPÉIRE APOCLISE. (*Epeïra apoclisa.*)

Effacez de la synonymie :

L'*Araneus sclopetarius* de Clerck, qui est le mâle de l'*Epeïra solers.*

T. 2, p. 7i.

ÉPÉIRE CALLOPHYLE. (*Epeïra callophylla.*)

Ajoutez à la synonymie :

Epeïra callophylla, Brandt und Ratzeburg, Medizinische Zoologie, 1833, in-4°, t. 2, p. 92, Pl. 14, fig. 5. (Bonne figure.)

T. 2, p. 97. Après l'Épéire géniculée, il faudrait peut-être placer :

ÉPÉIRE CUNNINGHAM. (*Epeïra Cunninghamii.*)

Corselet cendré, soyeux ; génual renflé ; pattes fauve brun , annelées de jaune.

Voyez Capt. King's Survey of Australia, t. 2, p. 468 ; mais la description est insuffisante.

T. 2, p. 135. Ajoutez, après l'Épéire verruqueuse :

152 *bis.* ÉPÉIRE AUSTRALASIENNE. (*Epeïra australasia.*) Long.
6 lig.

Abdomen brun, corselet d'un brun sale.

Epeïra australasia, Griffith's Supplementary addition to Cuvier's
Animal Kingdom, t. 13, p. 413 et 538, Pl. 3, fig. 1.

De la Nouvelle-Hollande. — La figure et la description sont
toutes deux insuffisantes pour faire connaître cette espèce.

§ XCIV.

Genre ULOBORE.

T. 2, p. 231. Ajoutez au bas de la page :

On trouve dans le voyage intitulé : *King's Survey of intertropical and western coast of Australia ,* 1827, in-8°, t. 2, p. 468,
n° 190, la description de l'espèce suivante :

ULOBORE BLANC. (*Uloborus canus.*)

Blanchâtre, corselet convexe, secondes paires de pattes les
plus longues, cuisses ponctuées de noir.

De l'Australasie.

Cette courte description, que n'accompagne aucune figure, ne
suffit pas pour déterminer l'espèce. Je ne crois pas que cette
Aranéide soit un Ulobore; la seconde paire de pattes étant la
plus longue, je pense que c'est plutôt une espèce du genre Philodrome.

§ XCV.

Genre LINYPHIE.

T. 2, p. 267 et 270.

LINYPHIE MAXILLEUSE (*Linyphia maxillosa*) et LINYPHIE DE
CLERCK. (*Linyphia Clerckii.*)

M. Sundevall croit que sa *Pachygnatha Clerckii*, dont j'ai
donné la description d'après lui au n° 22, p. 270, est la même

espèce que la Linyphie maxilleuse ; la comparaison des descrip
tions et des individus de la Linyphie maxilleuse que j'ai décrite ne
m'a pas conduit au même résultat. Quoi qu'il en soit, il est remarquable que le mâle jeune de la *Pachygnatha Clerckii* est semblable à la femelle adulte, mais sa mandibule est moins grande, et
n'a pas d'onglet. (Conférez Sundevall, Act. Holm., 1832, p. 258.)

T. 2, p. 284. Après la Linyphie rousse, il faudrait peut-être ajouter une dernière espèce :

LINYPHIE PLATE. (*Linyphia deplanata.*) ♂.

Fauve rougeâtre, extrémités des mandibules et des pattes
noires, corselet arrondi, aplati, la seconde paire de pattes la
plus allongée.

Linyphia deplanata, A. King's Survey of the intertropical and
western coasts of Australia, 1827, in-8°, t. 2, p. 468, n° 191.
De l'Australie.

Mais je soupçonne encore que cette espèce est, ainsi que l'Ulobore blanc, un Philodrome. Le corselet arrondi et la seconde
paire de pattes plus longue que la première sont des caractères
du genre Philodrome, dans la deuxième famille, celle des Fili-
pèdes, dont la première race a précisément l'abdomen piri-
forme ou grossissant à la partie postérieure, comme plusieurs
Linyphies. Le naturaliste qui a rédigé cet article dans le voyage
de King, dit : La principale différence qui se trouve entre cette
Araignée et les caractères du genre Linyphie, tels qu'ils sont
donnés par Latreille, consiste en ce que les plus gros des quatre
yeux intermédiaires sont les yeux postérieurs. Que veut dire
ceci? Ce caractère des yeux postérieurs du carré intermédiaire
plus gros que les yeux antérieurs est précisément un de ceux
que Latreille a donnés pour le genre Linyphie, d'après mon Tableau des Aranéides. L'auteur ajoute que le digital de cette espèce
est pourvu d'un conjoncteur en spirale semblable aux vrillettes
de la vigne.

§ XCVI.

Genre THÉRIDION.

T. 2, p. 290.

Théridion quatre points. (*Theridion quadripunctatum.*)

Ajoutez à la synonymie :

Phrurolithus ornatus, Koch , Die Arachniden , t. 6 , p. 114 , Pl. 208, fig. 515 (une femelle long. 1 lig. 1/2. C'est la variété à bande médiane traversée par un petit trait en croix à la partie postérieure dont il est fait mention dans la description).

T. 2, p. 292.

Théridion triste. (*Theridion triste.*)

Ajoutez à la synonymie :

Phrurolithus lunatus, Koch , Die Arachniden, t. 6, p. 107, Pl. 206, fig. 509.

Ajoutez ensuite l'espèce suivante :

Théridion érythrocéphale. (*Theridion erythrocephalus.*) Long. 4 lig. 1/2 ♀.

Corselet, mandibules et palpes d'un rouge ferrugineux, sternum d'un brun marron. Abdomen d'un brun noir, avec une raie jaune en demi-cercle à la partie antérieure ; entre les branches de ce demi-cercle sont un petit triangle jaune et une raie jaune placée longitudinalement comme un i surmonté d'un point triangulaire.

Phrurolithus erythrocephalus, Koch, Die Arachniden, t. 6, p. 109, Pl. 206, fig. 510.—Id., dans Möritz Wagner, Reisen in der Regenschaft Algier, 1841, in-8º, t. 3, p. 213, Pl. 203, fig. 501, Pl. 204, fig. 505.

Ancien-Monde — Afrique — Alger.

T. 2, p. 294.

THÉRIDION MACULÉ. (*Theridion maculatum.*)

Ajoutez à la synonymie :

Phrurolithus corollatus, Koch, Die Arachniden, t. 6, p. 100, Pl. 204, fig. 504 (le mâle 2 lig. 1/4), fig. 505 (variété de la femelle 2 lig 1/2).

T. 2, p. 296.

THÉRIDION PAYKULLIEN. (*Theridion paykullianum.*)

Ajoutez à la synonymie :

Phrurolithus hamatus, Koch, Die Arachniden, t. 6, p. 105, Pl. 206, fig. 507 (le mâle 3 lig.), fig. 508 (la femelle 3 lig. 1/2). Trouvé en Grèce.

T. 2, p. 325. Ajoutez au bas de la page :

THÉRIDION TRIANGULIFÈRE.

Voici, d'après le Mémoire de M. Doumerc, dont un extrait a été inséré dans la Revue zoologique de M. Guérin (1841, n° 2, p. 60), le détail exact des pontes de la Théridion triangulifère; ce que j'en ai dit était d'après une lecture rapide du mémoire manuscrit :

Prise à la fin de décembre 1839, cette Aranéide fit un premier cocon le 23 avril suivant, les œufs ont éclos le 5 mai ; il n'en est sorti que des mâles. Le 10 mai, formation d'un nouveau cocon ; le 24 mai, les œufs ont éclos, il n'en ést sorti que des femelles. Le 16 juin suivant, accouplement de l'Aranéide mère avec un de ses petits, mâle, provenant de la première couvée. Deux cocons formés du 26 au 28 juin. Les œufs d'un des deux cocons ont éclos le 27 juillet, et il n'en est sorti que des femelles. Les œufs du second cocon ont éclos le 31 juillet, et il n'en est sorti que des mâles.

T. 2 , p. 3a6.

TnÉRIDION SANGUINOLENT. (*Theridion sanguinolentum.*)

Ajoutez à la synonymie :

Phrurolithus rufescens, Koch, Die Arachniden , t. 6 , p. 113 ,
Pl. 207 , fig. 514 (une femelle 2 lig.).

M. Koch dit que cette espèce , aux environs de Nuremberg , a
acquis en juin toute sa grosseur, et qu'on la trouve au pied des
plantes herbacées , ou sous les pierres.

T. 2 , p. 334.

THÉRIDION MARQUÉ. (*Theridion signatum.*)

Ajoutez à la synonymie :

Asagena serratipes. Die Arachniden , t. 6 , p. 98 , Pl. 2o4 ,
fig. 5o2 (le mâle, long. 2 lig., le fémoral est pourvu de poils épineux) ; fig. 5o3 (la femelle , long. 2 lig. 1/2 , n'a point de poils
épineux au fémoral). —*Drassus phaleratus* , Sundevall, Svinska ,
Spindlarness , 1831 , p. 26, n° 1 , Act. reg. scient. Holn., 1831 ,
p. 133 , n° 1. — *Asagena phalerata* , Sundevall , Conspectus
Arachnidum , p. 19 et 20. — *Phalangium phaleratum* , Panzer,
Fauna Germanica , 78 , 21. (Un mâle jeune qui n'a pas acquis
toute sa grandeur, dont les pattes ont été dessinées trop courtes,
le corselet et l'abdomen trop arrondis.)

T. 2 , p. 335.

THÉRIDION OBSCUR. (*Theridion obscurum.*)

Rectifiez à la dernière citation le nom de Hahn qui
a été oublié ; ainsi il faut :

Theridion quadriguttatum. Hahn , Die Arachniden , t. 1 , p. 85,
fig. 64 (la femelle).

Et ajoutez :

Asagena quadriguttata , Koch , Ubersicht des Arachniden
Systems, p. 13 , III, 2.

§ XCVII.

Genre ARGUS.

T. 2, p. 348. A la suite du n° 4, ou de l'Argus occitanique, ajoutez :

ARGUS GERMANIQUE. (*Argus Germanica.*)

Corselet châtain. Abdomen noir en dessus, blanc en dessous. Pattes d'un brun jaunâtre avec des cuisses noires.

Lucia Germanica, Koch, Ubersicht, p. 19 et 20, Pl. 3, fig. 36. Allemagne, dans les environs de Ratisbonne.

LISTE

DES NOMS DE GENRES DE L'ORDRE DES ARANÉIDES CLASSÉES
D'APRÈS LEUR ORGANISATION ET LEURS HABITUDES.

Nous allons présenter la liste des genres admis par
nous dans l'ordre des Aranéides, selon la série qui
nous a paru la plus naturelle, avec l'indication des
pages où ils se trouvent caractérisés, soit dans l'ouvrage, soit dans le supplément. Au moyen de cette
liste il sera facile de mettre à leur place les nouveaux
genres et les nouvelles espèces que renferme le supplément, ainsi que toutes les additions qu'il contient
aux espèces déjà décrites dans l'ouvrage. Cette liste
servira aussi à compléter et à rectifier, en quelques
points, le tableau que nous avons donné au tome 1,
pag. 202.

ARANÉIDES

Classées d'après leur organisation et leurs habitudes.

(I, 202.)

I.

THÉRAPHOSES. I, 203.

Mandibules articulées horizontalement.
Yeux au nombre de huit.

1. Mygale.   I, 209.   II, 426-430.
2. Olétère.   I, 243.

3. Calommate.			II,	432.
4. Acanthodon.			II,	434.
5. Sphodros.	I,	246.	II,	435-6-7-9 ; 450.
6. Missulène.	I,	252.	II,	440.
7. Filistate.	I,	254.	II,	440-1.

II.

ARAIGNÉES.

Mandibules articulées sur un plan incliné ou vertical.
Yeux au nombre de huit, de six, de deux.

(I, 257.)

A.

LES BINOCULÉES.

Yeux *au nombre de deux.*

Nops.	II,	442-3.

B.

LES SÉNOCULÉES.

Yeux *au nombre de six.*

1.

Dysdère.	I,	261.	II,	444-5.
Ségestrie.	I,	266.	II,	446.

2.

Uptiote.	I,	277.		
Scytode.	I,	279.	II,	447.

C.

LES OCTOCULÉES.

Yeux *au nombre de huit.*

1.

Lycose.	I,	280.	II, 447-8-9; 450-1-2-3.
Dolomède.	I,	345.	II, 453 4-5-6.
Déinope.			II, 457-8.
Storène.	I,	361.	
Ctène.	I,	363.	II, 458-9.
Hersilie.	I,	371.	
Sphase.	I,	373.	II, 459, 460.
Dolophone.	I,	382.	II, 461.
Myrmécie.	I,	385.	II, 461-2-3.
Érèse.	I,	394.	II, 463.
Chersis.	I,	390.	
Atte.	I,	403.	II, 464-5-6-7-8.

2.

Délène.	I,	490.	
Arkys.	I,	497.	
Thomise.	I,	499.	II, 468-9 ; 470-1.
Sélénops.	I,	544.	II, 471.
Éripe.	I,	542.	
Philodrome.	I,	550.	II, 472.
Olios.	I,	563.	II, 473-4-5.
Clastes.	I,	577.	II, 475-6.
Sparasse.	I,	581.	II, 477.

3.

Clubione.	I, 589.	II,	477-8-9 ; 480-1-2.
Désis.	I, 610.	II,	483.
Drasse.	I, 612.	II,	484-5-6-7-8-9.
Clotho.	I, 635.		
Othiothops.		II,	490.
Latrodecte.	I, 642.	II,	492-4-3-5.

4.

Pholque.	I, 641.	II,	495-6.
Artème.	I, 656.	II,	498.

5.

Tégénaire		II,	1 ; 498-9.
Lachésis.		II,	27.
Agélène.	I, 381 (G. Dyction).	II,	19 ; 500.

6.

Épéire.	II,	29 ; 501-2-3.
Plectane.	II,	150.
Tétragnathe.	II,	203.
Ulobore.	II,	227 ; 503.

7.

Linyphie.	II,	233 ; 503.
Théridion.	II,	285 ; 505-6-7.
Argus.	II,	344 ; 508.
Épisine.	II,	375.

8.

Argyronète.	II,	378.

SYNONYMES

DU MOT ARAIGNÉE, ou ARANÉIDE,

EN DIVERSES LANGUES.

Lorsque j'ai donné pour la première fois les synonymes du mot *Araignée* en diverses langues, dans mon Tableau des Aranéides, en 1805, j'ai averti que les noms orientaux m'avaient été fournis par M. Langlès. Ces noms sont ici beaucoup augmentés et souvent rectifiés par l'obligeance de mes savants confrères MM. Julien, Eugène Burnouf, Langlois et Garcin de Tassy.

En grec, on dit *Arachne* ou *Phalangion*. *Arachnomachia* est un poëme attribué à Homère, dont nous n'avons que le titre ; c'était le combat des Araignées.

En latin, on dit *Aranea* ou *Araneus ;* car on trouve, dans les bons auteurs, les deux genres indifféremment employés.

Isodore fait venir le mot *Araneus* de *Aere natus.* — Beckmann le tire du mot hébreu *Arag*, qui signifie filer.

En ancien français, on a dit *Aragne, Airagne, Aireigne, Areigne, Iragne, Iraigne.*

En languedocien, *Iragnado.*

En bas-breton, *Cannivédenn* ou *Cannivet-ett ;* toile d'Araignée, *Guiat.* — *Cannivelt-deu, Iragnun nett.* — *Kefniden, Keoniden, Quiniden.*

En basque de la Biscaye, *Miatsma.*

En italien, *Ragno, Ragnolo, Ragnuolo, Ra-*

gnetela, Ragna, Aragna.—*Tela ragna,* toile d'Araignée. *La Croce ragna,* l'Épéire diadème. A Venise,
Scarpia; à Brescia, *Talamôra, Sbórsola.*

En espagnol, *Araña,* prononcez *Aragnia; Araña
pulga* (l'Attus scenicus). Les Espagnols, pour désigner
les Araignées chasseuses, les appellent plaisamment
Alguacil de moscas, Alguazil des mouches.

En portugais on dit *Aranha, Aranhiço.*

En hollandais, *Spinn, Spinnekop, Gekroonde
Spinnkop* (l'Ar. diadème), *Doolhof maaker* (l'Ar.
labyrinthique), *Bonpot* (Thomisus lævipes), *Muer
springer* (Attus scenicus).

En allemand, *Spinnekop-spinne* ou *Spinne-kop.*
En langue franque, *Rack.*

Dans quelques provinces allemandes, *Ganker,
Kanker;* à Dortemund en Westphalie, *Kobse.* —
Der Buntfuss (Thom. lævipes).

En suédois, *Spindel, Spinnel;* pluriel, *Spindlar.
Muur spinnel* (Attus scenicus).

En anglais, *Spider.* Au nord de l'Angleterre,
Arain, et dans quelques endroits, *Atterkob.* — Dans
l'île d'Anglesey, *Atterkopa.*—*Gangel-waerse, Lobbe,
Rynga, Grytta.* — En langue du Cornouailles, *Ciff-
niden.* — *The Field-Spider* (Agélène labyrinthe).

En welch, *Adyrcop, Corr, Corryn.*

En gaelic ou scoto-celticum, *Damhan-Eallaidh,*
ou *Damhand-Alluyd.* — *Dallan dá, Figheadair.*

En danois, *Edderkop, Spindel.* — *Huidkaarset-
Spindel* (l'Ar. diadème), et *Muur-Spindel* (l'Attus
scenicus).

Dans le vieux langage du Nord, *Kongvefia, Kon-
guloe, Kongulvofa.*

En norwégien, *Kongro*, *Kongle*, *Spindel*, *Wœvekone*.

En slavon, *Païak* ou *Paouk*.

En lapon, *Heouné*, *Aeouné-Kado*.

En finlandais, *Hainbaki*, *Kongulo* ; *Heune*.

En russe, *Païké* ou *Paouk*, et la Tarentule *Misguir*.

En hongrois, *Pòk* et *Pòk-Halo*. *Tingri-pok*, Araignée de mer, Araignées, Crustacés.

En bohémien, *Pawauk*, *Pawaukpauk*, petite Araignée.

En morave ou bohémien, *Spinnussen*, petite Araignée, *Pawaud* et *Pawaukik*, *Pawaucina*.

En polonais, *Paiak*.

En Carniole, *Paik* ou *Paigk*.

En walaque, *Paunschin*.

En épirote ou en albanais, *Camareia*.

En letton, *Sirmklis*, *Dsirnklis* et *Sirnakslis*.

En æsthonien, *Omblick* ; *Hamlik* ; *Amlane*.

En groenlandais, *Ausiek* désigne l'Atte parée, et *Niksoarsuk*, l'Attus truncorum.

En islandais, *Kongulvofa*, *Fiolla-Kongullo*, et la Tégénaire domestique se nomme dans Dorgdingull, *Fiskekarl*.

En Smôland, *Läché* ; en Scanie, *Loka* ; en Dalicarlie, *Kangra* ; en Jemtland, *Kangre* ; en Medelpe, *Kangro*.

On dit en arabe : *Kehdel*, *A'nkebout* ; *Cha'abánoun* ; *Kehoul* ; *Dzaouthat* ; *Khadernaq* ; *Melquáth* ; *Fèdés* ; *Maoul* ; *Hebour* ; *Retylah*.

Tous ces mots sans doute ne sont pas synonymes et expriment des espèces différentes d'Aranéides. Ainsi dans le dialecte vulgaire arabe d'Alger et de Maroc,

Retylah signifie *Araignée* et *Ankébout* toile d'A-
raignée.

Les Grecs modernes de Chypre donnent à l'espèce
de la Tarentule le nom de *Roba*.

En berbère, on nomme une Araignée *Tsycyst*.

En boucharien les Lycoses tarentules se nomment
Perbaga et *Savabogau*.

En hébreu, on nomme une Araignée *Akhabych* et
Chemamith.

En chaldéen, *A'khoubythah*.

En cophte, *Stadjoul*.

En syriaque, *Gaugui*.

En persan, *Ghundeh*, *Verend*, *Tenend*, *Retyla*,
Felendjyan, *Tchâgh*, *Dyr-Paï*, *Diou Pâi*, *Div Pâ*,
(pied du diable). A Schiraz, on nomme la Tarentule
Routeila.

En arménien on nomme une Araignée *Kozara*.

En turc, *Ouroumdjek*.

En youkagir, *Managadaïbi*.

En votiak, *Ludsch*.

En yakout, *Ogniyas*.

En bouriat, *Temeschin*.

En thibétain, *Thags-grva-hbu*, que l'on prononce
Thags-ta-bou, c'est-à-dire : l'insecte à la demeure de
toile.

En mantchou, *Khelmekhé* et *Khelmekhen*.

En chinois, *Siao-siao*, *Tchy-Tchou*.

En calmouk, *Ærac*, *Adschia*, *Ojonsek*.

En mogol, *Agaltchaï*.

En japonais, *Coumo*.

Yingh-hou (Tigre des mouches), nom japonais
d'une Araignée voisine du Philodrome rhomboïde ;
Tieï-thang, grosse Araignée qui se retire dans les

trous, en japonais, *Pi-thsiang* (monnaie de muraille), Araignée du genre Thomise.

Au Kamtschatka, *Tchiouka.*

Dans le dialecte des îles Léoutchou, on dit *Couba* pour une Araignée, et *Couba-mang* signifie une toile d'Araignée.

En anamitique ou tonquinois, *Con-Nhén ; Den ; Caïden.*

En samscrit, *Lûtâ*, *Lûtikâ*, *Urnanâbha*, ou *Urnanâbhi*, mot composé qui signifie le nombril de la toile : ceci prouve que ce mot désigne une Araignée du genre Épéire ou du genre Tégénaire. Les autres mots sont *Markatakah* et *Markata.*

En hindoustani, *Makrâ*, masculin ; *Makri*, féminin ; *Boudkur.*

Dans certains dialectes hindoustani, on dit aussi *Uncubout ;* mais c'est probablement le mot arabe *Ankebout.*

En singhalais, on dit *Makulavâ*, Araignée, et aussi *Makul.* Ces deux mots sont des altérations du samscrit *Markata.*

En bugis, *Garangkang.*

En pâli, *Unnânâbhi*, *Makkatako*, *Lûtâ*, *Lûtikâ.*

Dschilani signifie Araignée dans une langue de l'Inde, selon le P. Paulin ; mais il ne dit pas en quelle langue : c'est probablement dans celle de la côte du Malabar.

En bengali, *Makaraçâ*, *Djalik ; Urnanâbha*, *Urnanâbhi ; Djâlakâraka* (l'animal qui fait des filets) ; *Markata*, *Mâkara*, *Mâkarasa*, *Lûtâ*, *Djalika*, *Sâlacârasa*, *Tanton-raya*, *Tantra-raya.* (Ces derniers mots font allusion à la toile de l'Araignée.)

En tamoul, *Etu-kâl-Puchi* (insectes à huit pieds).

En birman, *Peng-Kû*, et *Peng-Kû-mhè* (toile d'Araignée).

En telinga, *Marcatá-Kitamou* (Araignée-insecte).

Un voyageur dit qu'à Ceylan, on nomme *Demourlo* une espèce de grande Mygale ; mais on ne retrouve pas l'origine de ce mot dans la langue singhalaise ni dans les langues d'Orient.

En siamois ou thaï, on nomme une Araignée *Meng-mûm*.

En madécasse ou langue de Madagascar, *Salava* ; *Alava* ; *Lava-Tangh* ; *Tsoha* ; *Farouratch* ; *Vankoa*, une Araignée venimeuse.

Sur la côte d'Or, en Afrique, les Fantis nomment une Araignée *Ananseh* ou *Anausio*.

Bosman dit que les nègres croient que l'homme a été créé par *Anansié* ou une grosse Araignée.

Dans le Fezzan, on nomme *Agrab-el-Riah*, ou Scorpion du vent, une grosse Araignée qui court très-vite ; c'est peut-être une Solpuge. Dans quelques parties du désert d'Afrique, sur la route du Fezzan, le seul être qui ait vie, qu'on aperçoive, est un petit insecte nommé *Nagot' Allah*, ou le Chameau de Dieu, qui ressemble à une Araignée.

En malais l'Araignée se nomme *Lâouah-Lâouah*, ou *Lâva*, ou *Lâba* ; toile d'Araignée, *Sarang Laba*. L'Araignée géante (probablement une grande Théraphose ou Araignée aviculaire) se nomme en malais *Lawa-lawa-besar*.

En javanais on nomme l'Araignée *Kenslanding'an* ; en javanais de Sonda, *Lantcha* ; dans d'autres dialectes de Java, l'Araignée se nomme *Kemsand*, *Angule*.

En madurais de Suminap, *Kanti-Laba-Laba* ; *Taourn*.

En bali , *Kakawa* ou *Kakaoua-Hunbong*.

En lampon , *Lawa* ou *Laoua*.

En sonda-lantcha , *Dgedih*.

Dans l'île Luçon ou les Philippines , *Bagua-Gamba* , espèce d'Araignée lycose. En langue pampango, à Manille, *Bagua-Gangaro* , *Ga-Gamba* , Araignée à longues pattes , ou *Laura* , *Lavra*.

Aux Moluques , dans l'île Guebe, on nomme l'Araignée *Plaou*.

Dans la Nouvelle-Calédonie , on nomme *Nougui* l'Araignée épéire allongée que l'on mange. On dit aussi *Nougin* ou *Nouguin-bou*.

En Mawi, dans la Nouvelle-Zélande , on nomme l'Araignée *Pouwerewere*.

Dans les îles des Amis , on dit pour une Araignée *Collé vilavé*.

A Otaïti , *Outourohonnou*.

En langue tonga , *A'anga* et *Hina*.

Les nègres de la Martinique nomment la grande Mygale de ce pays , *Kamagai*.

En langue caraïbe : Araignée à grandes pattes , *Coulaele ;* Araignée à gros ventre , *Ouayattibouca ;* Araignée d'eau , *Manbouléchou :* il est probable que ce dernier Insecte n'est pas une Araignée , mais quelque Crustacé ou Insecte aquatique à longues pattes.

En mexicain, on dit *Tocatl,* pour le genre Araignée ; *Teacotocatl* pour désigner une Araignée noire ou brune qui n'est pas venimeuse ; *Tocomaxcacuallis* pour une autre espèce d'Araignée également noire et brune , et aussi *Ahoachotocatl* et *Quilalhochocatl ; Tocatl-Zint-Tataungui.* Araignée noire et venimeuse ; *Tzintlatlangui,* noire avec une tache rouge ;

Tlahochetl, espèce d'Araignée noire ; *Hoitztocatl*, Araignée épineuse ou du genre Plectane ; *Atocatl*, Araignée qui habite sur les bords de l'eau.

En langue aymara au Pérou, *Tapa-Tapa*, grande Araignée. En langue quitchoua du Pérou, l'Araignée se nomme *Ourou*.

En langue du Chili, Araignée ordinaire, *Llagug*; une espèce particulière d'Araignée, *Pollù*.

Au Brésil, les naturels nomment la Mygale aviculaire, *Araa caranguexeira*, Araignée crabe.

Au Brésil, on nomme encore *Nhamdui* une certaine Araignée du genre Plectane, qui a six épines, l'abdomen argenté, triangulaire, luisant d'un éclat métallique, et dont la partie postérieure présente une figure d'homme. On s'en sert comme amulettes pour guérir les fièvres quartes.

Quoique nous ayons compulsé un grand nombre de dictionnaires et de livres de voyages pour rendre ce vocabulaire polyglotte de l'Araignée le plus complet possible, il est nécessairement très-imparfait; il est de son essence d'être augmenté et rectifié sans cesse. Des classes entières d'insectes sont inconnues du vulgaire et n'ont de noms en aucune langue; mais il n'y a pas de peuple tel sauvage qu'il soit, d'individu tel ignorant qu'on le suppose, dont l'Araignée n'ait attiré ou effrayé les regards. Dans tous les lieux, dans tous les climats elle fixe l'attention par ses toiles, ses filets, ses trappes, les mines qu'elle creuse en terre; par les ruses qu'elle emploie pour se procurer sa proie; par sa patience attentive et sa savante industrie; par le courage dont elle fait preuve; par ses soins, sa tendresse pour sa postérité; par ses mouvements brusques ou sa vigilante immobilité; par ses yeux brillants qui semblent déceler une intelligence, attribut des animaux d'un ordre supérieur. L'homme rencontre partout l'Araignée ; elle se présente à lui avec une variété de formes, de grandeurs et de couleurs qui excite sa curiosité. On la trouve dans les régions les plus glacées des pôles, comme dans les déserts brûlants de la zone torride; sur les sommets les plus élevés des montagnes, comme dans les vallées les plus basses ; sous les ombrages les plus riants, et dans les plus sombres réduits ; dans les plaines qu'agitent les vents, comme dans les retraites les plus abritées. Elle s'enfonce dans les plus profondes cavernes; elle se suspend au-dessus et se loge même au fond des eaux. L'homme ne peut l'éviter : elle choisit son coin dans les palais les plus somptueux, comme dans les chaumières les plus misérables, sur le sommet du clocher comme dans l'intérieur du mausolée. Elle étend à de certaines époques sur la terre, le tronc des arbres, la superficie des roches et dans les intervalles qui les séparent, des toiles et des fils innombrables qui, blanchis par la rosée, enlevés dans les airs, flottent et retombent en longs flocons sur le visage et les vêtements de l'homme. On ne doit donc pas s'étonner que l'Araignée, qui manifeste son existence de tant de manières, soit connue de tous les peuples de la terre, et qu'elle ait un nom dans toutes les langues.

FIN DU DEUXIÈME VOLUME.

TABLE ALPHABÉTIQUE

DES NOMS DE GENRES

DONNÉS AUX ARANÉIDES PAR DIFFÉRENTS AUTEURS,

ET DE CEUX QUI LEUR CORRESPONDENT SELON LA MÉTHODE
ADOPTÉE DANS CET OUVRAGE,

Avec l'indication des pages où ils se trouvent mentionnés.

* * *

N. B. Le chiffre romain indique le volume, les chiffres arabes
les pages. — On a mis en petites capitales les seuls noms de genres
donnés comme tels dans cet ouvrage, et en italiques ceux qui ont été
proposés par divers naturalistes.

* * *

ACANTHODON, II, 434.

Acrosoma. (PLECTANE, ÉPÉIRE, *Notacantha.*) II, 148, 181, 182, 183,
185, 186, 188, 189, 190, 191, 461.

Actinopus. (SPHODROS, *Pachyloscelis*, CALOMMATA, *Cratoscelis.*) I, 246;
suppl. II, 433, 435, 6, 7, 8, 9-440.

AGÉLÈNE. (*Aranea, Arachne, Megamyrmaekion, Dyction*, CLUBIONE.)
I, 595; II, 20, 24, 500, 1.

Amaurobius. (CLUBIONE, THÉRIDION.) I, 600, 605, 626, 630, 632; II,
482, 483-489.

Anyphaena. (CLUBIONE.) I, 594, 601; II, 478.

Arachne. (*Dyction*, *Megamyrmaekion*, *Nysse*, AGÉLÈNE.) I, 380;
II, 24.

Arachnides. (APTÈRES, ARANÉIDES.) I et II.

ARAIGNÉE. (TÉGÉNAIRE, AGÉLÈNE, SPARASSE.) I, 257, 587, 658; II,
1-26-44.

Aranea ou *Araneus.* (THÉRAPHOSE, ARAIGNÉES.) I, 60 à 682; II.

ARGUS. (*Erigone*, *Zodarion*, *Micryphantes*, *Lucia*, LINYPHIE, THÉRI-
DION.) II, 346, 347, 348, 349, 351, 352, 354, 355, 356, 357, 361,
362, 363, 364, 365, 366, 367, 368, 369, 370, 371, 390, 508.

FIN DE LA TABLE ALPHABÉTIQUE.

TABLE ANALYTIQUE

DES MATIÈRES

CONTENUES DANS CE SECOND VOLUME.

SUPPLÉMENT à l'histoire naturelle des Aranéides   399

APTÈRES, II.

FIN DE LA TABLE DES MATIÈRES.

ERRATA.

Page 9 , ligne 17 : vallée d'Ossan , *lisez* vallée d'Ossau.

Page 24 , ligne 9 : Megamyrmakion , *lisez* Megamyrmaekion.

Page 59 , ligne 2 : *Épeïre*, lisez *Épéire*.

Page 82 , 2ᵉ Race. LES INCLINÉES , *lisez* LES OVALAIRES TRIANGULEUSES. (*Ovalæ triangulosæ.*)

Page 103, avant-dernière ligne : NÉPHISE , *lisez* NÉPHILE.

Page 151 , ligne 22 : *Epeïra cancriformis*, lisez *Plectana cancriformis.*

Page 152 , ligne 2 : Sbabber, *lisez* Slabber.

Page 155 , ligne 12 : ELIPSOÏDE , *lisez* ELLIPSOÏDE.

Page 158 , ligne dernière : coliection , *lisez* collection.

Page 223 , ligne 15 : TÉTRAGNATHES ÉPÉIRIDES , *lisez* TÉTRAGNATHE ÉPÉIRIDE.

Page 304 , ligne 33 : la Sisyphie , *lisez* la Sisyphe.

Page 354 , ligne 26 : *Argus longipalpus* , Wider , lisez *Théridion longipalpe* , Wider.

Page 395 , ligne 2 : qui recouvre , *lisez* que recouvrent.

Page 459 , ligne 4 : *Walckenarius* , lisez *Walckenaerius*.

Page 464 , avant t. 1, p. 407 , *mettez* GENRE ATTE.

Page 468 , THOMISE OCRACÉE , *lisez* THOMISE OCRACÉ.

Page 469 , THOMISE CRÊTÉE , *lisez* THOMISE CRÊTÉ.

Page 470 , THOMISE VEINÉE , *lisez* THOMISE VEINÉ.

Page 471 , THOMISE HÉRISSÉE , *lisez* THOMISE HÉRISSÉ.

Page 508 , après la dixième ou dernière ligne , *ajoutez :*

Sous le même nom de *Lucia Germanica* M. Koch a figuré dans Herrich-Schæffer une espèce qui est notre Clubione amusse , voyez page 478.

COLLABORATEURS.

MM.

AUDINET-SERVILLE, *ex-président de la Société Entomologique, Membre de plusieurs Sociétés savantes, nationales et étrangères* (ORTHOPTÈRES, NÉVROPTÈRES ET HÉMIPTÈRES).

AUDOUIN, *Professeur-Administrateur du Muséum, Membre de plusieurs Sociétés savantes nationales et étrangères.* (ANNÉLIDES).

BIBRON, *Aide-Naturaliste au Muséum, collaborateur de M. Duméril pour les Reptiles*

BOISDUVAL, *Membre de plusieurs Sociétés savantes nationales et étrangères, auteur de l'Entomologie de l'Astrolabe, de l'Icones des Lépidoptères d'Europe, de la Faune de Madagascar, etc. etc.* (LÉPIDOPTÈRES).

DE BLAINVILLE, *Membre de l'Institut, Professeur-Administrateur du Muséum d'Histoire Naturelle, Professeur à la Faculté des Sciences, etc.* (MOLLUSQUES).

DE BRÉBISSON, *Membre de plusieurs Sociétés savantes, auteur des Mousses et de la Flore de Normandie.* (PLANTES CRYPTOGAMES).

A. DE CANDOLLE, *de Genève.* (BOTANIQ.)

CUVIER (Fr.), *Membre de l'Institut.* (CÉTACÉS).

DEJEAN (le comte) *Lieut.-général, Pair de France.* (COLÉOPTÈRES).

DESMAREST, *Membre correspondant de l'Institut, Professeur de Zoologie à l'École vétérinaire d'Alfort.* (POISSONS).

MM.

DUMÉRIL, *Membre de l'Institut, Professeur-Administrateur du Muséum d'Histoire Naturelle, Professeur à l'École de Médecine, etc. etc.* (REPTILES).

LACORDAIRE, *Naturaliste-voyageur, Membre de la Société Entomologique, etc.* (INTRODUCTION A L'ENTOMOLOGIE).

HUOT, GÉOLOGIE.

**BRONGNIART*
DELAFOSSE MINÉRALOGIE.

LESSON, *Membre correspondant de l'Institut, Professeur à Rochefort, etc.* (ZOOPHYTES ET VERS).

MACQUART, *Directeur du Muséum de Lille, auteur des Diptères du Nord de la France, etc. etc.* (DIPTÈRES).

MILNE-EDWARS, *Professeur d'Histoire Naturelle, Membre de diverses Sociétés savantes, etc. etc.* (CRUSTACÉS).

LE PELETIER DE SAINT FARGEAU, *Président de la Société Entomologique, auteur de la Monographie des Tenthrédines, etc. etc.* (HYMÉNOPTÈRES).

SPACH, *Aide-Naturaliste au Muséum,* (PLANTES PHANÉROGAMES).

WALCKENAER, *Membre de l'Institut, travaux sur les Arachnides, etc. etc.* (ARACHNIDES ET INSECTES APTÈRES).

CONDITIONS DE LA SOUSCRIPTION.

Les Suites à Buffon *formeront 55 volumes in-8° environ, imprimés avec le plus grand soin et sur beau papier; ce nombre paraît suffisant pour donner à cet ensemble toute l'étendue convenable. Chaque auteur s'occupant depuis long-temps de la partie qui lui est confiée, l'éditeur sera à même de publier en peu de temps la totalité des traités dont se composera cette utile collection.*

A partir de janvier 1834, il paraîtra à peu près tous les mois un volume in-8° accompagné de livraisons d'environ 10 planches noires ou coloriées.

Prix du texte, chaque volume (1),........5 f. 50 c.

Prix de chaque livraison { noire............3.
{ coloriée............6.

N.B. Les personnes qui souscriront pour des parties séparées paieront chaque volume 6 fr. 50

Un petit nombre d'exemplaires seront imprimés sur grand papier vélin, dont le prix sera double.

ON SOUSCRIT, SANS RIEN PAYER D'AVANCE,
A LA LIBRAIRIE ENCYCLOPÉDIQUE DE RORET,
RUE HAUTEFEUILLE, N° 10 BIS, A PARIS,
AU COIN DE CELLE DU BATTOIR.

(1) *L'Éditeur ayant à payer pour cette collection des honoraires aux auteurs, le prix des volumes ne peut être comparé à celui des réimpressions d'ouvrages appartenant au domaine public et exempts de droits d'auteur, tels que Buffon, Voltaire, etc. etc.*

** N'ont pas été compris dans la première souscription les ouvrages de M.* BRONGNIART, DELAFOSSE, HUOT.